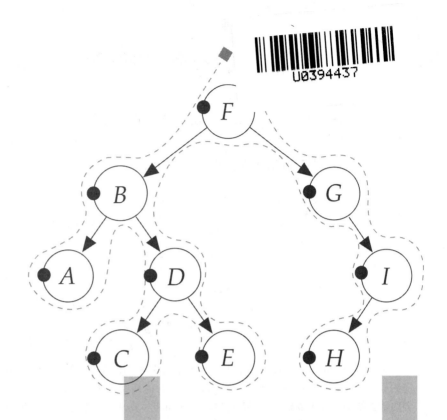

程序设计竞赛训练营

训练营

基础与数学概念

邱秋◎编著

人民邮电出版社

北 京

图书在版编目（ＣＩＰ）数据

程序设计竞赛训练营：基础与数学概念 / 邱秋编著
. -- 北京：人民邮电出版社，2022.3
ISBN 978-7-115-57861-7

Ⅰ．①程… Ⅱ．①邱… Ⅲ．①软件工具－程序设计
Ⅳ．①TP311.561

中国版本图书馆CIP数据核字(2021)第231215号

内 容 提 要

本书是 ACM 主办的国际大学生程序设计竞赛的训练指南，主要介绍程序设计和针对竞赛训练所需的基础知识和基本数学概念，包括 UVa OJ 平台的使用方法、C++的输入输出处理、C++库实现所包含的数据结构、高级数据结构、字符串的处理和相关算法、排序与查找算法、代数、组合数学、数论、几何等内容。本书在介绍基础概念的基础上，引入了众多题目，以 C++解题，针对部分题目给出参考代码，方便参考和练习。

本书适合有意参加国际大学生程序设计竞赛的本科生、研究生阅读，对有意参加国际信息学奥林匹克竞赛的中学生具有参考价值，也可作为计算机专业相关课程的参考教材。

◆ 编　著　邱　秋

　责任编辑　秦　健

　责任印制　王　郁　焦志炜

◆ 人民邮电出版社出版发行　北京市丰台区成寿寺路 11 号
　邮编　100164　电子邮件　315@ptpress.com.cn
　网址　https://www.ptpress.com.cn
　保定市中画美凯印刷有限公司印刷

◆ 开本：787×1092　1/16
　印张：29.5　　　　　　　　　2022 年 3 月第 1 版
　字数：906 千字　　　　　　2022 年 3 月河北第 1 次印刷

定价：119.90 元

读者服务热线：(010)81055410　印装质量热线：(010)81055316
反盗版热线：(010)81055315
广告经营许可证：京东市监广登字 20170147 号

序

子曰："知之者不如好之者，好之者不如乐之者"。

——《论语·雍也》

人们常说"兴趣是最好的老师"。1998 年，我还在读高一的时候，就对计算机产生了浓厚的兴趣。那时候计算机尚未全面普及，加上自己家庭条件也一般，根本无力购买"昂贵"的个人电脑，平时只能对着《电脑爱好者》①杂志上的广告，想象自己拥有一台个人电脑的情景。高中期间，每逢周末放假，我都要去县城的新华书店逛一逛，看看是否有新书可"免费"阅读。一次偶然的机会，看到书架上有一本《C语言教程》，我便不假思索地买了下来并开始自学。那时候学校的微机室建立不久，上面只有最简单的QBasic，我经常在上面尝试用 QBasic 语句编写一些小程序。有一次，在学习了高中物理的核裂变反应后，禁不住想使用 QBasic 编写一个程序来演示原子核的裂变反应。具体来说，就是模拟中子撞击原子核，原子核分裂，释放出更多中子，这些中子继续撞击其他原子核……最终形成链式反应的过程。我用 QBasic中的绘图函数绘制一个小点表示中子，用较大的圆圈表示原子核，当中子碰到原子核时，表示中子的小点消失，原子核分裂为两个较小的原子核，释放一个中子，继续撞击其他原子核。当程序最终调试运行成功，看着链式反应的图像逐渐展现的时候，自己的内心非常具有成就感。我想，作为一个编程爱好者，当看到自己的"作品"能够良好地运行或者解决某个编程难题时，那应该便是最开心和最自豪的"高光"时刻。

不过阴差阳错，我并未如愿选择感兴趣的计算机专业，而是进入了医学院校，于是编程便成了我最大的业余爱好。2011 年，我用了半年多的时间，完成了由 Skiena 和 Revilla②合著的《挑战编程：程序设计竞赛训练手册》[1]一书的习题。在全部完成后，感觉书中每一章讲解部分的内容较为简略，使得中低水平的编程爱好者在读完各章的内容后，难以获得足够的知识来解决相应章的问题，因此打算写一本用 C++来进行解题的参考书籍，以弥补上述不足。但是由于种种原因，一直没有下定决心来做，至此成为了一个"心结"。一方面是已经有很多关于算法和编程竞赛的图书，例如，Skiena 的 *The Algorithm Design Manual*[2]、Sedgewick的 *Algorithms*[3]、Halim 的 *Competitive Programming*[4]等；另一方面我本人也没有足够的时间和精力去进一步深入学习算法，缺乏知识积累和写书的资料。不过非常幸运，从 2015 年 11 月开始，我终于有许多时间可以做这件事，于是本书逐渐写成。

本书以 C++进行解题，读者对象是已经具备一定 C 或者 C++基础的编程爱好者，或者是准备参加程序竞赛正在进行训练的高中生，或者是期望通过学习算法和练习以获得进一步提高的大学生。代码采用 GCC5.3.0 进行编译，使用 C++11 语言标准（需要启用编译符号：-std=c++11）。例题和练习以 University of Valladolid Online Judge（UVa OJ）题库中题号 100～1099 的题目、Halim 的 *Competitive Programming* 所介绍的习题，以及我本人在写作过程中解决的题目为基础，涵盖了绝大部分的基本算法。

考虑到篇幅限制，我将出版《程序设计竞赛训练营：基础与数学概念》《程序设计竞赛训练营：算法和实践》两本图书，本书主要包括"基础"和"数学"两部分。"基础"部分包括 UVa OJ 平台的使用方法、C++的输入输出处理、C++库实现所包含的数据结构、高级数据结构、字符串的处理和相关算法、排序与查

---

① 由中国科学院主管，北京《电脑爱好者》杂志社出版的一本日常计算机应用相关的杂志。

② 2018 年 7 月，在与 uDebug 网站管理员 Vinit Shah 就 UVa 12348 Fun Coloring 的评测问题进行电子邮件交流的过程中，遗憾得知 Miguel Ángel Revilla 教授已于 2018 年 4 月去世。

找算法。"数学"部分包括代数、组合数学、数论、几何、计算几何。在编程竞赛中，较难的题目往往是由多个"子问题"构成，每个"子问题"涉及一个基础问题，解决整道题需要对这几个"子问题"都熟悉才可以。本卷介绍了在编程竞赛中出现次数较多的"子问题"，掌握这些"子问题"的解决方法，是提高解题能力的基础。

虽然一本书主要集中于基础和数学，另一本书主要集中于算法和技巧，但两本书的划分并不是绝对的。例如，在本卷中，介绍了 KMP 匹配算法、Aho-Corasick 算法、扫描线算法、Graham 扫描法、Jarvis 步进法、Andrew 合并法等，也介绍了诸如坐标离散化等处理问题的技巧。因此，有些练习所涉及的内容可能会跨越两本书的内容，请读者予以注意。

正如武术宗师的练成，如果不学习各种武术套路，建宗立派就如无根之木、无水之鱼，但是如果将武术套路学"死"，那就容易形成惯性思维，失去自身的创造力，更别谈创立新的武术流派。学习算法的最高境界，我认为和武术宗师的练成类似，既对各派的武功招数、优缺点了如指掌（就如同对基本算法的原理及实现非常熟悉一样），但又不囿于各派的武功路数（就像深刻理解了算法原理，掌握了算法的精髓所在），能够根据具体情况进行变通。不过本书并不是一本算法大全，并未将算法的所有细节介绍得面面俱到，只是摘录了要点，列出了关键所在，正所谓"师傅领进门，修行在自身"，需要读者在阅读本书的时候主动查阅相关资料并加以练习，以便进一步加深理解。"授人以鱼，不如授之以渔"，我认为学习过程中最重要的是掌握学习的方法，而不是仅仅满足于某种具体算法的掌握，同时也不要被已经学习过的算法束缚了自己的想象力。

不言而喻，对于任何一道题目来说，"理解问题的解决过程"比"记住问题的解决过程"更为重要。解题的途径绝非只有书中所述的一种。在理解问题的基础上，重新对问题进行定义，从某个新的角度再对原问题进行思考，激发解题的动力和突破既往解题思路的束缚，将已有的算法和数据结构知识予以重新组合，通过语言和编程技术使头脑中的想法变成计算机的实现代码，这样才能够在题目和编程解题间架设一座真正属于自己的桥梁[5]。我认为这是学习编程的过程中应该努力达到的一种更高境界。

感谢父亲[①]、母亲、妻子的辛劳付出，以及女儿、儿子对我未能给予更多时间陪伴的理解，因为她（他）们，我能够有时间专心思考，本书才得以完成。阚元伟通读了本书的初稿，对行文上不连贯或描述有歧义的地方提出了修改意见，在此表示衷心的感谢。在编写本书的过程中，我参考了许多互联网上的资料和编程爱好者的博客文章，从他（她）们的解题思路中得到了诸多启发，由于篇幅所限，不能在此一一列出致谢。正如散文家陈之藩在《谢天》中所说的："即是无论什么事，得之于人者太多，出之于己者太少。因为需要感谢的人太多了，就感谢天罢。"

编写本书的过程，实际上也是一个不断学习和进步的过程，由于本人水平有限，书中存在谬误不当之处在所难免，敬请读者不吝指出，以便本书有机会再版时予以改进。如有任何意见或建议，请发送邮件到我的邮箱：metaphysis@yeah.net。

衷心希望读者在阅读本书的过程中能够独立思考，勤加练习，融会贯通，学有所得。祝解题愉快！

邱秋（寂静山林）

二〇二〇年一月一日于海南琼海

[①] 在编著本书的过程中，由于工作的原因，父亲于 2018 年 3 月 17 日来海南帮忙照顾家庭。父亲有多年的高血压病史，海南天气炎热，使父亲血压控制得不理想，加之我对父亲的血压变化关注不够，且父亲自身对高血压可能导致的风险也未引起重视，长期服用降血压药物但未能规范检测血压变化……多种不利因素，导致父亲于 2018 年 7 月 27 日不幸去世，这让我心中深感愧疚，抱憾终生。

前言

尽信《书》，则不如无《书》。

——《孟子·尽心下》

纸上得来终觉浅，绝知此事要躬行。

——陆游，《冬夜读书示子聿》

读者对象

本书的读者对象为计算机专业（或对 ACM-ICPC 竞赛感兴趣的其他专业）学生及编程爱好者，可以作为 ACM-ICPC 竞赛训练的辅助参考书。本书不是面向初学者的 C++语言教程，要求读者已经具备一定的 C 或 C++编程基础，有一定的英语阅读能力，了解基本的数据结构，已经掌握了初步的程序设计思想和方法，具备一定程度的算法分析和设计能力。本书的目标是引导读者进一步深入学习算法，同时结合习题来提高分析和解决算法问题的能力。

章节安排

本书既是训练指南，又兼有读书笔记的性质。为了表达对 Skiena 和 Revilla 合著的《挑战编程：程序设计竞赛训练手册》一书的敬意（它激发了我对算法的兴趣，促使我编写这本书，可以说是让我对编程竞赛产生兴趣的"启蒙老师"），本书的章节名称参考了该书的目录结构，但章节编排、叙述方式和具体内容已"面目全非"。每章均以"知识点"为单元进行介绍，每个"知识点"基本上都会有一份解题报告（题目源于 UVa OJ），之后再列出若干题目作为强化练习或者扩展练习。强化练习所给出的题目，一般只需要掌握当前所介绍的知识点就能予以解决。扩展练习所给出的题目，一般需要综合运用其他章节所介绍的知识点，甚至需要自行查询相关资料，对题目所涉及的相关背景知识及算法进行理解、消化、吸收后才能予以解决，其难度相对较高。第 3 章～第 5 章的最后一节内容对一些在解题中常用的算法库函数作出了简要的解析和示例。

凡例

本书英语姓名的汉译名参考《英语姓名译名手册》[6]。

本书各章习题的解题代码有两个版本，最初的版本于 2011 年上传至 CSDN。2016 年，对部分解题代码进行了修改完善，并对编码风格进行了若干调整，将其与已解决题目的代码合并，上传至 GitHub[①]。由于 UVa OJ 上的评测数据可能已经发生了变化，个别涉及浮点数精度的代码在提交时可能会得到"Wrong Answer"的评判，但解题的基本思路是正确的，请读者酌情参考使用。

本书着重于算法的思想介绍和实现，一般不对算法的正确性给予证明。对正确性证明感兴趣的读者可参考标注的文献资料或者相关的专著，或者查阅"算法圣经"——Knuth 的《计算机程序设计艺术》[7]及 Cormen 等人的《算法导论》[8]。参考文献或资料仅在第一次引用的时候给出标注，对于后续引用不再予以标注。

---

① 读者可在 GitHub 搜索 metaphysis/Code 了解更多。

本书的所有题目中，除个别题目以外，其他题目均选自 UVa OJ，因此不在每道题目前附加 UVa 以区分题目的来源。为了练习选择的便利，题目的右上角使用 A～E 的字母来标识此题的"相对难度"。以 2020 年 1 月 1 日为截止日期，按"解决该题目的不同用户数"（Distinct Accepted User，DACU）进行分级：A（容易），DACU≥2000；B（偏易），1999≥DACU≥1000；C（中等难度），999≥DACU≥500；D（偏难），499≥DACU≥100；E（较难），99≥DACU。难度等级为 A～C 的题目建议全部完成，难度等级为 D 和 E 的题目尽自己最大努力去完成（对于某些尝试人数较少的题目，根据上述难度分级原则得到的难度值可能并不能准确反映题目的实际难度，本书适当进行了调整）。如果某道题的 DACU 较小，原因有多种，或者是该题所涉及的算法不太常见，具有一定难度；或者是输入的陷阱较多，不太容易获得通过；或者是题目本身描述不够清楚导致读题时容易产生歧义；或者是题目的描述过于冗长，愿意尝试的人较少[1]；或者是在线评测系统没有提供评测数据，导致无法对提交的代码进行评判[2]。不管是什么原因，你都应该尝试去解题。对于学有余力的读者来说，研读文献资料并亲自实现算法，然后用习题来检验实现代码的正确性，是提升能力素质的较好途径。

由于本书包含较多代码，为了尽量减少篇幅，每份代码均省略了头文件和默认的命名空间声明。为了代码能够正常运行，请读者直接下载 GitHub 上的代码，或者在手工输入的代码前增加如下的头文件和命名空间声明[3]：

```
#include <algorithm>
#include <bitset>
#include <cmath>
#include <cstring>
#include <iomanip>
#include <iostream>
#include <limits>
#include <list>
#include <map>
#include <numeric>
#include <queue>
#include <set>
#include <sstream>
#include <stack>
#include <string>
#include <unordered_map>
#include <unordered_set>
#include <vector>

using namespace std;
```

对于使用 GCC 5.3.0（或以上）版本编译器的读者，可以使用下述更为简洁的方式来包含所有头文件：

```
#include <bits/stdc++.h>
```

本书中的算法实现旨在帮助读者理解算法，较多借助 C++的标准模板库（Standard Template Library，STL），在运行效率和简洁性上可能并不是最佳的，建议读者在掌握算法后，自行尝试编写更为高效和简洁的算法实现作为自己的标准代码库（Standard Code Library，SCL）。

所有示例代码和参考代码均可从本书的配套资源获取。每个章节内属于同一节的示例代码按顺序排列，位于以章节编号命名的文件夹内。例如，第 2 章 2.1.1 小节的内容为"整数的表示"，假设该小节包含两份示例代码，则按出现的先后顺序依次命名为 2.1.1.1.cpp、2.1.1.2.cpp，如果只包含一份示例代码，则命名为 2.1.1.cpp，均位于文件夹"Books/PCC1/02"内，文件命名在示例代码的第一行给出。

---

[1] 例如：199 Partial Differential Equations。

[2] 例如：510 Optimal Routing。

[3] 头文件<cassert>和<regex>极少使用，未加入列表，不过它们在某些特定题目的示例代码中有应用。

位于同一个文件中的、连续的示例代码采用如下的文件命名样式：

```
//------------------------------2.1.1.cpp------------------------------//
// 连续的示例代码。
//------------------------------2.1.1.cpp------------------------------//
```

对应地，一些代码跨越正文的多个段落，这样的代码采用如下的文件命名样式：

```
//++++++++++++++++++++++++++++++2.1.1.cpp++++++++++++++++++++++++++++++//
// 跨越多个段落的示例代码（第1部分）。
```

正文分隔了多个这样的示例代码片段，多个这样的片段构成了整个示例代码。

```
// 跨越多个段落的示例代码（第2部分）。
//++++++++++++++++++++++++++++++2.1.1.cpp++++++++++++++++++++++++++++++//
```

资源与支持

本书由异步社区出品，社区（https://www.epubit.com/）为您提供相关资源和后续服务。

配套资源

本书提供编程题目解答的参考代码文件。

要获得以上配套资源，请在异步社区本书页面中单击 配套资源 ，跳转到下载界面，按提示进行操作即可。注意：为保证购书读者的权益，该操作会给出相关提示，要求输入提取码进行验证。

提交勘误

作者和编辑尽最大努力来确保书中内容的准确性，但难免会存在疏漏。欢迎您将发现的问题反馈给我们，帮助我们提升图书的质量。

当您发现错误时，请登录异步社区，按书名搜索，进入本书页面，单击"提交勘误"，输入勘误信息，单击"提交"按钮即可（见下图）。本书的作者和编辑会对您提交的勘误进行审核，确认并接受后，您将获赠异步社区的 100 积分。积分可用于在异步社区兑换优惠券、样书或奖品。

与我们联系

我们的联系邮箱是 contact@epubit.com.cn。

如果您对本书有任何疑问或建议，请您发邮件给我们，并请在邮件标题中注明本书书名，以便我们更高效地做出反馈。

如果您有兴趣出版图书、录制教学视频，或者参与图书翻译、技术审校等工作，可以发邮件给我们；有意出版图书的作者也可以到异步社区在线提交投稿。

如果您所在学校、培训机构或企业，想批量购买本书或异步社区出版的其他图书，也可以发邮件给我们。

如果您在网上发现有针对异步社区出品图书的各种形式的盗版行为，包括对图书全部或部分内容的非授权传播，请您将怀疑有侵权行为的链接发邮件给我们。您的这一举动是对作者权益的保护，也是我们持续为您提供有价值的内容的动力之源。

关于异步社区和异步图书

"异步社区"是人民邮电出版社旗下 IT 专业图书社区，致力于出版精品 IT 技术图书和相关学习产品，为作译者提供优质出版服务。异步社区创办于 2015 年 8 月，提供大量精品 IT 技术图书和电子书，以及高品质技术文章和视频课程。更多详情请访问异步社区官网 https://www.epubit.com。

"异步图书"是由异步社区编辑团队策划出版的精品 IT 专业图书的品牌，依托于人民邮电出版社近 30 年的计算机图书出版积累和专业编辑团队，相关图书在封面上印有异步图书的 LOGO。异步图书的出版领域包括软件开发、大数据、AI、测试、前端、网络技术等。

异步社区

微信服务号

目录

第 1 章
准备

> 凡事预则立，不预则废。
>
> ——《礼记·中庸》

本章旨在帮助读者了解什么是程序设计竞赛，以及如何开始自己的第一次挑战。如果读者已经熟悉相关内容，可以跳过此章，直接从第 2 章开始阅读。

1.1 什么是程序设计竞赛

本书所指的程序设计竞赛是解题竞赛，指参赛者利用自己所学的计算机相关知识，在限定的时间内解决若干道具有一定难度的编程题目。这些题目一般都与某种算法有关，如果读者没有经过相关的训练，一般难以在限定时间内予以解决。除了解题竞赛以外，还有很多其他类型的程序设计竞赛。例如，以提高程序运行效率为目标的性能竞赛，以完成某个具有特定功能的软件为目标的创意竞赛等。下面介绍一些具有较大影响力的解题程序设计竞赛。

1.1.1 ACM–ICPC

美国计算机协会（Association for Computing Machinery，ACM）主办的国际大学生程序设计竞赛（International Collegiate Programming Contest，ICPC），是历史悠久的国际大学生程序设计竞赛，其目的在于使大学生运用计算机来充分展示自己分析问题和解决问题的能力。

该项竞赛自从 1977 年第一次举办世界总决赛以来，截至 2020 年 1 月，已经连续举办了 43 届。该项竞赛一直受到国际各知名大学的重视，全世界各大 IT 企业也给予了高度关注，有的企业（如 IBM、Oracle、惠普、微软等公司）还经常出资赞助比赛的进行。

ACM-ICPC 以团队代表各学校的形式参赛，每队不超过 3 名队员。队员必须是在校学生，满足一定的年龄限制条件，并且每年最多可以参加两站区域选拔赛。比赛期间，每队需要通过 1 台计算机在 5 个小时内使用 C/C++、Java 和 Python 中的一种语言编写程序解决 7～13 个问题。程序完成之后提交裁判运行，运行的结果会判定为正确或错误两种并及时通知参赛队。最后的获胜者为正确解答题目最多且总用时最少的队伍。

与其他计算机程序竞赛相比，ACM-ICPC 的特点在于其题量大，每队需要在 5 小时内完成 7 道或以上的题目。另外，一支队伍有 3 名队员却只有 1 台计算机，使得时间显得更为紧张。因此，除了扎实的专业水平，良好的团队协作和心理素质同样是获胜的关键。

1.1.2 Google Code Jam（GCJ）

Google Code Jam（谷歌全球编程挑战赛）是 Google 举行的一项国际编程竞赛，目标是为 Google 选拔顶尖的工程人才。

比赛的每道题目均由 Google 的工程师仔细设计，既有趣也极具挑战性，选手不仅能测试自己的编程水平，更能在比赛环境中快速提升实践技能，丰富自身履历。该项赛事始于 2003 年，竞赛内容包括在限定时间内解决一系列特定的算法问题，编程语言和环境的选择不受限制。每年竞赛中所有参赛者在经过 4 轮线上比赛后，将会诞生 25 位选手参加在不同 Google Offices 地点举办的 The World Finals，竞争现金大奖及奖杯。

1.1.3　TopCoder

TopCoder 是一个面向平面设计师和程序员的网站，它采用比赛、评分、支酬等方式吸引众多平面设计师和程序员进行业余工作。

该网站每个月都有两次或三次在线比赛，根据比赛的结果对参赛者进行新的排名。参赛者可根据自己的爱好选用 Java、C++、C#、VB 或 Python 进行编程。参赛者必须在 1 小时 15 分钟内完成三道不同难度的题目，每道题完成的时间决定该题在编程部分所得的分数。比赛可分为三部分：Coding Phase、Challenge Phase 和 System Test Phase，比 ACM-ICPC 多了 Challenge Phase，这部分是让参赛者浏览分配在同一房间的其他参赛者的源代码，然后设法找出其中的错误，并构造一组数据使其不能通过测试。如果某参赛者的程序不能通过别人或系统的测试，则该参赛者在此题目的得分将为零。

1.1.4　CodeForces

CodeForces 是一个提供在线评测系统的俄罗斯网站，该网站由一群来自俄罗斯萨拉托夫国立大学的程序员创建并维护，其中主要的领导者为 Mike Mirzayanov。

CodeForces 的每位用户在参加比赛后都会有一个得分，系统根据得分及用户在以往比赛中的表现赋予用户一个 Rating 并冠以不同的头衔，名字也会以不同的颜色显示。参加比赛的用户按 Rating 以某个分值为界划分为 Div1 和 Div2 两类。相应地，CodeForces 上的比赛也会指明是 Div1 还是 Div2，抑或同时进行。Div1 的比赛较难，Div2 的比赛较简单。如果同时进行，Div1 的 A、B、C 三题会和 Div2 的 C、D、E 三题相同。每次比赛结束后 Rating 都会依据此前各个选手的 Rating 和公式重新计算。

比赛中，选手有 2 个小时的时间去解决 5 道题目，这里的"解决某道题目"是指预测试通过，即通过了一次仅含部分测试点的测评，而最终决定是否得到这道题的分数，要看比赛结束后的统一测评。某道题的分数随着时间线性减少，但不会低于初始分值的 30%。也就是说，选手解决问题的速度越快，得分也相应越高。而且，对于选手的每次提交都会扣除一定的分数。例如，某道题目的初始分为 1000 分，每过 1 分钟，该题的分数减少 4 分，如果选手在 10 分钟内尝试提交了 3 次并在第 3 次最终通过了预测试，每次错误提交扣除 50 分，那么该题的得分为 1000−4×10−2×50=860。

同一个 Div 的选手将被划分到若干个房间里，每个房间约有 20 位选手。当某道题的预测试通过之后，选手可以选择锁定该题代码，锁定该代码后，选手之后将无法就该道题目进行再次提交（即使发现代码中包含错误）。之后选手就可以查看同一个房间内其他参赛者的代码并试图找出其中的漏洞了。选手可以自己构造一个测试（可以是数据，也可以是数据生成器）使得该代码不能通过，称之为 Hack（有时也称 Challenge）。一次成功的 Hack 可以得 100 分，而如果没有成功，将会被扣 50 分。最后，所有通过预测试的代码将提交进行最终测试，选手的最终得分为通过最终测试的代码分数和 Hack 其他选手所获得（扣除）的分数。

CodeForces 的题目偏向于考察解题思路，一般较少涉及复杂的算法，标程的代码一般都比较简短而精巧。

1.1.5　IOI

国际信息学奥林匹克竞赛（International Olympiad in Informatics，IOI），是面向中学生的一年一度的信息学科竞赛。

这项竞赛包含两天的计算机程序设计，用以解决算法问题。选手以个人为单位，每个国家最多可选派 4 名选手参加。参赛选手从各国相应计算机竞赛中选拔。国际信息学奥林匹克竞赛属于智力与应用计算机解题能力的比赛，题目有相当的难度，解好这类题目，需要具备很强的综合能力。第一，具备观察和分析问题的能力；第二，具备将实际问题转化为数学模型的能力；第三，具备灵活地运用各种算法的能力；第四，具备熟练编写程序并将其调试通过的能力；第五，具备根据题目的要求，独立设计测试数据，检查自己的解法是否正确、是否完备的能力。能够参加 IOI 的选手应该具有很强的自学能力和动手能力，需要学习有关组合数学、图论、基本算法、数据结构、人工智能搜索算法及数学建模等知识，还要学会高级语言和编程技巧，要具备很强的上机操作能力。国际信息学奥林匹克竞赛鼓励创造性，在评分的标准上给予倾斜，创造性强的解题方法可以拿到高分。

1.2 如何使用 UVa OJ

随着 ACM-ICPC 程序设计竞赛的推广，各种在线评测（Online Judge，OJ）网站及工具应运而生。其中数 University of Valladolid Online Judge（简称 UVa OJ 或 UVa）历史悠久[①]。UVa OJ 的特点是题目丰富、题型多样，比较适合中等水平的 ACM-ICPC 选手训练。

1.2.1 注册

要想在 UVa OJ 上解题，必须先注册一个账号。在互联网搜索 onlinejudge 即可登录 UVa OJ 的官方主页，登录后单击"Register"即可跳转到账户注册页面，如图 1-1 所示。填写必要的信息之后，UVa OJ 会向用户填写的邮箱地址发送一封验证邮件，通过邮件验证后，账户即被激活。

图 1-1　注册 UVa OJ 账号

1.2.2 提交

在注册并登录账号之后，你就可以选择题库中的题目开始解题并提交答案了。提交有两种方式，一种是先浏览具体的题目描述界面，单击"Submit"按钮进行提交，另外一种是"Quick Submit"。

先介绍第一种方法。以提交 UVa 100 The $3n+1$ Problem 为例，首先，选择左侧功能栏中的"Browse Problems"选项，如图 1-2 所示。

图 1-2　选择"Browse Problems"选项

[①] 2018 年 4 月，创建 UVa OJ 的 Miguel Ángel Revilla 教授不幸去世，而 Valladolid 大学校方宣布不再继续提供资金以维持 UVa OJ 的运行，因此 UVa OJ 有停止运行的可能。不过好消息是，Revilla 教授的儿子 Miguel Revilla Rodríguez 表示愿意继续为 UVa OJ 的运行做出努力。目前他正在使用 Wt 框架开发新一版的在线评测系统（读者可以在 Github 上搜索 TheOnlineJudge/ojudge 以了解更多）。乐观地估计，有望在 2022 年正式上线运行。

其次，选择"Problem Set Volumes（100…1999）"选项，如图 1-3 所示。

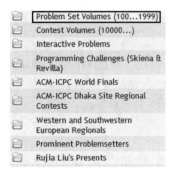

图 1-3　选择"Problem Set Volumes（100…1999）"选项

再次，选择"Volume 1（100-199）"选项，如图 1-4 所示。

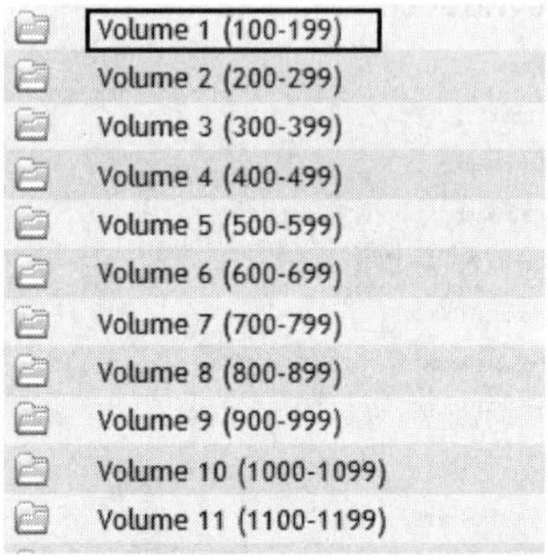

图 1-4　选择"Volume 1（100-199）"选项

选择"100 - The 3n＋1 problem"选项，如图 1-5 所示。

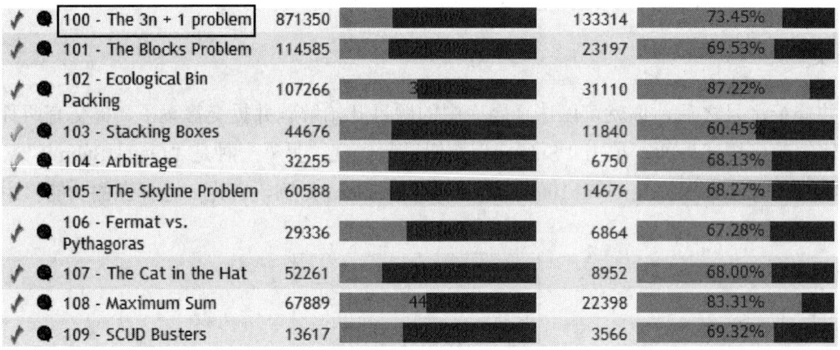

图 1-5　选择"100 - The 3n＋1 problem"选项

最后，进入题目描述页面，单击"Submit"按钮，如图 1-6 所示。

图 1-6　提交代码

将解题代码粘贴到输入框中（或者单击"Browser"按钮选择本机上的代码文件上传），单击"Submit"按钮即可，如图 1-7 所示。

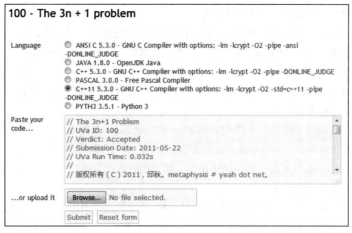

图 1-7　选择代码文件并提交

提交成功后，会显示该提交的编号，如图 1-8 所示。

图 1-8　提交编号

第二种提交方法适用于用户已经熟悉了题目描述而且已经编写了题目的解题代码的情形，用户只需选择"Quick Submit"，再填写问题的编号，其他项目与第一种方法的相同，如图 1-9 所示。

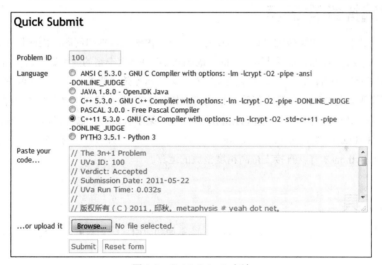

图 1-9　Quick Submit 方法

在提交以后，就可以通过选择浏览器左侧功能栏中的"My Submissions"选项查看提交结果，如图 1-10 所示。

图 1-10　查看提交结果

在 UVa OJ 上提交，可能会有以下几种结果。

Accepted（AC）：通过。用户的程序在限定的时间和内存下产生了正确的输出，恭喜该题获得通过！

Wrong Answer（WA）：错误提交。用户的程序产生的输出与参考输出不匹配。

Presentation Error（PE）：格式错误。用户的代码所产生的输出内容是正确的，但是格式有错误。检查输出是否有多余的空格，或者对齐、换行符是否正确。

Compile Error（CE）：编译错误。用户的代码存在语法或其他错误而无法被正确编译。

Runtime Error（RE）：运行时错误。用户的代码在运行过程中出现错误被强制退出。例如，引用了声明范围以外的数组元素，除数为零错误等。

Time Limit Exceeded（TLE）：时间超出限制。用户的代码所采用的算法时间效率不高或者出现无限循环，导致程序运行时间超出限制。

Memory Limit Exceeded（MLE）：内存超出限制。用户的代码内存使用效率不高或者出现无限循环，导致程序使用的内存超出限制。

Output Limit Exceeded（OLE）：输出超出限制。用户的代码产生的输出太长，超出了输出限制。一般是由于存在无限循环而导致输出过长。

Submission Error（SE）：代码提交未成功。在代码提交处理的过程中由于某些错误或提交的数据损坏而导致提交失败。

Restricted Function（RF）：限制使用的函数。某些系统函数在评测中限制使用，用户的代码中包含这些限制使用的函数时会出现该错误。

Can't Be Judged（CJ）：无法评测。所选择的题目可能不存在测试输入或者测试输出，因此无法进行评测。

In Queue（QU）：评测机繁忙未能对用户的提交进行评测，当评测机空闲时将尽快对用户的提交进行评测。

1.3　如何选择编程语言

一般来说，在编程竞赛中比较的是谁能够在有限的时间内解决最多的问题，因此程序只要能够在给定的时限内通过即可，语言的效率并不是第一位的考虑因素。C++具有丰富的库函数以及字符串类，因此推荐使用 C++作为编程竞赛的首选语言。如果某些竞赛对语言的运行效率要求非常高，又或者不允许使用 C++的库函数，抑或需要自行实现某些基本的数据结构（例如，堆），那么可以考虑使用 C 语言。

值得一提的是，其他语言由于一些非常便利的特性，如果学有余力，也建议适当掌握。例如，Java 中的高精度整数类 BigInteger 在解决有关大数的问题时就非常有用。同样地，掌握 Python 也会在某些场景下带来便利。例如，Python 本身就直接支持高精度整数的运算。

1.4　辅助工具

本节将介绍若干有助于提高学习效率的工具，熟练掌握和应用这些工具可以使大家的学习过程事半功倍。

UVa Arena

UVa Arena 是一款用于 UVa OJ 解题的辅助软件，用户可以通过该软件下载整个 UVa OJ 题库，并且可以从网上数据库更新自己的解题完成情况信息。除此之外，还包括一些诸如保存解题代码、调用编译器编译、代码提交等实用功能。

uHunt

uHunt 是一个跟踪 UVa OJ 解题情况的网站，用户输入自己在 UVa OJ 上的用户名即可查看其当前题目的完成情况，还可根据题目的通过率、通过提交数等对题目排序，便于寻找符合自己需求的题目进行训练。

uDebug

uDebug 是专门针对网上各大题库建立的测试数据网站，它包括绝大多数的 UVa OJ 上题目的测试数据。

用户可以先下载测试数据（一般通过复制粘贴的方式），使用自己的解决方案生成输出，然后与网站上已经获得过"Accepted"的程序的输出进行比对，检查是否匹配以发现自己代码的问题。

VirtualBox

VirtualBox 是一款虚拟机软件，通过该软件可以在 Windows 操作系统上安装一个"真正"的 Linux 系统，在此虚拟系统中配置 GCC 编译器搭建编程环境即可开始 UVa OJ 解题，便于使用 Windows 系统但又不愿意安装双系统的用户使用。

Virtual Judge

Virtual Judge 是一个虚拟评测网站，通过该网站可以对各大主要在线评测网站的问题进行间接提交。通过此网站进行提交，能够较为快速地查看提交结果。

洛谷

洛谷是国内较为知名的奥林匹克竞赛网站，在该网站的题库中，包含了 UVa OJ 的几乎全部题目，其中有一部分给出了中文翻译，对于英语水平不是很好的解题者较为友好。解题者可以通过洛谷将 UVa OJ 上注册的账号予以绑定，之后即可使用洛谷的相应接口进行代码远程提交并获得相应评测结果。

第2章
入门

> 故不积跬步，无以至千里；不积小流，无以成江海。
>
> ——《荀子·劝学篇》

UVa OJ 上的题目偏向于在输入和输出上设置一些"陷阱"（trick），而不只是单纯地让你解决算法问题。完全理解题意和严格遵循输出格式非常重要，你需要仔细研读题目的输入和输出部分，否则很有可能会因为一些细小的错误导致多次提交却得不到通过。另外，需要特别注意边界情况的处理，很多时候，算法或者解题思路本身是正确的，但由于对边界情况考虑不周全而无法获得"Accepted"的提交结果。

2.1 基本数据类型

2.1.1 整数的表示

在计算机的内部实现中，一般使用二进制来表示整数。二进制整数分无符号整数和有符号整数两种。在有符号二进制数中，其首位指定为符号位，符号位为 1 表示负数、为 0 表示正数。

给定一组二进制位 $[x_{w-1}, x_{w-2}, \cdots, x_0]$，如果它表示的是无符号整数 u，有

$$u = \sum_{i=0}^{w-1} x_i 2^i$$

例如，若二进制数 1100101101_2 表示的是无符号整数，它所对应的十进制数为

$$1100101101_2 = 1 \times 2^9 + 1 \times 2^8 + \cdots + 0 \times 2^1 + 1 \times 2^0 = 813_{10}$$

如果二进制位表示的是一个有符号整数 s，因为计算机内部一般使用 2 的补码（two's complement）来表示有符号整数[①]，有

$$s = -x_{w-1} 2^{w-1} + \sum_{i=0}^{w-2} x_i 2^i$$

若 1100101101_2 表示的是一个有符号整数，它所对应的十进制数为

$$1100101101_2 = -1 \times 2^9 + 1 \times 2^8 + \cdots + 0 \times 2^1 + 1 \times 2^0 = -211_{10}$$

在存储整数时，一般按字节为逻辑单位进行存储，有"小端序"和"大端序"之分。小端序（little-endian）是指将表示整数的低位字节存储在内存地址的低位，高位字节存储在内存地址的高位。如果将整数 19820624_{10} 存储至内存，由于

$$19820624_{10} = \left([00000001][00101110][01110000][01010000] \right)_2$$

使用小端序存储时，如果内存存储起始地址为 0x100，从低位地址到高位地址存储的内容依次为

$$[01010000]_{0x100} [01110000]_{0x101} [00101110]_{0x102} [00000001]_{0x103}$$

而使用大端序（big-endian）方式存储时，从低位地址到高位地址存储的内容依次为

$$[00000001]_{0x100} [00101110]_{0x101} [01110000]_{0x102} [01010000]_{0x103}$$

可以看到，两者存储顺序正好相反，如图 2-1 所示。

[①] 使用 2 的补码来表示有符号整数便于计算机对二进制的加法和减法进行统一处理。

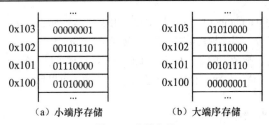

0x103	00000001		0x103	01010000
0x102	00101110		0x102	01110000
0x101	01110000		0x101	00101110
0x100	01010000		0x100	00000001

（a）小端序存储　　　　　　　　　（b）大端序存储

图 2-1　整数存储

不过计算机具体使用哪种端序对程序员来说是透明的，而且两种端序之间并没有什么优劣之分。之所以会出现两种端序，原因是计算机出现的初期，各个硬件厂商在具体实现时所做的选择不同[9]。

利用 C++中的 union 数据结构（或者指针）可以很容易确定计算机使用的是何种端序。

```cpp
//-------------------------------2.1.1.cpp-------------------------------//
union {
    unsigned int bytes;
    unsigned char lowerByte;
} block;

int main(int argc, char *argv[])
{
    // 第一种方式：利用 union 的特性，将 block 的第一个成员赋值为 1，然后获取内存
    // 低位字节的值。如果是小端序，低位字节存储的值为 1；若为大端序，则值为 0。
    block.bytes = 1;
    cout << (block.lowerByte ? "little-endian" : "big-endian") << endl;

    // 第二种方式：利用指针直接获取低位字节的值。如果是小端序，低位字节存储的值为 1；
    // 若为大端序，则值为 0。
    unsigned int bytes = 1;
    cout << (*((char *)(&bytes)) ? "little-endian" : "big-endian") << endl;

    return 0;
}
//-------------------------------2.1.1.cpp-------------------------------//
```

强化练习

594 One Little Two Little Three Little Endians[A]。

2.1.2　浮点数的表示及精度

根据 IEEE 754-2019 标准[10][11]，任意一个浮点数 f 可以表示为

$$f = (-1)^s \times m \times b^e$$

其中，s 为符号（sign），使用一个二进制位表示，0 表示正数，1 表示负数。m 为尾数（significand），尾数实际上是有效数字（significant digit）的一种表示，通过选择不同的阶码，可以得到不同的尾数，为了统一，规定 $1 \leqslant m < 2$。b 为浮点数所使用进制的基数（radix），一般使用二进制或十进制，对于二进制浮点数而言，$b=2$。e 为阶码（exponent），类似于科学计数法中 10 的幂次。例如，将十进制浮点数 -12.5_{10} 表示成上述格式时，由于 12.5_{10} 对应的二进制带小数格式为 1100.1_2，有

$$-12.5_{10} = (-1)^1 \times 1.1001_2 \times 2^3$$

对应的参数为 $s=1, b=2, m=1.1001_2, e=3$。二进制可交换浮点数格式如图 2-2 所示。其中，S 为符号（sign），使用一个二进制位表示；E 为移码（biased exponent），使用实际指数加上偏移表示；T 为尾数。默认的 d_0 已经编码到指数位中，故存储的数位从 d_1 开始。32 位浮点数的移码 E 为 8 位，尾数 T 为 23 位；64 位浮点数的移码 E 为 11 位，尾数 T 为 52 位。

IEEE 754 标准规定，在计算机内部保存尾数 m 时，默认该数的第一位总是 1，这样的二进制浮点数称

为规范浮点数（normalized float number），简称规范数。由于规范数的尾数 m 的第一位总是 1，实现时可以舍去，只保存后面的小数部分，因此规范数的尾数 m 满足 $0.5 \leqslant m < 1$。例如，在保存 1.01101_2 的时候，可以只保存 01101_2，在读取时，把舍去的第一位上的 1 再恢复，这样可以节省一位有效数字存储空间。以 32 位浮点数为例，尾数 m 有 23 位，将第一位的 1 舍去以后，等效于可以保存 24 位有效数字。

图 2-2　二进制可交换浮点数格式

阶码 e 的表示稍复杂。标准规定 e 为一个无符号整数，如果是 32 位浮点数，e 为 8 位，它的取值范围是 $[0, 255]$；如果是 64 位浮点数，e 为 11 位，它的取值范围是 $[0, 2047]$。但是，科学计数法中的 e 可以为负数，所以 IEEE 754 又附加规定：e 的实际值必须再加上一个偏移（bias）以得到移码 E。对于 8 位的 e，这个偏移是 127；对于 11 位的 e，这个偏移是 1023。例如，2^3 的 e 是 3，保存为 32 位浮点数时，$E=3+127=130$，即 10000010_2。最终 -12.5_{10} 的 32 位二进制可交换浮点数格式编码为

$$-12.5_{10} = (-1)^1 \times 1.1001_2 \times 2^3 = 1_S 10000010_E 1001000000000000000000000_T$$

可以通过以下代码对上述结果进行验证。

```cpp
//-----------------------------2.1.2.1.cpp-----------------------------//
void toReadable(string s)
{
    cout << "S = " << s.substr(0, 1);
    cout << " E = " << s.substr(1, 8);
    cout << " T = " << s.substr(9);
}

int main(int argc, char *argv[])
{
    float f = -12.5;

    // 将存储浮点数的 4 个字节解释为一个无符号整数。
    unsigned int *ui = (unsigned int *)(&f);

    // 将无符号整数表示成二进制形式并输出，该二进制编码即为浮点数在内存中的编码。
    bitset<32> uis(*ui);
    toReadable(uis.to_string());
    cout << endl;

    return 0;
}
//-----------------------------2.1.2.1.cpp-----------------------------//
```

其最终输出为

```
S = 1 E = 10000010 T = 1001000000000000000000000
```

扩展练习

11809 Floating-Point Numbers[C]。

根据 IEEE 754 标准，float 数据类型有 23 位（二进制）尾数，如果保存的是规范数，即小数点的左侧始终为 1，那么可以节省 1 位存储空间，相当于使用 23 位的存储空间保存 24 位的尾数。由于 24 位二进制数能够保存的最大整数为

$$2^{24} - 1 = 16777215$$

当使用单精度浮点数来保存整数时，如果整数的有效数字个数超过 8 位，很可能无法精确保存。注意，

有效数字个数是指数值的全部数字的个数，并不是仅仅指小数点后面的数字个数。例如，123456789.0，整数部分有效数字共 9 位，虽然小数点后只有一位，但是无法用 float 数据类型精确表示到小数点后一位，而最多能精确到百位，即只能保证误差不大于 10；而对于 1234567.0，其整数部分有效数字为 7 位，可以使用 float 数据类型精确表示[1]。一般来说，使用 float 数据类型，其精度能够保存 6 或 7 位有效数字[2]。

```
//----------------------------2.1.2.2.cpp----------------------------//
void toReadable(string s)
{
    cout << "S = " << s.substr(0, 1);
    cout << " E = " << s.substr(1, 8);
    cout << " T = " << s.substr(9);
}

int main(int argc, char *argv[])
{
    float f1 = 123456789.0, f2 = 1234567.0;

    // 将浮点数 f1 以二进制编码形式输出。
    unsigned int *ui1 = (unsigned int *)(&f1);
    bitset<32> uis1(*ui1);
    cout << "original value: 123456789.0" << '\n';
    cout << "stored value: " << fixed << f1 << '\n';
    toReadable(uis1.to_string());
    cout << "\n\n";

    // 将浮点数 f2 以二进制编码形式输出。
    unsigned int *ui2 = (unsigned int *)(&f2);
    bitset<32> uis2(*ui2);
    cout << "original value: 1234567.0" << endl;
    cout << "stored value: " << fixed << f2 << '\n';
    toReadable(uis2.to_string());
    cout << '\n';

    return 0;
}
//----------------------------2.1.2.2.cpp----------------------------//
```

其最终输出为

original value: 123456789.0
stored value: 123456792.000000
S = 0 E = 10011001 T = 11010110111100110100011

original value: 1234567.0
stored value: 1234567.000000
S = 0 E = 10010011 T = 00101101011010000111000

对于 double 数据类型来说，由于其尾数为 52 位，若保存规范浮点数，可以表示 53 位的二进制数，能够表示的最大整数为

$$2^{53} - 1 = 9007199254740991$$

当用来表示浮点数的整数部分时，能够表示的有效数字不超过 16 位。根据最大尾数取对数的结果，float 数据类型的实际表示精度为 $\log_{10}(2^{24}-1)+1 \approx 8$ 位十进制数，double 数据类型为 $\log_{10}(2^{53}-1)+1 \approx 16$

---

[1] 123456789.0=1.11010110111100110100010101₂×2²⁶，单精度浮点数只能保存 23 位尾数，因此计算机内部将其四舍五入表示为 123456789.0≈1.11010110111100110100011₂×2²⁶=123456792，能够精确表示到百位，绝对误差为 3，其移码 E=26+127=153=10011001₂。1234567.0=1.00101101011010000111₂×2²⁰，单精度浮点数能够保存 23 位尾数，因此能够精确表示，其移码 E=20+127=147=10010011₂。单精度浮点数表示的误差和要表示的数的大小有关。一般来说，在其可表示范围内，单精度浮点数表示越大的数，其绝对误差越大，但相对误差变化不大。

[2] 当使用 float 数据类型保存小数时，其尾数最大为 23 位，而 2⁻²³=0.00000011920928955078125，则对于小于 0.0000001 的小数部分，float 数据类型无法精确表示，因此 float 数据类型在表示小数时的精度最多为 7 位。

位十进制数。在解题时，如果题目涉及浮点数的相加或相乘操作，那么就需要注意是选择单精度还是双精度浮点数，以免计算结果超出所能表示的精度范围。

强化练习

10114 Loansome Car Buyer[A]。

2.1.3　数据类型的取值范围

对于解题常用的编程语言来说，其提供的各种数据类型均有特定的取值范围。熟悉数据类型的取值范围非常重要，这对解题时确定应该使用何种数据类型，使得中间运算结果不会溢出，从而保证最终结果的正确性起着关键作用。在 C++中，头文件<limits>中定义了各种数据类型的取值范围。例如，int 类型的取值上限为 numeric_limits<int>::max()，下限为 numeric_limits<int>::min()。可以利用这些定义，使用如下的代码来生成一个C++源代码文件,编译运行后可以获取各种数据类型存储时使用的字节数及其表示范围[①]。

```
//---------------------------2.1.3.cpp---------------------------//
int main(int argc, char *argv[])
{
    // 为程序生成所需的头文件。
    cout << "#include <iostream>\n"
         << "#include <iomanip>\n"
         << "#include <limits>\n"
         << "using namespace std;\n"
         << "int main(int argc, char *argv[])\n"
         << "{\n";

    // 枚举数据类型。
    vector<string> dataTypes = {
        "bool", "char", "unsigned char",
        "short int", "unsigned short int",
        "int", "unsigned int", "long int", "unsigned long int",
        "long long int", "unsigned long long int",
        "float", "double", "long double"
    };

    // 定义输出格式。
    string literal =
        "    cout << [$: ] << sizeof($) << [B, ] << #numeric_limits<$>::min()"
        " << [ ~ ] << #numeric_limits<$>::max() << endl;";

    // 为每种数据类型生成一行输出。
    for (auto t : dataTypes) {
        for (auto c : literal) {
            if (c == '[' || c == ']') cout << '\"';
            else if (c == '$') cout << t;
            else if (c == '#') {
                if (t.front() == 'b' || t.back() == 'r') cout << "(int)";
            }
            else cout << c;
        }
        cout << endl;
    }

    cout << "    return 0;\n"
         << "}\n";

    return 0;
}
//---------------------------2.1.3.cpp---------------------------//
```

[①]　此源代码文件经过编译运行所生成的输出是另外一个源代码文件，需要再次进行编译运行才能得到预期的结果。

将以上代码保存为一个 C++ 源文件（例如，命名为 first.cpp），使用 GCC 编译器，按照以下命令进行编译运行[①]。

```
$ g++ -std=C++11 first.cpp -o first.exe
$ first.exe >second.cpp
$ g++ -std=C++11 second.cpp -o second.exe
$ second.exe >third.txt
```

最后得到的文件 third.txt 中的内容为[②]

```
bool: 1B, 0 ~ 1
char: 1B, -128 ~ 127
unsigned char: 1B, 0 ~ 255
short int: 2B, -32768 ~ 32767
unsigned short int: 2B, 0 ~ 65535
int: 4B, -2147483648 ~ 2147483647
unsigned int: 4B, 0 ~ 4294967295
long int: 4B, -2147483648 ~ 2147483647
unsigned long int: 4B, 0 ~ 4294967295
long long int: 8B, -9223372036854775808 ~ 9223372036854775807
unsigned long long int: 8B, 0 ~ 18446744073709551615
float: 4B, 1.17549e-38 ~ 3.40282e+38
double: 8B, 2.22507e-308 ~ 1.79769e+308
long double: 12B, 3.3621e-4932 ~ 1.18973e+4932
```

强化练习

465 Overflow[A]，913 Joana and the Odd Numbers[A]。

2.2 格式化输入

2.2.1 概述

在使用 C++ 进行解题时，需要将数据按照指定的格式读取之后再进行处理，这个过程称为格式化输入。在 C 语言中，一般使用 scanf 函数，指定相应的参数进行读取。而在 C++ 中，只要定义了变量的类型，就可以直接使用重载运算符 ">>" 配合 cin 和（或）istringstream 对象进行输入处理。C++ 会根据变量类型以空白字符（空格、制表符）和换行符作为默认分隔符进行数据的读取。其中，cin 是 istream 类的一个实例，可以直接使用；istringstream 则是继承自 istream 的一个类，需要实例化后才能使用。

cin 包含了下列用于辅助输入的成员函数。

- **get**
从输入流中读取一个字符。
```
istream& get(char& c);
```
- **getline**
从输入流中读取一行，直到已经读取指定数量的字符或遇到特定的结束字符（默认为换行符 '\n'）。
```
istream& getline(char* s, streamsize n);
istream& getline(char* s, streamsize n, char delim);
```
- **unget**
将输入流的位置计数回退一个位置，使得上一个已经读取的字符能够再次被读取。
```
istream& unget();
```
- **putback**
将输入流的位置计数回退一个位置，将指定字符放入输入流的当前位置使得可以读取该字符。
```
istream& putback(char c);
```

[①] 以 GCC 5.3.0 为例，假设源文件保存在用户 Home 目录下。如果未将当前目录添加到 PATH 变量中，需要在运行生成的可执行文件前添加相对路径 "./"。

[②] 这是在 Ubuntu 14.04 i686 32 位系统上使用 GCC 5.3.0 编译然后执行得到的结果。每行输出的内容依次为数据类型名称、数据类型占用的内存空间（单位：字节）、数据类型表示值的下限、数据类型表示值的上限。

- **ignore**

忽略从输入流当前位置开始的指定个数字符，直到满足下列条件之一——已经忽略的字符个数达到指定的数值（默认为 1）；遇到指定的的结束标记（默认为文件结束符）；发生输入流读错误。

```
istream& ignore(streamsize n = 1, int delim = EOF);
```

需要注意的是，如果混合使用输入重载符"`>>`"和 cin.getline 读取输入，需要在每次使用 cin.getline 前通过 cin.ignore 忽略掉换行符，否则 cin.getline 读取的将是上一次输入未读尽的换行符。

另外一个常用的输入处理函数是头文件 `<string>` 中的 getline 函数，它和 cin 中的成员函数 getline 名称相同，功能也类似[①]。string 类的 getline 函数也有两个版本，其函数原型如下。

- **getline**

从输入流中读取一行，直到满足下列条件之一——遇到指定的结束符；遇到文件结束符 EOF；发生输入流读错误。

```
istream& getline(istream& is, string& str, char delim);
istream& getline(istream& is, string& str);
```

getline 的作用是从输入流中读取字符，将其存储到 string 类变量中，直到遇到指定的结束符，如果未指定结束符，则使用默认的结束符'\n'（回车换行符）。如果在读取过程中遇到文件结束标记（end of file，EOF）或者发生输入流读取错误，也会结束输入。

强化练习

391 Mark-Up[C]。

2.2.2 标准输入

如果输入中每行给出的是整数、实数或不包含空格的字符串，则可以声明相应的变量，直接使用 cin 进行读取。例如，如果每行均包含两个整数，最后以文件结束符作为输入终结的标志，则可以按以下方式处理输入。

```
int i, j;
while (cin >> i >> j) {
    // 进一步处理。
}
```

强化练习

10055 Hashmat the Brave Warrior[A]，10071 Back to High School Physics[A]，10970 Big Chocolate[A]，11559 Event Planning[A]，12279 Emoogle Balance[A]，12650 Dangerous Dive[B]，12709 Falling Ants[C]，12917 Prop Hunt[C]，12952 Tri-Du[A]，12996 Ultimate Mango Challenge[D]。

如果输入最后以整数对"0 0"而不是以文件结束符作为输入终结标志，可以在 while 循环中增加条件进行判断：

```
int i, j;
while (cin >> i >> j, i || j) {
    // 进一步处理。
}
```

强化练习

573 The Snail[A]，591 Box of Bricks[A]，11679 Sub-Prime[A]，12468 Zapping[A]。

如果输入给定了测试数据的组数，则可以先读取组数，然后使用 for（或者 while）循环逐组读取数据：

```
int cases;
cin >> cases;
for (int cs = 1; cs <= cases; cs++) {
```

[①] 实际上，string 类是模板类 basic_string 的实例化，在 STL 的 SGI 实现中，有如下的定义："typedef basic_string<char> string;"。

```
    // 进一步处理。
}
while (cases--) {
    // 进一步处理。
}
```

强化练习

10300 Ecological Premium[A]，10783 Odd Sum[A]，10812 Beat the Spread[A]，11172 Relational Operator[A]，11547 Automatic Answer[A]，11727 Cost Cutting[A]，11764 Jumping Mario[A]，11777 Automate the Grades[A]，11799 Horror Dash[A]，11942 Lumberjack Sequencing[A]，12157 Tariff Plan[A]，12798 Handball[B]，12854 Automated Checking Machine[B]，12992 Huatuo's Medicine[C]，13012 Identifying Tea[B]。

2.2.3　字符串输入

不包含空白字符的字符串输入

如果每行只有一个单词，那么可以采用如下方法读取字符串。

```
string word;
while (cin >> word) {
    // 进一步处理。
}
```

如果每行输入中包含空格，而空格必须作为输入的一部分，那么可以采用如下方法读取字符串。

```
string line;
// getline 读取一行输入中除行末换行符（\n）之外的所有字符。
while (getline(cin, line)) {
    // 进一步处理。
}
```

> **注意**
>
> 如果使用 cin >> line 方式，那么获取的是该行的第一个字符串，而不是整行字符。假设输入
>
> **this is a fox.**
>
> 使用 cin >> line 方式的结果是
>
> **this**
>
> 而使用 getline(cin, line) 方式的结果是
>
> **this is a fox.**

强化练习

1124 Celebrity Jeopardy[A]，10530 Guessing Game[A]，11687 Digits[B]，12289 One-Two-Three[A]。

如果混合使用上述两种字符串读取方法，在使用 getline 函数之前需要将输入缓冲区的换行符"读尽"，否则会导致 getline 函数从 cin 尚未"读尽"的换行符开始读取，最终得到一个空行，不符合原来的预期。可以使用 cin.ignore 函数来完成"读尽"的工作。

```
string word;
while (cin >> word, word != "#") {
    // 进一步处理。
}
// 忽略行末的回车换行符。
cin.ignore(1024, '\n');
while (getline(cin, puzzle), puzzle != "#") {
    // 进一步处理。
}
```

强化练习

895 Word Problem[B]，10141 Request for Proposal[A]。

包含空白字符的字符串输入

默认情况下，cin 在进行输入时会忽略空白字符和回车换行符。如果需要将这些字符读取，则可以通过 cin.unsetf 函数设置输入标志来达到目的[①]。

```
/----------------------------2.2.3.1.cpp-----------------------------//
int main(int argc, char *argv[])
{
    char c;

    // 默认选项是忽略空白字符。
    while (cin >> c && c != '*') cout << c;

    // 设置读取时不跳过空白字符和回车换行符，即将输入原样输出，包括空白字符和回车换行符。
    cin.unsetf(ios::skipws);
    while (cin >> c && c != '*') cout << c;
    cout << '\n';

    return 0;
}
/----------------------------2.2.3.1.cpp-----------------------------//
```

对于以下输入：

The quick red fox jumps over a lazy dog.
The quick brown fox jumps over a lazy dog.*

The quick red fox jumps over a lazy dog.
The quick brown fox jumps over a lazy dog.*

其最终输出为

Thequickredfoxjumpsoveralazydog.Thequickbrownfoxjumpsoveralazydog.

The quick red fox jumps over a lazy dog.
The quick brown fox jumps over a lazy dog.

强化练习

272 TEX Quotes[A]，492 Pig-Latin[A]。

如果需要将一行输入拆分为多个单词，而输入中的各个单词之间以空白字符（空格或制表符）分隔，可使用 istringstream 类进行处理。

```
//----------------------------2.2.3.2.cpp-----------------------------//
int main(int argc, char *argv[])
{
    string line, word;
    line = "The quick brown fox jumps over a lazy dog";

    // 将输入以空格作为分隔符拆分成单词。
    istringstream iss(line);
    while (iss >> word) cout << word << "-";
    cout << endl;

    // 如果需要连续使用 istringstream 实例，注意将输入状态标志重置，否则会发生错误。
    // 读者可以尝试将 iss.clear()注释掉后观察相应的输出以理解其作用。
    iss.clear();
    line.assign("The quick black dog jumps over a lazy fox");
    iss.str(line);
    while (iss >> word) cout << word << "-";
    cout << endl;
```

[①]　参见 2.3 节中关于 unsetf 函数功能的介绍。

```
    return 0;
}
//---------------------------2.2.3.2.cpp---------------------------//
```

以上代码将指定字符串拆分为多个单词，并在每个单词后面附加一个连字符，其最终输出为

The-quick-brown-fox-jumps-over-a-lazy-dog-
The-quick-black-dog-jumps-over-a-lazy-fox-

强化练习

12243 Flowers Flourish from France[B]。

以特定字符作为分隔符

如果输入为一行字符串，但是不以空白字符作为分隔符（例如使用逗号、分号等），在 C 语言中，其处理思路可能与以下代码类似。

```
//+++++++++++++++++++++++++++++++2.2.3.3.cpp+++++++++++++++++++++++++++++++//
// 寻找分隔符，获取分隔符之间的字符串。
void parse(string line)
{
    size_t start = 0, next = line.find(',', start);
    while (next != line.npos) {
        string block = line.substr(start, next - start);
        cout << block << endl;
        start = next + 1;
        next = line.find(',', start);
    }
    if (start < line.length()) cout << line.substr(start) << endl;
}
```

而在 C++中，可以将 istringstream 类和 getline 函数结合使用对输入进行拆分，更为简便：

```
void parse(string line)
{
    istringstream iss(line);
    // 使用 getline 函数的另一版本，将逗号设置为默认的输入分隔符。
    string block;
    while (getline(iss, block, ',')) cout << block << endl;
}
//+++++++++++++++++++++++++++++++2.2.3.3.cpp+++++++++++++++++++++++++++++++//
```

使用上述方式对字符串进行拆分，需要注意拆分结束的条件。如果分隔符不是字符串的末尾字符，会将最后一个分隔符到字符串末尾的之间的字符作为一个"分组"输出。也就是说，此种情况下会将字符串末尾视为一个"隐形"的分隔符。

强化练习

277 Cabinets[E]，450 Little Black Book[A]，576 Haiku Review[A]，12195 Jingle Composing[B]。

以特定字符串或字符作为结束标志

若输入的最后一行以一个特定的字符串或字符作为结束标志，例如，以'#'作为结束行的标记，则可以采用如下读取方法。

```
string line;
while (getline(cin, line), line.length() > 0 && line[0] != '#') {
    // 进一步处理。
}
```

需要注意的是，某些情况下不能只采用判断条件：line != "#"，因为最后一行以'#'开始，并不表示这一行就只有一个'#'字符，有可能最后一行为"#this is a empty line"，题目的输入可能在此设置陷阱。

强化练习

12250 Language Detection[A]，12403 Save Setu[A]，12577 Hajj-e-Akbar[A]。

2.3　格式化输出

2.3.1　概述

在 C++中，一般使用标准类库提供的 cout 进行输出操作。cout 是 ostream 的一个实例，默认为标准输出，拥有 ios_base 基类的全部函数和成员数据。cout 提供了两个常用的格式化操作：setf 函数和 unsetf 函数，用以在当前的格式状态上追加或删除指定的格式。

格式参数

表 2-1 列出了在使用 setf 函数和 unsetf 函数时可用的格式参数。

表 2-1　setf 和 unsetf 的格式参数

参数	实际意义
ios::dec	在读取和输出整数时使用十进制格式
ios::hex	在读取和输出整数时使用十六进制格式
ios::oct	在读取和输出整数时使用八进制格式
ios::showbase	在输出整数时添加一个表示其进制的前缀，八进制前加 0，十进制原样输出，十六进制前加 0x
ios::internal	两端对齐。当输出长度不足时，在符号位和数值的中间插入填充字符使得输出的两端对齐
ios::left	左对齐。当输出宽度不足时，在输出的末端插入填充字符以使输出左对齐
ios::right	右对齐。当输出长度不足时，在输出的前端插入填充字符以使输出右对齐
ios::fixed	使用定点小数方式输出浮点数
ios::scientific	使用科学计数法方式输出浮点数
ios::boolalpha	输出布尔值时，若布尔值为 1，则输出 true，否则输出 false
ios::showpoint	在输出浮点数时强制显示小数点
ios::showpos	在输出非负数值时，在数值前附加符号 "+"
ios::skipws	在进行读取时，忽略输入流中的前导空白字符，直到遇到一个非空白字符
ios::unitbuf	在每次输出操作后清空缓存
ios::uppercase	输出十六进制数时表示数位的字母强制大写

使用的方法是将其作为参数调用 setf 或 unsetf 函数。例如，如果输出十六进制数时，要求字母字符以大写形式显示，可使用 cout.setf(ios::uppercase)语句实现，在输出时，小写字母 a～f 将被转换为大写字母 A～F 输出。需要注意的是，ios::uppercase 仅使输出流相关产生的小写字母转换为大写字母输出，不对非输出流相关产生的输出内容起作用，仅用于输出十六进制数或数制前缀的场合。对于字符串变量，欲通过使用 ios::uppercase 参数将小写字母自动转换为大写字母进行输出，将无法达到预期目的。

```
//----------------------------2.3.1.cpp----------------------------//
int main(int argc, char *argv[])
{
    string line = "the quick brown fox jumps over the lazy dog.";
    cout.setf(ios::uppercase);
    cout << line << endl;
    int number = 0x1af;
    cout.setf(ios::hex, ios::basefield);
    cout.setf(ios::showbase);
    cout << number << endl;
```

```
        return 0;
}
//----------------------------2.3.1.cpp----------------------------//
```

其最终输出为

the quick brown fox jumps over the lazy dog.
0X1AF

格式参数的连接

可以使用"|"（即"或"运算符）对多个格式参数进行连接，以达到一次性设置多个格式的目的。例如，在输出十六进制数时，需要显示进制提示并要求其大写，则可以使用如下语句。

```
cout.setf(ios::showbase | ios::uppercase);
```

为了更为方便地应用，标准库在定义时已经将某些参数进行了分组，即将类似的格式参数使用"或"位运算事先合并在一起，称之为域（field）。

```
ios::basefield = ios::dec | ios::oct | ios::hex          // 基数域
ios::adjustfield = ios::left | ios::right | ios::internal // 对齐域
ios::floatfield = ios::fixed | ios::scientific           // 浮点数域
```

通过域来进行设置，可以一次清除多个格式位。例如，要将基数位复位，并将输出整数的基数调整为十六进制时，可以使用如下语句实现。

```
cout.setf(ios::hex, ios::basefield);
```

需要注意的是，如果基数已经设置为其他值，使用"或"位运算将格式标记 ios::dec、ios::oct、ios::hex 和其他格式标志同时使用，不会产生预期的效果。例如，当前需要以十六进制输出整数，且将数位字母大写，考虑如下实现语句。

```
cout.setf(ios::showbase | ios::uppercase | ios::hex);
```

如果之前的基数为十进制，使用该语句后输出仍然为十进制，无法达到预期效果。为了能够使输出更改为十六进制，可以使用如下语句。

```
cout.setf(ios::showbase | ios::uppercase);
cout.setf(ios::hex, ios::basefield);
```

格式控制内联函数

为了设置格式的方便，标准类库中还定义了一系列的内联函数，这些内联函数和相应的格式参数名称相似，效果相同。以下列举了部分内联函数及其相对应的 setf/unsetf 函数调用。

```
boolalpha/noboolalpha       <=> cout.setf/unsetf (ios::boolalpha)
dec                         <=> cout.setf(ios::dec)
fixed                       <=> cout.setf(ios::fixed)
hex                         <=> cout.setf(ios::hex)
internal                    <=> cout.setf(ios::internal)
left                        <=> cout.setf(ios::left)
oct                         <=> cout.setf(ios::oct)
right                       <=> cout.setf(ios::right)
scientific                  <=> cout.setf(ios::scientific)
showbase/noshowbase         <=> cout.setf/unsetf(ios::showbase)
showpoint/noshowpoint       <=> cout.setf/unsetf(ios::showpoint)
showpos/noshowpos           <=> cout.setf/unsetf(ios::showpos)
skipws/noskipws             <=> cout.setf/unsetf(ios::skipws)
uppercase/nouppercase       <=> cout.setf/unsetf(ios::uppercase)
```

使用这些格式控制内联函数的方式很简单，直接在输出重载操作符后指定即可。例如，需要将整数输出更改为十六进制且左对齐输出，可以使用如下语句。

```
cout << hex << setw(8) << left << 1024 << endl;
```

输入输出操纵器

若需要进行更多的输出控制，可以包含头文件<iomanip>，从而使用其中的输入输出操纵器。在输入输出操纵器中，io 是 input and output 的缩写，表示输入输出；manip 是 manipulator 的缩写，表示操纵器。

以下列出了若干常用的操纵器。

- **setiosflags**

设置输出标记。在头文件<ios>中定义了多个标记，这些标记的组合可以控制输出的格式，例如，`setiosflags` `(showbase|uppercase)`表示在输出整数时显示基数且基数以大写方式显示。

- **setbase**

设置输出的基数，其中，`dec` 为十进制，`hex` 为十六进制，`oct` 为八进制。例如，`setbase(hex)`表示将基数设置为十六进制。

- **setfill**

设置填充字符。例如，`setfill('#')`表示当输出宽度不足时以字符'#'进行填充。

- **setprecision**

设置输出精度。例如，`setprecision(6)`表示将输出的数值四舍五入到小数点后 6 位，如果原有数字小数点后不足 6 位则补 0。

- **setw**

设置输出宽度。例如，`setw(10)`表示将输出宽度设置为 10 个字符宽度。

操纵器可以在输出时连续使用。例如，以下代码片段将实数 3.1415926 按照特定格式予以输出。

```
// 输出宽度为 6，右对齐，宽度不足时以字符'#'填充，保留小数点后两位并显示小数点。
cout << setw(6) << right << setfill('#') << setprecision(2) << fixed << 3.1415926;
```

其最终输出为

##3.14

2.3.2　输出对齐

`cout` 提供了三种方式调整输出对齐。

`left`：若输出内容宽度小于设置的输出宽度，以指定填充字符在输出的右侧进行填充，直到达到输出宽度，效果相当于将输出内容左对齐（left aligned）。

`right`：与 `left` 的作用相反。若输出内容宽度小于设置的输出宽度，以指定的填充字符在输出的左侧进行填充，直到达到输出宽度，效果相当于将输出内容右对齐（right aligned）。

`internal`：若输出内容的宽度小于输出宽度，在输出内容内部的特定位置插入填充符，直到达到输出宽度。效果类似于 Microsoft Office Word 排版中的两端对齐（justified）。对于数值输出来说，`internal` 的效果是在正负符号和数值之间插入填充字符，对于非数值变量的输出，其效果等同于使用 `right`。

```
//----------------------------2.3.2.cpp----------------------------//
int main(int argc, char *argv[])
{
    string line = "the quick brown fox jumps over the lazy dog.";
    cout << setfill('#') << setw(60) << left << line << endl;
    cout << setw(60) << right << line << endl;
    cout << setw(60) << internal << line << endl;
    int number = -1234567890;
    cout << setw(20) << left << number << endl;
    cout << setw(30) << internal << number << endl;
    cout << setw(30) << right << number << endl;
    return 0;
}
//----------------------------2.3.2.cpp----------------------------//
```

其最终输出为

```
the quick brown fox jumps over the lazy dog.###############
###############the quick brown fox jumps over the lazy dog.
###############the quick brown fox jumps over the lazy dog.
-1234567890#########
-##################1234567890
####################-1234567890
```

强化练习

706 LC-Display[A]。

2.3.3 整数输出

在输出整数时，主要需要控制的是显示整数时所用的基数。可以使用内联函数 showbase、dec、oct、hex、uppercase 或者 setf 函数对整数输出格式进行调整。

```
//----------------------------2.3.3.cpp----------------------------//
int main(int argc, char *argv[])
{
    int n = 60;
    cout.setf(ios::showbase);
    cout.setf(ios::dec, ios::basefield);
    cout << "dec: " << n << endl;
    cout << oct << "oct: " << n << endl;
    cout << hex << "hex: " << n << endl;
    cout.setf(ios::uppercase);
    cout << "hex | uppercase: " << n << endl;
    return 0;
}
//----------------------------2.3.3.cpp----------------------------//
```

其最终输出为

```
dec: 60
oct: 074
hex: 0x3c
hex | uppercase: 0X3C
```

强化练习

10550 Combination Lock[A]，11044 Searching for Nessy[A]，11956 Brainfuck[B]，12342 Tax Calculator[B]。

2.3.4 实数输出

在输出实数时，主要关注的是输出的精度及小数的形式——是以定点小数（fixed point number）还是以科学计数法（scientific notation）输出。

```
//----------------------------2.3.4.1.cpp----------------------------//
int main(int argc, char *argv[])
{
    double number = 123456789.0123456789;
    cout << number << endl;
    cout << fixed << setprecision(4) << number << endl;
    cout << setprecision(8) << number << endl;
    cout << scientific << number << endl;
    return 0;
}
//----------------------------2.3.4.1.cpp----------------------------//
```

其最终输出为

```
1.23457e+08
123456789.0123
123456789.01234567
1.23456789e+08
```

在实数的输出中，经常要做的是对结果进行四舍五入（rounding）——保留指定位数的小数进行输出。一般结合 fixed 和 setprecision 操纵器对输出精度进行控制。传入操纵器 setprecision 的整数决定保留的小数点位数，fixed 的作用是指明以定点小数形式输出实数。有时因为浮点数表示精度的问题，setprecision 的四舍五入结果与预期的结果有差异，此时可以将结果加上一个很小的常数（如 10^{-7}）后再进行输出，可以达到预期的效果。如下例所示，由于无法通过浮点数精确表示 1.005，导致四舍五入的结果与预期有差异，而加上一个很小的常数后就可以得到预期结果。

```
//----------------------------2.3.4.2.cpp----------------------------//
const double EPSILON = 1e-7;
```

```
int main(int argc, char *argv[])
{
    double number = 1.005;
    cout << fixed << setprecision(2) << number << endl;
    cout << fixed << setprecision(2) << (number + EPSILON) << endl;
    return 0;
}
//---------------------------2.3.4.2.cpp---------------------------//
```

其最终输出为

1.00
1.01

如果输出部分的所有实数均需要按要求进行四舍五入，那么可以先统一设定输出格式后再予以输出。

```
//---------------------------2.3.4.3.cpp---------------------------//
int main(int argc, char *argv[])
{
    vector<double> datas = {1.111, 2.222, 3.333, 4.444, 5.555, 6.666};
    cout.setf(ios::fixed);
    cout.precision(2);
    for (int i = 0; i < datas.size(); i++) {
        if (i > 1) cout << ' ';
        cout << datas[i];
    }
    cout << endl;
    return 0;
}
//---------------------------2.3.4.3.cpp---------------------------//
```

其最终输出为

1.11 2.22 3.33 4.44 5.55 6.67

在进行与角度相关的输出时，如果要求输出的角度值必须位于左闭右开区间$[0, 360.0)$中，且要求对输出进行四舍五入处理，则角度值 359.9956 按照精确到小数点后两位输出将为 360.00，最终应该输出 0.00。使用常规的方式不便处理此种情况，可结合 stringstream 类进行处理。

```
//---------------------------2.3.4.4.cpp---------------------------//
string roundAngle(double angle)
{
    stringstream ss;
    string roundedAngle;
    ss << fixed << setprecision(2) << (angle + 1e-7);
    ss >> roundedAngle;
    if (roundedAngle == "360.00") roundedAngle = "0.00";
    return roundedAngle;
}

int main(int argc, char *argv[])
{
    double angle1 = 355.8762, angle2 = 359.9985;
    cout << roundAngle(angle1) << endl;
    cout << roundAngle(angle2) << endl;
    return 0;
}
//---------------------------2.3.4.4.cpp---------------------------//
```

其最终输出为

355.88
0.00

10137 The Trip[A]（旅行）

有一群学生去旅行，在旅行途中进行消费时，有的学生会先垫付一部分钱，在旅行结束后，学生们根据预先垫付的情况相互之间还钱。给出学生的支付清单，要求你计算一个最小总"交易"金额，使得学生能够平摊所有费用，而且每个人的支出差距在 1 分钱以内。

输入

输入包含若干组数据。每组数据的第一行为一个正整数 n，表示此次旅行中的学生人数。接下来的 n 行中，每行包含一个学生的支出，精确到分。学生人数不超过 1000，并且每个学生的支出不超过 100000 美元，输入以只包含 0 的一行结束。

输出

对于每组测试数据输出一行，包含一个数值，表示每个学生平摊支出所需的最小总交易金额，以美元计，精确到分。

样例输入	样例输出
4 15.00 15.01 3.00 3.01 0	$11.99

分析

此题关键在于对"平均费用"的理解。"相差 1 分钱"的含义是——各个成员所交钱的数量彼此相差在 1 分钱以内，而不是指所有钱之和与最后支出之和相差 1 分钱，也不是指相邻两个成员之间所交的钱相差在 1 分钱以内。例如，有 3 个人，交的钱分别为 10.01、10.02、10.01（单位：美元），则可以称其为"相差 1 分钱"，但是如果交的钱为 10.01、10.02、10.03，虽然前后相差在 1 分钱以内，但是第三个和第一个相差为 2 分钱，不符合题意。

令 s 为总的花费（将每位学生的花费转换为分，表示为整数以方便讨论），t 为总人数，a 为平均费用，r 为余数，则有

$$a = \left\lfloor \frac{s}{t} \right\rfloor$$
$$s = a \times t + r, \quad r < t$$

将 t 个学生按花费进行分组，比平均数 a 大的人为 X 组，共有 x 个人；小于等于平均数 a 的人为 Y 组，共有 y 个人。交换的钱就是从 Y 组收取，还给 X 组。欲使得互相交换的钱尽可能地少，Y 组就要尽量少还钱给 X 组。

现在，根据余数 r 的情况分别进行讨论。

（1）如果余数 r 为 0，则以花费的平均数 a 为基准向花费少的 Y 组收取的钱刚好可以归还给 X 组的人，不多不少，大家的花费均为 a。如果向 Y 组的某个人多收 1 分钱，则归还时，X 组的某个人可以少花费 1 分钱，则 Y 组有一个人花费为 $(a+1)$ 分钱，X 组有一个人花费为 $(a-1)$ 分钱，最终导致相差钱数不在 1 分钱以内，不满足题意。

（2）当 $0 < r \leqslant x$ 时，表明按平均花费 a 向花费少的 Y 组收取的钱尚不够偿还 X 组的人多花的钱，还差 r 分钱，为了使得交易的钱数最少，在向多花费的 X 组退钱时，每个人可以少退 1 分钱，这样这些少退钱的人所花的钱为 $(a+1)$ 分钱，剩余其他人花的钱均为 a 分钱，满足题意。

（3）当 $r > x$ 时，即使 X 组的人每个人都少退 1 分钱，钱数仍然有"缺口"，少的钱数为 $(r-x)$ 分钱，少的钱只能向 Y 组的人收取，每人比平均花费 a 多收 1 分钱，直到填满"缺口"，由于 $r < t = x+y$，则有 $r-x < y$，即最多向 Y 组中的 $(y-1)$ 个人再收取 1 分钱，就能填满"缺口"。这样总共有 r 个人的花费为 $(a+1)$ 分钱，$(t-r)$ 个人花费 a 分钱。

尽管上述各种情况的讨论看起来似乎比较复杂，但最终实现为代码却很简单。

关键代码

```
// 数组 money 存放每个学生的花费（单位：美分），n 为学生的总数。
int findChange(int *money, int n)
{
    long long int sum = 0, average = 0, remain = 0, debt = 0;
```

```
    for (int i = 0; i < n; i++) sum += money[i];
    average = sum / n, remain = sum % n;
    for (int i = 0; i < n; i++)
        if (money[i] > average) {
            debt += (money[i] - average);
            if (remain-- > 0) debt--;
        }

    return debt;
}
```

强化练习

570 Stats[D], 10281 Average Speed[A], 10370 Above Average[A], 11945 Financial Management[C], 11984 A Change in Thermal Unit[A]。

2.3.5　缓冲区与输入输出同步

endl

endl（end of line）是一个输出控制符号,表示将换行符放入输出流并立即将输出流缓冲区内的内容输出,其本身是一个函数模板。cout 是以流的形式操纵输出,一般情况下,输出一个字符实际上是将此字符放入输出缓冲区内,不会将其立即输出到屏幕或文件中,而是在某个不确定的时机将缓冲区的内容输出到相应输出。但是使用 endl 后,cout 会首先将一个换行符放入缓冲区内,并立即将缓冲区的内容输出,然后清空缓冲区。对于存在大量输出操作的程序来说,建议在最后才使用 endl,而不是每当有输出产生时就使用 endl,否则调用的代价较高,会导致程序运行时间延长。更为合理的方法是在需要换行的地方使用转义符 "\n",待程序运行结束时一并输出。

tie 与 sync_with_stdio

C++以流的方式处理输入输出,默认情况下,cin 和 cout 绑定,即在进行任何输入操作之前,保证刷新输出缓冲区。为了提高输入速度,避免每次输入时都刷新缓冲区,可以将输入输出解绑定,该操作可通过 tie 函数来实现。

对于输入流来说,tie 有以下两种应用形式。

```
// 不带参数，返回与当前 cin 绑定的输出对象的指针。
cin.tie();
// 带参数，将当前输入与指定的输出对象绑定。
cin.tie(ostream* out);
```

如果将 0 或 NULL 作为参数传入 tie 函数,则会将输入与输出解绑定。注意,在解绑定后,不保证在进行输入操作前刷新 cout 的缓冲区,也不保证不刷新 cout 的缓冲区。一般计算机在可用资源允许的情况下会刷新 cout 的缓冲区,实际情况是绝大多数情况下都会刷新 cout 的缓冲区。

为了保持与 C 语言输入输出函数 scanf 及 printf 的兼容性,C++提供了 sync_with_stdio 函数。默认 C++的 cin 和 cout 与 C 语言的 scanf 和 printf 之间保持同步,可以混合使用,但是这样做有一个缺点,当输入中有大量数据时,C++使用 cin 和 cout 进行输入输出会比 C 语言使用 scanf 和 printf 输入输出慢,其真正原因是 C++为了同步输入输出而牺牲了效率,并不是 C++底层的执行效率比 C 语言低。可以使用 sync_with_stdio(false) 来关闭 "同步" 这个特性。关闭 "同步" 特性后,当进行大数据量的输入输出时,使用 cin 和 cout 进行输入和输出的效率与 C 语言使用 scanf 和 printf 进行输入和输出的效率相差不大。注意,sync_with_stdio(false) 需要在进行任何输入输出操作之前调用,使用该语句后,不能再将 cin、cout 与 scanf、printf 混用,否则会发生输入输出混乱的情况。sync_with_stdio 是一个静态函数,调用后对所有的输入输出流对象（如 cin、cout、cerr、clog 等）均产生影响。具体使用时可以参考如下主函数代码框架。

```
    int main(int argc, char *argv[])
    {
```

```
    // 需要在进行任何输入输出前使用。
    cin.tie(0); cout.tie(0); ios::sync_with_stdio(false);
    // 或者使用:
    // cin.tie(NULL); cout.tie(NULL); ios_base.sync_with_stdio(false);

    // 后续不能将 scanf、printf 与 cin、cout 混用。输出换行符时，避免使用 endl,
    // 否则会导致每次输出时刷新缓冲区，增加时间消耗。
    // 后续代码……

    return 0;
}
```

在解题时，如果输入或输出数据量非常大，对程序的运行时间具有显著的影响，可以考虑使用 tie 和 sync_with_stdio 函数，但应该先检查算法的效率是否符合要求。因为在绝大多数情况下，使用了正确而且高效的算法，运行时间应该都会在时间限制内。如果想在 UVa OJ 的解题时间排行榜占有一席之地，推荐使用 cin.tie(0) 和 cout.tie(0) 及 ios::sync_with_stdio(false)。

如果需要更为快速地读取输入，可以使用文件读函数 fread，并结合缓冲区、静态变量等技巧以获得更高的读取效率。下面给出的是读取字符和整数的快速输入实现（可参阅 GitHub 上的相关资料），读者可以参考其思路实现其他数据类型的快速读取输入模块。

```cpp
//----------------------------2.3.5.cpp----------------------------//
// 输入缓冲区长度。
const int LENGTH = (1 << 20);

// 从输入中读取一个字符。
inline int nextChar()
{
    static char buffer[LENGTH], *p = buffer, *end = buffer;

    // 当前缓冲区已经读尽，需要从输入中再读取一块数据到缓冲区。
    if (p == end) {
        // fread 的返回值为成功读取的字节数。
        if ((end = buffer + fread(buffer, 1, LENGTH, stdin)) == buffer) return EOF;
        p = buffer;
    }

    // 未读尽，直接取当前一个字符返回。
    return *p++;
}

// 从输入中读取一个整数。
inline bool nextInt(int &x)
{
    static char negative = 0, c = nextChar();
    negative = 0, x = 0;

    // 读取字符直到遇到数字字符或负号。
    while ((c < '0' || c > '9') && c != '-') {
        if (c == EOF) return false;
        c = nextChar();
    }
    if (c == '-') { negative = 1; c = nextChar(); }
    // 继续读取数字字符，使用位运算代替乘法运算。
    do x = (x << 3) + (x << 1) + c - '0'; while ((c = nextChar()) >= '0');
    // 考虑数值的符号。
    if (negative) x = -x;

    return true;
}
//----------------------------2.3.5.cpp----------------------------//
```

需要注意的是，在使用上述快速读取方式进行读取时，不能再混合使用 cin 或 scanf 进行输入，否则会导致缓冲区状态不一致，使得最终获取的输入结果产生混乱。

强化练习

　　11717 Energy Saving Microcontroller[D]，12356 Army Buddies[A]，12608 Garbage Collection[D]。

2.4　小结

　　本章旨在帮助读者复习 C++的一些基本知识，熟练掌握这些基本知识对编程竞赛来说是一项基本功。例如，熟悉各种数据类型的取值范围，在阅读题目时就能迅速确定应该使用何种数据类型，使得计算结果不会产生溢出错误。

　　一般来说，在编程竞赛中都是以文本文件的形式提供输入，在输出时需要按照指定的格式（例如，输出对齐、小数点后保留指定的位数等）进行输出。如果输入解析错误，会导致后续的计算环节产生错误。如果输出不符合要求，即使你的解题思路和算法实现都是正确的，也不会通过评测。因此，熟悉你使用的语言的全部输入输出处理功能非常重要。要想快速掌握一种语言的输入输出，最好的方法就是先阅读相应语言的参考手册，在了解输入输出方面该语言提供了哪些函数接口之后，按照语言参考手册的指示逐个上机进行试验，以了解每种函数接口的功能和意义，只有多加练习才能熟能生巧。

　　在 C 语言中，人们通常会使用 scanf 和 printf 函数来对数据进行输入输出操作。在 C++中，C 语言的这一套输入输出库人们仍然能使用，但是 C++又增加了一套新的、更容易使用的输入输出库。C++中的输入与输出可以看作一连串的数据流，输入可视为从文件或键盘中输入程序中的一串数据流，而输出则可视为从程序中输出一连串的数据流到显示屏或文件中。C++的输入和输出使用了运算符重载，使用 cin 进行输入时需要紧跟 ">>" 运算符，使用 cout 进行输出时需要紧跟 "<<" 运算符，这两个运算符可以自行分析所处理的数据类型，因此无须像使用 scanf 和 printf 那样给出格式控制字符串。cout、cin 的用法非常强大，它们比 C 语言中的 scanf、printf 函数更加灵活易用。

　　在各类编程竞赛中，常常出现输入数据量非常大的情形，如果不采用效率较高的输入方法，在读取数据这一步就可能耗费较多的时间，从而使得程序的运行时间较长，与其他使用相同算法但采用较快输入方法的解题方案相比，在运行效率上就会落后。因此，掌握快速输入技巧对建立比赛的用时优势有一定的作用。

第 3 章
数据结构

> 工欲善其事，必先利其器。
>
> ——《论语·卫灵公》

C++提供了丰富的数据结构来提高编程效率。为了更快地解题，需要熟悉各种数据结构所擅长处理的问题类型。熟练掌握数据结构的应用并没有特别的捷径可走，只有通过反复地查阅文档和不断地练习才能掌握它们的使用方法和特性。在解题中常用的基本数据结构有内置数组、向量、栈、队列、映射、集合等，以下将逐一介绍它们常用的属性和方法。除此之外，本章还介绍了若干应用较多的高级数据结构，如线段树、区间树、树状数组、稀疏表、并查集等；但对某些应用较少的高级数据结构及相关算法，如二叉堆（binary heap）、左偏树（leftist tree）、树堆（treap）、伸展树（splay tree）、动态树（dynamic tree）、块状链表、树链剖分等，由于篇幅所限未能予以介绍，建议感兴趣的读者自行查找相关资料以获得进一步的了解。

3.1　内置数组

C++提供了内置数组（built-in array），它是静态的，一旦声明后其大小将不能改变。当数据数量有固定上限，且不需要对数据进行大量地增加或删除操作时，使用内置数组较为合适。

3.1.1　顺序记录

在解题应用中，常见的是一维、二维和三维数组。一维数组主要用来表示构成序列的一组元素。在内部表示中，一维数组一般声明为一块连续的内存区域，下标相邻的元素在内存区域中是相邻的。二维数组有时也可使用一维数组进行替代以便于解题。使用一维数组表示二维数组时，令二维数组 A 为 m 行 n 列，当从 0 开始对下标计数时，二维数组的元素 $A[i][j]$ 对应的一维数组形式的元素为 $A[i*n+j]$。反之，一维数组形式的元素 $A[x]$ 对应的二维数组元素为 $A[x/n][x\%n]$。二维数组主要用于表示类似于网格的数据结构，如游戏棋盘。三维数组一般用于表示立方体网格结构形式的数据。

457 Linear Cellular Automata[A]（线性细胞自动机）

生物学家正在进行生物实验，实验在排成一列的若干个培养皿中进行。通过改变细菌的 DNA，他能够对细菌进行"编程"操作，使得细菌对相邻培养皿的菌群密度产生响应。每个培养皿的菌群密度使用四个等级进行描述（评分从 0 到 3），而 DNA 的信息则表示成一个数组 *dna*，编号从 0 到 9，菌群密度按以下规则进行计算。

（1）对于任意给定的培养皿，令其左侧的培养皿、自身、右侧的培养皿三者的菌群密度之和为 K，则一天之后，给定的培养皿的菌群密度为 *dna*[K]。

（2）位于最左侧的培养皿，设定其有一个假想的位于左侧的培养皿，其菌群密度为 0。

（3）对于最右侧的培养皿，设定其有一个假想的位于右侧的培养皿，其菌群密度为 0。

根据上述规则，显然，某些初始的 DNA 程序将导致所有细菌死亡（例如，[0, 0, 0, 0, 0, 0, 0, 0, 0, 0]），而某些则可能立即导致密度爆炸（例如，[3, 3, 3, 3, 3, 3, 3, 3, 3, 3]）。生物学家感兴趣的是那些演化趋势看起来不那么明显的 DNA 程序是如何演变的。

编写程序，模拟排成一列共 40 个培养皿中的菌群生长情况。你可以假定：起始时第 20 个培养皿的菌群密度为 1，其他培养皿的菌群密度均为 0。

输入

输入的第一行是一个正整数，表示测试数据的组数，后面跟着一个空行。每组测试数据一行，包含 10 个整数，表示 DNA 程序，两组测试数据之间有一个空行。

输出

对于每组测试数据，按照后续指定的格式进行输出。相邻两组测试数据的输出之间包含一个空行。每组测试数据的输出由 50 行输出构成，每行包含 40 个字符，每个培养皿由该行中的一个字符予以表示。如果培养皿菌群密度为 0，则输出空格；菌群密度为 1，则输出'.'（点）；菌群密度为 2，则输出'x'（小写字母 x）；菌群密度为 3，则输出'W'（大写字母 W）。

注意

在样例输出中，只给出了样例输入所对应输出的前 10 行（总共应该是 50 行输出），为了输出的可读性，使用小写字母'b'来表示空格，但在实际输出中，需要使用真正的空格字符而不是小写字母'b'。

样例输入

```
1

0 1 2 0 1 3 3 2 3 0
```

样例输出

```
bbbbbbbbbbbbbbbbbbbb.bbbbbbbbbbbbbbbbbbbb
bbbbbbbbbbbbbbbbbbbb...bbbbbbbbbbbbbbbbbbb
bbbbbbbbbbbbbbbbbbb.xbx.bbbbbbbbbbbbbbbbbb
bbbbbbbbbbbbbbbbbb.bb.bb.bbbbbbbbbbbbbbbbb
bbbbbbbbbbbbbbbbb.........bbbbbbbbbbbbbbbb
bbbbbbbbbbbbbbbb.xbbbbbbx.bbbbbbbbbbbbbbbb
bbbbbbbbbbbbbbb.bbxbbbbbxbb.bbbbbbbbbbbbbb
bbbbbbbbbbbbbb...xxbbbbxxx...bbbbbbbbbbbbb
bbbbbbbbbbbbb.xb.WW.xbx.WW.bx.bbbbbbbbbbbb
bbbbbbbbbbbb.bbb.xxWb.bWxx.bbb.bbbbbbbbbbb
```

分析

培养皿一天后的菌群密度与自身及左右两个相邻的培养皿的菌群密度有关，因此不能在原数组上直接进行"写"操作，这样会使得计算所需的菌群密度值被"覆盖"，导致后续计算无法进行，应该设置一个"影子"数组，该数组为当前数组元素的一个副本，从"影子"数组中获取值，将计算值写入原数组，在下次计算前再将原数组的结果复制到"影子"数组中。

强化练习

447 Population Explosion[C]，482 Permutation Arrays[A]，541 Error Correction[A]，626 Ecosystem[B]，703 Triple Ties: The Organizer's Nightmare[C]，815 Flooded[B]，1260 Sales[A]，10038 Jolly Jumper[A]，10260 Soundex[A]，10730 Antiarithmetic[B]，11222 Only I Did It[B]，11461 Square Numbers[A]，11608 No Problem[A]，11760 Brother Arif Please Feed Us[C]，12150 Pole Position[C]，12485 Perfect Choir[D]，12583 Memory Overflow[B]，12959 Strategy Game[D]，13130 Cacho[C]。

扩展练习

199 Partial Differential Equations[D]，244 Train Time[E]，279[①] Spin[E]，903 Spiral of Numbers[D]。

在一维数组应用中，经常需要将其表示成"环状数组"，即将一维数组首尾相连，当枚举到数组的最末一个元素时，再枚举下一个元素将回到一维数组的第一个元素，类似于"咬尾蛇"。使用一个指示当前位置的序号，结合偏移值，应用简单的模运算即可得到下一个位置的序号。

```
// 将一维数组模拟为环状数组使用。
int number[256], n = 256, idx, offset;

// 从环状数组第一个位置往后移动 20 个元素位置。
idx = 0, offset = 20;
idx = (idx + offset) % n;
```

---

① 279 Spin 中，当游戏长度较小时，模拟游戏的进行，列出各种情况的移动步骤，总结发现规律。

```
// 从环状数组第一个位置往前移动 50 个元素位置。
idx = 0, offset = 50;
idx = (idx - offset + n) % n;
```

强化练习

10978 Let's Play Magic[C]，11093 Just Finish It Up[B]，11496 Musical Loop[B]。

3.1.2 游戏模拟

在有关二维数组的题目中，一个常见的主题是游戏的模拟。一维的游戏一般都较为简单，可玩性不高，在现实生活中并不常见。三维的游戏又不便于制作成实物在现实中展示，一般在计算机游戏中多见，因此二维的游戏是人们最为常见的游戏形式，如国际象棋、数独、拼图等。表示二维游戏最为简便的方式是二维数组，数组的每个元素对应着游戏中的一个方格，在游戏进行过程中，对方格中的物体移动或数量的增减可以直接映射到二维数组中对应元素位置的变化或数量上的更改。

10363 Tic Tac Toe[A]（井字游戏）

Tic Tac Toe 是孩子们在 3×3 的网格上进行的游戏。两个玩家轮流在棋盘上放置 "X" 和 "O"，执 "X" 棋子为先手。如果某个玩家使用同样的棋子将棋盘上任意一条横线、竖线、斜线填充则取胜。使用 9 个点表示初始的棋盘状态，当玩家轮流在棋盘上放置棋子后，使用下列方式来表示棋盘的状态，直到某个玩家获胜。

```
...\X..\X.O\X.O\X.O\X.O\X.O!
...\...\...\...\.O.\.O.\OO.\OO.!
...\...\...\..X\..X\X.X\X.X\XXX!
```

给定一个棋盘状态，确实该棋盘状态是否是合法的，即确定是否能够通过正常的游戏过程生成这个棋盘状态。

输入

输入第一行包含一个整数 N，表示测试数据的组数。接着是(4N–1)行测试数据，指定了由空行分开的 N 个棋盘状态。

输出

对于每组测试数据，输出 yes 或者 no，表示给定的棋盘状态是否可以通过正常的游戏过程获得。

样例输入

```
2
X.O
OO.
XXX

O.X
XX.
OOO
```

样例输出

```
yes
no
```

分析

根据题意，可以得到以下约束条件。

（1）因为执 "X" 棋子的玩家为先手，那么最终某个玩家获胜时，"X" 棋子和 "O" 棋子要么一样多，要么 "X" 棋子比 "O" 棋子多一枚。

（2）棋盘最多能放置 9 枚棋子且执 "X" 棋子的玩家为先手，则 "X" 棋子最多为 5 枚，"O" 棋子最多为 4 枚。

（3）执 "X" 棋子的玩家和执 "O" 棋子的玩家不能同时获胜。

（4）因为有先后手的约束，当 "X" 棋子和 "O" 棋子数量相同时，执 "X" 棋子的玩家应该尚未获胜；类似地，当 "X" 比 "O" 棋子多一枚时，执 "O" 棋子的玩家应该尚未获胜。

强化练习

220 Othello[C]，232 Crossword Answers[B]，285 Crosswords[E]，339 SameGame Simulation[D]，379 Hi-Q[C]，395 Board Silly[D]，647 Chutes and Ladders[C]，844 Pousse[D]，10016 Flip-Flop the Squarelotron[C]，10443 Rock Scissors Paper[B]，10703 Free Spots[A]，10813 Traditional BINGO[B]，11140 Little Ali's Little Brother[D]，11221 Magic Square Palindromes[A]，11520 Fill the Square[B]，11835 Formula 1[D]，12291 Polyomino Composer[D]，12398 NumPuzz I[C]，13115 Sudoku[D]。

提示

对于 12291 Polyomino Composer，截至 2020 年 1 月 1 日，此题在 UVa OJ 上的评测数据仍存在以下问题：某些测试数据在一行上所包含的字符数小于 n 或 m 所指定的字符数。使用 getline(cin, line) 先读取整行字符后再赋值到二维数组中，不足的部分补充'.'，可以获得正确的输入。否则很有可能因为不正确的输入导致最后的结果错误，尽管算法在逻辑上是正确的。

3.1.3　矩阵变换

在二维数组的应用中，另外一个常见的主题是对二维数组表示的矩阵进行变换。例如，旋转或以特定的对称轴进行翻转（如图 3-1 所示）。

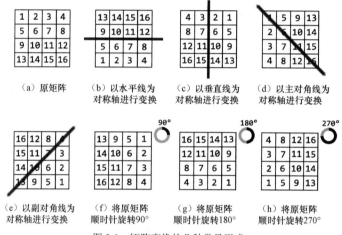

图 3-1　矩阵变换的几种常见形式

矩阵的变换都具有特定的规律，根据规律可以容易地将其实现为代码。关键在于处理时要小心谨慎，特别是要注意边界情况的处理。

强化练习

466 Mirror Mirror[B]，10855 Rotated Square[A]，10895 Matrix Transpose[B]，10920 Spiral Tap[B]，11040 Add Bricks in the Wall[B]，11349 Symmetric Matrix[A]，11360 Have Fun with Matrices[B]，11470 Square Sums[A]，11581 Grid Successors[B]。

扩展练习

250 Pattern Matching Prelims[D]，11055 Homogeneous Squares[D]。

提示

250 Pattern Matching Prelims 需注意浮点数精度问题。

对于 11055 Homogeneous Squares，如果给定的方阵是同质的（homogeneous），则将任意一行或者任意一列的每个方格中的数值同时增加（或减少）1，该方阵仍然是同质的。将方阵第一行和第一列的数值通过上述方法全部变为 0，再检查方阵中是否包含非 0 的方格，如果包含则肯定不是同质方阵。

3.1.4　约瑟夫问题

130 Roman Roulette[A]（罗马轮盘赌）

历史学家弗拉维斯·约瑟夫曾经讲述过这样的一个故事：在公元 67 年的一场冲突中，敌人占领了他所掌权的城镇——乔塔帕塔。在逃跑过程中，约瑟夫和另外四十位同伴被困在某个山洞中。敌人发现了他的藏身之处并劝他投降，但他的同伴不允许他这么做。在这种情况下，他提议按照站位顺序逐个处死对方。也就是说，所有人围成一圈，从某个人开始计数，每数到第三个人就把他处死。他们按此执行，直到剩下一个幸存者，而此人恰好是约瑟夫，他随后向敌人投降了。那么问题来了：是不是约瑟夫暗地里用 41 块石头在一旁偷偷练习过，还是他经过了数学计算，使得他知道需要站在第 31 个位置才能够成为最后的幸存者？

编写程序，当给定一个起始位置后，按照前述类似的方法进行计数，程序能够给出相应的位置序号，从而能够保证你是唯一的幸存者。更确切地说，你的程序应该能够处理如下的约瑟夫问题变形：给定包括你在内的 n 个人，面朝内顺时针围成一圈并依次编号，你的编号为 1，你右手边的人编号为 n，从编号 i 开始，按顺时针方向数 k 个人，此人将被处死，然后从死者所在位置的左手边开始，顺时针方向数 k 个人，选取此人将死者的尸体埋掉，之后埋尸者调换到死者所在的位置，接着从埋尸者当前所在的位置的左手边开始，顺时针方向数 k 个人，重复以上过程，直到只剩下一个幸存者。

例如，当 $n=5$、$k=2$、$i=1$ 时，被处死者的编号依次为 2、5、3、1，幸存者的编号为 4。

输入输出

输入包含多行，每行由一组 n 和 k 组成。对于每一行输入，输出 i 为多少，序号为 1 的人才能成为幸存者。例如，在以上给出的例子中，当 $i=3$ 可以保证序号为 1 的人是幸存者。输入以"0 0"结束。你可以假定 n 不大于 100。

样例输入	样例输出
1 1 1 5 0 0	1 1

分析

约瑟夫问题，又称约瑟夫环问题，具体描述在题目的前半部分已经给出。原始问题的提法是每数到第 3 个人，就将此人处死。可以将该问题一般化，从编号为 1 的人开始计数，每计数到第 k 个人，将此人移出环形队列，求最后剩下的人的编号。

最直接的方法是模拟计数的过程。设总人数为 n，以一个内置数组来表示计数的参与者，初始时，数组中所有元素均为 true，每当一个参与者被移出，就将该参与者所对应的数组元素置为 false，并将剩余的参与者人数减少 1，则可得到如下的代码。

```
//------------------------------3.1.4.1.cpp------------------------------//
int n, k;
const int MAXN = 10000;
bool circle[MAXN + 10];

int findLast()
{
    fill(circle, circle + MAXN, true);

    // 从编号为 1 的参与者开始计数。
    int index = 1, nn = n;
    while (nn > 1) {
        // 因为是用数组来模拟环，首先需要从上一次计数结束的地方开始计数到数组末尾。
        int kk = k;
        for (; index <= n; index++)
            if (circle[index] && (--kk == 0))
```

```
                break;
        // 若计数未达到设定的计数值，则从数组起始位置继续计数。
        while (kk) {
            for (index = 1; index <= n; index++)
                if (circle[index] && (--kk == 0))
                    break;
        }
        // 已计数到 k，剩余参与者人数减少 1。
        circle[index] = false;
        nn--;
    }

    // 查找并返回幸存者编号。
    for (int i = 1; i <= n; i++)
        if (circle[i])
            return i;
}

int main(int argc, char *argv[])
{
    while (cin >> n >> k, n && k) cout << findLast() << endl;
    return 0;
}
//---------------------------3.1.4.1.cpp---------------------------//
```

当 n 和 k 都比较小时，此方法能够快速得到结果，但是随着 n 和 k 的逐渐增大，效率越来越低。因为在模拟过程中，需要不断地遍历整个数组，消耗时间增多[①]，此时可考虑使用数学方法来得到结果。为方便数学方法的讨论，将编号方法改成从 0 开始编号（此改动不影响问题的解决，只需要将最后求出的幸存者编号加 1 即可求得从 1 开始编号时幸存者的编号），那么问题转换为，参与者的编号从 0 到 n–1，顺时针从 0 计数到 k–1，将第(k–1)个参与者移除，求最后剩下的参与者编号。第一轮计数，设将编号为 x 的人移出队列，则有

$$x = (k-1)\%n \tag{3.1}$$

此时剩余参与者的编号为

$$0, 1, \cdots, x-2, x-1, x+1, x+2, \cdots, n-2, n-1 \tag{3.2}$$

因为下一轮计数将从编号为 x+1 的参与者开始，不妨将编号为 x+1 的参与者放在首位，并将编号重新排列为

$$x+1, x+2, \cdots, n-2, n-1, 0, 1, \cdots, x-2, x-1 \tag{3.3}$$

接着从 0 开始为剩余的参与者重新赋予编号，即编号为 x+1 的参与者当前编号为 0，编号为 x+2 的参与者当前编号为 1，以此类推。那么序列（3.3）变成

$$0, 1, \cdots, n-8, n-7, n-6, n-5, \cdots, n-3, n-2 \tag{3.4}$$

可以看到，原有的约瑟夫问题转换为以下问题：给定(n–1)个参与者，编号从 0 到 n–2，每次从 0 计数到 k–1，将第(k–1)个参与者移除，求最后幸存者的编号问题。很明显，这是一个递归的过程。若能找出前后两轮计数编号间的关系，利用反向递推可以很容易地由人数为 n–1 时的结果得到人数为 n 时的结果。观察编号序列（3.3）和序列（3.4），由于是模 n 的结果，可以看成是连续的，而且有 0 对应 x+1，1 对应 x+2……直到 n–2 对应 x–1 的关系，令 y' 是序列（3.3）中的编号，y 是序列（3.4）的编号，那么可以得到序号对应关系为

$$y' = (y + x + 1)\%n \tag{3.5}$$

将（3.1）式代入（3.5）式可得

$$y' = \left(y + ((k-1)\%n) + 1\right)\%n = \left(y + 1 + (k-1)\right)\%n = (y+k)\%n \tag{3.6}$$

---

① 使用后续介绍的 vector 代替内置数组，通过不断地移除参与者可以使得 vector 的大小不断减小，同时结合使用模运算得到下一个被移除的参与者序号，可以在一定程度上提高效率。但对于较大的 n，仍然存在效率较低的问题。因为每次移除都对应一次删除操作，频繁地删除将会导致 vector 不断调整存储空间，使得耗时增加。

即对于第二轮计数来说，如果最后剩下的参与者编号为 y，则可通过（3.6）式将编号转换为第一轮计数时该参与者的编号 y'。根据递推关系，只要求出当人数为 1 时的情形，可以反推得到人数为 n 时的结果，而人数为 1 时为最简单的情形，此时剩余参与者的编号为 0。根据上述讨论，利用数学方法求人数为 n 时的幸存者编号变得相当简单。

```cpp
//--------------------------3.1.4.2.cpp--------------------------//
int n, k;

int findLast()
{
   int last = 0;
   // 只需逆向递推n-1次。
   for (int i = 2; i <= n; i++) last = (last + k) % i;
   // 返回从1开始计数时幸存者的编号。
   return (last + 1);
}

int main(int argc, char *argv[])
{
   while (cin >> n >> k, n && k) cout << findLast() << endl;
   return 0;
}
//--------------------------3.1.4.2.cpp--------------------------//
```

数学方法对于 n 和 k 比较大的情况也可以很快处理[1]。如果需要确定逆时针方向计数的结果，根据计数过程的对称性，假设从 1 开始编号，顺时针进行计数时得到的幸存者编号为 s，逆时针进行计数时幸存者的编号为 s'，则两者之间的关系为

$$s' = (n + 2 - s)\%n \tag{3.7}$$

由于此题并不是典型的约瑟夫问题，不便于利用数学方法，使用模拟方法解题更为简单。可以使用一个内置数组，将参与者的序号作为数组元素，每当某人被处死，则将其对应的数组元素置为零。模拟计数过程找到对应的"埋尸者"，进行替换然后继续计数，直到剩下一个人，最后根据环形对称得到结果。

参考代码

```cpp
const int MAX_NUMBER = 100;

int n, k;
int circle[MAX_NUMBER + 1];

// 按顺时针方向模拟计数的过程。
int findCW(int start, int count)
{
   // 从上一次计数的结束位置开始计数到末尾，完成一次循环，以便后续每次从起始位置开始计数。
   for (int i = start; i < n; i++)
      if (circle[i] > 0 && ((--count) == 0))
         return i;
   while (true) {
      for (int i = 0; i < n; i++)
         if (circle[i] > 0 && ((--count) == 0))
            return i;
   }
}

// 找到幸存者的编号。
int findSurvivor()
{
   for (int i = 0; i < n; i++)
```

---

[1] 参见 Graham、Knuth、Patashnik 合著的 *Concrete Mathematics*，在此书中，对 $k=2$ 的情形进行了详细地分析，感兴趣的读者可以进一步查阅。

```
        if (circle[i] > 0)
            return circle[i];
    }

    int main(int argc, char *argv[])
    {
        int counter;

        while (cin >> n >> k, n || k) {
            // 赋予编号。
            counter = n;
            for (int i = 1; i <= n; i++) circle[i - 1] = i;
            // 按照题意，每次减少一名参与者。
            int killed = 0, burier;
            while (counter > 1) {
                killed = findCW(killed, k);
                circle[killed] = 0;
                // 找到埋尸者，交换位置。
                burier = findCW(killed, k);
                circle[killed] = circle[burier];
                circle[burier] = 0;
                // 根据题意，往顺时针方向移动一个位置开始下一轮计数。
                killed = (killed + 1) % n;
                counter--;
            }
            // 根据环形对称，假设幸存者的编号为 s，那么从编号为 1 的人往逆时针方向数 s 个人，
            // 然后从此位置开始计数，则幸存者为原编号为 1 的人。
            cout << (n - findSurvivor() + 1) % n + 1 << endl;
        }

        return 0;
    }
```

强化练习

133 The Dole Queue[A], 151 Power Crisis[A], 180 Eeny Meeny[D], 305 Joseph[A], 402 M*A*S*H[B], 440 Eeny Meeny Moo[A], 10771 Barbarian Tribes[C], 10774 Repeated Josephus[C], 11351 Last Man Standing[C]。

扩展练习

432 Modern Art[D], 10940 Throwing Cards Away II[A], 11053 Flavius Josephus Reloaded[C]。

3.2　向量

在标准模板库（Standard Template Library，STL）中，提供了向量（vector）模板类来实现动态数组的功能。向量使用内存中的连续地址空间来存储数组元素，并能够根据需要，对数组的大小自动进行调整。当数组需要存储的元素数量不定时，使用向量来替代 C++的内置数组将会给解题带来便利。由于向量是一个模板类，需要为其指定所包含元素的类型。所以，向量的元素类型既可以是整型、浮点型、字符型等基本类型，也可以是字符串、结构体、类。

```
//------------------------------3.2.cpp------------------------------//
int main(int argc, char *argv[])
{
    vector<int> circle;
    for (int i = 1; i <= 10; i++) circle.push_back(i);

    // 使用传统的下标访问形式。
    for (int i = (circle.size() - 1); i >= 0; i--)
        cout << setw(2) << circle[i] << " ";
    cout << endl;

    // 迭代器访问形式。
```

```
    for (auto it = circle.begin(); it != circle.end(); it++)
        cout << setw(2) << *it << " ";

    return 0;
}
//----------------------------3.2.cpp----------------------------//
```
其最终输出为

```
10  9  8  7  6  5  4  3  2  1
 1  2  3  4  5  6  7  8  9 10
```

使用向量需要包含头文件<vector>，表 3-1 列出了向量的若干常用属性和方法（详细资料可参阅 cplus plus 网站的相关内容）。

表 3-1 向量的常用属性和方法

属性名或方法名	含义和部分举例
begin	返回指向向量首个元素的迭代器
end	返回指向向量最末元素之后一个位置的迭代器
rbegin	返回指向向量最末元素的逆序迭代器
rend	返回指向向量首个元素之前一个位置的逆序迭代器
size	返回向量的大小
empty	测试向量是否为空，为空返回 true，否则返回 false
[index]	获取序号为 index 的元素，不进行范围检查
at(index)[C++11①]	获取序号为 index 的元素，进行范围检查
front	获取向量的首个元素
back	获取向量的最末元素
clear	清空向量

assign	将当前向量初始化为 n 个特定的值，同时更改向量的大小
	`void assign(size_type n, const value_type& val);`
	将其他容器指定范围内的元素值赋值给当前向量
	`template <class InputIterator>`
	`void assign(InputIterator first, InputIterator last);`

push_back	将指定元素添加到向量末尾 `void push_back(const value_type& value);`
pop_back	删除向量的末尾元素 `void pop_back();`

insert	在指定位置之前插入单个或一组元素，并返回插入元素后的迭代器。需要使用迭代器指定位置参数
	`iterator insert(iterator position, const value_type& value);`
	`template <class InputIterator>`
	`void insert(iterator position, InputIterator first, InputIterator last);`

erase	移除指定位置的元素，并返回删除元素后的迭代器。需要使用迭代器指定位置参数 `iterator erase(iterator position);`

127 Accordian Patience[A]（手风琴纸牌）

本题要求你对手风琴纸牌游戏进行模拟。该游戏的规则如下。

将一叠牌从左至右一张一张摆开，摆开时牌与牌不能重叠。如果某张牌与其左手边的第一张牌"匹配"，或者与左手边的第三张牌"匹配"，那么可以将这张牌移动到左边的相应牌上面。"匹配"是指牌的花色或点数相同。在移动"匹配"的牌后，还要查看是否可以进行更多的"匹配—移动"操作。注意，只有每叠牌最顶端的那张牌可以移动。在牌移动后，如果两叠牌之间出现空隙，则将右侧的牌堆整体往左移动以消

---

① 如果函数名称右上角具有 C++11 标记，表示只有支持 C++11 标准的编译器才支持此函数。

除空隙。当最后所有牌都叠在一起时游戏结束，玩家获胜。

当有多张牌均可移动时，总是先移动最左边的牌；当某张牌有多个移动可选择时，总是将牌移动到最靠左的牌堆上。

输入

输入包含多组数据。每组数据包含两行，每行由表示 26 张牌的字母和数字组成，每张牌间隔一个空格。输入最后一行以字符'#'作为结束标记。每张牌以两个字符表示，第一个字符表示点数（A=Ace，2～9，T=10，J=Jack，Q=Queen，K=King），第二个字符表示花色（C=梅花，D=方块，H=红桃，S=黑桃）。每组数据的第一张牌为发牌时最左边的那张牌，以此类推。

输出

对于每组数据输出一行，给出游戏进行到最后时，剩下的牌堆数及从左至右每个牌堆的牌数。

样例输入

```
QD AD 8H 5S 3H 5H TC 4D JH KS 6H 8S JS AC AS 8D 2H QS TS 3S AH 4H TH TD 3C 6S
8C 7D 4C 4S 7S 9H 7C 5D 2S KD 2D QH JD 6D 9D JC 2C KH 3D QC 6C 9S KC 7H 9C 5C
#
```

样例输出

```
6 piles remaining: 40 8 1 1 1 1
```

分析

按照给定的规则，模拟游戏中牌的移动即可。使用 vector 进行模拟较为方便。在下述实现中，使用两个字符表示一张牌，第一个字符为牌的点数，第二个字符为牌的花色。每堆牌位于顶部的牌存放于 vector 的末尾。

关键代码

```cpp
// 每一叠牌都使用一个 vector 来表示。
vector<vector<string>> piles;

// 检查是否可以将牌移动到左手边的堆牌上。
bool canMoveToLeft(int index)
{
    return (index >= 1 && (piles[index].back()[0] == piles[index - 1].back()[0] ||
        piles[index].back()[1] == piles[index - 1].back()[1]));
}

// 检查是否可将牌移动到左手边第三堆牌上。
bool canMoveToThirdLeft(int index)
{
    return (index >= 3 && (piles[index].back()[0] == piles[index - 3].back()[0] ||
        piles[index].back()[1] == piles[index - 3].back()[1]));
}

// 模拟游戏过程。
void play()
{
    while (true) {
        // 移除空的牌堆。
        for (int i = piles.size() - 1; i >= 0; i--)
            if (piles[i].size() == 0)
                piles.erase(piles.begin() + i);
        // 从左至右逐个牌堆检查，确定是否可进行相应的移动。
        int index = 0;
        bool moved = false;
        while (index >= 0 && index < piles.size()) {
            if (piles[index].size() == 0)
                break;
            // 检查是否可将牌移动到位于左手侧的第三堆牌上。
            if (canMoveToThirdLeft(index)) {
                piles[index - 3].push_back(piles[index].back());
                piles[index].erase(piles[index].end());
                index -= 3;
```

```
            moved = true;
            continue;
        }
        // 检查是否可将牌移动到位于左手侧的堆牌上。
        if (canMoveToLeft(index)) {
            piles[index - 1].push_back(piles[index].back());
            piles[index].erase(piles[index].end());
            index -= 1;
            moved = true;
            continue;
        }
        index++;
    }
    // 当无法继续进行移动时，退出模拟过程。
    if (!moved) break;
}
```

强化练习

162 Beggar My Neighbour[C], 170 Clock Patience[A], 178 Shuffling Patience[D], 451 Poker Solitaire Evaluator[D], 10205 Stack'em Up[A], 10315 Poker Hands[A], 10646 What is the Card[A], 10700 Camel Trading[A]。

扩展练习

131 The Psychic Poker Player[B]，603 Parking Lot[D]。

提示

对于 10646 What is the Card，截至 2020 年 1 月 1 日，该题在 UVa OJ 上的题意描述不够清晰，容易导致误解。对于一行 52 张牌的输入数据，第一张牌对应着底部的那张牌，最后一张牌对应着顶部那张牌。起始时，第一张牌在牌堆的最下方，最后一张牌在牌堆的最上方。先将牌堆上半部分的 25 张牌移走待用，对牌堆的下半部分 25 张牌进行 3 次指定的组合操作（这些操作会移走一部分牌），然后将最初移走的 25 张牌放到组合操作后剩下的牌堆顶部，从这个牌堆中的最底下一张牌数起，确定第 Y 张牌即为所求。

3.3 栈

栈（stack）是一种具有先进后出（last-in-first-out，LIFO）性质的数据结构，适用于嵌套式结构的处理，如图的深度优先遍历、递归程序的调用。现实生活中栈的例子很多，例如，在轮渡过程中，如果船的一端是封闭的，车辆只从船的一端进出，那么在下船时先进入船舱的车辆总是要等到后进入的车辆离开后才能从船舱开出，而且每次只有最靠近出口的车辆可以开出，这时船舱就可以看作一个栈。

使用栈需要包含头文件 `<stack>`，表 3-2 列出了栈的若干常用属性和方法。

表 3-2 栈的常用属性和方法

属性名或方法名	含义和部分举例
empty	测试栈是否为空，为空返回 true，否则返回 false
size	返回栈的大小
top	获取栈顶元素
pop	移除栈顶元素
push	将指定的元素压入栈顶 void push(const value_type& value);

在某些场合，可以使用数组来实现栈的功能（如图 3-2 所示），有时候对于解题来说更为方便。方法是使用数组来保存栈的元素，使用一个整数来保存栈元素个数并将其作为栈顶元素的"指针"。当压入元素时，栈顶"指针"递增，出栈时，栈顶"指针"递减。

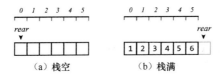

图 3-2 使用数组实现栈（栈容量为 6 个元素，栈顶指针为 *rear*）

```cpp
//-----------------------------3.3.cpp-----------------------------//
// 常量 ERROR 表示取栈顶元素发生错误，需要根据具体应用进行设置。
const int ERROR = -0x3f3f3f3f, CAPACITY = 1010;

// rear 为栈顶的指针。
int memory[CAPACITY], rear = 0;

bool empty() { return rear == 0; }
int size() { return rear; }

int top() {
    if (rear > 0) return memory[rear - 1];
    return ERROR;
}

void pop() { if (rear > 0) rear--; }
void reset() { rear = 0; }

bool push(int x) {
    if (rear < CAPACITY) { memory[rear++] = x; return true; }
    return false;
}
//-----------------------------3.3.cpp-----------------------------//
```

727 Equation[A]（等式）

编写程序将中缀表达式转换为对应的后缀表达式。

输入

（1）需要转换的中缀表达式在输入文件中给出，每行一个表达式，每个表达式最多 50 个字符[①]。

（2）输入文件的第一行为一个整数，表示测试数据的组数，后面接着一个空行，之后是测试数据。每组测试数据表示一个中缀表达式，后面接着一个空行。

（3）程序只需处理四则运算符：+、−、*、/。

（4）所有运算数均为个位数。

（5）运算符"*"和"/"拥有最高优先级，运算符"+"和"−"拥有最低优先级。具有相同优先级的运算符按照从左至右的顺序进行运算。括号可以改变运算符的优先级顺序。

（6）每组测试数据给出的中缀表达式均为合法的中缀表达式。

输出

对于每组测试数据，输出其对应的后缀表达式，要求将后缀表达式在一行上输出。在相邻两组测试数据的输出之间打印一个空行。

样例输入

```
1

(3+2)*5
```

样例输出

```
32+5*
```

分析

为了便于处理表达式，先要了解表达式的表示方式。表达式中有运算符和操作数。运算符是对操作数进行某种运算的符号标记，例如，+、−、*、/等符号。操作数即为表达式中出现的数值。括号较为特殊，它在中缀表达式中的作用是改变运算的优先顺序。一般在日常生活中，人们都将操作数写在运算符的两边

---

① 此处对输入格式进行了适当改变，原题目描述为"每行一个字符，每个表达式最多 50 行"。

构成一个表达式，如

$$5*(9-1)/4+7 \qquad (3.8)$$

在数学上，这样的表示方式称为中缀表达式（infix notation），即运算符位于操作数的中间。虽然中缀表达式符合人类的思维习惯，人们处理起来很便利，但是对于计算机来说，直接处理中缀表达式却相对困难。1920 年左右，波兰数学家 Jan Lukasiewicz 提出了表达式的另外一种表示方式——将运算符放在操作数的前面，这样中缀表达式（3.8）变成了

$$+/*5-9147 \qquad (3.9)$$

称为波兰表达式（Polish notation），又称前缀表达式（prefix notation）。根据波兰表达式，人们又提出了另外一种表示方式——将运算符放在操作数的后面，这样中缀表达式（3.8）变成了

$$591-*4/7+ \qquad (3.10)$$

称为逆波兰表达式（reverse Polish notation），又称后缀表达式（postfix notation）。波兰表达式和逆波兰表达式有两个显著的优点：一是不需要使用括号来指定运算顺序（运算顺序已经隐含在表达式中）；二是计算机处理起来非常方便。

对于表达式的逆波兰表示形式，计算机可按照如下方式计算其值：设立一个栈，从左至右扫描逆波兰表达式，当遇到操作数时，将其压入栈中，当遇到运算符时，顺序弹出栈顶的两个操作数进行运算符所指定的运算，然后将结果作为操作数入栈，重复此过程，直到表达式处理完毕，栈顶值即为表达式的值。对于波兰表达式，只需从右往左扫描表达式，按计算逆波兰表达式的方式操作即可。

```
// 使用栈来计算后缀表达式的值。从左至右扫描后缀表达式，如果是数字，则压入栈中，
// 如果是运算符，则取出栈顶的两个元素进行运算符所指定的运算，然后将运算结果压入栈中，
// 直到后缀表达式处理完毕，栈顶元素即为表达式的值。
int calculate(string postfix)
{
    stack<int> result;
    for (auto c : postfix) {
        // 如果为数字，将其压入结果栈。
        if (isdigit(c)) result.push(c - '0');
        else {
            // 计算并将结果入栈。注意出栈时运算数的先后顺序。
            int second = result.top(); result.pop();
            int first = result.top(); result.pop();
            if (c == '+') result.push(first + second);
            if (c == '-') result.push(first - second);
            if (c == '*') result.push(first * second);
            if (c == '/') result.push(first / second);
        }
    }
    return result.top();
}
```

由上可知，只要将中缀表达式转换为逆波兰表达式，使用栈来计算表达式的值将变得非常简便。如何将中缀表达式转换为后缀表达式呢？可以采用如下算法。

（1）从左至右扫描中缀表达式。

（2）若读取的是操作数，则判断该操作数的类型，并将该操作数存入操作数栈。

（3）若读取的是运算符。

    ① 该运算符为左括号，则直接存入运算符栈。

    ② 该运算符为右括号，则输出运算符栈中的运算符到操作数栈，直到遇到左括号为止。

    ③ 该运算符为非括号运算符。

        a．若运算符栈为空，则直接存入运算符栈。

        b．若运算符栈顶的运算符为左括号，则直接存入运算符栈。

        c．若比运算符栈顶的运算符优先级高，则直接存入运算符栈。

        d．若比运算符栈顶的运算符优先级低或相等，则输出栈顶运算符到操作数栈，继续比较当前运算符和栈顶运算符的优先级，如果低或相等则输出栈顶运算符，直到优先级比栈顶运算符高或者遇到左括号或栈运算符为空，然后将当前运算符压入运算符栈。

（4）若表达式读取完毕，运算符栈中尚有运算符，则依次取出运算符到操作数栈，直到运算符栈为空。

（5）操作数栈中存储的即为后缀表达式。

上述算法的核心在于：如果当前运算符是非括号运算符，且优先级不高于运算符栈顶运算符的优先级，表明可以安全地以该运算符作为分割点将表达式分成两个部分，这样的分割不会影响表达式计算结果的正确性。

参考代码

```
// 定义运算符在栈中的优先级顺序，值越高，优先级越高。注意，括号在栈中的优先级最小。
map<char, int> priority = {
    {'+', 1}, {'-', 1}, {'*', 2}, {'/', 2}, {'(', 0}, {')', 0}
};

// 比较运算符在栈中的优先级顺序。
bool lessPriority(char previous, char next)
{
    return priority[previous] <= priority[next];
}

// 将中级表达式转换为后缀表达式。
string toPostfix(string infix)
{
    // 操作数栈和运算符栈。
    stack<char> operands, operators;

    for (auto c : infix) {
        // 如果是数字，直接压入操作数栈中。
        if (isdigit(c)) {
            operands.push(c);
            continue;
        }

        // 如果是左括号，直接压入运算符栈中。
        if (c == '(') {
            operators.push(c);
            continue;
        }

        // 如果是右括号。
        if (c == ')') {
            // 弹出运算符栈顶元素，直到遇到左括号。
            while (!operators.empty() && operators.top() != '(') {
                operands.push(operators.top());
                operators.pop();
            }
            // 操作符栈不为空，继续弹出匹配的左括号。
            if (!operators.empty()) operators.pop();
            continue;
        }

        // 如果是非括号运算符，当运算符栈为空，或者运算符栈顶元素为
        // 左括号，或者比运算符栈顶运算符的优先级高，将当前运算符压入
        // 运算符栈。
        if (operators.empty() || operators.top() == '(' ||
            !lessPriority(c, operators.top())) {
            operators.push(c);
        }
        else {
            // 当运算符的优先级比运算符栈栈顶元素的优先级低或相等时，
            // 弹出运算符栈栈顶元素，直到运算符栈为空，或者遇到比
            // 当前运算符优先级低的运算符时结束。
            while (!operators.empty() && lessPriority(c, operators.top())) {
                operands.push(operators.top());
                operators.pop();
            }
            // 将当前运算符压入运算符栈。
            operators.push(c);
```

```
    }
  }

  // 当中缀表达式处理完毕，运算符栈不为空时，逐个弹出压入到操作数栈中。
  while (!operators.empty()) {
    operands.push(operators.top());
    operators.pop();
  }

  // 获取操作数栈中保存的后缀表达式。注意，栈中保存的表达式是从左至右的顺序，
  // 但从栈中弹出时是从右至左的顺序，需要适当调整。
  string postfix;
  while (!operands.empty()) {
    postfix = operands.top() + postfix;
    operands.pop();
  }

  // 返回结果。
  return postfix;
}

int main(int argc, char *argv[])
{
  int cases = 0;
  cin >> cases;
  for (int c = 1; c <= cases; c++) {
    if (c > 1) cout << '\n';
    string infix;
    cin >> infix;
    cout << toPostfix(infix) << '\n';
  }
  return 0;
}
```

强化练习

172 Calculator Language[C]，198 Peter's Calculator[D]，327 Evaluating Simple C Expressions[B]，533 Equation Solver[D]，551 Nesting a Bunch of Brackets[C]，622 Grammar Evaluation[C]，673 Parentheses Balance[A]，11111 Generalized Matrioshkas[B]。

扩展练习

214 Code Generation[D]，514 Rails[A]，586 Instant Complexity[C]，732 Anagrams by Stack[B]。

3.4 队列及优先队列

3.4.1 队列

队列（queue）是一种具有先进先出（first-in-first-out，FIFO）性质的数据结构，在编程竞赛中应用较多，特别是图算法中。例如，它常被用于实现图的广度优先遍历。队列在应用形式上类似于日常生活中银行的排队，排在队首的人先获得柜台人员的服务先离开，排在队尾的人后获得服务后离开。

使用队列需要包含头文件`<queue>`，表 3-3 列出了队列的若干常用属性和方法。

表 3-3 队列的常用属性和方法

属性名或方法名	含义和部分举例
empty	测试队列是否为空，为空返回 true，否则返回 false
size	返回队列的大小
front	获取队首元素

41

属性名或方法名	含义和部分举例
back	获取队尾元素
push	将指定的元素追加到队尾 void push(const value_type& value);
pop	移除队首元素 void pop();

需要注意的是，队列不支持以下标形式访问元素的操作，亦不支持查找操作，即不能通过队列本身提供的属性或方法得知某个元素是否存在于队列中。一般需要通过与其他数据结构配合使用来进行查询操作，如配合使用映射或集合。在取用队列的元素之前，一定要注意检查队列是否为空，如果为空仍然进行取用队列元素的操作，会产生错误或者埋下不易排查的 bug。

类似于使用数组来实现栈的功能，同样也可以使用数组来实现队列的功能（如图 3-3 所示）。方法是设立两个"指针"来指示队列的首位和末尾，将数组作为一个环形数组看待，指针到达数组的末端时可以绕回数组的起始。只要数组的大小设置得比题目中可能的应用大，就不会发生"指针"首尾交叉的情况，从而保证功能的正确性。

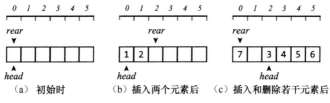

图 3-3　使用数组实现队列示例

注意

图 3-3 所示队列容量为 6 个元素，队首指针为 head，队尾指针为 rear。初始时，队首和队尾重合，队列为空；插入两个元素后，队首位置不变，队尾向后移动；插入和删除若干元素后，队尾已经在队首之前。

```
//---------------------------3.4.1.cpp---------------------------//
const int CAPACITY = 1010;

// head 为队首的指针，rear 为队尾的指针。
int memory[CAPACITY], head = 0, rear = 0;

// 属性。
bool empty() { return head == rear; }
int size() { return rear >= head ? (rear - head) : (rear + CAPACITY - head); }
int front() { return memory[head]; }
int back() { return memory[(rear - 1 + CAPACITY) % CAPACITY]; }

// 注意，使用 push()和 pop()之前要检查队列的大小是否符合要求。
void push(int x) {
    memory[rear] = x;
    rear = (rear + 1) % CAPACITY;
}

void pop() { head = (head + 1) % CAPACITY; }
void reset() { head = rear = 0; }
//---------------------------3.4.1.cpp---------------------------//
```

强化练习

10172 The Lonesome Cargo Distributor[C]，10935 Throwing Cards Away I[A]。

144 Student Grants[A]（助学金）

一所大学为每位学生注册了一张背面有磁条的 ID 卡，用来记录学生的助学金发放情况。卡的余额最初为 0 美元，每年的上限是 40 美元，学生可以在他们的生日临近的时候于工作日支取。因此在工作日，总是可以看到有多达 25 名学生出现在学生助学金部附近，他们的目的就是支取助学金。

助学金可在自动取款机（Automated Teller Machine，ATM）上支取，此种 ATM 经过特殊设计。结构上，它由内外两部分组成，内部为保险箱，存储了大量的一美元硬币，外部为储存箱，供取款者支取现金。为了减少 ATM 被盗时的损失，只有当储存箱中的硬币被支取完毕后，保险箱才向其输出硬币。每天早上 ATM 开机时，储存箱为空，保险箱向储存箱输出一枚硬币，当此枚硬币被取走后，输出两枚硬币，然后是三枚硬币，每次增加一枚硬币，直到达到预设的上限——k 枚硬币，之后输出到储存箱的硬币数量重置为一枚，然后是两枚，按此循环。

每名学生依次排队，插入他的 ID 卡在 ATM 上取款。他可以取走 ATM 储存箱中的所有硬币，ATM 会把该学生已经支取助学金的总额写到 ID 卡上，如果学生的支取总额尚未达到每年设定的 40 美元上限值，那么他可以在取卡后重新排队，继续等待取款。如果储存箱中的现金加上学生已经支取的现金数量超过 40 美元，学生只能支取与 40 美元之间的差额，剩余在储存箱中的现金将留给下一位学生支取。

编写程序读取一系列的 N（$1 \leq N \leq 25$）和 k（$1 \leq k \leq 40$），确定学生离开排队序列的先后顺序。

输入与输出

输入的每一行包括两个整数，分别表示 N 和 k。输入以两个空格分隔的 0 表示结束。

对于每行输入均输出一行。输出由完成取款依次离开排队的学生的序号组成。学生的序号按最开始排队时的先后顺序确定，第一个学生的序号为 1。每个序号按右对齐、输出宽度 3 进行输出。

样例输入
5 3
0 0

样例输出
1 3 5 2 4

分析

此题可通过模拟助学金支取的过程予以解决——构造一个学生排队的队列，学生逐个取款，直到达到取款的上限后离开。使用 queue 数据结构对取款队列进行模拟。

参考代码

```
// 表示学生取款的结构体，id 为学生的序号，withdraw 为学生已经支取的奖学金数额。
struct student { int id, withdraw; };

int main(int argc, char *argv[])
{
    int n, k;
    while (cin >> n >> k, n || k) {
        // 构建学生取款队列。
        queue<student> students;
        for (int i = 1; i <= n; i++) students.push((student){i, 0});
        // coin 表示每次向存储箱输出的硬币数量，remain 表示存储箱中剩余的硬币数量。
        int coins = 0, remain = 0;
        while (true) {
            // 确定当前储存箱的硬币数量。
            int current = (remain > 0) ? remain : ((++coins) > k ? (coins = 1) : coins);
            // 如果学生队列为空，表明处理完毕，可以退出循环。
            if (students.empty()) break;
            // 模拟学生取款。
            student s = students.front(); students.pop();
            // 额度达到上限值，完成取款。
            if ((s.withdraw + current) >= 40) {
                remain = s.withdraw + current - 40;
                cout << setw(3) << right << s.id;
            }
            // 额度未达到上限值，继续排队取款。
            else {
                s.total += current;
```

```
                students.push(s);
                remain = 0;
            }
        }
        cout << '\n';
    }
    return 0;
}
```

强化练习

417 Word Index[A]，10901 Ferry Loading III[B]，11034 Ferry Loading IV[B]。

扩展练习

540 Team Queue[A]。

3.4.2　优先队列

优先队列（priority queue）具有队列的性质，而且可以根据指定的条件自动对队列中的元素进行位置调整，使得队首元素按照给定的比较规则总是最大（或最小）的元素。

使用优先队列需要包含头文件 `<queue>`，表 3-4 列出了优先队列的若干常用属性和方法。

表 3-4　优先队列的常用属性和方法

属性名或方法名	含义和部分举例
empty	测试队列是否为空，为空返回 true，否则返回 false
size	返回队列的大小
top	获取队首元素
pop	移除队首元素
push	将指定的元素追加到队尾 void push(const value_type& value)

优先队列只能获取队首元素且其操作名称与普通的队列有差异——优先队列获取队首元素的是 top 操作，无普通队列的 front 和 back 操作。

在 C++的 SGI[①] 库实现中，优先队列的元素有序采用堆排序实现，故而优先队列的构造函数较为特殊。对于内置数据类型来说，一般情况下只需要声明元素的数据类型即可。例如，要声明一个整数优先队列，可以使用如下语句。

```
// 默认优先级为最大值优先，即队首为最大元素。
priority_queue<int> queue;
```

若是特定解题需要，需要更改优先级顺序，则可使用以下的几种示例形式。需要特别注意的是，在使用结构模板更改优先级时，应用 greater<T>得到的是最小值优先队列，而应用 less<T>得到的是最大值优先队列，有违直观感觉。其原因是在 SGI 的库实现中，优先队列是采用最大堆完成的，具有"最大值"的元素会位于堆顶（二叉树的根结点）。因此，为了排序过程中能够使得较小的元素位于堆顶，在重载小于运算符时要对应地修改元素大小需要满足的关系。

```
//---------------------------3.4.2.cpp---------------------------//
// 默认为最大值优先队列。
priority_queue<int> greaterDefault;

// 使用结构模板 greater<T>得到最小值优先队列。
priority_queue<int, vector<int>, greater<int>> lessInt;

// 使用结构模板 less<T>得到最大值优先队列。
priority_queue<int, vector<int>, less<int>> greaterInt;
```

---

① SGI 代表 Silicon Graphics International Corporation，即硅图国际公司，成立于 1982 年，总部设在美国加州旧金山硅谷。

```
// 通过重载括号运算符得到最小值优先队列。
struct A {
    bool operator() (int x, int y) const { return x > y; }
};
priority_queue<int, vector<int>, A> lessA;

// 通过重载括号运算符得到最大值优先队列。
struct B {
    bool operator() (int x, int y) const { return x < y; }
};
priority_queue<int, vector<int>, B> greaterB;

// 通过重载小于运算符得到最小值优先队列。
struct C {
    int index;
    bool operator<(C x) const { return index > x.index; }
};
priority_queue<C> lessC;

// 通过重载小于运算符得到最大值优先队列。
struct D {
    int index;
    bool operator<(D x) const { return index < x.index; }
};
priority_queue<D> greaterD;

// 通过重载小于运算符得到最小值优先队列。
class E {
public:
    int index;
    bool operator<(E x) const { return index > x.index; }
};
priority_queue<E> lessE;
//---------------------------3.4.2.cpp---------------------------//
```

136 Ugly Numbers[A]（丑数）

"丑数"是指那些素因子只包括 2、3、5 的数。序列 1, 2, 3, 4, 5, 6, 8, 9, 10, 12, 15 列出了丑数序列的前 11 个数（按照惯例，1 也包括在丑数中）。编写程序找到并输出第 1500 个丑数。

输入输出

此题没有输入。输出由一行组成，将样例输出中的< number >替换为第 1500 个丑数。

样例输出

```
The 1500'th ugly number is < number >.
```

分析

朴素的方法是从 1 开始枚举整数，逐个数判断是否为丑数，直到找到第 1500 个丑数。虽然此方法运行时间较长，但由于输出特殊（只要求输出一个特定序号的丑数），完全可以先运行程序得到指定丑数后再提交，以免超过运行时间限制。

参考代码

```
int main(int argc, char *argv[])
{
    long long int start = 1;
    int counter = 1;

    while (counter < 1500) {
        start++;
        long long int number = start;
        while (number % 2 == 0) number /= 2;
        while (number % 3 == 0) number /= 3;
        while (number % 5 == 0) number /= 5;
        if (number == 1) counter++;
```

```
    }
        cout << "The 1500'th ugly number is " << start << "." << endl;

        return 0;
    }
```

另外一种更为巧妙的方法是利用优先队列解题。由于丑数乘以 2、3、5 之后仍然为丑数，那么可将生成的丑数继续乘以这三个素因子以得到后续丑数。具体来说，就是将生成的丑数放入最小优先队列中，每次从队首取最小的一个丑数进行乘的操作，这样就能够保证得到丑数序列。由于优先队列本身并不支持查找，需要另外一种数据结构来保存已经得到的丑数，以防止生成重复的丑数而导致计数错误（例如，丑数 6 可以通过 2 乘以 3 得到，也可以通过 3 乘以 2 得到）。

参考代码

```
typedef long long int bigNumber;

int main(int argc, char *argv[])
{
    int factors[3] = {2, 3, 5};
    set<bigNumber> uglyNumbers;
    priority_queue<bigNumber, vector<bigNumber>, greater<bigNumber>> candidates;

    candidates.push(1);
    for (int i = 1; i <= 1500; i++) {
        bigNumber top;
        do {
            top = candidates.top(); candidates.pop();
        } while (uglyNumbers.count(top) > 0);
        uglyNumbers.insert(top);
        for (int j = 0; j < 3; j++) {
            bigNumber next = top * factors[j];
            if (uglyNumbers.count(next) == 0) candidates.push(next);
        }
        if (i == 1500) {
            cout << "The 1500'th ugly number is " << top << "." << endl;
            break;
        }
    }

    return 0;
}
```

强化练习

161 Traffic Lights[A]，443 Humble Numbers[A]，467 Synching Signals[C]，978 Lemmings Battle[B]，1064 Network[D]，1203 Argus[A]，11621 Small Factors[C]，12100 Printer Queue[B]。

扩展练习

212 Use of Hospital Facilities[E]，304 Department[E]，11995 I Can Guess the Data Structure[A]，12207 That is Your Queue[C]。

3.5　双端队列

标准的队列只能在队尾进行压入操作，在队首进行弹出操作，而双端队列（double-ended queue）在队列的两端都能进行增加和删除元素的操作。为了区分双端队列在队首和队尾的操作，按照惯例，一般将队首进行的操作称之为压入（push）和弹出（pop），队尾进行的操作称之为插入（insert）和移除（remove）。

使用双端队列需要包含头文件<deque>，表 3-5 列出了双端队列的若干常用属性和方法。

表 3-5　双端队列的常用属性和方法

属性名或方法名	含义和部分举例
empty	测试队列是否为空，为空返回 true，否则返回 false
size	返回队列的大小
front	获取队首元素
back	获取队尾元素
pop_back	移除队尾元素
pop_front	移除队首元素
clear	清空整个队列
push_back	将指定的元素追加到队尾 void push_back(const value_type& value);
push_front	将指定的元素插入到队首 void push_front(const value_type& value);
insert	将元素插入到指定位置，必须使用迭代器指定位置 iterator insert(iterator position, const value_type& value);
erase	移除指定位置的元素，必须使用迭代器指定位置 iterator erase(iterator position);

957 Popes[B]（教皇）

有人做了这样一个统计：从公元 867 年到公元 965 年这近一百年间共选出了 28 位教皇，同时这也是以 100 年为时间跨度选出最多教皇的年份区间。编写程序，在给定教皇当选年份 Y（为正整数）的列表后，计算在给定的时间跨度内，具有最大当选教皇数量的年份区间及当选的教皇数量。注意，当给定年份 N 时，Y 年内的含义是指从第 N 年的第一天到第 $(N+Y-1)$ 年的最后一天这个时间段。如果有多个年份区间均具有最大当选教皇数量，取最先出现的年份区间。

输入

输入包含多组测试数据，相邻两组测试数据之间以一个空行分隔，每组测试数据的格式描述如下。

每组测试数据的第一行是一个正整数 Y，表示大家感兴趣的时间跨度。第二行包含另外一个正整数 P，表示教皇的数量。接下来的 P 个正整数，表示这 P 位教皇各自当选的年份，年份按照时间顺序给出。表示教皇数量的整数 $P \le 100000$，表示教皇当选年份的整数 $L \le 1000000$，$Y \le L$。

输出

对于每组测试数据输出一行，每行包含三个整数，以空格分隔。第一个整数表示在 Y 年内当选的最大教皇数量，第二个整数表示区间的起始年份，第三个整数表示区间的结束年份。

样例输入

```
5
20
1 2 3 6 8 12 13 13 15 16 17 18 19 20 20 21 25 26 30 31
```

样例输出

```
6 16 20
```

分析

本题的实质是在给定的年份序列中寻找这样的一个连续子序列：该子序列的起始年份和结尾年份的差值在 Y 年内且子序列的长度最大。假想有一种数据结构符合解题的需要，当顺序读取输入数据时，先将某个年份 A 压入该数据结构，对于后续的年份 B，如果它和该数据结构中的第一个元素——即起始年份 A 的差值小于 Y，则将后续年份 B 压入，直到不满足条件，此时数据结构中元素的个数即为当前 Y 年内的最大教皇当选数量，将此数量与已经得到的最大当选数量 M 进行比较，如果比已经得到的最大数量 M 还要大，

则更新最大数量 M 的值和相应的起始和结束年份。接下来，从该数据结构的第一个元素开始进行删除操作，直到第一个元素所代表的年份 A 和尚未进入该数据结构的年份 B 之间的差值小于 Y，然后将年份 B 压入数据结构，继续读取数据以构造满足年份跨度的子序列。重复以上过程，即可找到符合题意的最大值及区间。

回顾队列的性质，可以发现它正好符合上述假想数据结构的要求，因此使用它来解决本题非常合适。对于本题来说，既可以使用双端队列，也可以使用普通的队列进行解题。使用此种队列的方式进行解题的过程类似于一个"窗口"在待扫描序列上移动的过程，因此有一个特别的名称——"滑动窗口"（sliding window）技巧[①]。

参考代码

```cpp
int main(int argc, char *argv[])
{
    int period, popes, year;
    int maxCount, maxStart, maxEnd;

    while (cin >> period) {
        cin >> popes >> year;
        // 将第一位教皇的年份置入双端队列并设置相应的变量值。
        deque<int> years;
        years.push_back(year);
        maxCount = 1, maxStart = year, maxEnd = year;
        // 依次处理余下的教皇年份。
        for (int i = 2; i <= popes; i++) {
            cin >> year;
            if (year - years.front() < period)
                years.push_back(year);
            else {
                if (years.size() > maxCount) {
                    maxCount = years.size();
                    maxStart = years.front();
                    maxEnd = years.back();
                }
                while (!years.empty()) {
                    if (year - years.front() < period) {
                        years.push_back(year);
                        break;
                    }
                    years.pop_front();
                }
            }
        }
        if (years.size() > maxCount) {
            maxCount = years.size();
            maxStart = years.front();
            maxEnd = years.back();
        }
        cout << maxCount << ' ' << maxStart << ' ' << maxEnd << '\n';
    }

    return 0;
}
```

强化练习

210 Concurrent Simulator[D]，999 Book Signatures[E]，1121 Subsequence[B]，11536 Smallest Sub-Array[C]。

3.6　映射

映射（map）是一种关联容器，它提供了一一对应的键（key）和值（value），与日常生活中邮政编码

[①] 亦称"尺取法"，即类似一把可以伸缩的"尺"在数组上移动，"尺"所覆盖的范围是符合要求的序列。

和地名的对应关系类似。标准库中存在两种形式的映射——普通映射和多重映射。在普通映射中，键必须唯一，而在多重映射（multimap）中，键可以不唯一。

使用映射需要包括头文件<map>或<multimap>，表 3-6 列出了映射的若干常用属性和方法。

表 3-6　映射的常用属性和方法

属性名或方法名	含义和部分举例
begin	返回指向映射首个元素的迭代器
end	返回指向映射最末元素之后一个位置的迭代器
rbegin	返回指向映射最末元素的逆序迭代器
rend	返回指向映射首个元素之前一个位置的逆序迭代器
size	返回映射的大小
empty	测试映射是否为空，为空返回 true，否则返回 false
clear	清空映射
[key]	使用下标的形式来获取键 key 对应的值 value
insert	插入元素 iterator insert(const value_type& value);
erase	删除元素 void earse(iterator position) size_type erase(const key_type& key);

swap	交换两个映射的内容，要求两个映射所包含的数据类型必须相同
	void swap(map& x);
	void swap(multimap& x);

find	查找元素 iterator find(const key_type& key);
count	获取指定键 key 在映射中出现的次数 size_type count(const key_type& key) const;
lower_bound	返回一个迭代器，指向映射中第一个不小于指定参数的元素的位置 iterator lower_bound(const key_type& key);
upper_bound	返回一个迭代器，指向映射中第一个大于指定参数的元素的位置 iterator upper_bound(const key_type& key);
equal_range	返回一对迭代器，在此迭代器范围内的元素的键等于给定的参数 pair<iterator, iterator> equal_range(const key_type& key);

使用 map 需要注意以下几点。

（1）以方括号加 key 的形式访问 map 时，如果 key 存在，则直接返回其对应的 value，否则以 key 为键新建一个 pair 插入到 map 中，key 对应的 value 为默认值，最终会导致 map 的大小增加 1。

（2）map 中的元素默认是按照 key 值升序排列。

（3）map 中的元素是按照有序方式存储的，如果不需要元素有序存储而只是关注查询的效率，可以使用更为高效的 unordered_map。使用 unordered_map 需要包含头文件<unordered_map>。

（4）map 不支持通过下标形式对容器中的元素进行访问，而只支持迭代器的访问方式，有时候会为获取指定元素带来不便，需要采取一些变通的方法。例如，需要获取容器中最后一个元素，可以采用以下方法。

```
map<int, int> cnt = {{1, 10}};
auto it = --cnt.end();
cout << it->first << ' ' << it->second << endl;
```

141 The Spot Game[A]（斑点游戏）

斑点游戏在 $N{\times}N$ 的方格棋盘上进行，下面以 $N{=}4$ 为例解释其游戏规则。在游戏中，双方选手轮流操作，可以选择在棋盘上的空白方格内放入一个棋子（棋子为黑色），或从棋盘上移除一个棋子，在此过程中，产生了各种棋盘模式。假如一种棋盘模式（包括其旋转 90°或 180°后形成的棋盘模式）在后续游戏中被另外一名选手重复，则最初生成此种棋盘模式的选手判定为负，如果在游戏过程中没有任何一位选手产生重复的棋盘模式，那么在 2×N 步后，游戏以平局结束。

考虑如图 3-4 所示的棋盘模式：

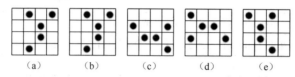

（a）　　　　　（b）　　　　　（c）　　　　　（d）　　　　　（e）

图 3-4　棋盘模式

假如棋盘模式（a）在游戏的较早时间产生，那么在后续游戏过程中如果出现棋盘模式（b）、（c）、（d）（还有一种重复的棋盘模式未绘出），则产生棋盘模式（a）的选手判定为负；如果出现棋盘模式（e），则不认为是重复的棋盘模式。

输入输出

输入由一系列游戏组成。每次游戏以表示棋盘大小的整数 N（2≤N≤50）开始，紧接着每行一步操作，总是给出 2×N 步操作，不论在所有操作之前游戏是否已经结束。一个操作由以下要素表示：方格位置的坐标（横纵坐标值为 1 至 N 之间的整数），一个空格，一个 "+" 或一个 "−"（提示是增加棋子还是移除棋子）。你可以假定所有操作都是合法的，不会出现向已有棋子的方格放入棋子，或者从没有棋子的方格移除棋子的情形。输入以一个 0 作为结束标记。

每次游戏都应输出一行，确定最终是哪位选手在哪一次操作获胜还是以平局结束游戏。

样例输入

```
2
1 1 +
2 2 +
2 2 -
1 2 +
2
1 1 +
2 2 +
1 2 +
2 2 -
0
```

样例输出

```
Player 2 wins on move 3
Draw
```

分析

总的解题思路是模拟游戏的进行，同时记录已经生成的棋盘模式，检查是否有重复的棋盘模式产生。解题的关键是找到一种恰当的棋盘模式表示方式。为了判断是否有重复，在每次操作后，需要生成当前棋盘模式旋转 90°或 180°后的棋盘模式，同时记录产生此棋盘模式的游戏选手编号，存放于某种数据结构中备查以判断有无重复。

可以将棋盘有棋子的方格使用 1 来表示，没有棋子的方格使用 0 来表示，那么可以将整个棋盘的状态表示成一个只包含 0 和 1 的 string 类实例（使用二维数组表示棋盘亦可，使用 string 类这种一维数组的形式来表示棋盘更为简洁，由于将棋盘旋转 90°或 180°后，原下标和旋转后的下标有相应的规律可循，可以根据这种规律获得旋转后的棋盘模式表示，然后将这些表示棋盘模式的 string 类实例储存在 map 关联容器中备查。

将 N=4 的棋盘从左至右、从上至下标记 1～16 的整数（图 3-5a），其顺时针旋转 90°（图 3-5b）、逆时针旋转 90°（图 3-5c）、旋转 180°（顺时针和逆时针旋转 180°的棋盘模式相同）后的棋盘模式（图 3-5d）如图 3-5 所示。

根据旋转后的数字位置的规律，可以容易地得到旋转后的棋盘模式。

二维数组下标转换为一维数组下标（下标从 0 开始计数）：二维数组中元素的下标为 i 行 j 列，那么在相应的一维数组表示中，其下标为 i×n+j，其中 n 为一行元素的数量。

1	2	3	4
5	6	7	8
9	10	11	12
13	14	15	16

13	9	5	1
14	10	6	2
15	11	7	3
16	12	8	4

4	8	12	16
3	7	11	15
2	6	10	14
1	5	9	13

16	15	14	13
12	11	10	9
8	7	6	5
4	3	2	1

（a）初始棋盘 　（b）顺时针旋转90° 　（c）逆时针旋转90° 　（d）旋转180°

图 3-5　N=4 时的棋盘模式

参考代码

```cpp
// 获取顺时针旋转 90°后的棋盘模式。
string rotateCW90(string matrix, int n)
{
    string newMatrix;
    for (int i = 1; i <= n; i++)
        for (int j = 1; j <= n; j++)
            newMatrix += matrix[(n - 1) * n + (i - 1) - (j - 1) * n];
    return newMatrix;
}

// 生成逆时针旋转 90°后的棋盘模式。
string rotateCCW90(string matrix, int n)
{
    string newMatrix;
    for (int i = 1; i <= n; i++)
        for (int j = 1; j <= n; j++)
            newMatrix += matrix[(n - 1) - (i - 1) + (j - 1) * n];
    return newMatrix;
}

// 获取旋转 180°后的棋盘模式。
string rotate180(string matrix)
{
    reverse(matrix.begin(), matrix.end());
    return matrix;
}

int main(int argc, char *argv[])
{
    int n, x, y;
    string line;
    map<string, int> steps;

    while (cin >> n, n) {
        int winner = 0, move = 0;
        string matrix = string(n * n, '0');
        steps.clear();
        for (int i = 1; i <= 2 * n; i++) {
            cin >> x >> y;
            getline(cin, line);
            // 如果已经确定赢家，后续输入不需处理。
            if (winner > 0) continue;
            // 根据操作确定单元格所对应的字符。
            matrix[(x - 1) * n + (y - 1)] =
                (line.find('+') != line.npos) ? '1' : '0';
            // 检查当前矩阵的字符串表示是否已经存在。
            if (steps.find(matrix) != steps.end()) {
                winner = (steps[matrix] % 2 == 1) ? 2 : 1;
                move = i;
            }
            // 获得初始矩阵的四种变换的字符串表示。
```

```
            string newMatrix[4] = {
                matrix,
                rotateCW90(matrix, n), rotateCCW90(matrix, n),
                rotate180(matrix)
            };
            // 检查变换是否已经存在。
            for (int j = 0; j < 4; j++)
                if (steps.find(newMatrix[j]) == steps.end())
                    steps.insert(make_pair(newMatrix[j], i));
        }
        // 根据结果输出。
        if (winner == 0) cout << "Draw\n";
        else cout << "Player " << winner << " wins on move " << move << '\n';
    }

    return 0;
}
```

强化练习

119 Greedy Gift Givers[A]，196 Spreadsheet[B]，340 Master-Mind Hints[A]，350 Pseudo-Random Number[A]，380 Call Forwarding[C]，394 Mapmaker[A]，405 Message Routing[D]，484 The Department of Redundancy Department[A]，962 Taxicab Numbers[D]，1727 Counting Weekend Days[C]，10226 Hardwood Species[A]，10282 Babelfish[A]，10295 Hay Points[A]，11239 Open Source[B]，11286 Conformity[A]，11308 Bankrupt Baker[B]，11428 Cubes[A]，11572 Unique Snowflakes[A]，11629 Ballot Evaluation[B]，11917 Do Your Own Homework[A]，11991 Easy Problem from Rujia Liu[A]，12504 Updating a Dictionary[C]，12592 Slogan Learning of Princess[B]。

扩展练习

335 Processing MX Records[D]，506 System Dependencies[D]，698 Index[D]，11860 Document Analyzer[D]。

提示

11860 Document Analyzer 的解题关键是找出所有能够包含全部不同单词的区间。对于给定的区间[p, q]，只有以下两种可能。

（1）区间已经包含了全部不同的单词。

（2）区间尚未包含全部不同的单词。

对于（1），检查是否可以通过删除区间的首元素，在缩小区间的同时仍能够保持包含全部不同单词的性质。对于（2），需要继续扩展区间以便能够包含全部不同的单词。可以只使用 map 来完成解题，一个 map<int, string>记录区间内各个序号所对应的单词，另外一个 map<string, int>记录当前区间所包含的不同单词及对应单词的个数。第一个 map 的功能用 queue<pair<int, string>>代替，第二个 map 使用 unordered_map，效率会更高。

3.7　集合

集合（set）是一种存储元素的关联容器，集合关联容器类分为两种子类型——普通集合和多重集合（multiset）。普通集合的元素唯一，而多重集合中的元素可以重复。集合的作用是保存一组元素，可以在 $O(\log n)$ 的时间复杂度内获取该元素。

使用集合需要包含头文件<set>，表 3-7 列出了集合的若干常用属性和方法。

集合一般应用于需要反复查询某些值是否存在的场合。在 STL 的 SGI 实现中，集合使用的是红黑树，可以在 $O(\log n)$ 的时间复杂度内确定元素是否在集合中，效率较高。

在 set 中，元素是有序排列的，如果不需要元素有序排列，而只是关注查询效率，可以使用 unordered_set，其效率较 set 要高。使用 unordered_set 需要包含头文件<unordered_set>。

表 3-7　集合的常用属性和方法

属性名或方法名	含义和部分举例
begin	返回指向集合首个元素的迭代器
end	返回指向集合最末元素之后一个位置的迭代器
rbegin	返回指向集合最末元素的逆序迭代器
rend	返回指向首个元素之前一个位置的逆序迭代器
empty	测试集合是否为空，为空返回 true，否则返回 false
clear	清空集合
insert	插入元素 iterator insert(const value_type& value);
erase	删除元素 void erase(iterator position) size_type erase(const value_type& value);

swap	交换两个集合的内容，要求两个集合所包含的数据类型必须相同
	void swap(set& x);
	void swap(multiset& x);

find	查找指定值在集合中的位置，使用迭代器表示结果 iterator find(const value_type& value) const;
count	获取指定值在集合中出现的次数 size_type count(const value_type& value) const;
lower_bound	返回指向集合中第一个不小于指定参数的元素的位置迭代器 iterator lower_bound(const value_type& value) const;
upper_bound	返回指向集合中第一个大于指定参数的元素的位置迭代器 iterator upper_bound(const value_type& value) const;
equal_range	返回一对迭代器，在此迭代器范围内的元素的键等于指定值 pair<iterator, iterator> equal_range(const value_type& value) const;

set 在初始化时可以有以下几种方式。

（1）使用类似于内置数组的初始化方式，将数值直接赋予 set 实例，例如：

```
set<int> s1 = {0, 11, 24, 39, 416, 525, 636, 749, 864, 981};
```

（2）使用其他容器类的一部分元素初始化 set 实例，例如：

```
vector<int> s1 = {0, 11, 24, 39, 416, 525, 636, 749, 864, 981};
set<int> s2(s1.begin(), s1.end());
```

156 Ananagrams[A]（非变位词）

许多字谜游戏爱好者都熟悉变位词——一组单词的构成字母相同但顺序不同——例如，OPTS、SPOT、STOP、POTS 和 POST。然而有些单词不管你怎么变换字母的位置，都无法构成另外一个单词，这些词称为非变位词，如 QUIZ。

当然，以上非变位词的定义和人们的职业性质有关，你可能认为 ATHENE（雅典娜）是一个非变位词，但是化学家可以很快举出其变位词 ETHANE（乙烷）。可以把英语中的所有词汇看成在同一个范畴内，但是这会导致一些问题。如果将范畴予以限制，比如说音乐范畴里，SCALE 是一个相对非变位词（因为 SCALE 的变位词 LACES 不在音乐范畴词汇内），而 NOTE 却不是，因为它能产生变位词 TONE。

编写程序读取属于特定范畴的词汇字典并确定其中的相对非变位词。注意，由单个字母构成的单词是相对非变位词，因为它们根本就无法进行"变位"操作。输入的字典中包括的单词数量不超过 1000 个。

输入

输入包含多行，每行不超过 80 个字符，但包含的单词数量不定。每个单词最多由 20 个字母构成，字母可为大写或小写，不存在单词跨行的情形。单词间的空格数量不定，但在同一行的单词之间至少有一个空格。注意，包含相同字母但大小写不同的单词互为变位词，如 tIeD 和 EdiT。输入以只包含'#'字符的一行作为结束标记。

输出

输出包含多行，每行包含字典中一个相对非变位词。这些单词必须按照字典序（大小写敏感）输出。输入保证存在至少一个相对非变位词。

样例输入

```
ladder came tape soon leader acme RIDE lone Dreis peat
 ScAlE orb eye Rides dealer NotE derail LaCeS drIed
noel dire Disk mace Rob dries
#
```

样例输出

```
Disk
NotE
derail
drIed
eye
ladder
soon
```

分析

由变位词的定义，其构成字母相同（可能大小写不一致）但顺序不同，那么可以将单词中的字母转换为小写再进行排序后判断。设立两个存储结构，一个为 vector，另一个为 multiset，逐个读取单词，vector 保存单词的原始形式，multiset 保存单词转换为小写排序后的形式。当输入读取完毕时，将原始的单词形式逐个取出，令原始的单词为 A，将其转换为小写后排序成为 B，在 multiset 中查找元素 B 是否唯一，如果唯一表明单词 A 为相对非变位词，将其添加到结果 vector 中，最后对结果 vector 排序输出即可。

参考代码

```cpp
int main(int argc, char *argv[])
{
    vector<string> allWords;
    multiset<string> lowerCase;

    // 读取数据。
    string line;
    while (cin >> line, line != "#") {
        allWords.push_back(line);
        // 利用库函数 transform 将单词中的大写字母转换为小写字母。
        transform(line.begin(), line.end(), line.begin(), ::tolower);
        sort(line.begin(), line.end());
        lowerCase.insert(line);
    }

    // 查找是否为相对非变位词。
    vector<string> ananagrams;
    for (int i = 0; i < allWords.size(); i++) {
        string word = allWords[i];
        transform(word.begin(), word.end(), word.begin(), ::tolower);
        sort(word.begin(), word.end());
        if (lowerCase.count(word) == 1) ananagrams.push_back(allWords[i]);
    }

    // 排序输出。
    sort(ananagrams.begin(), ananagrams.end());
    for (int i = 0; i < ananagrams.size(); i++) cout << ananagrams[i] << endl;

    return 0;
}
```

强化练习

246 10-20-30[C]，255 Correct Move[B]，261 The Window Property[D]，310 L-System[D]，409 Excuses Excuses[A]，489 Hangman Judge[A]，496 Simply Subsets[A]，665 False Coin[C]，1594 Ducci Sequence[B]，10391 Compound Words[A]，10393 The One-Handed Typist[C]，10415 Eb Alto Saxophone Player[B]，10686① SQF Problems[D]，10919 Prerequisites[A]，11063 B2-Sequence[A]，11136 Hoax or What[A]，11549 Calculator Conundrum[B]，11634 Generate Random Numbers[C]，11849 CD[A]，12049 Just Prune The List[B]。

扩展练习

215 Spreadsheet Calculator[D]，789 Indexing[D]，11348 Exhibition[C]，12096② The SetStack Computer[B]。

3.8 位集

在解题中，经常会遇到需要使用位运算的场合。C++中提供了多种位运算符，可以实现不同的位操作。在使用二进制数时，掌握以下的位操作技巧往往可以事半功倍。

```
int x = 19820624, b = 0, i = 6;
b = (x & (0x1 << i)) >> i;      // 获取 x 的二进制表示的第 i 位（最右侧为第 0 位，下同）。
x = x | (0x1 << i);             // 将 x 的第 i 位设置为 1。
x = x & (~(0x1 << i));          // 将 x 的第 i 位设置为 0。
x = x ^ (0x1 << i);             // 将 x 的第 i 位取反。
b = x & (-x);                   // 获取 x 的二进制表示中从最右侧的 1 开始到末尾的所有二进制位。
```

强化练习

10469 To Carry or Not to Carry[A]，12614 Earn For Future[B]。

关于位运算，有三道有趣的题目，在此一并介绍③[12]。

Single Number I

给定一个整数数组，其中除了一个元素只出现一次外，其他元素都出现两次，找出这个数字。要求算法具有 $O(n)$ 的时间复杂度且只使用常数量的额外内存空间。

分析

朴素的方法是使用 map 记录各个元素出现的次数，最后累计次数为 1 的数即为所求，但是此种方法需要额外的内存空间，而且需要先统计次数然后再找出次数为 1 的数，不够高效。使用位运算中的异或运算可以得到更为高效的解决方法。根据异或运算的定义，任意一个数和 0 进行异或运算的结果仍为自身，即

$$x = (x \wedge 0)$$

而任意一个数和自身进行异或运算的结果为 0，即

$$(x \wedge x) = 0$$

又由于异或运算满足结合律及交换律，即

$$x \wedge (y \wedge z) = (x \wedge y) \wedge z \text{ 且 } (x \wedge y) = (y \wedge x)$$

那么不妨设数组的元素为

$$A_1, C_2, B_1, A_2, X_1, B_2, C_1, \cdots$$

其中，X_1 是只出现一次的元素，其他均为出现两次的元素。由于异或运算满足交换律，对所有元素进行异

---

① 对于 10686 SQF Problems，请注意：（1）单词是指由连续的（大写或小写）字母所构成的字符串；（2）问题描述中必须出现特定类别的至少 P 个不同关键词才能将其划入此类别，两个关键词相同则只能算出现一次。

② 12096 The SetStack Computer 可以利用映射和 STL 算法库中集合的交（set_intersection）、并（set_union）模板函数来解题。

③ 三道题目均源自 LeetCode，相应的题目编号依次为 136、137、260。

或操作，可得

$$A_1 \text{^} C_2 \text{^} B_1 \text{^} A_2 \text{^} X_1 \text{^} B_2 \text{^} C_1 \text{^} \cdots = A_1 \text{^} A_2 \text{^} B_1 \text{^} B_2 \text{^} C_1 \text{^} C_2 \text{^} \cdots \text{^} X_1 = 0 \text{^} X_1 = X_1$$

也就是说，从数组的第一个元素一直异或下去，最后得到的结果恰为只出现一次的数字。

Single Number II

给定一个整数数组，除了一个元素只出现一次外，其他元素都出现三次，找出这个数字。要求算法具有 $O(n)$ 的时间复杂度且只使用常数量的额外内存空间。

分析

沿用前述解决 Single Number I 的思路似乎行不通，需要转换一下思维角度。因为其他数出现三次，也就是说，对于每一个二进制位，如果只出现一次的数在该二进制位为 1，那么这个二进制位在全部数字中所出现的次数就无法被 3 整除。因此，将每一个数字按位累加，然后将最后结果每一位上的 1 出现的次数对 3 取模，剩下的就是结果。

Single Number III

给定一个整数数组，其中有两个元素只出现一次，其他元素都出现两次，找出只出现一次的两个数。要求算法具有 $O(n)$ 的时间复杂度且只使用常数量的额外内存空间。

分析

可以沿用解决 Single Number I 的基本思路进行解题。如果能将数组分成两个部分，每个部分里只有一个元素出现一次，其余元素都出现两次，那么使用解决 Single Number I 的方法就可以找出这两个元素。不妨假设只出现一次的两个元素是 X 和 Y，那么最终所有的元素异或的结果就是 $R = X \text{^} Y$，并且 $R \neq 0$。那么我们可以找出 R 的二进制表示中为 1 的某一位，对于原来的数组，可以根据某个数此二进制位是否为 1 将其划分到两个子数组中。最后，X 和 Y 必定在不同的两个子数组中。而且对于其他成对出现的元素，要么在 X 所在的子数组，要么在 Y 所在的子数组。到此为止，继续使用解决 Single Number I 的方法即可找出两个只出现一次的数字。

强化练习

1241 Jollybee Tournament[C]，10264 The Most Potent Corner[B]，11173 Grey Codes[B]，11933 Splitting Numbers[A]。

扩展练习

11567 Moliu Number Generator[C]。

位集（bitset）是一种序列容器，不过与 vector 等序列容器不同，它专门用来存储一连串的位（bit）数据。

使用位集需要包含头文件 <bitset>，表 3-8 列出了位集的若干常用属性和方法。

表 3-8 位集的常用属性和方法

属性名或方法名	含义和部分举例
[index]	使用数组下标的方式获取序号为 index 的位的值或引用
count	返回位集中被设置为 1 的位的数量
size	返回位集的大小
any	测试位集中是否至少有一个位为 1，是则返回 true，否则返回 false
none	测试位集中是否所有位均为 0，是则返回 true，否则返回 false
all[C++11]	测试是否所有位均被设为 1
to_string	将位集转换为 string 类实例
to_ulong	将位集所表示的值转换为 unsigned long 整数值
to_ullong	将位集所表示的值转换为 unsigned long long 整数值

续表

属性名或方法名	含义和部分举例

set	设置位集中所有位或者指定位的值，默认将位设为 1。序号从 0 开始计数
	`bitset& set();`
	`bitset& set(size_t pos, bool val = true);`

test	测试位集中指定位是否设为 1，是则返回 true，否则返回 false `bool test(size_t pos) const;`

reset	重设位集中所有位或者指定位的值为 0。序号从 0 开始计数
	`bitset& reset();`
	`bitset& reset(size_t pos);`

flip	反转位集中所有位或者指定位的值。值为 1 的变为 0，值为 0 的变为 1
	`bitset& flip();`
	`bitset& flip(size_t pos);`

位集的大小使用放在一对尖括号内的整数值进行指定。可以在声明的同时使用整数或者只包含 0 或 1 的字符串进行初始化，如果使用包含非 0 和 1 的字符串进行初始化会发生运行时错误。

```
//----------------------------3.8.cpp----------------------------//
int main(int argc, char *argv[])
{
    bitset<16> empty, some(64), integer(0x64);
    bitset<16> other(string("1010101010101010"));

    cout << empty << endl;
    cout << some << endl;
    cout << some.to_string() << endl;
    cout << integer << endl;
    cout << other.to_ulong() << endl;

    return 0;
}
//----------------------------3.8.cpp----------------------------//
```

其最终输出为

```
0000000000000000
0000000001000000
0000000001000000
0000000001100100
43690
```

10718 Bit Mask[8]（位掩码）

给定一个 32 位无符号整数 N，寻找整数 M 使得 $L \leq M \leq U$，且 N OR M 的值最大，OR 表示"二进制或"运算。如果有多个 M 满足条件，输出最小的 M。

输入

每行输入包含 3 个整数——N、L、U，$L \leq U$，输入以文件结束符作为结束标志。

输出

对于每组输入，输出最小的 M，使得 $L \leq M \leq U$ 且 N OR M 的值最大。

样例输入	样例输出
`100 50 60`	`59`

分析

直观地，将 N 表示为二进制后，从高位开始，如果位为 0，将其置为 1 后所获得的值也越大，因此掩码 M 应该尽可能让 N 的二进制表示中高位为 0 的位反转为 1。那么可以从 N 的二进制表示中最高有效位开始考虑 M 的二进制位值。以样例输入为例，此时 $N=100$，因其表示为 32 位二进制数后前 3 个字节全为 0，若将其中任意一个位反转为 1，则对应的 M 将大于 60，不符合约束条件，故取 N 的二进制表示末尾的 8 个二进制位——01100100_2——进行分析。从最高位 0 开始，如果将此位反转为 1，则要求 M 至少为

10000000_2=128＞60，不满足要求，故此位不能进行反转。接着看第二位 1，此位已经为 1，不需反转，但是 M 中此二进制位是否也可为 0 呢？如果 M 此二进制位设置为 1 后所得到的值不大于 L，那么应该将此二进制位设置为 1，否则即使将 M 后续的所有二进制位全部设置为 1 也无法得到大于等于 L 的数。继续沿上述思路确定后续 M 各二进制位的取值，最终可得 M 的最小二进制表示为 00111011_2=59。

参考代码

```
int main(int argc, char *argv[])
{
    unsigned N, L, U;
    while (cin >> N >> L >> U) {
        bitset<32> NN(N), M(0);
        for (int i = 31; i >= 0; i--) {
            M.set(i, 1);
            if (NN.test(i)) {
                if (M.to_ulong() > L) M.set(i, 0);
            }
            else {
                if (M.to_ulong() > U) M.set(i, 0);
            }
        }
        cout << M.to_ulong() << '\n';
    }
    return 0;
}
```

强化练习

213 Message Decoding[B]，446 Kibbles "n" Bits "n" Bits "n" Bits[A]，565 Pizza Anyone[C]，740 Baudot Data Communication Code[A]，10019 Funny Encryption Method[A]，10227 Forests[B]，10931 Parity[A]，11926 Multitasking[B]。

扩展练习

10666 The Eurocup is Here[D]，11532 Simple Adjacency Maximization[C]。

提示

　　10227 Forest 题目描述中的"How many different opinions are represented in the input?"可能会引起误解。题目的本意是要求统计所有人听到树倒下的不同情形。如果有 4 个人，4 棵树，第 1 个人听到树 1 倒下，第 2 个人听到树 2 倒下，第 3 个人也听到树 2 倒下，第 4 个人没有听到树倒下，则不同意见数总共有 3 种，第一种意见是只听到树 1 倒下，第二种意见是只听到树 2 倒下，第三种意见是未听到树倒下。在评测输入中，某人听到树倒下的数据可能会重复给出，但最终只计入一次，即只是 set 而不是 multiset 之间异同的比较。

　　对于 10666 The Eurocup is Here，根据题目所定义的传递性，给定序号 X，设比 X 更好的队伍数量为 B，比 X 更差的队伍数量为 W，则 X 的 ranking 值最小不能小于 B+1，最大不能大于 2^N－W－1。读者可以尝试将样例输入中的 X 转换成二进制数，结合样例输出进行观察以发现规律。

3.9　链表

　　链表（list）也是一种容器，但与向量有所不同，链表不能使用下标形式对容器中的元素进行随机访问，而只能通过迭代器的方式进行访问。链表最大的优点是可以高效地完成元素的插入和删除操作，其时间复杂度为 $O(1)$，相对于向量要高，适用于需要频繁进行插入删除操作的应用场合。其缺点是占用的内存较大。

　　使用链表需要包含头文件<list>，表 3-9 列出了链表的若干常用属性和方法。

表 3-9　链表的常用属性和方法

属性名或方法名	含义和部分举例
begin	返回指向链表首个元素的迭代器
end	返回指向链表最末元素之后一个位置的迭代器

属性名或方法名	含义和部分举例
rbegin	返回指向链表最末元素的逆序迭代器
rend	返回指向链表首个元素之前一个位置的逆序迭代器
size	返回链表的大小
empty	测试链表是否为空，为空返回 true，否则返回 false
front	获取链表的首个元素
back	获取链表的最末元素
clear	清空链表
pop_back	删除链表末尾元素
pop_front	删除链表首个元素
push_back	将指定元素添加到链表末尾 `void push_back(const value_type& value);`
push_front	将指定元素添加到链表起始 `void push_front(const value_type& value);`
insert	在指定位置之前插入单个或一组元素。需要使用迭代器指定位置参数。返回插入元素位置的迭代器 `iterator insert(const_iterator position, const value_type& value);`
erase	删除指定位置处或指定范围内的元素，并返回删除元素后的迭代器。需要使用迭代器指定位置参数 `iterator erase(const_iterator position);`

sort	对链表中的元素进行排序
	`void sort();`
	`template <class Compare> void sort(Compare cmp);`

unique	移除链表中的重复元素
	`void unique();`
	`template <class BinaryPredicate> void unique(BinaryPredicate binary_pred);`

除了双向链表外，C++标准库还提供了单向链表 forward_list。双向链表可以进行双向遍历，但 forward_list 只能进行前向遍历，可以应用于一些只需顺序遍历的操作场合。使用 forward_list 需要包含头文件<forward_list>。

强化练习

245 Uncompress[C]，289 A Very Nasty Text Formatter[E]，520 Append[D]，11988 Broken Keyboard (a.k.a. Beiju Text)[A]。

3.10　二叉树

二叉树（binary tree）是一种常见的数据结构，不过标准模板库中并未有对应的表示[13]。可能是因为二叉树的应用较为灵活，不太容易使用一个固定的功能集对其进行表示，而且利用标准库所提供的其他数据结构可以轻松地构建应用所需的二叉树，所以并不需要在"基础"的标准库中予以实现。

每棵非空二叉树都有一个根结点（root node）[①]，非根结点则属于某个其他结点的子结点（child node），

[①] 结点所对应的英文单词为"node"，有些书籍将其翻译为"节点"，似有不妥。"节"表示分段之间连接的部分，例如，"竹节"；而"结"表示交结于一处，如"绳结"，对于树这种数据结构，将"node"翻译为"结点"比"节点"更为恰当。

二叉树中的结点最多包含两个子结点，分别称为左子结点（left child node）和右子结点（right child node），子结点数为零的结点称为叶结点（leaf node）。图 3-6 所示即为一棵二叉树。

值得一提的是，对于二叉树的某些概念，国内和国际通行的定义并不完全一致。例如，满二叉树（full binary tree）的概念。满二叉树，国内某些教材的定义是"一棵深度为 k 且有 2^k-1 个结点的二叉树" [14]，即除了树的最后一层全部为叶结点以外，其他层的结点均有左右子结点的二叉树。但国际通行的满二叉树（strict binary tree，又称严格二叉树）的定义是"任意结点的子结点数要么为 0，要么为 2 的二叉树"，如图 3-7 所示。

> **注意**
> 结点 F 为根结点，B 为 F 的左子结点，G 为 F 的右子结点，A、C、E、I 均为叶结点

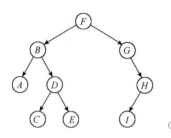

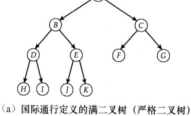

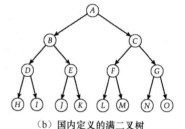

图 3-6　一棵二叉树
　　　　　　　　　　　（a）国际通行定义的满二叉树（严格二叉树）　　　　（b）国内定义的满二叉树

图 3-7　满二叉树的国际通行定义与国内定义

国内定义的满二叉树实际上对应着国际通行定义的完美二叉树（perfect binary tree）——"一棵高度为 h 的二叉树，所有叶结点深度均为 h 且其他非叶结点均有左右子结点"，但国内教材一般很少提到这个概念。在本书中，当涉及二叉树的有关概念时均采用国际通行的定义。

> **强化练习**
>
> 615 Is It a Tree[A]。

在实际应用中，一般都是采用结构体来表示树结点，通过指针将二叉树中结点的相互关系使用类似于链表的形式予以表示。

```
//+++++++++++++++++++++++++++++++3.10.1.cpp++++++++++++++++++++++++++++++++//
struct TreeNode
{
    // 结点的标记和权值。
    int id, weight;
    // 父结点、左右子树的指针。
    TreeNode *parent, *leftChild, *rightChild;
};
```

对二叉树进行遍历操作，常用的有两种方式：一种是深度优先遍历（depth-first order traversal），另外一种是广度优先遍历（breadth-first order traversal）。深度优先遍历又分为三种，分别称为前序遍历（preorder traversal）、中序遍历（inorder traversal）和后序遍历（postorder traversal）。

（1）前序遍历：先访问根结点，然后前序遍历左子树，最后前序遍历右子树。

（2）中序遍历：先中序遍历左子数，然后访问根，最后中序遍历右子树。

（3）后序遍历：先后序遍历左子树，然后后序遍历右子树，最后访问根。

可以看到，三种遍历顺序的差别仅在于访问根结点的次序，且遍历的过程均包含递归。还有一种遍历方式是按照结点深度进行遍历，称为层序遍历（level-order traversal），此种遍历是将广度优先遍历应用在二叉树上的结果。需要注意，在大多数解题应用中，遍历的顺序选择和具体的题目要求有关。

遍历顺序如图 3-8 所示。

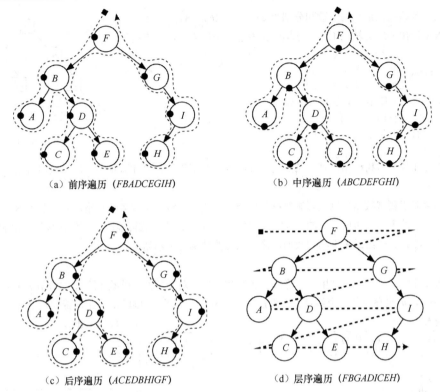

（a）前序遍历（*FBADCEGIH*）   （b）中序遍历（*ABCDEFGHI*）

（c）后序遍历（*ACEDBHIGF*）   （d）层序遍历（*FBGADICEH*）

图 3-8　遍历顺序

```cpp
// 使用指向根的指针进行前序遍历。
void preorderTraversal(TreeNode* root)
{
    if (root == NULL) return;
    cout << ' ' << root->id;
    preorderTraversal(root->leftChild);
    preorderTraversal(root->rightChild);
}

// 使用指向根的指针进行中序遍历。
void inorderTraversal(TreeNode* root)
{
    if (root == NULL) return;
    inorderTraversal(root->leftChild);
    cout << ' ' << root->id;
    inorderTraversal(root->rightChild);
}

// 使用指向根的指针进行后序遍历。
void postorderTraversal(TreeNode* root)
{
    if (root == NULL) return;
    postorderTraversal(root->leftChild);
    postorderTraversal(root->rightChild);
    cout << ' ' << root->id;
}
//++++++++++++++++++++++++++++++3.10.1.cpp++++++++++++++++++++++++++++++//
```

112 Tree Summing[A]（路径求和）

给定一棵二叉树，树结点中存储有一个整数，编写程序确定从树根结点到叶结点的路径中，路径上各结点的"整数和"是否与某个指定的整数相等。例如，在如图 3-9 所示的树中，共有 4 条从树根结点到叶结点的路径，各路径上结点的整数和分别为 27、22、26、18。

在输入中给出的二叉树以 LISP 语言的 S 表达式予以表示，它具有以
下形式：

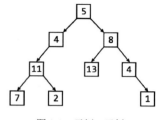

```
空树    ::=()
树      ::= 空树 | (整数 树 树)
```

图 3-9 中的树可使用 S 表达式表示如下：

`(5(4(11(7()())(2()()))())(8(13()())(4()(1()()))))`

注意，所有的叶结点均具有以下形式：

`(整数()())`

图 3-9　示例二叉树

空树不存在任何从树根结点到叶结点的路径，因此对空树进行上述查询时，应该输出否定的答案。

输入

输入包含多组测试数据，每组测试数据包括一个整数，后跟一个或多个空格，接着是用 S 表达式表示的二叉树结构。给定二叉树所对应的 S 表达式均是合法的，但表达式可能跨行且包含数量不定的空格。每个输入文件可能包含一组或多组测试数据，输入以文件结束符表示结束。

输出

为输入文件中的每一个测试用例（整数/树）输出一行。对于每组"整数/树"中的数值 I 和 T（I 表示整数，T 表示树），如果存在从树根结点到叶结点的"路径和"等于 I，则输出 yes，否则输出 no。

样例输入

```
22 (5(4(11(7()())(2()()))())  (8(13()())(4()(1()()))))
20 (5(4(11(7()())(2()()))())  (8(13()())(4()(1()()))))
10 (3
    (2 (4 () () )
       (8 () () ) )
    (1 (6 () () )
       (4 () () ) ) )
5 ()
```

样例输出

```
yes
no
yes
no
```

分析

使用结构体和指针来表示树，若使用数组，当树的深度较大时，会导致数组过大而无法存储。解题的一个关键是如何将输入解析为树，可以借助 cin.putback() 并结合递归完成输入的解析。将输入解析成二叉树后，剩下的问题就是如何通过树遍历求"路径和"，可以通过在遍历时累加所经过的结点值并将"路径和"保存在叶结点中来实现。

关键代码

```cpp
// 利用递归和 cin.putback()，将输入解析为链表形式的树。
void parse(TreeNode *node)
{
    bool isLeaf = false;
    // 忽略空白字符。
    char c;
    while (cin >> c, c != '(') { }
    cin >> c;
    // 需要考虑输入中的整数为负数的情形。
    if (isdigit(c) || c == '-') {
        int sign = (c == '-' ? (-1) : 1), number = 0;
        if (isdigit(c)) number = c - '0';
        while (cin >> c, isdigit(c)) number *= 10, number += (c - '0');
        cin.putback(c);
        node->weight = number * sign;
    } else {
        // 当前字符是括号，需要将其送回输入流，以保证后续能够正确解析。
        cin.putback(c);
        // 若当前结点为空，则将父结点的相应子结点设置为空。
        if (node->parent != NULL) {
            if (node == node->parent->leftChild) node->parent->leftChild = NULL;
```

```
        else node->parent->rightChild = NULL;
    } else empty = true;
    // 表示当前结点是一个叶结点。
    isLeaf = true;
}
// 如果当前结点为非叶结点则继续递归解析。
if (!isLeaf) {
    // 解析左子树。
    TreeNode *left = new TreeNode;
    node->leftChild = left;
    left->parent = node;
    parse(left);
    // 解析右子树。
    TreeNode *right = new TreeNode;
    node->rightChild = right;
    right->parent = node;
    parse(right);
}
// 忽略空白字符。
while (cin >> c, c != ')') { }
}
```

强化练习

115 Climbing Trees[B]，122 Trees on the Level[A]，297 Quadtrees[A]，699 The Falling Leaves[A]，11108 Tautology[C]，12347 Binary Search Tree[B]。

扩展练习

839 Not so Mobile[A]，939 Genes[D]，11234 Expressions[B]。

如果给定的是一棵满二叉树，而且树的深度不大（例如，深度小于 20），那么可以使用数组来表示整棵树，其效率也很高。方法是设立一个一维数组 *tree*，以元素 *tree*[i]表示父结点，元素 *tree*[2i+1]和 *tree*[2i+2]作为其左右子结点[①]，整棵树的根结点为 *tree*[0]。这样深度为 *d* 的满二叉树可以使用大小为(2^d-1)的一维数组进行表示[②]。

强化练习

679 Dropping Balls[A]，712 S-Trees[B]，11615 Family Tree[D]。

在某些情况下，如果遍历结果中不包含重复的结点标记，给定三种遍历方式结果中的两种，可以根据遍历的特点来确定第三种遍历方式的结果。常见的是给定前序遍历和中序遍历结果要求确定后序遍历结果，或者给定后序遍历和中序遍历结果要求确定前序遍历结果。如果给定前序遍历和后序遍历结果，则无法唯一确定中序遍历结果，因为无法唯一地确定左右子树。

如图 3-10 所示的二叉树，其前序遍历结果为 *FBADCEGHI*，中序遍历结果为 *ABCDEFGIH*，后序遍历结果为 *ACEDBIHGF*。

下面我们来看看，如何根据前序遍历和中序遍历的结果推导出树的结构，进而得到后序遍历的结果。已知前序遍历结果为 *FBADCEGIH*，根据前序遍历的特点——第一个访问的结点为整棵树的根结点，可以知道整棵树的根结点为 *F*，结合中序遍历结果 *ABCDEFGHI*，可以推导出 *F* 结点左侧的 *ABCDE* 必然是根结点的左子树，*F* 结点右侧的 *GHI* 必然是根结点的右子树。

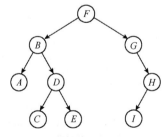

图 3-10　具有 9 个结点的二叉树

[①] 此处以序号为 0 的数组元素作为满二叉树的根结点，左右儿子结点所对应的数组元素序号分别为 2i+1 和 2i+2。如果以序号为 1 的数组元素作为满二叉树的根结点，则左右儿子结点所对应的数组元素序号分别为 2i 和 2i+1。

[②] 约定树中根结点的深度为 1。

$$[F]BADCEGIH \rightarrow (ABCDE)[F](GHI)$$

由于不管是前序遍历还是中序遍历，左右子树遍历结果的长度是不变的，当前已经知道中序遍历时左子树为 $ABCDE$，长度为 5，右子树为 GHI，长度为 3，那么可以根据长度确定前序遍历中 $BADCE$ 是左子树的遍历结果，而 GIH 为右子树的遍历结果。

$$(ABCDE)[F](GHI) \rightarrow [F](BADCE)(GIH)$$

对于左子树来说，其根结点是 F 的左儿子，而在前序遍历中，F 的左子结点在遍历结果中一定是紧随 F 之后的，由遍历结果 $FBADCEGIH$ 可知左子树的根结点为 B，结合中序遍历左子树的结果 $ABCDE$，可以推导出 A 是 B 的左子树中序遍历结果，CDE 是 B 的右子树中序遍历结果……

$$[F](BADCE)(GIH) \rightarrow ((A)[B](CDE))[F](GHI)$$

同样地，可以按照类似方法推导出 F 的右子树结构。在前序遍历中，先是遍历完左子树，然后才开始遍历右子树，则开始遍历右子树时的第一个结点即为右子树的根，那么由前序遍历右子树的结果 GIH 可知，G 是右子树的根结点，进而由中序遍历结果 GHI 可知，G 无左子树，G 的右子树中序遍历结果为 HI……

$$[F]([B](A)(DCE))(GIH) \rightarrow ((A)[B](CDE))[F]([G](HI))$$

根据以上叙述不难发现推导的过程是递归的，即先找到当前树的根结点，然后划分为左、右子树，此为一个求解步骤，接着先进入左子树重复求解步骤，之后对右子树重复求解步骤，最后就可以还原整棵二叉树。求解过程，可以从逻辑上划分为四个步骤：（1）确定根结点、左子树、右子树；（2）在左子树中递归；（3）在右子树中递归；（4）输出根结点。

```cpp
//----------------------------3.10.2.cpp----------------------------//
// 根据前序遍历和中序遍历结果输出后序遍历结果。
void postorder(string preorder, string inorder)
{
    // 递归出口：前序遍历结果为空。
    if (preorder.length() == 0) return;
    // 找到根结点。
    int root = 0;
    for (; root < inorder.length(); root++)
        if (inorder[root] == preorder.front())
            break;
    // 由根结点确定左子树，在左子树中递归。
    postorder(preorder.substr(1, root), inorder.substr(0, root));
    // 由根结点确定右子树，在右子树中递归。
    postorder(preorder.substr(root + 1), inorder.substr(root + 1));
    // 输出根。
    cout << preorder.front();
}
//----------------------------3.10.2.cpp----------------------------//
```

类似地，也可以由后序遍历和中序遍历结果确定前序遍历结果，只不过在确定根结点时需要从后序遍历结果的末尾开始划分左右子树。

```cpp
//----------------------------3.10.3.cpp----------------------------//
// 根据后序遍历和中序遍历结果输出前序遍历结果。
void preorder(string postorder, string inorder)
{
    // 递归出口：后序遍历结果为空。
    if (postorder.length() == 0) return;
    // 找到根结点。
    int root = 0;
    for (; root < inorder.length(); root++)
        if (inorder[root] == postorder.back())
            break;
    // 输出根。
    cout << postorder.back();
    // 由根结点确定左子树，在左子树中递归。
```

```
      preorder(postorder.substr(0, root), inorder.substr(0, root));
      // 由根结点确定右子树，在右子树中递归。
      preorder(postorder.substr(root, postorder.length() - root - 1),
          inorder.substr(root + 1));
  }
  //---------------------------3.10.3.cpp---------------------------//
```

强化练习

　　372 WhatFix Notation[E]，536 Tree Recovery[A]，548 Tree[B]，10701 Pre In and Post[A]。

3.11　范围查询

　　给定一个无序数组 A，要求找出在给定序号区间$[i, j]$内具有最小值的元素序号。朴素的做法是顺序扫描区间$[i, j]$内的所有元素，通过反复比较以确定具有最小值的元素序号。当区间范围很大或者查询非常频繁时，这一做法显然效率不高。虽然可以在 $O(n^2)$ 的时间内，通过为每种可能的区间生成具有最小值的元素序号的方式对数组进行预处理以提高查询速度，但是无法满足后续更新数组元素的要求，因为每次更新数组元素后，原先预处理的结果会失效，需要耗费 $O(n^2)$ 的时间再次进行预处理。类似于这种查询范围内元素最大/最小值（Range Maximum/Minimum Query，RMQ）或者查询范围内元素和（Range Sum Query，RSQ）的问题，它们都有一个共同的特点——最后区间的结果可以由多个相邻的连续区间合并的结果来获得。针对这个特点，可以使用多种巧妙的数据结构来解决 RMQ/RSQ 问题（可参阅 cp-algorithms 网站的相关内容）。

3.11.1　线段树

　　线段树（segment tree）是一种以二叉树为基础的数据结构，可以用于进行高效的范围最大（小）值查询、范围和查询等。利用二叉树的特点，可以将初始的查询范围逐次二分，最后由一系列的相邻的区间合并起来构成初始的查询范围。由于初始查询范围的结果可以由相邻的区间的结果合并而来，故只需反复合并相邻两个区间的查询结果即可得到最后所需的结果，这样时间复杂度可以降低到 $O(\log n)$。下面以范围最大值查询为例，介绍线段树的使用。

创建

　　为了简便，可以使用一维数组来表示线段树。二叉树的根结点对应序号为 0 的数组元素，如果某个非叶结点对应序号为 p 的数组元素，则其左右子结点所对应的数组元素序号分别为 $2p+1$ 和 $2p+2$。由于结点所记录的信息各式各样，对应的数组元素既可以是内置数据类型，也可以是结构体。在声明结构体时，为了记录待查询的信息，需要设置必要的域来存储相应的值。由于每个非叶结点都具有左右两个子结点（尽管这两个子结点在具体应用中可能并不会使用），而区间内的每个元素都需要有一个叶结点对应，则应该以完美二叉树的形式来创建线段树，因此在声明结点的数量时要考虑到内部结点的数量。令区间长度为 L，整数 N 是满足 $2^N \geqslant L$ 的最小整数，则数组的大小至少应为 $2^{N+1}-1$。例如，如果需要查询的区间为[0, 1000]，则 N 为 10，即完美二叉树的叶结点至少应该有 1024 个，加上根结点和内部结点数量，总共的结点数为 2047 个。在声明空间时，一般以查询区间长度的 4 倍来申请存储空间较为"安全"。

```
//++++++++++++++++++++++++++++++3.11.1.1.cpp++++++++++++++++++++++++++++++//
const int MAXN = 1000010, INF = 0x7f7f7f7f;

#define LCHILD(x) (((x) << 1) | 1)
#define RCHILD(x) (((x) + 1) << 1)

int data[MAXN];
struct node { int field; } st[4 * MAXN];

// 在创建线段树的同时进行预处理，获取区间的最大值。
void pushUp(int p)
```

```
{
    st[p].field = max(st[LCHILD(p)].field, st[RCHILD(p)].field);
}

// 递归创建线段树。设数组长度为 n，则调用方式为 build(0, 0, n - 1)。
void build(int p, int left, int right)
{
    if (left == right) st[p].field = data[left];
    else {
        // 将给定区间二分，递归创建。
        int middle = (left + right) >> 1;
        build(LCHILD(p), left, middle);
        build(RCHILD(p), middle + 1, right);
        pushUp(p);
    }
}
```

在上述代码中，pushUp 方法的作用是将父结点更新的操作抽取出来，便于适应各种应用场景的需要。例如，求最大值时可使用 max，求最小值可用 min。需要注意的是，在创建线段树时，叶结点所表示的区间是可以调整的。一般情况下，叶结点表示的区间长度为 0，即数轴上的一个点，可以进行适当更改以使其表示一个长度大于 1 的区间，这样在某些解题应用中更为方便。

查询

线段树创建完毕后即可对其进行查询。查询一般是给出一个区间，要求确定此区间内的最大（小）值或者此区间内的元素和。由于在创建线段树时，已经进行了预处理，得到了结点所表示的区间最大值，故只需不断将查询区间进行二分，反复将各个子区间的最大值结果合并即可获得最终结果。

```
int query(int p, int left, int right, int qleft, int qright)
{
    // 当查询区间未落在结点所表示的区间范围内时，返回一个"哨兵"值。
    if (left > qright || right < qleft) return -INF;
    if (left >= qleft && right <= qright) return st[p].field;
    int middle = (left + right) >> 1;
    int q1 = query(LCHILD(p), left, middle, qleft, qright);
    int q2 = query(RCHILD(p), middle + 1, right, qleft, qright);
    return max(q1, q2);
}
```

此处需要注意的是，当查询区间与结点所表示的区间不重叠时，返回值的处理应该根据具体应用相应调整。若查询的是范围和，则 INF 应为 0；若查询的是最大值，则 INF 应该设置为一个应用中不会小于的负数值，即此应用中的一个"无限小"值；若查询的是最小值，则返回的 INF 所代表的是一个应用中不会超过的值，即此应用中的一个"无限大"值。更为稳妥的方法是返回具有最大（小）值元素在原数组中的序号，当区间不重叠返回特殊标记值-1，这样可以避免 INF 值设置不合理可能导致的问题。

更新

如果更新的是单个数组元素，即只涉及线段树中的一个叶结点，称之为单结点更新，如果更新范围为一个区间，即涉及多个叶结点，则称之为区间更新。单结点更新是在线段树中找到原始数据序号为指定值的叶结点，将其值进行更新，同时更新该叶结点的所有祖先结点的值。

```
void update(int p, int left, int right, int index, int value)
{
    if (left == right) st[p].field = value;
    else {
        int middle = (left + right) >> 1;
        if (index <= middle)
            update(LCHILD(p), left, middle, index, value);
        else
            update(RCHILD(p), middle + 1, right, index, value);
        pushUp(p);
```

```
    }
}
//++++++++++++++++++++++++++++3.11.1.1.cpp++++++++++++++++++++++++++++//
```

延迟更新

在对线段树进行更新后，内部结点的值一般都需要做相应的改变，但是每次在更新后都立即对内部结点进行一次更新，这样会导致更新效率退化为 $O(n)$。如果在必须更新时才对内部结点进行更新，可以使效率仍保持为 $O(\log n)$。为了实现这种效果，可以采用延迟标记（lazy tag）技巧。应用延迟标记进行更新的方法称为延迟更新（lazy propagation）。延迟标记是在表示结点信息的结构体中增加一个域，表示当前结点累积的更新量，当某个查询需要访问此结点的左右子结点时，将此累积更新量应用到当前结点上，并向其左右子结点传递，最后将结点的累积更新量"清零"。这样做，可以尽量减少结点的总更新数量，获得更高的效率。在进行区间更新时，可能每次都需要对较多的结点进行更新，应用延迟更新技巧较为合适。在具体实现时，为了记录累积更新量，需要对结构体进行适当更改，同时相应的查询和更新过程也要做适当的修改，并在创建线段树的时候对初始累积更新量进行设置。需要注意的是，应用延迟更新的条件是更新可以叠加，例如，将区间内的元素加上或减去一个数值。如果更新操作是不可叠加的，则每次更新必须到达区间的所有叶结点，在这种情况下，应用延迟标记无助于效率的提高。

```cpp
struct node { int field, tag; } st[4 * MAXN];

// 应用延迟标记的线段树创建。
void build(int p, int left, int right)
{
    // 在创建线段树时设置初始更新累积量为 0，表示此结点不需向其左右子结点传递更新量。
    if (left == right) st[p].field = data[left], st[p].tag = 0;
    // 其他创建线段树的代码与前述相同。
}

// 根据延迟标记对线段树的结点做相应的更改。
void commit(int p, int ctag)
{
    // 可能结点上存在多次的延迟更新，所以要叠加。
    st[p].tag += ctag;
    st[p].field += st[p].tag;
}

// 将延迟标记向左右子结点传递。
void pushDown(int p)
{
    if (st[p].tag) {
        commit(LCHILD(p), st[p].tag);
        commit(RCHILD(p), st[p].tag);
        st[p].tag = 0;
    }
}

// 应用延迟标记的查询。
int query(int p, int left, int right, int qleft, int qright)
{
    if (left > qright || right < qleft) return -INF;
    if (left >= qleft && right <= qright) return st[p].field;
    // 在查询左右子结点之前需要将延迟标记向下传递。
    pushDown(p);
    int middle = (left + right) >> 1;
    int q1 = query(LCHILD(p), left, middle, qleft, qright);
    int q2 = query(RCHILD(p), middle + 1, right, qleft, qright);
    return max(q1, q2);
}
```

```
// 应用延迟标记的更新，将区间内的所有元素改变 utag 所指定的值。
void update(int p, int left, int right, int uleft, int uright, int utag)
{
    if (left > uright || right < uleft) return;
    if (left >= uleft && right <= uright) commit(p, utag);
    else {
        // 在更新左右子结点之前需要将延迟标记向下传递。
        pushDown(p);
        int middle = (left + right) >> 1;
        update(LCHILD(p), left, middle, uleft, uright, utag);
        update(RCHILD(p), middle + 1, right, uleft, uright, utag);
        pushUp(p);
    }
}
```

从上述区间更新的延迟标记实现可以看出，单结点更新实际上可以作为区间更新的一个特例来看待。

线段树的应用

由于可以在线段树的结点中记录各种信息，线段树除了用于高效地进行 RMQ/RSQ 操作外，还可以对其灵活改变加以巧妙地运用。

（1）寻找区间最大值及该最大值出现的次数。由于不仅需要记录区间的最大值，还需要记录最大值出现的次数，需要对结点所保存的信息域进行修改。在此种情形下，使用 pair<int, int>数据类型较为合适，pair 实例的第一个成员表示区间的最大值，第二个成员表示该最大值在此区间中出现的次数。在获取子区间的结果后，可以使用方法 combine 将子区间的结果进行合并。

```
//++++++++++++++++++++++++++++++3.11.1.2.cpp+++++++++++++++++++++++++++++++//
// 合并子区间的结果。
pair<int, int> combine(pair<int, int> a, pair<int, int> b)
{
    if (a.first > b.first) return a;
    if (b.first > a.first) return b;
    return make_pair(a.first, a.second + b.second);
}
```

创建、查询、更新线段树与前述介绍的线段树基本操作类似。

```
const int MAXN = 1000010, INF = 0x7f7f7f7f;

#define LCHILD(x) (((x) << 1) | 1)
#define RCHILD(x) (((x) + 1) << 1)

int data[MAXN];
pair<int, int> st[4 * MAXN];

void pushUp(int p)
{
    st[p] = combine(st[LCHILD(p)], st[RCHILD(P)]);
}

// 创建线段树。
void build(int data[], int p, int left, int right)
{
    if (left == right) st[p] = make_pair(data[left], 1);
    else {
        int middle = (left + right) >> 1;
        build(data, LCHILD(p), left, middle);
        build(data, RCHILD(P), middle + 1, right);
        pushUp(p);
    }
}
```

```
// 查询线段树。
pair<int, int> query(int p, int left, int right, int qleft, int qright)
{
    if (left > qright || right < qleft) return make_pair(-INF, 0);
    if (left >= qleft && right <= qright) return st[p];
    int middle = (left + right) >> 1;
    pair<int, int> q1 = query(LCHILD(p), left, middle, qleft, qright);
    pair<int, int> q2 = query(RCHILD(P), middle + 1, right, qleft, qright);
    return combine(q1, q2);
}

// 更新线段树。
void update(int p, int left, int right, int index, int value)
{
    if (left == right) st[p] = make_pair(value, 1);
    else {
        int middle = (left + right) >> 1;
        if (index <= middle)
            update(LCHILD(p), left, middle, index, value);
        else
            update(RCHILD(P), middle + 1, right, index, value);
        pushUp(p);
    }
}
//++++++++++++++++++++++++++++++++3.11.1.2.cpp++++++++++++++++++++++++++++++++//
```

（2）查询具有最大和的子区间。给定区间 $a[l, r]$，要求在此区间中寻找一个子区间 $a[l', r']$，其中 $l \leqslant l'$，$r' \leqslant r$，使得在区间 $a[l', r']$ 中的元素具有最大的和。为了确定给定区间的最大和子区间，需要记录四个信息：区间的"和" sum，区间的"最大前缀和" $prefix$，区间的"最大后缀和" $suffix$，区间的"最大子区间和" sub。因此，需要定义以下的结构体来表示结点需要记录的信息。

```
//++++++++++++++++++++++++++++++++3.11.1.3.cpp++++++++++++++++++++++++++++++++//
// 定义结点所包含的信息。
struct node { int sum, prefix, suffix, sub; };
```

对于给定的区间，其值由其左右子区间的值所确定，可能存在以下三种情况。

（1）具有最大和的子区间位于左子结点。

（2）具有最大和的子区间位于右子结点。

（3）具有最大和的子区间"跨越"左右子结点，即最大和子区间一部分位于左子结点所代表的区间内，另外一部分位于右子结点所代表的区间内。

```
// 合并子区间的结果。
node combine(node a, node b)
{
    if (a.sum == -INF) return b;
    if (b.sum == -INF) return a;
    node nd;
    nd.sum = a.sum + b.sum;
    nd.prefix = max(a.prefix, a.sum + b.prefix);
    nd.suffix = max(b.suffix, b.sum + a.suffix);
    nd.sub = max(max(a.sub, b.sub), a.suffix + b.prefix);
    return nd;
}
```

创建、查询、更新线段树与基本的线段树操作类似。此处定义了一个 getData() 方法将给定的值转换为结点所记录的数据类型。

```
const int MAXN = 1000010, INF = 0x7f7f7f7f;

#define LCHILD(x) (((x) << 1) | 1)
#define RCHILD(x) (((x) + 1) << 1)

node st[4 * MAXN];
```

```
// 将给定的值转换为结点。
node getData(int value)
{
    node nd;
    nd.sum = nd.prefix = nd.suffix = nd.sub = value;
    return nd;
}

void pushUp(int p)
{
    st[p] = combine(st[LCHILD(p)], st[RCHILD(P)]);
}

// 创建线段树。
void build(int data[], int p, int left, int right)
{
    if (left == right) st[p] = getData(data[left]);
    else {
        int middle = (left + right) >> 1;
        build(data, LCHILD(p), left, middle);
        build(data, RCHILD(P), middle + 1, right);
        pushUp(p);
    }
}

// 查询线段树。
node query(int p, int left, int right, int qleft, int qright)
{
    if (left > qright || right < qleft) return getData(-INF);
    if (left >= qleft && right <= qright) return st[p];
    int middle = (left + right) >> 1;
    node q1 = query(LCHILD(p), left, middle, qleft, qright);
    node q2 = query(RCHILD(P), middle + 1, right, qleft, qright);
    return combine(q1, q2);
}

// 更新线段树。
void update(int p, int left, int right, int index, int value)
{
    if (left == right) st[p] = getData(value);
    else {
        int middle = (left + right) >> 1;
        if (index <= middle)
            update(LCHILD(p), left, middle, index, value);
        else
            update(RCHILD(P), middle + 1, right, index, value);
        pushUp(p);
    }
}
//++++++++++++++++++++++++++++++3.11.1.3.cpp++++++++++++++++++++++++++++++//
```

3.11.2　二维线段树

在实际应用中，除了使用二叉树来表示一维线段树外，还可以使用四叉树（quadtree）来实现二维线段树（2D segment tree），进行矩形范围查询；或者更复杂地，使用八叉树（octree）来实现三维线段树，进行三维空间范围查询，不过由于其实现较为烦琐，实际解题中极少运用。二维线段树有两种常见的实现方法，一种是沿用一维线段树的思路，使用四叉树来实现，即采用矩形分割的方法来二分查询范围，单个结点表示的是一个子矩形所对应的范围；另一种实现方法是"树套树"，即一维线段树中包含的不再仅仅是一个结构体，而是另外一棵一维的线段树。

二维线段树的四叉树实现

给定一个矩形范围(x_1, y_1, x_2, y_2)，可分别确定行和列的中点后将其分解为四个子矩形范围（假设坐标系的X轴正向水平向右，Y轴正向垂直向下），即

```
int mx = (x₁ + x₂) / 2, my = (y₁ + y₂) / 2;
//左上角子矩形范围: (x₁, y₁, mx, my)。
//左下角子矩形范围: (x₁, my + 1, mx, y₂)。
//右上角子矩形范围: (mx + 1, y₁, x₂, my)。
//右下角子矩形范围: (mx + 1, my + 1, x₂, y₂)。
```

在四叉树中，这四个子矩形所对应的树结点是"母矩形"对应树结点的四个子结点。在获取子矩形的过程中，由于初始给定的矩形可能只有一行或者一列，当进行分割时，导致后续得到的子矩形是一个"非法"的矩形，需要对其进行验证，否则在创建、查询、更新时会产生错误。

```
//----------------------------3.11.2.1.cpp----------------------------//
const int MAXN = 512, INF = 0x7f7f7f7f;

int data[MAXN][MAXN];
int st[4 * MAXN * MAXN];

void pushUp(int p)
{
    int high = -INF;
    for (int i = 1; i <= 4; i++) high = max(high, st[4 * p + i]);
    st[p] = high;
}

void build(int p, int x1, int y1, int x2, int y2)
{
    // 当范围无效时，需要正确设置子结点的值，否则在进行pushUp操作时会得到错误的结果。
    if (x1 > x2 || y1 > y2) {
        st[p] = -INF;
        return;
    }
    if (x1 == x2 && y1 == y2) {
        st[p] = data[x1][y1];
        return;
    }
    int mx = (x1 + x2) >> 1, my = (y1 + y2) >> 1;
    build(4 * p + 1, x1, y1, mx, my);
    build(4 * p + 2, x1, my + 1, mx, y2);
    build(4 * p + 3, mx + 1, y1, x2, my);
    build(4 * p + 4, mx + 1, my + 1, x2, y2);
    pushUp(p);
}

// 查询指定矩形范围内的最大值。矩形的左上角坐标为(qx1,qy1)，右下角坐标为(qx2,qy2)。
int query
(int p, int x1, int y1, int x2, int y2, int qx1, int qy1, int qx2, int qy2)
{
    if (x1 > x2 || y1 > y2) return -INF;
    if (x2 < qx1 || y2 < qy1 || x1 > qx2 || y1 > qy2) return -INF;
    if (qx1 <= x1 && x2 <= qx2 && qy1 <= y1 && y2 <= qy2) return st[p];
    int mx = (x1 + x2) >> 1, my = (y1 + y2) >> 1;
    int q1 = query(4 * p + 1, x1, y1, mx, my, qx1, qy1, qx2, qy2);
    int q2 = query(4 * p + 2, x1, my + 1, mx, y2, qx1, qy1, qx2, qy2);
    int q3 = query(4 * p + 3, mx + 1, y1, x2, my, qx1, qy1, qx2, qy2);
    int q4 = query(4 * p + 4, mx + 1, my + 1, x2, y2, qx1, qy1, qx2, qy2);
    return max(max(q1, q2), max(q3, q4));
}

// 单点更新。将元素data[ux][uy]的值更新为v。
void update(int p, int x1, int y1, int x2, int y2, int ux, int uy, int v)
```

```
{
    if (x1 > x2 || y1 > y2) return;
    if (x2 < ux || y2 < uy || x1 > ux || y1 > uy) return;
    if (x1 == x2 && y1 == y2 && x1 == ux && y1 == uy) { st[p] = v; return; }
    int mx = (x1 + x2) >> 1, my = (y1 + y2) >> 1;
    update(4 * p + 1, x1, y1, mx, my, ux, uy, v);
    update(4 * p + 2, x1, my + 1, mx, y2, ux, uy, v);
    update(4 * p + 3, mx + 1, y1, x2, my, ux, uy, v);
    update(4 * p + 4, mx + 1, my + 1, x2, y2, ux, uy, v);
    pushUp(p);
}
//----------------------------3.11.2.1.cpp----------------------------//
```

在上述实现中，使用数组来表示整个二维线段树，在某些情况下，可能矩形的某一维度较大，而另外一个维度较小，如果仍然使用数组的表示方法会导致较多的空间被浪费，甚至有可能超出内存限制，此时可以采用动态分配内存的方式来建立结点，从而尽可能地节省空间。但由于"随用随建"，程序的运行效率会稍低。另外，也可以将操作"封装"到一个表示矩形的结构体中，这样能够使实现更为"井然有序"，也便于理解，但代码的运行效率可能不够高。

```
//----------------------------3.11.2.2.cpp----------------------------//
const int MAXN = 512, INF = 0x7f7f7f7f;

struct rectangle
{
    // (x1,y1)表示矩形的左上角坐标，(x2,y2)表示矩形的右下角坐标。
    int x1, y1, x2, y2;

    rectangle(int x1 = 0, int y1 = 0, int x2 = 0, int y2 = 0):
    x1(x1), y1(y1), x2(x2), y2(y2) {}

    // 测试是否为有效矩形。
    bool isBad() { return x1 > x2 || y1 > y2; }

    // 测试是否已经为单位矩形。
    bool isCell() { return x1 == x2 && y1 == y2; }

    // 测试是否包含指定的单位矩形。
    bool contains(int x, int y)
    { return x1 <= x && x <= x2 && y1 <= y && y <= y2; }

    // 测试是否包含矩形 q。
    bool contains(rectangle q)
    { return x1 <= q.x1 && q.x2 <= x2 && y1 <= q.y1 && q.y2 <= y2; }

    // 测试是否与矩形 q 相交。
    bool intersects(rectangle q)
    { return !(x1 > q.x2 || y1 > q.y2 || x2 < q.x1 || y2 < q.y1); }

    // 返回位于左上角的子矩形。
    rectangle getLU()
    { return rectangle(x1, y1, (x1 + x2) >> 1, (y1 + y2) >> 1); }

    // 返回位于右上角的子矩形。
    rectangle getRU()
    { return rectangle(x1, ((y1 + y2) >> 1) + 1, (x1 + x2) >> 1, y2); }

    // 返回位于左下角的子矩形。
    rectangle getLB()
    { return rectangle(((x1 + x2) >> 1) + 1, y1, x2, (y1 + y2) >> 1); }

    // 返回位于右下角的子矩形。
    rectangle getRB()
```

```
   { return rectangle(((x1 + x2) >> 1) + 1, ((y1 + y2) >> 1) + 1, x2, y2); }
};

struct node
{
    int high;
    node* children[4];
};

int data[MAXN][MAXN];

// 创建结点。
node* getNode()
{
    node *nd = new node;
    nd->high = -INF;
    for (int i = 0; i < 4; i++) nd->children[i] = NULL;
    return nd;
}

// 更新结点的值。
void pushUp(node *nd)
{
    int high = -INF;
    for (int i = 0; i < 4; i++) {
        if (nd->children[i] == NULL) continue;
        high = max(high, nd->children[i]->high);
    }
    nd->high = high;
}

// 创建线段树。
node* build(rectangle r)
{
    if (r.isBad()) return NULL;
    if (r.isCell()) {
        node *nd = getNode();
        nd->high = data[r.x1][r.y1];
        return nd;
    }
    node *nd = getNode();
    nd->children[0] = build(r.getLU());
    nd->children[1] = build(r.getRU());
    nd->children[2] = build(r.getLB());
    nd->children[3] = build(r.getRB());
    pushUp(nd);
    return nd;
}

// 查询线段树。
int query(node *nd, rectangle r, rectangle qr)
{
    if (r.isBad()) return -INF;
    if (!r.intersects(qr)) return -INF;
    if (qr.contains(r)) return nd->high;
    int q1 = query(nd->children[0], r.getLU(), qr);
    int q2 = query(nd->children[1], r.getRU(), qr);
    int q3 = query(nd->children[2], r.getLB(), qr);
    int q4 = query(nd->children[3], r.getRB(), qr);
    return max(max(q1, q2), max(q3, q4));
}
```

```
// 单点更新。
void update(node *nd, rectangle r, int ux, int uy, int v)
{
    if (r.isBad()) return;
    if (!r.contains(ux, uy)) return;
    if (r.isCell()) { nd->high = v; return; }
    update(nd->children[0], r.getLU(), ux, uy, v);
    update(nd->children[1], r.getRU(), ux, uy, v);
    update(nd->children[2], r.getLB(), ux, uy, v);
    update(nd->children[3], r.getRB(), ux, uy, v);
    pushUp(nd);
}
//----------------------------3.11.2.2.cpp----------------------------//
```

二维线段树的嵌套实现

二维线段树的嵌套实现又称为 "树套树" 实现。使用 "树套树" 的实现方法, 先对横坐标进行分割, 当横坐标分割为基本单元后, 再对纵坐标进行分割。

```
//----------------------------3.11.2.3.cpp----------------------------//
const int MAXN = 512, INF = 0x7f7f7f7f;

#define LCHILD(x) (((x) << 1) | 1)
#define RCHILD(x) (((x) + 1) << 1)

int n, m, data[MAXN][MAXN];

int st[4 * MAXN][4 * MAXN];

void buildY(int px, int lx, int rx, int py, int ly, int ry)
{
    if (ly == ry) {
        if (lx == rx) st[px][py] = data[lx][ly];
        else st[px][py] = max(st[LCHILD(px)][py], st[RCHILD(px)][py]);
    } else {
        int my = (ly + ry) >> 1;
        buildY(px, lx, rx, LCHILD(py), ly, my);
        buildY(px, lx, rx, RCHILD(py), my + 1, ry);
        st[px][py] = max(st[px][LCHILD(py)], st[px][RCHILD(py)]);
    }
}

void buildX(int px, int lx, int rx)
{
    if (lx != rx) {
        int mx = (lx + rx) >> 1;
        buildX(LCHILD(px), lx, mx);
        buildX(RCHILD(px), mx + 1, rx);
    }
    buildY(px, lx, rx, 0, 0, m - 1);
}

int queryY(int px, int py, int ly, int ry, int qly, int qry)
{
    if (ly > qry || ry < qly) return -INF;
    if (qly <= ly && ry <= qry) return st[px][py];
    int my = (ly + ry) >> 1;
    int q1 = queryY(px, LCHILD(py), ly, my, qly, qry);
    int q2 = queryY(px, RCHILD(py), my + 1, ry, qly, qry);
    return max(q1, q2);
}

int queryX(int px, int lx, int rx, int qlx, int qly, int qrx, int qry)
{
```

```
    if (lx > qrx || rx < qlx) return -INF;
    if (qlx <= lx && rx <= qrx) return queryY(px, 0, 0, m - 1, qly, qry);
    int mx = (lx + rx) >> 1;
    int q1 = queryX(LCHILD(px), lx, mx, qlx, qly, qrx, qry);
    int q2 = queryX(RCHILD(px), mx + 1, rx, qlx, qly, qrx, qry);
    return max(q1, q2);
}

void updateY(int px, int lx, int rx, int py, int ly, int ry, int x, int y, int value)
{
    if (ly == ry) {
        if (lx == rx) st[px][py] = data[lx][ly];
        else st[px][py] = max(st[LCHILD(px)][py], st[RCHILD(px)][py]);
    } else {
        int my = (ly + ry) >> 1;
        if (y <= my)
            updateY(px, lx, rx, LCHILD(py), ly, my, x, y, value);
        else
            updateY(px, lx, rx, RCHILD(py), my + 1, ry, x, y, value);
        st[px][py] = max(st[px][LCHILD(py)], st[px][RCHILD(py)]);
    }
}

void updateX(int px, int lx, int rx, int x, int y, int value)
{
    if (lx != rx) {
        int mx = (lx + rx) >> 1;
        if (x <= mx)
            updateX(LCHILD(px), lx, mx, x, y, value);
        else
            updateX(RCHILD(px), mx + 1, rx, x, y, value);
    }
    updateY(px, lx, rx, 0, 0, m - 1, x, y, value);
}
//----------------------------3.11.2.3.cpp----------------------------//
```

二维线段树的两种实现方法各有优劣。使用四叉树的方式实现，可以便于应用延迟更新，但在查询效率上较"树套树"的实现慢，不过空间利用率较高，因为结点是"随用随建"；使用"树套树"的实现方法，空间利用率较前者低，不便于应用延迟更新，但是查询效率较高。

12086 Potentiometers[A]（电位计）

电位计是用来测量电位差的一种仪器，其内部的电阻值是可调节的。将若干个电位计依次串联起来（不构成环，即第一个电位计的左端和最后一个电位计的右端是未连接的，其他电位计的左右两端均和相邻电位计的对应端连接），给定初始时各个电位计的电阻值，要求你进行以下两种操作。

（1）将指定序号的电位计的电阻值设置为某个值。

（2）计算指定序号范围内电位计的电阻值之和。

输入

输入包含的测试数据组数少于 3 组。每组测试数据以 N 开始，表示电位计的数量，N 最多可达 200000，接下来的 N 行每行包含一个 0 至 1000 之间的整数，表示序号从 1 到 N 的电位计的初始电阻值。后续是一系列的操作，这些操作的数量最多可达 200000 个，操作分以下三种。

（1）S x r，表示将序号为 x 的电位计的电阻值设置为 r，该操作即时生效，会影响后续的电阻测量。

（2）M x y，表示测量从序号 x 到序号 y 的电位计的电阻值之和，输入保证 x 和 y 都在序号范围之内，且 x 小于 y。

（3）END，表示此组测试数据结束。

当 $N=0$ 时，表示输入文件结束。

输出

对于每组测试数据，先输出测试数据的组数序号，从 1 开始计数，输出形式为"Case n:"，对于测试数据中每次测量，输出测量得到的电阻值，在相邻两组测试数据的输出之间打印一个空行。

<table>
<tr><td>

样例输入

```
3
100
100
100
M 1 1
END
0
```

</td><td>

样例输出

```
Case 1:
100
```

</td></tr>
</table>

分析

题目给定的数据量较大，如果使用朴素的"线性累加"方法进行解题会导致超时。由于查询的是电位计的电阻之和，符合"目标区间的信息可以由相邻两个连续区间合并后的信息表示"的特点，可使用线段树予以解决。构建线段树时，树的叶结点保存的是各个电位计的电阻值，内部结点保存的是左右子区间的电阻值之和。每次重新设置电位计的电阻，相当于单结点更新。

强化练习

1232 SKYLINE[D]，11235 Frequent Values[A]，11402 Ahoy Pirates[B]，12299 RMQ with Shifts[D]，12532 Interval Product[B]。

扩展练习

1400 Ray Pass Me the Dishes[D]，11297[①] Census[D]，11992[②] Fast Matrix Operations[D]。

3.11.3　区间树

在解题应用中，有时需要对区间进行高效的查询和插入操作——查询是否存在与给定的区间相重叠的区间，若不存在，则将此区间插入到数据结构中。在这种应用场景下，可以使用区间树（interval tree）数据结构。区间树能够在 $O(\log n)$ 的时间内完成区间的查询和插入操作。实际上，前述的线段树就是一种特殊的区间树，其叶结点的区间长度均为 0。

区间树的实现以二叉树为基础，二叉树的结点存储了区间信息，以及在此区间上我们感兴趣的信息。

```cpp
//----------------------------3.11.3.cpp----------------------------//
struct interval { int low, high; };

struct node
{
    interval i;
    int max;
    node *leftNode, *rightNode;
};

node* getNode(interval i)
{
    node *nd = new node;
    nd->i = i;
    nd->max = i.high;
    nd->leftNode = nd->rightNode = NULL;
    return nd;
}
```

---

① 对于 11297 Census，截至 2020 年 1 月 1 日，经过 assert 语句测试，UVa OJ 上的评测数据存在如下"缺陷"：在查询语句"q x_1 y_1 x_2 y_2"中，会出现 $x_2 > n$ 和（或）$y_2 > n$ 的测试数据，即查询范围超出指定数据范围的情形。可将其调整到给定的数据范围内，不影响结果为 Accepted。

② 11992 Fast Matrix Operations 中，如果使用四叉树的方式来实现二维线段树，必须使用延迟更新技巧才能在限定时间内获得 Accepted。

```
node* insert(node *root, interval i)
{
    if (root == NULL) return getNode(i);
    if (i.low < root->i.low) root->leftNode = insert(root->leftNode, i);
    else root->rightNode = insert(root->rightNode, i);
    if (root->max < i.high) root->max = i.high;
    return root;
}

bool isOverlapped(interval i1, interval i2)
{
    if (i1.low <= i2.high && i2.low <= i1.high) return true;
    return false;
}

bool query(node *root, interval i)
{
    if (root == NULL) return false;
    if (isOverlapped(root->i, i)) return true;
    if (root->leftNode != NULL && root->leftNode->max >= i.low)
        return query(root->leftNode, i);
    return query(root->rightNode, i);
}
//----------------------------3.11.3.cpp----------------------------//
```

强化练习

11601 Avoiding Overlaps[D]。

> **提示**
>
> 　　11601 Avoiding Overlaps 中，由于给定的矩形坐标值均为整数且范围较小，存在更为简洁的解题方法——填充标记法。将给定矩形的坐标增加偏移量 100 以便调整为非负整数，设立一个二维数组 $grid$[200][200] 记录已填充的方格，对于给定的某个矩形，检查在矩形范围内的方格是否已经填充，若至少有一个方格已经填充，则表明当前矩形与已绘制的矩形产生重叠。若给定矩形范围内的方格均未填充，则将此矩形面积累加，并标记相应的方格为已填充。若给定的矩形坐标为浮点数或者虽为整数但范围较大，则填充标记法不适用。

3.11.4　树状数组

　　树状数组，又称为二叉索引树（binary index tree）、Fenwick 树，由 Fenwick 于 1994 年首先提出[15]。树状数组最初被设计用于数据压缩，而现在主要用于存储频次信息或者用于计算累计频次表。

　　给定一个长度为 n 的整数数组 A，要求确定指定范围内元素的和。朴素的做法是计算数组的"前缀和" $P[i]=A[1]+\cdots+A[i]$，$i \geqslant 1$，得到"前缀和"数组 P 后，令 $P[0]=0$，则区间 $[L,R]$ 的"范围和" $S[L, R]=P[R]-P[L-1]$。此种计算方式的时间复杂度和空间复杂度均为 $O(n)$，缺点是每当数组元素 $A[i]$ 的值发生改变后，就需要重新计算 $P[i]$ 之后的"前缀和"，平均需要 $O(n)$ 的时间，效率不够高。而应用树状数组，可以在 $O(n\log n)$ 的时间内构建一个效果类似于数组 P 的数组 T，之后可以在 $O(\log n)$ 的时间内对数组 T 的元素进行更新，同时可以在 $O(\log n)$ 的时间内查询数组 A 中指定范围的元素和。

　　如图 3-11 所示，这是一个长度为 16 的整数数组的树状数组表示，其中，横坐标为数组 A 元素的序号 x（从 1 开始计数），纵坐标为 lowbit(x)。lowbit(x)是一个函数，表示 x 的二进制表示中位于最右侧为 1 的位的权值。例如，十进制数 4010 的二进制表示为 1010002，其位于最右侧的 1 所在位的权值为 8，则 lowbit(4010)=8。应用位运算，可以巧妙地计算 lowbit(x)。

```
//++++++++++++++++++++++++++++3.11.4.cpp++++++++++++++++++++++++++++//
inline int lowbit(int x) { return x & (-x); }
```

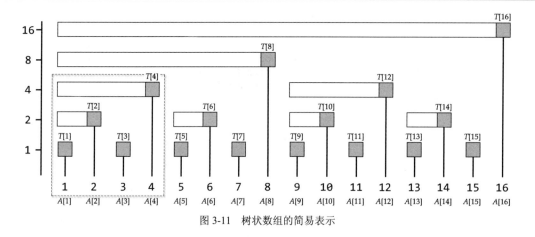

图 3-11　树状数组的简易表示

注意

图 3-11 中，横坐标为数组 A 元素的序号 x，纵坐标为 lowbit(x)。"长条矩形"下侧所覆盖的结点被"长条矩形"右端结点所累加（包括右端结点本身，即阴影方块）。例如，标记有虚线外框的树状数组元素 $T[4]$，其相应的"长条矩形"覆盖数组 A 的元素 $A[1]$、$A[2]$、$A[3]$、$A[4]$ 所对应的结点，表示 $T[4]$ 累加了数组元素 $A[1]$、$A[2]$、$A[3]$、$A[4]$。$T[3]$ 只覆盖了数组元素 $A[3]$，表示 $T[3]$ 只累加了数组元素 $A[3]$。

在图 3-9 中，"长条矩形"下方所覆盖的范围对应树状数组元素 $T[i]$ 所累加的原数组元素范围。例如，$T[4]=A[1]+A[2]+A[3]+A[4]$，$T[6]=A[5]+A[6]$，$T[7]=A[7]$。

初始时构建（或者当 $A[i]$ 改变后需要更新）数组 T 的过程，可以看作从数组 T 中序号为 x 的元素开始，不断向右向上"爬树"的过程，在"爬树"过程中更新中途所遇到的结点的值。

```
const int MAXN = (1 << 10);

int T[MAXN + 16] = {};

// 将元素值的改变量累加到树状数组所对应的元素中。
// x 表示元素的序号，delta 表示元素值的改变量。
void add(int x, int delta)
{
    for (int i = x; i <= MAXN; i += lowbit(i))
        T[i] += delta;
}
```

对于 $A[1]$ 来说，在构建树状数组的过程中，其值被累加到树状数组元素 $T[1]$、$T[2]$、$T[4]$、$T[8]$、$T[16]$ 中，共累加了 5 次。可以证明，若原数组的长度为 n，对于单个数组元素来说，将其累加到树状数组中的次数不会超过（$1+\log n$）次，故构建整个树状数组的时间复杂度为 $O(n\log n)$。构建（更新）树状数组时，数组 A 中各个元素的"累加路径"如图 3-12 所示。

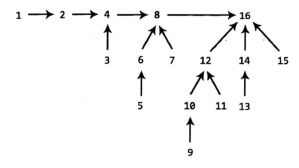

图 3-12　数组 A 中各个元素的"累加路径"

注意

图 3-12 中，箭头所指方向表示数组 A 中元素所需要累加到的下一个树结点。例如，$A[3]$ 在累加时，经过 $T[3]$、$T[4]$、$T[8]$、$T[16]$ 四个树结点；$A[5]$ 在累加时，经过 $T[5]$、$T[6]$、$T[8]$、$T[16]$ 四个树结点。

当数组 T 构建完毕后，给定区间 $[L, R]$，可以通过数组 T 计算"前缀和" $P[R]$ 和 $P[L-1]$，进而求出"范围和" $S[L, R]=P[R]-P[L-1]$。使用 T 计算 P 的过程，可以看作从数组 T 中序号为 x 的元素开始，不断向左向上"爬树"的过程，在"爬树"过程中累加中途所遇到数组 T 中结点的值。

```
// 通过累计相应的树状数组元素来确定"前缀和"P[x]。
int get(int x)
{
    int sum = 0;
    for (int i = x; i; i -= lowbit(i))
        sum += T[i];
    return sum;
}

// 确定区间[L,R]的范围和。
int sum(int L, int R)
{
    return get(R) - get(L - 1);
}
```

以 $x=11$ 为例，在求和过程中依次累加了 $T[11]+T[10]+T[8]$，而 $T[11]=A[11]$，$T[10]=A[9]+A[10]$，$T[8]=A[1]+A[2]+\cdots+A[8]$，等效于累加了 $A[1]\sim A[11]$ 的所有元素。

可以使用下述的代码对实现的正确性进行验证。

```
int main(int argc, char *argv[])
{
    // 将数组 A 赋值为从 1 开始的自然数序列。
    int A[MAXN + 16];
    for (int i = 1; i <= MAXN; i++) A[i] = i;
    // 初始化树状数组 T。
    for (int i = 1; i <= MAXN; i++) add(i, A[i]);
    // 验证结果是否正确。
    srand(time(NULL));
    for (int cases = 1; cases <= 100; cases++) {
        // 随机生成区间。
        int L = rand() % MAXN + 1, R = rand() % MAXN + 1;
        if (L > R) swap(L, R);
        cout << "S[" << setw(4) << right << L << ", ";
        cout << setw(4) << right << R << "] => ";
        // 使用树状数组 T 求范围和。
        cout << sum(L, R);
        // 由于是等差数列，其结果可利用等差数列的求和公式求得。
        cout << " = " << (R + L) * (R - L + 1) / 2 << '\n';
    }
    return 0;
}
```

需要注意的是，前述实现要求数组的元素从序号 1 开始存储，否则计算会发生错误，因为在更新数组 T 的过程中使用了 i += lowbit(i) 语句，如果 i 为 0 则会陷入无限循环，但这并不表示树状数组就无法支持从 0 开始计数，可用使用下述实现来支持从 0 开始为数组 T 计数。

```
struct FenwickTree
{
    int MAXN;
    vector<int> T;

    void initialize(int n)
    {
        this->MAXN = n;
```

```
            T.assign(n, 0);
        }

        int get(int x)
        {
            int sum = 0;
            for (; x >= 0; x = (x & (x + 1)) - 1)
                sum += T[x];
            return sum;
        }

        void add(int x, int delta)
        {
            for (; x < MAXN; x = x | (x + 1))
                T[x] += delta;
        }

        int sum(int L, int R)
        {
            return get(R) - get(L - 1);
        }

        void prepare(vector<int> A)
        {
            initialize(A.size());
            for (size_t i = 0; i < A.size(); i++)
                add(i, A[i]);
        }
    };
//+++++++++++++++++++++++++++++++3.11.4.cpp+++++++++++++++++++++++++++++++//
```

在理解一维树状数组的基础上，可以很容易地将一维数组所对应的树状数组拓展到二维（或者多维）。

```
// 二维树状数组。
struct FenwickTree2D {
    int MAXN, MAXM;
    vector<vector<int>> T;

    // initialize(...) { ... }

    int get(int x, int y)
    {
        int sum = 0;
        for (int i = x; i >= 0; i = (i & (i + 1)) - 1)
            for (int j = y; j >= 0; j = (j & (j + 1)) - 1)
                sum += T[i][j];
        return sum;
    }

    void add(int x, int y, int delta) {
        for (int i = x; i < MAXN; i = i | (i + 1))
            for (int j = y; j < MAXM; j = j | (j + 1))
                T[i][j] += delta;
    }
};
```

扩展练习

12028[①] A Gift from the Setter[D]。

[①] 12028 A Gift from the Setter 中，对求和计算式进行适当变换后，可以将题目转化为"范围和查询"问题。

3.11.5　稀疏表

　　稀疏表（sparse table）也是一种应用于 RMQ 的数据结构，它只需要经过 $O(n\log n)$的时间进行预处理，然后就能够在 $O(1)$的时间内回答每个查询，其实现应用了倍增法的思想。

　　给定任意一个正整数 n，可以将其唯一地表示成一个二进制数，如

$$25_{10}=11001_2$$

因为二进制数中每个位的权值均为 2 的幂，也就是说，可以将 n 表示为一个递减序列的和，序列中每个元素均为 2 的幂，即

$$25=2^4+2^3+2^0=16+8+1$$

类似地，给定一个闭区间$[L,R]$，可以将其唯一地表示为长度递减的若干子区间的并集，其中每个子区间的长度均为 2 的幂，例如，

$$[3,27]=[3,18]\bigcup[19,26]\bigcup[27,27]$$

区间总长度为 25，其中，每个子区间的长度依次为 16、8、1。根据 2 的幂性质，给定长度为 N 的区间，至多包含 `ceil(log2(N))` 个这样的子区间。

　　根据区间划分的性质，稀疏表先进行预处理操作，预处理完成后会得到一张表，之后就可以基于这张表高效地完成各种查询。在预处理过程中，使用一个二维数组 st 来存储计算结果，$st[i][j]$存储的是长度为 2^j 的子区间$[i, i+2^j-1]$的查询结果，st 的第一维大小为需要应用 RMQ 查询的数组长度 N，第二维的大小为 K，满足

$$K\geqslant floor(\log_2(N))+1,\ floor\text{表示向下取整函数}$$

对于一般的应用来说，若$N=10^7$，则可取 $K=24$。根据 2 的幂性质，给定区间$[i, i+2^j-1]$，可以将其等分为两个长度均为 2^{j-1} 的子区间$[i, i+2^{j-1}-1]$和$[i+2^{j-1}, i+2^j-1]$，假设当前需要查询数组 A 的区间最小值，应用动态规划思维，可以得到递推关系式：

$$st[i][j]=\min(st[i][j-1],st[1+(1\ll(j-1))][j-1]),\ st[i][0]=A[i]$$

应用上述递归关系式，可以在 $O(n\log n)$的时间内完成 st 数组的构建。对于给定需要查询最小值的区间$[L,R]$，由于

$$[L,R]=[L,R-2^j]\bigcup[R-2^j+1,R],\ j=\log_2(R-L+1)$$

则

$$\min(A[L,R])=\min(st[L][j],st[R-2^j+1][j]),\ j=\log_2(R-L+1)$$

由于求最小值时需要先确定区间长度的对数值，相较于每次求值时现场计算，可以预先计算区间长度的对数表以备用。

```cpp
//+++++++++++++++++++++++++++++++++++3.11.5.cpp++++++++++++++++++++++++++++++++++//
const int MAXN = (1 << 20), K = 24;
int N, A[MAXN], log2t[MAXN + 1] = {}, st[MAXN][K] = {};

// 构建稀疏表。
void prepare()
{
    // 预先计算对数值。
    log2t[1] = 0;
    for (int i = 2; i <= N; i++) log2t[i] = log2t[i >> 1] + 1;
    // 为边界赋值。
    for (int i = 0; i < N; i++) st[i][0] = A[i];
    // 根据递推关系式求区间最值。
    for (int j = 1; j < K; j++)
        for (int i = 0; i + (1 << j) <= N; i++)
            st[i][j] = min(st[i][j - 1], st[i + (1 << (j - 1))][j - 1]);
```

```
}
// 查询，L 为区间的起始位置，R 为区间的结束位置。
int query(int L, int R)
{
    int j = log2t[R - L + 1];
    return min(st[L][j], st[R - (1 << j) + 1][j]);
}
```

可以将稀疏表用于求"范围和"，只需在预处理时将 min 操作更换为求和操作，在求取给定区间$[L, R]$的范围和时，从大到小遍历 2 的幂，当发现 2 的 j 次幂满足

$$2^j \leqslant (R - L + 1)$$

则先将区间$[L, L+2^j-1]$内的值加入总和中，继续对区间$[L+2^j, R]$进行求和。

```
int query(int L, int R)
{
    int sum = 0;
    for (int j = K; j >= 0; j--)
        if ((1 << j) <= R - L + 1) {
            sum += st[L][j];
            L += 1 << j;
        }
    return sum;
}
//+++++++++++++++++++++++++++++++3.11.5.cpp+++++++++++++++++++++++++++++++//
```

强化练习

11491 Erasing and Winning[C]。

3.11.6 根号分块

根号分块（square root decomposition），类似于稀疏表，也是一种通过预处理来提高查询效率的数据结构（或者说"技巧"），它能够以 $O(\sqrt{n})$ 的时间复杂度完成诸如区间最大/小值查询、区间求和的操作。其核心思想是将待处理序列分割为大小相同的"块"，在块中进行指定操作，以便于提高速度。下面以区间求和为例来介绍根号分块的应用。

给定长度为 n 的数组，数组元素为 $a[1], a[2], \cdots, a[n]$，给定区间$[L, R]$，$L \leqslant R$，要求确定元素 $a[L] \sim a[R]$ 的和。朴素的方法是逐个累加区间$[L, R]$内的所有元素，很明显，当查询较多时效率很低。令 $s = \sqrt{n}$，将数组 a 按照每 s 个元素一组分成若干块，那么每个元素都会被划分到某个块内。n 不一定是 s 的整数倍，因此有可能最后一个块不足 s 个元素。在完成块的划分后，累加每个块内元素的和，可以得到一个块内元素和数组 sum，$sum[i]$ 表示第 i 个块内所有元素的和。当对区间$[L, R]$内的元素求和时，与普通的逐个累加不同，可以将区间表示为若干个完整块和至多两个不完整块的并。例如，令 $n=200$，则 $s=15$，于是数组被划分为 14 个块，第 1 块～第 13 块的大小均为 15，第 14 块的大小为 5。当求区间$[24, 110]$的元素和时，可以将其分解为第 2 块的后 7 个元素，整个第 3 块、第 4 块、第 5 块、第 6 块、第 7 块，第 8 块的前 5 个元素，则区间$[24, 110]$的元素和 S 可以表示为

$$S = \left(\sum_{i=24}^{30} a[i]\right) + \left(\sum_{i=3}^{7} sum[i]\right) + \left(\sum_{i=106}^{110} a[i]\right)$$

第 3 块～第 7 块的元素和已经在预处理阶段求得，因此只需 $O(1)$ 的时间复杂度获取，而前后两个不完整块的元素和计算，至多需要 $O(\sqrt{n})$ 的时间，因此总的时间复杂度可以优化为 $O(\sqrt{n})$。如果在后续的过程中对元素 $a[i]$ 进行了更改，只需将第 i 个元素所属的"块内和" $sum[j]$ 做相应更改即可用于后续的求和，而这个更改很容易实现。

```
//+++++++++++++++++++++++++++++++3.11.6.cpp+++++++++++++++++++++++++++++++//
const int MAXN = 10000010, MAXB = 10010;
```

```
int n, s;
int a[MAXN], link[MAXN], sum[MAXB];

// 查询区间[L, R]的元素和。
int query(int L, int R)
{
    int p = link[L], q = link[R];
    int r = 0;
    for (int i = L; i <= min(R, p * s); i++) r += a[i];
    for (int i = p + 1; i < q; i++) r += sum[i];
    if (p != q) {
        for (int i = (q - 1) * s + 1; i <= R; i++) r += a[i];
    }
    return r;
}

int main(int argc, char *argv[])
{
    cin >> n;
    // 确定分块的大小。
    s = sqrt(n) + 1;
    for (int i = 1; i <= s; i++) sum[i] = 0;
    for (int i = 1; i <= n; i++) {
        cin >> a[i];
        // 确定第 i 个元素所属的分块。
        link[i] = (i - 1) / s + 1;
        // 将第 i 个元素累加到对应的块内和。
        sum[link[i]] += a[i];
    }
    int m, L, R;
    cin >> m;
    for (int i = 0; i < m; i++) {
        cin >> L >> R;
        // 查询区间元素和。
        cout << query(L, R) << '\n';
    }
    return 0;
}
```

从上述根号分块的实现不难看出，该数据结构实际上可以看作在普通的暴力计算的基础上的一种优化，它尽可能地减少了对单个元素进行累加的次数，从而在一定程度上提高了效率。由于分块过大或者过小都对效率有不利影响，为了保证效率，在一般情况下，取分块的大小 $s = \sqrt{n}$，可以使得操作的平摊时间复杂度保持在 $O(\sqrt{n})$。

根号分块作为分块算法中的一种，不仅可以查询区间和、区间最大值/最小值，还可以予以适当拓展以处理一些线段树不便于处理的问题。根号分块的核心在于分块，因此在进行处理时需要将已经处理过的块加上适当的标记，以便后续处理时直接获得结果而不需要再次处理。例如，如果在每次查询后需要将给定区间内的元素开根号并向下取整，则由于开根号后，数值至少为原来的一半，易知在若干次操作后该区间的元素都将变为 1，继续开根号向下取整不会改变元素的值。因此，只要某个块内的元素均为 1 之后，就可以给这个块加上标记，表示不需要再对此块进行处理，从而提高了效率。

```
// flag 标记某个块内的元素是否已经"稳定"。
int flag[MAXB];

// 设置某个块内单个元素的值。
void setValue(int block, int idx, int value)
{
    sum[block] -= a[idx];
    a[idx] = value;
    sum[block] += a[idx];
```

```
}

// 更新区间[L, R]内元素的值，需要更新对应的块内和。
void update(int L, int R)
{
    int p = link[L], q = link[R];
    for (int i = L; i <= min(R, p * s); i++) setValue(p, i, sqrt(a[i]));
    for (int i = p + 1; i < q; i++) {
        if (flag[i]) continue;
        flag[i] = 1;
        for (int j = (i - 1) * s; j <= i * s; j++) {
            int tmp = sqrt(a[j]);
            if (tmp != a[j]) flag[i] = 0;
            setValue(i, j, tmp);
        }
    }
    if (p != q) {
        for (int i = (q - 1) * s + 1; i <= R; i++) setValue(q, i, sqrt(a[i]));
    }
}
//++++++++++++++++++++++++++++++3.11.6.cpp++++++++++++++++++++++++++++++//
```

12003 Array Transformer[D]（数组变换器）

编写程序，根据 m 条指令对数组 $A[1], A[2], \cdots, A[n]$ 进行变换。每条指令 (L, R, v, p) 的含义如下：先确定从数组元素 $A[L]\sim A[R]$（包括 $A[L]$ 和 $A[R]$）中严格小于 v 的数组元素个数 k，然后将数组元素 $A[p]$ 的值更改为 $u\times k/(R-L+1)$。这里的除法使用整除，即忽略小数部分。

输入

输入的第一行包含 3 个整数 n、m、u（$1\leq n\leq 300000$，$1\leq m\leq 50000$，$1\leq u\leq 1000000000$）。接下来的 n 行，每行包含一个整数 $A[i]$（$1\leq A[i]\leq u$）。再接下来的 m 行，每行包含一条指令，每条指令包含 4 个整数 L、R、v、p（$1\leq L\leq R\leq n$，$1\leq v\leq u$，$1\leq p\leq n$）。

输出

输出包含 n 行，每行一个整数，表示最终数组的值。

对于样例输入来说，总共只有一条指令：$L=2, R=10, v=6, p=10$，总共有 4 个数组元素（2, 3, 4, 5）小于 6，故 $k=4$，则数组元素 $A[10]$ 的新值为 $11\times 4/(8-2+1)=44/7=6$。

样例输入

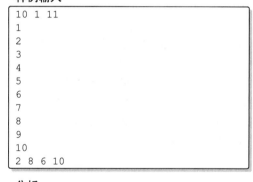

样例输出

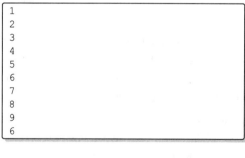

分析

由于查询数量较多，如果使用朴素的暴力统计，肯定会超时。故考虑分块处理，每个块内对元素进行排序，以便使用库函数 lower_bound 查找小于 v 的元素个数。由于对块内元素进行排序后会影响元素在原数组中的序号，为了便于得到原序号所对应的数组元素，可将原数组做一个备份，以避免后续保持块内有序对原数组元素位置带来的影响。

参考代码

```cpp
const int MAXN = 300010, MAXM = 1010;

int n, m, u, s, link[MAXN], A[MAXN], B[MAXN];
int head[MAXM], tail[MAXM];

// 分块。确定各块边界，对块内元素进行排序以便查找。
void build()
{
    s = sqrt(n);
    int block = n / s;
    if (block * s < n) block++;
    for (int i = 1; i <= block; i++) head[i] = (i - 1) * s + 1, tail[i] = i * s;
    tail[block] = n;
    for (int i = 1; i <= block; i++) {
        for (int j = head[i]; j <= tail[i]; j++) link[j] = i;
        sort(A + head[i], A + tail[i] + 1);
    }
}

// 查询。使用库函数 lower_bound 提高查找效率。
int query(int L, int R, int v)
{
    int k = 0;
    for (int i = L; i <= min(R, tail[link[L]]); i++) k += (B[i] < v);
    for (int i = link[L] + 1; i < link[R]; i++)
        k += lower_bound(A + head[i], A + tail[i] + 1, v) - A - head[i];
    if (link[L] != link[R])
        for (int i = head[link[R]]; i <= R; i++) k += (B[i] < v);
    return k;
}

void update(int L, int R, int p, int k)
{
    int belong = link[p];
    // 查找已排序数组中具有对应元素值的元素位置。
    int pp = lower_bound(A + head[belong], A + tail[belong] + 1, B[p]) - A;
    B[p] = (long long)(u) * k / (R - L + 1);
    // 使用插入排序，保持块内有序以便后续进行查找。
    while (pp > head[belong] && B[p] < A[pp - 1]) { swap(A[pp - 1], A[pp]); pp--; }
    while (pp < tail[belong] && B[p] > A[pp + 1]) { swap(A[pp + 1], A[pp]); pp++; }
    A[pp] = B[p];
}

int main(int argc, char *argv[])
{
    cin >> n >> m >> u;
    // A 为已排序数组，B 为未排序数组。
    for (int i = 1; i <= n; i++) {
        cin >> A[i]; B[i] = A[i];
    }
    build();
    for (int i = 1, L, R, v, p; i <= m; i++) {
        cin >> L >> R >> v >> p;
        update(L, R, p, query(L, R, v));
    }
    for (int i = 1; i <= n; i++) cout << B[i] << '\n';
    return 0;
}
```

扩展练习

11990 Dynamic Inversion[D]。

11990 Dynamic Inversion 中，由于给定的是 $[1, n]$ 内的自然数的排列，则可将序号 i 和数组元素 $a[i]$ 构成的二元组 $(i, a[i])$ 视为二维平面上的一个点。易知，位于 $(i, a[i])$ 左上角区域内的点及位于 $(i, a[i])$ 右下角区域内的点的纵坐标 $a[j]$ 与 $a[i]$ 构成逆序对，如图 3-13 所示（注意，图形并未按本题的实际情况绘制）。

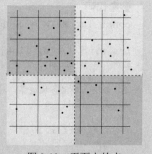

图 3-13　平面上的点

可以考虑使用 "二维" 根号分块算法，即将平面区域按照类似于一维的情形，沿 X 轴和 Y 轴分块，则平面区域将会被划分为若干的方格。令 $countSum(x, y)$ 表示左下角顶点为 $(0, 0)$，右上角顶点为 (x, y) 的矩形区域所包含的点数，那么将某个数 $a[k]$ 删除，则统计位于 $(k, a[k])$ 左上角和右下角的区域所包含点的总数量 $sum=countSum(k, n)+ countSum(n, a[k])-2 \times countSum(k, a[k])$，$sum$ 即为删除 $a[k]$ 后逆序对数减少的数量。为了提高效率，可以维护每行方格包含点数目的前缀和，在统计包含点数时，直接累加相应的前缀和，在删除 $a[k]$ 后，使用 $O(\sqrt{n})$ 的时间更新前缀和即可。

3.12　并查集

并查集（union-find set）是一种表示不相交集合（disjoint set）的数据结构，用于处理不相交集合的合并与查询问题。在不相交集合中，每个集合通过代表（represent）来区分，代表是集合中的某个成员，能够起到唯一标识该集合的作用。一般来说，选择哪一个元素作为代表是无关紧要的，关键是在进行查找操作时，得到的答案是一致的。

在不相交集合上，需要经常进行如下操作。

$find(x)$：查找元素 x 属于哪个集合，如果 x 属于某一集合，则返回该集合的代表。

$union(x, y)$：如果元素 x 和元素 y 分别属于不同的集合，则将两个集合合并，否则不做操作。

一种简单的实现方法是使用链表来表示并查集。每个集合用一个链表来表示，链表的第一个元素作为它所在集合的代表。链表中的元素具有 *head* 指针和 *tail* 指针，*head* 指向链表的第一个元素，即代表元素，*tail* 指向链表中最后一个元素。那么 *find* 操作所需时间复杂度为 $O(1)$。合并操作可以采用每次将 x 所在链表拼接到 y 所在链表末尾的方法来完成，也可以在每次合并时将长度较短的链表合并到长度较长的链表末尾，这样的话可以减少合并时的操作次数，提高效率。这种合并策略被称为加权合并启发式（weighted-union heuristic）策略。

更为高效地实现并查集的方法是使用有根树来表示集合——树中的每个结点都表示集合的一个元素，每棵树表示一个集合。在此基础上，可以应用以下两种改进运行时间的启发式策略以得到表示不相交集合的更快实现。

路径压缩

在查找过程中，如果找到了祖先结点 p，则将查找路径上的所有子孙结点的根结点均设置为该祖先结点 p，这样在后续查找时能够节省时间。否则有可能导致树的深度过大，降低查询速度。

按秩合并

在合并过程中，将元素少的集合合并到元素多的集合中，这样合并之后树的高度将会减少，从而提高查询速度。具体实现时，为每个集合设置一个 "秩"，合并时如果两个集合的 "秩" 相同，则任意选择一个集合将其 "秩" 值加 1，作为另一集合的祖先。

```cpp
//------------------------------3.12.cpp------------------------------//
const int MAXV = 1000000;
```

```
int parent[MAXV], ranks[MAXV];

// 不带参数的初始化版本。
void makeSet()
{
    for (int i = 0; i < MAXV; i++) parent[i] = i, ranks[i] = 0;
}

// 带参数的初始化版本，指定了元素的个数，可以避免每次都对整个数组进行初始化，节省时间。
void makeSet(int n)
{
    for (int i = 0; i < n; i++) parent[i] = i, ranks[i] = 0;
}

// 带路径压缩的查找，使用递归实现。
int findSet(int x)
{
    return (x == parent[x] ? x : parent[x] = findSet(parent[x]));
}

// 带路径压缩的查找，使用迭代实现。
int findSet(int x)
{
    // 迭代寻找根。
    int ancestor = x;
    while (ancestor != parent[ancestor]) ancestor = parent[ancestor];
    // 路径压缩。
    while (x != ancestor) {
        int temp = parent[x];
        parent[x] = ancestor;
        x = temp;
    }
    return x;
}

// 集合按秩合并。
bool unionSet(int x, int y)
{
    x = findSet(x), y = findSet(y);
    if (x != y) {
        if (ranks[x] > ranks[y]) parent[y] = x;
        else {
            parent[x] = y,
            if (ranks[x] == ranks[y]) ranks[y]++;
        }
        return true;
    }
    return false;
}
//----------------------------3.12.cpp----------------------------//
```

强化练习

459 Graph Connectivity[A], 599 The Forrest for the Trees[B], 793 Network Connections[A], 1197 The Suspects[B], 11690 Money Matters[B]。

扩展练习

10158 War[B]。

在合并过程中，每成功合并一次，不同的集合数量就减 1，利用这个特点可以容易地求得最终的不同集合数量。另外，如果启用按秩合并，将秩小的集合总是合并到秩大的集合中，只要在初始化及合并时对"秩"的更新做适当调整，就可以使得"秩"能够表示以某个元素为代表的集合中元素的总数，这在统计具有最大元素个数的集合时非常有用。

```
// 集合的初始化。
void makeSet(int n)
{
    // 初始时，每个集合中有一个元素，秩的大小即为以此元素为代表的集合中的元素个数。
    for (int i = 0; i <= n; i++) parent[i] = i, ranks[i] = 1;
}

// 集合按秩合并，秩表示以某元素为代表的集合中的元素个数。
bool unionSet(int x, int y)
{
    x = findSet(x), y = findSet(y);
    if (x != y) {
        // 更改合并过程中秩改变的规则，使得秩表示集合中元素的个数的性质不变。
        if (ranks[x] > ranks[y]) parent[y] = x, ranks[x] += ranks[y];
        else parent[x] = y, ranks[y] += ranks[x];
        return true;
    }
    return false;
}
```

强化练习

10583 Ubiquitous Religions[A]，10608 Friends[A]，10685 Nature[A]，11503 Virtual Friends[A]。

扩展练习

1160 X-Plosives[C]，11987[①] Almost Union-Find[C]。

3.13　算法库函数

3.13.1　accumulate、count 和 count_if 函数

accumulate 函数返回指定范围内各元素的累加。count 函数返回指定范围内的某个值出现的次数。count_if 函数返回指定范围内满足特定条件的值出现的次数。注意，accumulate 函数包含在头文件<numeric>中，而不是常见的<algorithm>文件中。

```
#include <numeric>
template <class InputIterator, class T>
T accumulate(InputIterator first, InputIterator last, T init);

#include <algorithm>
template <class InputIterator, class T>
typename iterator_traits<InputIterator>::difference_type
count(InputIterator first, InputIterator last, const T& val);

template <class InputIterator, class UnaryPredicate>
typename iterator_traits<InputIterator>::difference_type
count_if(InputIterator first, InputIterator last, UnaryPredicate pred);
```
在使用 accumulate 函数进行求和时，需要指定元素的类型，可以使用如下方式进行指定。
```
// 求 1 至 100 的累加和。
vector<int> numbers(100);
iota(numbers.begin(), numbers.end(), 1);
int sum = accumulate(numbers.begin(), numbers.end(), int(0));
```

---

① 11987 Almost Union-Find 中，对于第二种操作，设 p 所在集合的代表为 F_p，q 所在集合的代表为 F_q，不能简单地将 F_p 的祖先设置为 F_q，因为 p 可能是 p 所在集合的代表，即 $p=F_p$，进行上述操作会将 p 所在的集合与 q 所在的集合合并，不符合第二种操作的预期。

414 Machined Surfaces[A]。

3.13.2 copy 和 reverse_copy 函数

copy 函数将数组或序列指定范围内的元素复制到目标数组或序列指定起始位置的内存单元中，而 reverse_copy 函数在复制时将原始的数据反向复制到目标地址，其函数声明如下：

```
template <class InputIterator, class OutputIterator>
OutputIterator copy(InputIterator first, InputIterator last, OutputIterator result);

template <class BidirectionalIterator, class OutputIterator>
OutputIterator reverse_copy(BidirectionalIterator first, BidirectionalIterator last,
OutputIterator result);
```

例如，将第一个 vector 中的元素复制到第二个 vector 中。

```
vector<int> v1, v2;
for (int i = 1; i < 100; i++) v1.push_back(i);
// 注意，需要为向量 v2 预先分配存储空间。
v2.resize(100);
copy(v1.begin(), v1.end(), v2.begin());
```

类似的算法库函数还包括以下几种。

（1）copy_backward：将源序列指定范围内的元素逆序复制到目标序列以指定位置作为开始和结束的范围中。其函数声明如下：

```
template <class BidirectionalIterator1, class BidirectionalIterator2>
BidirectionalIterator2 copy_backward(BidirectionalIterator1 first, BidirectionalIte
rator1 last, BidirectionalIterator2 result);
```

（2）copy_if[C++11]：将源序列中指定范围内满足指定条件的元素复制到目标序列指定位置开始和结束的范围中。其函数声明如下：

```
template <class InputIterator, class OutputIterator, class UnaryPredicate>
OutputIterator copy_if(InputIterator first, InputIterator last, OutputIterator result,
UnaryPredicate pred);
```

（3）copy_n[C++11]：将源序列指定位置开始的 n 个元素复制到目标序列以指定位置开始和结束的范围中。其函数声明如下：

```
template <class InputIterator, class Size, class OutputIterator>
OutputIterator copy_n(InputIterator first, Size n, OutputIterator result);
```

3.13.3 fill 函数

fill 函数是一个模板函数，其作用是将指定地址范围内的所有存储单元设置为指定的值。

```
#include <algorithm>
template <class ForwardIterator, class T>
void fill(ForwardIterator first, ForwardIterator last, const T& item);
```

通过 memset 函数可能无法达到为数组统一赋值的目的，而通过 fill 函数却可以。当数组较大时，使用 for 循环和使用 fill 函数为数组赋初值，效率相差不大，不过均比 memset 函数的效率要低。

```
//---------------------------3.13.3.cpp---------------------------//
int main(int argc, char *argv[])
{
    int number[10];
    for (int i = 0; i < 10; i++) {
        number[i] = i + 1;
        cout << setw(3) << right << number[i];
    }
    cout << endl;
```

```
   fill(number + 5, number + 10, 5);
   for (int i = 0; i < 10; i++)
      cout << setw(3) << right << number[i];
   cout << endl;
   return 0;
}
//---------------------------3.13.3.cpp---------------------------//
```

其最终输出为

```
  1  2  3  4  5  6  7  8  9 10
  1  2  3  4  5  5  5  5  5  5
```

3.13.4　iota[C++11] 函数

iota[①]函数是随 C++11 标准新增的一个函数，该函数包含在头文件<numeric>中。其函数声明如下：

```
#include <numeric>
template <class ForwardIterator, class T>
void iota(ForwardIterator first, ForwardIterator last, T val);
```

iota 最初来自于艾弗森[②]于 1972 年开发的编程语言——APL。iota 在 APL 中的作用是获得一个从 1 到 N 的序列，用于模拟 for 循环。在 C++11 标准中，iota 的作用是给序列容器中指定范围内的元素赋值，从指定的初值开始，每给一个元素赋值，其值增加 1，最后的效果是构成一个从初值开始项差为 1 的递增序列。

```
//---------------------------3.13.4.cpp---------------------------//
int main(int argc, char *argv[])
{
    // 声明一个大小为 10 的 vector，初始值全为 0。
    vector<int> numbers(10, 0);

    // 将第 1 个至第 5 个元素顺序赋值为 1、2、3、4、5，后 5 个元素的值仍为 0。
    iota(numbers.begin(), numbers.begin() + 5, 1);
    for (auto number : numbers)
       cout << setw(2) << right << number;
    cout << '\n';
    return 0;
}
//---------------------------3.13.4.cpp---------------------------//
```

其最终输出为

```
 1 2 3 4 5 0 0 0 0 0
```

3.13.5　max 和 min 函数

max 和 min 函数的功能很简单，返回给定两个值的较大值和较小值，当两者相等时，返回前一个参数。其函数声明如下：

```
template <class T> const T& max(const T& a, const T& b);
template <class T> const T& min(const T& a, const T& b);
```

函数有两个版本，一般使用第一个版本，即不带比较函数的版本，此时将使用默认的小于比较运算符对给定的两个参数进行比较，然后返回合适的值。当需要更改比较规则时，可以使用带自定义比较函数的第二种版本，其增加了灵活性。需要注意的是，传入的函数的参数类型需要一致。例如，以下代码在进行编译时编译器可能会报错。

```
string s1 = "abcdefg";
int maxLength = 0;
// 编译器报错。
maxLength = max(maxLength, s1.size());
```

这是因为 string 类的 size 属性其数据类型为 size_t，需要显式的将其转换为 int 数据类型方能正确编译。

---

① iota 的名称取自希腊字母"ι"，读音为"Iota"。
② 肯尼斯·E. 艾弗森（Kenneth E. Iverson，1920—2004），加拿大数学家、计算机科学家，编程语言 APL 的发明者。

强化练习

12372 Packing for Holiday[A]。

3.13.6　max_element 和 min_element 函数

max_element 和 min_element 函数分别可以返回指定范围元素的最大值和最小值。其函数声明如下：

```
// 返回指定范围内指向具有最大值元素的迭代器，如果指定范围内有多个最大值，则返回第一个。
// 由于返回的是一个迭代器或地址，如果需要获取具体的数值，需要使用解引用操作。
template <class ForwardIterator>
ForwardIterator max_element(ForwardIterator first, ForwardIterator last);

template <class ForwardIterator>
ForwardIterator min_element(ForwardIterator first, ForwardIterator last);

template <class ForwardIterator>
pair<ForwardIterator, ForwardIterator>
minmax_element(ForwardIterator first, ForwardIterator last);
```

以上函数均有默认版本和自定义比较器的版本，使用默认版本将使用小于运算符对元素的大小进行比较。当获取范围不大的数组或序列容器中数据的最大值或最小值时，使用这两个函数很方便，不再需要通过循环去逐一比较以获取最大值或最小值，较为简便。

强化练习

499 What's The Frequency Kenneth[A]，11364 Optimal Parking[A]。

3.13.7　memcpy 和 memset 函数

memcpy 函数的作用是通过内存直接复制的方法，将指定长度的若干字节从源起始地址复制到目标起始地址。

```
// 使用 memcpy 函数，需要包含头文件<cstring>。
#include <cstring>
void* memcpy(void* destination, const void* source, size_t num);
```

注意，memcpy 函数的第一个参数为目标起始地址，第二个参数为源起始地址，第三个参数为复制的字节数目。

```
const int MAXN = 110;
int n, grid[MAXN][MAXN], temp[MAXN][MAXN];
// 对 grid 和 temp 进行特定操作后再将 temp 复制回 grid 数组。
memcpy(grid, temp, sizeof(temp));
```

强化练习

12187 Brothers[D]。

memset 函数的作用是将指定起始地址的若干个字节填充为特定的值[16]。

```
// 使用 memset 函数需要包含头文件<cstring>。
#include <cstring>
void* memset(void* ptr, int value, size_t num);
```

函数的参数 *ptr* 表示需要填充的起始地址，*value* 表示需要填充的值（只取该值的低位字节），*num* 表示需要填充的字节数量。如下例所示，使用 memset 函数将指定字符数组的某个连续范围的字节设置为某一个特定值。

```
//----------------------------3.13.7.1.cpp----------------------------//
int main(int argc, char *argv[])
{
    char sentence[] = "the quick brown fox jumps over the lazy dog.";
    // 将给定字符串的前四个字符修改为连字符'-'。
    memset(sentence, '-', 4);
    cout << sentence << endl;
```

```
      return 0;
   }
   //----------------------------3.13.7.1.cpp----------------------------//
```

其最终输出为

----quick brown fox jumps over the lazy dog.

可以使用 memset 函数将整数数组、布尔值数组或者结构体中的元素置为 0。

```
   //----------------------------3.13.7.2.cpp----------------------------//
   // 定义一个结构体。
   struct tag {
      int age;
      bool gender;
      char name[20];
   };

   int main(int argc, char *argv[])
   {
      // 定义一个含有 10 个元素的整数数组，赋值并输出。
      int data[10];
      for (int i = 0; i < 10; i++) {
         data[i] = i + 1;
         cout << data[i] << " ";
      }
      cout << endl;

      // 将 data 数组的第 2 个～第 6 个元素设置为 0，然后输出。
      memset(data + 1, 0, sizeof(int) * 5);
      for (int i = 0; i < 10; i++) cout << data[i] << " ";
      cout << endl;

      // 声明一个结构体，赋初始值然后输出。
      tag t = tag{1, true, "the brown fox"};
      cout << t.age << " " << t.gender << " " << t.name << endl;

      // 将结构体的元素值置为 0，然后输出。
      memset(&tag, 0, sizeof(tag));
      cout << tag.age << " " << tag.gender << " " << tag.name << endl;
      return 0;
   }
   //----------------------------3.13.7.2.cpp----------------------------//
```

其最终输出为

1 2 3 4 5 6 7 8 9 10
1 0 0 0 0 0 7 8 9 10
1 1 the brown fox
0 0

memset 函数是以字节为单位对指定存储区间进行填充，如果忽略了这一点，在使用时会出现与编程预期不一致的赋值结果。

```
   //----------------------------3.13.7.3.cpp----------------------------//
   int main(int argc, char *argv[])
   {
      int data[6];
      memset(data, 1, sizeof(data));
      for (int i = 0; i < 6; i++) cout << data[i] << " ";
      cout << endl;
      return 0;
   }
   //----------------------------3.13.7.3.cpp----------------------------//
```

以上代码的预期是将数组 data 的所有元素都设置为 1，但是输出却为

16843009 16843009 16843009 16843009 16843009 16843009

为什么会出现这种结果呢？原因就是 memset 按字节进行填充所致。一个整数占 4 个字节的存储空间，

memset 将每个字节均填充为数值 1，那么 4 个字节连起来对应的二进制数及其对应的十进制数为

$$00000001000000010000000100000001_2 = 16843009_{10}$$

一般情况下，通过 memset 函数将整数数组统一赋值为同一个非 0 值是无法实现的，除非要赋予的值转化为二进制数时 4 个字节具有相同的值，那么使用 memset 可以达到目的，如语句 memset(data, -1, sizeof(data)) 可以实现将 data 数组全部赋值为 -1 的效果。因为 -1 为有符号整数，在计算机中一般使用 2 的补码表示，其对应的二进制数为 $11111111111111111111111111111111_2$，在赋值时取其低位字节为 11111111_2，最后总的效果是将数组所占内存空间的所有字节均设置为 11111111_2，由于是有符号整数，故计算机将整数数组中的元素全部解释为 -1，达到了预期效果。

3.14 小结

Pascal 之父 Nicklaus Wirth 曾提出："算法+数据结构=程序"，可见数据结构的重要性。在编程竞赛中，理清数据的内在联系，合理的组织数据，才能对它们进行有效的处理，设计出高效的算法。使用正确的数据结构，往往能够使程序的效率得到提高，甚至使问题迎刃而解。学习数据结构，不仅是学习其使用方法，学习其思想同样非常重要，因为很多题目都是围绕数据结构的核心思想而设置，需要解题者在理解数据结构的基础上适当变换思维方式进行解决。数据结构是后续章节内容的基础，例如，最小生成树、哈夫曼树、搜索树等都是以树为基础的概念；在图遍历中，使用向量以邻接表的形式来表示图是常见的操作，链式前向星则是一种应用结构体和数组来高效表示图的数据结构。

数据结构的内容非常丰富，在既往的竞赛中也常常是重点内容，要想熟练的掌握不是一件容易的事，需要从基础的数据结构学起，逐个予以掌握。对于每种数据结构，不仅需要了解其善于处理的问题，也要了解其弱点和不足，在解题时才能做到"扬长避短"。本章只是介绍了较为常见的数据结构，对于一些高级的数据结构（例如，可持久化线段树、k-d 树、动态树、最小树形图、左偏树等）并未予以介绍，需要读者在已经掌握基本数据结构的基础上，自行对这些高级的数据结构进行理解和学习，在这个过程中，需要查阅网上的资料，锻炼自己的自学能力。

对于较难理解的数据结构，关键在于理解其核心思想，在理解核心思想的基础上，结合一些简单的样例能够直观地理解数据结构的具体应用，能够帮助人们进一步加深对数据结构的理解。之后通过练习题，可以积累数据结构应用的经验。

第4章
字符串

> Unicode 给每个字符提供了一个唯一的数字，不论是什么平台、不论是什么程序、不论是什么语言。

——Unicode 官方网站

据美国互联网研究机构 Netcraft 于 2019 年 8 月发布的调查报告显示，全世界活跃网站数量已经超过 12.7 亿个；人类基因组中大约有 30 亿个碱基对；在线销售网站的数据库动辄 100 TB……在这些大量数据中，字符串（text strings）是一种非常重要的基础数据结构，因此人们对字符串的处理非常重视，也提出了很多有效的方法。在 UVa 的习题中，很多题目与字符串操作有关，熟悉 C++中的字符串表示及操作方法对解题很有帮助。

4.1 编码

从本质上来讲，计算机处理的字符可以看作单个的数字，而字符编码就是一个特定字符集中的符号和数字之间的映射。美国标准信息交换码（American Standard Code for Information Interchange，ASCII）是一个包含 128 个字符的单字节编码方式，它于 1963 年发布第一个版本[①]。ASCII 作为计算机处理信息的一个基础标准，在计算机发展史中的地位非常重要。由于在设计时将表示数字的 10 个字符和表示大小写字母的字符都安排在连续的位置，编程实践中可以利用这个特点来进行特定转换。例如，将数字字符和对应的数值进行互相转换，将大写字母和小写字母进行互相转换。在编程中需要记忆的几个范围：数字 0~9 对应的 ASCII 码值为 48~57，小写字母 a~z 对应的 ASCII 码值为 97~122，大写字母 A~Z 对应的 ASCII 码值为 65~90。

随着计算机技术的发展，各个国家和组织都制定了不同的字符编码方案，导致了一种"混乱"的情况出现——"不同编码对应同一个字符，不同字符又具有同一个编码"，这为信息的交换和统一处理带来了很大的障碍。为了消除这种障碍，迫切需要一个国际统一表示的字符集，因此出现了 Unicode，即统一码。截止 2020 年 1 月 1 日，该标准发布了 12.0.0 版本。正因为有了统一的编码，编写国际化的程序、在不同平台之间进行程序移植较以往更为便利。该标准被世界上的绝大多数 IT 企业所支持，如 Apple（苹果）、HP（惠普）、IBM（国际商业机器公司）、JustSystem、Microsoft（微软）、Oracle（甲骨文）、SAP、Sun、Sybase 等。

Unicode 有三种编码方案，分别是 UTF-8、UTF-16 和 UTF-32，其中，UTF 是 Unicode 字符集转换格式（Unicode Transformation Format，UTF）的缩写，它定义了如何将 Unicode 中字符对应的数字转换成程序中使用的数据形式。三种编码方案分别使用 8 位、16 位、32 位二进制数来编码字符。

为了使用上的便利，Unicode 将字符按照语义和功能进行了分类，将 $0\sim10FFFF_{16}$ 的编码空间划分成 17 个平面（plane），每个平面包含 2^{16} 个编码点，各平面的划分如表 4-1 所示。

表 4-1　Unicode 各平面的划分

平面	编码范围	命名	备注
0	U+00000~U+0FFFF	基本多文种平面 （Basic Multilingual Plane，BMP）	包含了几乎所有的常见字符
1	U+10000~U+1FFFF	多文种补充平面 （Supplementary Multilingual Plane，SMP）	包含了不常用的字符

[①] 本书附录包含了一份 ASCII 表供读者参考。

续表

平面	编码范围	命名	备注
2	U+20000~U+2FFFF	表意文字补充平面 （Supplementary Ideographic Plane，SIP）	
3~13	U+30000~U+DFFFF	意向命名为第三表意平面 （Tertiary Ideographic Plane，TIP）	12.0 版本中，这些平面均尚未使用
14	U+E0000~U+EFFFF	特别用途补充平面 （Supplementary Special-purpose Plane，SSP）	12.0 版本中，该平面均尚未使用
15	U+F0000~U+FFFFF	保留作为私人使用区 （Private Use Area，PUA）	
16	U+100000~U+10FFFF	保留作为私人使用区 （Private Use Area）	

常用的简体中文字符包含在平面 0 的的"中日韩统一表意文字"区间（U+4E00~U+9FFF）。需要注意的是，常用的汉字（基本等同于 GBK 字符集[①]，大约有 21000 个汉字）使用 UTF-8 进行编码时，占用的是 3 个字节，而对于不常用的汉字，其编码可能为 4 个字节。

强化练习

458 The Decoder[A]，10082 WERTYU[A]，10222 Decode the Mad Man[A]，10851 2D Hieroglyphs Decoder[B]，10878 Decode the Tape[A]，11483 Code Creator[B]。

扩展练习

12555 Baby Me[C]。

4.2 字符串类

若需要在 C++中表示一个字符串，有以下几种方法。

（1）使用字符内置数组。内置数组在处理字符串时，插入和删除字符会较为烦琐，因为内置数组是固定的。

（2）使用 vector 容器类，以 char 类型来进行实例化。此种方法便于字符串的处理，缺点是占用空间较大，处理效率稍慢。

（3）使用字符链表。此种方法空间利用率较低，但是对于需要频繁进行插入和删除操作的情形，效率一般较 vector 要高。

使用过 C 语言的人都知道，处理字符串在很多情况下让人非常头痛，常常为了一个简单的功能而需要在代码上大动干戈。到了 C++，情况变得乐观了许多，因为标准库提供了 string 类，大大提高了处理字符串时的编程效率。string 类在标准库的源文件中是这样定义的：

```
typedef basic_string<char> string;
```

即 string 是一个用内置 char 类型进行实例化的 basic_string 模板类，属于容器类的范畴。在表达功能上，可以把 string 类实例视为一个字符数组，尽管效率上可能不会总是好于字符数组，但是 string 类所提供的操作功能是字符数组望尘莫及的，所以使用 C++语言参加编程竞赛时，能用 string 类的地方可以考虑优先使用。

强化练习

12896 Mobile SMS[B]。

---

① GBK 是一个汉字编码标准，也称为"汉字内码扩展规范"（Chinese internal code specification）。GB 即"国标"，K 是"扩展"汉语拼音的第一个字母。

4.2.1 声明

string 类的标准头文件是<string>，在 GCC 的 SGI 库实现中，该头文件已经被头文件<iostream>所包含，因此只需要包含头文件<iostream>，不需再包含头文件<string>。如果需要使用兼容 C 语言的字符串功能，需要包含头文件<cstring>。

string 类的声明有多种方式，可以根据具体情况灵活选用以提高效率。声明一个字符串实例如下：

```
string();
string(const string& str);
string(const string& str, size_t pos, size_t len = npos);
string(const char* s);
string(const char* s, size_t n);
string(size_t n, char c);
template <class InputIterator> string(InputIterator first, InputIterator last);
```

以下为各种声明方式的使用方法示例。

```
//-----------------------------4.2.1.cpp-----------------------------//
int main(int argc, char *argv[])
{
    // string()
    // 默认初始化方法，空字符串。
    string s0;
    // s0 = ""

    // string(const char* s)
    // 使用字符串常量或字符数组进行初始化。
    string s1("the quick brown fox jumps over the lazy dog.");
    // s1 = "the quick brown fox jumps over the lazy dog."

    // string(const string& str)
    // 使用另外一个 string 类实例来初始化。
    string s2(s1);
    // s2 = "the quick brown fox jumps over the lazy dog."

    // string(const string& str, size_t pos, size_t len = npos)
    // 使用另外一个 string 类实例，从指定位置 pos 开始，取 len 个字符，第三个
    // 参数可以省略，若省略第三个参数，则从指定位置 pos 开始取到字符串末尾。
    string s3(s1, 4, 5);
    string s4(s1, 10);
    // s3 = "quick"
    // s4 = "brown fox jumps over the lazy dog."

    // string(const char* s, size_t n)
    // 从字符串常量或者字符数组的指定位置开始取字符进行初始化。
    string s5("the quick brown dog jumps over the lazy fox.", 9);
    char data[64] = "the quick brown dog jumps over the lazy fox.";
    string s6(data, 9);
    // s5 = "the quick"
    // s6 = "the quick"

    // string (size_t n, char c)
    // 以指定数量的特定字符来填充字符串，数值 35 是字符'#'的 ASCII 值。
    string s7(10, 'A');
    string s8(10, 35);
    // s7 = "AAAAAAAAAA"
    // s8 = "##########"

    // template <class InputIterator>
    // string(InputIterator first, InputIterator lsst)
    // 使用迭代器来指定 string 类实例的特定范围来进行新 string 类的初始化。
    string s9(s1.begin(), s1.begin() + 9);
```

```
    // s9 = "the quick"

    return 0;
}
//----------------------------4.2.1.cpp----------------------------//
```

强化练习

488 Triangle Wave[A]。

4.2.2 赋值

如果已经声明了一个 string 类实例，当前需要更改其内容，可以使用 string 类的 assign() 方法为 string 类实例赋值，更改其内容：

```
string& assign(const string& str, size_t subpos, size_t sublen);
string& assign(size_t n, char c);
```

以下为 assign() 使用方法的示例。

```
//----------------------------4.2.2.cpp----------------------------//
int main(int argc, char* argv[])
{
    char s1[] = "the quick brown fox jumps over the lazy dog.";
    string s2(s1), s3;

    s3.assign(s2);
    // s3 = "the quick brown fox jumps over the lazy dog."

    s3.assign(s2, 10, 5);
    // s3 = "brown"

    s3.assign(s1);
    // s3 = "the quick brown fox jumps over the lazy dog."

    s3.assign(s1, 9);
    // s3 = "the quick"

    s3.assign(10, 'A');
    // s3 = "AAAAAAAAAA"

    s3.assign(s2.begin(), s2.begin() + 9);
    // s3 = "the quick"

    return 0;
}
//----------------------------4.2.2.cpp----------------------------//
```

4.2.3 遍历

在字符串的操作中，对字符串中字符逐个进行处理的方式很常见，需要遍历操作的支持。string 类支持两种方式的遍历，一种是传统的基于下标的遍历，另一种是使用容器类的遍历接口，即迭代器（iterator）。在程序竞赛的场景中，不需要考虑程序的健壮性（robustness）、可维护性（maintainability），为了节省源代码的输入时间，一般均直接采用基于下标的访问方式。表 4-2 列出了与遍历操作相关的属性和方法。

表 4-2　与遍历操作相关的属性和方法

属性名或方法名	含义和部分举例
begin	返回指向字符串第一个字符的迭代器
end	返回指向字符串最后一个字符之后一个位置的迭代器
rbegin	返回指向字符串最后一个字符的逆序迭代器

续表

属性名或方法名	含义和部分举例
rend	返回指向字符串第一个字符之前一个位置的逆序迭代器
front[C++11]	获取字符串的第一个字符
back[C++11]	获取字符串的最后一个字符
length	获取字符串的长度，与属性 size() 作用相同
size	获取字符串的长度（而不是其使用的存储空间大小），与属性 length() 作用相同
empty	测试字符串是否为空字符串，为空则为 true，否则为 false
[index]	使用下标的方式访问字符串在位置 index 处的字符，不进行范围检查
at[C++11]	获取字符串在指定位置处的字符，进行范围检查 char& at(size_t pos);

注意 string 类的 length 和 size 属性，它们的数据类型为 size_t，是专为表示字符串的长度定义的一个数据类型（与机器相关，内部一般使用 unsigned int 数据类型表示），在与其他 int 型数据进行大小的比较时，建议先将其显式转换为 int 类型以避免出现难以预料的副作用。

强化练习

508 Morse Mismatches[D]。

访问字符串在某个特定位置处的字符，可以使用使用常规的下标访问方式，或者使用 at 方法访问，区别是下标访问不检查范围，at 方法访问会对序号的范围进行检查。获取字符串的第一个字符和最后一个字符，C++11 标准中新增了对应的 back 和 front 属性，以增加便利性。对于使用 C++98 标准的编译器，可以使用替代的方法实现。例如，获取 string 类实例 s 的第一个字符，可以通过使用 s[0] 得到，获取 s 的最末一个字符，可以通过使用 s[s.length() - 1] 得到。

```
//---------------------------4.2.3.cpp---------------------------//
int main(int argc, char *argv[])
{
    string s = "the quick brown fox jumps over the lazy dog.";
    // 下标访问形式。
    for (int i = 0; i < s.length(); i++)
        cout << s[i];
    cout << endl;
    // 迭代器访问形式。
    for (string::iterator it = s.begin(); it != s.end(); it++)
        cout << *it;
    cout << endl;
    return 0;
}
//---------------------------4.2.3.cpp---------------------------//
```

其最终输出为

the quick brown fox jumps over the lazy dog.
the quick brown fox jumps over the lazy dog.

强化练习

129 Krypton Factor[B]，159 Word Crosses[B]，282 Rename[E]，490 Rotating Sentences[A]，553 Simply Proportion[D]，621 Secret Research[A]，865 Substitution Cypher[C]，892 Finding Words[C]，11548 Blackboard Bonanza[D]，11713 Abstract Names[A]，11830 Contract Revision[B]。

4.2.4　连接与删除

string 类实例的连接与删除可以通过表 4-3 所示的方法实现。

表 4-3 `string` 类实例的连接与删除方法

属性名或方法名	含义和部分举例
clear	清空整个字符串的内容
pop_back[C++11]	删除字符串末尾的单个字符

append	将字符或字符串添加到原字符串末尾
	`string& append(const string& str);`
	`string& append(size_t n, char c);`

erase	删除指定位置开始的单个或多个字符
	`iterator erase(iterator p);`
	`string& erase(size_t pos = 0, size_t len = npos);`

insert	在指定位置插入字符或字符串
	`iterator insert(iterator p, char c);`
	`string& insert(size_t pos, const string& str);`

+=	重载运算符，将字符串或字符附加到原字符串末尾
	`string& operator+=(char c);`
	`string& operator+=(const string& str);`

push_back	将单个字符添加到字符串末尾 `void push_back(char c)`

强化练习

625 Compression[D], 739 Soundex Indexing[A], 11734 Big Number of Teams Will Solve This[A], 12646 Zero or One[A]。

4.2.5 查找与替换

`string` 类实例的查找与替换可以通过表 4-4 所示方法实现[①]。

表 4-4 `string` 类实例的查找与替换方法

属性名或方法名	含义和部分举例

find	从左至右在字符串中查找参数所指定的字符串（或字符）第一次出现的位置
	`size_t find(const string& str, size_t pos = 0) const;`
	`size_t find(char c, size_t pos = 0) const;`

rfind	从右至左在字符串中查找参数所指定的字符串（或字符）第一次出现的位置
	`size_t rfind(const string& str, size_t pos = npos) const;`
	`size_t rfind(char c, size_t pos = npos) const;`

find_first_of	从左至右在字符串中查找，如果某个字符能够匹配参数中的任意一个字符，则返回该字符所处的位置
	`size_t find_first_of(const string& str, size_t pos = 0) const;`
	`size_t find_first_of(char c, size_t pos = npos) const;`

find_last_of	从右至左在字符串中查找，如果某个字符能够匹配参数中的任意一个字符，则返回该字符所处的位置
	`size_t find_last_of(const string& str, size_t pos = npos) const;`
	`size_t find_last_of(char c, size_t pos = npos) const;`

replace	将字符串中指定范围的字符替换为目标字符串指定范围的字符 `string& replace(size_t pos,  size_t len,  const string& str);`
swap	交换两个字符串的内容 `void swap(string& str);`

需要注意 rind 方法和 find_last_of 方法的差异，当两者的参数都是字符串类实例时，对于 rfind 来说，是从右至左在目标字符串中查找参数第一次出现的位置，find_last_of 也是从右至左在目标字符

[①] 表 4-4 只列出了解题中常用的一些方法，完整的方法列表请读者进一步查阅标准库手册。

串中查找，但是只要目标字符串中某个字符和给定的参数中**任意**一个字符相匹配（即不需要与整个参数相匹配），则返回目标字符串中此字符的位置，可以通过以下示例代码做进一步理解。

```
//------------------------------4.2.5.cpp------------------------------//
int main(int argc, char *argv[])
{
    string s = "The quick brown fox jumps over a lazy dog";
    size_t pos1 = s.rfind("fox"), pos2 = s.find_last_of("fox");
    cout << "pos1 = " << pos1 << " pos2 = " << pos2 << '\n';
    return 0;
}
//------------------------------4.2.5.cpp------------------------------//
```

其最终输出为

pos1 = 16 pos2 = 39

另外需要注意的是，string 类所提供的 replace() 方法与直观感觉上的功能有出入。与其他语言提供的字符串替换方法不同，它并不是完成"查找并替换"功能，而只是完成将指定位置处的字符串"替换"这一功能。在 C#中，若需要将特定字符或字符串用指定的值予以替换，可使用

```
string.Replace(char oldChar, char newChar);
```

或

```
string.Replace(string oldValue, string newValue);
```

在 Java 中可使用

```
String.replace(char oldChar, char newChar);
```

而在 C++中，则需要先查找到字符位置，然后使用 replace() 方法完成替换。较为便利的方法是要么不使用 replace() 方法，直接采用赋值的方法改变字符的值；要么使用算法库函数 replace() 来完成替换。关于算法库函数 replace() 的具体使用方法参见 4.7 节。

强化练习

455 Periodic Strings[A]，644 Immediate Decodability[A]，10115 Automatic Editing[A]。

4.2.6 其他操作

string 类还提供了若干操作，以便于对字符串进行处理，如表 4-5 所示。

表 4-5 string 类的其他字符串处理操作

属性名或方法名	含义和部分举例
c_str	返回 C 风格的 string 类实例所包含的字符串，保证以'\0'为结束符
data	返回 string 类实例所包含的字符串数据，不一定以'\0'为结束符
compare	与另一个 string 类实例或字符序列按字典序比较大小 int compare(const string& str);
copy	将当前字符串的指定范围的字符复制到字符数组中 size_t copy(char* s, size_t len, size_t pos = 0) const;
substr	如果指定参数，获取指定开始位置指定长度的字符，若字符串的长度不足，则获取尽可能多的字符 若未指定起始位置参数，默认从位置 0 开始。当不指定长度参数时，一直获取到字符串末尾 string substr(size_t pos = 0, size_t len = npos) const;

强化练习

10361 Automatic Poetry[A]，11233 Deli Deli[A]。

4.3 字符串库函数

为了更为方便地对字符串进行操作，C++不仅向后兼容了原有的 C 语言字符函数，还提供了许多有用

的方法。

```
#include <cctype>

// 字符分类函数
int isalnum(int c);        // 检查是否为字母或数字字符。
int isalpha(int c);        // 检查是否为字母字符。
int isblank(int c);        // (C++11 标准)检查是否为分隔字符串的空白字符 (' '、'\t')。
int iscntrl(int c);        // 检查是否为控制字符。
int isdigit(int c);        // 检查是否为数字字符。
int isgraph(int c);        // 检查是否为具有图形输出的字符。
int islower(int c);        // 检查是否为小写字符。
int isprint(int c);        // 检查是否为可打印字符。
int ispunct(int c);        // 检查是否为标点符号字符。
int isspace(int c);        // 检查是否为空白字符 (' '、'\t'、'\v'、'\f'、'\r'、'\n')。
int isupper(int c);        // 检查是否为大写字母。
int isxdigit(int c);       // 检查是否为十六进制中的数字字符。

// 字符转换函数
int tolower(int c);        // 将大写字母转换为小写字母。
int toupper(int c);        // 将小写字母转换为大写字母。
```

注意，以上函数的参数及返回值均为整数类型，在传入参数时，使用 char 类型不会发生问题，因为在编译时会自动将 char 类型转换为 int 类型，但是对于返回值，需要自行进行类型转换。例如：

```
char c = 'a';
cout << (char)(toupper(c)) << endl;
```

强化练习

139 Telephone Tangles[C]，445 Marvelous Mazes[A]。

头文件<string>包含了若干用于在字符串与数值之间进行相互转换的函数（如表 4-6 所示），但它们是 C++11 标准的，在编译时需要使用支持此标准的编译器。

表 4-6　C+11 标准的其他字符串转换函数

属性名或方法名	含义和部分举例
stoi[C++11]	默认以十进制形式将字符串解析为 int 类型的整数，如果指定 base 为 0，而且待转换的字符串前附加了有效的数制前缀（八进制为 0、十六进制为 0x），则按照前缀指定的进制转换为十进制数 `int stoi(const string& str, size_t* idx = 0, int base = 10);`
stol[C++11]	默认以十进制形式将字符串解析为 long int 类型的整数 `long stol(const string& str, size_t* idx = 0, int base = 10);`
stoul[C++11]	默认以十进制形式将字符串解析为 unsigned long int 类型的整数 `unsigned long stoul(const string& str, size_t* idx = 0, int base = 10);`
stoll[C++11]	默认以十进制形式将字符串解析为 long long int 类型的整数 `long long stoll(const string& str, size_t* idx = 0, int base = 10);`
stoull[C++11]	默认以十进制形式将字符串解析为 unsigned long long int 类型的整数 `unsigned long long stoull(const string& str, size_t* idx = 0, int base = 10);`
stof[C++11]	默认以十进制形式将字符串解析为 float 类型的浮点数 `float stof(const string& str, size_t* idx = 0);`
stod[C++11]	默认以十进制形式将字符串解析为 double 类型的浮点数 `double stod(const string& str, size_t* idx = 0);`
stold[C++11]	默认以十进制形式将字符串解析为 long double 类型的浮点数 `long double stold(const string& str, size_t* idx = 0);`
to_string[C++11]	将数值转换为对应的字符串表示 `string to_string(int val);`

以下是 stoi() 函数的使用方法示例，其他函数的使用方法读者可自行类推。

```
//----------------------------4.3.cpp----------------------------//
int main(int argc, char *argv[])
{
    string numberText = "100";

    int iDecNumber = stoi(numberText);
    int iOctNumber = stoi(numberText, 0, 8);
    int iHexNumber = stoi(numberText, 0, 16);

    cout << iDecNumber << endl;
    cout << oct << showbase << iDecNumber << endl;
    cout << hex << iHexNumber << endl;

    return 0;
}
//----------------------------4.3.cpp----------------------------//
```
其最终输出为
```
100
0144
0x100
```

强化练习

123 Searching Quickly[A]，263 Number Chains[A]，509 RAID[D]，10473 Simple Base Conversion[A]，12085 Mobile Casanova[C]。

4.4　字符串类应用

4.4.1　文本解析

在有关字符串的应用中，大多数题目以模拟（ad hoc）的形式出现，一般是先将输入中的字符串进行相应的拆分，然后按照要求对拆分得到的输入单元进行某种操作，需要应用本章所介绍的字符串相关操作，以及结合标准输入来完成。大致可以分为以下几种类型。

计分或统计

对字符串完成解析，对得到的记录按规则进行统计，然后格式化输出。需要注意的是，string 类本身存储的是 char 类型的字符，底层是以 int 存储，而输入中可能出现 unsigned char 类型的字符，如果使用 int 存储，可能为负值，如果将字符元素作为数组下标引用会导致错误或者错误的结果，应将 char 类型的字符值加上偏移值 128 后转换为非负值再使用。

强化练习

145 Gondwanaland Telecom[B]，154 Recycling[A]，187 Transaction Processing[C]，381 Making the Grade[C]，462 Bridge Hand Evaluator[B]，538 Balancing Bank Accounts[C]，584 Bowling[B]，655 Scrabble[E]，661 Blowing Fuses[A]，933 Water Flow[E]，1368 DNA Consensus String[B]，1585 Score[A]，1586 Molar Mass[A]，10008 What's Cryptanalysis[A]，10062 Tell Me the Frequencies[A]，10126 Zipf's Law[C]，10293 Word Length and Frequency[B]，10420 List of Conquests[A]，10554 Calories from Fat[C]，10789 Prime Frequency[A]，10815 Andy's First Dictionary[A]，11062 Andy's Second Dictionary[B]，11225 Tarot Scores[C]，11340 Newspaper[A]，11530 SMS Typing[A]，11577 Letter Frequency[A]，11743 Credit Check[A]，11839 Optical Reader[B]，11878 Homework Checker[A]，12543 Longest Word[B]，12626 I Love Pizza[A]，12696 Cabin Baggage[B]，12700 Banglawash[B]。

扩展练习

207 PGA Tour Prize Money[E]，293 Bits[E]，365 Welfare Reform[E]，635 Clock Solitaire[D]，1215 String Cutting[D]，10625[①] GNU = GNU'sNotUnix[C]。

选举计票

题目给定选举规则及各个候选人的选票，要求按照指定的规则统计选票数量，在统计过程中将选票最少的候选人剔除，再次计数选票，直到确定获胜的候选人。此类题目考察的是代码实现的细致程度和考虑问题的周密性。评测测试数据中可能会包含很多边界情形的数据，稍不注意就会得到错误结果。

强化练习

262 Transferable Voting[E]，349 Transferable Voting (II)[D]，10142 Australian Voting[A]，10374 Election[B]。

格式化输出

此类题目有以下几种类型。

（1）给定若干行字符串，要求按指定的格式输出（或者先根据指定的条件计算最小的输出宽度或高度，之后再予以输出）。

（2）给定输出尺寸，要求按指定规则输出字符或图案。一般来说，此类题目所要求的输出格式都比较复杂。由于在终端上输出是一个线性的过程，即只能按照从左至右、从上到下的顺序进行，不能任意选择输出位置，这给输出带来了一定困难。一个技巧是将输出先映射到一个二维字符数组中，然后再将其输出，因为可以对二维字符数组进行非线性操作，这样可以降低输出的难度。

（3）在某些题目类型中，还会涉及字符的识别，即给定特定字符的二维字符数组表示，在二维字符数组表示的输入中要求识别给定的特定字符。对于此种题型，只需逐个位置比对相应的字符是否相同即可。

强化练习

177 Paper Folding[C]，338 Long Multiplication[D]，362 18000 Seconds Remaining[B]，392 Polynomial Showdown[A]，400 Unix ls[A]，403 Postscript[C]，428 Swamp County Roofs[D]，500 Table[D]，637 Booklet Printing[A]，848 Fmt[D]，10197 Learning Portuguese[C]，10659 Fitting Text into Slides[D]，10800 Not That Kind of Graph[B]，11074 Draw Grid[B]，11965 Extra Spaces[B]，12155 ASCII Diamond[D]，12364 In Braille[D]，12482 Short Story Competition[D]。

扩展练习

370 Bingo[E]，373 Romulan Spelling[D]，396 Top Dog[E]，397 Equation Elation[C]，398 18-Wheeler Caravans (aka Semigroups)[D]，426 Fifth Bank of Swamp County[D]，645[②] File Mapping[D]，890 Maze (II)[E]，10017 The Never Ending Towers of Hanoi[C]，10333 The Tower of ASCII[D]，10761 Broken Keyboard[D]，10875 Big Math[D]，10894 Save Hridoy[C]，11482 Building a Triangular Museum[D]。

记录排序

将输入中的字符串解析成结构体，按照指定规则对结构体排序然后输出。

强化练习

169 Xenosemantics[D]，230 Borrowers[C]，642 Word Amalgamation[A]，790 Head Judge Headache[D]，857 Quantiser[D]，10138 CDVII[C]，10194 Football (aka Soccer)[A]，10508 Word Morphing[B]，10698[③] Football Sort[D]，11056 Formula 1[B]，13293 All-Star Three-Point Contest[E]。

---

① 10625 GNU = GNU'sNotUnix 中，需要注意输出中结果的数据范围要求 "The output will always fit in a 64-bit unsigned integer"。

② 645 File Mapping 中，注意边界输入的处理。例如，同一文件夹下虽然不能包含相同名称的文件夹或文件，但是不同文件夹却可以包含名称相同的文件夹或文件，即可能有类似于 "ROOT/dir1/dir" 和 "ROOT/dir2/dir" 的文件结构。

③ 10698 Football Sort 中，在输出球队名称前，需要对其进行排序，样例输出中是按照忽略大小写的形式进行排序的，题目描述中未明确说明。

> **提示**
>
> 　　对于 790 Head Judge Headache，截至 2020 年 1 月 1 日，该题的输入输出格式仍未明确指定，导致题目本身不难，通过率却较低。以下是题目描述中未明确说明的事项。
>
> 　　（1）输入由多组测试数据构成。
>
> 　　（2）两组相邻的测试数据输出之间有一个空行。
>
> 　　（3）输出中出现的队伍数量要求达到输入中曾经出现过的最大队伍编号数。例如，某组测试数据中只有一条记录"22 A 1:33 Y"，那么在输出中要包含队伍 1～22 的排名结果。
>
> 　　（4）如果某支队伍对同一道题目的两次提交时间相同，但结果一次是'Y'，一次是'N'，则认为错误的提交在先，需要计算罚时 20 分钟。
>
> 　　（5）输入中可能出现"陷阱"，即某个队伍对同一道题目的提交，结果为'N'的输入顺序在前，提交时间在后，结果为'Y'的输入顺序在后，提交时间却在前。如果按照输入顺序处理，可能会误认为结果为'N'的提交需要计算罚时，而实际上由于结果为'Y'的在时间上靠前，根据时间计算规则，应该忽略结果为'N'的提交。

编码或解码

　　此类题目要求按照指定的编码或解码规则对字符进行加密或解密，一般结合 map 来进行操作较为方便，因为 map 可以提供方便的查找功能而不必寻求库函数 find() 所提供的顺序查找。需要注意的是，要对题目描述中的编码规则和解码规则理解透彻，严格按照规则进行编码，同时注意边界情形的处理。

强化练习

　　183 Bit Maps[C]，333 Recognizing Good ISBNs[B]，385 DNA Translation[D]，444 Encoder and Decoder[A]，449 Majoring in Scales[D]，468 Key to Success[C]，486 English-Number Translator[B]，517 Word[C]，554 Caesar Cypher[D]，1339 Ancient Cipher[A]，10896 Known Plaintext Attack[C]，10921 Find the Telephone[A]，11220 Decoding the Message[B]，11223 O: Dah Dah Dah[B]，11278 One-Handed Typist[B]，11541 Decoding[A]，11716 Digital Fortress[A]，11787 Numeral Hieroglyphs[C]，11946 Code Number[B]，12515 Movie Police[D]。

扩展练习

　　346 Getting Chorded[D]，425[①] Enigmatic Encryption[D]，433 Bank (Not Quite O.C.R.)[D]，613 Numbers That Count[D]，726 Decode[D]，795[②] Sandorf's Cipher[D]，828 Deciphering Messages[D]，856 The Vigenère Cipher[D]，1091[③] Barcodes[D]，11697 Playfair Cipher[D]，12134 Find the Format String[D]。

指令解析

　　题目给定一组规则和相应的一系列指令，要求按照指令进行模拟操作，最后输出结果。主要考察解题者读题及实现的细致程度。

强化练习

　　101 The Blocks Problem[A]，337 Interpreting Control Sequences[B]，448 OOPS[B]，512 Spreadsheet Tracking[C]，537 Artificial Intelligence[A]，964 Custom Language[E]，10033 Interpreter[A]，10134 AutoFish[D]，12503 Robot Instructions[A]。

[①] 425 Enigmatic Encryption 中，为了能够正确编译源代码，需要添加头文件<crypt.h>或者<unistd.h>（函数 crypt 所在头文件<crypt.h>已经包含在头文件<unistd.h>中），同时在编译时使用链接选项"-lcrypt"。

[②] 795 Sandorf's Cipher 中，注意边界情形的处理，例如，给出的输入中一行包含的字符数可能不一定是 36 个，也可能是 72 个或更多，可能出现原始字符串中包含'#'字符的情形。

[③] 1091 Barcodes 中，需要检查给定的条形码宽度是否在题目指定的误差范围内，若超出误差范围则为"bad code"。注意检查两个字符条间的分割线是否符合要求。

扩展练习

328 The Finite State Text-Processing Machine[D]，330 Inventory Maintenance[D]，577 WIMP[D]。

11103 WFF'N PROOF[D]（WFF'N PROOF 游戏）

WFF'N PROOF 是一种使用多个骰子进行的逻辑游戏，每个骰子有 6 个面，每个面有一个字母，分别为 K、A、N、C、E、p、q、r、s、t 中的某一个。一个合式公式（Well-Formed Formul，WFF）是满足下列规则的字符串。

（1）p、q、r、s 和 t 是 WFF。

（2）如果 w 是 WFF，Nw 也是 WFF。

（3）如果 w 和 x 是 WFF，Kwx、Awx、Cwx 和 Ewx 是 WFF。

其中，p、q、r、s、t 是逻辑变量，其值可以为 0（表示 false）或 1（表示 true）；K、A、N、C、E 的含义为 and、or、not、implies、equals，与二进制位运算的含义类似但又不完全相同。

给定一组符号的集合，确定从中选取若干字符所能组成的最长 WFF。

输入

输入包含多组测试数据，每组测试数据一行，每行由 1～100 个字符组成，输入以包含"0"的一行结束。

输出

对于输入中的每组测试数据，输出使用输入中的字符的子集能够得到的最长 WFF。如果存在多个满足要求的 WFF，输出其中任意一个即可，如果不存在合法的 WFF，则输出 no WFF possible。

样例输入	样例输出
qKpNq KKN 0	KqNq no WFF possible

分析

题目需要确定从输入字符串中取出若干字符所能构建的最长的 WFF，并未要求取出字符的顺序必须按照输入字符串中所限定的字符顺序，因此可以先将输入中的逻辑运算符和变量分离出来，然后使用贪心算法构建尽可能长的 WFF。逻辑运算符分两种，一种是一元逻辑运算符，另一种是二元逻辑运算符，此处只有'N'是一元逻辑运算符，其他的都是二元逻辑运算符。在使用贪心法构造 WFF 时，因为一元逻辑运算符可以附加在任何合法的 WFF 之前构成新的 WFF，所以目标是尽可能多地使用二元逻辑运算符来构造 WFF，需要使得 WFF 尽可能地长。因此，之前构造的 WFF 应该作为一个"变量"来参与新 WFF 的构造，这样可以更为有效地利用原有的变量，从而使得构造得到的 WFF 尽可能地长。给定 n 个二元运算符，最多能够结合(n+1)个变量，从而构成长度最多为($2n$+1)的 WFF，因为将二元运算符书写在变量之前，类似于在计算四则运算表达式时将中缀表达式转换为前缀表达式，而在中缀表达式中，n 个运算符至多能够连接(n+1)个运算数。

参考代码

```
bool isLogical(char c)
{
    return c == 'k' || c == 'a' || c == 'n' || c == 'c' || c == 'e';
}

bool isVariable(char c)
{
    return 'p' <= c && c <= 't';
}

int main(int argc, char *argv[])
{
    string symbol;
    while (cin >> symbol, symbol.front() != '0') {
        // 分离逻辑运算符和变量。
```

```
        vector<char> nots, logicals, variables;
        for (int i = 0; i < symbol.length(); i++) {
            char c = tolower(symbol[i]);
            if (isLogical(c)) {
                if (c == 'n') nots.push_back('N');
                else logicals.push_back(toupper(c));
            }
            if (isVariable(c)) variables.push_back(c);
        }
        // 贪心算法构建 WFF。
        string wff;
        while (variables.size() > 0) {
            // 尽可能多地使用二元逻辑运算符。
            if (wff.length()) {
                wff.insert(wff.begin(), logicals.back());
                logicals.pop_back();
            }
            wff.push_back(variables.back());
            variables.pop_back();
            if (!logicals.size()) break;
        }
        // 当 WFF 不为空时，所有一元逻辑运算符均可使用。
        if (wff.length() > 0) {
            while (nots.size() > 0) {
                wff.insert(wff.begin(), 'N');
                nots.pop_back();
            }
        }
        if (wff.length() == 0) cout << "no WFF possible\n";
        else cout << wff << '\n';
    }
    return 0;
}
```

强化练习

175 Keywords[D]，189 Pascal Program Lengths[D]，309 FORCAL[D]，502 DEL Command[D]，912 Live From Mars[D]，1061 Consanguine Calculations[D]，1200 A DP Problem[D]，10602 Editor Nottoobad[B]，10903 Rock-Paper-Scissors Tournament[B]，11357 Ensuring Truth[D]，12414 Calculating Yuan Fen[D]。

4.4.2 语法分析

134 Loglan-A Logical Language[c]（Loglan 逻辑语言）

Loglan 是一种人工设计的可发音语言，主要用来对语法学的一些基础问题进行验证。在 Loglan 中，句子由一系列的词和名称构成，之间用空格分开，以符号 "."作为句子的结束符。Loglan 中的词都以元音字母结尾；名称（names）以辅音字母结尾，由其他语言衍生而来。词分为两类，一种是小词，用来指定句子的结构，另一种是谓词（predicates），具有形如 CCVCV 或 CVCCV 的结构，其中，C 代表某个辅音字母（consonant），V 代表某个元音字母（vowel）。其句法规则如下：

```
A               =>  a | e | i | o | u
MOD             =>  ga | ge | gi | go | gu
BA              =>  ba | be | bi | bo | bu
DA              =>  da | de | di | do | du
LA              =>  la | le | li | lo | lu
NAM             =>  {all names}
PREDA           =>  {all predicates}
<sentence>      =>  <statement> | <predclaim>
<predclaim>     =>  <predname> BA <preds> | DA <preds>
<preds>         =>  <predstring> | <preds> A <predstring>
```

```
<predname>    =>   LA <predstring> | NAM
<predstring>  =>   PREDA | <predstring> PREDA
<statement>   =>   <predname> <verbpred> <predname> | <predname> <verbpred>
<verbpred>    =>   MOD <predstring>
```

输入与输出

输入中给出了一些 Loglan 句子，每个句子均从新的一行开始，以'.'结尾。句子的单词可能不全在一行上，单词之间的空格也可能不止一个，输入最后以一个'#'结束。你可以假设所有单词的格式都是正确的。

判断给定的句子是否符合 Loglan 的句法规则，如果符合则输出 Good，否则输出 Bad!。

样例输入	样例输出
la mutce bunbo mrenu bi dicta. la fumna bi le mrenu. djan ga vedma le negro kepti. #	Good Bad! Good

分析

本题实质上是要求编写一个简化版的语法解析器，需要了解基本的编译原理知识才能顺利解决。语法分析（syntax analysis）是根据语言所指定的语法定义（syntax definition）进行输入的解析，语法定义一般使用下列形式给出。

$$MOD \rightarrow ga\,|\,ge\,|\,gi\,|\,go\,|\,gu$$

其中，箭头本身读作"可以具有形式"，整个式子称为产生式（production），箭头右侧的 *ga*、*ge*、*gi*、*go*、*gu* 称为标记（token），箭头左侧为非终结符（nonterminals），可以认为非终结符代表了一个标记序列（可能包含其他的非终结符）。非终结符为产生式的左端（left side），箭头、标记和/或非终结符序列称为产生式的右端（right side）。语法解析的最终结果就是要根据产生式得到一棵语法解析树，如果能够得到不止一棵语法解析树，表明语法定义存在二义性，进行解析时会产生矛盾。语法定义不能循环定义，如两个非终结符定义为

$$S \rightarrow L,\ L \rightarrow S$$

即构成循环定义，进行解析时会陷入无限循环。但是语法规则可以存在递归定义，如本题中的语法定义

$$\langle predstring \rangle \rightarrow PREDA \mid \langle predstring \rangle PREDA$$

不同于循环定义，递归定义有出口，而循环定义无出口，因此递归定义可以正确解析。

常用的语法解析方法有自顶向下解析（top-down parsing）、自底向上解析（bottom-up parsing）等[17]。自顶向下的解析可以视为从根结点开始将输入字符串构建为一棵解析树，其中最为常见的形式是递归下降解析（recursive-descent parsing）。对于本题来说，要求判断给定的字符串能否解析为<sentence>，根据给定的语法定义，如果使用递归下降解析，相当于使用前序遍历的方式构造类似于图4-1的语法解析树。

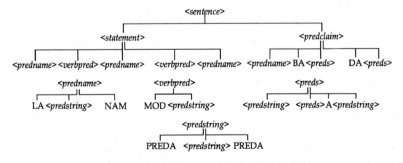

图 4-1 语法解析树（语法成分表示为森林形式）

以样例输入 "la mutce bunbo mrenu bi dicta." 为例，使用递归下降的解析方法，需要设立一个指针（索引），表示当前所扫描的位置，接着从根结点<sentence>开始，检查其是否符合<statement>或<predclaim>的语法，而<statement>可由两种形式构成，先解析第一种形式，即<predname><verbpred><predname>的形式，

而<*predname*>可由 LA<*predstring*>或 NAM 构成，将指针移动到第一个单词进行检查，可以发现其匹配 LA，那么需要判断后续单词是否匹配<*predstring*>的定义，检查可知后续三个单词"mutce""bunbo""mrenu"均符合 PREDA 的语法定义，这三个单词构成<*predstring*>，与 LA 共同构成<*predname*>，此时指针指向第五个单词，但是第五个单词"bi"不匹配<*verbpred*>的定义，因此不能将语句解析为<*statement*>的第一种形式，此时需要将指针回退到第一个单词，转而使用<*verdpred*><*predname*>的形式进行匹配，可以发现输入同样不符合。使用类似的方式继续匹配，最终可知输入符合<*sentence*>的第二种形式<*predclaim*>，那么可以判定样例输入是符合要求的<*sentence*>。在具体实现时，需要为每个非终结符编写对应的方法进行检查，如果一个非终结符有多种产生式，则需要判断多种情形[①]。

在自底向上解析中，常见的形式是 LR(*k*)解析，即从左至右扫描和最右推导（left-to-right scan and rightmost derivation，LR）方式解析，其中，*k* 表示向前查看（lookahead）的符号（symbol）个数，用以作出解析选择。LR 解析按照移进—归约（shift and reduce）的方式进行。简单地说，就是将各个语法成分按照产生式予以归约合并，如果是一个合法的 Loglan 语句，最后会归约为唯一的一个语法成分。对于本题来说，处理步骤是先将输入处理成基本的语法成分，根据 FIRST 和 FOLLOW 集合制定合并规则，例如，BA 加上前缀<*predname*>及后缀<*preds*>可将其归约为<*predclaim*>。使用 LR 解析会使得编码更为简洁，其关键是分析语法成分，构建语法成分合并的法则，如果规则制定不当，会导致解析过程陷入无限循环或者得出错误的结果。

需要注意的是，在 UVa OJ 上的评测数据包含的单词并不是如题目描述所说都是正确的，而是包含不符合格式的单词，所以进行单词的格式检查是必需的。

参考代码

```
const int GROUPS = 14;
const int NONE = -1, A = 0, MOD = 1, BA = 2, DA = 3, LA = 4, NAM = 5,
    PREDA = 6, PREDSTRING = 7, PREDNAME = 8, PREDS = 9, VERBPRED = 10,
    PREDVERB = 11, PREDCLAIM = 12, STATEMENT = 13, SENTENCE = 14;

vector<int> S; vector<string> W;

int T[GROUPS][4] = {
    {PREDA, NONE, PREDA, PREDA}, {PREDA, NONE, NONE, PREDSTRING},
    {NAM, NONE, NONE, PREDNAME}, {LA, NONE, PREDSTRING, PREDNAME},
    {MOD, NONE, PREDSTRING, VERBPRED}, {A, PREDSTRING, PREDSTRING, PREDSTRING},
    {PREDSTRING, NONE, NONE, PREDS}, {DA, NONE, PREDS, PREDCLAIM},
    {BA, PREDNAME, PREDS, PREDCLAIM}, {VERBPRED, PREDNAME, NONE, PREDVERB},
    {PREDVERB, NONE, PREDNAME, STATEMENT}, {PREDVERB, NONE, NONE, STATEMENT},
    {STATEMENT, NONE, NONE, SENTENCE}, {PREDCLAIM, NONE, NONE, SENTENCE}
};

// 将输入解析成基本语法成分。
int getSymbol(string word)
{
    string vowel = "aeiou";
    if (word.length() == 1 && vowel.find(word[0]) != word.npos) return A;
    if (word.length() == 2 && vowel.find(word[1]) != word.npos) {
        if (word[0] == 'g') return MOD;
        if (word[0] == 'b') return BA;
        if (word[0] == 'd') return DA;
        if (word[0] == 'l') return LA;
        return NONE;
    }
    if (vowel.find(word.back()) == word.npos) return NAM;
    if (word.length() == 5) {
        int bitOr = 0;
        for (int i = 0; i < 5; i++)
            bitOr |= ((vowel.find(word[i]) != word.npos ? 1 : 0) << (4 - i));
```

```
            if (bitOr == 5 || bitOr == 9) return PREDA;
        }
        return NONE;
    }

    // 将语法成分转换为符号。
    bool parse()
    {
        S.clear();
        for (int i = 0; i < W.size(); i++) {
            int symbol = getSymbol(W[i]);
            if (symbol == NONE) return false;
            else S.push_back(symbol);
        }
        return true;
    }

    // 根据语法规则不断合并语法成分，检查最后是否可将给定输入合并为单一的语法成分。
    bool good()
    {
        if (!parse()) return false;
        for (int i = 0; i < GROUPS; i++)
            for (int j = 0; j < S.size();) {
                // 检查是否符合前缀和后缀限定。
                if ((S[j] != T[i][0]) || (~T[i][1] && (!j || S[j - 1] != T[i][1])) ||
                    (~T[i][2] && (j == (S.size() - 1) || S[j + 1] != T[i][2]))) {
                    j++;
                    continue;
                }
                // 合并。
                j = ~T[i][1] ? S.erase(S.begin() + j - 1) - S.begin() : j;
                j = ~T[i][2] ? S.erase(S.begin() + j + 1) - S.begin() - 1 : j;
                S[j] = T[i][3];
            }
        return (S.size() == 1 && S.front() == SENTENCE);
    }

    int main(int argc, char *argv[])
    {
        string line, word;
        while (getline(cin, line), line != "#") {
            string temp(line);
            if (line.find('.') != string::npos) temp = temp.substr(0, temp.find('.'));
            istringstream iss(temp);
            while (iss >> word) W.push_back(word);
            if (line.find('.') != string::npos) {
                cout << (good()? "Good" : "Bad!") << '\n';
                W.clear();
            }
        }
        return 0;
    }
```

强化练习

171 Car Trialling[D]，271 Simply Syntax[A]，342 HTML Syntax Checking[D]，384 Slurpys[B]，620 Cellular Structure[B]，743[①] The MTM Machine[C]，10058 Jimmy's Riddles[C]，11203 Can You Decide It for ME[C]。

扩展练习

174 Strategy[D]，10854 Number of Paths[D]，10906 Strange Integration[D]，11070 The Good Old Times[D]。

---

① 对于 743 The MTM Machine，需注意，规则 1 不能递归应用，而规则 2 可以递归应用，即给定输入"33225"，应该输出"25225225225"，而不是"5252525"。

4.4.3　KMP 匹配算法

给定非空字符串 s 和 p，其长度分别为 n 和 m，为了便于讨论，将 s 称为主串，p 称为模式串。若需要查找 p 是否在 s 中存在，朴素的方法是将 p 的第一个字符与 s 的某个字符对齐，检查对应的字符是否相同，若从主串的某个位置开始，两者字符全部相同，则发现了匹配。其匹配过程如图 4-2 所示。

图 4-2　朴素的字符串匹配过程（s="abdabc"，p="abc"）

> **注意**
>
> 图 4-2 中，阴影覆盖的方格为匹配成功的字符，中间使用直线连接。使用折线连接的方格为最先匹配不成功的字符。观察朴素字符串的匹配过程，不难发现如下规律：匹配每失败一次，模式串就向右"滑动"一个字符，直到匹配成功或到达主串的末尾。

一般来说，当 s 中的字符不存在较多重复的情况下，朴素匹配算法的时间复杂度能够接近 $O(n+m)$。但在某些特殊情况下，朴素匹配算法的效率很低。例如，当 s="0000000000000000000000000000001"，p="0001"时，由于模式串 p 的前 3 个字符均为 0，而主串 s 的前 31 个字符均为 0，每趟比较都在模式串 p 的最后一个字符出现不等，需要反复从模式串 p 的第一个字符开始重新比较，总的比较次数为 29×4 次。因此，朴素匹配算法在最坏的情况下时间复杂度为 $O(nm)$。

```cpp
//------------------------------4.4.3.1.cpp------------------------------//
// 使用暴力匹配的方法检查字符串 p 是否为字符串 s 的子串。
bool match(const string &s, const string &p)
{
    for (int si = 0; si < s.length(); si++) {
        int i = si, j = 0;
        while (i < s.length() && j < p.length() && s[i] == p[j]) i++, j++;
        if (j >= p.length()) return true;
    }
    return false;
}
//------------------------------4.4.3.1.cpp------------------------------//
```

在 C++的 `string` 类中提供了 `find()` 方法，该方法的内部实现中所使用的即是朴素匹配算法。当题目中要求的字符串匹配数量规模较小且为"线性"字符串时（即给定的字符串是连续的而不是位于矩阵中），使用 `find()` 方法进行匹配较为简便。

强化练习

422 Word-Search Wonder[B]，736① Lost in Space[D]，850 Crypt Kicker II[A]，886② Named Extension Dialing[D]，1588 Kickdown[B]，10010 Where's Waldorf[A]，10132 File Fragmentation[B]，10188 Automated Judge Script[A]，10252 Common Permutation[A]，10298 Power Strings[A]，11048 Automatic Correction of Misspellings[C]，11362 Phone

---

① 736 Lost in Space：（1）评测数据包含多组测试数据，每两组测试数据之间有一个空行分隔。（2）从"N"开始，按顺时针选择方向并按此方向进行精确匹配，中途不能改变方向，需要忽略空格。（3）匹配到达边界时，不允许绕过边界到达对端继续匹配。

② 886 Named Extension Dialing：（1）先按照输入的顺序对分机号进行精确匹配，如果有匹配的分机号则不必再匹配姓名所对应的按键编码。（2）如果没有精确匹配的分机号，则匹配姓名对应的按键编码。题目描述"If you know your party's name, dial the first letter of the first name followed by the first letters of the last name of your party now"并没有明确表达出题者的意图。若要获得 Accepted，需要将 First Name 的首字符和 Last Name 的全部字符进行编码，然后在此编码字符串中检查给定输入是否构成该字符串的前缀，如果构成前缀则表示输入匹配该姓名，输出姓名所对应的分机号即可。（3）输出时按照输入给出的先后顺序输出分机号。

List[A]，11452 Dancing the Cheeky-Cheeky[C]，11576 Scrolling Sign[C]，12478 Hardest Problem Ever (Easy)[A]。

扩展练习

292 Presentation Error[E]，475① Wild Thing[D]，581② Word Search Wonder[E]。

朴素的匹配算法之所以在某些情况下效率较低，原因在于每次"失配"后都从模式串的起始处开始重新进行匹配，将之前通过匹配所得到的"额外信息"完全予以丢弃，而这些"额外信息"是能够供后续匹配使用的，如图4-3所示。如果善加利用这些"额外信息"，可以有效地提高后续匹配的效率。

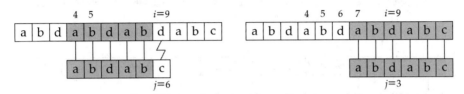

图4-3　失配时"额外信息"的利用

注意

图4-3中，主串 s="abdabdabdabc"，模式串 p="abdabc"，在 i=9、j=6处失配。如果是朴素的匹配算法，下一次应该进行 i=5、j=1的匹配，但是观察模式串 p，在失配处 j=6的字符'c'之前有两个字符'a'、'b'与模式串的起始两个字符相同，而且已经匹配，那么可以将模式串一次性向右"滑动"3个字符，跳过 i=5、j=1，i=6、j=1，i=7、j=1的匹配，直接开始 i=9、j=3的匹配。也就是说，当 j=6失配时，可以将模式串位于 j=3的字符与主串的失配字符对齐，继续进行匹配。因此，j=3是 j=6失配时的"跳转"位置，亦即 j=6失配时，模式串应该向右"滑动"3个字符，从失配处继续进行匹配。

KMP匹配算法由Knuth、Morris和Pratt各自独立发现，三者合作公布了工作成果[18]。此算法基于字符串匹配自动机，但是不需要计算变迁函数，只是用到了"失配"辅助函数 $fail[1, m]$，它可以在 $\Theta(m)$ 的时间复杂度内根据模式预先计算得到，算法总的匹配时间复杂度为 $\Theta(n)$。

假设主串为 $s_1s_2\cdots s_n$，模式串为 $p_1p_2\cdots p_m$，为了提高匹配的效率，需要解决以下问题：当匹配过程中产生"失配"（即 $s_i \neq p_j$）时，模式串向右"滑动"的最远距离。也就是说，当主串中第 i 个字符与模式串中第 j 个字符"失配"时，主串中第 i 个字符应与模式串中哪个字符进行再次比较。如图4-4a所示，假设此时应与模式串中第 k（$k<j$）个字符继续比较，此时模式串的前($k-1$)个字符与主串第 i 个字符之前的($k-1$)个字符相同，即模式串中前($k-1$)个字符构成的子串必须满足

$$p_1p_2\cdots p_{k-1} = s_{i-(k-1)}s_{i-(k-2)}\cdots s_{i-1} \tag{4.1}$$

且对于任意的 k'（$k<k'<j$），k'均不满足关系式（4.1），亦即 k 是满足关系式（4.1）的最大字符序号。而当前已经得到的"部分匹配"结果（图4-4b）是

$$p_{j-(k-1)}p_{j-(k-2)}\cdots p_{j-1} = s_{i-(k-1)}s_{i-(k-2)}\cdots s_{i-1} \tag{4.2}$$

如图4-4c所示，由式（4.1）和式（4.2）可以得到

$$p_1p_2\cdots p_{k-1} = p_{j-(k-1)}p_{j-(k-2)}\cdots p_{j-1} \tag{4.3}$$

那么，假设模式串中存在满足式（4.3）的两个子串，则在匹配过程中，当主串的第 i 个字符与模式串的第 j 个字符"失配"时，仅需将模式串向右滑动至模式串的第 k 个字符与主串的第 i 个字符对齐。此时，模式串中初始的($k-1$)个字符所构成的子串 $p_1p_2\cdots p_{k-1}$ 必定与主串中第 i 个字符之前长度为($k-1$)的子串 $s_{i-(k-1)}s_{i-(k-2)}\cdots s_{i-1}$ 相等。由此可知，匹配仅需从模式串的第 k 个字符与主串的第 i 个字符开始，继续进行比

---

① 475 Wild Thing 中，给定的模式串中可能包含连续的星号通配符。

② 对于581 Word Search Wonder，当 $s \leq 0$ 时，对于给定的单词均需要输出"NOT FOUND"。可将转换得到的字符矩阵"补齐"以便判定搜索时的"越界"问题。

较即可。模式串中子串的相互关系如图 4-4 所示。

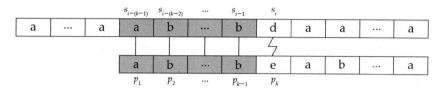

（a）在失配后，将模式串向右"滑动"，假设主串的第 i 个字符与模式串的第 k 个字符开始匹配，易知有 $p_1 p_2 \cdots p_{k-1} = s_{i-(k-1)} s_{i-(k-2)} \cdots s_{i-1}$

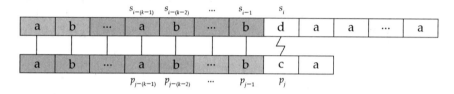

（b）在失配进行"滑动"之前，根据部分匹配的结果，有 $p_{j-(k-1)} p_{j-(k-2)} \cdots p_{j-1} = s_{i-(k-1)} s_{i-(k-2)} \cdots s_{i-1}$

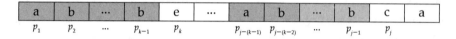

（c）结合失配后向右"滑动"进行匹配的情况及部分匹配的结果，有 $p_1 p_2 \cdots p_{k-1} = p_{j-(k-1)} p_{j-(k-2)} \cdots p_{j-1}$

图 4-4 模式串中子串的相互关系

若令 $fail[j]=k$，则 $fail[j]$ 表示当模式串的第 j 个字符与主串中相应字符"失配"时，在模式串中重新和主串中该字符进行比较的字符的位置，由前述讨论可得到模式串 $fail$ 函数的定义

$$fail[j] = \begin{cases} 0, & \text{当} j=1\text{时} \\ \max\{k \mid 1 < k < j,\ p_1 p_2 \cdots p_{k-1} = p_{j-(k-1)} p_{j-(k-2)} \cdots p_{j-1}\}, & \text{当此集合不为空时} \\ 1, & \text{其他情况} \end{cases}$$

由上述定义可以得到模式串 p="abcabcdabcde" 的 $fail$ 值：

j:	1	2	3	4	5	6	7	8	9	10	11	12
p_j:	a	b	c	a	b	c	d	a	b	c	d	e
$fail[j]$:	0	1	1	1	2	3	4	1	2	3	4	1

在确定模式串 p 的 $fail$ 函数之后，匹配可按照以下步骤进行：假设以指针 i 和 j 分别指示主串 s 和模式串 p 中当前比较的字符，令 i 和 j 的初值均为 1。若在匹配过程中 $s_i=p_j$，则 i 和 j 分别自增 1；否则，i 不变，而 j "回退"到 $fail[j]$ 的位置再比较。若相等，则指针各自增 1，否则 j 再"回退"到下一个 $fail$ 值的位置。以此类推，直到出现以下两种情形之一：一种是 j 回退到某个 $fail$ 值（$fail[fail[\cdots fail[j]\cdots]]$）时字符比较相等，则指针各增 1，继续进行匹配；另一种是 j 回退到值为零（即模式的第一个字符"失配"），则此时需将模式串向右滑动一个位置，即从主串的下一个字符 s_{i+1} 开始，与模式串重新开始匹配。

```cpp
//++++++++++++++++++++++++++++++4.4.3.2.cpp+++++++++++++++++++++++++++++//
const int MAXN = 1010;

int fail[MAXN] = {0};

// 根据失配函数进行匹配，找到第一个匹配即返回。
bool kmp(string &s, string &p)
{
    int i = 1, j = 1;
```

```
    while (i < s.length()) {
        // j 为 0 表示失配指针已经跳转到模式串的起始位置; s[i] == s[j]表示主串和模式串
        // 的相应字符匹配。在此情形下，均需将主串中下一个字符与模式串中的相应字符进行比较。
        if (j == 0 || s[i] == p[j]) i++, j++;
        // 失配指针未跳转到模式串的起始位置或者当前的字符不匹配，失配指针发生跳转。
        else j = fail[j];
        // 如果从 1 开始计数，j 要大于模式串的长度才表明找到一个匹配。
        if (j > p.length()) return true;
    }
    return false;
}

// 根据失配函数寻找所有匹配并输出匹配的起始位置。
void kmp(string &s, string &p)
{
    int i = 1, j = 1;
    while (i < s.length()) {
        if (j == 0 || s[i] == p[j]) i++, j++;
        else j = fail[j];
        if (j > p.length()) {
            cout << i - j + 1 << '\n';
            j = fail[j];
        }
    }
}
```

KMP 算法是在已知模式串的 *fail* 值的基础上执行的，那么，如何求得模式串的 *fail* 值呢？*fail* 值仅取决于模式串本身而与需要匹配的主串无关，因此可以从 *fail* 的定义出发，使用递推的方法求得其值。

由定义可知，当 *j*=1 时，有

$$fail[1] = 0$$

当 *j*>1 时，不妨令 *fail*[*j*]=*k*，这表明在模式串中

$$p_1 p_2 \cdots p_{k-1} = p_{j-(k-1)} p_{j-(k-2)} \cdots p_{j-1} \tag{4.4}$$

其中，*k* 为满足 1<*k*<*j* 的某个值，并且不存在 *k*′>*k* 满足等式（4.4）。此时可能有以下两种情形。

（1）若 $p_k=p_j$，则表明在模式串中，存在

$$p_1 p_2 \cdots p_k = p_{j-(k-1)} p_{j-(k-2)} \cdots p_j \tag{4.5}$$

并且不存在 *k*′>*k* 满足等式（4.5），即有

$$fail[j+1] = k+1 = fail[j]+1$$

模式串中子串的相互关系示例如图 4-5 所示。

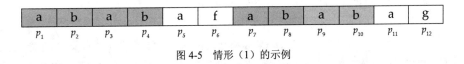

图 4-5 情形（1）的示例

注意

图 4-5 中，模式串 *p*="ababafababag"，因为 $p_1 p_2 p_3 p_4 = p_7 p_8 p_9 p_{10}$，易知 *fail*[11]=5，当计算 *fail*[12]时，由于 $p_5=p_{11}$，故有 *fail*[12]=5+1=*fail*[11]+1=6。

（2）若 $p_k \neq p_j$，则表明在模式串中

$$p_1 p_2 \cdots p_k \neq p_{j-(k-1)} p_{j-(k-2)} \cdots p_j \tag{4.6}$$

此时可把求 *fail* 函数值的问题看成是一个模式匹配的问题——整个模式串既是主串又是模式串。在当前的匹配过程中，已有 $p_{j-(k-1)}=p_1, p_{j-(k-2)}=p_2, \cdots, p_{j-1}=p_{k-1}$，则当 $p_k \neq p_j$ 时，应将模式串向右滑动至以模式串中的第 *fail*[*k*]个字符与主串中的第 *j* 个字符相比较。令 *fail*[*k*]=*k*′，若有 $p_{k'}=p_j$，表明在模式串中第(*j*+1)

个字符之前存在一个长度为 k'（即 $fail[k]$）的最长子串，它和模式串中从首字符起长度为 k' 的子串相等，即

$$p_1 p_2 \cdots p_{k'} = p_{j-(k'-1)} p_{j-(k'-2)} \cdots p_j, \quad 1 < k' < k < j \tag{4.7}$$

可得

$$fail[j+1] = k'+1 = fail\big[fail[j]\big]+1$$

模式串中子串的相互关系示例如图 4-6 所示。

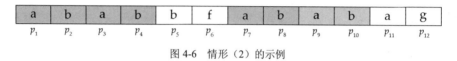

a	b	a	b	b	f	a	b	a	b	a	g
p_1	p_2	p_3	p_4	p_5	p_6	p_7	p_8	p_9	p_{10}	p_{11}	p_{12}

图 4-6 情形（2）的示例

注意

图 4-6 中，模式串 p="ababbfababag"，由于 $p_1 p_2 = p_3 p_4$，易知 $fail[5]=3$，由于 $p_1 p_2 p_3 p_4 = p_7 p_8 p_9 p_{10}$，易知 $fail[11]=5$。当计算 $fail[12]$ 时，由于 $p_5 \ne p_{11}$，但 $p_1 p_2 p_3 = p_9 p_{10} p_{11}$，$p_1 p_2 = p_3 p_4$，故有

$$fail[12]= fail[fail[11]]+1=fail[5]+1=3+1=4$$

同理，若 $p_{k'} \ne p_j$，则将模式串本身继续向右滑动，使得模式串中第 $fail[k']$ 个字符与 p_j 对齐，反复进行此操作，直至 p_j 和模式串中某个字符匹配成功或者不存在任何 k'（$1 < k' < j$）满足关系式（4.7），若为后者，则有

$$fail[j+1]=1$$

```
// 根据定义得到 fail 函数值, 可以看成模式串和自身进行匹配。
void getFail(string &p)
{
    fail[1] = 0;
    int i = 1, j = 0;
    while (i < p.length()) {
        if (j == 0 || p[i] == p[j]) i++, j++, fail[i] = j;
        else j = fail[j];
    }
}
```

还可以对上述求 $fail$ 函数值的过程予以进一步的优化。例如，给定主串 s="aaabaaaab" 和模式串 p="aaaab"，对两者进行匹配，当 $i=4$，$j=4$ 时，$s[4] \ne p[4]$（$s[4]$='b'，$p[4]$='a'），根据 $fail[j]$ 的指示还需要进行 $i=4$，$j=3$，$i=4$，$j=2$，$i=4$，$j=1$ 这三次比较，而模式串中第 1、2、3 个字符和第 4 个字符都相等，实际上已不需要再和主串中第 4 个字符相比较，而是可以将模式串一次性向右滑动 4 个字符的位置，直接进行 $i=5$，$j=1$ 时的比较。这就是说，若按上述定义得到 $fail[j]=k$，而模式中 $p_j=p_k$，则当主串中字符 s_i 和 p_j 比较不等时，不需要再和 p_j 进行比较而直接与 $p_{fail[k]}$ 进行比较，亦即此时 $fail[j]$ 与 $fail[k]$ 应该相同。

注意

我们还可以进行更为"激进"的优化。如果后续发现 $p_j=p_{fail[k]}$，则应将 p_j 与 $p_{fail[fail[k]]}$ 进行比较，以此类推，直到出现以下两种情况之一：令 $k'=fail[fail[\cdots fail[j]]]$，第一种情况是 $fail$ 函数"回退"到某个值使得 $p_j \ne p_{k'}$，此时 $fail[j]=k'$；第二种情况是 $fail$ 函数不断"回退"且 $p_j=p_{k'}$，最终使得 $k'=0$，此时 s_i 应与模式串的首字符进行比较。一般情况下，给定的模式串可能最多需要一次"回退"即可达到第一种情况的状态，使得上述"激进"的优化效果不明显。以下是使用"激进"优化，从而消除了所有无效跳转的失配函数示例。

```
void getFail(string &p)
{
    fail[1] = 0;
    int i = 1, j = 0;
    while (i < p.length()) {
        if (j == 0 || p[i] == p[j]) {
```

```
            i++, j++;
            int k = j;
            while (k && p[i] == p[k]) k = fail[k];
            fail[i] = k;
        } else j = fail[j];
    }
}
```

需要注意的是，经过优化后的失配函数值所对应的意义可能已经改变，虽然可以应用于匹配，但是应用于其他方面可能不再正确，下面举例说明。定义字符串的"镶边"（border）为原字符串的一个子串，该子串既是原字符串的前缀，同时也是其后缀，即镶边是字符串的公共前后缀。例如，给定字符串 s="abcdeabcd"，则子串"abcd"是 s 的镶边，因为"abcd"既是 s 的前缀，也是 s 的后缀。需要注意，一般不将 s 本身视为 s 的一个镶边。进一步定义"真镶边"，真镶边为异于原字符串的镶边，即字符串本身不是自身的真镶边。将字符串的所有真镶边罗列出来，其中具有最大长度的真镶边称为最长真镶边。可以验证，对于原字符串的任意一个真前缀 s[0..i] 来说，s[0..i] 的最长真镶边长度恰为第 (i+1) 个字符的未经优化的失配函数值（实际上，KMP 算法正是通过最长真镶边来定义失配函数的）。如果对失配函数进行优化，则失配函数值不再与最长真镶边的长度对应。

```
// 优化的 fail 函数值生成。
void getFail(string &p)
{
    fail[1] = 0;
    int i = 1, j = 0;
    while (i < p.length()) {
        if (j == 0 || p[i] == p[j]) {
            i++, j++;
            if (p[i] != p[j]) fail[i] = j;
            else fail[i] = fail[j];
        } else j = fail[j];
    }
}
```

经过上述优化后，模式串"abcabcdabcde"的 $fail'$ 值为

j:	1	2	3	4	5	6	7	8	9	10	11	12
p_j:	a	b	c	a	b	c	d	a	b	c	d	e
$fail[j]$:	0	1	1	1	2	3	4	1	2	3	4	1
$fail'[j]$:	0	1	1	0	1	1	4	0	1	1	4	1

在上述讨论中，为了方便，字符串从 1 开始计数，而在使用 C++实现时，字符串一般都是从 0 开始计数。虽然可以为字符串在起始位置增加一个"哨兵"字符以使得原始字符串能够从 1 开始计数，但是这样的做法并不必要，可以调整实现使得无须进行此操作。以下给出一种参考实现，在这种实现中，主串和模式均从 0 开始计数。

```
const int MAXN = 1010;

int fail[MAXN] = {};

void getFail(string &p)
{
    fail[0] = -1;
    int i = 0, j = -1;
    while (i < p.length() - 1) {
        if (j == -1 || p[i] == p[j]) {
            i++, j++;
            int k = j;
            while (k != -1 && p[i] == p[k]) k = fail[k];
            fail[i] = k;
```

```
        } else j = fail[j];
    }
}

bool kmp(string &s, string &p)
{
    int i = 0, j = 0;
    while (i < s.length()) {
        if (j == -1 || s[i] == p[j]) i++, j++;
        else j = fail[j];
        // 当 j 从 0 开始计数时，只要 j 等于模式串的长度就表明找到了匹配。
        if (j == p.length()) return true;
    }
    return false;
}
//+++++++++++++++++++++++++++++++4.4.3.2.cpp+++++++++++++++++++++++++++++++//
```

强化练习

10679[①] I Love Strings[A]。

4.4.4　扩展 KMP 匹配算法

给定源字符串 S 和目标字符串 T，S 的长度为 n，T 的长度为 m，要求确定 S 的所有后缀与 T 的最长公共前缀。朴素的方法是将 S 的每个后缀逐一与 T 进行匹配以确定最长公共前缀，此种方法的时间复杂度为 $O(nm)$，显然效率较低。更为高效的是应用一种称为扩展 KMP 匹配算法的方法来解决这个问题，该算法的时间复杂度为 $O(n+m)$。

从 0 开始计数字符，令 $extend[i]$ 表示 $S[i, n-1]$（$i \leqslant n-1$）与 T 的最长公共前缀长度，$next[j]$ 表示 $T[j, m-1]$（$j \leqslant m-1$）与 T 的最长公共前缀长度。假设当前已经确定了 $extend[0]$, $extend[1]$, $\cdots$, $extend[k-1]$ 的值，现在需要确定 $extend[k]$ 的值，利用动态规划的思维，我们来看看如何利用 $extend[0] \sim extend[k-1]$ 的值来提高计算 $extend[k]$ 的值的效率。

如图 4-7 所示，由于在从左至右计算的过程中，$extend[0] \sim extend[k-1]$ 的值已经确定，假设在这个匹配过程中所能达到 S 的最右侧字符的位置为 p_r，即定义

$$p_r = \max\{i + extend[i] - 1, 0 \leqslant i \leqslant k-1\}$$

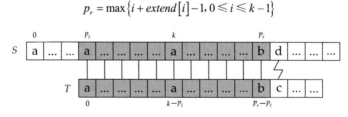

图 4-7　$extend[0] \sim extend[k-1]$ 的值进行匹配的过程

注意

p_r 为之前确定 $extend[0] \sim extend[k-1]$ 的值进行匹配的过程中能够到达的最右匹配位置，p_l 为与 p_r 对应的起始位置，不难得出

$$0 \leqslant p_l \leqslant k \leqslant p_r$$

并假设对应 p_r 的匹配起始位置为 p_l，根据 $extend$ 数组的定义，可以得到

---

① 10679 I Love Strings 的评测数据量较大，使用朴素的字符串查找方法（`string::find`）理论上难以获得通过，需要使用高效的字符串匹配算法（KMP 算法或者后续介绍的 Aho-Corasick 算法）。截至 2020 年 1 月 1 日，如果仅仅是为了获得 Accepted，仍可以利用评测数据存在的以下"缺陷"：T 要么为 S 的前缀，要么在 S 中不存在。

116

$$S[p_l, p_r] = T[0, p_r - p_l]$$

从而有

$$S[k, p_r] = T[k - p_l, p_r - p_l]$$

令 $L=next[k-p_l]$，即 L 定义为字符串 T 从位置 $k-p_l$ 开始的后缀与 T 的最长公共前缀长度。区分以下三种情况并分别进行处理。

（1）$k+L<p_r$。如图 4-8 所示，有

$$S[k, k+L-1] = T[k - p_l, k - p_l + L - 1] = T[0, L-1]$$

则此时根据 $extend$ 数组的定义即可得到 $extend[k]=L=next[k-p_l]$

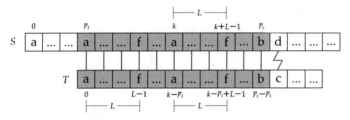

图 4-8　令 $L=next[k-p_l]$，$k+L<p_r$ 的情形，此时 $extend[k]=L=next[k-p_l]$

（2）$k+L=p_r$。如图 4-9 所示，此时有 $S[p_r+1]\ne T[p_r-p_l+1]$ 且 $T[p_r-p_l+1]\ne T[p_r-k+1]$，但是 $S[p_r+1]$ 有可能等于 $T[p_r-k+1]$，因此，可以"跳过"已匹配的部分，直接从 $S[p_r+1]$ 和 $T[p_r-k+1]$ 开始往后逐个字符进行匹配，直到发生失配为止。当匹配完成后，如果得到的 $k+extend[k]$ 大于原有的 p_r，则需要更新 p_r 和 p_l。

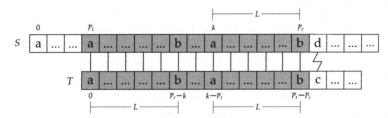

图 4-9　令 $L=next[k-p_l]$，$k+L=p_r$ 的情形，此时可以从 $S[p_r+1]$ 和 $T[p_r-k+1]$ 开始往后匹配

（3）$k+L>p_r$。如果 4-10 所示，此时 $S[k+1, p_r]$ 与 $T[k-p_l, p_r-p_l]$ 相同，注意到 $S[p_r+1]\ne T[p_r-p_l+1]$ 且 $T[p_r-p_l+1]=T[p_r-k+1]$，则 $S[p_r+1]\ne T[p_r-k+1]$，所以不再需要继续对后续的字符进行匹配，而是可以直接断定 $extend[k]=p_r-k+1$。

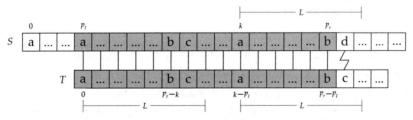

图 4-10　令 $L=next[k-p_l]$，$k+L>p_r$ 的情形，此时 $extend[k]=p_r-k+1$

根据 $extend$ 数组和 $next$ 数组的定义，不难看出，计算 $next[i]$ 的过程和计算 $extend[i]$ 的过程实际上是相同的——此时源字符串为 T，目标字符串也为 T。根据前述介绍的计算 $extend[i]$ 的方式计算 $next[i]$，等同于对源字符串为 T 目标字符串也为 T 的情形执行一次扩展 KMP 匹配算法。

通过前述的算法介绍可知，对于第一种和第三种情形，无须进行任何匹配即可计算得到 $extend[i]$；对于第二种情形，是从尚未被匹配的位置开始匹配，匹配过的位置不再匹配。也就是说，对于源字符串的每一个位置，

都只匹配了一次,所以总体时间复杂度为 $O(n)$;为了计算辅助数组 *next*[*i*]需要先对字符串 T 进行一次扩展 KMP 算法处理,所以算法总的时间复杂度为 $O(n+m)$,其中,n 为源字符串的长度,m 为目标字符串的长度。

以下给出扩展 KMP 匹配算法的一种参考实现。

```
//--------------------------4.4.4.cpp--------------------------//
const int MAXN = 1024;

void getNext(string &T, int next[])
{
    int pl = 0, pr = 0, m = T.size();
    next[0] = m;
    for (int k = 1; k < m; k++) {
        if (k >= pr || k + next[k - pl] >= pr) {
            if (k >= pr) pr = k;
            while (pr < m && T[pr] == T[pr - k]) pr++;
            next[k] = pr - k, pl = k;
        }
        else next[k] = next[k - pl];
    }
}

void getExtend(string &S, string &T, int extend[], int next[])
{
    int pl = 0, pr = 0;
    int n = S.size(), m = T.size();
    getNext(T, next);
    for (int k = 0; k < n; k++) {
        if (k >= pr || k + next[k - pl] >= pr) {
            if (k >= pr) pr = k;
            while (pr < n && pr - k < m && S[pr] == T[pr - k]) pr++;
            extend[k] = pr - k, pl = k;
        }
        else extend[k] = next[k - pl];
    }
}
//--------------------------4.4.4.cpp--------------------------//
```

4.4.5 Z 算法

Z 算法可以在 $O(n)$ 的时间复杂度内完成字符串匹配。给定字符串 S,其前缀定义为从字符串第一个字符开始的任意连续字符,其后缀定义为从字符串中任意一个字符开始到最末一个字符所构成的字符串。通过 Z 算法可以在线性时间内确定 S 的任意后缀与 S 本身的最长公共前缀。约定字符串 S 的下标从 0 开始,$S[i,j]$ 表示字符串 $S_iS_{i+1}\cdots S_j$,Z 算法步骤如下。

(1)初始时令 $i=1$,$j=1$。

(2)若 $j<i$,则 $j=i$,比较 S_j 与 S_{j-i},若相等则自增继续比较,否则停止,此时有 $z[i]=j-i$ 且 $S_j\neq S_{j-i}$。

(3)考虑利用 $S[0,j-i-1]$ 与 $S[i,j-1]$ 相等这个性质优化 $z[i+1,j-1]$ 的计算,令指针 k 从 $i+1$ 开始向后遍历,若 $k+z[k-i]<j$,则 $z[k]=z[k-i]$;否则停止遍历,令 $i=k$,转步骤(2)。

```
//--------------------------4.4.5.cpp--------------------------//
int z[1 << 20];

int Z(string &s)
{
    z[0] = s.length();
    for (int i = 1, j = 1, k; i < s.length(); i = k) {
        if (j < i) j = i;
        while (j < s.length() && s[j] == s[j - i]) j++;
        z[i] = j - i, k = i + 1;
```

```
        while (k + z[k - i] < j) z[k] = z[k - i], k++;
    }
}
//----------------------------4.4.5.cpp----------------------------//
```

利用 z 数组，可以高效地解决下述字符串匹配问题：给定一个模板串 P 和文本串 T，确定 P 在 T 的哪些位置出现。令字符串 $S=P+\$+T$，对 S 执行 Z 算法，检查 $z[P.\text{length}()+1]\sim z[P.\text{length}()+T.\text{length}()]$，若 $z[i]=P.\text{length}()$，表明从 $T_{i-P.\text{length}()-1}$ 处开始的字符与 P 匹配[①]。

强化练习

12467 Secret Word[D]。

4.4.6 字符串的最小表示

给定一个环形的字符串 s，求字符串 t，使得 t 是所有与 s 长度相同的子串里字典序最小的字符串。

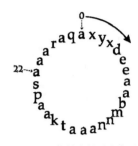

朴素的方法是从每个字符的起始位置进行比较，效率为 $O(n^2)$，当字符串长度较大时，显然会超时。此问题可以通过后缀数组来解决，或者转化为模式匹配进而使用 KMP 算法解决，时间复杂度为 $O(n)$。此处介绍一种更为简洁的方法，称为字符串最小表示[19]。其算法描述如下：先将字符串复制一遍衔接在源串后，将环转化为链；使用两个指针 i 和 j 维护最优起始位置和待比较起始位置，设 $k=\min\{x|s[i+x]\neq s[j+x]\}$，如果 $k\geqslant n$，那么 i 已经是最优起始位置；否则，当 $s[j+k]>s[i+k]$ 时，直接将 j 向后滑动

图 4-11 字符串的最小表示过程示例

$k+1$ 个位置，若此时 $s[j+k]<s[i+k]$，则更新 $j=\max(j, i+k)+1$，并同时更新最优位置 i，重复上述步骤，直到 $j\geqslant n$ 时算法结束。其过程如图 4-11 所示。

注意

图 4-11 中，令 s="axyxdeeaabmnnaaatkaapsaaaraq"，从 0 开始顺时针方向计数，则 s 的最小表示从序号 22 开始，为 t="aaaraqaxyxdeeaabmnnaaatkaaps"。

```
//----------------------------4.4.6.cpp----------------------------//
int minimumIdx(string &s)
{
    int i = 0, j = 1, k, n = s.length();
    while (i < n && j < n) {
        k = 0;
        while (k < n && s[(i + k) % n] == s[(j + k) % n]) k++;
        if (k == n) break;
        if (s[(i + k) % n] > s[(j + k) % n]) {
            i = max(j, i + k + 1);
            j = i + 1;
        }
        else j += k + 1;
    }
    return i;
}
//----------------------------4.4.6.cpp----------------------------//
```

强化练习

719 Glass Beads[B]，1584 Circular Sequence[A]。

[①] 此处使用$作为分隔符，基于字符串 P 和 T 中均不存在字符'$'的假设，如果 P 和 T 中存在字符'$'，可以选取某个其他的字符作为分隔符，只要该字符在 P 和 T 中均不存在即可。

4.5　字符串数据结构及应用

4.5.1　Trie

Trie[①]又称字典树，它主要支持两种操作：插入一个字符串，以及查询一个字符串是否存在。使用 C++ 的 set 或 map 数据结构也可以完成这项任务，但是 set 或 map 数据结构不能完成 Trie 的其他功能，例如，寻找最长公共前缀，而且熟悉 Trie 的思想及实现对拓展解题思维具有帮助。

简单来说，Trie 所表示的是一种树形结构，每条边都和一个字符相关联，结点在树中的位置决定了它代表的字符串。例如，给定字符串：tom、tomy、tim、andy、andrew、mary，其对应的 Trie 数据结构如图 4-12 所示。

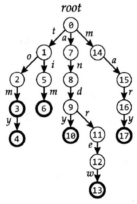

图 4-12　Trie 数据结构示意图

> **注意**
>
> 图 4-12 中，从根结点 *root* 到某一结点，将路径上经过的字符连接起来，为该结点所对应的字符串。根结点表示空字符串。加粗圆圈表示当前结点是结尾字符，非加粗圆圈表示结点只是某个字符串的前缀，结点内的数字为结点的编号。

以下是 Trie 数据结构的一种参考实现，读者可以结合注释进行理解。

```cpp
//-----------------------4.5.1.cpp-----------------------//
// CHILDREN 表示每个结点最多可能的子结点数量，因为只考虑记录小写字母表示的字符串，
// CHILDREN 取值为 26。OFFSET 表示偏移量，将小写字母调整为从 0 开始计数。
const int MAXN = 102400, CHILDREN = 26, OFFSET = 'a';

// Trie 数据结构。
struct Trie
{
    int cnt;                    // 结点计数。
    int root;                   // 根结点序号。
    int child[MAXN][CHILDREN];  // 结点。
    int ending[MAXN];           // 标识某个结点是否为字符串的结尾位置。

    // Trie 数据结构的初始化。
    Trie()
    {
        memset(child[0], 0, sizeof(child[0]));
        root = cnt = ending[0] = 0;
    }
```

---

① 名称 Trie 来源于 information reTRIEval。

```
// 将字符串 s 插入 Trie 中。
// 具体方法是沿着 Trie 的根往下，逐个比对结点存储的字符是否与字符串中的字符相同，
// 如果相同，则沿着该分支继续向下，否则，新建分支，继续比较，一直到字符串的结尾。
void insert(const string s)
{
    int *current = &root;
    for (auto c : s) {
        current = &child[*current][c - OFFSET];
        if (!(*current)) {
            *current = ++cnt;
            memset(child[cnt], 0, sizeof(child[cnt]));
            ending[cnt] = 0;
        }
    }
    ending[*current] = 1;
}

// 查询字符串 s 是否于 Trie 中存在。
// 具体方法是沿着 Trie 的根向下，逐个比对结点存储的字符是否与字符串中的字符相同，
// 如果比较到字符串的末尾而且当前结点也被标记为结尾位置则表明 Trie 中存在此字符串。
bool query(const string s)
{
    int *current = &root;
    for (auto c : s) {
        if (!(*current)) break;
        current = &child[*current][c - OFFSET];
    }
    return (*current && ending[*current]);
}
};
//----------------------------4.5.1.cpp----------------------------//
```

从 Trie 的实现可以看出，这是一种以空间换取时间效率的数据结构。如果给定的字符串存在较多重复，则在存储时不会浪费太多空间，因为公共前缀只存储一次。如果给定的字符串重叠较少或者字符集较大（需要为每个可能出现的字符分配一个存储位来表示此字符是否出现），则需要较多的空间花销。

Trie 主要有以下几种用途。

（1）字符串排序。在将字符串插入 Trie 后，使用前序遍历（有向边上具有较小的 ASCII 码值的字符先遍历）即可获得排序字符串。

（2）词频统计。由于 Trie 的结点上可以存储额外的信息，可以在结点上设置一个域，每次插入字符串时，在表示字符串结尾的结点将该域所代表的值加 1，最后此域的值即表示该结点结尾的字符串所出现的次数。

（3）以 Trie 为基础构建后缀树以查找两个字符串的最长公共前缀。

给定一个字符串 $s=a_0a_1a_2\cdots a_{n-1}$，其后缀 s_i 定义为从位置 i 开始到结尾的字符串，$0 \leqslant i \leqslant n-1$。例如，字符串"mississippi"的所有后缀为

mississippi, ississippi, ssissippi, sissippi, issippi, ssippi, sippi, ippi, ppi, pi, i

将给定字符串的所有后缀构建成 Trie 的形式，称为后缀 Trie 或后缀树（suffix tree）。可以在 $O(n)$ 的时间复杂度内完成后缀树的构造。利用后缀树可以完成诸如后缀间的最长公共前缀、两个字符串的最长公共子串、最长重复子串查询。不过构建后缀树在竞赛环境中相对来说代码较多，在具体实现时容易出错，可以使用后续介绍的后缀数组来替代后缀树完成相应的功能。

4.5.2　Aho-Corasick 算法

Aho-Corasick 算法是由 Aho 和 Corasick 共同提出的一种多模式串匹配算法[20]。回顾此前介绍的 KMP

算法，它是一种单模式串匹配算法，也就是说，在同一时间内，KMP 算法只对一个模式串进行匹配。如果存在多个模式串要与主串进行匹配，则需要分开逐个执行一次 KMP 算法，而使用 Aho-Corasick 算法，能够一次性将所有模式串构建为转移图（goto graph），利用一趟比较确定主串中所有模式串可能的匹配，从而提高了效率。本质上，可以将 Aho-Corasick 算法视为 KMP 算法的 "并行匹配" 版本。

定义字符串为一个有限的符号序列，令 $K=\{y_1,y_2,\cdots,y_k\}$ 为关键字（keyword）集合，x 为任意的文本字符串（text string），Aho-Corasick 算法能够在 $O(n)$ 的时间复杂度内确定 K 中所有关键字在 x 中出现的位置。Aho-Corasick 算法的工作过程和使用有限自动机（finite automata）进行匹配的过程类似，即可以将 Aho-Corasick 算法看作一种模式匹配机（pattern matching machine）。模式匹配机由一系列状态（state）构成，每个状态由一个数字予以表示，匹配机不断读取 x 中的字符，通过状态转移（state transition）确定 x 中是否包含 K 中的关键字，如果发现有特定的关键字就予以输出。匹配机主要由三个函数构成：转移函数（goto function）、失配函数（failure function）和输出函数（output function）。以关键字集合 $K=\{he,she,his,hers\}$ 为例，其相应的模式匹配机如图 4-13 所示。

在模式匹配机中，转移函数使用有向图表示，故又称转移图，使用 g 予以表示。g 由两个域构成，一个是当前的状态 s，另外一个是输入的字符 a，转移函数的作用是根据当前状态 s 和输入字符 a，将其映射到另外一个状态 s' 或者报告匹配失败（fail），即 $g(s,a)=s'$ 或 $g(s,a)=fail$。例如，$g(1,e)=2$，表示在状态 1 时，如果输入字符为'e'，则转移到状态 2；而 $g(1,k)=fail$，即位于状态 1 时，如果输入字符为'k'，则报告匹配失败。状态 0 被设定为起始状态（start state），它较为特殊，对于任意的字符 σ 来说，$g(0,\sigma)\neq fail$，即从状态 0 开始，如果能够匹配则跳转到相应的其他状态，否则会回到状态 0，而对于非 0 状态的其他状态，如果未发现匹配，则会报告失败。注意，图 4-13 中并未将所有转移关系绘出。例如，当位于状态 1 时，如果输入字符不为'e'，应该跳转到状态 0。这些未予绘出的转移关系由失配函数来指定。

i	1	2	3	4	5	6	7	8	9
$f(i)$	0	0	0	1	2	0	3	0	3

（b）失配函数

i	$output(i)$
2	{he}
5	{he, she}
7	{his}
9	{hers}

（c）输出函数

（a）转移函数

图 4-13　关键字集合 $K=\{he,she,his,hers\}$ 所对应的模式匹配机

> **注意**
>
> 图 4-13a 的转移函数使用有向有根树予以表示。结点中的数字表示状态的编号。具有加粗外圈的状态表示该状态关联有相应的输出。状态 0 为初始状态，如果当前位于状态 0 且输入字符不属于集合 {h,s}，则后续转移到状态 0，相当于失配函数中的 $f(0)=0$。图 4-13b 表示失配函数，失配函数指示当匹配失败时，当前状态需要跳转到哪个状态。例如，$f(1)=0$，表示当位于状态 1 时，如果读取的字符不属于集合 {e,i}，则当前状态应该跳转到状态 0。失配函数的作用是 "补全" 转移图，也就是说，当状态 1 发生失配时，需要跳转到状态 0，与之对应的应该有一条从状态 1 出发到达状态 0 的有向边。图 4-13c 表示输出函数，将状态映射到输出。

如果转移函数报告匹配失败，则查看失配函数 f，根据失配函数指定的当前状态 s 需要跳转到的后续状态 $f(s)$ 进行跳转。例如，$f(4)=1$，表示当位于状态 4 时，如果输入字符不为'e'，则从状态 4 不能到达状态 5，需要跳转，此时已经匹配了字符's'和'h'，而字符'h'是关键字 "he" 的第一个字符，因此可以跳转到状态 1，继续沿着转移图进行匹配。

如果在转移过程中，某个状态和输出函数 *output* 有关联，即 *output*(*s*)不为空，则表明在此处发现了匹配，可以进行输出。例如，*output*(2)={he}，表示到达状态 2 时，已经匹配了关键字 "he"，可以输出。

有了模式串对应的转移函数、失配函数、输出函数，就可以进行匹配。具体方法是从初始状态 0 开始，每次读取一个字符，根据转移函数和读取的字符从当前状态转移到下一个状态（可能发生失配，如果发生失配则进行状态的跳转），如果某个状态与输出函数有关联则表明产生了匹配，予以输出。可以将模式匹配机的工作过程使用以下伪代码予以描述。

```
// x=a₁a₂…aₙ为文本字符串，g 为转移函数，f 为失配函数，output 为输出函数。
Aho-Corasick-Algorithm(x, g, f, output)
begin
    state ← 0
    for i ← 1 until n do
      begin
          while g(state, aᵢ) = fail do state ← f(state)
          state ← g(state, aᵢ)
          if output(state) ≠ empty then
              print i
              print output(state)
      end
end
```

那么如何构建转移函数、失配函数以及输出函数呢？转移函数的构建可以使用类似于建立 Trie 的过程来完成。给定一个关键字 *y*，从 Trie 的根开始，逐个检查关键字的每个字符 *a*，如果字符 *a* 在 Trie 中存在，则沿着有向树继续向下，如果 *a* 不存在，则新建一个结点。最终关键字 *y* 的每个字符 *a* 都会关联到 Trie 中的某条边，如果某个结点恰好位于关键字的结尾位置，则将此结点与输出函数 *output* 相关联。

可以将构建转移函数的过程使用以下伪代码予以表示。

```
// 构建转移函数。K 为关键字集合{y₁, y₂, …, yₖ}。
Construction-of-the-Goto-Function(K)
begin
    // 初始状态为 0，对应 Trie 的根结点。
    newstate ← 0
    // 将所有关键字逐个插入到 Trie 中。
    for i ← 1 until k do Enter(yᵢ)
    // 对初始状态 0 的无效转移进行特殊处理：如果从初始状态 0 出发，某个字符 a 未能匹配，
    // 则后续状态仍为初始状态 0。
    for all a such that g(0, a) = fail do g(0, a) ← 0
end

// 将关键字 a₁a₂…aₘ插入到转移函数所对应的转移图中。
Enter(a₁a₂…aₘ)
begin
    state ← 0
    j ← 0
    // 从转移图的根结点开始，逐个插入关键字的字符，直到产生失配。
    while g(state, aⱼ) ≠ fail do
      begin
          state ← g(state, aⱼ)
          j ← j + 1
      end
    // 从失配处开始创建新的状态，使用相应的边来存储关键字的字符。
```

```
    for p ← j until m do
        begin
            newstate ← state + 1
            g(state, a_p) ← newstate
            state ← newstate
        end
    // 将关键字关联到相应的状态。
        output(state) ← {a₁a₂...a_m}
end
```

在转移图中，定义从初始状态 0 到达给定的某个状态 s 的最短路径长度为状态 s 的深度（depth）。如图 4-14 所示，初始状态 0 的深度为 0，状态 1 和状态 3 的深度为 1，状态 2、6、4 的深度为 2，以此类推。观察由关键字集合所构建的转移图，容易知道，对于深度为 d（$d \geq 1$）的某个状态 s'，可以由深度为 $d-1$ 的某个状态 s 通过一步转移得到。进一步地，如果对于深度为 $d-1$ 的所有状态，其失配函数所映射的跳转状态均已确定，那么对于任意深度为 d 的状态来说，其失配函数所映射的跳转状态必定是深度小于 d 的某个状态，也就是说，可以使用广度优先遍历（Breath First Search，BFS）沿着转移图"逐层"构造失配函数。具体来说，对于所有深度为 1 的状态 s，令 $f(s)=0$，这样深度为 1 的状态的失配函数均已计算，在此基础上，计算深度为 2 的状态的失配函数，接着在深度为 2 的状态的失配函数已经计算的基础上，计算深度为 3 的状态的失配函数，依此类推。

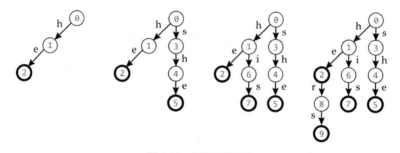

图 4-14　构建转移函数

> **注意**
>
> 图 4-14 中，每次将一个关键字添加到 Trie 中。第一次将关键字"he"添加到 Trie 中，新建 1 和 2 两个结点，结点 2 关联到输出函数；第二次将关键字"she"添加到 Trie 中，新建 3、4、5 三个结点，结点 5 关联到输出函数；第三次将关键字"his"添加到 Trie 中，新建 6 和 7 两个结点，结点 7 关联到输出函数；第四次将关键字"hers"添加到 Trie 中，新建 8 和 9 两个结点，结点 9 关联到输出函数。注意，在将关键字"his"添加到 Trie 中时，"his"和"he"具有最长公共前缀"h"，因此结点 1 为关键字"he"和"his"的公共结点；在将关键字"hers"添加到 Trie 中时，"hers"和"he"具有最长公共前缀"he"，因此 1 和 2 两个结点为关键字"he"和"hers"的公共结点。

为了计算深度为 d 的状态的失配函数，考虑深度为 $d-1$ 的每个状态 r，进行下述操作。

（1）如果对于所有的输入字符 a 来说，均有 $g(r,a) = fail$，则忽略。

（2）否则，对每个满足 $g(r,a) = s$ 的输入字符 a 进行如下的操作。

　　① 置 $state = f(r)$。

　　② 执行 $state \leftarrow f(state)$ 若干次，直到出现某个状态 $state$，使得 $g(state,a) \neq fail$（注意，当位于初始状态 0 时，对于任意输入字符 a 来说，均有 $g(0,a) \neq fail$，故使得 $g(state,a) \neq fail$ 的状态总是存在）。

　　③ 置 $f(s) = g(state,a)$。

如图 4-15 所示，由于状态 1 和状态 3 的深度均为 1，故置 $f(1)=f(3)=0$。接着计算状态 2、6、4 的失配函数。为了计算 $f(2)$，首先置 $state=f(1)=0$，由于 $g(0,\text{'e'})=0$，可以得知 $f(2)=0$。为了计算 $f(6)$，置 $state=f(1)=0$，由于 $g(0,\text{'i'})=0$，得到 $f(6)=0$。为了计算 $f(4)$，置 $state=f(3)=0$，由于 $g(0,\text{'h'})=1$，可得 $f(4)=1$。

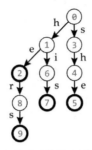

图 4-15　转移函数所对应的转移图

以下是使用广度优先遍历构建失配函数过程的伪代码表示。

```
// 由转移函数和输出函数构建失配函数。g 为转移函数，output 为输出函数。
Construction-of-the-Failure-Function(g, output)
begin
    queue ← empty
    for each a such that g(0, a) = s ≠ 0 do
        begin
            queue ← queue ∪ {s}
            f(s) ← 0
        end
    while queue ≠ empty do
        begin
            let r be the next state in queue
            queue ← queue - {r}
            for each a such that g(r, a) = s ≠ fail do
                begin
                    queue ← queue ∪ {s}
                    state ← f(r)
                    while g(state, a) = fail do state ← f(state)
                    f(s) ← g(state, a)
                    output(s) ← output(s) ∪ output(f(s))
                end
        end
end
```

输出函数较为简单，如果某个结点是特定关键字的结尾字符，则可将此结点与关键字相关联，只要在转移过程中到达这些特殊的结点，就表明已经匹配了相应的关键字，予以输出即可。在构建转移函数时已经得到了初始的输出函数，不过此时每个关键字都独立关联到某个状态，在构建失配函数的过程中，可以将已有的输出函数予以合并，即不同的关键字可能都关联到同一个状态。

以下是 Aho-Corasick 算法的参考实现。

```cpp
//------------------------------4.5.2.cpp------------------------------//
const int MAXN = 10240, CHARSET = 128;

class AhoCorasick
{
private:
    int cnt;                    // 转移图的结点计数。
    int root;                   // 转移图的根结点。
```

```
    int go[MAXN][CHARSET];          // 转移函数。
    int fail[MAXN];                 // 失配指针。
    vector<string> keywords;        // 关键字集合。
    vector<int> output[MAXN];       // 输出函数。

    // 构建转移函数。
    void buildGotoFunction()
    {
        for (int i = 0; i < keywords.size(); i++) {
            int *current = &root;
            for (auto c : keywords[i]) {
                current = &go[*current][c];
                if (!*current) {
                    *current = ++cnt;
                    memset(go[cnt], 0, sizeof(go[cnt]));
                    output[cnt].clear();
                }
            }
            output[*current].push_back(i);
        }
    }

    // 构建失配函数。
    void buildFailureFunction()
    {
        queue<int> q;
        for (int i = 0; i < CHARSET; i++)
            if (go[0][i]) {
                q.push(go[0][i]);
                fail[go[0][i]] = 0;
            }
        while (!q.empty()) {
            int r = q.front(); q.pop();
            for (int i = 0; i < CHARSET; i++)
                if (go[r][i]) {
                    int s = go[r][i], f = fail[r];
                    q.push(s);
                    while (f && !go[f][i]) f = fail[f];
                    fail[s] = go[f][i];
                    output[s].insert(output[s].end(),
                        output[fail[s]].begin(), output[fail[s]].end());
                }
        }
    }

public:
    // 初始化。
    void initialize()
    {
        root = cnt = 0;
        keywords.clear();
        memset(go[0], 0, sizeof(go[0]));
        for (int i = 0; i < MAXN; i++) output[i].clear();
    }
```

```cpp
    // 新增关键字。
    void add(string s) { keywords.push_back(s); }

    // 匹配。
    void match(string &s)
    {
        buildGotoFunction();
        buildFailureFunction();

        int current = root;
        for (auto c : s) {
            while (current && !go[current][c]) current = fail[current];
            current = go[current][c];
            if (output[current].size() > 0) {
                for (auto i : output[current])
                    cout << keywords[i] << ' ';
                cout << '\n';
            }
        }
    }
};

int main(int argc, char *argv[])
{
    int n;
    string key, line;
    AhoCorasick ac;

    while(cin >> n) {
        ac.initialize();
        for (int i = 0; i < n; i++) {
            cin >> key;
            ac.add(key);
        }
        cin.ignore(256, '\n');
        string text;
        while (getline(cin, line), line.length() > 0) text += line;
        ac.match(text);
    }

    return 0;
}
```
//----------------------------4.5.2.cpp----------------------------//

对于以下输入:

4
he
she
his
hers
ushers

对应的输出为

she he
hers

127

强化练习

1449 Dominating Patterns[D]，11019[①] Matrix Matcher[C]。

4.5.3　后缀数组

后缀数组（suffix array）由 Manber 和 Mayers 于 1990 年提出[21]。相对于后缀树，后缀数组空间花销较少，代码实现较为简单，作为后缀树的"替代品"，在编程竞赛中应用较多。

简单来说，后缀数组就是将给定字符串 s 的所有后缀按字典序升序排列后得到的一个次序数组 sa。为了节省存储空间和便于操作，一般情况下，sa 存储的是后缀在 s 中的起始位置而不是后缀本身。例如，给定字符串"abstract"，其所有后缀依次为（从 0 开始计数，方括号内的数字为后缀在字符串中的起始位置）

$$[0]abstract, [1]bstract, [2]stract, [3]tract, [4]ract, [5]act, [6]ct, [7]t$$

对所有后缀按字典序升序排列，可得

$$[0]abstract, [5]act, [1]bstract, [6]ct, [4]ract, [2]stract, [7]t, [3]tract$$

对于排序后的第一个后缀"abstract"，它在所有后缀中字典序是最小的，在原字符串 s 中起始位置为 0；第二个后缀"act"，在所有后缀中字典序是第二小的，在原字符串 s 中起始位置为 5……将排序后的后缀所对应的起始位置按从左至右的顺序排成一列即为后缀数组 sa，其元素为

$$0, 5, 1, 6, 4, 2, 7, 3$$

容易推知，如果字符串 s 的长度为 n，则数组 sa 实际上是闭区间 $[0, n-1]$ 内整数的一个排列。

令 s_i 表示字符串 s 从起始位置 i 开始的后缀，由于字符串从不同位置起始的任意两个后缀不会相同（后缀的长度不同，因此不可能相同），对于 sa 中的两个元素 $sa[i]$ 和 $sa[j]$，如果 $i<j$，根据后缀数组的定义，必有 $s_{sa[i]}<s_{sa[j]}$。相应地，可以定义名次数组（rank array）$rank$，它表示 s 的某个后缀在后缀数组 sa 中的排位。例如，从字符串"abstract"的位置 5 开始的后缀为"act"，如果从 0 开始计数，其在后缀数组中排第 1 位，因此 $rank["act"]=rank[5]=1$。不难推知，后缀数组和名次数组互为逆运算——令后缀数组的第 i 个元素为 j，则从字符串 s 的起始位置 j 开始的后缀是后缀数组的第 i 个元素，亦即

$$sa[i] = j \Leftrightarrow rank[j] = i$$

构建后缀数组，朴素的方法是利用时间复杂度为 $O(n\log n)$ 的算法库函数 sort 对所有后缀进行一次排序，这样就能够得到后缀数组，但是此种方式的时间成本太高——对两个后缀进行比较的时间复杂度为 $O(n)$，而需要进行 $O(n\log n)$ 数量级的类似比较，从而使得总体的时间复杂度为 $O(n^2\log n)$。显然，在竞赛环境中不能有效应对规模较大的评测数据。虽然可以先在 $O(n)$ 的时间内构造后缀树，然后再通过 $O(n)$ 的时间对后缀树进行深度优先遍历以得到后缀数组，但是这样的做法失去了构建后缀数组的意义，因为在完成后缀树的构建后就可以直接使用其进行问题的求解，而不需再多此一举去构建后缀数组。

在 Manber 和 Mayer 的论文中，介绍了如何通过倍增法在 $O(n\log n)$ 的时间复杂度内构造后缀数组的方法，其核心思想如下：给定长度为 n（$n>0$）的字符串 s，令 $s[i, j]$ 表示从起始位置 i 开始的 j 个字符构成的子串，在比较 s 的后缀时，依次对所有的 $s[i, 1], s[i, 2], s[i, 4], s[i, 8], \cdots, s[i, 2^k]$ 进行排序，很明显，当 $2^k \geq n$ 时，s 的所有后缀排序即已确定，这个过程最多需要重复 $\lceil \log n \rceil +1$ 次。如何使得每次排序的效率尽可能高，从而使得总的时间复杂度尽可能低呢？注意到当 $s[i, 1]$ 排序完毕后，如果对 $s[i, 2]$ 进行排序，则 $s[i, 2]$ 可以看作由 $s[i, 1]$ 和 $s[i+1, 1]$ 连接而成，由于 $s[i, 1]$ 和 $s[i+1, 1]$ 的相对顺序已经在前一次排序中获得，利用这些信息可以使得对 $s[i, 2]$ 的排序能够在 $O(n)$ 的时间复杂度内完成，其关键就是采用基数排序。回顾基数排序，每个数字按照其数位从低到高进行排序，整个排序过程的时间复杂度为 $O(n)$。类似地，将 $s[i, 2^k]$ 的排序看作对二元组 $\{s[i, 2^{k-1}], s[i+2^{k-1}+1, 2^{k-1}]\}$ 进行排序，首先对第二关键字（将 $s[i+2^{k-1}+1, 2^{k-1}]$ 视为低位数字）进行排序，然后对

---

① 11019 Matrix Matcher 中，由于测试数据规模较大，限制时间较紧，如果使用 Aho-Corasick 算法解题，可能需要使用位掩码技巧来提高比对的效率。

第一关键字（将$s[i, 2^{k-1}]$视为高位数字）进行排序，即可得到$s[i, 2^k]$的排序。由于$s[i, 2^{k-1}]$和$s[i+2^{k-1}+1, 2^{k-1}]$在后缀数组中是用其起始位置来表示，其值不会超过字符串s的长度n，所以可以使用计数排序来分别对$s[i, 2^{k-1}]$和$s[i+2^{k-1}+1, 2^{k-1}]$进行排序，最后合并得到$s[i, 2^k]$的排序，这样每趟排序的时间复杂度可以保持在$O(n)$，由于总共需要最多$\lceil \log n \rceil + 1$次排序过程，则总的时间复杂度为$O(n\log n)$。

倍增法从思想上理解是不复杂的，但是如何将其具体实现为代码呢？需要注意以下两个细节。

（1）给定字符串的长度并不一定刚好是 2 的幂次长度，如何处理$s[i, 2^k]$中超出字符串末尾的部分？

（2）如何通过合并$s[i, 2^{k-1}]$和$s[i+2^{k-1}+1, 2^{k-1}]$的排序结果来得到$s[i, 2^k]$的排序？

下面先给出使用倍增法构造后缀数组的一种参考实现。

```cpp
//------------------------------4.5.3.1.cpp------------------------------//
const int MAXN = 256;

// 计数排序。
void countSort(int *s, int *ranks, int *sa, int n, int m)
{
    static int cnt[MAXN];
    memset(cnt, 0, sizeof(cnt));
    for (int i = 0; i < n; i++) cnt[s[ranks[i]]]++;
    for (int i = 1; i <= m; i++) cnt[i] += cnt[i - 1];
    for (int i = n - 1; i >= 0; i--) sa[--cnt[s[ranks[i]]]] = ranks[i];
}

// 构建后缀数组。
// s 为字符数组，  sa 为后缀数组，n 为字符数组的大小，m 为字符集的大小。
// s 中的字符使用其对应的 ASCII 码值表示。
void buildSA(int *s, int *sa, int n, int m)
{
    static int ranks[MAXN] = {}, higher[MAXN] = {}, lower[MAXN] = {};
    // 对 s[i, 1]进行排序。
    iota(ranks, ranks + MAXN, 0);
    countSort(s, ranks, sa, n, m);
    // 由后缀数组获得名次数组。
    ranks[sa[0]] = 0;
    for (int i = 1; i < n; i++) {
        ranks[sa[i]] = ranks[sa[i - 1]];
        ranks[sa[i]] += (s[sa[i]] != s[sa[i - 1]]);
    }
    // 比较的子串长度依次倍增。
    for (int i = 0; (1 << i) < n; i++) {
        for (int j = 0; j < n; j++) {
            higher[j] = ranks[j] + 1;
            lower[j] = (j + (1 << i) >= n) ? 0 : (ranks[j + (1 << i)] + 1);
            sa[j] = j;
        }
        // 基数排序。
        // 因为只有两位“数字”，可以通过两次计数排序实现后缀的排序。先排序末位，后排序首位。
        // 数组 higher 存储的是首位“数字”，数组 lower 存储的是末位“数字”。
        countSort(lower, sa, ranks, n, n);
        countSort(higher, ranks, sa, n, n);
        // 因为可能存在两个后缀的名次相同的情况，需要通过比较字符串进一步确定名次。
        ranks[sa[0]] = 0;
        for (int j = 1; j < n; j++) {
            ranks[sa[j]] = ranks[sa[j - 1]];
            ranks[sa[j]] += (higher[sa[j - 1]] != higher[sa[j]] ||
                lower[sa[j - 1]] != lower[sa[j]]);
        }
    }
}
//------------------------------4.5.3.1.cpp------------------------------//
```

侯捷在其《STL 源码剖析》一书中曾经说过："源码之前，了无秘密。"但是面对一段实现较为精巧的代码，在没有他人从旁指引的情况下，要想达到快速理解的目的似乎并没有太好的办法。其中一种较为"笨拙"但有效的方法就是选择具有代表性的输入，观察代码的运行过程中给定的输入发生了何种变换，以此来理解代码的行为。通过这种方法对代码进行理解往往印象更为深刻，如果再进一步结合相应的代码原理性分析，理解的效果将会更佳。

下面以输入"edcbaabcde"为例来解析参考实现代码的行为[①]。要构建"edcbaabcde"所对应的后缀数组，可以通过下述调用来实现。

```
int main(int argc, char *argv[])
{
    string S = "edcbaabcde";
    int s[32] = {}, sa[32] = {};
    for (int i = 0; i < S.length(); i++) s[i] = S[i];
    buildSA(s, sa, 10, 128);
    return 0;
}
```

即先将字符串转换为整数数组，每个字符使用其 ASCII 码值予以表示，以便于后续使用计数排序对字符数组进行排序，进而有利于后缀数组的构建。在进行转换后，整数数组 s 包含 10 个元素，其值依次为

```
101 100 99 98 97 97 98 99 100 101
```

在调用 buildSA 时，字符集的大小设定为 128，这是因为竞赛环境下给定的字符串一般均为 ASCII 字符，不同字符的个数最多为 128 个。因此，在进行计数排序时最多只需统计 128 种不同字符的个数[②]。

在函数 buildSA 中，起始声明了三个静态数组：

```
static int ranks[MAXN] = {}, higher[MAXN] = {}, lower[MAXN] = {};
```

其中，$ranks$ 为名次数组，其作用是记录各个后缀在后缀数组中的排位；$higher$ 和 $lower$ 为辅助数组，分别存储进行基数排序时的高位数字和低位数字。之所以将它们声明为静态的，其目的是为了在后续过程可以多次使用，不必再次申请内存空间。

构建后缀数组的第一步是对 $s[i,1]$ 进行排序，参考实现中通过以下两行代码予以实现。

```
iota(ranks, ranks + MAXN, 0);
countSort(s, ranks, sa, n, m);
```

其中，库函数 iota 的作用是为名次数组 ranks 赋初值，将该数组从第一个元素到最后一个元素依次填充从 0 开始的整数序列，接着调用计数排序子函数 countSort 实现 $s[i,1]$ 的有序。

为什么 countSort 能够实现 $s[i,1]$ 的排序呢？countSort 所使用的排序方法为计数排序，回顾计数排序，如果给定的序列其数据分布在一个有限且相对较小的范围内（例如，序列中最大和最小的元素之间差的绝对值小于 2^{16}），那么可以先计数各个不同元素 x 出现的次数 $cnt[x]$，确定 $cnt[x]$ 后即可以知道在最终的有序数组中，值为 x 的元素必定会出现 $cnt[x]$ 次，而且其位置必定也是连续的。如果从 1 开始计数位置，只要确定小于 x 的元素 y 的数量 z，就能够知道值为 x 的元素在最终的有序数组中的起始位置必定是 $z+1$，而 z 可以通过累加小于 x 的各个元素 y 的出现次数 $z=\sum_{y<x}cnt[y]$ 予以确定。换句话说，统计值为 x 的元素的出现次数 $cnt[x]$，相当于确定了值为 x 的各个元素在最终有序数组中的相对位置，而累加小于 x 的各个元素 y 的出现次数 $z=\sum_{y<x}cnt[y]$ 则确定了值为 x 的元素在最终有序数组中起始的绝对位置。这与编译器对多个源文件进行编译和链接以确定二进制代码的执行次序有些类似——编译器在编译由多个源文件构成的源代码时，先对单个的源文件进行编译，确定二进制代码在最终执行序列中的相对顺序，而后通过与库文件的链

[①]　建议读者将代码输入到编译环境中并跟随本书的解析过程编写相应的调试语句查看输出加以印证，这样对倍增法的理解将会更为深刻。

[②]　对于示例输入"edcbaabcde"，由于其只包含 5 个不同的字符且其 ASCII 码值连续（在 97 到 101 的范围内），如果以字符'a'为"参考点"，将其视为'1'，则"edcbaabcde"可以转换为"5432112345"，那么此字符串所对应的字符集大小为 5，在调用 buildSA 时，可将 128 使用 5 进行替换。

接，确定所有二进制代码在最终执行序列中的绝对顺序。

下面对 countSort 函数的结构进行"解剖"以理解其行为。该子函数的起始两行代码如下：

```
static int cnt[MAXN];
memset(cnt, 0, sizeof(cnt));
```

根据前述分析，其作用是声明一个计数数组并将其全部置 0 以用于统计各个字符的出现次数（图 4-16），将其声明为静态数组是为了便于后续的重复使用，不需要反复申请内存空间以提高效率。

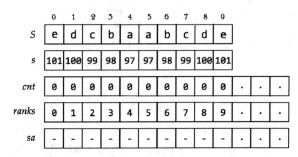

图 4-16　字符串 S="edcbaabcde"转换为字符（整数）数组 s 后，
调用 countSort 子函数进行排序时的初始状态

接着两行代码：

```
for (int i = 0; i < n; i++) cnt[s[ranks[i]]]++;
for (int i = 1; i <= m; i++) cnt[i] += cnt[i - 1];
```

其作用是先计数各个字符出现的次数以确定"相对位置"，之后是根据字符集的大小 m（此处 m=128），按照从小到大的顺序逐次累加各种字符的出现总次数以确定"绝对位置"。其值如图 4-17 所示。

图 4-17　字符数组频次计数完毕及累加完毕时计数数组 cnt 中各元素的值

接着一行代码：

```
for (int i = n - 1; i >= 0; i--) sa[--cnt[s[ranks[i]]]] = ranks[i];
```

其作用是根据统计得到的"相对位置"和"绝对位置"来确定各个元素在最终的有序数组中的位置，之所以采用从后往前的顺序确定次序有两个原因：一是为了使得排序是"稳定的"，即两个相同的字符 x_i 和 x_j，如果在原始数组中其位置满足 $i<j$，则在最终的有序数组中，x_i 和 x_j 的最终位置 i' 和 j' 仍然满足 $i'<j'$；二是在累加各种字符的出现频次时，使用的是 cnt 数组本身，如果严格按照前述的分析，需要另外一个数组来累加小于 x 的其他元素 y 出现的次数 $z=\sum_{y<x}cnt[y]$，而为了代码的简练，仍使用数组 cnt 进行累加后得到的是包含 x 自身在内的元素出现次数 $z'=\sum_{y\le x}cnt[y]$，如果从 1 开始计数位置，则次数 $z'=\sum_{y\le x}cnt[y]$ 对应 x 在

最终有序数组中的最后一个位置的序号，因此需要通过逆序来确定次序，如图 4-18 所示。

图 4-18　根据累加的字符频次确定长度为 1 的子串在后缀数组中的次序

> **注意**
>
> 　　以序号为 8 的字符'd'为例，该字符的 ASCII 码值为 100，在计数数组 cnt 中序号为 100 的元素的值为 8，表示 ASCII 码值小于等于 100 的元素总共出现了 8 次。不难得知，若将 S 的所有长度为 1 的子串进行排序，从 1 开始计数，子串"d"的最后位置必定位于第 8 位。由于后缀数组从 0 开始计数，初始从 1 开始计数的位置需要相应减去 1，可得子串 $s[8,1]$="d"在名次数组中的值为 7（根据名次数组和后缀数组互为逆运算的关系，由 $rank[8]=7$ 推出 $sa[7]=8$），即在后缀数组中，位于第 7 位的字符串是从序号 8 开始的子串 $s[8,1]$。依此类推，可以确定其他子串 $s[i,1]$ 在后缀数组中的次序。

在使用 countSort 函数获得 $s[i,1]$ 的后缀数组后，需要确定各个后缀的名次，以便为后续使用基数排序确定 $s[i,2]$ 的次序做准备。也就是说，需要确定基数排序中高位数字 $s[i,1]$ 和低位数字 $s[i+1,1]$ 的具体值，而该数位的具体值可以使用后缀在名次数组中的值来"代表"，即某个后缀的名次数组值越小，表明该后缀越小，那么就可以使用一个较小的数值来"代表"该后缀，该数值也就是高位数字或低位数字的值。在参考实现中通过下述代码予以实现。

```
ranks[sa[0]] = 0;
for (int i = 1; i < n; i++) {
    ranks[sa[i]] = ranks[sa[i - 1]];
    ranks[sa[i]] += (s[sa[i]] != s[sa[i - 1]]);
}
```

回顾名次数组的定义，它表示从位置 i 起始的后缀在后缀数组中的排位，其与后缀数组互为"逆反关系"，通过后缀数组可以直接得到名次数组，通过名次数组也可以得到后缀数组。但是此处并不是直接由后缀数组获得名次数组，这是为什么呢？因为在后续的基数排序中要考虑到两个数字的值相同的情况。以"edcbaabcde"为例，第一个字符和最后一个字符均为'e'，在转换为数位之后，这两个字符应该具有相同的值，如果按照一一对应的关系将后缀数组转换为名次数组，那么相同的字符会具有不同的名次，最终转换得到的数位是不同的，这会导致后续的计数排序过程"失效"，从而无法获得正确的排序结果，如图 4-19 所示。

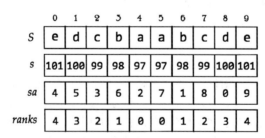

图 4-19　根据后缀数组 sa 获得名次数组 ranks

> **注意**
>
> 　　图 4-19 实际上是将后缀 $s[i,1]$ 表示成数位上的数字，由于基数排序时要求相同的字符其数位值必须

相同，否则将无法得到正确的排序，因此序号为 4 和元素和序号为 5 的元素（字母"a"）其对应的数位值均为 0，可以依此类推得到其他字符所对应的数位的数值。

在获得 *s*[*i*,1]的数位表示后即可准备为 *s*[*i*,2]排序，此时需要确定 *s*[*i*,1]对应的高位数字和和 *s*[*i*+1,1]所对应的低位数字。参考实现中使用下述代码确定高位数字和低位数字的具体值。

```
for (int j = 0; j < n; j++) {
    higer[j] = ranks[j] + 1;
    lower[j] = (j + (1 << i) >= n) ? 0 : (ranks[j + (1 << i)] + 1);
    sa[j] = j;
}
```

回顾之前的解析，基数排序时分为高位数字和低位数字，此处数组 *higher* 存储的是高位数字，数组 *lower* 存储的是低位数字，如图 4-20 所示。考虑到字符串的长度不一定是 2 的幂的整数倍，需要为超出字符串长度的对应数位考虑一个合适的表示，因此使用 0 来表示超出字符串长度的位置所对应的数位值。由于 0 已经被占用，将其他未超过字符串长度的位置所对应的数位值在其原始值上偏移 1 以示区别。

	0	1	2	3	4	5	6	7	8	9
S[*i*, 2]	e	d	c	b	a	a	b	c	d	e
	d	c	b	a	a	b	c	d	e	-
s[*i*, 2]	101	100	99	98	97	97	98	99	100	101
	100	99	98	97	97	98	99	100	101	-
ranks	4	3	2	1	0	0	1	2	3	4
higher	5	4	3	2	1	1	2	3	4	5
lower	4	3	2	1	1	2	3	4	5	0

图 4-20 根据名次数组 *ranks* 获得 *s*[*i*,2]所对应的高位数字数组 *higher* 和低位数字数组 *lower*

在确定了高位数字和低位数字后，连续使用两次计数排序。

```
countSort(lower, sa, ranks, n, n);
countSort(higher, ranks, sa, n, n);
```

这样就能够完成基数排序。第一次计数排序将 *s*[*i*,2]按照低位数字的值进行排序，接着在低位数字有序的情况下再按照高位数字排序，最终使得整个数字即 *s*[*i*,2]达到有序的状态，此时的后缀数组 *sa* 中的值存储的就是 *s*[*i*,2]排序后的次序。注意，参考实现中为了代码的简练，数组 *ranks* 和 *sa* 进行了重复使用，但是两次使用其意义有所区别。在第一次使用时，数组 *sa* 存储的实际上是低位数字的次序，*ranks* 存储的是按低位数字进行排序后 *s*[*i*,2]的后缀数组值，此时的后缀数组是初步的，其值是中间结果。在第二次使用时，两者的角色相反，此时 *ranks* 存储的是在低位数字排序基础上 *s*[*i*,2]的次序，*sa* 存储的是在低位数字排序基础上按高位数字进行排序后 *s*[*i*,2]的后缀数组值，其值是最终结果。由于重复使用了 *ranks* 和 *sa*，在图 4-21 中调用计数排序子函数 countSort 时按照实际所使用的数组对代码进行了调整，以便能够看出具体操作的数组。

注意

图 4-21a：按照低位数字数组 *lower* 进行第一次计数排序后，数组 *ranks* 中存储的元素值是 *s*[*i*,2]按低位数字进行排序后的后缀数组值，在数组 *ranks* 下方的是按低位数字排序后对应的字符串 *S*[*i*,2]。

图 4-21b：在低位数字排序的基础上，根据高位数字数组 *higher* 进行第二次计数排序后，数组 *sa* 中存储的元素值即为 *s*[*i*,2]所对应的后缀数组值，在数组 *sa* 下方的是按高位数字排序后对应的字符串 *S*[*i*,2]。

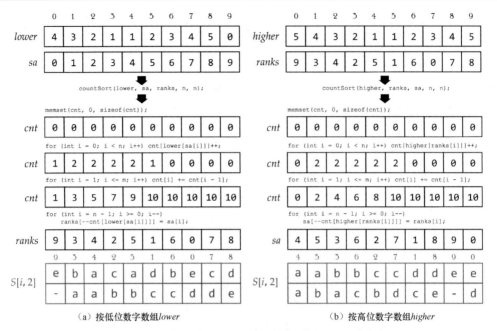

图 4-21 按照低位数组 *lower* 与高位数组 *higher* 进行计数排序

继续使用同样的方法确定名次数组，即确定下一次排序时后缀 $s[i,2]$ 所对应数位的具体值。

```
ranks[sa[0]] = 0;
for (int j = 1; j < n; j++) {
    ranks[sa[j]] = ranks[sa[j - 1]];
    ranks[sa[j]] += (higher[sa[j - 1]] != higher[sa[j]] ||
        lower[sa[j - 1]] != lower[sa[j]]);
}
```

此处和第一次确定数位值时有细微差别，原因在于需要考虑高位数字和低位数字两个数位的值，而最初的一次确定数位值不需考虑此因素。

最终，通过外循环：

```
for (int i = 0; (1 << i) < n; i++) {
    // 排序。
}
```

每次排序时后缀的长度增加为原来的两倍，那么至多需要 $\lceil \log n \rceil + 1$ 次操作就能得到 s 的后缀数组。

下面再给出一种更为简练和巧妙的倍增法实现[22]，由于实现代码包含多项 "魔法" 般的技巧和优化，理解起来相对困难，建议读者在充分理解前述倍增法基本实现的基础上，通过跟踪代码的执行过程和查看其输出来理解代码的行为，最后再结合标注给出的参考资料尝试进行理解和运用。

```
//++++++++++++++++++++++++++++++4.5.3.2.cpp++++++++++++++++++++++++++++++//
const int MAXN = 256;

int ta[MAXN], tb[MAXN], tv[MAXN], ts[MAXN];

int cmp(int *s, int a, int b, int offset)
{
    return s[a] == s[b] && s[a + offset] == s[b + offset];
}

void da(int *s, int *sa, int n, int m)
{
    int *x = ta, *y = tb, *t;
    // 使用计数排序对 s[i, 1] 进行排序。
    for (int i = 0; i < m; i++) ts[i] = 0;
    for (int i = 0; i < n; i++) ts[x[i] = s[i]]++;
```

```
for (int i = 1; i < m; i++) ts[i] += ts[i - 1];
for (int i = n - 1; i >= 0; i--) sa[--ts[x[i]]] = i;
```

当次序数组 *sa* 中不同的次序个数 *p* 达到 *n* 时表明排序完毕，可以提前退出以提高效率。字符集的大小 *m* 随着次序个数 *p* 改变，可以减少计数排序的工作量，提高程序效率。

利用上一次对所有长度为 *k* 的 *n* 个子串 *s*[*i*, *k*]排序得到的次序数组 *sa*，直接获得子串 *s*[*i*,2*k*]低位数字的排序而不需要经过名次数组进行"中转"。在前述的参考实现中，对 *s*[*i*,1]使用计数排序后可以得到 *s*[*i*,1]的次序数组 *sa*，然后通过次序数组 *sa* 来获得 *s*[*i*,1]的名次数组 *ranks*，进而通过名次数组 *ranks* 得到 *s*[*i*,2]的高位数字数组 *higher* 和低位数字数组 *lower*，通过对低位数字数组 *lower* 再进行一次计数排序后可以得到低位数字的次序，从而确定 *s*[*i*,2]的初步次序。而此处的实现却是直接通过次序数组 *sa* 来得到 *s*[*i*,2]的初步次序，其正确性基于以下结论：*s*[*i*,2*k*]拆分为 *s*[*i*,*k*]和 *s*[*i*+*k*+1,*k*]，必定有 *k* 个子串 *s*[*i*+*k*+1,*k*]的起始字符位置已经超出原字符串 *s* 的末尾位置，从而使得这 *k* 个子串所对应的低位数字为 0。那么很明显，由于计数排序的"稳定性"，这 *k* 个为 0 的低位数字占据了按低位数字排序后的数组 *y* 的前 *k* 个位置，而其他(*n*−*k*)个不为 0 的低位数字在此前的排序中已经确定了相对顺序，所以只需将其按照前一次的排序结果附加在第 *k* 个位置之后即可。

```
for (int i, k = 1, p = 1; p < n; k *= 2, m = p) {
    for (p = 0, i = n - k; i < n; i++) y[p++] = i;
```

如前所述，需要将其他(*n*−*k*)个不为 0 的低位数字按照此前排序中已经确定了的相对顺序附加在第 *k* 个位置之后，而这(*n*−*k*)个不为 0 的低位数字依次对应着子串 *s*[*k*,*k*],*s*[*k*+1,*k*],…,*s*[*n*−1,*k*]，这(*n*−*k*)个子串的相对顺序可以从次序数组 *sa* 直接予以"提取"。为什么？因为 *sa* 保存的就是 *s*[0,*k*],*s*[1,*k*],*s*[2,*k*],…,*s*[*n*−1,*k*]的次序。在进行"提取"时，*sa*[*i*]保存的是按字典序排在第 *i* 位的子串的起始位置 *j*，因此只有当 *j*≥*k*（即 *sa*[*i*]≥*k*）时的子串位置 *j* 才是我们所需要的。最后，由于数组 *y* 的前 *k* 个位置已经依次填充了 *n*−*k*,*n*−*k*+1,…,*n*−1，那么剩下的 *n*−*k* 个位置需要依次填充 0,1,…,*n*−*k*−1，所以需要将起始位置 *j*（即 *sa*[*i*]）进行"偏移"操作，其"偏移量"为 *k*。

```
for (i = 0; i < n; i++) if (sa[i] >= k) y[p++] = sa[i] - k;
// 利用 s[i,2k]的低位数字的次序数组 y 得到 s[i,2k]的高位数字。
for (i = 0; i < n; i++) tv[i] = x[y[i]];
// 对高位数字进行计数排序。
for (i = 0; i < m; i++) ts[i] = 0;
for (i = 0; i < n; i++) ts[tv[i]]++;
for (i = 1; i < m; i++) ts[i] += ts[i - 1];
for (i = n - 1; i >= 0; i--) sa[--ts[tv[i]]] = y[i];
// 根据 s[i,2k]的次序数组 sa 得到 s[i,4k]的名次数组，如果两个子串相同则名次相同。
for (t = x, x = y, y = t, p = 1, x[sa[0]] = 0, i = 1; i < n; i++)
    x[sa[i]] = cmp(y, sa[i - 1], sa[i], k) ? p - 1 : p++;
    }
}
//+++++++++++++++++++++++++++++++4.5.3.2.cpp++++++++++++++++++++++++++++++//
```

此外，后缀数组还可以通过 Kärkkäinen 和 Sanders 提出的 Skew/DC3（Diffierence Cover modulo 3）算法在 *O*(*n*)的时间复杂度内构造完毕[23]，不过该种方法编码难度相对于倍增法要高，若题目对运行时间要求较为宽松，使用倍增法更为"经济"。

4.5.4 最长公共子串

子串（substring）定义为给定字符串中的任意非空连续字符，如给定字符串"mississippi"，则"m"、"iss"、"ppi"都是其子串，但"mippi"不是其子串，因为在原字符串中并不连续。两个字符串的最长公共子串（Longest Common Substring，LCS）是指同时属于两个字符串且长度最大的子串。使用朴素的穷尽算法可以在 *O*(*mn*) 的时间内确定两个字符串的最长公共子串，其中 *m* 和 *n* 分别为两个字符串的长度。显然，这样做的效率不高。要高效地求解两个字符串的最长公共子串，需要另辟蹊径——可以从单个字符串的所有后缀间的最长公共前缀着手，解决这一问题。

前缀（prefix）定义为从字符串初始位置开始的子串。例如，给定字符串"mississippi"，其子串"mi"、"miss"都是其前缀，因为它们都是从位置 0 开始的子串，但是子串"ssi"不是前缀，因为它并不是从位置 0 开始的子串，而是从位置 2（或 5）开始的子串。给定两个字符串 S_1 和 S_2，它们的公共前缀 cp 是一个字符串，且 cp 同时是 S_1 和 S_2 的前缀，对于所有这样的公共前缀 cp，其中长度最大的称为最长公共前缀（Longest Common Prefix，LCP）。

利用后缀数组可以高效地计算两个字符串的最长公共子串。读者可能会产生疑问：后缀数组得到的是单一字符串后缀的排序，它是如何与两个字符串之间的最长公共子串发生关联的呢？设 s_i 表示字符串 s 从起始位置 i 开始的后缀，字符串 s 的长度为 n。这里先定义一个"辅助"数组 $height$，$height[i]$ 表示的是后缀数组中相邻两个后缀 $s_{sa[i-1]}$ 和 $s_{sa[i]}$ 的最长公共前缀，$1 \leqslant i \leqslant n-1$，对于不一定相邻的两个后缀 $s_{sa[x]}$ 和 $s_{sa[y]}$（不失一般性，设 $0 \leqslant x < y \leqslant n-1$，按字典序有 $s_{sa[x]} < s_{sa[y]}$），两者的最长公共前缀可以由连续相邻后缀间的最长公共前缀表示[①]，即

$$\mathrm{LCP}\left[s_{sa[x]}, s_{sa[y]}\right] = \min_{k \in [x, y-1]}\left\{\mathrm{LCP}\left[s_{sa[k]}, s_{sa[k+1]}\right]\right\} = \min_{k \in [x+1, y]}\left\{height[k]\right\} \tag{4.8}$$

也就是说，$s_{sa[x]}$ 与 $s_{sa[y]}$ 的最长公共前缀就是 $height[x+1], height[x+2], \cdots, height[y]$ 中的最小值。根据上述 LCP 的有关结论，（3.8）式还可以得到一个推论，即

$$\mathrm{LCP}\left[s_i, s_k\right] \leqslant \mathrm{LCP}\left[s_j, s_k\right],\ 0 < i \leqslant j < k < n \tag{4.9}$$

请读者注意这个推论，该推论在后续证明有关 $height$ 数组的性质时会予以应用。例如：$s_{sa[0]}$="aaaab"，$s_{sa[3]}$="aabaaaab"，则 $\mathrm{LCP}[s_{sa[0]}, s_{sa[3]}] = \min\{height[1], height[2], height[3]\} = 2$，如图 4-22 所示。

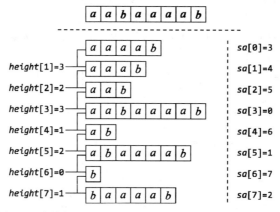

图 4-22　字符串 s="aabaaaab"所对应的后缀数组 sa 和 $height$ 数组

但是直接使用等式（4.8）进行后缀间的 LCP 计算显然费时较多，能不能对其进行优化以提高效率呢？答案是肯定的。这里需要应用一个结论：令 $H[i]=height[rank[i]]$，有

$$H[i] \geqslant H[i-1]-1 \equiv height\left[rank[i]\right] \geqslant height\left[rank[i-1]\right]-1,\ i \geqslant 1 \tag{4.10}$$

不等式（4.10）是高效计算 $height$ 数组的基础，大多数有关后缀数组的资料对于此不等式的证明，不是一笔带过，就是语焉不详，没有完整的逻辑推理过程，由于理解不等式（4.10）的证明会增进对 $height$ 数组性质的理解，有助于理解算法的代码实现，因此下面给出简要证明[24]。

为了证明不等式（4.10），先给出有关最长公共前缀的两个结论。令字符串 s 的长度为 $n>0$，$i<n$ 且 $j<n$，若 s_i 和 s_j 满足 $\mathrm{LCP}[s_i, s_j] \geqslant 1$，则有以下两个结论。

（1）若 $s_i < s_j$，必定可推导出 $s_{i+1} < s_{j+1}$，即 $s_i < s_j$ 等价于 $s_{i+1} < s_{j+1}$。证明：$\mathrm{LCP}[s_i, s_j] \geqslant 1$ 说明 s_i 和 s_j 至少第一个字符是相同的，不妨设其为 α，则有 $s_i=\alpha s_{i+1}$，$s_j=\alpha s_{j+1}$，当比较 s_i 和 s_j 时，其首字符均为 α，则后续的

---

① 此处给出的有关 LCP 的性质可通过数学归纳法予以证明。受篇幅所限，相关证明过程从略，感兴趣的读者可以查阅后缀数组的相关资料以进一步了解具体的证明过程。

比较相当于比较 s_{i+1} 和 s_{j+1}，因此结论（1）成立。

（2）LCP[s_{i+1}, s_{j+1}]=LCP[s_i,s_j]−1。证明：由于 LCP[s_i,s_j]$\geq$1，则说明 s_i 和 s_j 至少第一个字符是相同的，当去掉 s_i 和 s_j 的首字符后，两者的的 LCP 即为 LCP[s_{i+1},s_{j+1}]，所以结论（2）成立。

根据结论（1）和（2）可以证明前述不等式。分两种情况，若 $H[i-1]\leq1$，很显然不等式成立，因为对于所有 i，必定有 $H[i]\geq0\geq H[i-1]-1$；若 $H[i-1]>1$，亦即 $height[rank[i-1]]>1$，可知 $rank[i-1]>0$（因为按照 $height$ 数组的定义，$height[0]=0$，而 $height[rank[i-1]]\neq0$，得知 $rank[i-1]>0$），令 $k=sa[rank[i-1]-1]$，根据后缀数组的定义有 $s_k<s_{i-1}$，根据 $H[i-1]=LCP[s_k,s_{i-1}]>1$ 和 $s_k<s_{i-1}$，结合前述的结论（2）有 LCP[s_{k+1},s_i]=LCP[s_k, s_{i-1}]−1=$H[i-1]-1$，又由结论（1）可得 $rank[k+1]<rank[i]$，亦即 $rank[k+1]\leq rank[i]-1$，根据 LCP 所具有的性质不等式（4.9）有

$$H[i] = LCP\left[s_{rank[i]-1}, s_{rank[i]}\right] \geq LCP\left[s_{rank[k+1]}, s_{rank[i]}\right] = LCP[s_{k+1}, s_i] = H[i-1]-1 \qquad (4.11)$$

最终，可以根据不等式（4.11），按照 $H[1],H[2],\cdots,H[n-1]$ 的顺序计算 $height$ 数组（需要注意的是，在具体计算时，$height[1],height[2],\cdots,height[n-1]$ 并不是按顺序获得的），从而将时间复杂度控制在 $O(n)$。

```cpp
//+++++++++++++++++++++++++++++++++4.5.4.cpp++++++++++++++++++++++++++++++++//
const int MAXN = 1000010;
// 由后缀数组计算 height 数组。
void getHeight(int *s, int *sa, int *height, int n)
{
    static int ranks[MAXN] = {};
    height[0] = 0;
    for (int i = 0; i < n; i++) ranks[sa[i]] = i;
    for (int i = 0, k = 0; i < n; i++, (k ? k-- : 0)) {
        // 由于需要顺次比较字符串，为了能够正确得到结果，需要在原始的字符串表示的末尾
        // 添加一个原字符串中不存在的字符，常见是添加 0 作为末尾元素，这样可以使得比较
        // 能够正确终止。
        if (ranks[i]) while (s[i + k] == s[sa[ranks[i] - 1] + k]) k++;
        height[ranks[i]] = k;
    }
}
```

在完成 $height$ 数组的构建后，可以使用稀疏表来实现 RMQ，从而快速完成两个后缀间的 LCP 查询[①]。

```cpp
int log2t[MAXN], st[20][MAXN];
// 构建 RMQ。
void prepare(int n)
{
    log2t[1] = 0;
    for (int i = 2; i <= n; i++) log2t[i] = log2t[i >> 1] + 1;
    for (int i = 0; i < n; i++) st[i][0] = i;
    for (int j = 1; j <= log2t[n]; j++)
        for (int i = 0; i + (1 << j) <= n; i++) {
            int L = st[i][j - 1], R = st[i + (1 << (j - 1))][j - 1];
            // 稀疏表中存储的是 height 数组中具有较小值元素的序号而不是数组元素的值。
            st[i][j] = (height[L] < height[R] ? L : R);
        }
}
// 返回具有较小 height 值的元素序号。
int query(int L, int R)
{
    int j = log2t[R - L + 1];
    L = st[L][j], R = st[R - (1 << j) + 1][j];
    return (height[L] < height[R] ? L : R);
}
// 查询后缀 s_L 和 s_R 的最长公共前缀。
int lcp(int L, int R)
{
```

```
    L = rank[L], R = rank[R];
    if (L > R) swap(L, R);
    return height[query(L + 1, R)];
}
//+++++++++++++++++++++++++++++++4.5.4.cpp+++++++++++++++++++++++++++++++//
```

最后，两个字符串之间的最长公共子串问题可以按照如下方法转换为同一个字符串后缀之间的最长公共前缀查询问题：令给定的两个字符串为 S_1 和 S_2，使用一个在 S_1 和 S_2 中不存在的字符将两个字符串连接（通常情况下，问题求解所涉及的为英文字母字符，可选择 ASCII 中码值为 1～10 的非打印字符作为分隔符），此处假设 S_1 和 S_2 中不存在字符'$'，使用字符'$'连接 S_1 和 S_2，对 $S_1\$S_2$ 构建后缀数组，并得到后缀间的最长公共前缀数组 height，那么通过遍历 height 数组即可获得两个字符串的最长公共前缀长度。为什么这样做可行呢？下面以一个具体的例子予以说明。设 S_1="mississippi"，S_2="sister"，将两者使用字符'$'进行连接得到 S_3="mississippi$sister"，对 S_3 构建后缀数组并求得所有后缀间的最长公共前缀，容易推知 S_1 和 S_2 的最长公共子串必定存在于 S_3 的 height 数组中，但不一定是 height 数组中的最大值，因为最大值可能是位于分隔符之前的同一个字符串中，例如，S_3 的后缀"ississippi$sister"和"issippi$sister"具有最长的公共前缀"issi"，但是"issi"属于 S_1，不属于 S_2，因此不构成 S_1 和 S_2 的最长公共子串。因此，还需满足这样一个条件：两个后缀的起始位置必须是一个位于选取的分隔符之前，一个位于分隔符之后。选取满足上述条件的 height[i] 值，取其最大值即为所求。

> **强化练习**
>
> 760 DNA Sequencing[B]，11107 Life Forms[C]。
>
> **扩展练习**
>
> 1254 Top 10[D]，10526[①] Intellectual Property[D]。

> **提示**
>
> 1254 Top 10 有多种解题方法。
>
> （1）朴素的方法是先将字典内的所有单词按照题意的规则先排序，之后逐一读取待查询的单词 w，检查 w 是否在字典单词中存在，直到获得前 10 个满足要求的单词序号。初看该方法可能会超时，但是由于题目的条件特殊，运行时间可以接受，且编码相对简单。
>
> （2）使用后缀 Trie 并构建 AC 自动机予以解决，运行效率相对较高，编码难度也相对较高。
>
> （3）构建后缀数组，结合线段树进行查询。先将给定字典中的单词 w 使用字符'$'进行连接，令连接得到的字符串为 T，求出 T 的后缀数组，由于后缀数组有序，可以使用二分查找确定字典中每个单词 w 的排序。接着构建线段树，线段树的结点存储了每个区间前 10 个满足要求的单词序号。最后进行查询，先确定每个待查询单词 w 在后缀数组中的序号范围（因为字典中可能有多个单词包含 w，所以包含 w 的后缀可能有多个，需要确定一个序号范围），接着结合线段树确定满足要求的前 10 个单词的序号。此方法编码难度较大。

4.5.5　最长重复子串

利用后缀数组可以高效地查找字符串中的最长重复子串（Longest Repeating Substring，LRS）。如果对重复子串没有限制，即两个重复子串可以重叠，则只需求原字符串的后缀数组，然后计算 height 数组，取 height[i] 的最大值即可。因为在此种情况下，求最长重复子串等价于求两个后缀的最长公共前缀的最大值，而任意两个后缀的最长公共前缀都可以通过 height 数组获得，其结果是 height 数组某个区间内值的最小值。因此，最长重复子串的长度等价于 height 数组的最大值。

如果加以限制，规定两个重复的子串不能重叠，应该如何处理呢？可以使用二分搜索，将问题转化为可行

---

① 10526 Intellectual Property 中，在使用后缀数组获得所有公共子串后，需要对结果进行适当的处理，以达到排序和去除重叠子串的目的。

性判定问题，即判定是否存在两个长度为 k 的相同子串且不重叠。可以利用 $height$ 数组将排序后的后缀分成若干组（同组后缀在后缀数组中是连续的），在每组的后缀中，后缀之间的 $height$ 值都不小于 k，然后对于每组后缀，判断每个后缀在后缀数组 sa 中的值其最大值和最小值之间的差是否不小于 k，只要有一组满足条件，则说明存在两个后缀，其最长公共前缀长度不小于 k，且起始位置相差不小于 k，这正好符合判定条件。

强化练习

　　1223 Editor[D]，11512 GATTACA[B]。

4.5.6　Burrows–Wheeler 变换

　　Burrows-Wheeler 变换（Burrows-Wheeler Transform，BWT），又称为块排序压缩（block-sorting compression），是一种将字符串进行特定处理后以便更为高效地对数据进行压缩的编码算法，由 Michael Burrows 和 David Wheeler 于 1994 年发明[25]。

　　当使用该算法对字符串进行转换时，算法只改变该字符串中字符的顺序而并不改变其内容。如果原字符串有多个重复的子串，那么经过转换的字符串中就会包含若干连续重复的字符，这对提高压缩效率很有帮助。该算法能够使得基于处理字符串中连续重复字符的技术（如 MTF 变换和游程编码）的编码更容易被压缩。例如，当给定如下输入：

SIX.MIXED.PIXIES.SIFT.SIXTY.PIXIE.DUST.BOXES

经过 BWT 之后，可以得到如下输出：

TEXYDST.E.IXIXIXXSSMPPS.B..E.S.EUSFXDIIOIIIT

可以看到，原字符串不包含任何连续的字符，而经过转换的字符串包含 6 个同等字符游程（run）：XX、SS、PP、..、II、III，因而更容易被压缩。

　　BWT 通过将原字符串 s 不断进行循环移位（cyclic shift）而得到原字符串 s 的全排列 P 的一个子集 P'，对子集 P' 中包含的字符串按字典序（lexicographic order）进行排序，取排序得到的字符串的最后一个字符从而得到 BWT 编码。以字符串"^BANANA|"为例，选择通过循环左移得到所有字符串（通过循环右移具有相同效果）：

```
^BANANA|
BANANA|^
ANANA|^B
NANA|^BA
ANA|^BAN
NA|^BANA
A|^BANAN
|^BANANA
```

对其按字典序进行排序可得：

```
ANANA|^B
ANA|^BAN
A|^BANAN
BANANA|^
NANA|^BA
NA|^BANA
^BANANA|
|^BANANA
```

取排序后所有字符串的最后一个字符可得：

```
BNN^AA|A
```

　　如果从 0 开始计数，原始字符串"^BANANA|"在排序后字符串中的序号为 6，那么字符串"^BANANA|"的 BWT 编码可以表示为[BNN^AA|A,6]。

　　BWT 的"奇妙"之处在于给定编码后的字符串和原字符串在循环移位排序后的位置，可以通过一个简单的方法确定原始的字符串，这个过程称为 Burrows-Wheeler 逆变换（Inverse Burrows-Wheeler Transform，IBWT）。理解 IBWT 的关键在于：字符串循环移位得到的字符矩阵中，每一列均包含原字符串中的所有字

符一次且仅一次。将 BWT 编码进行排序后即可得到循环移位后字符串矩阵的第一列，得到第一列之后，在其前附加 BWT 编码，再次进行排序，则可以得到第二列，如此重复，最终可以得到原字符串的所有循环移位，根据原始字符串在循环移位字符串矩阵中的序号即可确定原始字符串。例如，针对输入字符串 "[BNN^AA|A,6]"，可以执行如图 4-23 所示的 IBWT 过程。

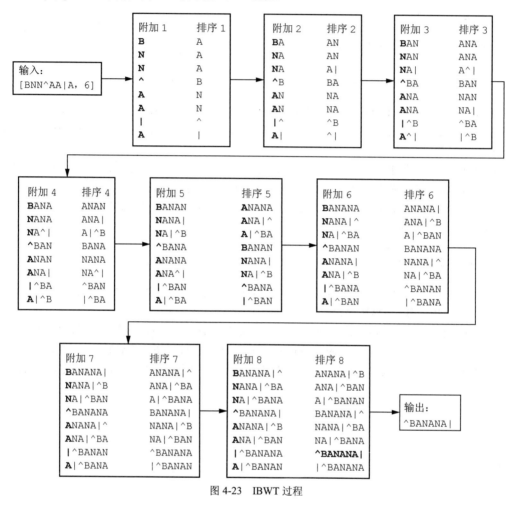

图 4-23　IBWT 过程

根据原始字符串的序号 6 即可确定原始字符串为 "^BANANA|"。

强化练习

741 Burrows Wheeler Decoder[C]。

4.6　正则表达式

正则表达式（regular expression）是为了方便字符串的处理而发展的工具，它通过定义一系列的规则来匹配特定的目标字符串[26]。在 GCC 5.3.0 版本的编译器中，对正则表达式已经有了较为完善的支持。

4.6.1　元字符

在匹配过程中，为了区分匹配规则和要匹配的字符，定义了一些特殊的字符，称为元字符，它们的作用是规定特定的匹配模式。以下是常用的元字符及其含义。

```
.            //匹配除行结束符（LF、CR、LS、PS）以外的任意字符。
\t           //匹配水平制表符。
\n           //匹配换行符。
\v           //垂直制表符。
\f           //换页符。
\r           //回车符。
\d           //数字字符。
\D           //非数字字符。
\s           //空白字符。
\S           //非空白字符。
\w           //字母字符。
\W           //非字母字符。
```

4.6.2 转义字符

有时需要在匹配过程中匹配一些特殊字符，例如，需要匹配字符'\'，但是该字符已经作为定义匹配模式的字符使用，为了解决这样的问题，可以使用转义字符将匹配模式中使用的特殊字符"转回"它们的本义。例如，'\\'表示将定义元字符的'\'解释成普通的右斜杠，"\\d"的意义是匹配一个右斜杠和一个小写的字母 d。

由于 C++中已经将字符'\'作为转义字符使用，所以在正则表达式中，如果要转义一个右斜杠字符，使正则表达式引擎将其解释为一个右斜杠，可以使用以下方式。

```
string pattern = "\\\\";
```

或者使用 C++11 支持的原生字符串标识（raw string）来表示正则表达式。在原生字符串标识中，右斜杠被解释为其原义，而不被当做转义字符看待，例如：

```
string pattern = R"(\\)";
```

表示匹配两个右斜杠字符。

4.6.3 数量匹配符和分组

如果需要匹配特定数量的字符，可以使用数量匹配符。

```
*            //指定的模式匹配零次或多次。
+            //指定的模式匹配至少一次。
?            //指定的模式匹配零次或一次。
{int}        //指定的模式匹配特定的次数，次数由 int 指定。
{int,}       //指定的模式匹配次数至少为 int 所指定的次数。
{min,max}    //指定的模式匹配次数在 min 和 max 指定的范围之间（包括 min 和 max）。
```

根据需要可以将整个匹配模式分解为"子模式"，这样方便在后续过程中进行引用，此种使用方法称为分组（group）。分组使用符号"（）"进行，例如，为了将多个 C 类 IP 地址的第三位 IP 统一进行更改，可以使用以下匹配模式。

```
string pattern = R"((\d+)\.(\d+)\.(\d+)\.(\d+))";
```

所得到的子匹配会按照顺序从 1 开始编号，这样在后续使用 regex_replace 进行替换时，引用"$1"对应的是 IP 地址的首位数字，引用"$2"对应的是 IP 地址的第二位，依此类推。

4.6.4 字符类和可选模式

为了便于表示需要匹配的字符，正则表达式提供了字符类，它可以将多个需要匹配的字符进行归类合并。字符类使用方括号来表示，例如：

```
[acopz]      //匹配字符 a 或 c 或 o 或 p 或 z。
[^abc]       //使用符号^表示匹配除 a、b、c 的其他任意字符。
[a-z0-9]     //使用范围表示符号'-'，表示匹配 a~z 的小写字母或 0~9 的数字字符。
```

如果有多个匹配模式可选，可使用'|'进行分隔，称为可选模式。默认可选模式下进行贪婪匹配，即按照可选模式从前到后的顺序进行匹配，若需要指定非贪婪模式，在匹配模式后增加数量匹配符'?'即可。

需要注意的是，在匹配过程中，元字符'\w'等价于'[a-zA-Z0-9]+'，也就是说，会将数字视为字母字符，如果需要匹配纯英文单词，应该使用'[a-zA-Z]+'。

4.6.5　断言

在匹配过程中，为了表示满足特定条件的匹配表达式，例如，需要匹配一个浮点数，该浮点数从字符串的第一个字符开始，到最后一个字符结束，前述的匹配模式定义只有关于数量和字符类型的表示，但是如何表示"从第一个字符开始到最后一个字符结束"这个条件呢？为了解决这一问题，正则表达式提供了断言（assertions），以下是常用的断言。

```
^        //表示需要匹配的字符串的起始位置。
$        //表示需要匹配的字符串的结束位置。
\b       //表示单词边界，即前一个字符为字母字符，当前字符为非字母字符。
\B       //表示非单词边界，前一个和当前字符均为字母字符或均不是字母字符。
```

例如，匹配一个浮点数（不包括指数部分）的正则表达式（可以具有前导零）如下：
```
string pattern = R"(^[+-]?([0-9]*\.?[0-9]+)$)";
```

4.6.6　正则表达式类

在 GCC C++中使用正则表达式需要包含头文件<regex>。使用正则表达式，一般是声明一个 string 类变量，将匹配模式以原生字符串表示，然后使用 regex 类提供的匹配函数 regex_match 进行匹配。regex_match 的功能是检查匹配模式能否与整个字符串相匹配。以下代码示例的是通过 regex_match 对浮点数进行匹配。

> **注意**
>
> 正则表达式只有在运行时才予以构造，而不是编译时构造，所以是一个费时的操作，如果需要进行多次匹配，应该尽量将正则表达式放在循环之外，否则每次循环都构造一次，对运行效率有较大影响。

```
//++++++++++++++++++++++++++++++4.6.6.cpp++++++++++++++++++++++++++++++//
void match()
{
    string float1 = " -5.236e-12  ", float2 = "6.e+12";
    string pattern = R"(^\s*[\+|-]?[1-9]\d*\.\d+e[\+|-]?[1-9]\d*\s*$)";
    regex e(pattern, regex_constants::icase);

    cout << (regex_match(float1, e) ? "Matched." : "Unmatched.") << endl;
    cout << (regex_match(float2, e) ? "Matched." : "Unmatched.") << endl;
}
```
其最终输出为
Matched.
Unmatched.
如果需要匹配的是给定字符串中的子串，可以使用 regex 类中的 regex_search。regex_search 的功能是搜索给定字符序列中是否存在与正则表达式相匹配的子串，如果存在，则返回第一个匹配的子串。如果需要找出字符串中所有符合匹配模式的子串，可以使用 regex_iterator 迭代器类。
```
void search()
{
    string ip = "192.168.1.100, 192.168.1.200, 192.168.1.300.";
    string pattern = R"((\d+)(\.\d+){3})";
    regex e(pattern);

    cout << "First matched:";
    smatch sm;
    if (regex_search(ip, sm, e)) cout << " [" << sm[0].str() << "]";
    cout << endl;

    cout << "All matched:";
    regex_iterator<string::iterator> it(ip.begin(), ip.end(), e);
```

```
regex_iterator<string::iterator> end;
while (it != end) {
    cout << " [" << it->str() << "]";
    it++;
}
cout << endl;
}
```

其最终输出为

First matched: [192.168.1.100]
All matched: [192.168.1.100] [192.168.1.200] [192.168.1.300]

若需要将字符串中指定模式的字符串替换成其他子串，可以使用 regex 类中的 regex_replace。regex_replace 的功能是将给定字符序列中与正则表达式匹配的子串替换为指定的子串。

```
void replace()
{
    string ip = "192.168.1.100, 192.168.1.200, 192.168.1.300.";
    string pattern = R"((\d+)\.(\d+)\.(\d+)\.(\d+))";
    regex e(pattern);

    cout << "Replaced: [" << regex_replace(ip, e, "$1.$2.2.$4") << "]" << endl;
}
//+++++++++++++++++++++++++++++++4.6.6.cpp+++++++++++++++++++++++++++++++//
```

其最终输出为

Replaced: [192.168.2.100, 192.168.2.200, 192.168.2.300.]

强化练习

325 Identifying Legal Pascal Real Constants[B]，494 Kindergarten Counting Game[A]，11148 Moliu Fractions[D]。

4.7 算法库函数

4.7.1 lexicographical_compare 函数

lexicographical_compare 函数按字典序比较两个字符串的大小关系，常用于对字符串进行排序，当函数返回 true 时表示按字典序前一字符串小于后一字符串，返回 false 表示前一字符串大于或等于后一字符串。字典序比较是指按字符的 ASCII 大小进行比较，因此'A'（ASCII 为 65）小于'a'（ASCII 为 97）。其函数声明如下：

```
// 使用默认比较函数的版本。
template <class InputIterator1, class InputIterator2>
    bool lexicographical_compare(InputIterator1 first1, InputIterator1 last1, InputIterator2 first2, InputIterator2 last2);

// 使用自定义比较函数的版本。
template <class InputIterator1, class InputIterator2, class Compare>
    bool lexicographical_compare(InputIterator1 first1, InputIterator1 last1, InputIterator2 first2, InputIterator2 last2, Compare comp);
```

lexicographical_compare 在比较时，从前到后逐个字符进行比较，直到某个字符串的末尾。令比较的字符串为 x 和 y，可能会出现以下几种情形。

（1）在逐个字符比较的过程中，如果 $x_i < y_i$，即 x 字符串的第 i 个字符的 ASCII 码值小于 y 字符串第 i 个字符，则 $x < y$。

（2）在逐个字符比较的过程中，如果 $x_i > y_i$，即 x 字符串的第 i 个字符的 ASCII 码值大于 y 字符串第 i 个字符，则 $x > y$。

（3）如果 x 和 y 的长度相等且所有对应字符相同，则 $x = y$。

（4）如果字符串 x 较字符串 y 短，且 x 为 y 的前缀，则 x<y。

（5）如果字符串 x 较字符串 y 长，且 y 为 x 的前缀，则 x>y。

如果需要实现自定义版本的字典序比较，可以使用 lexicographical_compare 函数的第二种版本，并为其指定比较函数。例如，以下代码进行字典序比较时，按字母表顺序进行，忽略大小写，即字符'a'小于字符'B'。

```
//----------------------------4.7.1.cpp----------------------------//
bool cmp(const char &a, const char &b) { return toupper(a) < toupper(b); }

int main(int argc, char *argv[])
{
    string s1 = "aBcD", s2 = "BcDe";
    if (lexicographical_compare(s1.begin(), s1.end(), s2.begin(), s2.end(), cmp))
        cout << "s1 is less than s2.\n";
    else
        cout << "s1 is greater than s2.\n";
    return 0;
}
//----------------------------4.7.1.cpp----------------------------//
```

其最终输出为

s1 is less than s2.

4.7.2　next_permutation 和 prev_permutation 函数

在 UVa OJ 的题目中，经常需要处理字符串或其他类型序列的排列问题。可以通过使用 next_permutaion 和 prev_permutation 这两个函数生成相应序列的所有排列。其函数声明如下：

```
template <class BidirectionalIterator>
bool next_permutation(BidirectionalIterator first, BidirectionalIterator last);

template <class BidirectionalIterator>
bool prev_permutation(BidirectionalIterator first, BidirectionalIterator last);
```

next_permutaion 函数的作用是生成按字典序的后一个排列，如果已经是最后一个排列，则会将其反转（reverse）并返回 false，否则返回 true；prev_permutation 函数的作用是生成按字典序的前一个排列，如果已经是按字典序的第一个排列，则会将其反转并返回 false，否则返回 true。

```
//----------------------------4.7.2.cpp----------------------------//
int main(int argc, char *argv[])
{
    string something = "abc";

    cout << something << endl;
    while (next_permutation(something.begin(), something.end()))
        cout << something << endl;

    cout << endl;
    cout << "after next_permutation: " << something << endl;
    cout << endl;

    something.assign("cba");
    while (prev_permutation(something.begin(), something.end()))
        cout << something << endl;
    cout << something << endl;

    cout << endl;
    cout << "after prev_permutation: " << something << endl;

    return 0;
}
//----------------------------4.7.2.cpp----------------------------//
```

其最终输出为

```
abc
acb
bac
bca
cab
cba

after next_permutation: abc

cab
bca
bac
acb
abc
cba
```

after prev_permutation: cba

如果使用带两个参数的函数形式，默认使用小于运算符（＜）对序列中的两个元素进行大小的比较。如果需要改变排列的生成方式，可以使用带比较器的函数形式。

在 SGI 的库实现中，next_permutation 的实现代码如下：

```cpp
template<typename _BidirectionalIterator>
bool next_permutation
(_BidirectionalIterator __first, _BidirectionalIterator __last)
{
    // 检查指定的元素范围是否为空。
    if (__first == __last) return false;

    // 检查指定的范围是否只有一个元素。
    _BidirectionalIterator __i = __first;
    ++__i;
    if (__i == __last) return false;

    // 从指定范围的前一个元素开始搜索。
    __i = __last;
    --__i;
    for (;;) {
        // 逐个和当前元素比较，直到找到比当前元素小的某个元素。
        _BidirectionalIterator __ii = __i;
        --__i;
        if (*__i < *__ii) {
            _BidirectionalIterator __j = __last;
            while (!(*__i < *--__j)) {}
            std::iter_swap(__i, __j);
            std::reverse(__ii, __last);
            return true;
        }
        // 如果未找到满足条件的元素，则表明此排列已经是最后一个排列，反转得到最小排列。
        if (__i == __first) {
            std::reverse(__first, __last);
            return false;
        }
    }
}
```

算法从最尾端开始寻找最先出现的两个相邻的元素——第一个元素是$*i$，第二个元素是$*ii$，满足$*i<*ii$。找到这样一对元素后，再从尾端开始往前选择第一个大于$*i$的元素$*j$，将元素$*i$和$*j$对调，然后将$*ii$之后的所有元素反转，就得到了下一个组合[①]。

SGI 标准库实现中的 next_permutation 算法很巧妙，似乎像变魔术般生成了下一个排列，为什么

[①] 为表示的简便，在讨论中略去了实现代码中变量前的两个连续的下划线字符，即变量 i 对应代码中的变量 $\_\_i$，变量 j 对应代码中的变量 $\_\_j$，依此类推。

这样做可行呢？

算法先从后往前寻找最先出现的一对相邻元素，该对元素满足第一个元素小于第二个元素的性质。这个容易理解，因为全排列就是把序列从完全顺序排列一步步转换到完全的逆序排列，如果找到了这样的一对相邻元素，那么这是目前从后往前首次出现的顺序元素对，所以肯定在此处着手进行变换。关键是理解为何把第 i 个元素与从后往前第一个大于它的元素交换，并且颠倒原序列区间$[i+1,last]$内元素就可以得到下个组合。根据代码可以知道区间$[first,i]$这部分元素与原来的序列相同，把第 i 个元素与从后往前第一个大于它的第 j 个元素交换，则不管后面如何排列，由于$*j>*i$，得到的新排列肯定大于原来的排列，下面需要说明的就是如何保证这个新排列恰是原排列的下一个，而不是更后面的排列。

$*i$ 和$*ii$ 是从后往前第一个顺序的相邻元素对，这就可以肯定区间$[ii,last]$这部分数据是完全逆序的，有$*(j-1)\geqslant *j\geqslant *(j+1)$，而$*j$ 是从后往前第一个大于$*i$ 的元素，故$*(j-1)\geqslant *j>*i\geqslant *(j+1)$，所以$*i$ 与$*j$ 互换后区间$[ii,last]$这部分数据仍然是完全逆序的，既然如此，把这部分序列反转一下，就得到了完全顺序的序列，在排列组合中，这是最小的情形，因此可以肯定得到的新排列是原序列的下一个排列，如图 4-24 所示。

（a）找到第一对相邻顺序元素　　　（b）进行位置互换　　　（c）最终结果

图 4-24　next_permutation 算法实现过程

> **注意**
>
> 图 4-24 中，令当前字符串 T="abcrtshgfed"，需要找到其下一变换。
>
> （a）从后往前找到如虚线所示的第一对相邻的顺序元素"rt"，易知实线标识的部分字符串为完全逆序。
>
> （b）从字符串末尾往前寻找，找到第一个大于字符'r'的字符's'，将两者位置互换，然后将从字符't'开始的部分字符反转。
>
> （c）易知字符串 T'="abcsdefghrt"为字符串 T 的下一个排列。

在理解了 next_permutation 实现的基础上，理解 prev_permutation 的实现就相对容易得多。以下给出其源代码，请读者自行"揣摩"并理解其实现。

```cpp
template<typename _BidirectionalIterator>
bool prev_permutation
(_BidirectionalIterator __first, _BidirectionalIterator __last)
{
    if (__first == __last) return false;

    _BidirectionalIterator __i = __first;
    ++__i;
    if (__i == __last) return false;

    __i = __last;
    --__i;
    for (;;) {
        // 逐个和当前元素比较，直到找到比当前元素大的某个元素。
        _BidirectionalIterator __ii = __i;
        --__i;
        if (*__ii < *__i) {
            _BidirectionalIterator __j = __last;
            while (!(*--__j < *__i)) {}
            std::iter_swap(__i, __j);
            std::reverse(__ii, __last);
            return true;
        }
```

```
      // 如果未找到满足条件的元素，则表明此排列已经是最初一个排列，反转得到最大排列。
      if (__i == __first) {
         std::reverse(__first, __last);
         return false;
      }
   }
}
```

146 ID Codes[A]（身份标识码）

一种微型芯片的一个必要组件是唯一的标识码，它由小写字母组成，最长不超过 50 个字符。任意给定的标识码中的字母都是随机选择的。由于植入芯片复杂，为了方便，制造商先选择一组字母，在将这组字母所有可能的排列用完之前，不会选另外一组字母从头开始产生编码。

例如，如果编码中需要包含三个 "a"，两个 "b"，一个 "c"，满足条件的编码共有 60 个，将它们按字典序从小到大排列，其中三个依次为

```
abaabc
abaacb
ababac
```

写一个程序来帮助制造商生成这些编码。你的程序需要能够接受一个不超过 50 个字符的输入（输入中可能包含重复的字母），如果其存在后继，则输出其后继编码，如果不存在，则输出 No Successor。

输入输出

输入的每一行包含一个表示编码的字符串。整个输入文件以只包含'#'字符的输入行结束。

对于每一行输入，要么输出其后继的编码，要么输出 No Successor。

样例输入	样例输出
abaacb cbbaa #	ababac No Successor

分析

直接应用 next_permutation 函数解题即可。

参考代码

```
int main(int argc, char *argv[])
{
   string line;
   while (getline(cin, line), line != "#") {
      if (next_permutation(line.begin(), line.end())) cout << line << endl;
      else cout << "No Successor" << endl;
   }

   return 0;
}
```

强化练习

140 Bandwith[A]，195 Anagram[A]，234 Switching Channels[D]，729 The Hamming Distance Problem[A]，1209[①] Wordfish[D]，10098 Generating Fast Sorted Permutation[A]，11553 Grid Game[A]，11742 Social Constraints[B]，12247 Jollo[B]，12249 Overlapping Scenes[D]。

4.7.3　replace 函数

replace 函数的作用是将序列容器中指定范围内的特定值用新值予以替换。其函数声明如下：

[①] 1209 Wordfish 在 UVa OJ 上的评测输入所给出的用户名可能是递变的第一个或者最末一个序列，此时仍然需要生成 21 个连续的递变序列（包括给定用户名在内），并按字典序排列。例如，输入可能是 ABCDEFJ 或者 JFEDCBA。

```
template <class ForwardIterator, class T>
void replace(ForwardIterator first, ForwardIterator last, const T& old_value, const
T& new_value);
```
此函数可以方便的完成字符串替换功能，但是无法通过该函数将特定字符从序列中删除。

4.7.4 reverse 函数

reverse 函数的作用是将序列中指定范围的元素顺序反转，即将其逆序。其函数声明如下：
```
template <class BidirectionalIterator>
void reverse(BidirectionalIterator first, BidirectionalIterator last);
```
在对字符串执行逆序输出时，此函数非常方便。应用于容器类时参数需要使用迭代器，对于数组则使用数组地址范围。

```
//----------------------------4.7.4.cpp----------------------------//
int main(int argc, char *argv[])
{
    int number[10] = { 0, 1, 2, 3, 4, 5, 6, 7, 8, 9 };
    reverse(number, number + 10);

    // number[10] = { 9, 8, 7, 6, 5, 4, 3, 2, 1, 0 }

    string line = "0123456789";
    reverse(line.begin(), line.end());

    // line = "9876543210"

    return 0;
}
//----------------------------4.7.4.cpp----------------------------//
```

强化练习

483 Word Scramble[A]，11192 Group Reverse[A]。

4.7.5 transform 函数

transform 函数的作用是将序列指定范围内的元素进行某种变换。其函数声明如下：
```
template <class InputIterator, class OutputIterator, class UnaryOperation>
OutputIterator transform(InputIterator first1, InputIterator last1, OutputIterator
result, UnaryOperation op);
```
其经常用来将字符串的内容全部改写为大写或者小写。
```
//----------------------------4.7.5.cpp----------------------------//
int main(int argc, char *argv[])
{
    string s = "ThE qUiCk BrOwN fOx JuMpS oVeR a LaZy DoG.";
    // 输出原始字符串。
    cout << s << endl;
    // 将所有英文字符变换为大写。
    transform(s.begin(), s.end(), s.begin(), ::toupper);
    cout << s << endl;
    // 将所有英文字符变换为小写。
    transform(s.begin(), s.end(), s.begin(), ::tolower);
    cout << s << endl;
    return 0;
}
//----------------------------4.7.5.cpp----------------------------//
```
其最终输出为
```
ThE qUiCk BrOwN fOx JuMpS oVeR a LaZy DoG.
THE QUICK BROWN FOX JUMPS OVER A LAZY DOG.
the quick brown fox jumps over a lazy dog.
```

4.8 小结

字符串作为存储数据的一种手段，是一种重要的形式，在解题中，需要充分理解的一点是，字符串在本质上是数字和字符的映射，处理字符串就是在处理数字。掌握字符串分成两个部分，一个部分是掌握字符串的基本操作，如连接、删除等。另外一个部分是掌握关于字符串的算法，需要重点掌握的内容包括字符串匹配算法（KMP 匹配算法）、后缀数组、Aho-Corasick 算法，以上均是各类竞赛重点考察的内容。理解有关字符串的算法，要点仍然是理解其核心思想，因为在编程竞赛中，与字符串算法有关的题目一般不会出现非常直接的题目，一般都是将题目的底层模型加以适当隐藏，或者在算法基本思想的基础上加以扩展和变形，使得解题难度增加。由于字符串算法的特点是核心思想简单但代码实现较困难，解题者在平时需要反复阅读、琢磨算法实现，在计算机上多次复习代码实现，务求做到信手拈来、胸有成竹。

第5章
排序与查找

> 天地浑沌如鸡子，盘古生其中。万八千岁，天地开辟，阳清为天，阴浊为地。
>
> ——徐整，《三五历记》

排序与查找在计算机科学中有着非常重要的地位。作为非底层的程序员，可能并不需要去实现某种具体的排序算法，因为常用的编程语言已经提供了相应的排序函数，只需要调用即可。但是不能因此对排序算法予以忽视，因为排序算法包含了很多"营养"，熟悉各种排序算法的基本思想和具体实现有助于提高自身的编程水平和思维层次。

排序是将元素序列按照指定的大小规则进行排列以使得元素有序的过程。排序有多种方法，每种方法的思想不尽相同。根据排序的性质，可以对其进行以下区分。

（1）内部排序与外部排序。内部排序（internal sorting）是指待排序序列完全存放在内存中进行排序的过程，适合数据量较小的情形。外部排序（external sorting）指的是大文件的排序，即待排序的记录存储在外部存储器上，由于待排序文件无法一次性装入内存，需要在内存和外部存储器之间进行多次数据交换，以达到排序整个文件的目的。

（2）稳定排序与不稳定排序。如果排序前后具有相同值的元素其相对位置关系不变，则称相应的排序为稳定排序（stable sorting），不满足这个性质的排序称为不稳定排序（unstable sorting）。注意，排序算法的稳定性是相对的，有些算法根据其实现的不同可能具有不同的稳定性，如选择排序，如果采用普通的原地交换选择排序，不使用额外的存储空间，那么是不稳定的，如果使用额外的存储空间，采用直接选择排序则算法是稳定的。

5.1 交换排序

5.1.1 冒泡排序

交换排序（exchange sort）是指通过不断交换未排序的"元素对"直到所有元素有序的过程，其中较简单易懂的是冒泡排序（bubble sort）。冒泡排序的基本思想是通过比较相邻两个元素的大小，将逆序的元素进行交换来完成排序。冒泡排序采用多趟比较来完成，如果相邻两个元素的大小为逆序关系，则予以交换，在此过程中，大的元素"下沉"，小的元素"上浮"，直到最大的元素"下沉"到末尾的位置，这样便完成了第一趟"冒泡"，之后继续第二趟"冒泡"，将第二大的元素"下沉"到倒数第二个位置……继续此过程直到排序完毕。整个过程类似于水泡上升，因此形象地称之为冒泡排序。

当大部分数据已经有序时，可以使用一个"标记"来记录最内层循环是否有交换发生，如果某一趟没有交换发生，则表明数据已经排序完毕，不需要继续排序。

冒泡排序的时间复杂度为 $O(n^2)$，空间复杂度为 $O(1)$，属于稳定排序。

```cpp
//+++++++++++++++++++++++++++++++5.1.1.cpp+++++++++++++++++++++++++++++++//
void bubbleSort(int data[], int n)
{
    for (int i = 0; i < n; i++)
        for (int j = 0; j < (n - i - 1); j++)
            if (data[j] > data[j + 1])
                swap(data[j], data[j + 1]);
}
```

双向冒泡排序（bidirectional bubble sort）在冒泡排序的基础上进行了少量优化，其基本思想并未改变，只不过在每次"冒泡"进行到最后时，不是从头开始"冒泡"，而是从后往前将最小的元素"冒泡"到其正确位置，这样可以最大程度减少循环比较的次数，得到常数项的优化，但是总的时间复杂度仍然是 $O(n^2)$。

```cpp
// 双向冒泡排序，尽量减少循环比较的次数。
void bidirectionalBubbleSort(int data[], int n)
{
    int left = 0, right = n - 1, shift;
    while(left < right) {
        // 将较大的值移到末尾。
        for(int i = left; i < right; i++)
            if(data[i] > data[i + 1]) {
                swap(data[i], data[i + 1]);
                shift = i;
            }
        right = shift;
        // 将较小的值移到开头。
        for(int i = right - 1; i >= left; i--)
            if(data[i] > data[i + 1]) {
                swap(data[i], data[i + 1]);
                shift = i + 1;
            }
        left = shift;
    }
}
//+++++++++++++++++++++++++++++++5.1.1.cpp+++++++++++++++++++++++++++++++++//
```

强化练习

10152 ShellSort[A]，10327 Flip Sort[A]。

扩展练习

120 Stacks of Flapjacks[A]，299 Train Swapping[A]，331 Mapping the Swaps[B]。

5.1.2 快速排序

快速排序（quicksort）是对冒泡排序的一种改进，由霍尔[①]在 1962 年提出的一种划分交换排序发展而来，它采用了一种分治的策略，通常称其为分治法（divide-and-conquer method）。其算法基本思想是通过一趟排序将要排序的数据分割成独立的两部分，其中一部分的数据比另外一部分的数据都要小，然后再按此方法对这两部分数据分别进行快速排序。整个排序过程可以递归进行，以此达到整个数据有序的目的。

排序的第一步是要确定一个基准值（pivot），为了简便，一般选择位于区间中心的元素作为基准值，然后以此基准值将区间划分为两部分进行排序，之后递归调用。编写一个正确的快速排序并非想象中的那么容易，需要考虑许多边界情形。

快速排序的时间复杂度为 $O(n\log n)$，空间复杂度为 $O(\log n)$，属于不稳定排序。

```cpp
//----------------------------5.1.2.cpp----------------------------//
void quickSort(int data[], int left, int right)
{
    if (left < right) {
        int pivot = data[(left + right) >> 1];
        int i = left - 1, j = right + 1;
        while (i < j) {
            // 从前往后找到第一个不小于基准值的元素位置。
            do i++; while (data[i] < pivot);
            // 从后往前找到第一个不大于基准值的元素位置。
            do j--; while (data[j] > pivot);
            // 交换位置。
            if (i < j) swap(data[i], data[j]);
        }
```

[①] 查尔斯·安东尼·理查德·霍尔（Charles Antony Richard Hoare，1934—），英国计算机学家，1980 年图灵奖获得者。

```
        // 递归解决问题。
        quickSort(data, left, i - 1);
        quickSort(data, j + 1, right);
    }
}
//---------------------------5.1.2.cpp---------------------------//
```

在 C 和 C++中，可以使用库函数中的 qsort 函数来调用快速排序的功能。qsort 函数声明如下：

```
void qsort
(void* base, size_t num, size_t size, int (*compar)(const void*,const void*));
```

其中，第一个参数为待排序数组起始地址，第二个参数为数组中待排序元素数量，第三个参数为单个数组元素占用空间的大小，第四个参数为指向比较函数的指针。比较函数以数组中的两个元素 a 和 b 作为参数，当函数返回大于 0 的值时，指示 qsort 函数在排序中将 a 放在 b 之后，即 $a>b$；如果返回值小于 0，则将 a 放在 b 之前，即 $a<b$；返回 0 值，则表示 $a=b$。

```
int numbers[8] = {19, 82, 0, 6, 24, 31, 80, 2891};
int cmp(const void *a, const void *b) { return *(int *)a > *(int *)b ? 1 : -1; }
qsort(numbers, 8, sizeof(int), cmp);
```

强化练习

755 487-3279[A]。

5.1.3　中位数

给定 n 个实数 $a_1, a_2, \cdots, a_n$，其均值（mean）为 n 个数的平均值，令其为 M，则

$$M = \frac{a_1 + a_2 + \cdots + a_n}{n}$$

中位数（median）是将这 n 个数按从小到大的顺序排列后位于"中间"位置的数。将 n 个数按序排列，取中间位置的数即为中位数，如果 n 为偶数，则取位于最中间的两个数的平均数作为中位数。中位数具有以下性质——它与 a_i 差的绝对值之和最小，即令

$$S = \sum_{i=1}^{n} |x - a_i|,\ \ x \in \mathbb{R}$$

当 x 为这 n 个数的中位数时，S 取得最小值。在数轴上，中位数是与这 n 个数的距离之和最小的位置。如前所述，应用排序算法，将 n 个数按从小到大的顺序排序以后，若 n 为奇数，则中位数 m 为

$$m = a_{\lfloor n/2 \rfloor}$$

若 n 为偶数，则中位数 m 为

$$m = \frac{a_{\lfloor n/2 \rfloor} + a_{\lfloor n/2 \rfloor + 1}}{2}$$

使用排序算法获得中位数的方法，其时间复杂度为 $O(n\log n)$。

存在时间复杂度为 $O(n)$ 的算法来确定数列的中位数。先介绍如何在 $O(n)$ 的时间内获取数列的第 k 小的数。给定数列 A，可以通过以下算法来获取该数列的第 k 小的数：从序列中取一个数 A_i，然后把序列分为小于 A_i 和大于等于 A_i 的两部分，由两个部分的元素个数与 k 的大小关系可以确定第 k 小的数是在哪个部分。

```
//---------------------------5.1.3.cpp---------------------------//
int partition(int A[], int left, int right)
{
    int pivot = A[left];
    while (true) {
        while (left < right && pivot <= A[right]) right--;
        if (left >= right) break;
        A[left++] = A[right];
        while (left < right && A[left] <= pivot) left++;
        if (left >= right) break;
        A[right--] = A[left];
    }
    A[right] = pivot;
```

```
        return right;
    }

int kth_element(int A[], int left, int right, int k)
{
    while (true) {
        int middle = partition(A, left, right);
        if(middle == k) return A[k];
        else {
            if(middle < k) left = middle + 1;
            else right = middle - 1;
        }
    }
}//------------------------5.1.3.cpp----------------------------//
```

利用上述实现，数列 A 的中位数 m 可以通过以下调用获得。

```
double m = 0;
m += kth_element(A, 0, n - 1, (n - 1) / 2);
m += kth_element(A, 0, n - 1, n / 2);
m /= 2.0;
```

除了自行编写代码实现中位数的获取，还可以使用算法函数库提供的 nth_element 函数，它所完成的功能正是使得数组的第 k 个位置的数恰为排序后的第 k 小元素[1]。

强化练习

10041 Vito's Family[A]。

扩展练习

11300 Spreading the Wealth[B]。

提示

11300 Spreading the Wealth 的解题关键在于找到最小硬币交换数量的数学表达式并从中观察得出与中位数的联系。从 0 开始计数，令第 i 个人拥有的硬币数量为 c_i，$0 \leq i < n$，硬币数量的均值为 M，依据题意，第 i 个人会将若干硬币传递给左侧和右侧的人，假设第 i 个人传递给右侧的第 $(i+1)\%n$ 个人 a 枚硬币，第 $(i+1)\%n$ 个人传递给左侧的第 i 个人 b 枚硬币，则最终的效果等价于第 i 个人传递给 $(i+1)\%n$ 个人 $(a-b)$ 枚硬币。因此，为了简化问题的处理，规定第 i 个人只向右侧的第 $(i+1)\%n$ 个人传递 x_i 枚硬币，如果 x_i 为正，等价于第 i 个人给第 $(i+1)\%n$ 个人 $|x_i|$ 枚硬币，否则等价于第 $(i+1)\%n$ 个人给第 i 个人 $|x_i|$ 枚硬币。那么，有

$$c_1 + x_0 - x_1 = M$$
$$c_2 + x_1 - x_2 = M$$
$$\cdots$$
$$c_{n-1} + x_{n-2} - x_{n-1} = M$$

其通项公式为

$$c_i + x_{(i-1+n)\%n} - x_i = M, \quad 1 \leq i \leq n-1$$

根据上述等式，可以使用 x_0 来表示 $x_1, x_2, \cdots, x_{n-1}$，即

$$x_1 = c_1 + x_0 - M = x_0 - (M - c_1)$$
$$x_2 = c_2 + x_1 - M = c_1 + c_2 + x_0 - 2 \times M = x_0 - (2 \times M - c_1 - c_2)$$
$$\cdots$$
$$x_{n-1} = c_1 + c_2 + \cdots + c_{n-1} + x_0 - (n-1) \times M = x_0 - ((n-1) \times M - c_1 - c_2 - \cdots - c_{n-1})$$

其通项公式为

$$x_i = x_0 - [i \times M - (c_1 + c_2 + \cdots + c_i)], \quad 1 \leq i \leq n-1$$

---

[1] 参见 5.9.4 小节的内容。

令

$$T = |x_0| + |x_1| + |x_2| + \cdots + |x_{n-2}| + |x_{n-1}|$$

则

$$T = |x_0| + |x_0 - (M - c_1)| + \cdots + |x_0 - ((n-1) \times M - c_1 - c_2 - \cdots - c_{n-1})|$$

那么题目所求即为 T 的最小值，观察 T 的表达式，由中位数的性质不难得知，T 的最小值当 x_0 为

$$0, M - c_1, 2 \times M - c_1 - c_2, 3 \times M - c_1 - c_2 - c_3, \cdots, (n-1) \times M - c_1 - c_2 - \cdots - c_{n-1}$$

的中位数时取得。注意数据类型的使用及当 n 为 0 时的处理。

5.2　插入排序

5.2.1　直接插入排序

直接插入排序（straight insertion sort）的算法思想如下：通过持续构建有序序列来达到整个序列有序的目的，对于未排序数据，在已排序序列中从后向前扫描，找到相应位置并插入。插入排序在实现上通常采用本地排序，因此在从后向前扫描过程中，需要反复地把已排序元素逐步向后挪位，为最新元素提供插入空间。如果使用普通的插入排序，其时间复杂度为 $O(n^2)$，空间复杂度为 $O(1)$，属于稳定排序。

```cpp
//----------------------------5.2.1.cpp----------------------------//
void insertionSort(int data[], int n)
{
    for (int i = 1; i < n; i++) {
        // 查找插入位置。若未找到，则将有序元素向后移动一个位置。
        int temp = data[i], j = i - 1;
        while (j >= 0 && data[j] > temp) {
            data[j + 1] = data[j];
            j--;
        }
        // 将元素写入找到的位置。
        data[j + 1] = temp;
    }
}
//----------------------------5.2.1.cpp----------------------------//
```

可以注意到数组的一部分已经有序，在后续插入过程中，可以使用二分查找来找到需要插入的位置，这样可以减少比较次数。

扩展练习

110 Meta-Loopless Sorts[B]，10107 What is the Median[A]，12488 Start Grid[C]。

5.2.2　希尔排序

希尔排序（Shell's sort），最初由希尔[①]提出，因此得名。希尔排序基于插入排序，但是此排序算法采用了新的技巧，提高了插入排序的效率[27]。其基本思想如下：将待排序数据按照一个逐渐递减的间隔 d 分成若干组，对每组数据采用插入排序，当最后间隔 d 变为 1 时，即为普通的插入排序。算法要求间隔 d 最后必须为 1 以保证能够使数据有序。对于间隔 d，不同的选择导致稍有差异的实现。

希尔排序时间复杂度在最差的情况下为 $\Theta(n\log n) \sim \Theta(n^2)$，平均时间复杂度大致为 $\Theta(n\sqrt{n})$，与选择的间隔序列有关；空间复杂度为 $O(1)$，属于不稳定排序。

[①] 唐纳德·希尔（Donald L. Shell，1924—2015），美国计算机科学家。

```
//---------------------------5.2.2.cpp---------------------------//
void shellSort(int data[], int n)
{
    int gap, i, j, temp;
    for (gap = n / 2; gap > 0; gap /= 2)
        for (i = gap; i < n; i++)
            for (j = i - gap; j >= 0 && data[j] > data[j + gap]; j -= gap)
                swap(data[j], data[j + gap]);
}
//---------------------------5.2.2.cpp---------------------------//
```

强化练习

855 Lunch in Grid City[B]。

5.3 选择排序

5.3.1 直接选择排序

选择排序（selection sort），其算法思想如下：首先在未排序序列中找到最小元素，将其交换到排序序列的起始位置，再从剩余未排序元素中继续找出最小元素，将其交换到已排序序列的末尾，重复此过程，直到所有元素均排序完毕。需要注意的是，选择排序和冒泡排序的算法思想看起来类似但实质上是不同的。

选择排序的时间复杂度为 $O(n^2)$，空间复杂度为 $O(1)$，如果使用原地交换的方法，属于不稳定排序，如果借助额外的存储空间可使算法成为稳定的。

```
//---------------------------5.3.1.cpp---------------------------//
void selectionSort(int data[], int n)
{
    for (int i = 0; i < n; i++)
        for (int j = i + 1; j < n; j++)
            if (data[i] > data[j])
                swap(data[i], data[j]);
}
//---------------------------5.3.1.cpp---------------------------//
```

强化练习

11875 Brick Game[A]。

5.3.2 堆排序

堆排序（heap sort）利用了堆的性质来进行排序。一个堆就是一棵二叉树，树中每一个结点的值都大于或者等于任意一个子结点的值。

堆排序时间复杂度为 $O(n\log n)$，空间复杂度为 $O(n)$，属于不稳定排序。

```
//---------------------------5.3.2.cpp---------------------------//
// 对数组进行调整，使之具有堆的性质。
void heapify(int data[], int parent, int n)
{
    int left = 2 * parent + 1, right = 2 * parent + 2, max = parent;
    if (left < n && data[left] > data[max]) max = left;
    if (right < n && data[right] > data[max]) max = right;
    if (max != parent) {
        swap(data[parent], data[max]);
        heapify(data, max, n);
    }
}
```

```
// 构建堆。
void buildHeap(int data[], int n)
{
    for (int parent = n / 2 - 1; parent >= 0; parent--)
        heapify(data, parent, n);
}

// 堆排序。先构建最大堆，然后每次将最大元素放到最后，继续调整剩下元素使之构成堆。
void heapSort(int data[], int n)
{
    buildHeap(data, n);
    for (int i = n - 1; i > 0; i--) {
        swap(data[0], data[i]);
        heapify(data, 0, i);
    }
}
//----------------------------5.3.2.cpp----------------------------//
```

强化练习

13109 Elephants[A]。

5.4　归并排序

归并排序（merge sort）是建立在归并操作上的一种有效的排序算法，该算法是分治法的一个非常典型的应用。归并排序是通过将已经有序的子序列予以合并来得到完全有序的序列，即先使每个子序列有序，再使各个子序列"段间有序"，最后达到整个序列有序。若在排序过程中，每次合并操作中至多只将两个有序表合并成一个有序表，称为二路归并排序；如果在一次合并中将两个以上有序表合并为一个有序表，称为多路合并排序。在 C++的 SGI 库实现中，稳定排序函数 stable_sort 的实现即使用了归并排序作为子过程。

二路归并排序的时间复杂度为 $O(n\log n)$，空间复杂度为 $O(n)$，属于稳定排序。

```
//----------------------------5.4.1.cpp----------------------------//
const int MAXN = 10000;

// 临时数组，用于存储归并后的数据。
int tmp[MAXN];

// 将两个有序区间合并。
void merge(int data[], int left, int middle, int right)
{
    int i = left, j = middle + 1, k = 0;
    // 逐个取元素直到一个有序区间被取完。
    while (i <= middle && j <= right)
        tmp[k++] = data[i] <= data[j] ? data[i++] : data[j++];
    // 取完另一个区间的元素。
    while (i <= middle) tmp[k++] = data[i++];
    while (j <= right) tmp[k++] = data[j++];
    // 将数据复制回原数组。
    for (int i = 0; i < k; i++) data[left + i] = tmp[i];
}

// 合并排序，先排序左右两个区间，然后合并左右两个有序的区间。
void mergeSort(int data[], int left, int right)
{
    if (left < right) {
        // 以中间元素作为左右区间的分隔。
        int middle = (left + right) >> 1;
        mergeSort(data, left, middle);
        mergeSort(data, middle + 1, right);
```

```
        merge(data, left, middle, right);
    }
}
//----------------------------5.4.1.cpp----------------------------//
```

强化练习

12673 Football[C]。

逆序对数

给定一个长度为 n 的数列 $a_1, a_2, \cdots, a_n$，数列中的元素互不相同，将满足 $1 \le i < j \le n$ 且 $a_i > a_j$ 的序号对 (i, j) 称为逆序（inversion），数列中所有逆序的数量称为逆序对数（the number of inversions）。朴素的方法是枚举每一对序号 (i, j) 以检查其是否为逆序，这将导致算法的时间复杂度为 $O(n^2)$。令人感到惊奇的是，归并排序竟然与逆序对数有关联。根据归并排序的特点，可以设计一种时间复杂度为 $O(n\log n)$ 的算法来计数逆序对数，其关键是应用分治法的思想来递归地解决这个问题。

如图 5-1 所示，观察归并排序的过程，在将两个子序列排序好以后，令其为子序列 A 和子序列 B，假设在进行合并之前，已经得到了两个子序列各自的逆序对数 I_A 和 I_B，那么现在需要做的就是统计子序列 A 相对于子序列 B 来说存在多少个逆序。令合并后的序列为 C，对于子序列 A 和 B 中的两个元素 a_i 和 b_j 来说，假设 $b_j < a_i$，则由于子序列 A 和 B 已经有序，可以很容易地计数逆序的数量：当 b_j 被附加到结果序列 C 中时，由于 $b_j < a_i$ 的关系，此时 b_j 小于子序列 A 中剩余的所有元素，所以对逆序对数所作的贡献就是此时子序列 A 中尚未进入结果序列 C 的元素数量 $m-i+1$；相反，当元素 a_i 附加到结果序列 C 中时，不会对逆序对数作出贡献，因为在子序列 B 中且小于 a_i 的元素 $b_j \sim b_k$（或者 b_n，如果 $a_i \ge b_n$）已经附加到结果序列 C 中，此时 a_i 小于子序列 B 中剩余的所有元素（或者子序列 B 已经为空），如图 5-1 所示。可将上述算法概括为[28]：

Merge-and-Count(A, B)
 (1) 维护两个指针 $current_A$ 和 $current_B$，初始时分别指向子序列 A 和子序列 B 的第一个元素；
 (2) 维护变量 $count$ 计数逆序对数，初始时为 0；
 (3) 当子序列 A 和 B 都不为空时：令 a_i 和 b_j 为 $current_A$ 和 $current_B$ 所指向的元素，将 a_i 和 b_j 中的较小者附加到结果序列 C 中，如果 b_j 是较小的元素，则将 $count$ 增加序列 A 中仍有元素的数量，然后将较小的元素所在序列的指针向后移动一个位置；
 (4) 当子序列 A 和 B 中的某个为空时，将另外一个序列的所有元素附加到结果序列 C 中；
 (5) 返回逆序对数 $count$ 和结果序列 C。

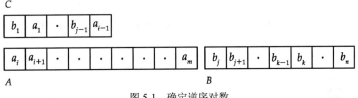

图 5-1　确定逆序对数

> **注意**
> 　　子序列 A 是归并前位于左侧的已排序子序列，子序列 B 是归并前位于右侧的已排序子序列，子序列 C 是归并后的结果序列，假设 $b_j < a_i$（如果 $a_i < b_j$ 可以同理论证），则将 b_j 附加到结果序列 C 中时，b_j 和子序列 A 中从 a_i 到 a_m 的元素构成逆序对。因此，b_j 对逆序对数的贡献为 $m-i+1$。

不难看出，计数逆序数对的过程 Merge-and-Count 的时间复杂度为 $O(n\log n)$，将其作为一个子过程融入归并排序中，则最终可以在 $O(n\log n)$ 的时间内得到整个数列的逆序对数。

```
//----------------------------5.4.2.cpp----------------------------//
const int MAXN = 100010;

int n, data[MAXN], tmp[MAXN];
```

```
// 将两个有序的区间合并，同时统计逆序对数。
long long mergeAndCount(int left, int middle, int right)
{
    long long count = 0;
    int i = left, j = middle + 1, k = 0;
    while (i <= middle && j <= right)
        tmp[k++] =
            // 比较 data[i]和 data[j]，注意到区间[left, middle]和[middle + 1, right]
            // 已经按升序排列，如果 data[i]大于 data[j]，则区间[i, middle]的数与 data[j]
            // 构成逆序对，因此总的逆序对数增加 middle - i + 1 对。
            data[i] <= data[j] ? data[i++] : (count += (middle - i + 1), data[j++]);
    while (i <= middle) tmp[k++] = data[i++];
    while (j <= right) tmp[k++] = data[j++];
    for (int i = 0; i < k; i++) data[left + i] = tmp[i];
    return count;
}

// 将两个子区间各种排序然后归并。
long long mergeSort(int left, int right)
{
    long long count = 0;
    if (left < right) {
        int middle = (left + right) >> 1;
        count += mergeSort(left, middle);
        count += mergeSort(middle + 1, right);
        count += mergeAndCount(left, middle, right);
    }
    return count;
}

int main(int argc, char *argv[])
{
    while (cin >> n, n > 0) {
        for (int i = 0; i < n; i++) cin >> data[i];
        cout << mergeSort(0, n - 1) << '\n';
    }
}
//---------------------------5.4.2.cpp---------------------------//
```

强化练习

10810 Ultra-QuickSort[A]，11495 Bubbles and Buckets[B]，11858 Frosh Week[C]，13212 How Many Inversions[D]。

5.5 计数排序

一般情况下，基于比较的排序算法其性能不可能好于 $O(n\log n)$，但是若能够知道待排序元素的更多信息，就可以使用其他的排序方法来提高效率。例如，给定 n 个元素并且确定每一个元素值的范围都在[0, C]内，而 C 比 n 小得多（或者 n 本身不大），那么就能够利用此信息，使用一种线性的排序算法——计数排序（counting sort）。

计数排序创建了 C 个桶用来存储输入数列中的各个元素值出现的次数。计数排序将对输入数列进行两次遍历。在第一次遍历中，增加桶的计数。在第二次遍历时，通过处理桶中得到的整个待排序序列的计数值，重写原始的数列。

计数排序时间复杂度为 $O(n+C)$，空间复杂度为 $O(C)$，属于稳定排序。

```
//---------------------------5.5.cpp---------------------------//
void countingSort(int data[], int n, int C)
{
```

```
    // 注意: 使用 new 为内置数据类型分配内存, 需要使用 "()" 强制进行初始化操作。
    int *bucket = new int[C]();
    for (int i = 0; i < n; i++) bucket[data[i]]++;
    for (int i = 0, index = 0; i < C; i++)
        while (bucket[i]-- > 0)
            data[index++] = i;
    delete [] bucket;
}
//---------------------------5.5.cpp---------------------------//
```

强化练习

10057 A Mid-Summer Night's Dream[B], 11462 Age Sort[A], 11850 Alaska[A]。

5.6　基数排序

基数排序（radix sort）是指将欲排序的数据按十进制进行数位的拆分，根据数位从低到高逐个比较达到有序的过程。其主要包括以下两个部分。

（1）分配，从个位开始，根据数位将数据分配到 0～9 号桶中。

（2）收集，将 0～9 号桶中的数据按顺序放到数组中。

重复分配和收集的过程，最终达到数据的最高位，此时数组中的数已经有序。

基数排序平均时间复杂度为 $O(Dn)$，D 为数据所具有的最大位数；空间复杂度为 $O(D)$；属于稳定排序。

```
//+++++++++++++++++++++++++++++5.6.cpp+++++++++++++++++++++++++++++//
// 获取给定数指定位置的数字。
int getDigit(int number, int index)
{
    while (number > 0 && index > 0) {
        number /= 10;
        index--;
    }
    return number % 10;
}

// 基数排序。
void radixSort(int data[], int n, int digits)
{
    int *bucket[10];
    // 申请存储空间。
    for (int i = 0; i < 10; i++) {
        bucket[i] = new int[n + 1];
        bucket[i][0] = 0;
    }
    // 从低位到高位逐次排序。
    for (int index = 0; index < digits; index++) {
        // 分配。
        for (int i = 0; i < n; i++) {
            int digit = getDigit(data[i], index);
            bucket[digit][++bucket[digit][0]] = data[i];
        }
        // 收集。
        for (int i = 0, j = 0; i < 10; i++) {
            int k = 1;
            while (k <= bucket[i][0])
                data[j++] = bucket[i][k++];
            bucket[i][0] = 0;
        }
```

```
    }
    // 释放内存。
    for (int i = 0; i < 10; i++) delete [] bucket[i];
}
```

由于基数排序的数位在 0 到 9 之间，所以也可以利用计数排序的变种来实现基数排序。

```
// 使用计数排序的变种对数组按指定位置排序。
void countingSort(int data[], int n, int index)
{
    int *bucket = new int[10], *sorted = new int[n];
    for (int i = 0; i < 10; i++) bucket[i] = 0;
    for (int i = 0; i < n; i++) bucket[getDigitAtIndex(data[i], index)]++;
    for (int i = 1; i < 10; i++) bucket[i] += bucket[i - 1];
    for (int i = n - 1; i >= 0; i--) {
        int digit = getDigit(data[i], index);
        sorted[bucket[digit] - 1] = data[i];
        bucket[digit]--;
    }
    for (int i = 0; i < n; i++) data[i] = sorted[i];
    delete [] bucket, sorted;
}

// 基数排序。
void radixSort(int data[], int n, int digits)
{
    for (int index = 0; index < digits; index++) countingSort(data, n, index);
}
//+++++++++++++++++++++++++++++++++5.6.cpp+++++++++++++++++++++++++++++++++//
```

5.7 桶排序

如果待排序数组中元素为非负整数且最大值为 K，则可以利用此性质，使用桶排序（bucket sort）。这里的桶可以视为存储数据的容器。其算法思想如下：设立 B 个桶，若元素 x 满足

$$(K/B) \cdot i \leqslant x < (K/B) \cdot (i+1)$$

则将元素 x 置入第 i 个桶中，当所有元素均分配到某个桶中后，对单个桶中的元素使用插入排序（或使用其他基本排序方法），最后按序收集各个桶中的元素形成有序的数组。

桶排序时间复杂度为 $O(n+B)$，因为桶内元素的数量和最大值 K 及桶的总数 B 有关，故桶排序的空间复杂度不确定，其算法稳定性取决于对单个桶中元素进行排序时所使用算法的稳定性。

```
//----------------------------5.7.cpp----------------------------//
void bucketSort(int data[], int n, int K)
{
    int B = 100;
    vector<int> buckets[B];
    // 将数据分布到 B 个桶中。
    for (int i = 0; i < n; i++) {
        int bi = data[i] * B / K;
        buckets[bi].push_back(data[i]);
    }
    // 对每个桶内的元素排序。
    for (int i = 0; i < B; i++) sort(buckets[i].begin(), buckets[i].end());
    // 按序收集每个桶中的元素。
    int k = 0;
    for (int i = 0; i < B; i++)
        for (int j = 0; j < buckets[i].size(); j++)
            data[k++] = buckets[i][j];
}
//----------------------------5.7.cpp----------------------------//
```

5.8 查找

5.8.1 顺序查找

顺序查找（linear search）是最简单的查找方法，当数据量不大或数据本身无序时，使用此种方法较为简单[1]。由于是逐个元素比较，顺序查找的时间复杂度为 $O(n)$。

```cpp
//----------------------------5.8.1.cpp----------------------------//
// 自定义的顺序查找函数。
int find(string data[], int n, string target)
{
    for (int i = 0; i < n; i++)
        if (data[i] == target)
            return i;
    return -1;
}

// 使用自定义的顺序查找函数和算法库提供的 find 函数。
int main(int argc, char *argv[])
{
    string months[12] = {
        "January", "February", "March", "April", "May",
        "June", "July", "August", "September", "October",
        "November", "December"
    };
    string weekdays[7] = {
        "Monday", "Tuesday", "Wednesday", "Thursday",
        "Friday", "Saturday", "Sunday"
    };

    // 使用 find 库函数进行查找。
    int monthIndex = find(months, months + 12, "July") - months;
    cout << monthIndex << endl;
    // 使用自定义 find 函数进行查找。
    monthIndex = find(months, 12, "March");
    cout << monthIndex << endl;
    // 使用 find 库函数进行查找。
    int weekdayIndex = find(weekdays, weekdays + 7, "Someday") - weekdays;
    cout << weekdayIndex << endl;
    // 使用自定义 find 函数进行查找。
    weekdayIndex = find(weekdays, 7, "Sunday");
    cout << weekdayIndex << endl;

    return 0;
}
//----------------------------5.8.1.cpp----------------------------//
```

其最终输出为

```
6
2
7
6
```

强化练习

10340 All in All[A]。

---

[1] 算法库函数中的 find 函数即提供顺序查找的功能，参见 5.9 节。

5.8.2 二分查找

顺序查找是从序列的起始位置开始，逐个元素向后查找，效率不高。如果待查找的数据已经有序（升序或降序排列），则可以使用二分查找（binary search）来提高效率[①]。假设一维数组 *data* 已经按升序排列，二分查找算法根据当前需要查找的区间[*left*, *right*]定义一个中间位置 *middle*=(*left*+*right*)/2，将待查找值 *x* 与数组元素 *data*[*middle*]进行比较，此时有以下三种情况。

（1）*x*=*data*[*middle*]，则找到了该元素。

（2）*x*>*data*[*middle*]，由于数组是按升序排列的，待寻找的值要么不在数组中，要么只可能在右半区间[*middle*+1, *right*]中。

（3）*x*<*data*[*middle*]，待寻找的值要么不在数组中，要么只可能在左半区间[*left*, *middle*-1]中。

由于每次查找都是在原区间的一半内进行，故又称之为折半查找，其总的时间复杂度为 $O(\log n)$。

以一个具体的例子来说明二分查找的工作过程。设 *data*[10]={1, 2, 3, 4, 5, 6, 7, 8, 9, 10}，待查找的值 *x*=7，初始时，需要查找的区间为[*left*=0, *right*=9]，中间位置 *middle*=(*left*+*right*)/2=(0+9)/2=4，由于 *data*[4]=5<*x*=7，则应该在右半区间[*left*=*middle*+1=5, *right*=9]中继续查找，此时 *middle*=(5+9)/2=7，而 *data*[7]=8>*x*=7，应该继续在左半区间[*left*=5, *right*=*middle*-1=6]中查找，之后 *middle*=(5+6)/2=5，*data*[5]=6<*x*=7，将查找区间更新为[*left*=*middle*+1=6, *right*=6]，最后 *middle*=(6+6)/2=6，*data*[6]=*x*=7。

虽然二分查找的思想很简单，但是实际编写一个正确的二分查找函数并不像想象中的那么简单，需要注意诸多细节，否则很容易存在难以发现的 Bug。以下是根据上述二分查找的思想得到的一个"基本正确"的实现。

```
// 二分查找函数，在数组中查找指定值 x，如果找到则返回其序号，否则返回-1。
//++++++++++++++++++++++++++++++++5.8.2.cpp++++++++++++++++++++++++++++++++//
int binarySearch(int data[], int n, int x)
{
    int left = 0, right = n - 1;
    while (left <= right) {
        int middle = (left + right) / 2;
        if (data[middle] == x) return middle;
        if (data[middle] < x) left = middle + 1;
        else right = middle - 1;
    }
    return -1;
}
```

之所以说上述实现是一个"基本正确"的实现，是因为它还存在如下几个小问题（尽管不是严格意义上的算法实现问题）。

（1）使用 *middle*=(*left*+*right*)/2 的方式来获取中间值，如果 *left*+*right* 接近其声明的数据类型的表示上限，则 *left*+*right* 会溢出，从而导致错误，更为稳妥的方法是使用 *middle*=*left*+(*right*-*left*)/2，这样能最大程度的避免溢出。

（2）如果数组中包含多个相同的目标值，上述实现返回的序号并不一定是数组中第一个目标值的序号，比如极端的情况——数组中的所有元素值均相同，此时使用上述实现查找某个元素值时，要么不存在，要么返回的总是中间的固定位置。

（3）在 while 循环中包含了两次比较。

以下是一个改进的实现，巧妙地解决了上述三个问题[29]。

```
// 二分查找函数，在数组中查找指定值 x，如果找到则返回其序号，否则返回-1。
int binarySearch(int data[], int n, int x)
{
    int left = -1, right = n, middle;
```

[①] 与二分查找思想类似的还有黄金分割搜索、斐波那契搜索，感兴趣的读者可查阅相关资料进一步了解。

```
    // 循环保持的条件是 left＜right 且 data[left]＜x≤data[right]，在循环结束时，
    // 如果可以找到目标值，则只剩下两个数，并且满足 data[left]＜x≤data[right]，
    // 要查找的序号为 right。
    while ((left + 1) != right) {
        middle = left + (right - left) / 2;
        // 需要保证 data[left]＜x≤data[right]，所以 left=middle，如果取
        // left=middle+1，则有可能出现 data[left]≤x 的情况。
        if (data[middle] < x) left = middle;
        else right = middle;
    }
    // 检查序号是否符合要求。
    if (right >= n || data[right] != x) right = -1;
    return right;
}
//++++++++++++++++++++++++++++5.8.2.cpp++++++++++++++++++++++++++++//
```

强化练习

10170 The Hotel with Infinite Rooms[A]。

5.8.3 方程求近似解

应用二分查找思想，可以求解一元高次方程和超越方程的近似解。由于一般的一元高次方程和超越方程并无固定的求解公式，如果能够确定方程所对应的函数在指定定义域内是单调的，则可以利用二分查找来得到近似解[30]。

10341 Solve It[A]（解方程）

解以下方程：

$$pe^{-x} + q\sin(x) + r\cos(x) + s\tan(x) + tx^2 + u = 0$$

其中 $0 \leqslant x \leqslant 1$。

输入

输入包含多组测试数据并以文件结束符作为输入结束标记。每行包含一组测试数据，每组测试数据包括 6 个整数：p、q、r、s、t、u。其中，p、r 取值范围为 0～20，q、s、t 取值范围为–20～0（取值范围均包含边界值），输入文件最多包含 2100 行。

输出

对于每组测试数据，如果有解，输出精确到小数点后 4 位的解，否则，输出 No solution。

样例输入
0 0 0 0 -2 1
1 0 0 0 -1 2
1 -1 1 -1 -1 1

样例输出
0.7071
No solution
0.7554

分析

观察方程的组成部分，可以发现包含未知数 x 的每一项在定义域上都是单调递减函数，故整个方程所对应的函数也是单调递减的，可以应用二分搜索来确定方程的近似解。

注意

在使用二分搜索时，由于题目约束条件的不同，最后得到的中间值 *middle* 可能并不一定是解，特别是在一些搜索范围的数均是整数的时候。此时可以使用一个额外的变量来记录当前符合题目约束的解，避免从 *middle* 的值去推断最后的解，因为这样容易出错。例如，假设需要使用二分搜索（借助实数库函数和枚举亦可）确定在区间[1, 100000]内满足 $3x^3+x^2+11$ 的值大于 100000007 的最小正整数，则可以使用如下代码实现。

```
long long f(long long x) { return 3 * x * x * x + x * x + 11 > 100000007; }

int main(int argc, char *argv[])
{
    int left = 1, right = 100000, middle, r;
    while (left <= right) {
        middle = (left + right) >> 1;
        if (f(middle)) r = middle, right = middle - 1;
        else left = middle + 1;
    }
    cout << r << '\n';
    return 0;
}
```

参考代码

```
#define v(x) (p * exp(-x) + q * sin(x) + r * cos(x) + s * tan(x) + t * x * x + u)

double p, q, r, s, t, u;

int main(int argc, char *argv[])
{
    while (cin >> p >> q >> r >> s >> t >> u) {
        double left = 0.0, right = 1.0, middle;
        // 迭代最多 40 次, 精度已经足够。
        for (int i = 1; i <= 40; i++) {
            middle = (left + right) / 2.0;
            if (v(middle) > 0.0) left = middle;
            else right = middle;
        }
        // 检查解是否符合要求。
        if (fabs(v(middle)) > 1e-8) cout << "No solution\n";
        else cout << fixed << setprecision(4) << middle << '\n';
    }
    return 0;
}
```

强化练习

358 Don't Have A Cow Dude[D], 1753 Need for Speed[B], 10474 Where is the Marble[A], 11881 Internal Rate of Return[D], 11935 Through the Desert[C], 12032 The Monkey and the Oiled Bamboo[A], 12190 Electric Bill[D].

5.8.4　最大值最小化问题

给定由 n 个正整数构成的序列，要求将其划分为 k 个部分，$1 \leqslant k \leqslant n$，使得这 k 个部分的元素和的最大值尽可能的小，此即为最大值最小化问题。例如，将序列 1, 2, 5, 7, 2, 9, 8 划分为 3 个部分，则划分为 {1, 2, 5, 7}、{2, 9}、{8} 是最优的，由此计算出的最大值为 15。

使用穷尽搜索显然不可行，需要另辟蹊径。直接求最小值不可行，但是给定一个值 x，验证是否能够使得划分的最大值不超过 x 却很容易，方法是使用贪心策略，从左至右对序列进行划分，尽可能的向右侧扩展，使得每次划分的数之和不超过 x，同时记录划分次数 p，如果 $p > k$，则说明给定的 x 值较小，使得划分数偏大，应该调整 x 值使之变大，从而使得划分数 p 变小；如果 $p = k$，说明能够得到满足条件的划分；如果 $p < k$，则给定的 x 值较大，使得划分数偏小，应该调整 x 值使之变小，从而使得划分数 p 增大。上述过程和二分查找的思想是类似的，因此可以通过二分搜索来确定满足条件的最小 x 值。

```
//----------------------------5.8.4.cpp----------------------------//
// 将包含 n 个正整数的序列划分为 k 个部分, 最小化划分和的最大值, 并将该值返回。
int partition(int data[], int n, int k)
{
```

```
    // 确定查找区间。
    int left = 0, right = 0;
    for (int i = 0; i < n; i++) right += data[i];

    // 反复迭代直到找到目标值。
    while (left <= right) {
        // 确定当前最大和 middle。
        int middle = (left + right) / 2;

        // 使用贪心策略，验证能否将序列划分为 k 个部分，使得每个部分的和均不超过 middle。
        int j = 0, p = 0, sum = 0, ok = 1;
        while (j < n && p <= k) {
            // 如果部分和与当前元素的和仍然小于等于 middle，将该元素划分到当前部分。
            if (sum + data[j] <= middle) {
                sum += data[j];
                j++;
            }
            // 划分数增加 1。这里有两种情况：一种是当前和 sum 大于 0 且小于 middle，当加
            // 上 data[j] 后将大于 middle，因此划分数需要增加 1；另外一种情况是 data[j]
            // 本身已经大于 middle，而 sum 为 0，此时将不断将 p 增加 1 直到不再满足条件 p≤k
            // 而最终退出循环。
            else {
                sum = 0;
                p++;
            }
        }

        // 如果部分和不为 0，说明有部分元素还未划分，则划分数 p 至少增加 1。
        if (sum > 0) p++;

        // 根据划分数判断。如果 p>k，很显然，不能将 n 个数按指定的 middle 值划分为 k 个部分，
        // 说明 middle 值太小，应该将区间向右调整。当 p≤k 时，说明 middle 较小或者恰好合适，
        // 可以将区间向左半部分调整。
        if (p > k)
            left = middle + 1;
        else
            right = middle - 1;
    }

    return left;
}
//-----------------------------5.8.4.cpp-----------------------------//
```

强化练习

714 Copying Books[A]，907 Winterim Backpacking Trip[C]，11413 Fill the Containers[A]，12097 Pie[C]。

扩展练习

11516 WiFi[B]，12255 Underwater Snipers[E]。

5.8.5 三分搜索

在某些情形下，根据题目所得到的函数可能在定义域内并不是一个单调递增（或递减）函数，而是一个单峰函数（如抛物线函数），此时应用二分搜索无法确定函数的极值，而应用三分搜索则能够在 $O(\log n)$ 的时间内得到解。

427 Flatland Piano Movers[c]（平面世界钢琴搬运）

平面世界钢琴搬运公司决定将全程质量管理的重心放在作业评估环节。该环节的部分工作是根据预先设定的搬运路线，确定钢琴能否与走廊宽度及拐角的大小相符，使得钢琴在移动过程中能够通过这些走廊和拐角。钢琴外形为矩形且尺寸不一。走廊的拐角均为直角，不会出现 "T" 形的拐角。在钢琴的移动过程

165

中，走廊的长度都足够长，除了当前的拐角，其他的拐角和走廊上的门对钢琴转弯没有影响，而且钢琴的宽度要比任意给出的走廊宽度要窄。注意，因为钢琴只能通过推或者拉它的较短的一边的方式来通过拐角（不存在正方形的钢琴），所以钢琴在经过拐角时要发生转弯。编写程序，对于给定尺寸的钢琴，判断其是否能够通过走廊上的拐角。

输入

输入包含多行，每行最多包含 80 个字符，以文件结束符作为输入结束的标记。每行输入由多个数对组成，每个数对内的两个数以逗号相分隔，每个数对之间至少相隔一个空格。第一个数对表示钢琴的尺寸，其余的数对表示钢琴在搬运过程中所经过的拐角两边通道的宽度。可以考虑以下输入：

600,200 300,500 837,500 350,350

钢琴的长和宽分别为 600 单位和 200 单位，第一个拐角是从宽度为 300 单位的走廊转到宽度为 500 单位的走廊。下一个拐角是从宽度为 837 单位的走廊转到宽度为 500 单位的走廊。最后一个拐角是从宽度为 350 单位的走廊转到另外一个宽度为 350 单位的走廊。

输出

对于每一架钢琴，对给定的每个拐角，回答其能否经过这个拐角，如果能够经过，输出 Y，否则输出 N。不同钢琴的输出分开。

样例输入	样例输出
600,200 300,500 837,500 350,350 137,1200 600,500 600,400	YYN YN

分析

题目要求判断给定尺寸的矩形是否能够在指定尺寸的拐角处转弯。类似于汽车的转弯，如果拐角过小，则汽车不能完成转弯。

将钢琴在拐角转弯的过程建模为图 5-2。钢琴在拐角进行转弯的过程，可以看作一条长为 L 的线段，一个端点 p_1 固定在 X 轴上（正轴向右），另一个端点 p_2 固定在 Y 轴上（正轴向上），端点 p_1 沿着 X 轴不断向右滑动的过程。只要滑动过程中，拐角点 c 距离线段 $p_1 p_2$ 的距离 d 始终大于或等于钢琴的宽度 W，那么钢琴就可以完成在此拐角处的转弯。根据几何关系，距离 d 是三角形 $p_1 p_2 c$ 的底边 $p_1 p_2$ 上的高，而由三角形 $p_1 p_2 c$ 的有向面积[①]，可以得到

$$d = \frac{2 \times \Delta p_1 p_2 c}{L} = \frac{xy - w_1 y + w_2 x}{L} \geq W$$

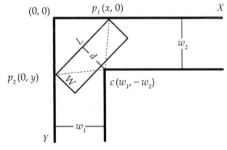

由于点 p_1 和 p_2 是直角三角形的斜边，故有

$$x^2 + y^2 = L^2 \Rightarrow y = -\sqrt{L^2 - x^2}$$

将上式代入消去 y，同时根据距离的关系得到下式

$$(w_1 - x)\sqrt{L^2 - x^2} + w_2 x - LW \geq 0, \quad x \in [0, L]$$

问题归结为求上式的最小值问题。如果函数的最小值大于等于 0，则钢琴可以在拐角转弯，如果小于 0，则不能完成在拐角的转弯。

图 5-2　钢琴在拐角转弯时的几何建模。将钢琴视为一个长为 L，宽为 W 的矩形

由于得到的函数不是一个单调递增的函数，不能简单的使用二分查找来求极值。观察可知函数表达式是一个二次函数，其几何曲线为一条抛物线，为凸性函数，具有极值，可以使用三分搜索法来求函数的极值[②]。

三分搜索的思路是将变量的取值范围划分为三个不同的区间，根据函数值的大小关系，使用类似于二分查找的方法来不断缩小极值可能所处的变量范围。

假设函数 $f(x)$ 为单峰函数，自变量 x 的定义域为 $[left, right]$，在定义域内有最大值。

---

① 参见 10.6.2 小节。

② 类似的有黄金分割搜索，与三分搜索相比，黄金分割搜索可以重复利用上一步的计算结果，减小计算量。感兴趣的读者可查阅相关资料做进一步的了解。

设 *leftThird*=*left*+(*right*−*left*)/3，*rightThird*=*right*−(*right*−*left*)/3，则 *f*(*leftThird*)和 *f*(*rightThird*)的大小关系为以下三种之一。

（1）*f*(*leftThird*)<*f*(*rightThird*)：表明最大值不可能在左区间[*left*, *leftThird*]，应该在右区间[*rightThird*, *right*]中寻找最大值，更新 *left*=*leftThird*。

（2）*f*(*leftThird*)>*f*(*rightThird*)：表明最大值不可能在右区间[*rightThird*, *right*]，应该继续在左区间[*left*, *leftThird*]中寻找最大值，更新 *right*=*rightThird*。

（3）*f*(*leftThird*)=*f*(*rightThird*)：表明最大值落在区间[*leftThird*, *rightThird*]中，此种情况可以合并在前述的任意一种情况中。

持续缩小区间的范围，直到 *left* 和 *right* 之间的差值小于指定的阈值,此时变量 *left* 所对应的函数值 *f*(*left*)即为最大值。如果要求最小值，只需在比较函数值大小时将比较操作反向或者更改区间的选择即可。

参考代码

```
const double EPSILON = 1e-6;

double L, W, w1, w2;
char comma;

// 计算函数值。
double f(double x)
{
    return sqrt(L * L - x * x) * (w1 - x) + w2 * x - L * W;
}

int main(int argc, char *argv[])
{
    string line;
    while (getline(cin, line)) {
        istringstream iss(line);
        iss >> L >> comma >> W;
        if (L < W) swap(L, W);
        while (iss >> w1 >> comma >> w2) {
            double left = 0, right = L;
            // 三分搜索。
            do {
                double leftThird = left + (right - left) / 3;
                double rightThird = right - (right - left) / 3;
                if (f(leftThird) > f(rightThird)) left = leftThird;
                else right = rightThird;
            } while (fabs(left - right) > EPSILON);
            cout << (f(left) >= 0 ? 'Y' : 'N');
        }
        cout << '\n';
    }
    return 0;
}
```

强化练习

1476 Error Curves[D]，10385 Duathlon[D]。

5.9　算法库函数

5.9.1　binary_search 函数

binary_search 函数使用二分查找算法在数组中寻找指定的元素值是否存在，要求数组中的元素已经按照严格不递减序排列。其函数声明如下：

167

```
template <class ForwardIterator, class T>
bool binary_search(ForwardIterator first, ForwardIterator last, const T& item);
```

当在序列中找到指定的元素时，返回 true，否则返回 false。SGI 库中的 binary_search 功能实现，实际上是通过 lower_bound 来完成的，读者可以尝试在理解 lower_bound 实现的基础上使用 lower_bound 来完成 binary_search 的功能。

```
//---------------------------5.9.1.cpp---------------------------//
int main(int argc, char *argv[])
{
    int numbers[10] = { 0, 1, 2, 3, 4, 5, 6, 7, 8, 9 };
    cout.setf(ios::boolalpha);
    cout << binary_search(numbers, numbers + 10, 5) << endl;
    cout << binary_search(numbers, numbers + 10, 100) << endl;
    return 0;
}
//---------------------------5.9.1.cpp---------------------------//
```

其最终输出为

true
false

强化练习

11057 Exact Sum[A]，11678 Exchanging Cards[C]，12239 Bingo[C]。

5.9.2　find 函数

find 函数的作用是返回给定序列的指定范围与目标值相等的第一个元素位置。其函数声明如下：

```
template <class InputIterator, class T>
InputIterator find(InputIterator first, InputIterator last, const T& val);
```

若查找成功，返回找到的第一个匹配元素的迭代器位置，否则返回指向给定范围结束位置的迭代器。用于获取元素在序列中的序号。

```
//---------------------------5.9.2.cpp---------------------------//
int main(int argc, char *argv[])
{
    string months[12] = {
        "January", "February", "March", "April", "May",
        "June", "July", "August", "September", "October",
        "November", "December"
    };
    string weekdays[7] = {
        "Monday", "Tuesday", "Wednesday", "Thursday",
        "Friday", "Saturday", "Sunday"
    };

    int monthIndex = find(months, months + 12, "July") - months;
    cout << monthIndex << endl;
    int weekdayIndex = find(weekdays, weekdays + 7, "Someday") - weekdays;
    cout << weekdayIndex << endl;
    return 0;
}
//---------------------------5.9.2.cpp---------------------------//
```

其最终输出为

6
7

强化练习

10528 Major Scales[C]。

5.9.3 lower_bound 和 upper_bound 函数

lower_bound 函数的作用是返回序列指定范围内第一个大于或等于（不小于）指定值的元素位置。其函数声明如下：

```
template <class ForwardIterator, class T>
ForwardIterator lower_bound
(ForwardIterator first, ForwardIterator last, const T& val);
```

使用该函数时，要求指定范围内的元素已经有序，查找范围是[*first*, *last*)，区间左闭右开。默认使用小于运算符进行比较操作，也可以指定一个特定的比较函数。当未找到符合要求的元素位置时，返回 *last*。注意，此 *last* 可能已经在序列范围之外。如果找到满足要求的元素位置，将其减去容器序列的起始地址即可得到该元素在序列中的序号。观察 lower_bound 的 SGI 库实现，可以发现其应用了二分查找算法。

```
template<typename _ForwardIterator, typename _Tp, typename _Compare>
_ForwardIterator
__lower_bound(_ForwardIterator __first, _ForwardIterator __last,
    const _Tp & __val, _Compare __comp)
{
    typedef typename
        iterator_traits<_ForwardIterator>::difference_type _DistanceType;
    // 获得查找区间的长度。
    _DistanceType __len = std::distance(__first, __last);
    // 反复缩小查找区间，直到查找区间长度缩减为 0。
    while (__len > 0) {
        // 将查询区间减半，设置查找的中间位置。
        _DistanceType __half = __len >> 1;
        _ForwardIterator __middle = __first;
        std::advance(__middle, __half);
        // 如果中间值小于目标值，选择右半区间，否则选择左半区间，同时缩减查询区间长度。
        if (__comp(__middle, __val)) {
            __first = __middle;
            ++__first;
            __len = __len - __half - 1;
        }
        else
            __len = __half;
    }
    // 需要注意，若未查询到满足要求的值，则返回的是查找范围的结束位置。
    return __first;
}
```

在解题应用中，使用 lower_bound 函数可以方便地查找出所需要的值，不需编写容易出错的二分查找算法实现。

```
//-----------------------------5.9.3.1.cpp-----------------------------//
int main(int argc, char *argv[])
{
    vector<int> numbers;
    for (int i = 1; i <= 10; i++) numbers.push_back(i);

    auto it = lower_bound(numbers.begin(), numbers.end(), 5);
    if (it != numbers.end()) {
        for (int i = 0; i <= (it - numbers.begin()); i++)
            cout << numbers[i] << " ";
        cout << endl;
    }

    it = lower_bound(numbers.begin(), numbers.end(), 20);
    if (it == numbers.end())
        cout << "I have searched to the end but found none." << endl;

    return 0;
```

```
}
//---------------------------------5.9.3.1.cpp---------------------------------//
```

其最终输出为

1 2 3 4 5
I have searched to the end but found none.

914 Jumping Champion[B]，1237 Expert Enough[A]，10125 Sumsets[A]，10706 Number Sequence[B]，12192 Grapevine[C]。

upper_bound 函数的作用是返回序列指定范围内第一个大于指定值的元素位置。其函数声明如下：

```
template <class ForwardIterator, class T>
ForwardIterator upper_bound
(ForwardIterator first, ForwardIterator last, const T& val);
```

使用该函数时，要求指定范围内的元素已经有序，查找范围是[*first*, *last*)，区间左闭右开。默认使用小于运算符进行比较操作，也可以指定一个特定的比较函数。当未找到符合要求的元素位置时，返回 *last*。注意，此 *last* 可能已经在序列范围之外。如果找到满足要求的元素位置，将其减去 *first* 即可得到该元素在序列中的序号。SGI 库中 upper_bound 的实现和 lower_bound 类似，只不过在比较时，是比较目标值是否小于中间值（在 lower_bound 的实现中是比较中间值是否小于目标值，正好相反），如果目标值小于中间值，表明还可能有更小的值满足要求，因此选择的是左半区间，否则选择右半区间。

```
//---------------------------------5.9.3.2.cpp---------------------------------//
int main(int argc, char *argv[])
{
    vector<int> numbers;
    for (int i = 1; i <= 10; i++) numbers.push_back(i);

    auto it = upper_bound(numbers.begin(), numbers.end(), 5);
    if (it != numbers.end()) {
        for (int i = it - numbers.begin(); i < numbers.size(); i++)
            cout << numbers[i] << " ";
        cout << endl;
    }

    it = upper_bound(numbers.begin(), numbers.end(), 20);
    if (it == numbers.end())
        cout << "I have searched to the end but found none." << endl;

    return 0;
}
//---------------------------------5.9.3.2.cpp---------------------------------//
```

其最终输出为

6 7 8 9 10
I have searched to the end but found none.

10049 Self-Describing Sequence[A]（自描述序列）

Solomon Golomb 的自描述序列 $f(1), f(2), f(3), \cdots, f(n)$ 是唯一一个具有如下性质的不下降正整数序列：对于任意正整数 k，该序列恰好包含 $f(k)$ 个 k。不难得出，该序列的开头一定如下所示。

n:	1	2	3	4	5	6	7	8	9	10	11	12	···
$f(n)$:	1	2	2	3	3	4	4	4	5	5	5	6	···

编写程序，对于给定的 n 计算出 $f(n)$ 的值。

输入

输入包含多组数据。每组数据在单独的一行中包含一个整数 n（$1 \leqslant n \leqslant 2000000000$）。输入以 $n=0$ 结束，你不应处理这一行。

输出

对于每组数据，输出一行，包含一个整数 $f(n)$。

样例输入
100
9999
123456
1000000000
0

样例输出
21
356
1684
438744

分析

有两种解题方法：一种是非递推方法，即根据序列特点得到指定的 $f(n)$ 值；另一种是递推方法，即先得到递推关系式，然后进一步根据递推关系计算指定的 $f(n)$ 值。

非递推方法：显式地生成这个序列的全部元素，显然会超出内存限制，因此需要使用特定的技巧，在内存空间有限的情况下完成这个任务。观察自描述序列不难得知，当 $n \geq 3$ 时，对于序列中的每一对元素 $(n, f(n))$，必将在序列中添加 $f(n) \times n$ 个元素。那么可以使用一个队列来记录将要添加的元素，同时计数拟将添加的元素总数，直到该队列将要产生的元素数量超过指定数量，在此过程中根据自描述序列的特点比对队列两端的自变量值以确定输入的函数值。该方法的关键是要注意到以下事实：随着自描述序列往后延伸，有越来越多的数的函数值相同且相邻。在具体生成序列时，后续的元素并不需要实际添加到队列中而只需记录其自变量变化的范围即可。

参考代码

```
// 表示输入的结构体。
struct data { int idx, n, fn; };

bool cmp1(data d1, data d2) { return d1.n < d2.n; }
bool cmp2(data d1, data d2) { return d1.idx < d2.idx; }

// 表示输入的向量。
vector<data> Xs;

void getFn()
{
    int idx = 0;
    // 输入中尚未确定函数值的元素个数。
    int unsetted = Xs.size();

    // 处理 n=1 和 n=2 时的特殊情形。
    while (Xs[idx].n <= 2) {
        Xs[idx].fn = Xs[idx].n;
        idx++;
        unsetted--;
    }
    if (!unsetted) return;

    queue<int> Q;
    // hendn 为队列首端所对应的函数自变量值。
    // total 为队列中的现有元素根据自描述序列的特点最终能够产生的元素总数。
    // 由于前述已经处理了 n=1 和 n=2 时的特殊情形，故 total 的初值为 2。
    int headn = 3, total = 2;
    // 压入初始元素，即 f(3)=2。
    Q.push(2);

    // 当队列中的现有元素能够生成的元素总数小于输入中的最大值时，继续添加元素。
    while (total < Xs.back().n) {
        int fn = Q.front(); Q.pop();
        // 根据自描诉序列的定义，将 fn 个 headn 压入队列。
        for (int i = 1; i <= fn; i++) Q.push(headn);
```

```
    // 比较输入和当前自变量是否匹配。
    if (Xs[idx].n == headn) {
        Xs[idx++].fn = fn;
        unsetted--;
    }
    if (!unsetted) return;
    // 计数队列总共能够产生的元素总数。
    total += fn * headn, headn++;
}

// 确定当前队列末尾元素所对应的自变量值。
int endn = headn + Q.size();
while (Q.size()) {
    int fn = Q.front(); Q.pop();
    // 比较输入和队列首端的自变量是否匹配。
    if (Xs[idx].n == headn) {
        Xs[idx++].fn = fn;
        unsetted--;
    }
    // 确定是否有输入在区间[endn, endn+fn)，根据自描述序列的定义，
    // 在此区间内的整数的函数值均为 headn。
    for (int i = idx; i < Xs.size(); i++)
        if (endn <= Xs[i].n && Xs[i].n <= (endn + fn - 1)) {
            Xs[i].fn = headn;
            unsetted--;
        }
    // 所有输入的函数值均已确定，退出。
    if (!unsetted) return;
    // 更改队列首端和尾端所对应的自变量值。注意，并不需要在队列末端实际添加元素。
    // 这是非递推方法的关键，否则会造成超出内存。
    endn += fn, headn++;
}
}

int main(int argc, char *argv[])
{
    int idx = 0, n;
    while (cin >> n, n) Xs.push_back(data{idx++, n, 0});
    // 排序，从小到大确定输入的函数值。
    sort(Xs.begin(), Xs.end(), cmp1);
    getFn();
    // 恢复输入顺序。
    sort(Xs.begin(), Xs.end(), cmp2);
    for (int i = 0; i < Xs.size(); i++) cout << Xs[i].fn << '\n';
    return 0;
}
```

递推方法：将满足 $f(x-1)<f(x)$ 的自变量 x 值从小到大排成一个序列，令该序列为 G，从 1 开始计数，易知 $G(1)=2$，$G(2)=4$，$G(3)=6$，$G(4)=9$，$G(5)=12$……为了便于问题的讨论，不妨令 $G(0)=1$。由自描述序列的定义，当 $n\geqslant 1$ 时，对于自变量集合 $X=\{x|G(n-1)\leqslant x<G(n), x\in\mathbb{Z}\}$，有 $|X|=f(n)$，且对于任意 $x\in X$，有 $f(x)=n$。进一步不难推出

$$G(n) = G(n-1) + f(n), \ n\geqslant 1$$

由于已知区间$[G(n-1), G(n))$内的整数 x 的数量为 $f(n)$，且对应的自描述序列函数值 $f(x)$ 均为 n，可以通过递推的方法得到序列 G，再进一步根据序列 G 的特点通过库函数 upper_bound 得到给定输入 n 的函数值 $f(n)$。

参考代码

```
const int MAXN = 2000000000;

int G[700000], capacity = 0, prepared = 0;
```

```
int getFn(int n)
{
    if (!prepared) {
        G[0] = 1, G[1] = 2, G[2] = 4;
        int idx = 0;
        while (G[G[idx] - 1] < MAXN) {
            for (int j = G[idx]; j < G[idx + 1]; j++)
                G[j] = G[j - 1] + idx + 1;
            idx++;
        }
        capacity = G[idx] - 1;
        prepared = 1;
    }
    return upper_bound(G, G + capacity, n) - G;
}

int main(int argc, char *argv[])
{
    int n;
    while (cin >> n, n) cout << getFn(n) << '\n';
    return 0;
}
```

强化练习

406 Prime Cuts[A], 1152 4 Values Whose Sum is 0[C], 10427 Naughty Sleepy Boys[B], 10487 Closest Sums[A], 10567 Helping Fill Bates[B], 10611 The Playboy Chimp[A]。

5.9.4 nth_element 函数

该函数的作用是重排数组的元素，使得数组序号为 n 的元素恰好为排序好的数组中的第 n 小元素。注意，是从 0 开始计数序号，即第 0 小的元素就是数组的最小元素。其函数声明如下：

```
template <class RandomAccessIterator>
void nth_element
(RandomAccessIterator first, RandomAccessIterator nth, RandomAccessIterator last);
```

默认使用小于比较运算符对元素进行比较，也可以自定义比较函数。注意，表示数组范围的参数是第一个和第三个参数。由于函数采用了优化算法，其他位置的元素可能不是有序排列的，但是位于其前的元素均小于第 n 元素，位于其后的元素均大于第 n 元素。

```
//----------------------------5.9.4.cpp----------------------------//
int main(int argc, char *argv[])
{
    string line = "bdfejgihca";

    nth_element(line.begin(), line.begin() + 5, line.end());
    cout << line << endl;

    return 0;
}
//----------------------------5.9.4.cpp----------------------------//
```

其最终输出为

dbacefghij

由输出不难看出，按照 ASCII 码值排列，位于序号 5 的元素恰为第 5 小的元素——字符'f'，位于序号 5 之前的字符'd'、'b'、'a'、'c'、'e'均小于字符'f'，位于序号 5 之后的字符'g'、'h'、'i'、'j'均大于字符'f'，在输出中小于字符'f'的元素并未完全有序。

强化练习

501 Black Box[B]。

5.9.5 partial_sort 函数

partial_sort 函数可以使排序后在指定范围之前的元素是整个序列中最小的，而且按升序排列，而在指定范围后其顺序未定。其函数声明如下：

```
template <class RandomAccessIterator>
void partial_sort
(RandomAccessIterator first, RandomAccessIterator middle, RandomAccessIterator last);
```

部分排序在 SGI 的库实现中是使用堆排序予以实现的，以下是部分排序的使用示例。

```
//----------------------------5.9.5.cpp----------------------------//
int main(int argc, char *argv[])
{
    string line = "987654321";

    cout << line << endl;
    partial_sort(line.begin(), line.begin() + 5, line.end());
    cout << line << endl;

    return 0;
}
//----------------------------5.9.5.cpp----------------------------//
```

其最终输出为

987654321
123459876

5.9.6 sort 函数

sort 函数的作用是将数组或容器指定范围内的元素进行排序。它是一个模板函数，其声明如下：

```
template <class RandomAccessIterator>
void sort(RandomAccessIterator first, RandomAccessIterator last);

template <class RandomAccessIterator, class Compare>
void sort(RandomAccessIterator first, RandomAccessIterator last, Compare comp)
```

sort 函数可以使用自定义的比较函数来更改默认的排序顺序。各个版本的库实现中，sort 函数所采用的排序算法可能不是稳定排序算法，相同元素在排序前后位置可能会发生变化，若需要排序前后具有相同值的元素相对顺序不变，可以使用后续介绍的稳定排序函数 stable_sort。

```
//---------------------------5.9.6.1.cpp---------------------------//
int main(int argc, char *argv[])
{
    int sample[10] = { 97, 3, 7, 13, 51, 23, 29, 17, 11, 83 };

    for (int i = 0; i < 10; i++) cout << sample[i] << " ";
    cout << endl;

    // 默认较小的数排序在前。
    sort(sample, sample + 10);
    for (int i = 0; i < 10; i++) cout << sample[i] << " ";
    cout << endl;

    // 使用模板函数 greater<int>()指定大小关系，较大的数排序在前。
    sort(sample, sample + 10, greater<int>());
    for (int i = 0; i < 10; i++) cout << sample[i] << " ";
    cout << endl;

    return 0;
}
//---------------------------5.9.6.1.cpp---------------------------//
```

最终输出为

97 3 7 13 51 23 29 17 11 83

```
3  7  11  13  17  23  29  51  83  97
97  83  51  29  23  17  13  11  7  3
```

默认情况下，sort 函数使用小于比较运算符对元素进行比较操作，对于结构体等自定义的数据结构，可以通过重载小于运算符实现比较操作，也可以自行定义比较函数。

```cpp
//----------------------------5.9.6.2.cpp----------------------------//
struct record {
    int index, value;

    bool operator < (const record &x) const
    {
        if (value == x.value) return index < x.index;
        else return value < x.value;
    }
};

bool cmp(record x, record y)
{
    if (x.value == y.value) return x.index > y.index;
    else return x.value > y.value;
}

int main(int argc, char *argv[])
{
    vector<record> records;

    for (int i = 1; i <= 10; i++) records.push_back((record){i, i});

    // 使用重载的小于运算符进行比较。
    sort(records.begin(), records.end());

    // 使用自定义的比较函数进行比较。
    sort(records.begin(), records.end(), cmp);

    return 0;
}
//----------------------------5.9.6.2.cpp----------------------------//
```

158 Calader[D]（日程表）

许多人都有日历，我们会在上面速记一些日常生活中的重要事件——比如看牙医、参加售书会或者程序竞赛等。请编写程序实现重要事项到期提醒的功能。输入部分将会指定日程表需要处理的年份（1901 年～1999 年）。请记住，在给定的年份之间，所有能被 4 整除的年份都是闰年，该年的 2 月份将是 29 天而不是 28 天。输出部分由"今天"的日期，以及将要到期的日程表事件列表组成，每个事件都有相应的相对重要性提示。

输入

输入的第一行包含一个整数，表示所属年份（1901～1999）。此后的若干行包含多个周年纪念日事件，以及需要到期提醒服务的日期。

包含周年纪念日事件的行以字母"A"开始，后面跟随三个整数 D, M, P 表示日、月、事件的重要性，最后是事件的一个简短描述。它们以若干空格相分隔。P 是一个 1～7（包括 1 和 7）的整数，表示在事件到期之前的天数，在此天数之前日程表应该给出提醒服务。事件的简短描述总是会出现并且在事件优先级后第一个非空白字符开始。

包含日期的行以字母"D"开始，跟着是日数及月份。

在事件行之后的日期行数不定。所有行的长度不超过 255 个字符。输入文件以只包含字符"#"的一行结束。

输出

输出由一系列输出块组成，输入中的日期行对应一个输出块。每个输出块由指定需要提供提醒服务的日期，以及后续的一系列事件描述组成。

输出需要指明事件的日期（D 和 M），以右对齐，宽度 3 输出，后跟事件的相对重要性。发生在指定日期当天的事件按照样例输出中的格式进行标记，发生在指定日期第二天的事件输出 P 个'*'，在第三天的事件输出(P–1)个'*'，依此类推。如果有多个事件在同一天发生，按照'*'数量降序排列。

如果仍然不能确定输出的先后顺序，将事件按输入出现的顺序进行排列。按样例输出的格式进行输出，两个输出块之间输出一个空行。

样例输入

```
1993
A 23 12 5 Partner's birthday
A 25 12 7    Christmas
A 20 12 1 Unspecified Anniversary
D 20 12
#
```

样例输出

```
Today is: 20 12
20 12 *TODAY* Unspecified Anniversary
23 12 ***      Partner's birthday
25 12 ***      Christmas
```

分析

此题关键在于理解排序的规则，由于题目中的描述不是非常明确，容易得到 Wrong Answer 的结果。需要注意：（1）对所有当天的事件按输入顺序排列；（2）其他事件按'*'的个数降序排列，如果'*'数量相同，则按距离事件开始的天数升序排列；（3）不显示'*'的事件不进行输出；（4）注意事件是周年性事件，可能有"跨年"的事件。

关键代码

```cpp
// 记录事件的结构。
struct event {
    // days 为从 1901-01-01 开始的天数。
    int index, year, month, day, priority, days;
    string description;
};

vector<event> calendar;
int daysInMonth[12] = {31, 28, 31, 30, 31, 30, 31, 31, 30, 31, 30, 31};
int todayDays;

// 将日期转换为从 1901-01-01 开始的天数以方便计算两个日期间隔的天数。
int dateToDays(int year, int month, int day)
{
    int days = 0;
    for (int i = 1901; i <= year - 1; i++) days += (i % 4 == 0 ? 366 : 365);
    for (int i = 1; i <= month - 1; i++)
        days += daysInMonth[i - 1] + (i == 2 && year % 4 == 0 ? 1 : 0);
    days += day - 1;
    return days;
}

// 按题目要求对两个事件进行比较排序。
bool operator<(event x, event y)
{
    if (x.days == y.days) {
        if (x.days == todayDays) return x.index < y.index;
        else return x.priority > y.priority;
    }
    else if (x.days != todayDays && y.days != todayDays) {
        if ((x.priority - x.days) != (y.priority - y.days))
            return (x.priority - x.days) > (y.priority - y.days);
        else return x.days < y.days;
    }
    else return x.days < y.days;
}
```

176

181 Hearts[D]，390 Letter Sequence Analysis[D]，454 Anagrams[B]，511 Do You Know the Way to San Jose[D]，555 Bridge Hands[A]，630 Anagrams (II)[B]，638 Finding Rectangles[C]，10258 Contest Scoreboard[A]，10763 Foreign Exchange[A]，10905 Children's Game[A]，11039 Building Designing[A]，11242 Tour de France[A]，11321 Sort Sort and Sort[A]，11369 Shopaholic[A]，11588 Image Coding[B]，11804 Argentina[B]，11824 A Minimum Land Price[B]，12210 A Match Making Problem[B]，12346 Water Gate Management[D]，12406 Help Dexter[C]，12541 Birthdates[B]。

扩展练习

226 MIDI Preprocessing[E]，1219 Team Arrangement[E]。

5.9.7　stable_sort 函数

与 sort 函数不同，使用 stable_sort 函数排序的数组，具有相同值的元素在排序前后其相对位置关系不变。其函数声明如下：

```
template <class RandomAccessIterator>
void stable_sort(RandomAccessIterator first, RandomAccessIterator last);
```

为了示例 stable_sort 函数的效果，下面定义了一个结构，并在结构体中定义了变量来表示结构体实例的序号。

```
//----------------------------5.9.7.cpp----------------------------//
struct node {
    int index, value;

    bool operator<(const node& x) const {
        return value < x.value;
    }
};

int main(int argc, char *argv[])
{
    vector<node> nodes;
    for (int i = 0; i < 10; i++) {
        nodes.push_back((node){i, i % 2 == 0 ? 5 : i});
        cout << nodes[i].index << "->" << nodes[i].value << " ";
    }
    cout << endl;

    stable_sort(nodes.begin(), nodes.end());

    for (int i = 0; i < 10; i++)
        cout << nodes[i].index << "->" << nodes[i].value << " ";
    cout << endl;

    return 0;
}
//----------------------------5.9.7.cpp----------------------------//
```

其最终输出为

```
0->5 1->1 2->5 3->3 4->5 5->5 6->5 7->7 8->5 9->9
1->1 3->3 0->5 2->5 4->5 5->5 6->5 8->5 7->7 9->9
```

可以看到，具有相同值的元素在排序前后其相对位置不变，即序号小的具有相同值的元素仍排列在前。

强化练习

612 DNA Sorting[A]，632 Compression (II)[D]，12015 Google is Feeling Lucky[A]。

5.9.8　unique 函数

unique 函数的作用是"删除"相邻重复的元素。其函数声明如下：

```
template <class ForwardIterator>
ForwardIterator unique(ForwardIterator first, ForwardIterator last);
```

之所以给删除加上了引号，是因为 unique 并不会真正的删除元素，只是把去掉相邻重复元素后的数组元素往前移，返回相邻元素不重复的数组最末一个元素的地址。原因是由于 unique 函数的传入参数是前向迭代器，而 unique 函数并不知道迭代器指向何种类型的容器，所以它不能对容器进行更改，即不能对容器中的元素进行删除操作，但是它可以改变元素的值。需要注意的是，unique 函数去掉的是相邻的重复元素，而不是数组中所有发生重复的元素，如果两个元素重复但不相邻，仅使用 unique 函数无法到达去除所有重复元素的目的，需要将其排序后再使用 unique 函数才能达到目的。

```
//----------------------------5.9.8.cpp----------------------------//
int number[10] = { 2, 3, 5, 5, 7, 2, 2, 3, 3, 5 };

void display(string tip)
{
   cout << tip;
   for (int i = 0; i < 10; i++) cout << " " << number[i];
   cout << endl;
}

int main(int argc, char *argv[])
{
   display(" no operation:");

   unique(number, number + 10);
   display(" after unique:");

   sort(number, number + 10);
   display("   after sort:");

   int n = unique(number, number + 10) - number;
   display(" after unique:");

   cout << "no duplicated:";
   for (int i = 0; i < n; i++) cout << " " << number[i];
   cout << endl;

   return 0;
}
//----------------------------5.9.8.cpp----------------------------//
```

最终输出为

```
 no operation: 2 3 5 5 7 2 2 3 3 5
 after unique: 2 3 5 7 2 3 5 3 3 5
   after sort: 2 2 3 3 3 3 5 5 5 7
 after unique: 2 3 5 7 3 3 5 5 5 7
no duplicated: 2 3 5 7
```

由上例可知，在未排序前，对数组使用 unique 函数，数组中的元素个数并未发生变化，只是把相邻的重复元素移到数组末尾，但是数组中还是存在重复的元素值，不过这些重复元素值不再是相邻的。如果要去掉所有的重复值，那么需要对数组先排序，然后使用 unique 函数，并将 unique 函数返回的地址减去数组的起始地址，以得到具有不重复元素的数组范围。

5.10　小结

在编程竞赛中，一般不需要参赛者去具体实现某种排序算法，因为常见的编程语言已经将排序算法包括到算法库中。学习排序算法的重点是理解排序算法的思想，以及如何在编程中灵活运用这些排序思想，这是一个难点和重点内容。与排序密切相关的是查找，查找一般是在数据已经排序的基础上进行，在数据有序的情况下，可以应用高效的二分查找。二分查找不仅是一种算法，更是一种解决问题的思想，通过将问题空间不断的二分，从而缩小了所需解决问题的规模，最后通过小的问题的解来构造得到更大问题的解。熟练掌握二分查找算法及其思想对解题很有帮助。

第 6 章
算术与代数

> 他山之石，可以攻玉。
>
> ——《诗经·小雅·鹤鸣》

由于 C++的标准库尚不支持高精度整数，在遇到此类题目时，应先明确是否需要使用高精度整数。如果能够使用替代方法解决问题，则应该尽量使用替代方法，这样可以免去使用 C++实现高精度整数所需要的时间。即使确实需要使用高精度整数，如果对 Java 比较熟悉的话，应优先使用 Java 的 `BigInteger` 类进行解题，因为 `BigInteger` 类提供了高精度整数的完善实现，而作为最后的备选方案才是自己实现一个高精度整数运算类。

6.1 割鸡焉用牛刀乎

"割鸡焉用牛刀"，现在一般称"杀鸡焉用牛刀"，出自《论语·阳货》：子之武城，闻弦歌之声。夫子莞尔而笑，曰："割鸡焉用牛刀。"子游对曰："昔者偃也闻诸夫子曰：'君子学道则爱人，小人学道则易使也。'"子曰："二三子！偃之言是也。前言戏之耳。"

话说孔子周游列国，来到他的学生子游（名偃）治理的武城，听到了当地人在学习歌舞拨弄琴弦的声音，笑着说："治理武城这种小地方，用不着使用礼乐吧，就像用宰牛刀来杀鸡一样，你子游有点小题大做了吧？"子游有点不服气了，反驳道："弟子曾经听老师教导过，如果君子学习了道理就会有仁爱之心，小人学习了道理便会容易听使唤，现在我让这些老百姓学习高雅的礼乐，完全是按老师您说的去实践呐，难道我所做的是错的吗？"孔子赶紧打圆场，对着自己的随从说："你们几个小子啊，给我注意喽！子游说的很对，我前面只不过是跟他开个玩笑而已。"

在多数时候，对于 UVa OJ 上看似需要高精度整数运算的题目，也应秉承"杀鸡焉用牛刀"的态度，应先看看是否能够使用替代的方法完成解题。如果确实需要高精度整数运算，先考虑使用简化的高精度整数实现，即只实现四则运算中的一种或两种。在实现简化的四则运算时，可以将整数的数位存储在一个 `string` 中。具体表示时，`string` 中的元素存储的是数位所对应的 ASCII 字符，即使用'0'（ASCII 码值为 48）至'9'（ASCII 码值为 57）的字符来表示数位上的 0～9。

加法

加法可按照逐个数位相加的方式来实现。先将两个加数从低位到高位右对齐，从低位开始相加，设基数为 b，两个对应数位分别为 x 和 y，低位向高位的进位为 c，则 $x+y+c$ 模基数 b 的值为结果数位上的值，$x+y+c$ 除以基数 b 的值为向高位的进位值。为了能够处理负数的加法，可以将加法和减法进行互相转换。

```cpp
//++++++++++++++++++++++++++++++++6.1.cpp++++++++++++++++++++++++++++++++//
string add(string, string);
string subtract(string, string);

// 十进制下的四则运算。
const int BASE = 10;

// 移除计算结果的前导零。
void zeroJustify(string &number)
{
    while (number.front() == '0' && number.length() > 1)
        number.erase(number.begin());
```

```
}

// 两个整数的加法。
string add(string number1, string number2)
{
    // 将负数的加法转换为减法。如果参加运算的两个整数总是正整数，可忽略此部分。
    if (number1.front() == '-') return subtract(number2, number1.substr(1));
    if (number2.front() == '-') return subtract(number1, number2.substr(1));
    // 将结果保存在字符串 number1 中，为了相加方便，事先调整加数，使得第一个加数的数位
    // 个数总是大于第二个加数的数位个数。由于两个正数相加，和的数位个数最多为两个加数的
    // 数位个数较大值加 1，可以预先分配存储空间以方便实现。
    if (number1.length() < number2.length()) number1.swap(number2);
    number1.insert(number1.begin(), '0');
    // 相加时从低位开始加。初始时进位为 0。由于字符串中保存的是数位的 ASCII 字符，
    // 需要做相应的转换，使之成为对应的数字值。当前的数位为模基数的值，进位则为除以
    // 基数的值。
    int carry = 0, i = number1.length() - 1, j = number2.length() - 1;
    for (; i >= 0; i--, j--) {
        int sum = number1[i] - '0' + (j >= 0 ? (number2[j] - '0') : 0) + carry;
        number1[i] = sum % BASE + '0';
        carry = sum / BASE;
    }
    // 移除前导零。
    zeroJustify(number1);
    return number1;
}
```

强化练习

713 Adding Reversed Numbers[A]，10013 Super Long Sums[A]，10018 Reverse and Add[A]，10035 Primary Arithmetic[A]，10198 Counting[A]。

减法

减法的实现和加法类似，区别是被减数的某个数位不够时需要向高位进行借位。为了方便减的操作，可以根据两个数的大小和正负预先调整被减数，使得被减数的绝对值总是大于或等于减数。

```
// 辅助函数，用于判断第一个数是否不小于第二个数。
// 比较数的大小时，如果数位不等，由于都是非负整数，数位多的肯定大于数位少的；
// 如果数位相同，则从高位至低位逐个数位来进行比较。
bool greaterOrEqual(string &number1, string &number2)
{
    if (number1.length() != number2.length())
        return number1.length() > number2.length();
    // 逐个数位进行比较。
    for (int i = 0; i < number1.length(); i++)
        if (number1[i] != number2[i])
            return number1[i] > number2[i];
    return true;
}

// 两个整数的减法。
string subtract(string number1, string number2)
{
    // 将负数的减法转换为加法。如果参加运算的两个整数总是正整数，可忽略此部分。
    if (number1.front() == '-') {
        number1 = add(number1.substr(1), number2);
        number1.insert(number1.begin(), '-');
        return number1;
    }
    // 比较被减数和减数的大小，如果被减数小于减数，调整两个数使得相减的操作便于实现。
    // 如果减数大于被减数则交换两个数，置计算结果为负数。
    int sign = 1;
```

```
        if (!greaterOrEqual(number1, number2)) {
            sign = -1;
            number1.swap(number2);
            number1.insert(number1.begin(), '0');
        }
        // 逐位相减, 不够的向高位借位。
        int borrow = 0, i = number1.length() - 1, j = number2.length() - 1;
        for (; i >= 0; i--, j--) {
            int diff = number1[i] - '0' - (j >= 0 ? (number2[j] - '0') : 0) - borrow;
            borrow = 0;
            if (diff < 0) {
                diff += BASE;
                borrow = 1;
            }
            number1[i] = diff + '0';
        }
        // 移除前导零。
        zeroJustify(number1);
        // 设置计算结果的符号位。
        if (sign == -1 && number1 != "0") number1.insert(number1.begin(), '-');
        return number1;
    }
```

强化练习

254 Towers of Hanoi[C]。

乘法

乘法采用逐行相乘然后相加的方法实现, 为了表示进位, 将每次相乘的结果不断左移并相加来得到最后结果。

```
    // 两个整数的乘法。
    string multiply(string number1, string number2)
    {
        // 处理负数的乘法。如果相乘的两个整数总是正整数, 可忽略此部分。
        int sign = 1;
        if (number1.front() == '-') {
            sign = sign * (-1);
            number1.erase(number1.begin());
        }
        if (number2.front() == '-') {
            sign = sign * (-1);
            number2.erase(number2.begin());
        }

        // 预分配存储空间。
        string number3(number1.length() + number2.length(), 0);
        // 从最低位开始相乘。
        int length1 = number1.length() - 1, length2 = number2.length() - 1;
        for (int i = length1; i >= 0; i--)
            for (int j = length2; j >= 0; j--) {
                int k = number3.length() - 1 - (length1 - i + length2 - j);
                number3[k] += (number2[j] - '0') * (number1[i] - '0');
                number3[k - 1] += number3[k] / BASE;
                number3[k] %= BASE;
            }
        // 将数值转换为对应的数字字符。
        for (int i = 0; i < number3.length(); i++) number3[i] += '0';
        zeroJustify(number3);
        // 增加符号位。
        if (sign == -1 && number3 != "0") number3.insert(number3.begin(), '-');
        return number3;
    }
```

强化练习

748 Exponentiation[A]。

除法

除法采用试除法，从高位开始除，如果被除数小于除数，则将其左移一位（相当于乘以基数），加上后续一位，直到大于等于除数或者后续数位不存在，如果试除数大于除数，则将试除数减去除数，直到小于除数，计算"减的次数"即为该位的商，之后除不尽的留给低位加权后继续除。要注意余数的处理。

```
// 非负整数的除法。
pair<string, string> divide(string number1, string number2)
{
    string row, quotient, remainder;
    for (int i = 0; i < number1.length(); i++) {
        // 将试除数不断左移，加上被除数的对应位。
        row.push_back(number1[i]);
        quotient.push_back('0');
        // 去除未除尽数的前导零。
        zeroJustify(row);
        // 当试除数大于除数时，将对应位的商加 1 然后减去除数，重复此步骤直到试除数
        // 小于除数。
        while (greaterOrEqual(row, number2)) {
            quotient.back() += 1;
            row = subtract(row, number2);
        }
    }
    // 获取余数。
    remainder = row;
    // 去除前导零。
    zeroJustify(quotient);
    zeroJustify(remainder);
    // 返回结果。
    return make_pair(quotient, remainder);
}
```

强化练习

10527 Persistent Numbers[C]，10814 Simplifying Fractions[B]。

求模

如果两个数均为大整数，求模运算需要涉及大整数的乘法和除法，可参考前述给出的除法实现。如果被除数是大整数，而除数是一个能够使用 int（或 long long int）数据类型表示的数，对其进行求模运算时，可以使用下述技巧。

```
int mod(string number1, int number2)
{
    int remainder = 0;
    for (int i = 0; i < number1.length(); i++) {
        remainder = remainder * BASE + (number1[i] - '0');
        remainder %= number2;
    }
    return remainder;
}
//+++++++++++++++++++++++++++++++6.1.cpp+++++++++++++++++++++++++++++++//
```

强化练习

1226 Numerical Surprises[C]，10176 Ocean Deep Make it Shallow[A]，10929 You Can Say 11[A]，11344 The Huge One[B]，11879 Multiple of 17[A]。

扩展练习

995 Super Divisible Numbers[D]。

268 Double Trouble[D]（双重麻烦）

特工部门正在寻找具有如下性质的数字：当你对该数进行"右移"（将此数的最后一位数字放在该数的最前面）操作后得到的数恰是原数的两倍。例如，$X=4210526315789473368_{10}$ 是一个双重麻烦数，因为当对 X 进行"右移"操作后会得到 $8421052631578947336_{10}=2X$。

上例给出的 X 是十进制下的一个双重麻烦数。任何基数大于等于 2 的数制系统，都会具有类似的双重麻烦数。在二进制中（基数 $p=2$），01_2 和 0101_2 是双重麻烦数。注意，前导零在此种情况下是必需的，以便对数字进行右移操作后能够得到相应的倍数。

特工部门似乎只对数制系统中最小的双重麻烦数感兴趣。例如，在二进制中，01_2 是最小的双重麻烦数。在十进制中（基数 $p=10$），最小的双重麻烦数是 052631578947368421_{10}。编写程序来实现以下功能：在给定基数 p 的情况下，确定在该数制系统中的最小双重麻烦数。

输入

输入包含一系列的整数，每行一个，直到输入文件结束。给定的每个整数均小于 200。

输出

对于输入中给出的每个基数 p，输出该数制系统下最小的双重麻烦数（包括必需的前导零）。在输出双重麻烦数时按照样例输出的格式进行输出，顺序和输入时给定的基数顺序一致。

在输出的末尾不需增加空行。使用十进制数来表示基数为 p 的数制系统中的数位，每个数位（包括最后一位）在输出时后面跟随一个空格。

样例输入	样例输出
2 10 35	For base 2 the double-trouble number is 0 1 For base 10 the double-trouble number is 0 5 2 6 3 1 5 7 8 9 4 7 3 6 8 4 2 1 For base 35 the double-trouble number is 11 23

分析

令所求的数字为 $d_1d_2d_3\cdots d_n$，$y=d_1d_2d_3\cdots d_{n-1}$，$x=d_n$，根据题意有

$$2\times d_1d_2d_3\cdots d_n = 2\times\left(d_1d_2d_3\cdots d_{n-1}\right)\left(d_n\right) = 2\times(y)(x) = \left(d_n\right)\left(d_1d_2d_3\cdots d_{n-1}\right) = (x)(y)$$

令基数为 p，则有

$$2yp + 2x = xp^{n-1} + y$$

移项化简得

$$y = \frac{x\left(p^{n-1}-2\right)}{2p-1}$$

于是有

$$d_1d_2d_3\cdots d_n = (y)(x) = \frac{x\left(p^{n-1}-2\right)}{2p-1}\times p + x = x\times\frac{\left(p^n-1\right)}{2p-1}$$

由于 x 是基数为 p 的数字的最末一位数字，很明显 x 不能为 0，否则数字为 0，不符合题意要求，那么 x 只可能为 $1, 2, \cdots, p-1$ 中的某个数字。由于最后得到的是一个整数，而 x 是整数，那么要求 $\dfrac{p^n-1}{2p-1}$ 必须为整数，即 p^n-1 能够被 $2p-1$ 整除。因为满足题意要求的数字最少为两位数，那么可以从 $n=2$ 开始枚举，直到找到符合要求的最小 n 值。

当找到 x 和 n 的值时，即可根据其确定相应的数字。由于 p^n-1 的各个数位均为 $p-1$（例如，$2^8-1=11111111_2$，

$10^6-1=999999_{10}$），可以根据这个特点简化运算，不必先求 p^n-1 的具体值然后再乘以 x，而是直接将数位上的 $p-1$ 与 x 相乘。在进行除法时，从高位开始除，未除尽的留给低位加权后继续除。最后去掉多余的前导零，输出结果。

参考代码

```cpp
int main(int argc, char *argv[])
{
    // 读取基数。
    int base;
    while (cin >> base) {
        // 根据等式搜索数字的位数 n 和最末尾一位数字的值 x。
        int n = 2, x, pow = base * base;
        while (true) {
            bool found = false;
            for (x = 1; x <= (base - 1); x++) {
                int r = x * (pow - 1) % (2 * base - 1);
                if (r == 0) {
                    found = true;
                    break;
                }
            }
            if (found) break;
            pow = (pow * base) % (2 * base - 1);
            n++;
        }
        // 根据等式计算数字的值。
        // 数字的最低位保存在 vector 的起始，最高位保存在 vector 的末尾。
        vector<int> digits(n);
        int carry = 0;
        for (int i = 0; i < digits.size(); i++) {
            int temp = (base - 1) * x + carry;
            digits[i] = temp % base;
            carry = temp / base;
        }
        if (carry) digits.push_back(carry);
        // 做除法。
        int borrow = 0;
        for (int i = digits.size() - 1; i >= 0; i--) {
            int temp = borrow * base + digits[i];
            digits[i] = temp / (2 * base - 1);
            borrow = temp % (2 * base - 1);
        }
        // 移除多余的前导零然后输出。
        while (digits.size() > n) digits.erase(digits.end() - 1);
        cout << "For base " << base << " the double-trouble number is" << endl;
        for (int i = digits.size() - 1; i >= 0; i--)
            cout << digits[i] << " ";
        cout << endl;
    }
    return 0;
}
```

强化练习

290 Palindroms ↔ smordnilaP[C]，424 Integer Inquiry[A]，619 Numerically Speaking[B]，997 Show the Sequence[D]，10992 The Ghost of Programmers[C]。

扩展练习

10430[①] Dear GOD[D]，10669[②] Three Powers[C]。

[①] 10430 Dear GOD 的解题关键是根据题意推导出 X 和 K 之间的关系式。在得到关系式后，既可以使用 C++解题，也可以使用后续介绍的 Java 中提供的 BigInteger 类来解题，使用后者更为简便。

[②] 10669 Three Powers 中，读者可以按照题意，以子集和从小到大的顺序列出给定集合的子集，再结合整数 n 的二进制表示以获得解题思路。

6.2 他山之石，可以攻玉

Java 中的 BigInteger 类支持大整数运算的相关功能。在比赛环境时间紧、压力大的情况下，如果题目需要使用大整数且支持 Java，优先考虑使用 Java 本身自带的大整数类[①]。BigInteger 类位于 java.math 包中，使用前需要引入相应的命名空间，具体如下：

```
import java.math.BigInteger;
```

在对 BigInteger 类进行初始化时，可以使用多种方式，其中常用的方式是将一个十进制的字符串转换为大整数。其相应的构造函数如下：

```
// 将 BigInteger 的十进制字符串表示形式转换为 BigInteger。该字符串表示形式包括一个可选的
// 减号，后跟一个或多个十进制数字序列。该字符串不能包含任何其他字符（如空格）。
BigInteger(String val);

// 将指定基数的 BigInteger 的字符串表示形式转换为 BigInteger。该字符串表示形式包括一个可
// 选的减号，后跟一个或多个指定基数的数字。该字符串不能包含任何其他字符（如空格）。
BigInteger(String val, int radix);
```

如果给定一个整数 x，可以使用 BigInteger.valueOf(x) 将其转换成 BigInteger 实例。由于 Java 不支持运算符的重载，大整数间的运算都是通过类的方法予以实现。需要注意的是，参与运算的参数都必须先转换为大整数才能进行运算。

```
// 加法。
BigInteger add(BigInteger val);

// 减法。
BigInteger subtract(BigInteger val);

// 乘法。
BigInteger multiply(BigInteger val);

// 整除。除数为 0 时抛出异常。
BigInteger divide(BigInteger val);

// 带余数的整除。
BigInteger[] divideAndRemainder(BigInteger val);

// 求模。
BigInteger remainder(BigInteger val);

// 乘方。注意，乘方的次数参数是一个整数，不是大整数。
BigInteger pow(int exponent);

// 返回两个大整数的最大公约数。
BigInteger gcd(BigInteger val);

// 将 BigInteger 与指定的 BigInteger 进行比较，当此 BigInteger 在数值上小于、等于或大于
// val 时，分别返回-1、0、1。
int compareTo(BigInteger val);

// 将大整数转换为十进制的字符串表示形式。
String toString();

// 将大整数转换为指定基数的字符串表示形式。
String toString(int radix);
```

[①] Python 也内置支持大整数运算，如果题目的结论是一个可以直接计算的表达式且在线评测平台支持 Python，使用 Python 也是一个不错的选择。

10213 How Many Pieces of Land?[B]（有多少块土地？）

给定一块椭圆形的土地，可以在它的边界上任意挑选 n 个点，然后用直线段连接每两个不同的点对，这样可以得到 $n(n-1)/2$ 条线段。如果精心挑选这 n 个点的位置，这些线段最多可以把土地分成多少个部分？

输入

输入第一行包含一个整数 s（$0<s<3500$），表示测试数据的组数。接下来的 s 行每行包含一个整数 n（$0 \leq n < 2^{31}$），表示边界上可以挑选的点数。

输出

对于每组数据输出一行，该行包含一个整数，表示 n 个点的连线最多能把土地划分成多少块。

样例输入
4
1
2
3
4

样例输出
1
2
4
8

分析

点的个数 n 和土地被划分的块数 $g(n)$ 之间的关系可以表示为以下通项公式：

$$g(n) = \binom{n}{4} + \binom{n}{2} + 2 = \frac{1}{24}\left(n^4 - 6n^3 + 23n^2 - 18n + 24\right)$$

直接应用 Java 提供的 BigInteger 类解题即可。

参考代码

```java
//----------------------------6.2.java----------------------------//
import java.io.*;
import java.math.BigInteger;

public class Main {
    public static void main(String[]args) throws IOException {
        BufferedReader stdin =
            new BufferedReader(new InputStreamReader(System.in));
        String line;
        line = stdin.readLine();
        int cases = Integer.parseInt(line);
        // 循环读取测试数据，计算结果。
        while (cases > 0) {
            line = stdin.readLine();
            System.out.println(getPieces(line));
            cases--;
        }
    }

    public static BigInteger getPieces(String line) {
        BigInteger n = new BigInteger(line);

        // 按公式计算结果。
        BigInteger pieces = n.pow(4);
        pieces = pieces.subtract(n.pow(3).multiply(BigInteger.valueOf(6)));
        pieces = pieces.add(n.pow(2).multiply(BigInteger.valueOf(23)));
        pieces = pieces.subtract(n.multiply(BigInteger.valueOf(18)));
        pieces = pieces.add(BigInteger.valueOf(24));
        pieces = pieces.divide(BigInteger.valueOf(24));

        return pieces;
    }
}
```

```
}
//---------------------------6.2.java---------------------------//
```

强化练习

288 Arithmetic Operations With Large Integers[D]，324 Factorial Frequencies[A]，367 Halting Factor Replacement Systems[E]，485 Pascal's Triangle of Death[A]，495 Fibonacci Freeze[A]，623 500![A]，10083 Division[C]，10106 Product[A]，10183 How Many Fibs[?]，10193 All You Need Is Love[A]，10359 Tiling[B]，10433 Automorphic Numbers[C]，10494 If We Were a Child Again[A]，10519 Really Strange[B]，10523 Very Easy[A]，10551 Basic Remains[B]，10925 Krakovia[A]，11185 Ternary[A]，11448 Who Said Crisis[B]。

扩展练习

10023[①] Square Root[B]，10606[②] Opening Doors[D]，12143[③] Stopping Doom's Day[E]。

除了 BigInteger 类，Java 还提供了支持高精度十进制小数运算的 BigDecimal 类，其使用方法与 BigInteger 类似，感兴趣的读者可以查阅官方文档以获得进一步的了解。

强化练习

10464 Big Big Real Numbers[C]，11821 High-Precision Number[C]。

6.3　高精度整数类的实现

如果比赛环境明确不允许使用 Java 的高精度整数类，而解题又必须使用高精度整数，那么就需要从头开始编写一个高精度整数类来实现相关的运算。

要实现一个高精度整数类，首先需要考虑如何表示数位。最简单直观的方式是用每个数位对应的 ASCII 字符来表示，但是这样表示在实现乘法和除法时的效率不是很高。由于 C++ 的 vector 具有动态数组的功能，可以考虑使用其来表示数位。在表示数位时，为了提高效率，每四个数字一组，将其作为高精度整数的一位来看待。实际上是把基数从原来的 10 变成了 10000。在以下的实现中，vector 的最末元素存储的是高精度整数的最高位，首元素存储的是最低位（实际上顺序也可以反过来，只不过以这样的设定实现起来更为方便一些）。

高精度整数类定义如下：
```cpp
//++++++++++++++++++++++++++++6.3.cpp++++++++++++++++++++++++++++//
// 常量，分别表示正数、负数、相等。
const int POSITIVE = 1, NEGATIVE = -1, EQUAL = 0;

class BigInteger
{
    // 重载输出符号。
    friend ostream& operator<<(ostream&, const BigInteger&);

    // 比较操作。
    friend int compare(const BigInteger&, const BigInteger&);
    friend bool operator<(const BigInteger&, const BigInteger&);
    friend bool operator<=(const BigInteger&, const BigInteger&);
    friend bool operator==(const BigInteger&, const BigInteger&);
```

---

① 10023 Square Root 可以使用多种方法解决。截至 2020 年 1 月 1 日，如果使用 Java 的 BigInteger 结合二分搜索解题，由于 UVa OJ 上的评测数据可能存在问题，尽管算法正确，但不易获得 Accepted。评测数据中可能包含某些测试数据 Y，它们并不是完全平方数，对于这种情况，当使用二分搜索得到 X 后，如果 $X*X>Y$，将 $X-1$ 作为结果输出可以获得 Accepted。

② 对于 10606 Opening Doors，读者可参阅 10110 Light More Light。

③ 12143 Stopping Doom's Day 中，可以计算 $n \in [1,50]$ 时的 T 值并观察总结规律。

```
    // 相关运算的实现: 加法、减法、乘法、除法、模、乘方、左移。
    friend BigInteger operator+(const BigInteger&, const BigInteger&);
    friend BigInteger operator-(const BigInteger&, const BigInteger&);
    friend BigInteger operator*(const BigInteger&, const BigInteger&);
    friend BigInteger operator/(const BigInteger&, const BigInteger&);
    friend BigInteger operator%(const BigInteger&, const BigInteger&);
    friend BigInteger operator^(const BigInteger&, const unsigned int&);
    friend BigInteger operator^(const BigInteger&, const BigInteger&);
    friend BigInteger operator<<(const BigInteger&, const unsigned int&);

public:
    BigInteger() {};

    // 将长整型及字符串转换为高精度整数的构造函数。
    BigInteger(const long long&);
    BigInteger(const string&);

    // 获取高精度整数的最后一个数位值。
    int lastDigit() const { return digits.front(); }

    ~BigInteger() {};

private:
    // 清除运算产生的前导零。
    void zeroJustify(void);

    // 采用 10000 作为基数。数位宽度为 4。
    static const int base = 10000;
    static const int width = 4;

    // 符号位和保存数位的向量。
    int sign;
    vector<int> digits;
};
```

重载输出符号

首先完成重载输出符号的功能。当为负数时，输出一个负号，正数前不输出符号。由于最高位存储在向量的末尾，故需要逆序输出。

```
// 重载输出符号以输出大整数。
ostream& operator<<(ostream& os, const BigInteger& number)
{
    os << (number.sign > 0 ? "" : "-");
    os << number.digits[number.digits.size() - 1];
    for (int i = (int)number.digits.size() - 2; i >= 0; i--)
        os << setw(number.width) << setfill('0') << number.digits[i];
    return os;
}
```

构造函数

为了方便使用，定义了两个构造函数，将长整型数和十进制数字符串转换为高精度整数。转换时先确定符号位，若参数是整数类型，则将其不断除以基数，求模得到数位；若参数是一个十进制数字字符串，则从字符串末尾开始，每四位作为一组，将其转换为整数保存到数位 vector 中。以下示例代码使用了 C++11 标准的 stoi 函数来将字符串转换为整数。

```
// 将长整型数转换为大整数。
BigInteger::BigInteger(const long long& value)
{
    if (value == 0) {
        sign = POSITIVE;
        digits.push_back(0);
    }
```

```
    else {
        // 不断模基数取余得到各个数位。
        sign = (value >= 0 ? POSITIVE : NEGATIVE);
        long long number = abs(value);
        while (number) {
            digits.push_back(number % base);
            number /= base;
        }
    }

    // 移除前导零。
    zeroJustify();
};

// 将十进制的字符串转换为大整数。
BigInteger::BigInteger(const string& value)
{
    if (value.length() == 0) {
        sign = POSITIVE;
        digits.push_back(0);
    }
    else {
        // 设置数值的正负号。
        sign = value[0] == '-' ? NEGATIVE : POSITIVE;
        // 四个数字作为一组，转换为整数存储到数位数组中。
        string block;
        for (int index = value.length() - 1; index >= 0; index--) {
            if (isdigit(value[index]))
                block.insert(block.begin(), value[index]);
            if (block.length() == width) {
                digits.push_back(stoi(block));
                block.clear();
            }
        }
        if (block.length() > 0) digits.push_back(stoi(block));
    }
    // 移除前导零。
    zeroJustify();
}
```

由于在运算中，可能会在向量的末尾产生无效的 0，这些 0 位于最高位，所以需要去掉以免影响高精度整数的输出，在此定义了一个移除前导零的私有方法。

```
// 移除无效的前导零。
void BigInteger::zeroJustify(void)
{
    for (int i = digits.size() - 1; i >= 1; i--) {
        if (digits[i] > 0) break;
        digits.erase(digits.begin() + i);
    }
    if (digits.size() == 1 && digits[0] == 0) sign = POSITIVE;
}
```

比较运算

为了更为方便地完成高精度整数的四则运算，先定义比较运算，此处通过一个函数返回两个高精度整数的大小关系，根据大小关系可进一步重载相应的比较运算符。

```
// 比较两个高精度整数的大小。
// x 大于 y，返回 1；x 小于 y，返回 -1；x 等于 y，返回 0。
// 为了后续除法的需要调整了实现，使得对于未经前导零调整的整数也能够得到正确的处理。
int compare(const BigInteger& x, const BigInteger& y)
{
    // 符号不同，正数大于负数。
    if (x.sign == POSITIVE && y.sign == NEGATIVE ||
```

```
          x.sign == NEGATIVE && y.sign == POSITIVE)
          return (x.sign == POSITIVE ? 1 : -1);
   // 确定 x 和 y 的有效数位个数，前导零不计入有效数位。
   int xDigitNumber = x.digits.size() - 1;
   for (; xDigitNumber && x.digits[xDigitNumber] == 0; xDigitNumber--) ;
   int yDigitNumber = y.digits.size() - 1;
   for (; yDigitNumber && y.digits[yDigitNumber] == 0; yDigitNumber--) ;
   // 符号相同，同为正数，数位个数越多则越大，同为负数，数位个数越多则越小。
   if (xDigitNumber > yDigitNumber) return (x.sign == POSITIVE ? 1 : -1);
   // 符号相同，同为正数，数位个数越少则越小，同为负数，数位个数越少则越大。
   if (xDigitNumber < yDigitNumber) return (x.sign == NEGATIVE ? 1 : -1);
   // 符号相同，数位个数相同，逐位比较。
   for (int index = xDigitNumber; index >= 0; index--) {
       if (x.digits[index] > y.digits[index]) return (x.sign == POSITIVE ? 1 : -1);
       if (x.digits[index] < y.digits[index]) return (x.sign == NEGATIVE ? 1 : -1);
   }
   // 两数相等。
   return 0;
}

// 等于比较运算符。
bool operator==(const BigInteger& x, const BigInteger& y)
{
   return compare(x, y) == 0;
}

// 小于比较运算符。
bool operator<(const BigInteger& x, const BigInteger& y)
{
   return compare(x, y) < 0;
}

// 小于等于比较运算符。
bool operator<=(const BigInteger& x, const BigInteger& y)
{
   return compare(x, y) <= 0;
}
```

加法

接下来实现高精度整数的加法和减法。为了实现的方便，在必要时，可将运算进行相互转换。为此，需要事先声明函数以便编译器调用。加法的实现很简单，按照逐位相加的方式进行。

```
BigInteger operator+(const BigInteger&, const BigInteger&);
BigInteger operator-(const BigInteger&, const BigInteger&);

// 高精度整数加法。
BigInteger operator+(const BigInteger& x, const BigInteger& y)
{
   BigInteger z;
   // 如果两个加数的符号不同，转换为减法运算。
   if (x.sign == NEGATIVE && y.sign == POSITIVE) {
       z = x;
       z.sign = POSITIVE;
       return (y - z);
   }
   else if (x.sign == POSITIVE && y.sign == NEGATIVE) {
       z = y;
       z.sign = POSITIVE;
       return (x - z);
   }
   // 确保 x 的位数比 y 的位数多，便于计算。
   if (x.digits.size() < y.digits.size()) return (y + x);
```

```
// 两个加数的符号相同时才进行加法运算。预先为结果分配存储空间。
z.sign = x.sign + y.sign >= 0 ? POSITIVE : NEGATIVE;
z.digits.resize(max(x.digits.size(), y.digits.size()) + 1);
fill(z.digits.begin(), z.digits.end(), 0);
// 逐位相加，考虑进位。
int index = 0, carry = 0;
for (; index < x.digits.size(); index++) {
    // 获取对应位的和。
    int sum = x.digits[index] + carry;
    sum += index < y.digits.size() ? y.digits[index] : 0;
    // 确定进位。
    carry = sum / z.base;
    // 将和保存到结果的相应位中。
    z.digits[index] = sum % z.base;
}
// 保存最后可能产生的进位。
z.digits[index] = carry;
// 移除前导零。
z.zeroJustify();
return z;
}
```

减法

减法的实现和加法类似，也是从低位到高位进行，采用逐位相减的方法进行。与加法考虑进位相反，减法需要考虑的是借位。

```
// 高精度整数减法。
BigInteger operator-(const BigInteger& x, const BigInteger& y)
{
    BigInteger z;
    // 当 x 和 y 至少有一个是负数，转换为加法运算。
    if (x.sign == NEGATIVE || y.sign == NEGATIVE) {
        z = y;
        z.sign = -y.sign;
        return x + z;
    }
    // 都为正数，确保 x 大于 y，便于计算。
    if (x < y) {
        z = y - x;
        z.sign = NEGATIVE;
        return z;
    }
    // 设置符号位并预先分配存储空间。
    z.sign = POSITIVE;
    z.digits.resize(max(x.digits.size(), y.digits.size()));
    fill(z.digits.begin(), z.digits.end(), 0);
    // 逐位相减，考虑借位。
    int index = 0, borrow = 0;
    for (; index < x.digits.size(); index++) {
        // 获取对应位的差。
        int difference = x.digits[index] - borrow;
        difference -= index < y.digits.size() ? y.digits[index] : 0;
        // 确定是否有借位。
        borrow = 0;
        if (difference < 0) {
            difference += z.base;
            borrow = 1;
        }
        // 保存相应位差的结果。
        z.digits[index] = difference % z.base;
    }
```

```
                                         // 移除前导零。
                                         z.zeroJustify();
                                         return z;
}
```

乘法

乘法采用的是朴素的方法——一行一行相乘然后相加。该种方法是学校教育在教授四则运算时进行乘法的通用做法，此方法不仅简单而且效率在程序竞赛中也可接受。

```
// 高精度整数乘法。
BigInteger operator*(const BigInteger& x, const BigInteger& y)
{
    BigInteger z;
    // 设置符号位并预先分配存储空间。
    z.sign = x.sign * y.sign;
    z.digits.resize(x.digits.size() + y.digits.size());
    fill(z.digits.begin(), z.digits.end(), 0);
    // 一行一行相乘然后相加。
    for (int i = 0; i < y.digits.size(); i++)
        for (int j = 0; j < x.digits.size(); j++) {
            z.digits[i + j] += x.digits[j] * y.digits[i];
            z.digits[i + j + 1] += z.digits[i + j] / z.base;
            z.digits[i + j] %= z.base;
        }
    // 移除前导零。
    z.zeroJustify();
    return z;
}
```

除法

除法的实现稍复杂，总体思路是使用除数去试除，如果被除数不够则向后扩展使得被除数增大，直到大于或等于除数，此时使用减法来获取对应数位的商。为了提高效率，以下实现中所采用的是二分试除法。

```
// 高精度整数除法，为整除运算。
BigInteger operator/(const BigInteger& x, const BigInteger& y)
{
    // z 表示整除得到的商，r 表示每次试除时的被除数。
    BigInteger z, r;
    // 设置商和被除数的符号位。
    z.sign = x.sign * y.sign;
    r.sign = POSITIVE;
    // 为商 z 和表示被除数的 r 预先分配存储空间。
    z.digits.resize(x.digits.size() - y.digits.size() + 1);
    r.digits.resize(y.digits.size() + 1);
    // 初始化值。
    fill(z.digits.begin(), z.digits.end(), 0);
    fill(r.digits.begin(), r.digits.end(), 0);
    // 从高位到低位逐位试除得到对应位的商。
    for (int i = x.digits.size() - 1; i >= 0; i--) {
        // 获取被除数，将上一次未被除尽的余数的移到高位加上当前数位继续除。
        r.digits.insert(r.digits.begin(), x.digits[i]);
        // 通过二分试除法得到对应位的商。
        int low = 0, high = z.base - 1, middle = (high + low + 1) >> 1;
        while (low < high) {
            if ((y * BigInteger(middle)) <= r)
                low = middle;
            else
                high = middle - 1;
            middle = (high + low + 1) >> 1;
```

```
    }
    // 执行减法，从被除数中减去指定数量的 y。
    for (int index = 0; index < y.digits.size(); index++) {
        int difference = r.digits[index] - middle * y.digits[index];
        // 确定是否有借位产生。
        int borrow = 0;
        if (difference < 0) borrow = (z.base - 1 - difference) / z.base;
        // 高位减去借位数量。
        r.digits[index + 1] -= borrow;
        // 低位加上借位。
        difference += z.base * borrow;
        r.digits[index] = difference % z.base;
    }
    // 将对应位的商存入结果中。
    z.digits.insert(z.digits.begin(), middle);
    }
    // 移除前导零。
    z.zeroJustify();
    return z;
}
```

求模

设有正整数 x 和 y，有

$$x \% y = x - \left\lfloor \frac{x}{y} \right\rfloor y$$

上述语句中的商向下取整，由于前述实现的除法是整除，因此可以使用整除来实现商向下取整。

```
// 高精度整数求模运算。适用于同为正整数的情形。
BigInteger operator%(const BigInteger& x, const BigInteger& y)
{
    return (x - (x / y) * y);
}
```

上述求模运算需要进行除法、乘法和减法，效率不是很高，若需要提高效率，可将前述的大整数除法运算进行适当扩展，使得在得到商的同时保留余数。注意，为了统一，可以设定余数总是大于等于 0。

乘方

乘方运算可以转换为乘法，采用适当技巧可减少乘法次数。

```
// 高精度整数乘方运算，乘法次数为内置整数类型。
BigInteger operator^(const BigInteger& x, const unsigned int& y)
{
    if (y == 0) return BigInteger(1);
    if (y == 1) return x;
    if (y == 2) return x * x;
    if (y & 1 > 0) return ((x ^ (y / 2)) ^ 2) * x;
    else return ((x ^ (y / 2)) ^ 2);
}

const BigInteger ZERO = BigInteger(0), ONE = BigInteger(1), TWO = BigInteger(2);

// 高精度整数乘方运算，乘方次数为高精度整数。
BigInteger operator^(const BigInteger& x, const BigInteger& y)
{
    if (y == ZERO) return BigInteger(1);
    if (y == ONE) return x;
    if (y == TWO) return x * x;
    if (y.lastDigit() & 1 > 0) return ((x ^ (y / 2)) ^ 2) * x;
    else return ((x ^ (y / 2)) ^ 2);
}
```

左移

以下给出左移运算的实现，类似地，读者可以自行尝试实现右移运算。

```
// 高精度整数左移运算，左移一位相当于将此数乘以基数。
BigInteger operator<<(const BigInteger& x, const unsigned int& shift)
{
    BigInteger z;
    // 设置符号位，复制向量中的数据。
    z.sign = x.sign;
    z.digits.resize(x.digits.size());
    copy(x.digits.begin(), x.digits.end(), z.digits.begin());
    // 移动指定位数，补零。
    for (int i = 0; i < shift; i++) z.digits.insert(z.digits.begin(), 0);
    // 移除前导零。
    z.zeroJustify();
    return z;
}
//+++++++++++++++++++++++++++++++++6.3.cpp+++++++++++++++++++++++++++++++++//
```

10247 Complete Tree Labeling[c]（完全树标号）

完全 k 叉树是一种特殊的 k 叉树，它的所有叶结点位于同一层，并且所有内部结点均有 k 个分支。很容易算出这样的树中有多少个结点。

给出深度 d 和分支因子 k，你需要统计有多少种方法给一棵完全 k 叉树中的每个结点标号。标号原则：每个结点的标号小于它所有后代的标号（$k=2$ 时，这正是二叉堆所具有的堆性质）。你的任务是统计标号的方案数。对于一棵 n 个结点的树，标号范围是（$1, 2, 3, \cdots, n-1, n$）。

输入

输入包含多组数据，每组数据单独占一行，包含两个整数 k 和 d，其中，$k>0$ 是分支因子，$d>0$ 是深度，输入满足 $k \times d \leq 21$。

输出

对于每组数据输出一行，包含一个整数，表示标号方案的数量。

样例输入	样例输出
2 2	80
10 1	3628800

分析

令 $T(k, d)$ 表示给分支因子为 k，深度为 d 的 k 叉树进行标号的方案数，$N(k, d)$ 表示分支因子为 k，深度为 d 的完全 k 叉树所包含的结点数，根据完全 k 叉树的定义，深度为 d 的完全 k 叉树包含了 k 个深度为 $d-1$ 的完全 k 叉子树，有

$$N(k, d) = k \cdot N(k, d-1) + 1$$

且每个子树的标号方案数为 $T(k, d-1)$。则可将问题转化为将 $N(k, d)-1$ 个结点，编号为 $1 \sim N(k, d)-1$，划分为 k 个子集，每个子集有 $N(k, d-1)$ 个结点，总共有多少种划分方法。只要确定了划分方法数，由于已知 $T(k, d-1)$，只需将每种划分方法得到的子集和每棵子树一一对应，每个子集的元素可以与 $T(k, d-1)$ 中的标号形成一一对应。设总的划分方法数为 x，那么有以下关系：

$$T(k, d) = x \cdot T(k, d-1)^k$$

而集合的划分数 x 相当于每次从 $(N(k, d)-1)$ 个结点中取 $N(k, d-1)$ 个结点，共取 k 次所能得到的不同取法总数。设 $A=N(k, d)-1$，$B=N(k, d-1)$，有

$$x = \prod_{i=0}^{k-1} \binom{A - i \times B}{B}$$

根据组合数的定义可将上式简化为

$$x = \frac{A!}{(B!)^k}$$

最终有

$$T(k, d) = \frac{(N(k,d)-1)!}{(N(k,d-1)!)^k} \times T(k, d-1)^k$$

容易知道 $T(k, 0)=1$，进一步化简得

$$T(k, d) = \frac{(N(k,d)-1)!}{\prod_{i=1}^{d-1} N(k, d-i)^{k^i}}$$

强化练习

10220 I Love Big Numbers[A]，10254 The Priest Mathematician[B]，12924 Immortal Rabbits[E]。

6.4　进制及其转换

在日常生活中，人们使用的是十进制，即逢十进一。十进制在日常生活中应用广泛，但是使用计算机来表示却非常不方便，因为在最初计算机的制造中，使用晶体管的开和关两种状态来表示 1 和 0 是很方便的，但是要用晶体管来表示 0～9 这种状态却非常麻烦，因此在计算机中使用的都是二进制，即逢二进一。除了二进制以外，常用的还有八进制、十六进制等。

6.4.1　R 进制数转换为十进制数

将数从一种计数制表示转换到另外一种计数制表示的过程称为进制转换。将 R 进制数从左到右写成一行，最左边的数字具有最高的权值，最右边的数字具有最低的权值，则 R 进制下的数 X_R 所对应的十进制数为

$$X_R = (x_n x_{n-1} \cdots x_2 x_1)_R = x_n R^{n-1} + x_{n-1} R^{n-2} + \cdots x_2 R^1 + x_1 R^0 = ((x_n R + x_{n-1}) R + \cdots) R + x_1$$

例如，将二进制数 1101101101_2 转换为十进制数，有

$$1101101101_2 = 1 \times 2^9 + 1 \times 2^8 + \cdots + 0 \times 2^1 + 1 \times 2^0 = 877_{10}$$

在练习中，经常会遇到的情况是给定了 R 进制下的一个数字字符串，要求将其转换为十进制下的整数，使用上述方法，可以很容易实现。

```cpp
//-----------------------------6.4.1.cpp-----------------------------//
// 将 R 进制数转换为十进制数，假设转换得到的数值均在整数数据类型表示的范围内。
int convertRToDecimal(string textOfNumber, int base)
{
    // 处理符号位。
    int sign = 1;
    if (textOfNumber.front() == '+' || textOfNumber.front() == '-') {
        sign = textOfNumber.front() == '+' ? 1 : -1;
        textOfNumber.erase(textOfNumber.begin());
    }
    // 将字符串表示的数字从左至右进行转换。
    int number = 0;
    for (auto digit : textOfNumber) number = number * base + (digit - '0');
    // 返回的数值需要乘以符号位。
    return sign * number;
}
//-----------------------------6.4.1.cpp-----------------------------//
```

强化练习

377 Cowculations[B], 575 Skew Binary[A], 636 Squares (III)[A], 10093 An Easy Problem[A], 11398 The Base-1 Number System[C], 12602 Nice Licence Plates[A]。

6.4.2　十进制数转换为 R 进制数

将十进制整数转换为其他进制整数，一般使用求余法。假设将十进制的整数 m 转换为 R 进制数，需要做的就是确定 R 进制中每个数位的值，根据除法的定义，设 n 为 R 整除 m 的商，r 为余数，有

$$n = \left\lfloor \frac{m}{R} \right\rfloor, \quad m = nR + r$$

那么十进制数 m 所对应 R 进制数的末位数字就是 r，将 m 替换为 n，继续此过程直到确定每个数位上的数值即可完成转换。

```cpp
//----------------------------6.4.2.cpp----------------------------//
// 将十进制数转换为 R 进制数。
string convertDecimalToR(int number, int base)
{
    // 处理符号位。
    int sign = number >= 0 ? 1 : -1;
    // 取绝对值，使用求余数法进行转换。
    string textOfNumber;
    number = abs(number);
    while (number) {
        textOfNumber.insert(textOfNumber.begin(), number % base + '0');
        number /= base;
    }
    // 当为负数时添加符号位。
    if (sign < 0) textOfNumber.insert(textOfNumber.begin(), '-');
    return textOfNumber;
}
//----------------------------6.4.2.cpp----------------------------//
```

如果给定的是一个十进制小数，要求将其转换为 R 进制小数，应该如何转换呢？只需要把求余操作改成乘法操作即可。根据数制定义，假设将十进制小数 $m_1.m_2m_3m_4$ 转换为 R 进制小数，则有

$$m_1.m_2m_3m_4 = n_1R^{-1} + n_2R^{-2} + \cdots + n_kR^{-k}$$

将两边同时乘以 R，有

$$m_1.m_2m_3m_4 \times R = n_1 + n_2R^{-1} + \cdots + n_kR^{-(k-1)}$$

由于 $n_1, n_2, \cdots, n_k$ 为整数，而

$$n_2R^{-1} + \cdots + n_kR^{-(k-1)} \leqslant R^{-1} + \cdots + R^{-(k-1)} < 1$$

也就是说，n_1 和 $m_1.m_2m_3m_4 \times R$ 的整数部分相等，$n_2R^{-1} + \cdots + n_kR^{-(k-1)}$ 和 $m_1.m_2m_3m_4 \times R$ 的小数部分相等。

以十进制小数转化为二进制小数为例，具体方法如下：用 2 乘以十进制小数，可以得到积，将积的整数部分取出，再用 2 乘余下的小数部分，又得到一个积，再将积的整数部分取出，如此反复操作，直到积的整数部分为 0 或 1，此时的 0 或 1 即为二进制的最后一位。如果转换得到的是循环小数，则达到所要求的精度或遇到循环时即可停止[①]。例如，将 0.625_{10} 转化为二进制小数，转换过程如下：

$$0.625 \times 2 = 1.25, \text{整数部分为1};\ 0.25 \times 2 = 0.5, \text{整数部分为0};\ 0.5 \times 2 = 1, \text{整数部分为1}$$

可得 $0.625_{10} = 0.101_2$。

强化练习

11005 Cheapest Base[B], 11121 Base -2[A], 11701 Cantor[D]。

[①] 读者可参阅本章后续小节所介绍的将分数转换为小数的过程。

6.4.3 任意进制数之间的相互转换

在任意进制数之间进行转换，一般是借助于十进制数作为中介进行。设起始进制为 R_1，终止进制为 R_2，先将 R_1 进制下的数 X 转换为十进制下的数 Y，然后再将数 Y 转换为 R_2 进制下的数 Z。

902 Password Search[A]（密码搜索）

能够发送加密的信息对保护个人隐私非常重要。信息一般是在经过某个固定的密码加密后才被发送出去。当然，固定的密码是不安全的，需要经常更改来保持私密性。不过，需要有一种机制来将新密码发送给对方。密码学小组里的一位数学家提出了一个好点子：将密码隐藏在信息中一起发送。这样，信息的接收者只需要知道密码的长度，即可从接收的信息中将密码找出来。

如果密码的长度为 N，将接收信息中长度为 N 的所有子串列出来，其中出现频次最高的子串即为密码。找到密码后，将信息中所有与密码相同的子串移除，剩下的即为经过加密后的有效信息，使用对应的密码进行解密即可。

现在要求你编写一个程序完成以下任务：给定密码的长度和经过加密的信息，按照前述的密码编码规则来找出密码。例如，在样例输入中，给定的密码长度为 3（N=3），加密后的信息文本为"baababacb"，则密码为"aba"。因为长度为 3 的子串中，"aba"出现的频次最高（出现了两次），而其他同等长度的 5 个子串（"baa"、"aab"、"bab"、"bac"、"acb"）均只出现了一次。

输入

输入包含多组测试数据，每组测试数据一行。每行给出了密码的长度 N（$0 < N \leqslant 10$）及经过加密的信息，信息只由小写字母组成。

输出

对每组测试数据，输出找到的密码字符串。

样例输入	样例输出
3 baababacb	aba

分析

题目很简单，只需要统计子串的频次，取频次最高的子串即为密码字符串（可以使用 map 来解题，为了示例数制转换，以下解题使用的是将字符串映射为整数的解题方式）。可以将字符串映射为一个整数来进行唯一标识，将所有转换后得到的整数储存到一个 vector 中，对其排序，相同整数（子串）会相邻排列，逐次统计相同整数的最大长度，即可找到具有最大频次的整数（子串）。为何不用整数作为数组下标来直接累加次数呢？因为转换后的整数会很大，无法在内存限制下用数组予以存储，除非使用 map。题目限定信息只由小写字母构成，而小写字母共有 26 个，可将其视为一个 32 进制数值系统。给定字符子串

$$S = s_1 s_2 \cdots s_n$$

将字母转换为 0～25 的数字，然后根据字母所在位置的权值，将其转换为一个整数

$$K = (s_1 - 97) \times 32^{n-1} + (s_2 - 97) \times 32^{n-2} + \cdots + (s_n - 97) \times 32^0$$

由于 N 最大为 10，故 K 不会超过 long long int 数据类型的表示范围。待找到最大频次的整数后，再将其转换为字母。字符串和整数的相互转换可应用位运算进行简化。

参考代码

```
// N 为密码的长度；message 为加密后的信息。
int N;
string message;

// 将整数转换为字符串并输出。
void decode(long long password)
{
    long long mask = 0x1F;
```

```
        for (int i = 2; i <= N; i++) mask <<= 5;
        for (int i = N - 1; i >= 0; i--) {
            cout << (char)('a' + ((password & mask) >> (5 * i)));
            mask >>= 5;
        }
        cout << '\n';
}

int main(int argc, char *argv[])
{
    while (cin >> N >> message) {
        // 存储转换后得到的整数。
        vector<long long> substring;
        // 生成用于获取转换后整除的掩码。
        long long mask = 0x1F;
        for (int i = 2; i <= N; i++) mask <<= 5, mask |= 0x1F;
        // 将字符串中所有长度为 N 的子串转换为整数。
        long long k = 0;
        for (int i = 0; i < N; i++) k <<= 5, k |= (message[i] - 'a');
        substring.push_back(k);
        for (int i = N; i < message.length(); i++) {
            k <<= 5, k &= mask, k |= (message[i] - 'a');
            substring.push_back(k);
        }
        // 排序，相同整数（子串）相邻。
        sort(substring.begin(), substring.end());
        // 统计出现频次最高的整数。
        int most = 0, frequency = 0;
        long long password = -1, head = -1;
        for (auto sub : substring) {
            if (sub == head) frequency++;
            else {
                if (frequency > most) most = frequency, password = head;
                if (password == -1) password = sub;
                head = sub, frequency = 1;
            }
        }
        // 将整数转换为字符串。
        decode(password);
    }
    return 0;
}
```

强化练习

343 What Base Is This[A]，355 The Bases Are Loaded[A]，389 Basically Speaking[A]，10677[1] Base Equality[C]。

扩展练习

11952[2] Arithmetic[D]。

6.4.4　罗马计数法

古罗马人使用一套特别的计数方法，称为罗马计数法。该计数法使用如下的 7 个字母来表示特定的值：

---

[1]　对于 10677 Base Equality，截至 2020 年 1 月 1 日，此题的题目描述不够清晰使得通过率较低。以样例输入的第四组数据为例，其对应的样例输出为 9240_{10}，将其转换为十一进制数为 $9240_{10}=6A40_{11}$，对应的十四进制数 $6A40_{14}=18480_{10}$，而 $18480_{10}/9240_{10}=2=c$。

[2]　对于 11952 Arithmetic，截至 2020 年 1 月 1 日，此题的题目描述不够明确使得通过率较低。（1）在进行进制转换时，默认一个数字对应一个数位。（2）对于 1 进制的数需要进行特殊处理，$11 + 11 = 1111$ 是合法的 1 进制加法。（3）对于评测数据来说，最大只需尝试到十八进制即可。

$$I = 1, \ V = 5, \ X = 10, \ L = 50, \ C = 100, \ D = 500, \ M = 1000$$

然后通过相应的规则来组成数字，组成数字的规则如下。

（1）字母 I、X、C、M 连续出现的次数不能超过三次。例如，I、XX、CCC 是合法的表示，而 MMMM 是不合法的表示。

（2）字母 V、L、D 连续出现的次数不能超过一次，即 VV、LL、DD 是不合法的表示。

（3）I 可以出现在 V 和 X 之前，表示将后面的数字减 1，例如，IV 表示 4，IX 表示 9。

（4）X 可以出现在 L 和 C 之前，表示将后面的数字减 10，例如，XL 表示 40，XC 表示 90。

（5）C 可以出现在 D 和 M 之前，表示将后面的数字减 100，例如，CD 表示 400，CM 表示 900。

（6）I、X、C、M 连续出现时，表示相加，例如，III 表示 3、VII 表示 7。

使用常规的字符串判断方法来判断给定的罗马数字是否合法有些烦琐，借助正则表达式可以简便地实现判断。

```cpp
//+++++++++++++++++++++++++++++6.4.4.cpp++++++++++++++++++++++++++++++//
#include <regex>

string pattern = R"(^M{0,3}(CM|CD|D?C{0,3})(XC|XL|L?X{0,3})(IX|IV|V?I{0,3})$)";
regex romanExp(pattern, regex_constants::ECMAScript);

bool validateRoman(string &roman)
{
    return regex_match(roman, romanExp);
}
```

确定给定的罗马数字是合法的表示形式之后，可以很容易将其转换为阿拉伯数字。

```cpp
map<char, int> letters = {
    {'I', 1}, {'V', 5}, {'X', 10}, {'L', 50}, {'C', 100}, {'D', 500}, {'M', 1000},
};

int roman2Arab(string &roman)
{
    int arab = 0, idx = 0;
    while (idx < roman.length() - 1) {
        int previous = letters[roman[idx]], next = letters[roman[idx + 1]];
        if (previous < next) arab += next - previous, idx += 2;
        else arab += previous, idx += 1;
    }
    if (idx < roman.length()) arab += letters[roman[idx]];
    return arab;
}
```

反之，将阿拉伯数字转换为罗马数字也很简单。

```cpp
vector<int> numbers = {
    3000, 2000, 1000, 900, 500, 400, 300, 200, 100,
    90, 50, 40, 30, 20, 10,
    9, 8, 7, 6, 5, 4, 3, 2, 1
};

vector<string> symbols = {
    "MMM", "MM", "M", "CM", "D", "CD", "CCC", "CC", "C",
    "XC", "L", "XL", "XXX", "XX", "X",
    "IX", "VIII", "VII", "VI", "V", "IV", "III", "II", "I"
};

string arab2Roman(int arab)
{
    string roman;
    while (arab > 0) {
        for (int i = 0; i < numbers.size(); i++)
            if (arab >= numbers[i]) {
                roman += symbols[i];
```

```
                arab -= numbers[i];
                break;
            }
        }
    }
    return roman;
}
//++++++++++++++++++++++++++++++6.4.4.cpp++++++++++++++++++++++++++++++//
```

185 Roman Numerals[C]，344 Roman Digititis[A]，759 The Return of the Roman Empire[C]，10101 Bangla Numbers[A]，11616 Roman Numerals[B]，12397 Roman Numerals[D]。

扩展练习

276 Egyptian Multiplication[D]，943 Number Format Translator[E]。

6.5　实数

6.5.1　分数

分数（fraction）可分为有理分数和无理分数。有理分数可以使用整数作为分子和分母来表示。有理分数之间可以使用通分的方法来精确地比较大小。

为了简便，可以使用自定义结构体或者 C++标准库中的 complex 类来表示分数。

```cpp
//---------------------------6.5.1.cpp---------------------------//
struct fraction {
    // numerator 表示分子，denominator 表示分母。
    long long numerator, denominator;

    // 规范化分数的表示形式，使得分子和分母互素且分母始终为正整数。
    void normalize()
    {
        if (denominator < 0) denominator *= -1, numerator *= -1;
        if (numerator == 0 && denominator != 0) denominator = 1;
        if (numerator != 0 && denominator != 0) {
            // __gcd是 GCC 内置的求最大公约数的函数。
            long long g = __gcd(abs(numerator), denominator);
            numerator /= g, denominator /= g;
        }
    }

    fraction operator+(const fraction& f)
    {
        fraction r;
        r.numerator = numerator * f.denominator + denominator * f.numerator;
        r.denominator = denominator * f.denominator;
        r.normalize();
        return r;
    }
};
//---------------------------6.5.1.cpp---------------------------//
```

在上述代码片段中，只是给出了加法的实现，读者可以根据分数的运算法则自行实现减法、乘法和除法。如果是使用 complex 类来表示分数，一般使用其实部 real 表示分子，虚部 imag 表示分母。在进行分数的加法或减法时，可以先求出两个分母的最大公约数，然后使用下述运算方式以减少溢出的可能性。

```cpp
fraction operator+(const fraction& f)
{
    fraction r;
```

```
long long g = __gcd(denominator, f.denominator);
r.numerator = f.denominator / g * numerator + denominator / g * f.numerator;
r.denominator = denominator / g * f.denominator;
r.normalize();
return r;
}
```

10077 The Stern-Brocot Number System[A]（Stern-Brocot 代数系统）

Stern-Brocot 树是一种生成所有非负最简分数 $\dfrac{m}{n}$ 的美妙方式。其基本思想是从 $\left(\dfrac{0}{1}, \dfrac{1}{0}\right)$ 这两个分数开始，

根据需要反复执行如下操作：在相邻分数 $\dfrac{m}{n}$ 和 $\dfrac{m'}{n'}$ 之间插入 $\dfrac{m+m'}{n+n'}$。

例如，第一步将在 $\dfrac{0}{1}$ 和 $\dfrac{1}{0}$ 之间得到一个新的分数

$$\frac{0}{1}, \frac{1}{1}, \frac{1}{0}$$

然后，下一步将得到两个新分数

$$\frac{0}{1}, \frac{1}{2}, \frac{1}{1}, \frac{2}{1}, \frac{1}{0}$$

接下来是四个新分数

$$\frac{0}{1}, \frac{1}{3}, \frac{1}{2}, \frac{2}{3}, \frac{1}{1}, \frac{3}{2}, \frac{2}{1}, \frac{3}{1}, \frac{1}{0}$$

可以将整个序列看作一棵无限延伸的二叉树，它的顶部看来如图 6-1 所示。

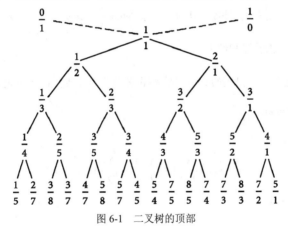

图 6-1　二叉树的顶部

其构造过程是保序的，因此同一个分数不会在多个地方出现。事实上，可以把 Stern-Brocot 树看成一个表示有理数的代数系统，因为每个正的最简分数在这棵树中恰好出现一次。用字母"L"和"R"分别表示从树根开始的一步"往左走"和"往右走"，则一个 L 和 R 组成的序列唯一地确定了树中的一个位置。例如，LRRL 表示从 $\dfrac{1}{1}$ 往左走到 $\dfrac{1}{2}$，然后往右走到 $\dfrac{2}{3}$，再往右走到 $\dfrac{3}{4}$，最后往左走到 $\dfrac{5}{7}$。可以把 LRRL 看作 $\dfrac{5}{7}$ 的一种表示方法。几乎每个正分数均有唯一的方法表示成一个由 L 和 R 组成的序列。

唯一的例外是 $\dfrac{1}{1}$，它对应于空串。我们用 I 来表示它，因为它看起来像 1，而且是单位（identity）的首字母。

输入

输入包含多组数据，每组数据仅一行，包含两个互素的正整数 m 和 n。$m=n=1$ 表示输入结束，不必对

它进行处理。

输出

对于输入的每组数据，输出一行，表示该分数在 Stern-Brocot 代数系统中的表示法。

样例输入	样例输出
5 7 878 323 1 1	LRRL RRLRRLRLLLLRLRRR

分析

起始时定义三个分数，左侧分数 $\dfrac{0}{1}$，中间分数 $\dfrac{1}{1}$，右侧分数 $\dfrac{1}{0}$，按照类似于中序遍历的过程，将给定的分数与中间分数比较大小后决定向左还是向右，根据 Stern-Brocot 树的规则更新相应的左侧分数和中间分数（或者中间分数和右侧分数），继续比较大小决定向左还是向右，重复此过程，直到找到指定的分数。在此过程中输出对应的向左或向右选择即为该分数的表示法。根据题目所给图形，以 $\dfrac{5}{7}$ 为例，可进行如下查找。

（1）起始时，$left = \dfrac{0}{1}$，$middle = \dfrac{1}{1}$，$right = \dfrac{1}{0}$。

（2）$\dfrac{5}{7} < middle = \dfrac{1}{1}$，走左侧子树，输出 L，更新 $left = \dfrac{0}{1}$，$middle = \dfrac{1}{2}$，$right = \dfrac{1}{1}$。

（3）$\dfrac{5}{7} > middle = \dfrac{1}{2}$，走右侧子树，输出 R，更新 $left = \dfrac{1}{2}$，$middle = \dfrac{2}{3}$，$right = \dfrac{1}{1}$。

（4）$\dfrac{5}{7} > middle = \dfrac{2}{3}$，走右侧子树，输出 R，更新 $left = \dfrac{2}{3}$，$middle = \dfrac{3}{4}$，$right = \dfrac{1}{1}$。

（5）$\dfrac{5}{7} < middle = \dfrac{3}{4}$，走左侧子树，输出 L，更新 $left = \dfrac{2}{3}$，$middle = \dfrac{5}{7}$，$right = \dfrac{1}{1}$。

（6）$\dfrac{5}{7} = middle = \dfrac{5}{7}$，查找过程结束。

或者使用根据矩阵运算简化得到的算法[31]：假设分数为 $\dfrac{m}{n}$，则当 $m \neq n$ 时，如果 $m < n$，输出 L，$n=n-m$；否则输出 R，$m=m-n$。

仍以 $\dfrac{5}{7}$ 为例，有

$$\frac{m}{n} = \frac{5}{7} \xrightarrow{m<n} (L) \frac{5}{2} \xrightarrow{m>n} (R) \frac{3}{2} \xrightarrow{m>n} (R) \frac{1}{2} \xrightarrow{m<n} (L) \frac{1}{1} \xrightarrow{m=n} 结束$$

相应输出为 L，R，R，L。

强化练习

264 Count on Cantor[A]，493 Rational Spiral[C]，654 Ratio[C]，906 Rational Neighbor[D]，10408 Farey Sequences[B]，10976 Fractions Again[A]，11350 Stern-Brocot Tree[C]，12060 All Integer Average[C]，12502 Three Families[A]。

扩展练习

10437 Playing with Fraction[E]，11968[①] In the Airport[D]，12464[②] Professor Lazy Ph.D.[D]。

[①] 11968 In the Airport 中，可使用分数间的精确比较来判定物品价格与平均价格的关系。注意，根据题意，当两种物品的价格与平均价格的差的绝对值相同时要选择价格更小的物品。

[②] 对于 12464 Professor Lazy Ph.D.，虽然出题者的构思非常巧妙，但由于题目描述上存在一定问题，使得题目整体质量不高。如果按照题中给定的递推公式计算序列中各项的值，中途会发生除零情况（虽然题目明确指出"不存在"这种情况），需要使用另外一种方式来得到"通项公式"。根据递推公式及分数运算，可以依次得到：$Q_0=\alpha$，$Q_1=\beta$，$Q_2=(1+\beta)/\alpha$，$Q_3=(1+\alpha+\beta)/(\alpha\beta)$，$Q_4=(1+\alpha)/\beta$，$Q_5=\alpha$，$Q_6=\beta$……循环周期为 5。

6.5.2　连续分数

连续分数（continued fraction）是指具有以下形式的分数：

$$x = a_0 + \cfrac{b_0}{a_1 + \cfrac{b_1}{a_2 + \cfrac{b_2}{a_3 + \cdots}}}$$

其中，a_i 和 b_i 可以为有理数、实数或者复数。如果 b_i=1（$i \geqslant 0$），则称为简单连续分数。如果连续分数包含的分数项有限，则称为有限连续分数，反之则称为无限连续分数。在表示简单连续分数时，为了方便，可以将其写成

$$x = [a_0;\ a_1, a_2, a_3, \cdots]$$

任意有理数 r 均可按以下步骤将其表示成有限简单连续分数的形式：$a = \lfloor r \rfloor$，若差值 $d = r - \lfloor r \rfloor = 0$，停止，否则取 $r = 1/d$，重复上述步骤。

```cpp
//---------------------------6.5.2.cpp---------------------------//
int main(int argc, char *argv[])
{
    int numerator, denominator;
    while (cin >> numerator >> denominator, denominator > 0) {
        cout << '[' << numerator / denominator;
        numerator %= denominator;
        bool printComma = false;
        while (numerator > 0) {
            if (printComma) cout << ',';
            else {
                cout << ';';
                printComma = true;
            }
            swap(numerator, denominator);
            cout << numerator / denominator;
            numerator %= denominator;
        }
        cout << "]\n";
    }
    return 0;
}
//---------------------------6.5.2.cpp---------------------------//
```

强化练习

834 Continued Fractions[A]。

扩展练习

10521 Continuously Growing Fractions[E]，11113 Continuous Fractions[D]。

6.5.3　分数转换为小数

如果一个分数的分子和分母均为整数且分子不等于分母，那么分数的值有可能是一个有限小数，也有可能是一个无限循环小数，如 1/2 的值为 0.5、1/3 的值为 0.3333…。当一个分数的值是一个无限循环小数时，如何求它的最小循环节呢？

由于将分数转换为小数的过程是一个不断求余数的过程，只要余数发生重复，那么求得的商也必定开始重复，可以利用此性质来求最小循环节。由于正整数 n 的余数只有 0, 1, 2, $\cdots$, $n-1$ 共 n 种，根据鸽巢原理，以 n 为分母的分数，对应的小数形式，如果是循环小数，则在第二个循环节开始前的小数位数最多不超过 n 位。

如果分子大于分母，可先进行整除取得整数部分的商，然后继续求小数部分。若分子为负数，可不考虑符号位，视为正数进行计算，最后输出时加上符号即可。

```
//----------------------------6.5.3.cpp----------------------------//
// 将有理分数转换为小数形式，若为无限循环小数则使用循环节的形式予以表示。
// 例如：1/3=0.(3)，1789/1332=1.34(309)。
void printCycle(int numerator, int denominator)
{
    cout << numerator << '/' << denominator << '=';
    cout << (numerator / denominator) << '.';
    numerator %= denominator;
    // 特殊情况处理。
    if (numerator == 0) { cout << "0\n"; return; }
    // digits 存储小数数位，position 记录余数出现的位置，appeared 记录余数是否出现。
    vector<int> digits(denominator + 1), position(denominator + 1);
    vector<bool> appeared(denominator + 1);
    fill(appeared.begin(), appeared.end(), false);
    // 模拟除法来得到分数的小数表示。
    int index = 0;
    while (!appeared[numerator] && numerator > 0) {
        appeared[numerator] = true;
        digits[index] = 10 * numerator / denominator;
        position[numerator] = index++;
        numerator = 10 * numerator % denominator;
    }
    // 输出小数的非循环部分。
    int loopStart = 0;
    if (numerator > 0) {
        loopStart = position[numerator];
        for (int i = 0; i < position[numerator]; i++) cout << digits[i];
        cout << '(';
    }
    // 输出小数的循环部分。
    for (int i = loopStart; i < index; i++) cout << digits[i];
    if (numerator > 0) cout << ')';
    cout << '\n';
}
//----------------------------6.5.3.cpp----------------------------//
```

强化练习

202 Repeating Decimals[A]，275 Expanding Fractions[B]，942 Cyclic Numbers[E]，13209 My Password is a Palindromic Prime Number[A]。

6.5.4　小数转换为分数

给定一个有理数的小数形式（有限小数或者无限循环小数），可以按照以下方法将其转换为对应的分数形式。假设给定的小数 x 具有以下形式：

$$x = 0.n_1 n_2 \cdots n_k \dot{r}_1 r_2 \cdots \dot{r}_j \cdots$$

其中，$n_1 n_2 \cdots n_k$ 为小数的不循环部分，$r_1 r_2 \cdots r_j$ 为小数的循环部分。例如，$7/22 = 0.3\dot{1}\dot{8}\cdots$，其中不循环部分为 3，循环部分为 18。则 x 所对应的分数形式可以表示为

$$f = \frac{10^{k+j}x - 10^k x}{10^{+j} - 10^k}$$

可以容易地将上述过程实现为以下代码。

```
//----------------------------6.5.4.cpp----------------------------//
// 将上述指定格式的小数转换为分数。
pair<long long, long long> getFraction(string fraction, int j)
{
```

```
            long long numerator, denominator;
            // 获取小数点之后的所有小数数位。
            size_t dot = fraction.find('.');
            if (dot != fraction.npos) fraction = fraction.substr(dot + 1);
            // 区分非循环小数和循环小数分别处理。
            if (j == 0) {
                numerator = stoll(fraction);
                denominator = pow(10, fraction.length());
            }
            else {
                int k = fraction.length() - j;
                string preRepeated = fraction.substr(0, k);
                if (preRepeated.length() == 0) preRepeated = "0";
                // 根据公式确定小数对应的分数表示。
                numerator = stoll(fraction) - stoll(preRepeated);
                denominator = pow(10, k + j) - pow(10, k);
            }
            // 对结果进行调整使得分数成为最简分数。
            long long g = __gcd(numerator, denominator);
            if (g > 1) numerator /= g, denominator /= g;
            return make_pair(numerator, denominator);
}
//---------------------------6.5.4.cpp---------------------------//
```

如果小数的循环部分较长（即分母为大整数），可以借助 Java 中的 `BigInteger` 类来完成转换。

强化练习

332 Rational Numbers From Repeating Fractions[B]，10555 Dead Fraction[D]。

6.5.5 实数大小的比较

由于计算机内部采用浮点小数的形式来表示数学中的实数，存在一定的精度误差，使得有些数字无法被精确地表示。这样在比较实数的大小时，不能够简单地使用编程语言中的"大于"或"小于"运算来进行直接比较，而应该设定一个误差阈值（threshold），当两个数之间的差的绝对值小于此阈值时，就认为它们相等[32]。

```
//---------------------------6.5.5.cpp---------------------------//
int main(int argc, char *argv[])
{
    double lower = -2.0, upper = 1.0, step = 0.05;
    double epsilon = 1e-7;

    int steps1 = 0, steps2 = 0;
    for (double i = lower; i <= upper; i += step) steps1++;
    for (double j = lower; j <= upper + epsilon; j += step) steps2++;
    cout << "steps1 = " << steps1 << " steps2 = " << steps2 << endl;
    return 0;
}
//---------------------------6.5.5.cpp---------------------------//
```

其最终输出为

step1=60 step2=61

上述代码的目的是计算在区间[-2.0, 1.0]内，以 0.05 为步长进行递增时的总步数。如果不使用误差控制，计数得到的结果为 60 步，与实际的 61 步相差一步，而采用误差控制后能够得到正确的步数。

以下给出在比较两个实数大小时常用的处理方法。

```
// 定义阈值。
const double epsilon = 1e-7;
double a, b;
// 比较a是否小于b。
if (a + epsilon < b) {};
```

```
// 比较 a 和 b 是否相等。
if (fabs(a - b) <= epsilon) {};
```

强化练习

918 ASCII Mandelbrot[D], 11001 Necklace[B]。

扩展练习

697[①] Jack and Jill[D], 11816[②] HST[D]。

6.6 代数

6.6.1 多项式运算

多项式展开

与整数的乘法类似，多项式展开（polynomial expansion）是将一个多项式的每一项和另外一个多项式的每一项相乘，然后将对应次数项的系数相加得到另外一个多项式的过程。使用 vector 来表示多项式的系数很方便，一般将高次项系数放在前面，便于运算。以下是两个多项式展开的示例代码。

```
//----------------------------6.6.1.cpp----------------------------//
vector<int> multiply(vector<int> &a, vector<int> &b)
{
    vector<int> c(a.size() + b.size() - 1, 0);
    for (int i = 0; i < a.size(); i++)
        for (int j = 0; j < b.size(); j++)
            c[i + j] += a[i] * b[j];
    return c;
}
//----------------------------6.6.1.cpp----------------------------//
```

二项式定理（binomial theorem）和多项式定理（multinomial theorem）对于规则多项式幂的展开很有帮助。二项式定理可以表述为

$$(x+y)^n = \sum_{k=0}^{n} \binom{n}{k} x^{n-k} y^k = \sum_{k=0}^{n} \binom{n}{k} x^k y^{n-k}$$

设 n 是正整数，对一切实数：$x_1, x_2, \cdots, x_k$，多项式定理可以表述为

$$(x_1 + x_2 + \ldots + x_k)^n = \sum_{n_1+n_2+\cdots+n_k=n} \binom{n}{n_1, n_2, \cdots, n_k} \prod_{1 \leq i \leq k} x_i^{n_i}$$

其中

$$\binom{n}{n_1, n_2, \cdots, n_k} = \frac{n!}{n_1! n_2! \cdots n_k!}$$

强化练习

927 Integer Sequences from Addition of Terms[B], 10105 Polynomial Coefficients[A], 10326 The Polynomial Equation[C], 11042 Complex Difficult and Complicated[C], 11955 Binomial Theorem[C]。

---

① 697 Jack and Jill 中，注意计量单位的转换：1 feet=12 inches。在进行实数大小的比较时需要运用误差控制，否则不易获得 Accepted。

② 对于 11816 HST，截至 2020 年 1 月 1 日，由于题目描述不够明确和特殊的精度要求，导致此题通过率较低。对于每种物品，需要征收三种税，假设税率分别为 PST=1.2%，GST=2.5%，HST=5.69%，某类物品价格为$100.78，则 PST 税为 1.20936，GST 税为 2.5195，HST 税为 5.734382，题意要求在各类物品的税收相加之前进行四舍五入，那么此类物品的 PST 税为 1.21，GST 税为 2.52，HST 税为 5.73，最终 PST 税和 GST 税之和为 3.73，与 HST 税的差额为 2.00。为了能够获得 Accepted，在计算过程中需要避免使用浮点数，而应将所有数值转换为整数后再进行运算。

扩展练习

10586 Polynomial Remains[C]，10719 Quotient Polynomial[B]。

因式分解

与多项式相乘恰好相反，因式分解（polynomial factorization）的目标是将一个多项式分解为若干个多项式的乘积。因式分解一般在多项式的系数均为整数时进行。若要高效地进行分解，首先需要了解有理根定理（rational root theorem）。假设将多项式表示为以下形式：

$$P(x) = a_n x^n + a_{n-1} x^{n-1} + \cdots + a_1 x + a_0, \quad a_i \in \mathbb{Z}, 0 \leqslant i \leqslant n$$

如果 a_n 和 a_0 不为零，对于方程 $P(x)=0$ 的每个根，可以证明：根的最简形式一定可以表示成一个有理分数形式 $x=p/q$，其中，$\gcd(p, q)=1$，且 p 是 a_0 的约数，q 是 a_n 的约数。知道了方程的某个根 r，则可以将多项式表示为

$$a_n x^n + a_{n-1} x^{n-1} + \cdots + a_1 x + a_0 = (x-r)Q(x)$$

其中，$Q(x)$ 为最高次数比 $P(x)$ 的最高次数少 1 的整数系数多项式。

强化练习

126 The Errant Physicist[B]，498 Polly the Polynomial[A]，930 Polynomial Roots[E]，10268 498-Bis[B]。

6.6.2 高斯消元法

在求解二元、三元一次方程组时，常用的方法是加减消元法或代入消元法。例如，给定以下三元一次方程组

$$\begin{cases} x_1 + 2x_2 + 5x_3 = 30 & ① \\ 2x_1 + 3x_2 + x_3 = 12 & ② \\ 7x_1 - x_2 + 2x_3 = 0 & ③ \end{cases} \tag{6.1}$$

使用消元法来解方程，首先将方程组（6.1）中的方程①分别乘−2、−7 并依次加到方程②、③上，消去后两个方程中的未知数 x_1，得

$$\begin{cases} x_1 + 2x_2 + 5x_3 = 30 & ① \\ - x_2 - 9x_3 = -48 & ② \\ -15x_2 - 33x_3 = -210 & ③ \end{cases} \tag{6.2}$$

然后将方程组（6.2）中的方程②乘以−15 与方程③相加，消去最后一个方程中的未知数 x_2，得

$$\begin{cases} x_1 + 2x_2 + 5x_3 = 30 & ① \\ - x_2 - 9x_3 = -48 & ② \\ 102x_3 = -210 & ③ \end{cases} \tag{6.3}$$

从方程组（6.3）中的方程③易知 $x_3=5$，将其回代入方程组（6.3）中的方程②可得 $x_2=3$，然后将 x_3、x_2 代入方程组（6.3）中的方程①可得 $x_1=-1$。

以上即是高斯消元法（Gaussian elimination）在未知数较少的方程组上的应用，而该方法也是用于求解一般的 m 个方程 n 个未知元的一次方程的通用方法。其基本思想是通过消元变形把方程组化成容易求解的同解方程组，在消元的过程中，不断地将未知元的系数化为 0。不失一般性，可以将方程组表示为以下的形式

$$\begin{cases} a_{11}x_1 + a_{12}x_2 + \cdots + a_{1n}x_n = b_1 \\ a_{21}x_1 + a_{22}x_2 + \cdots + a_{2n}x_n = b_2 \\ \cdots \\ a_{m1}x_1 + a_{m2}x_2 + \cdots + a_{mn}x_n = b_n \end{cases} \tag{6.4}$$

为了使得消元过程书写简便，可以将线性方程组中未知元对应的系数及方程右侧的常数项按顺序排成一张矩形数表

$$\begin{bmatrix} a_{11} & a_{12} & \cdots & a_{12} & b_1 \\ a_{21} & a_{22} & \cdots & a_{22} & b_2 \\ \vdots & \vdots & & \vdots & \vdots \\ a_{m1} & a_{m2} & \cdots & a_{m1} & b_m \end{bmatrix} \tag{6.5}$$

其中，a_{ij}（$i=1, 2, \cdots, m$；$j=1, 2, \cdots, n$）表示第 i 个方程第 j 个未知量 x_j 的系数，则高斯消元法的消元过程可以在这张数表上进行（式（6.6））。为了更为方便地描述高斯消元法和后续代码的实现，先给出矩阵的定义[33]。

数域 F 中 $m \times n$ 个数 a_{ij}（$i=1, 2, \cdots, m$；$j=1, 2, \cdots, n$）排成 m 行 n 列，并括以方括号的数表

$$\begin{bmatrix} a_{11} & a_{12} & \cdots & a_{1n} \\ a_{21} & a_{22} & \cdots & a_{2n} \\ \vdots & \vdots & & \vdots \\ a_{m1} & a_{m1} & \cdots & a_{mn} \end{bmatrix} \tag{6.6}$$

称为数域 F 上的 $m \times n$ 矩阵，通常记作 A 或 $A_{m \times n}$，其中的 a_{ij} 称为矩阵 A 的第 i 行第 j 列元素，当 $a_{ij} \in \mathbb{R}$（实数域）时，A 称为实矩阵；当 $a_{ij} \in \mathbb{C}$（复数域）时，A 称为复矩阵。当 $m=n$ 时，称 A 为 n 阶矩阵，或者 n 阶方阵。线性方程组（6.4）对应的矩阵（6.5）称为方程组（6.4）的增广矩阵，记作 (A, b)，其中由未知元系数排成的矩阵 A 称为线性方程组的系数矩阵。根据矩阵的相关结论，只有当系数矩阵的秩和增广矩阵的秩相等时，方程组才有解，否则无解。若系数矩阵和增广矩阵的秩均等于未知元的个数，则方程组有唯一解。

高斯消元法解线性方程组的消元步骤可以在增广矩阵上进行。以列主元高斯消元法为例[①]，其具体步骤如下：选取第 i 个需要消去的未知数，为了减少误差，提高数值稳定性，将此未知数具有最大系数的方程式与当前所处理的方程式交换，如果当前方程式第 i 个未知数的系数不为 0，则将其系数调整为 1，接着将其余方程式减去当前方程式的相应倍数以消去这些方程式中第 i 个未知数，重复此过程，直到系数矩阵成为主对角矩阵，位于增广矩阵最右侧一列的数即为解。下面举例说明应用增广矩阵解线性方程组的方法。

求线性方程组

$$\begin{cases} x_1 + x_2 + x_3 + x_4 = 10 & ① \\ 3x_1 - 2x_2 - x_3 + 6x_4 = 20 & ② \\ 4x_1 - 3x_2 - x_3 + 2x_4 = 3 & ③ \\ x_1 - x_2 + 7x_3 + 5x_4 = 40 & ④ \end{cases} \tag{6.7}$$

线性方程组（6.7）的增广矩阵为

$$(A, b) = \begin{bmatrix} 1 & 1 & 1 & 1 & \vdots & 10 \\ 3 & -2 & -1 & 6 & \vdots & 20 \\ 4 & -3 & -1 & 2 & \vdots & 3 \\ 1 & -1 & 7 & 5 & \vdots & 40 \end{bmatrix} \begin{matrix} ① \\ ② \\ ③ \\ ④ \end{matrix} \tag{6.8}$$

处理第一个方程式，找到矩阵（6.8）中未知数 x_1 系数绝对值最大的行，此处第③行的系数最大，将其交换到①行并将系数调整为 1，得

$$(A, b) = \begin{bmatrix} 1 & -\dfrac{3}{4} & -\dfrac{1}{4} & \dfrac{1}{2} & \vdots & \dfrac{3}{4} \\ 3 & -2 & -1 & 6 & \vdots & 20 \\ 1 & 1 & 1 & 1 & \vdots & 10 \\ 1 & -1 & 7 & 5 & \vdots & 40 \end{bmatrix} \begin{matrix} ① \\ ② \\ ③ \\ ④ \end{matrix} \tag{6.9}$$

---

① 相应的还有数值稳定性更强的全主元高斯消元法。

将矩阵（6.9）的②、③、④行分别减去①行的3、1、1倍，消去所在行的未知数 x_1，得

$$(A, b) = \begin{bmatrix} 1 & -\dfrac{3}{4} & -\dfrac{1}{4} & \dfrac{1}{2} & \Bigg| & \dfrac{3}{4} \\ 0 & \dfrac{1}{4} & -\dfrac{1}{4} & \dfrac{18}{4} & \Bigg| & \dfrac{71}{4} \\ 0 & \dfrac{7}{4} & \dfrac{5}{4} & \dfrac{1}{2} & \Bigg| & \dfrac{37}{4} \\ 0 & -\dfrac{1}{4} & \dfrac{29}{4} & \dfrac{9}{2} & \Bigg| & \dfrac{157}{4} \end{bmatrix} \begin{matrix} ① \\ ② \\ ③ \\ ④ \end{matrix} \qquad (6.10)$$

接着处理第二个方程式，将矩阵（6.10）的②、③、④行中未知数 x_2 系数绝对值最大的调整到第②行，并将系数调整为 1，得

$$(A, b) = \begin{bmatrix} 1 & -\dfrac{3}{4} & -\dfrac{1}{4} & \dfrac{1}{2} & \Bigg| & \dfrac{3}{4} \\ 0 & 1 & \dfrac{5}{7} & \dfrac{2}{7} & \Bigg| & \dfrac{37}{7} \\ 0 & \dfrac{1}{4} & -\dfrac{1}{4} & \dfrac{18}{4} & \Bigg| & \dfrac{71}{4} \\ 0 & -\dfrac{1}{4} & \dfrac{29}{4} & \dfrac{9}{2} & \Bigg| & \dfrac{157}{4} \end{bmatrix} \begin{matrix} ① \\ ② \\ ③ \\ ④ \end{matrix} \qquad (6.11)$$

然后将矩阵（6.11）的①、③、④行分别减去②行的 $-3/4$、$1/4$、$-1/4$ 倍，消去所在行的未知数 x_2，得

$$(A, b) = \begin{bmatrix} 1 & 0 & \dfrac{2}{7} & \dfrac{5}{7} & \Bigg| & \dfrac{45}{14} \\ 0 & 1 & \dfrac{5}{7} & \dfrac{2}{7} & \Bigg| & \dfrac{37}{7} \\ 0 & 0 & -\dfrac{3}{7} & \dfrac{31}{7} & \Bigg| & \dfrac{115}{7} \\ 0 & 0 & \dfrac{52}{7} & \dfrac{32}{7} & \Bigg| & \dfrac{284}{7} \end{bmatrix} \begin{matrix} ① \\ ② \\ ③ \\ ④ \end{matrix} \qquad (6.12)$$

继续此过程，最后矩阵可以变换为

$$(A, b) = \begin{bmatrix} 1 & 0 & 0 & 0 & \vdots & 1 \\ 0 & 1 & 0 & 0 & \vdots & 2 \\ 0 & 0 & 1 & 0 & \vdots & 3 \\ 0 & 0 & 0 & 1 & \vdots & 4 \end{bmatrix} \begin{matrix} ① \\ ② \\ ③ \\ ④ \end{matrix} \qquad (6.13)$$

此时，可得 $x_1=1$，$x_2=2$，$x_3=3$，$x_4=4$。

在消元过程中，如果出现矩阵的某一行系数全为 0，但是最右侧的常数项不为 0，则此方程组无解，称此方程组为不相容方程组。如果未出现不相容方程，但是最右侧常数亦为 0，则方程组可有无穷多组解。

以下给出高斯消元法的参考实现，需要注意以下几点。

（1）由于未知元的系数在计算机中使用浮点数表示，为了减小误差，选择需要消去的未知元时，其系数的绝对值要尽可能的大。

（2）如果给定的是整数方程，且方程数量较多，在进行消元时需要消去最大公约数。

（3）当系数为整数且解也要求为整数时，需要使用类似于分数通分的技巧消去未知元，在具体实现时稍有差异，但总体思路是一致的。

```cpp
//-----------------------------6.6.2.cpp-----------------------------//
// 列主元高斯消元法求解线性方程组 Ax=b。
bool gaussianElimination(vector<vector<double>> &A, vector<double> &b)
{
    // 把 b 存放在 A 的右边以便后续处理。
    int n = A.size();
```

```
for (int i = 0; i < n; i++) A[i].push_back(b[i]);
// 按序处理方程。
for (int i = 0; i < n; i++) {
    // 为减少误差，将正在处理的未知元系数的绝对值最大的方程式与第 i 个方程式交换。
    int pivot = i;
    for (int j = i; j < n; j++)
        if (fabs(A[j][i]) > fabs(A[pivot][i]) pivot = j;
    swap(A[i], A[pivot]);
    // 方程组无解或具有无穷多个解。
    if (fabs(A[i][i]) < EPSILON) return false;
    // 把正在处理的未知元的系数变为 1，更新同方程其他未知元的系数。
    for (int j = i + 1; j <= n; j++) A[i][j] /= A[i][i];
    // 从第 j 个式子中消去第 i 个未知元。
    for (int j = 0; j < n; j++)
        if (i != j)
            for (int k = i + 1; k <= n; k++)
                A[j][k] -= A[j][i] * A[i][k];
}
// 存放在矩阵 A 最右边的元素即为解。
for (int i = 0; i < n; i++) b[i] = A[i][n];
return true;
}
//----------------------------6.6.2.cpp----------------------------//
```

在某些情况下，可能会出现未知元的个数和方程个数不相等的情形，需要根据系数是否为 0 适当更改主元的选择以使得消元能够继续进行。

```
// E 为方程的个数，U 为未知元的个数。
for (int i = 0, j = 0; i < E && j < U; ) {
    // 判断待选未知元系数是否为 0，若为 0，需要选择同列系数不为 0 的未知元。
    // isZero()返回系数 A[i][j]是否为 0。
    if (A[i][j].isZero()) {
        for (int m = i + 1; m < E; m++)
            if (!A[m][j].isZero()) {
                swap(A[i], A[m]);
                break;
            }
    }
    // 若该列的未知元系数均为 0，则对当前方程式上的下一个未知元进行消元操作。
    if (A[i][j].isZero()) { j++; continue; }
    // 当前行当前列未知元的系数不为 0，消去其他行该未知元。
    for (int n = U; n >= j; n--) A[i][n] = A[i][n] / A[i][j];
    for (int m = 0; m < E; m++) {
        if (i != m)
            for (int n = U; n >= j; n--)
                A[m][n] = A[m][n] - (A[m][j] * A[i][n]);
    }
    // 若当前列的未知元系数不为 0，则跳转到下一个方程的下一个未知元继续进行消元操作。
    i++, j++;
}
```

345 It's Ir-Resist-Able![D]（难以抗"阻"）

电阻是电路中的常见元件。每个电阻有两端，当有电流通过时，因为电阻具有"阻碍"电流流动的特性，会导致一部分电流转化为热量。电阻"阻碍"电流流动能力的大小以一个正数值来衡量，称之为电阻的"阻值"，它的单位为欧姆（ohm，Ω），如图 6-2 所示，是电路图中常见的电阻的图示。

当两个电阻以串联的方式连接时，结果如图 6-3 所示。

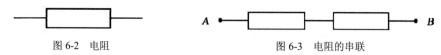

图 6-2　电阻　　　　　　　　　　图 6-3　电阻的串联

它们的等效阻值为两个电阻的阻值之和。例如，将两个阻值分别为 100 Ω和 200 Ω的电阻串联，其等效阻值为 300 Ω。如果将更多的电阻串联起来，它们的总阻值为各个电阻的阻值之和。

电阻也能以并联的方式相连接，如图 6-4 所示。

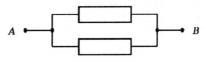

图 6-4　电阻的并联

假如两个电阻的阻值分别为 100 Ω 和 150 Ω，当它们以并联的方式连接时，在 A 点和 B 点之间的等效阻值为

$$\cfrac{1}{\cfrac{1}{100}+\cfrac{1}{150}}=\cfrac{1}{\cfrac{3}{300}+\cfrac{2}{300}}=\cfrac{1}{\cfrac{5}{300}}=\cfrac{300}{6}=50\ \Omega$$

将三个电阻以并联方式相连，则三个阻值分别为 100 Ω、150 Ω、300 Ω 的电阻的等效阻值为

$$\cfrac{1}{\cfrac{1}{100}+\cfrac{1}{150}+\cfrac{1}{300}}\ \Omega$$

在本问题中将给出多组关于电阻的阻值及连接方式的数据。每个电阻的两端都可能会作为连接点，这些连接点使用唯一的正整数进行区分，称为标记，每个电阻通过两个连接点的标记及一个实数值表示的阻值来指定。例如，输入 "1 2 100" 指定了在连接点 1 和连接点 2 之间有一个阻值为 100 Ω 的电阻。两个串联的电阻可能会以下面的方式予以指定：

```
1 2 100
2 3 200
```

当知道了给定电阻的阻值及其连接方式，通过运用上述给出的求等效电阻的法则，可以确定该电阻网络中任意两个连接点之间的等效阻值。在某些特殊情形，使用上述方法可能并不能够确定等效电阻的值，不过本题的测试数据中不包含这样的数据。

注意

（1）在测试数据中，可能某些电阻并不对指定的两个连接点之间的等效电阻有影响，例如，样例输入中的最后一组数据，连接点 1 和连接点 2 之间的电阻并未使用。只有当电流通过电阻时，它才会影响总的等效电阻值。

（2）测试数据不会出现电阻的两端连接在同一个连接点的情况，换句话说，电阻的两个端点的连接点标记不会相同。

输入

输入包含多组测试数组。每组测试数据的第一行包含三个整数 N、A 和 B。A 和 B 表示需要计算等效电阻的两个连接点的标记。N 表示总的电阻数量，不超过 30 个。N、A、B 均为 0 表示测试数据结束，不需处理该行。在每组测试数据的第一行之后有 N 行数据，每行包含一个电阻的描述，以其两个端点的连接点标记和以实数值表示的阻值予以指定。

输出

对于每组测试数据，先输出测试数据组的序号（从 1 开始为数据组编号），然后输出其等效电阻，精确到小数点后两位。

样例输入	样例输出

`2 1 3`
`1 2 100`
`2 3 200`
`0 0 0`
	`Case 1: 300.00 Ohms`

分析

题目所求的是电阻网络的等效阻值，需要应用物理学中关于电学的基尔霍夫（电路）定律（Kirchhoff's laws）进行解决[34]，该定律是电路中电流和电压所遵循的基本规律①。根据基尔霍夫第一定律，假设进入某结点的电流为正值，离开该结点的电流为负值，则所有涉及该结点的电流值代数和为 0。以方程表达，对于电路的任意结点满足

$$\sum_{k=1}^{n} I_k = 0$$

如果知道了每个连接点的电势，根据欧姆定律，电流值等于电势差除以电阻值，则有

$$\sum_{i=1}^{k} \frac{V_i - V_j}{R_{ij}} = 0$$

可以得到关于电势的方程组，使用高斯消元法解该方程组得到各个连接点的电势值，再确定终点的流入电流（或者起点的流出电流），就可以根据起点和终点间的电势差及电流求出两个连接点之间的等效阻值。其中起点和终点的电势值可以预先设置为已知值。

题目中所给 N 最大不超过 30，则连接点的个数最大不超过 60，但连接点的编号范围未予指定，测试数据中连接点的编号可能会出现 10000 这样的编号值，如果使用二维数组存储两个连接点之间的等效阻值，很可能因为二维数组的空间不足导致运行时错误，需要将编号进行适当变换。

参考代码

```
const int MAXN = 100;
const double EPSILON = 1e-8;

// 不考虑其他连接点影响时，两个连接点间的阻值。
double resistor[MAXN][MAXN];

// 各个连接点的电势。
double voltage[MAXN];

// 列主元高斯消元法求解线性方程组 Ax=b。
bool gaussianElimination(vector<vector<double>> &A, vector<double> &b)
{
    // 此处代码略，请参考前述给出的高斯消元法的实现代码。
}

int main(int argc, char *argv[])
{
    int N, A, B, X, Y, cases = 0;
    double R;
    while (cin >> N >> A >> B, N > 0) {
        cout << "Case " << ++cases << ": ";
        // 记录电阻的序号，按序重新编号，以免初始给定的序号太大导致二维数组溢出。
        map<int, int> indexer;
        // 初始化电阻值。
        for (int i = 0; i < MAXN; i++)
            for (int j = 0; j < MAXN; j++)
                resistor[i][j] = 0.0;
        // 读取各个电阻的阻值。为了方便下一步计算，先取阻值的倒数。
        for (int i = 0, label = 0; i < N; i++) {
            cin >> X >> Y >> R;
            if (indexer.find(X) == indexer.end()) indexer[X] = label++;
            if (indexer.find(Y) == indexer.end()) indexer[Y] = label++;
            resistor[indexer[X]][indexer[Y]] += 1.0 / R;
            resistor[indexer[Y]][indexer[X]] += 1.0 / R;
        }
```

---

① 1847 年，Kirchhoff 发表的报告中以公式形式总结了电网络理论中两条重要的定律：Kirchhoff 电流定律——电路中每个结点上各支路电流代数和为 0；Kirchhoff 电压定律——电路中每一圈路内各支路电压代数和为 0。

```
        // C 为电阻的个数，也是方程组的个数。
        int C = indexer.size();
        // 求出两个连接点之间直接相连的并联电阻的等效阻值。
        for (int i = 0; i < C; i++)
            for (int j = 0; j < C; j++)
                resistor[i][j] = 1.0 / resistor[i][j];

        // matrix 存储增广矩阵。
        vector<vector<double>> matrix(C, vector<double>(C, 0.0));
        vector<double> voltage(C, 0.0);
        // 结点电势，取起点电势为 1000，终点电势为 0。
        voltage[indexer[A]] = 1000.0;
        voltage[indexer[B]] = 0.0;
        // 由于起点和终点的电势为已知预设值，构建方程使得方程组所对应的系数矩阵为方阵。
        matrix[indexer[A]][indexer[A]] = matrix[indexer[B]][indexer[B]] = 1.0;

        // 构建由电势未知元形成的方程组。
        for (int node = 0; node < C; node++) {
            // 起点和终点的电势已经预设，不需再建立方程式。
            if (node == indexer[A] || node == indexer[B]) continue;
            // 对阻值不为 0 的结点建立方程，阻值为 0 表示两个结点间无电路连接。
            for (int other = 0; other < C; other++)
                if (resistor[node][other] > EPSILON) {
                    // 单位电势下从 node 流到 other 的电流。
                    double inI = 1.0 / resistor[node][other];
                    // 基尔霍夫电流定律：所有进入某结点的电流与所有离开该结点的
                    // 电流数值的代数和为 0。
                    matrix[node][other] += inI;
                    matrix[node][node] -= inI;
                }
        }

        // 使用列主元高斯消元法求解各结点的电势。
        gaussianElimination(matrix, voltage);

        // 计算终点流入的电流之和。
        double current = 0.0;
        for (int node = 0; node < C; node++)
            if (resistor[node][indexer[B]] > EPSILON)
                current += (voltage[node] - voltage[indexer[B]]) /
                    resistor[node][indexer[B]];
        // 根据欧姆定律计算等效阻值。
        if (fabs(current) < EPSILON)
            cout << "0.00 Ohms\n";
        else {
            cout << fixed << setprecision(2);
            cout << (voltage[indexer[A]] - voltage[indexer[B]]) / current;
            cout << " Ohms\n";
        }
    }
    return 0;
}
```

强化练习

1560 Extended Lights Out[E]，11319 Stupid Sequence[D]。

扩展练习

10109 Solving Systems of Linear Equations[D]，11542 Square[D]。

提示

10109 Solving Systems of Linear Equations 中，由于要求输出精确解，需要使用分数。要注意处理以下几个问题。

（1）在分数运算中，尽管题目描述中声明最终结果的分子和分母均不会超过 64 位整数，但是中间结果可能会超过 long long int 型数据的范围，因此为了尽量避免溢出，在计算时建议先除以各自的最大公约数以尽量减小分子和分母的大小，之后再进行乘运算。

（2）输入中可能包含非常规的分数输入，如 -6/1、-3/-5、0/-5 等。

（3）特殊情形的处理，如方程数量小于未知数，或者方程数量大于未知数的数量。

6.7　幂与对数

在 C++ 中，有以下两个主要的幂运算函数：

```
#include <cmath>

doubel exp(double x);              // 返回自然对数 e 的 x 次幂
double pow(double base, double exponent);        // 返回底数 base 的 exponent 次幂
```

其中，exp 用于计算底数是自然对数的幂。自然对数 e 是一个特殊的常量，可以使用泰勒级数（Taylor series）将其表示为

$$e = \frac{1}{0!} + \frac{1}{1!} + \frac{1}{2!} + \cdots + \frac{1}{n!} + \cdots = \sum_{n=0}^{\infty} \frac{1}{n!} = 2.718281828459045\cdots$$

当底数大于 1 时，幂增长非常快，可以很容易超过 unsigned long long int 的表示范围。如果是整数的幂次，在一定范围内，可以使用 double 数据类型来比较其幂的大小。

701 The Archeologist's Dilemma[A]（考古学家的烦恼）

一位考古学家偶然发现一面破损的墙上有一串串奇怪的数字。左侧的数字都是完整的，但不幸的是，很多数的右边部分因石头被腐蚀而丢失了。他发现保存完好的数都是 2 的幂，所以猜测所有的数都是 2 的幂。为了坚定信心，他选取了一份数的清单，每个数中清晰可辨的数字个数总是严格小于已丢失的数字个数。请你为清单中的每个数找出一个尽量小的 2 的幂，使得它左侧的数字和清单吻合。编写程序，对于一个给定的整数，找出最小的指数 E（如果存在），使得 2^E 从最高位开始的若干个数字等于给定整数（注意，一半以上的数字已经丢失）。

输入

输入包含一个不超过 2147483648 的正整数 N。

输出

对于每个输入的整数，输出一行，包含最小正整数 E，使得 2^E 左端的若干位数字正好和 N 相同。如果不存在，输出 no power of 2。

样例输入	样例输出
1	7
2	8
10	20

分析

朴素的思路是不断计算 2 的幂，直到前面特定的数位恰为给定的数字，此种方法虽然可以得到结果，但是很容易超出题目的时间和内存限制。

更好的方法是利用对数。假设丢掉的数字共有 k 位，现有的数字为 n，要求的最小幂次为 x，有

$$n10^k < 2^x < (n+1)10^k \tag{6.14}$$

由于不等式左右均为正数，取 10 的对数得

$$\frac{k + \log_{10} n}{\log_{10} 2} < x < \frac{k + \log_{10}(n+1)}{\log_{10} 2} \tag{6.15}$$

根据不等式（6.15），结合向下取整的库函数 floor，从 1 开始枚举 k 的值直到满足不等式，输出 x 即可。使用对数的方法虽然能获得通过，但是对于比较大的数，计算时间仍旧很长。

那么是否可能出现无解的情况呢？答案是不会。不等式（6.14）两边除以 10^k 可得

$$n < \frac{2^x}{10^k} < (n+1) \tag{6.16}$$

由不等式（6.16）可知，有 $n = \left\lfloor \frac{2^x}{10^k} \right\rfloor$。由于 $\log_{10}2$ 为无理数，而 x 和 k 为有理数，故 $m = \log_{10}\left(\frac{2^x}{10^k}\right) = x\log_{10}2 - k$，显示 m 为无理数，而 x 和 k 可取任意正整数值，不论给定何值，通过调整 x 和 k 的值都能得到 m 与其无限接近，则 m 在实数域上是稠密的，进而在非负实数上是稠密的，则 $10^m = \frac{2^x}{10^k}$ 在非负实数上也是稠密的，对其向下取整，那么 $\left\lfloor \frac{2^x}{10^k} \right\rfloor$ 能够得到所有的自然数。简单来说，2 的幂其数字组成是无限的，肯定有整数 x 满足题意要求，所以不能输出"no power of 2"。

扩展练习

113 Power of Cryptography[A]，10509 R U Kidding Mr. Feynman[B]，11636 Hello World[A]，11752 The Super Powers[C]。

对数是幂的逆运算。关于对数有以下常用的运算规则

$$a^{\log_a b} = b, \quad \log_a b^c = c\log_a b, \quad \log_a b = \frac{\log_c b}{\log_c a}$$

$$\log_c(ab) = \log_c a + \log_c b, \quad \log_c \frac{a}{b} = \log_c a - \log_c b$$

其中，$0<a$，$0<b$，$0<c$。

在 C++的实数函数库中，有以下与对数相关的函数：

```
#include <cmath>

double log(double x);      // 返回以 e 为底的对数值
double log10(double x);    // 返回以 10 为底的对数值
double log2(double x);     // 返回以 2 为底的对数值
```

在具体应用时，需要注意参数必须是一个正的实数，小于等于 0 的值取对数会发生溢出，返回的是一个无穷大的值。如果对若干整数进行除法运算然后再取对数，需要先将其转换为浮点数再进行除法运算，否则进行的将是整除运算，会导致结果发生错误。

10883 Supermean[D]（超级平均数）

你知道如何计算 n 个数的平均值吗？当然，仅仅知道这些这对于我来说仍然不够。我需要的是超级平均数。"什么是超级平均数？"，你一定会问。我这就告诉你：将 n 个数按升序排列，先计算这个序列相邻两个数的平均数，这样会得到$(n-1)$个数，它们仍然是按升序排列的，重复此过程，直到你最后得到一个数，它就是超级平均数。我试着编写程序来完成这个任务，但是它太慢了，你能帮帮我吗？

输入

输入的第一行包含一个整数，表示测试数据的组数 N。接着有 N 组数据，每组数据的第一行是一个整数 n（$0<n\leq 50000$），表示接下来的 n 行每行包含一个实数，大小在-1000 至 1000 之间，按升序排列。

输出

对于每组测试数据，先输出形如 `Case #x:`的测试数据组编号，接着输出超级平均数的值，结果四舍五入到小数点后 3 位。

样例输入	样例输出
1 5 1 2 3 4 5	Case #1: 3.000

分析

初看似乎没有什么规律，可以先从 n 较小的情况进行观察。设序列为 d_i，$1 \leqslant i \leqslant n$，当 $n=1, 2, 3, 4, 5, 6$ 时，通过手工计算可以得知超级平均数 M_n 分别为

$$M_1 = \frac{d_1}{2^0}, \ M_2 = \frac{d_1 + d_2}{2^1}, \ M_3 = \frac{d_1 + 2d_2 + d_3}{2^2}, \ M_4 = \frac{d_1 + 3d_2 + 3d_3 + d_4}{2^3},$$

$$M_5 = \frac{d_1 + 4d_2 + 6d_3 + 4d_4 + d_5}{2^4}, \ M_6 = \frac{d_1 + 5d_2 + 10d_3 + 10d_4 + 5d_5 + d_6}{2^5}$$

观察可知系数构成杨辉三角——第 i 项的系数为 C_{n-1}^{i-1}，即

$$M_n = \frac{C_{n-1}^0 d_1 + C_{n-1}^1 d_2 + \cdots + C_{n-1}^{n-2} d_{n-1} + C_{n-1}^{n-1} d_n}{2^{n-1}} = \frac{\sum_{i=1}^{n-1} C_{n-1}^{i-1} d_i}{2^{n-1}}$$

但是 n 最大可为 50000，直接计算 C_{n-1}^{i-1} 或者 2^{n-1} 会导致溢出。由于给定的数都是在-1000 至 1000 之间，其平均数也必定在此范围，所以可以借助对数进行计算。在具体计算组合数时，可利用下述递推公式

$$C_{n-1}^i = C_{n-1}^{i-1} \frac{n-i}{i}, \ 1 \leqslant i \leqslant n$$

简化运算。注意当序列元素值为 0 或为负数时的求和处理。

参考代码

```cpp
int main(int argc, char *argv[])
{
    int cases, n;
    cin >> cases;
    for (int c = 1; c <= cases; c++) {
        double t = 0.0, di, mean = 0.0;
        cin >> n;
        for (int i = 0; i < n; i++) {
            cin >> di;
            if (i) t += log2((double)(n - i) / i);
            if (fabs(di) > 0) {
                double sign = (di > 0 ? 1.0 : -1.0);
                mean += sign * pow(2, t + log2(fabs(di)) - (n - 1));
            }
        }
        cout << "Case #" << c << ": ";
        cout << fixed << setprecision(3) << mean << '\n';
    }
    return 0;
}
```

强化练习

11241 Humidex[D]，11384 Help is Needed for Dexter[B]，11556 Best Compression Ever[C]，11666 Logarithms[D]，11986 Save from Radiation[D]，12416 Excessive Space Remover[C]。

扩展练习

1639 Candy[E]，11029 Leading and Trailing[C]。

6.8　实数函数库

C++中包含多个处理实数的函数，它们都包括在头文件<cmath>中。

```cpp
#include <cmath>
```

```cpp
double sqrt(double x);           // 返回指定数值的平方根，要求参数为非负实数。
double cbrt(double x);           //(C++11 标准)返回指定数值的立方根。
double hypot(double x, double y);  //(C++11 标准)根据给定的直边长度,返回三角形的斜边长度。
double ceil(double x);           // 向上取整，返回不小于 x 的最小整数。
```

```
double floor(double x);                          // 向下取整，返回不大于 x 的最大整数。
double fmod(double numerator, double denominator);        // 返回浮点数的余数。
```

以上函数多用于解一元二次方程或概率相关的题目中，因为概率论中经常会出现比较大的整数，使用内置的整数类型无法表示，需要使用 double 或 long double 数据类型。

846 Steps[A]（数轴行走）

假设有一条直线，上面标记了一些整数位置，你需要通过单步行走从一个整数位置到达另一个整数位置，每一步的步长必须是非负整数，且相对于前一步的长度来说，只能大 1，或者相等，或者小 1。如果要求第一步和最后一步的步长必须为 1，则从整数位置 x 走到另外一个整数位置 y 最少需要多少步？

输入与输出

输入第一行包含一个整数 n，表示测试数据的组数。每组测试数据包含两个整数 x 和 y，$0 \leq x \leq y < 2^{31}$。对于每组测试数据，输出从 x 到 y 所需的最小步数。

样例输入	样例输出
3 45 48 45 49 45 50	3 3 4

分析

可以证明：在本题条件限制下，如果所走步数构成的数列具有左右对称的性质，则总步数是最少的。如果采取左右对称的走法，设两点距离为整数 d，整数 $n=\mathrm{sqrt}(d)$，则最大步数为 n 步时能达到的距离是 $1+2+3+\cdots+(n-1)+n+(n-1)+\cdots+3+2+1=n^2$。比较两点距离 d 与 n^2，若相等，表明只需走 $2(n-1)+1=(2n-1)$ 步；否则，若剩余距离 $d-n^2$ 在 1 至 $n+1$ 之间，只需插入一步即可；若 $d-n^2$ 大于 $n+1$，则需多插入两步。

强化练习

138 Street Number[A]，386 Perfect Cubes[A]，474 Heads/Tails Probability[A]，545 Heads[C]，617 Nonstop Travel[C]，860 Entropy Text Analyzer[C]，880 Cantor Fractions[B]，10693 Traffic Volume[B]，10784 Diagonal[A]，10916 Factstone Benchmark[B]，11335 Discrete Pursuit[D]，11342 Three-Square[B]，11565 Simple Equations[A]，11614 Etruscan Warriors Never Play Chess[A]，11715[①] Car[A]，11970 Lucky Numbers[B]。

扩展练习

11692[②] Rain Fall[D]，11714 Blind Sorting[C]，11847 Cut the Silver Bar[C]，12027 Very Big Perfect Squares[D]。

6.9 小结

本章主要包括以下四个重点内容。

（1）高精度整数四则运算的实现。不过由于编程竞赛大多数允许使用 Java 或者 Python，高精度整数运算的代码实现并不是一个障碍，重点在于从题目中抽象出递推关系，得到结果的表达式，从而进一步使用高精度整数进行运算。

（2）浮点数运算误差的处理。由于计算机表示的原因，无法精确表示所有的小数，所以在计算中不可避免的存在误差，如果在计算中误差控制不当，很可能导致最后的结果与参考输出有差异，从而使得无法通过评测。

（3）二项式定理和多项式定理。二项式定理和多项式定理在多项式的展开，以及排列组合中指数的计算中非常有用。

（4）实数函数库的使用。对于某些特定题目来说，熟练掌握和使用实数函数库能够达到事半功倍的效果。

---

① 11715 Car 需要运用物理中匀变速直线运动的速度和位移计算公式。设初速度为 u，末速度为 v，加速度为 a（加速度为矢量，其数值可能为负值，表示其方向与速度的方向相反），位移为 s，则有关系：$v=u+at$，$s=ut+at^2/2$。对于给定 v、a、s 要求计算 u、t 的情形，在某些特定输入下，解方程会得到两个不同的 t 值，总是取能够使得 u 为正数的 t 值。

② 11692 Rain Fall 中，可以根据题意得到一个一元二次方程，其中未知数为降雨强度，单位为 mm/h（毫米每时）。

第 7 章
组合数学

> 是故，《易》有太极，是生两仪，两仪生四象，四象生八卦。
>
> ——《易传·系辞上传》

在编程竞赛中，有关组合数学、概率论的题目经常出现。本章将介绍在 UVa OJ 题库中出现的此类题目所涉及的常见知识点，如果读者需要更为深入地了解组合数学、概率论的特定内容，建议阅读相应的入门类书籍[35]。由于组合数学中牵涉到的整数一般都比较大，常常需要高精度整数的支持，所以熟悉 Java 中 `BigInteger` 类的使用非常有必要。

7.1 计数原理

7.1.1 加法原理

加法原理（addition principle of counting）：假设完成一项任务有 n 类不同的方法，只要采用一类方法中的任何一种即可完成这项任务，第一类方法包括 m_1 种方法，第二类方法包括 m_2 种方法……第 n 类方法包括 m_n 种方法，而且所有方法中任意两种方法均是不同的，则完成此项任务共有$(m_1+m_2+\cdots+m_n)$种方法。

在解题中应用加法原理，其关键是要找到一个"切入点"，以便将计数分解为若干个独立（不相容）的部分，这样才能保证既不重复也不遗漏地进行计数。

11401 Triangle Counting[A]（三角形计数）

给定长度为 $1, 2, \cdots, n$ 的 n 条木棒，从中任意挑选 3 条木棒拼接成三角形，确定能够拼接得到的不同三角形个数。此处"不同三角形"的含义是两个三角形至少有一条边的长度不相同。

输入

输入包含多组测试数据，每组测试数据由一个正整数 n（$3 \leqslant n \leqslant 1000000$）构成，输入最后以一个小于 3 的整数作为结束标记，此组测试数据不需处理。

输出

对于每组测试数据，输出不同三角形的数量。

样例输入
5 0

样例输出
3

分析

由于 n 的上限较大，使用朴素的穷尽法效率较低，会超出时间限制。为了能够不重复地统计三角形的数量，先将三角形按最长边进行分类计数。令 $C(x)$ 表示三角形中最长边为 x 时的不同三角形数量，同时另外的两条边的边长分别为 y 和 z，根据三角形的边不等式有

$$y + z > x$$

易得

$$x - y < z < x$$

由于题目约束三角形的三条边长均不相同，则当 $y=1$，不等式无解；当 $y=2$ 时，z 只有 1 个解——$x-1$；当 $y=3$ 时 z 有 2 个解——$x-2$、$x-1$……当 $y=x-1$，z 有 $x-2$ 个解——2、3、$\cdots$、$x-1$。观察易得，解的数量构成了一个等差数列，故总的解数量为

$$\frac{(x-1)(x-2)}{2}$$

但是这并不是 $C(x)$ 的值。按照题意要求，$y=z$ 的解是不符合要求的，故需要将其剔除。当 $y=z$ 时，有 $x/2+1$ $\leqslant y=z\leqslant x-1$，不符合题意的解其数量为

$$(x-1)-\left(\frac{x}{2}+1\right)+1=\frac{x-2}{2}$$

由于 $y=2$、$z=x-1$ 和 $z=2$、$y=x-1$ 是相同的三角形，符合题意的解实际上将相同的三角形统计了两次，故需要将结果减半，即

$$C(x)=\frac{\dfrac{(x-1)(x-2)}{2}-\dfrac{x-2}{2}}{2}=\frac{(x-2)^2}{4}$$

最后，由于题目所求为最大边长不超过 n 的不同三角形数量 $F(n)$，有

$$F(n)=C(1)+C(2)+\cdots+C(n)=F(n-1)+C(n)$$

强化练习

11480 Jimmy's Balls[C]，11554 Hapless Hedonism[C]。

扩展练习

11375 Matches[D]。

7.1.2 乘法原理

乘法原理（multiplication principle of counting）：假设有 k 项任务 T_1，T_2，$\cdots$，T_k 需要相继完成，如果完成任务 T_1 有 n_1 种不同的方法，完成任务 T_2 有 n_2 种不同的方法……完成任务 T_k 有 n_k 种不同的方法，在完成任务的过程中，每次从各个任务的方法中挑选出一种方法相继执行可以完成 k 项任务，那么相继完成 k 项任务共有 $n_1\times n_2\times\cdots\times n_k$ 种方法。

应用乘法原理的关键也是先将计数分成若干个独立的步骤，然后再计数每个步骤能够采用的不同方法数，最后总的方法数就是各个步骤方法数的乘积。

182 Bonus Bonds[D]（债券彩票）

某地想要发行一种债券彩票来募集资金。最初，债券编号共 8 位数字，包括 1 位数字前缀和 7 位数字后缀，数字前缀为 1~9 的某个数字，表示出售该债券的地区编号，简称区号。由于债券彩票模式非常成功，编号方案也相应有所改变，增加了 2 位数字，使得债券编号变为 10 位数。为了与原有的编号方案兼容，在 10 位数的编号方案中，从左侧数第 3 位（即从右侧数第 8 位数字）仍然表示区号。与此同时，政府新成立了一个"中心区"，区号为 0。为了安全考虑，债券的编号不能全为 0。虽然原有的债券编号都是从 0 开始，但是由于区号非 0，故而符合要求。中心区由于其区号为 0，为了符合要求，其出售的债券需要从 0000000001 开始编号。

每个月，中奖号码会从每个区分别抽取产生。抽奖设备会生成一系列数字，然后从这些数字中按照 10 个一组的方式组合成一个中奖号码，但是这样存在潜在的问题——生成的中奖号码所对应的债券可能尚未售出。由于抽奖设备有些老旧，很容易出问题，组织者不但希望生成的中奖号码是已经出售的债券编号，而且要求生成的中奖号码的每一位数字与已出售的债券在相应位置的数字分布一致。假如我们希望从给定区域抽取 N 个中奖号码，则设置参数使得设备生成 10 组 N 位的数字，中奖号码的每一位从对应组的数字中抽取。第一个中奖号码由 10 组数字的第一位数字组成，第二个中奖号码由 10 组数字的第二位数字组成，依此类推。对于每一组数字，组织者会调整设备参数使得生成的数字分布和该地区已经出售的债券编号对应位置的数字分布相匹配。审计官会生成一张数字分布表以便对参数设置情况进行核查。

编写程序，针对任意一次抽奖为审计官生成一张数字分布表。对于每一个区域，程序读取一个债券编号以便计算数字分布，该编号表示将在该区域出售的**下一张**债券的号码，由于将全部信息输出显得太过冗

长，你的程序只需要输出指定位置的数字分布即可。

输入

输入包含多行，每行包含一个编号，表示在特定区域出售的**下一张**债券的号码。后面是一个在 1 到 10 之间的整数，表示需要计算数字分布的编号位置。注意，某些区域在输入中可能出现不止一次，而其他某些区域可能一次也不出现。输入最后以包含"0000000000 0"的一行作为结束标志。

输出

输出由多张数字分布表组成，每张表对应输入中的一行。每张分布表包含 10 行，每行包含一个数值，表示 0~9 的数字在该指定位置出现的次数。次数在输出时以宽度 11 右对齐输出。相邻两张分布表之间以一个空行隔开。

样例输入

```
4810000000 1
0000000000 0
```

样例输出

```
  100000000
  100000000
  100000000
  100000000
   80000000
  100000000
  100000000
  100000000
  100000000
```

分析

如果使用朴素的穷尽搜索，由于输入范围较大，会发生超时。可以根据加法原理和乘法原理进行计数，从而提高效率。根据题意获取区号，然后将区号从编号中去除，获取已出售的债券张数及需要输出次数的指定位置，按下述步骤进行处理。

（1）特例处理。如果已出售的债券张数为 0，或者出售的债券张数只有 1 张且区号为 0，则指定的位置上各个数字的出现次数均为 0。

（2）其他情形。由于可取的数字个数会因其所在位置发生变化，需要分别处理。设区号为 r，已出售的最后一张债券编号为 $\overline{d_1d_2d_3d_4d_5d_6d_7d_8d_9}$（由于已经去除了区号，故债券编号只有 9 位数字），t 为某个数字在该位置上出现的次数，可以分以下几种情况处理。

- 如果指定位置是 3，即区号位，对于数字 d 来说，如果 $d=r$，出现次数 $t=\overline{d_1d_2d_3d_4d_5d_6d_7d_8d_9}$；如果 $d\neq r$，出现次数 $t=0$。

- 如果指定的位置是 1，即首位，对于数字 d 来说，如果 $d<d_1$，出现次数 $t=100000000$；如果 $d=d_1$，那么出现次数 $t=\overline{d_2d_3d_4d_5d_6d_7d_8d_9}+1$；如果 $d>d_1$，$t=0$。

- 如果指定的位置是 10，即末位，对于数字 d 来说，如果 $d\leq d_9$，出现次数 $t=\overline{d_1d_2d_3d_4d_5d_6d_7d_8}+1$；如果 $d>d_9$，出现次数 $t=\overline{d_1d_2d_3d_4d_5d_6d_7d_8}$。

- 如果指定的位置是其他位置，则数字 d 出现的次数和指定位置之前、位置本身和位置之后的数值有关。例如，如果指定的位置是 6，即需要确定 d_5 上各个数字的出现次数，那么有，若 $d<d_5$，则 $t=\overline{d_1d_2d_3d_4}0000+10000$；若 $d=d_5$，则 $t=\overline{d_1d_2d_3d_4}0000+\overline{d_6d_7d_8d_9}+1$；若 $d>d_5$，则 $t=\overline{d_1d_2d_3d_4}0000$。

需要注意的是，对于数字 0 来说，如果区号也为 0（即为中心区），则由于该区是从 0000000001 开始编号，那么数字 0 出现的次数需要在原有计数的基础上减去 1 才是正确的计数结果。

强化练习

11204 Musical Instruments[C]，11538 Chess Queen[B]，11962 DNA II[D]，12463 Little Nephew[C]。

扩展练习

11115 Uncle Jack[B]，11310 Delivery Debacle[B]。

7.2 排列与组合

从 n（$n \geqslant 1$）个不同元素中任意取出 m（$n \geqslant m \geqslant 1$）个元素，按照取的先后顺序排列起来形成一列，称为从 n 个不同元素中取出 m 个元素的一个排列（permutation）。当 $m=n$ 时，将能够得到的所有不同排列的全体称为全排列（full permutation）。由于有 n 个不同的元素，在构成全排列时，第一个元素有 n 种选择，第二个元素有 $(n-1)$ 种选择……最后一个元素有 1 种选择。根据乘法原理，全排列共有 $n \times (n-1) \times \cdots \times 2 \times 1$ 种排列方法，记为 n 的阶乘，通常表示为

$$P(n,n) = n! = \prod_{i=1}^{n} i, \ 1 \leqslant n$$

如果定义 0!=1，进一步推广，则有

$$P(n,k) = \frac{n!}{(n-k)!}, \ 0 \leqslant n, \ 0 \leqslant k \leqslant n$$

由于阶乘增长很快，可以很容易达到 32 位整数的表示上限，即使是使用 64 位整数，也无法存储 25!所对应的整数值。当 n 很大时，可以根据斯特林公式（Stirling's approximation）[1]

$$n! \approx \sqrt{2\pi n} \left(\frac{n}{e} \right)^n, \ \pi 为圆周率，e 为自然对数的底$$

计算 $n!$的近似值。结合实数函数库中的 `log10` 函数，对估计 $n!$的位数也很有帮助。

强化练习

1185[2] Big Number[C]。

扩展练习

10323[3] Factorial You Must be Kidding[A]。

组合（combination）是指从 n（$n \geqslant 1$）个不同元素中任意取 k（$n \geqslant k \geqslant 0$）个元素的不同取法，一般将其记为 $C(n,k)$、C_n^k 或 $\binom{n}{k}$，有

$$C(n,k) = C_n^k = \binom{n}{k} = \binom{n}{n-k} = \frac{P(n,k)}{P(k,k)} = \frac{n!}{(n-k)!k!}, \ 1 \leqslant n, 0 \leqslant k \leqslant n$$

如果 n 个元素中有部分元素重复，将 n 个元素进行全排列能够得到的不同排列方式总数为

$$\binom{n}{m_1, m_2, \cdots, m_k} = \frac{n!}{m_1! m_2! \cdots m_k!}, \ m_1 + m_2 + \cdots + m_k = n, \ m_i \ 表示第 i 个不同元素的重复次数$$

例如，将字符串"aabdeef"进行全排列，能够得到的不同字符串排列种数为

$$P = \frac{7!}{2!1!1!2!1!} = 1260$$

在某些情况下，为了便于计算组合数，还可以使用以下递推关系式[4]

$$C(n,k) = C(n-1, k) + C(n-1, k-1)$$

---

[1] 詹姆斯·斯特林（James Stirling，1692—1770），苏格兰数学家，斯特林数和斯特林公式以他的名字命名。

[2] 对于 1185 Big Number，由于斯特林公式为近似公式，当 n 较大时可能存在较大误差，使用如下的方式计算阶乘的位数一般更为精确：给定 $n!$，其十进制表示下的位数 d=floor(log$_{10}$($n!$))+1。考虑对数的性质及精度误差，可得 d=floor(log$_{10}$(1)+log$_{10}$(2)+⋯+log$_{10}$(n)+1e−7)+1。floor 为向下取整函数。

[3] 10323 Factorial You Must be Kidding 的评测数据在数学逻辑上并不成立，负数并无阶乘的定义。

[4] 从 n 个物品中取 k 个物品的方法，根据是否包含物品 x，可以分为两类：一类是不包含物品 x，一类是包含物品 x。如果不包含物品 x，相当于从除物品 x 之外的(n-1)个物品中取 k 个物品，这一类方法共有 $C(n-1, k)$ 种。如果是包含物品 x，这类方法还需要从其他(n-1)个物品中取(k-1)个物品才凑成 k 个物品，这类方法共有 $C(n-1, k-1)$ 种。由加法原理可得：$C(n,k)=C(n-1, k)+C(n-1, k-1)$。

其中，$0 \leqslant n$，$1 \leqslant k$，$C(n, 0)=C(n, n)=1$。

```
long long Cnk[41][41];
for (int i = 0; i <= 40; i++)
{
    Cnk[i][0] = Cnk[i][i] = 0;
    for (int j = 1; j < i; j++)
        Cnk[i][j] = Cnk[i - 1][j] + Cnk[i - 1][k - 1];
}
```

因为阶乘增长得很快，在某些情况下，虽然给定组合数的最终结果在 64 位整数的表示范围内，但直接按照定义计算，中间结果会超出 64 位整数的表示范围，此时需要采用一些特殊的技巧。其中的一种技巧是将阶乘的各个数进行素因子分解，消去分子和分母共同的素因子使得将要计算的中间数值变小，从而达到在有限的整数表示范围计算出组合数的值目标。另外一种技巧是不进行素因子分解，而是求计算式中分子的各个乘数和分母的各个乘数间的最大公约数，使用最大公约数来除分子和分母，导致中间结果数值变小，从使得而最终的计算结果在 64 位整数的表示范围内。

强化练习

　　10338 Mischievous Children[A]。

扩展练习

　　10219[①] Find the Ways[A]，10375 Choose and Divide[B]。

7.2.1　康托展开和康托逆展开

　　给定一个长度为 n（$n \geqslant 1$）的字符串，其字符两两互不相同，如果将字符串的全排列按字典序排列，然后从 1 开始为每个排列赋予一个序号，则可以将字符串的全排列映射到 $1 \sim n!$ 的正整数。例如，给定字符串 "abc"，它的全排列按照字典序排列为"abc"、"acb"、"bac"、"bca"、"cab"、"cba"，如果为全排列中的每个字符串从 1 开始进行编号，则全排列中各个字符串的序号与正整数 $1 \sim 3!$ 构成一一对应的关系。反之，给定 $1 \sim 3!$ 的任意一个整数，它唯一对应一个排列。从数学上看，这形成了一个双射。

　　当给定字符串和序号，如何确定该字符串的全排列中指定序号所对应的排列呢？例如，给定字符串 "abcdefg"，要求确定此字符串的全排列中序号为 83 的排列。朴素的方法是列出所有排列，然后逐个计数以确定排列。很明显，此种方法效率较低，当字符串较长时不可用，需要使用其他更为高效的方法。

　　可以证明，从 0 到 $n!-1$ 之间的任何整数 m，可以唯一地将其表示成以下形式[36]

$$m = a_{n-1} \times (n-1)! + a_{n-2} \times (n-2)! + \cdots + a_2 \times 2! + a_1 \times 1!$$

其中，$a_i \in \mathbb{Z}_0^+$，$0 \leqslant a_i \leqslant i$，$i=1, 2, \cdots, n-1$。例如：

$$23 = 3 \times 3! + 2 \times 2! + 1 \times 1!, \quad n = 4$$

此即康托展开（Cantor expansion）[②]。

　　如果给定字符串在全排列中的序号，如何根据序号确定相应的排列呢？例如，给定字符序列<A, B, C, D, E>，从 1 开始编号，某个排列在此字符串的全排列中的序号为 83，那么这个排列是什么呢？可以根据康托展开并结合辗转相除法得到，其操作步骤如下。

注意

　　　也可以采用相反的顺序进行计算。由于

$$m = a_{n-1}(n-1)! + a_{n-2}(n-2)! + \cdots + a_2 \times 2! + a_1 \times 1!$$

将等式两边同时除以 2，可得

[①]　对于 10219 Find the Ways，截至 2020 年 1 月 1 日，此题需要使用 `long double` 数据类型才能获得 Accepted。如果使用 `double` 数据类型会导致 Wrong Answer。

[②]　格奥尔格·费迪南德·路德维希·菲利普·康托（Georg Ferdinand Ludwig Philipp Cantor，1845—1918），德国数学家，集合论的创始人，建立和发展了超穷数理论。

$$\frac{m}{2} = \frac{a_{n-1}(n-1)!}{2} + \frac{a_{n-2}(n-2)!}{2} + \cdots + \frac{a_3 \times 3!}{2} + \frac{a_2 \times 2!}{2} + a_1$$

则 m 除以 2 的余数就是 a_1，商即为 m_1，然后 m_1 除以 3 的余数就是 a_2，依此类推。

（1）字符串长度 $n=5$，序号是从 0 开始计数，因此需要确定
$$82 = a_4 \times 4! + a_3 \times 3! + a_2 \times 2! + a_1 \times 1!$$
中 a_4、a_3、a_2、a_1 的值，其中 a_i 对应于"在尚未出现的元素中当前元素的排位（从 0 开始计数）"。

（2）由于 82 除以 4!=24 商数为 3，余数为 10，故 a_4=3。此时所有元素均未出现，按字典序构成序列 $<A, B, C, D, E>$，从 0 开始计数，其中第 3 大的元素为 D，故排列的第一个字符为 D。

（3）10 除以 3!=6 商数为 1，余数为 4，故 a_3=1。尚未出现的元素按字典序构成序列 $<A, B, C, E>$，从 0 开始计数，第 1 大的元素为 B，故排列的第二个字符为 B。

（4）依前述过程推导，可知 a_2=2，a_1=0。由此可得第三个字符为 E，第四个字符为 A。

（5）最后剩余字符 C，因此第五个字符为 C。

则对应序号 83 的排列为 $<D, B, E, A, C>$。可以使用 STL 中的 next_permutation 函数对结果予以验证。

```cpp
//----------------------------7.2.1.1.cpp----------------------------//
int main(int argc, char *argv[])
{
    string s = "ABCDE";
    int indexer = 1;
    do {
        if (indexer == 83) {
            // 输出为: DBEAC。
            cout << s << '\n';
            break;
        }
        indexer++;
    } while (next_permutation(s.begin(), s.end()));
    return 0;
}
//----------------------------7.2.1.1.cpp----------------------------//
```

注意在使用康托展开时，要求给定序列中的元素互不相同，如果字符序列中有相同的字符，使用上述方法会得到错误的结果，此时需要通过组合方法来进行计算。

以下是康托展开的参考实现。

```cpp
//----------------------------7.2.1.2.cpp----------------------------//
long long factorial[20] = {1};

// 康托展开。
void cantorExpansion(string s, long long n)
{
    n %= factorial[s.length()];
    for (int i = s.length() - 1; i >= 0; i--) {
        long long idx = n / factorial[i];
        cout << s[idx];
        s.erase(s.begin() + idx);
        n %= factorial[i];
    }
    cout << '\n';
}

int main(int argc, char *argv[])
{
    string s;
    long long n;
    for (int i = 1; i < 20; i++) factorial[i] = factorial[i - 1] * i;
    while (cin >> s >> n) {
        sort(s.begin(), s.end());
```

```
        cantorExpansion(s, n);
    }
    return 0;
}
//----------------------------7.2.1.2.cpp----------------------------//
```

根据康托逆展开（inverse Cantor expansion），可以将某个不包含重复字符的字符串映射为一个整数，此整数即对应于该字符串在组成此字符串的字符全排列中的序号。例如，给定字符序列$<A, B, C, D, E>$，需要确定目标序列$<C, E, A, D, B>$在字符序列$<A, B, C, D, E>$全排列中的序号，可按以下步骤确定。

（1）由于字符序列长度为 5，需要确定表达式

$$m = a_4 \times 4! + a_3 \times 3! + a_2 \times 2! + a_1 \times 1!$$

中a_4、a_3、a_2、a_1的值，进而确定m值，其中a_i对应于"在尚未出现的元素中当前元素的排位（从 0 开始计数）"。

（2）第一个字符C，由于此时所有元素均未出现，目标序列为$<C, E, A, D, B>$，按照字典序并从 0 开始计数，C是该序列中第 2 大的元素，故$a_4=2$。

（3）第二个字符E，由于字符C已经出现，所以尚未出现的元素构成序列$<E, A, D, B>$中，按照字典序并从 0 开始计数，E是第 3 大的元素，故$a_3=3$。

（4）第三个字符A，同理可知，在序列$<A, D, B>$中，A是第 0 大的元素，故$a_2=0$。

（5）第四个字符D，在序列$<D, B>$中，D的是第 1 大的元素，故$a_1=1$。

故有

$$m = 2 \times 4! + 3 \times 3! + 0 \times 2! + 1 \times 1! = 67$$

由于是从 1 开始为全排列进行编号，而使用康托逆展开得到的m是从 0 开始计数的，所以序列$<C, E, A, D, B>$所对应的序号为 68。可以使用 STL 中的 next_permutation 函数对结果予以验证。

```cpp
//----------------------------7.2.1.3.cpp----------------------------//
int main(int argc, char *argv[])
{
    string s = "ABCDE", t = "CEADB";
    int indexer = 1;
    do {
        if (s == t) {
            // 输出为: 68。
            cout << indexer << '\n';
            break;
        }
        indexer++;
    } while (next_permutation(s.begin(), s.end()));
    return 0;
}
//----------------------------7.2.1.3.cpp----------------------------//
```

强化练习

11525 Permutation[C]。

153 Permalex[A]（递变序）

给定一个字符串，我们能够通过重新排列字符的方式来得到一个新的字符串。如果我们在重排时加上顺序（比如说按照字典序），那么这些字符串在所有排列中的位置序号，能够使用一个唯一的数字来表示。例如，字符串"acab"一共产生了以下 12 种不同的排列：

aabc	1	acab	5	bcaa	9
aacb	2	acba	6	caab	10
abac	3	baac	7	caba	11
abca	4	baca	8	cbaa	12

因此，字符串"acab"在此全排列中的序号为 5。

编写程序，读取一个字符串，确定该字符串在其全排列生成的字符串中的位置序号。注意，字符串的全排列数量可以很大，然而我们保证给定的字符串中其位置序号不会大于$2^{31}-1$，即 2147483647。

输入与输出

输入包含多行，每行包含一个字符串。每个字符串不超过 30 个小写字母，可能有相同的字母。输入以只包含字符'#'的一行结束。

输出包含多行，对应输入的每一行。每行由表示给定字符串在全排列中的位置序号构成，该序号以右对齐宽度 10 进行输出。

样例输入	样例输出
bacaa #	15

分析

采用朴素的方式生成所有排列（例如，使用库函数 next_permutation 来生成所有排列）并计数序号的做法会导致超时。由于给定字符串可能包含重复的字符，所以不能直接使用康托逆展开，但是可以从康托逆展开得到启发。给定一个包含 n 个不同字符的字符串 $s="c_1c_2\cdots c_n"$，$x_i<x_j$，$0\leq i<j<n$。令 s_i 和 s_j 是 s 的全排列中两个不同的排列，s_i 在全排列中序号为 i，s_j 在全排列中的序号为 j，且有 $i<j$，定义 s_i 到 s_j 的"变换距离"为 i 和 j 之差的绝对值。根据上述定义，$s_0="c_1c_2\cdots c_n"$，如果给定 $s_x="c_kc_1c_2\cdots c_{k-1}c_{k+1}\cdots c_n"$，即 s_x 是将 s 的第 k 个字符 c_k 作为首字符，其他字符仍按照原有顺序排列而得到的字符串，那么 x 的值应该如何确定呢？从 s_0 开始，按照全排列的顺序，对 s_0 进行 $(n-1)!-1$ 次变换操作，可以得到 $s'="c_1c_nc_{n-1}\cdots c_2"$，再进行一次变换，可以得到 $s''="c_2c_1c_3\cdots c_n"$，可知 s_0 和 s'' 的变换距离为 $(n-1)!$。类似地，从 $s''="c_2c_1c_3\cdots c_n"$ 开始，按照全排列的顺序，对 s'' 进行 $(n-1)!-1$ 次变换操作，可以得到 $s'''="c_2c_nc_{n-1}\cdots c_3c_1"$，再进行一次变换操作，可以得到 $s''''="c_3c_1c_2c_4\cdots c_n"$，可知 s_0 和 s'''' 的变换距离为 $2\times(n-1)!$。依此类推，可知 s_0 和 s_x 的变换距离为 $(k-1)\times(n-1)!$。由于给定的是 n 个不同字符，在进行变换时，可以将其中的一部分字符作为一个整体进行全排列，所以可以提高计数的效率。

在本题的约束条件中，给定的是可能包含重复字符的字符串，不能直接进行计算，但是仍然可以使用"将其中的一部分字符作为一个整体进行全排列"的思路来提高计数效率，下面以样例输入为例进行具体说明。给定的字符串是"bacaa"，需要确定此字符串在全排列中的序号。该字符串的初始排列为"aaabc"，为了观察规律，不妨先考察"aaabc"是如何变换到"acbaa"的。不难看出，"aaabc"和"acbaa"的首字符相同，均为第 0 大的字符'a'占据首位，变换的过程相当于将"aaabc"的最后 4 个字符"aabc"进行了一次全排列，接着将"acbaa"再变换一步就成为"baaac"，第 1 大的字符'b'占据首位，之后的 4 个字符按字典序排列，因此"aaabc"和"baaac"的变换距离就是"aabc"全排列的个数 12，即变换距离为 12。接着继续观察"baaac"是如何变换到"bacaa"的。由于"baaac"和"bacaa"的首字符相同，可以将首字符去掉不予考虑，只考虑"aaac"和"acaa"的变换距离，与前述变换类似，也就相当于将"aac"进行了一次全排列成为"caa"，故"aaac"和"acaa"的变换距离就是"aac"的全排列个数 3 再减去 1，即变换距离为 2。最终，"bacca"在全排列的序号为 12+2+1=15。

可将上述过程归纳为以下步骤：先将给定的字符串按字典序排列以构成初始字符串 S，与目标字符串 T 进行比较，如果 $S<T$，表明仍需要进行变换；此时比较两者的首字符，如果相同，表明只需对 S 和 T 除首字符之外的其他字符继续进行上述的变换过程，否则"变换距离"将是 S 除首字符之外的其他所有字符的全排列数量。由于给定的字符串中可能包含重复字符，在计算全排列时需要使用包含重复字符的全排列数量计算公式。

参考代码

```
// 数字 1~30 的素因子分解表。
int prime[31][5] = {
    {0}, {0}, {1, 2}, {1, 3}, {2, 2, 2}, {1, 5}, {2, 2, 3}, {1, 7},
    {3, 2, 2, 2}, {2, 3, 3}, {2, 2, 5}, {1, 11}, {3, 2, 2, 3},
    {1, 13}, {2, 2, 7}, {2, 3, 5}, {4, 2, 2, 2, 2}, {1, 17},
    {3, 2, 3, 3}, {1, 19}, {3, 2, 2, 5}, {2, 3, 7}, {2, 2, 11}, {1, 23},
    {4, 2, 2, 2, 3}, {2, 5, 5}, {2, 2, 13}, {3, 3, 3, 3},
    {3, 2, 2, 7}, {1, 29}, {3, 2, 3, 5}
};
```

```cpp
// 根据包含重复元素的全排列计数公式 P=n!/(m₁!m₂!…mₖ!) 确定给定字符串全排列的数量。
long long fullPermutation(string line)
{
    vector<int> dividend, divisor;
    // 获得 n! 的素因子分解式。
    for (int i = 2; i <= line.length(); i++)
        for (int j = 1; j <= prime[i][0]; j++)
            dividend.push_back(prime[i][j]);
    // 计数不同字符的数量。
    int alpha[26] = {0};
    for (int i = 0; i < line.length(); i++)
    alpha[line[i] - 'a']++;
    // 获得 m₁!m₂!…mₖ! 的素因子分解式。
    for (int i = 0; i < 26; i++)
        for (int j = 2; j <= alpha[i]; j++)
            for (int k = 1; k <= prime[j][0]; k++)
                divisor.push_back(prime[j][k]);
    // 消去公共的素因子。
    for (int i = 0; i < divisor.size(); i++)
        for (int j = 0; j < dividend.size(); j++)
            if (divisor[i] == dividend[j]) {
                dividend.erase(dividend.begin() + j);
                break;
            }
    // 计算积。
    long long product = 1;
    for (int i = 0; i < dividend.size(); i++)
        product *= dividend[i];
    return product;
}

/*
递归计算给定字符串在全排列中的序号。以样例输入字符串 "bacaa" 为例来解析代码的行为。初始时
current="bacaa"，orignial="bacaa"。对 current 排序后，current="aaabc"。由于 current 的长度为 5，
循环总共执行 5 次操作。每次操作先复制 current 的当前内容到另外一个字符串 next 中，对 next 从第二个字符开
始进行排序，此时 next="aaabc"，由于集合 cache 为空，故将 "aaabc" 插入集合中，比较 next 与 original，可
以发现 "aaabc" < "bacaa" 且 next 的首字符小于 original 的首字符，那么很显然，"aaabc" 和 "bacaa" 之间的 "变
换距离" 至少是 "aabc" 的全排列个数 P。对 "aaabc" 进行 (P-1) 次变换后字符串成为 "acbaa"，再进行一次变换将成
为 "baaac"。为了得到 "acbaa" 进行一次变换后的字符串 "baaac"，参考实现通过将 current 的首字符移动到
current 的末尾并从字符串的第二个字符开始排序以得到下一个待变换字符串，由于集合 cache 记录了所有已经计数
的字符串，不会对重复的字符串进行计数，从而保证了结果的正确性。
*/
long long permutation(string current, string original)
{
    int counter = current.length();
    long long index = 0;
    set<string> cache;
    sort(current.begin(), current.end());
    while (counter--) {
        string next(current);
        sort(next.begin() + 1, next.end());
        if (cache.find(next) == cache.end()) {
            cache.insert(next);
            if (next < original) {
                if (next.front() < original.front())
                    index += fullPermutation(current.substr(1));
                else if (current.length() > 1)
                    index += permutation(next.substr(1), original.substr(1));
            }
        }
        current += current.front();
```

```
        current.erase(0, 1);
    }
    return index;
}

int main(int argc, char* argv[])
{
    string line, original;
    while (getline(cin, line), line != "#") {
        if (line.length() == 0) continue;
        // 获得的结果是从 0 开始编号的计数，需要调整到从 1 开始计数。
        cout << setw(10) << right << (permutation(line, line) + 1) << '\n';
    }
    return 0;
}
```

强化练习

530 Binomial Showdown[A]，941 Permutations[B]，10460 Find the Permuted String[C]。

扩展练习

911 Multinomial Coefficients[D]。

7.2.2 方程的整数解数量

给定一个黑盒，黑盒中有红、绿、蓝、黑 4 种颜色的木球若干个，若已知有 10 个木球，那么总共有多少种可能的组合？直观地看，逐个枚举并不是一种有效的方法。如果用向量(x_1, x_2, x_3, x_4)来定义木球的可能组合，其中 x_1 表示红色木球的数量，x_2 表示绿色木球的数量，x_3 表示蓝色木球的数量，x_4 表示黑色木球的数量，那么可能的组合数就是和为 10 的非负向量(x_1, x_2, x_3, x_4)的个数。如果将上述问题一般化，假设有 r 种颜色且有 n 个木球，那么可能的组合就是满足 $x_1+x_2+\cdots+x_r=n$ 的非负整数向量$(x_1, x_2, \cdots, x_r)$的个数。要计算这个数，可以先考虑符合上述条件的正整数向量$(x_1, x_2, \cdots, x_r)$的个数，可以使用隔板法（Stars and Bars，又称插空法）[①]对其进行计数。

如图 7-1 所示，将 n 个 1 排列成一列，则 n 个 1 之间有$(n-1)$个"空隙"，在这$(n-1)$个空隙中任意选出$(r-1)$个空隙放入一个假想的"隔板"，则会将这 n 个 1 分隔为 r 个互不相连的部分，划分后的结果恰好对应满足 $x_1+x_2+\cdots+x_r=n$ 的一种正整数解：使得 x_1 等于第一个隔板之前 1 的数量，x_2 等于第一个和第二个插入的隔板之间的 1 的数量……x_r 等于最后一个插入的隔板后面的 1 的数量。也就是说，$x_1+x_2+\cdots+x_r=n$ 的正整数解以一对一的方式对应于从$(n-1)$个空隙中选择$(r-1)$个空隙的结果，由此得出，$x_1+x_2+\cdots+x_r=n$ 的不同的正整数解的个数等于从$(n-1)$个空隙里选择$(r-1)$个空隙的方法数量，因此有以下结论：共有$\binom{n-1}{r-1}$个不同的正整数向量$(x_1, x_2, \cdots, x_r)$满足 $x_1+x_2+\cdots+x_r=n$，$x_i>0, 1\leqslant i\leqslant r$。

图 7-1　隔板法（插空法）

不难得出，$x_1+x_2+\cdots+x_r=n$ 的非负整数解数量与 $y_1+y_2+\cdots+y_r=n+r$ 的正整数解数量是相同的，因为对于 $x_1+x_2+\cdots+x_r=n$ 的任意一组解$(x_1, x_2, \cdots, x_r)$，均可通过令 $y_i=x_i+1$（$1\leqslant i\leqslant r$）的方式来得到 $y_1+y_2+\cdots+y_r=n+r$ 的一组解$(y_1, y_2, \cdots, y_r)$。因此有以下结论：共有$\binom{n+-1}{r-1}$个不同的正整数向量$(x_1, x_2, \cdots, x_r)$满足 $x_1+x_2+\cdots+x_r=n$。

[①] 国外的组合数学教材中亦将其称之为 "Stars and Bars" 计数定理，读者可进一步查阅 Wikipedia 上关于该定理的介绍。

根据上述结论易得 4 种颜色的木球构成总数是 10 个木球的组合方案数为 $\binom{10+4-1}{4-1} = \binom{13}{3} = 286$ 种。

强化练习

10541 Stripe[C]，13135 Homework[D]。

注意

10541 Stripe 中，根据题意，N 为总的方格数，设 K 个编码占用了 M 个方格，则剩余 $N-M$ 个方格，分隔编码需要用去 $K-1$ 个方格，则最终剩余 $T=N-M-(K-1)$ 个方格，问题等价于将 T 个方格放置到 $K+1$ 个"间隙"中（包括首尾和编码中间）的不同放置方法数（亦即将 T 表示为 $K+1$ 个非负整数的和的不同方法数，此处的"不同"是指只要顺序不同即视为不同。例如，将 4 表示为 2 个非负整数的和，则 $\{0, 3\}$ 和 $\{3, 0\}$ 视为 2 种不同的方法，但 $\{2, 2\}$ 只计为 1 种方法）。

7.3　Pólya 计数定理

由于 Pólya 计数定理与群的概念有密切的关系，为了便于理解，本节先从基础的概念，如等价关系、群、置换群等开始介绍，之后是 Burnside 引理，最后给出 Pólya 计数定理的一般表示形式和具体应用。

7.3.1　基本概念

等价关系

设 A 和 B 为两个集合，如果对于任意 $a \in A$，B 中都唯一存在元素 $f(a)$ 与之对应，则称 f 为由 A 到 B 的一个映射，记作 $f: A \to B$。此时 $f(a)$ 称为 a（在 f 下）的像（image），a 称为 $f(a)$（在 f 下）的原像（preimage）或反像（inverse image）。如果 A 中任意两个不同元素在 f 下的像都不同，则称 f 为单射（injection）。如果 B 中任一元素在 A 中都有原像，则称 f 为满射（surjection）。既是单射又是满射的映射称为双射（bijection），或一一对应（one-to-one）[37]。

给定集合 A 和 B，A 和 B 的元素构成的有序对（ordered pair）的全体记为

$$A \times B = \left\{ (a, b) \middle| a \in A, b \in B \right\}$$

称上述有序对的全体 $A \times B$ 为 A 和 B 的笛卡儿积（Cartesian product），简称卡氏积或直积。将集合 A 上的一个二元运算（binary operation）定义为由 $A \times A$ 到 A 的一个映射。给定 $A \times A$ 的某个子集 R，将子集 R 称为 A 上的关系（relation）。当 $(a, b) \in R$ 时，称 a 与 b 具有关系 R，记为 aRb；当 $(a, b) \notin R$ 时，称 a 与 b 不具有关系 R，记为 $a \bar{R} b$。对于 $A \times B$ 中的任意一个有序对 (a, b)，它要么属于 R，要么不属于 R，因此一定有 aRb 或者 $a \bar{R} b$。

对于 $A \times A$ 上的关系 R，可以定义如下的性质。

（1）反身性（reflexivity）：如果对于所有的 $a \in A$，均有 aRa，则称 R 具有反身性。

（2）对称性（symmetry）：如果对于所有的 $a, b \in A$，当 aRb 时，均有 bRa，则称 R 具有对称性。

（3）传递性（transitivity）：如果对于所有的 $a, b, c \in A$，当 aRb 且 bRc 时，均有 aRc，则称 R 具有传递性。

在数学上，将具有反身性、对称性和传递性的关系 R 称为等价关系（equivalence relation），此时 A 中互相等价的元素组成的子集称为一个等价类（equivalence class）。

群

给定一个集合 $G = \{a, b, c, \cdots\}$ 以及 G 上的运算"$\circ$"，考虑以下性质。

（1）封闭性（closure）：对于任意的 $a, b \in G$，$a \circ b \in G$ 成立。

（2）结合律（associativity law）成立：对于任意的 $a, b, c \in G$，$a \circ (b \circ c) = (a \circ b) \circ c$ 成立。

（3）存在幺元（identity element）：G 中存在一个元素 e，使得对于 G 的任意元素 a，均有 $a \circ e = e \circ a = a$。将元素 e 称为幺元。

（4）存在逆元（inverse element）：对于 G 中的任意元素 a，均存在 $b \in G$，使得 $a \circ b = b \circ a = e$，将元素 b 称为元素 a 的逆元，记为 a^{-1}，即 $b = a^{-1}$。

将满足上述性质的集合 G 连同运算 $\circ$ 称为群（group）[①][38]，记为 $(G, \circ)$。若 G 是一个有限集，则称 $(G, \circ)$ 为有限群，其中有限群 G 的元素个数称为群的阶（order），记为 $|G|$；若 G 是无限集，则称 $(G, \circ)$ 为无限群。为了简便，在不引起歧义的情况下，G 中的元素 a 和 b 的运算 $a \circ b$ 可以简记为 ab。

如果群 G 中的任意两个元素 a 和 b 满足交换律（commutativity），即满足 $ab = ba$，则称 G 为阿贝尔群（Abelian group）[②]，又称交换群。

例如，$G = \{x | x \in \mathbb{R}\}$ 在加法运算（+）下是一个群，因其满足群定义的四个性质。

（1）封闭性：任意两个实数相加后仍为实数，即对于 $a, b \in G$，$a + b \in G$ 成立。

（2）结合律成立：在实数域上的加法运算满足结合律，即对于任意的 a、b、$c \in G$，$(a+b)+c = a+(b+c)$，因此加法运算是可结合的。

（3）存在幺元：$0 \in G$，且对于任意 $a \in G$，$0+a = a+0 = a$ 成立，即 G 中存在幺元 $e=0$。

（4）存在逆元：对于任意 $a \in G$，$-a \in G$，且 $(a)+(-a) = (-a)+(a) = 0$，故有 $(a)^{-1} = -a$，$(-a)^{-1} = a$。

类似于子集的概念，可以定义子群的概念，令 G 在 $\circ$ 运算下是一个群，如果 H 是 G 的非空子集而且 H 在 $\circ$ 运算下也是一个群，则称 $(H, \circ)$ 是 $(G, \circ)$ 的子群，记作 $H \leqslant G$。

置换群

令 M 为一个非空有限集合，将 M 的某个一对一变换称为置换（permutation），一对一变换是指 M 到自身的一一对应。假设 M 的元素为 $a_1, a_2, \cdots, a_n$，则 M 的置换 σ 可以简记为

$$\sigma = \begin{pmatrix} a_1 & a_2 & \cdots & a_n \\ b_1 & b_2 & \cdots & b_n \end{pmatrix}, b_i = \sigma(a_i), i = 1, 2, \cdots, n$$

按照置换的定义，它是 M 到自身的一一对应，所以 $b_1, b_2, \cdots, b_n$ 是 $a_1, a_2, \cdots, a_n$ 的一个排列，由此可见，M 的每一个置换都对应 $a_1, a_2, \cdots, a_n$ 的一个排列，不同的置换对应不同的排列。相应地，$a_1, a_2, \cdots, a_n$ 的任意一个排列也确定 M 的一个置换，所以 M 的置换共有 $n!$ 个，其中 n 为 M 的元数。M 上的置换也称为 n 元置换。特别地，如果

$$\sigma = \begin{pmatrix} a_1 & a_2 & \cdots & a_n \\ a_1 & a_2 & \cdots & a_n \end{pmatrix}$$

即 M 中的每个元素都与自身相对应，则称该置换 σ 为 n 元恒等置换。

按照从左向右的运算结合顺序，令 a 为 M 的任意一个元素，σ 和 τ 为 M 的任意两个置换，定义置换 σ 和 τ 的乘法为两个置换的复合

$$\sigma\tau(a) = \tau(\sigma(a))$$

即先进行置换 σ 所指定的变换，然后进行置换 τ 所指定的变换。例如，令置换

$$\sigma = \begin{pmatrix} 1 & 2 & 3 & 4 \\ 2 & 1 & 3 & 4 \end{pmatrix}, \quad \tau = \begin{pmatrix} 1 & 2 & 3 & 4 \\ 3 & 4 & 1 & 2 \end{pmatrix}$$

有

---

① 有的著作考虑到代数中各种定理适用性范围的不同，采用一种"渐进"的方式来定义群。令 G 为非空集合，定义 G 上的二元运算（binary operation）为函数：$G \times G \rightarrow G$。易知，定义在 G 上的二元运算满足封闭性。如果 G 和二元运算 $\circ$ 满足结合律，则称之为半群（semigroup）。将存在幺元的半群称为幺半群（monoid）。将存在逆元的幺半群称为群（group）。

② 尼尔斯·亨利克·阿贝尔（Niels Henrik Abel，1802—1829），挪威数学家。2002 年 1 月 1 日挪威政府设立的 Abel 奖（Abel Prize）即以他的名字命名。Abel 奖的目的是奖励在数学领域做出杰出贡献的人士，每年颁发一次，奖金为 600 万挪威克朗（约合 70 万美元）。由于诺贝尔奖中并无数学奖项，该奖项一般被人们认为是诺贝尔奖的一种补充。

$$\sigma\tau(1) = \tau(\sigma(1)) = \tau(2) = 4, \quad \tau\sigma(1) = \sigma(\tau(1)) = \sigma(3) = 3$$

因此有

$$\sigma\tau = \begin{pmatrix} 1 & 2 & 3 & 4 \\ 4 & 3 & 1 & 2 \end{pmatrix}, \quad \tau\sigma = \begin{pmatrix} 1 & 2 & 3 & 4 \\ 3 & 4 & 2 & 1 \end{pmatrix}$$

易知，$\sigma\tau \neq \tau\sigma$。一般来说，置换的乘法不满足交换律。

令 S_n 表示 n 元集合 M 上所有 n 元置换构成的集合，则 S_n 在置换乘法运算下是一个群，因其满足群的以下定义。

（1）封闭性：对于任意两个置换 $\sigma, \tau \in S_n$，有 $\sigma\tau \in S_n$。

（2）结合律成立：$(\sigma\tau)\rho = \sigma(\tau\rho)$，$\sigma, \tau, \rho \in S_n$。

（3）存在幺元：n 元恒等置换 σ_0 是 S_n 中的幺元，有 $\sigma_0\tau = \tau\sigma_0 = \tau$，$S_n$ 的幺元 e 即为 σ_0。

（4）存在逆元：每个 n 元置换都在 S_n 中存在逆元，即

$$\begin{pmatrix} a_1 & a_2 & \cdots & a_n \\ b_1 & b_2 & \cdots & b_n \end{pmatrix}^{-1} = \begin{pmatrix} b_1 & b_2 & \cdots & b_n \\ a_1 & a_2 & \cdots & a_n \end{pmatrix}$$

一般情况下置换的乘法不满足交换律，因此当 $n \geq 3$ 时，S_n 不是交换群。

置换群是群论的基础，Cayley 定理指出：所有的有限群都可以用置换群予以表示。

强化练习

253 Cube Painting[A]。

轮换

从置换的定义可以看出，它是有限集 M 到自身的一对一变换，这正好符合映射的定义，因此置换也可以使用函数的概念来定义，即可将有限集 M 上的一个双射函数称为 M 上的一个置换。给定集合 $M = \{1, 2, 3, 4, 5, 6\}$，定义一个在集合 M 上的双射函数 $f(x)$，其函数值列表为

$$f(1) = 4, \ f(2) = 6, \ f(3) = 5, \ f(4) = 3, \ f(5) = 1, \ f(6) = 2$$

使用常用的两行表示法，可以将置换表示为

$$\sigma = \begin{pmatrix} 1 & 2 & 3 & 4 & 5 & 6 \\ 4 & 6 & 5 & 3 & 1 & 2 \end{pmatrix}$$

观察给出的置换，可以发现 1 映射到 4，4 映射到 3，3 映射到 5，5 映射到 1，形成了一个循环，循环的长度为 4；另外 2 映射到 6，6 又映射到 2，也形成了一个循环，循环的长度为 2。根据这个特点，可以采用以下的一行表示法来表示置换，即将置换表示为

$$\sigma = (1 \ 4 \ 3 \ 5)(2 \ 6)$$

人们发现，使用循环的方式来表示置换，既能反映置换的结构又能便于计算，因此这种表示方法逐渐广为采用。一般将长度为 m 的循环记为

$$(a_1 a_2 \cdots a_{m-1} a_m) = \begin{pmatrix} a_1 & a_2 & \cdots & a_{m-1} & a_m \\ a_2 & a_3 & \cdots & a_m & a_1 \end{pmatrix}$$

即 a_1 变换为 a_2，a_2 变换为 a_3……a_m 变换为 a_1，将其称为轮换（cycle），并将 m 称为轮换的长度（length）或阶（order）。特别地，当 $m = 2$ 时，2 阶轮换 (i, j) 称为 i 和 j 的对换（transposition）。如果两个轮换 $(a_1 a_2 \cdots a_m)$ 和 $(b_1 b_2 \cdots b_n)$ 之间没有相同的元素，则称这两个轮换是不相交的（disjointed）。不相交的两个轮换的乘积可以交换，例如，置换 $\begin{pmatrix} 1 & 2 & 3 & 4 & 5 \\ 3 & 1 & 2 & 5 & 4 \end{pmatrix}$ 可以写成 $(1 \ 3 \ 2)(4 \ 5)$，也可以写成 $(4 \ 5)(1 \ 3 \ 2)$，两者互相等价[①]。

不难看出，轮换中哪个元素排列在最前对轮换所表示的置换并无影响，也就是说，$(a_1 a_2 a_3 \cdots a_{m-1} a_m)$ 和 $(a_2 a_3 \cdots$

---

① 轮换的乘积运算类似于置换的复合运算。在将置换写成轮换的乘积时，一般会将一阶轮换予以省略，即

$$\begin{pmatrix} 1 & 2 & 3 & 4 & 5 \\ 3 & 1 & 2 & 5 & 4 \end{pmatrix} = (1 \ 3 \ 2)(4 \ 5) = \left[\begin{pmatrix} 1 & 3 & 2 \\ 3 & 2 & 1 \end{pmatrix} \begin{pmatrix} 4 \\ 4 \end{pmatrix} \begin{pmatrix} 5 \\ 5 \end{pmatrix} \right] \left[\begin{pmatrix} 4 & 5 \\ 5 & 4 \end{pmatrix} \begin{pmatrix} 1 \\ 1 \end{pmatrix} \begin{pmatrix} 2 \\ 2 \end{pmatrix} \begin{pmatrix} 3 \\ 3 \end{pmatrix} \right]$$

$a_{m-1}a_ma_1$)所表示的置换本质上是相同的。

对于置换的轮换表示，有以下两个结论。

（1）任何一个置换都可以表示成若干个互不相交的轮换的乘积，如果不考虑轮换的次序可以交换，这种表示方法是唯一的。

（2）任意一个轮换都可以表示成若干个对换的乘积。

由于任何一个置换可以表示成互不相交的轮换的乘积，在不考虑次序的情况下，其表示方式唯一，人们将某个置换表示为互不相交的轮换乘积时轮换的个数称为轮换数。例如，置换 $\sigma = \begin{pmatrix} 1 & 2 & 3 & 4 & 5 \\ 3 & 1 & 2 & 5 & 4 \end{pmatrix}$ 表示为轮换的乘积时可以写成 $(1 \quad 3 \quad 2)(4 \quad 5)$，故置换 σ 的轮换数为 2。

需要注意的是，任意轮换分解成若干个对换乘积不是唯一的，甚至连换位个数都不相同。例如，

$$(1 \quad 2 \quad 3) = (1 \quad 3)(3 \quad 2) = (2 \quad 1)(1 \quad 3) = (1 \quad 2)(1 \quad 3)(3 \quad 1)(1 \quad 3)$$

但是，轮换分解成对换的乘积时，换位个数的奇偶性是不变的，它不随对换个数的不同而不同，要么分解为奇数个对换之积，要么分解为偶数个对换之积。若一个置换可以分解成奇数个对换之积，称为奇置换；若可以分解为偶数个对换之积，称为偶置换。

置换的轮换表示有一个缺点，即在省略掉 1 阶轮换时可能难以看出置换的元数，一般需要在使用轮换表示时指定置换的元数。例如，"8 元置换 $(1 \quad 5 \quad 7 \quad 3 \quad 6)$" 表示

$$(1 \quad 5 \quad 7 \quad 3 \quad 6)(2)(4)(8) = \begin{pmatrix} 1 & 2 & 3 & 4 & 5 & 6 & 7 & 8 \\ 5 & 2 & 6 & 4 & 7 & 1 & 3 & 8 \end{pmatrix}$$

而 "10 元置换 $(1 \quad 5 \quad 7 \quad 3 \quad 6)$" 表示

$$(1 \quad 5 \quad 7 \quad 3 \quad 6)(2)(4)(8)(9)(10) = \begin{pmatrix} 1 & 2 & 3 & 4 & 5 & 6 & 7 & 8 & 9 & 10 \\ 5 & 2 & 6 & 4 & 7 & 1 & 3 & 8 & 9 & 10 \end{pmatrix}$$

与置换的轮换表示有关的题目，可能会以下列形式出现：给定 $1\sim n$ 的一个排列和某种变换规则，每次对当前排列按照变换规则进行一次变换，要求确定经过多少次变换，排列能够恢复到初始的状态。例如，给定 $1\sim 10$ 的一个排列

$$(1\,3\,5\,9\,6\,10\,8\,2\,7\,4)$$

以及变换规则

$$
\begin{array}{cccccccccc}
1 & 2 & 3 & 4 & 5 & 6 & 7 & 8 & 9 & 10 \\
\downarrow & \downarrow & \downarrow & \downarrow & \downarrow & \downarrow & \downarrow & \downarrow & \downarrow & \downarrow \\
3 & 7 & 4 & 2 & 1 & 9 & 10 & 8 & 6 & 5
\end{array}
$$

按照变换规则，经过第一次变换，原始排列变为

$$(3\,4\,1\,6\,9\,5\,8\,7\,10\,2)$$

那么，要经过多少次变换，排列才能恢复到原始排列状态呢？

要解决此类问题，可以将题目给定的变换规则看成是一个置换，使用轮换的方式来表示该置换并确定各个轮换的长度 o_i。显然，对于单个轮换来说，只要经过 o_i 次变换，该轮换所对应的部分元素的排列就能够恢复到初始的状态，那么求出所有轮换的长度 o_i 的最小公倍数 L，经过 L 次变换后，初始排列肯定能够恢复到初始状态。按照上述方法，给定的变换规则对应以下轮换表示的置换

$$\begin{pmatrix} 1 & 2 & 3 & 4 & 5 & 6 & 7 & 8 & 9 & 10 \\ 3 & 7 & 4 & 2 & 1 & 9 & 10 & 8 & 6 & 5 \end{pmatrix} = (1 \quad 3 \quad 4 \quad 2 \quad 7 \quad 10 \quad 5)(6 \quad 9)(8)$$

该置换包含 3 个轮换，各个轮换的长度依次分别为 7、2、1，则 $L=14$。也就是说，只需经过 14 次变换，初始排列就能恢复到原始状态。

强化练习

239 Time and Motion[D]，306 Cipher[B]，10409 Die Game[A]，11959 Dice[D]。

扩展练习

11774 Doom's Day[D]。

提示

11774 Doom's Day 中，以题目中所给的 $3^2 \times 3^1$ 网格（$n=2$，$m=1$）为例，首先按照三进制，从序号 0 开始，区分行编号和列标号为每个方格编号。例如，数字 4 位于第二行第一列，其编号为 $[01]_R[0]_C$。按照题意对方格进行第一次重排后，数字 4 位于第四行第一列，其编号为 $[10]_R[0]_C$；进行第二次重排，数字 4 位于第一行第二列，其编号为 $[00]_R[1]_C$；进行第三次重排，数字 4 位于第二行第一列，其编号为 $[01]_R[0]_C$，回到原位。由于变换的对称性，其他数字也同样回到了原位，因此，对于 $3^2 \times 3^1$ 网格，其天数周期为 3。观察三进制表示的方格编号，每次重排，数位 1 向右移动 2 位，恰等于 n，这不是巧合而是规律所在。读者可以在更大的网格上（如 $n=3$，$m=4$）进行试验，可以发现同样的规律。一般地，给定一个 $3^n \times 3^m$ 网格，从 0 开始使用三进制为方格的行和列进行编号，则每进行一次重排，对应三进制数的所有数位循环右移 n 位，当三进制数的各个数位回到原位时，则对应网格中的数字也回到原位，由于转换得到的三进制数数位长度为 $(n+m)$，那么就是需要确定最小的重排次数 x，使得 $x \times n \equiv 0 \pmod{(n+m)}$，容易解得 $x = \gcd(n, n+m) = \gcd(n, m)$，则最小的重排次数为 $(n+m)/x = (n+m)/\gcd(n, m)$。此处 gcd 表示最大公约数。

轮换指标

根据前述的结论，可将 S_n 中任一置换 P 分解成若干互不相交的轮换的乘积，即

$$P = \left(a_1 a_2 \cdots a_{k_1}\right)\left(b_1 b_2 \cdots b_{k_2}\right) \cdots \left(h_1 h_2 \cdots h_{k_m}\right), \quad k_1 + k_2 + \cdots + k_m = n$$

令其中长度为 k 的轮换出现的次数为 C_k，$k=1, 2, \cdots, n$。如果长度为 k 的轮换出现 C_k 次，使用 $(k)^{C_k}$ 予以表示。那么 S_n 中的置换可按分解成

$$(1)^{C_1}(2)^{C_2}(3)^{C_3} \cdots (n)^{C_n}$$

的不同而分类，其中 $C_i = 0$ 的项 $(i)^{C_i}$ 可以省略不写（$i=1, 2, \cdots, n$）。例如，$(1)(2)(3\ 4)(5\ 6\ 7)$ 属于格式 $(1)^2(2)^1(3)^1$。将 S_n 中具有相同上述格式的置换的全体称为与格式相应的共轭类。容易得到

$$n = \sum_{k=1}^{n} k \cdot C_k$$

且有结论：S_n 中属于 $(1)^{C_1}(2)^{C_2}(3)^{C_3} \cdots (n)^{C_n}$ 共轭类的元素个数为

$$\frac{n!}{C_1! C_2! \cdots C_n! 1^{C_1} 2^{C_2} \cdots n^{C_n}}$$

例如，S_4 的全体为[39]

$$\begin{cases}
(1)(2)(3)(4) \\
(1\ 2)(3)(4),(1\ 3)(2)(4),(1\ 4)(2)(3),(2\ 3)(1)(4),(2\ 4)(1)(3),(3\ 4)(1)(2) \\
(1\ 2\ 3)(4),(1\ 2\ 4)(3),(1\ 3\ 2)(4),(1\ 3\ 4)(2),(1\ 4\ 2)(3),(1\ 4\ 3)(2),(2\ 3\ 4)(1),(2\ 4\ 3)(1) \\
(1\ 2)(3\ 4),(1\ 3)(2\ 4),(1\ 4)(2\ 3) \\
(1\ 2\ 3\ 4),(1\ 2\ 4\ 3),(1\ 3\ 2\ 4),(1\ 3\ 4\ 2),(1\ 4\ 2\ 3),(1\ 4\ 3\ 2)
\end{cases}$$

在 S_4 中具有 $(1)^4$ 格式的置换有 $\dfrac{4!}{4! \times 1} = 1$ 个，为

$$(1)(2)(3)(4)$$

在 S_4 中具有 $(1)^2(2)^1$ 格式的置换有 $\dfrac{4!}{2! \times 2} = 6$ 个，为

$$(1\ \ 2)(3)(4),(1\ \ 3)(2)(4),(1\ \ 4)(2)(3),(2\ \ 3)(1)(4),(2\ \ 4)(1)(3),(3\ \ 4)(1)(2)$$

在 S_4 中具有 $(1)^1(3)^1$ 格式的置换有 $\dfrac{4!}{1!\times 3}=8$ 个，为

$$(1\ \ 2\ \ 3)(4),(1\ \ 2\ \ 4)(3),(1\ \ 3\ \ 2)(4),(1\ \ 3\ \ 4)(2),(1\ \ 4\ \ 2)(3),(1\ \ 4\ \ 3)(2),(2\ \ 3\ \ 4)(1),(2\ \ 4\ \ 3)(1)$$

在 S_4 中具有 $(2)^2$ 格式的置换有 $\dfrac{4!}{2!\times 4}=3$ 个，为

$$(1\ \ 2)(3\ \ 4),(1\ \ 3)(2\ \ 4),(1\ \ 4)(2\ \ 3)$$

在 S_4 中具有 $(4)^1$ 格式的置换有 $\dfrac{4!}{4}=6$ 个，为

$$(1\ \ 2\ \ 3\ \ 4),(1\ \ 2\ \ 4\ \ 3),(1\ \ 3\ \ 2\ \ 4),(1\ \ 3\ \ 4\ \ 2),(1\ \ 4\ \ 2\ \ 3),(1\ \ 4\ \ 3\ \ 2)$$

根据共轭类的概念，可以定义轮换指标。设 $(G,\circ)$ 是 n 元集合 A 上的一个置换群，$x_1, x_2, \cdots, x_n$ 是 n 个未定元，对每个 $g\in G$，以 $b_i(g)$（$i=1, 2, \cdots, n$）表示 g 的轮换分解式所含有的长为 i 的轮换的个数，令

$$P_G\left(x_1, x_2, \cdots, x_n\right)=\frac{1}{|G|}\sum_{g\in G}x_1^{b_1(g)}x_2^{b_2(g)}\cdots x_n^{b_n(g)}$$

将 $P_G(x_1, x_2, \cdots, x_n)$ 称为 A 上的置换群 $(G,\circ)$ 的轮换指标。根据轮换指标的定义，有

$$P_{S_4}\left(x_1, x_2, x_3, x_4\right)=\frac{1}{24}\left(x_1^4+6x_1^2x_2+8x_1^2x_3+3x_2^2+6x_4\right)$$

7.3.2　Burnside 引理

如图 7-2 所示，给定具有 4 个顶点的正方形。

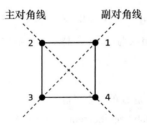

图 7-2　具有 4 个顶点的正方形

在其上定义四种变换，第一种是绕正方形的中心点顺时针旋转 $0°$，记为 e；第二种是沿主对角线进行的反射变换，记为 σ；第三种是沿副对角线进行的反射变换，记为 ρ；第四种是绕正方形的中心点顺时针旋转 $180°$，记为 τ。可以使用置换来表示这四种变换，它们分别为

$$e=\begin{pmatrix}1 & 2 & 3 & 4\\ 1 & 2 & 3 & 4\end{pmatrix}=(1)(2)(3)(4)$$

$$\sigma=\begin{pmatrix}1 & 2 & 3 & 4\\ 3 & 2 & 1 & 4\end{pmatrix}=(1\ \ 3)(2)(4)$$

$$\rho=\begin{pmatrix}1 & 2 & 3 & 4\\ 1 & 4 & 3 & 2\end{pmatrix}=(2\ \ 4)(1)(3)$$

$$\tau=\begin{pmatrix}1 & 2 & 3 & 4\\ 3 & 4 & 1 & 2\end{pmatrix}=(1\ \ 3)(2\ \ 4)$$

容易验证，$G=\{e, \sigma, \rho, \tau\}$ 构成置换群。

轨道

给定前述的置换群 $G=\{e, \sigma, \rho, \tau\}$，对任意顶点进行任意次置换操作后，可以发现这样的事实：顶点 1

不论进行何种置换，只能变换为 3，而不可能变换为 2、4；顶点 2 不论进行何种置换，只能变换为 4，而不可能变换为 1、3。在群 G 的作用下，顶点 1 只能在 1、3 之间进行变换，这种现象类似于行星按照固定的轨迹围绕太阳旋转，因此人们将集合 $\{1,3\}$ 称为 1 在 G 的作用下的轨道（orbit），记为 E_k。易知，初始的顶点集合 $\{1,2,3,4\}$ 在群 G 的作用下被划分为两个轨道：$\{1,3\}$ 和 $\{2,4\}$。

知识拓展

以下是轨道更为形式化的定义。设 G 是一个群，S 是一个集合，映射

$$f:\ G\times S\to S,(g,s)\mapsto f(g,s)\ （也简记为 g(s)）$$

如果它满足以下两个条件：对任意 $s\in S$，有 $e(s)=s$；对任意 $g_1,g_2\in G$，$s\in S$，有 $g_1(g_2(s))=(g_1g_2)(s)$，则称为群 G 在 S 上的一个作用（act）。设给定了一个群作用 $f:\ G\times S\to S$，可以在 S 上定义一个二元关系 "$\sim$"：对于 $s_1,s_2\in S$，$s_1\sim s_2\Leftrightarrow$ 存在 $g\in G$ 使得 $g(s_1)=s_2$

可以验证，在这样的定义下，群的定义中的三条性质保证了 "$\sim$" 作为等价关系的三条性质，将 S 在这个等价关系下的等价类称为轨道。

稳定子群

令 G 是 $X=\{1,2,\cdots,n\}$ 上的置换群，显然 G 是 S_n 的一个子群，若 k 是 $1\sim n$ 中的某个整数，则将 G 中使 k 保持不变的置换全体称为 G 中 k 的稳定子群，记为 Z_k。换句话说，k 的稳定子群就是那些经过变换后 k 仍为自身的置换的集合。例如，假设有置换群

$$G=\{e,(1\ \ 3),(2\ \ 4),(1\ \ 3)(2\ \ 4)\}$$

则有

$$Z_1=\{e,(2\ \ 4)\},\ Z_2=\{e,(1\ \ 3)\},\ Z_3=\{e,(2\ \ 4)\},\ Z_4=\{e,(1\ \ 3)\}$$

相应地，对于 G 中的某个置换，如果置换前后，k 保持不变，则称 k 为不动点，亦即使用轮换表示时长度为 1 的轮换。

关于 k 的稳定子群，有以下结论。

（1）群 G 中关于 k 的稳定子群 Z_k 是 G 的一个子群。

（2）轨道-稳定子群定理（orbit-stabilizer theorem）：$|E_k||Z_k|=|G|$，$k=1,2,\cdots,n$。

Burnside 引理

令 G 是 $X=\{1,2,\cdots,n\}$ 上的置换群，G 在 X 上可引出不同的轨道（即等价类），其个数为

$$|X/G|=\frac{1}{|G|}\sum_{g\in G}c(g)$$

其中，$c(g)$ 表示置换 g 中不动点的数量，即当置换 g 使用轮换的乘积形式表示时长度为 1 的轮换的个数。换句话说，Burnside 引理提供了一种方法，可以通过计数 G 中置换的不动点个数的总和，然后取平均值（将总和除以置换群的阶 $|G|$）来得到轨道的数目。例如，令

$$G=\{e,(1\ \ 3),(2\ \ 4),(1\ \ 3)(2\ \ 4)\}$$

由前述讨论可知，G 是阶为 4 的置换群，对于 G 中的 4 个置换，其不动点个数分别 4、2、2、0，则轨道数目为

$$|X/G|=\frac{1}{4}(4+2+2+0)=2$$

与 G 划分为两个轨道 $\{1,3\}$ 和 $\{2,4\}$ 的结果相符。

那么如何在解题中应用 Burnside 引理呢？注意到 Burnside 引理是求轨道数目，而轨道指的是等价类。在解题中，等价类的意义可以理解为在置换变换下具有相同效果的操作数目，其中最为常见的就是给指定物品进行染色的方案数。可以将其归结为以下 4 个步骤。

（1）在不考虑旋转的情况下，列出所有不同的染色方案。

（2）确定不同的变换种数，从而确定置换的种数。

（3）在每种置换下确定经过置换后仍然相同的染色方案，这些染色方案都属于不动点。

（4）将不动点的总数除以置换的种数即为所求。

在解题中，常见的是正多边形和正多面体的变换群，其中正多面体又以正六面体（正方体）最为常见。对于正多边形的变换群，有旋转变换和翻转变换两种。n（$n \geq 3$）个顶点构成的正多边形在进行旋转变换时，沿着某个固定的方向依次转动 i（$i=0, 1, \cdots, n-1$）个顶点时，所构成置换的轮换数为 n 和 i 的最大公约数 $\gcd(n, i)$。例如，当 $n=6$ 时，顺时针转动多边形，有如下结果。

（1）转动0个顶点，轮换数为 $\gcd(6, 0)=6$，$\begin{pmatrix} 1 & 2 & 3 & 4 & 5 & 6 \\ 1 & 2 & 3 & 4 & 5 & 6 \end{pmatrix} = (1)(2)(3)(4)(5)(6)$。

（2）转动1个顶点，轮换数为 $\gcd(6, 1)=1$，$\begin{pmatrix} 1 & 2 & 3 & 4 & 5 & 6 \\ 2 & 3 & 4 & 5 & 6 & 1 \end{pmatrix} = (1 \quad 2 \quad 3 \quad 4 \quad 5 \quad 6)$。

（3）转动2个顶点，轮换数为 $\gcd(6, 2)=2$，$\begin{pmatrix} 1 & 2 & 3 & 4 & 5 & 6 \\ 3 & 4 & 5 & 6 & 1 & 2 \end{pmatrix} = (1 \quad 3 \quad 5)(2 \quad 4 \quad 6)$。

（4）转动3个顶点，轮换数为 $\gcd(6, 3)=3$，$\begin{pmatrix} 1 & 2 & 3 & 4 & 5 & 6 \\ 4 & 5 & 6 & 1 & 2 & 3 \end{pmatrix} = (1 \quad 4)(2 \quad 5)(3 \quad 6)$。

（5）转动4个顶点，轮换数为 $\gcd(6, 4)=2$，$\begin{pmatrix} 1 & 2 & 3 & 4 & 5 & 6 \\ 5 & 6 & 1 & 2 & 3 & 4 \end{pmatrix} = (1 \quad 5)(2 \quad 6 \quad 4)$。

（6）转动5个顶点，轮换数为 $\gcd(6, 5)=1$，$\begin{pmatrix} 1 & 2 & 3 & 4 & 5 & 6 \\ 6 & 1 & 2 & 3 & 4 & 5 \end{pmatrix} = (1 \quad 6 \quad 5 \quad 4 \quad 3 \quad 2)$。

如图 7-3 所示，对于翻转变换来说，当 n 为奇数和偶数时其相应的置换有所不同。当 n 为奇数时，翻转轴为某个顶点和其对边中点的连线，共有 n 种翻转方式，所形成置换的轮换数为 $(n+1)/2$，其中包含 1 个长度为 1 的轮换，$(n-1)/2$ 个长度为 2 的轮换。当 n 为偶数时，有两种类型的翻转轴，一种是以某个顶点及其相对顶点的连线为翻转轴，所形成置换的轮换数为 $(n+2)/2$，其中包含 2 个长度为 1 的轮换，$(n-2)/2$ 个长度为 2 的轮换；另外一种是经过对边中点的连线为翻转轴，所形成置换的轮换数为 $n/2$，包含 $n/2$ 个长度为 2 的轮换。

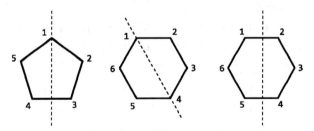

图 7-3 正五边形和正六边形的翻转轴

对于正方体而言，其常见的转动群的阶均为 24，如面转动群、顶点转动群、边转动群，其在不同转动方式下的共轭类如表 7-1 所示。

表 7-1 正方体在不同转动方式下的共轭类

转动方式	面共轭类	顶点共轭类	棱共轭类	个数
静止不动	$(1)^8$	$(1)^8$	$(1)^8$	1
面心—面心，$\pm 90°$	$(4)^2$	$(1)^2(4)^1$	$(4)^3$	6
面心—面心，$180°$	$(2)^4$	$(1)^2(2)^2$	$(2)^6$	3

续表

转动方式	面共轭类	顶点共轭类	棱共轭类	个数
棱心—棱心，180°	$(2)^4$	$(2)^3$	$(1)^2(2)^5$	6
空间对角线，±120°	$(3)^2(1)^2$	$(3)^2$	$(3)^4$	8

下面以一个简单的示例来说明如何在解题中应用 Burnside 引理。给定黑色和白色两种颜色，要求给一个包含四个相同方格的正方形进行染色，假定绕正方形的中心旋转后相同的染色方案认为是同等的染色方案，那么总共有多少种不同的染色方案呢？如图 7-4 所示，对正方形进行染色，如果不区绕正方形的中心旋转后相同的染色方案，共有 16 种染色方案。

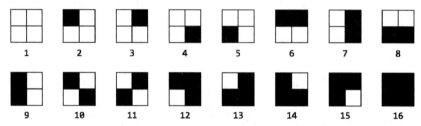

图 7-4　使用黑色和白色两种颜色对具有四个方格的正方形进行染色

如果需要确定绕正方形中心旋转后不同的染色方案数目，则等价于求 16 种染色方案在旋转变换下被划分成的轨道数量，即将绕正方形中心顺时针旋转 0°、90°、180°、270°视为在染色方案集合 $X=\{1, 2, 3, 4, 5, 6, 7, 8, 9, 10, 11, 12, 13, 14, 15, 16\}$ 上的四种置换，即

（1）顺时针旋转 0° 所对应的置换

$$\begin{pmatrix} 1 & 2 & 3 & 4 & 5 & 6 & 7 & 8 & 9 & 10 & 11 & 12 & 13 & 14 & 15 & 16 \\ 1 & 2 & 3 & 4 & 5 & 6 & 7 & 8 & 9 & 10 & 11 & 12 & 13 & 14 & 15 & 16 \end{pmatrix}$$

（2）顺时针旋转 90° 所对应的置换

$$\begin{pmatrix} 1 & 2 & 3 & 4 & 5 & 6 & 7 & 8 & 9 & 10 & 11 & 12 & 13 & 14 & 15 & 16 \\ 1 & 3 & 4 & 5 & 2 & 7 & 8 & 9 & 6 & 11 & 10 & 13 & 14 & 15 & 12 & 16 \end{pmatrix}$$

（3）顺时针旋转 180° 所对应的置换

$$\begin{pmatrix} 1 & 2 & 3 & 4 & 5 & 6 & 7 & 8 & 9 & 10 & 11 & 12 & 13 & 14 & 15 & 16 \\ 1 & 4 & 5 & 2 & 3 & 8 & 9 & 6 & 7 & 10 & 11 & 14 & 15 & 12 & 13 & 16 \end{pmatrix}$$

（4）顺时针旋转 270° 所对应的置换

$$\begin{pmatrix} 1 & 2 & 3 & 4 & 5 & 6 & 7 & 8 & 9 & 10 & 11 & 12 & 13 & 14 & 15 & 16 \\ 1 & 5 & 2 & 3 & 4 & 9 & 6 & 7 & 8 & 11 & 10 & 15 & 12 & 13 & 14 & 16 \end{pmatrix}$$

根据 Burnside 引理，轨道数目为所有置换不动点数量总和的均值，为

$$|X/G| = \frac{1}{|G|} \sum_{g \in G} c(g) = \frac{1}{4}(16 + 2 + 4 + 2) = 6$$

即旋转后不同的染色方案数目为 6 种，如图 7-5 所示。

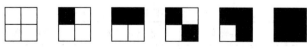

图 7-5　绕正方形中心旋转后不同的染色方案

7.3.3　Pólya 计数定理

利用 Burnside 引理进行计数需要首先列出 n^m 种可能的染色方案，然后找出在每个置换下保持不变的染

色方案数，对于某些计数问题，如果颜色种数 m 和对象数 n 较大，则使用 Burnside 引理进行计数将非常烦琐，此时可以利用 Pólya 计数定理进行计数：

令 $G=\{a_1, a_2, \cdots, a_g\}$ 是 n 个对象的置换群，用 m 种颜色给这 n 个对象着色，则不同的着色方案数为

$$|X/G| = \frac{1}{|G|}\sum_{i=1}^{g}m^{c(a_i)} = \frac{1}{|G|}\left\{m^{c(a_1)} + m^{c(a_2)} + \cdots + m^{c(a_g)}\right\}$$

其中，$c(a_i)$ 为置换 a_i 的轮换数（即将 a_i 分解为不相交的轮换乘积时轮换的个数），$i=1, 2, \cdots, g$。

Pólya 计数定理实际上是 Burnside 引理的一种具体化，它使用了轮换的性质来使得计算不动点的数量更为简便。根据 Burnside 引理，等价类的数量为不动点总数除以置换的种类数，需要确定在各个置换下不动点的数量。在将置换分解为不相交轮换的乘积后，如果某个染色方案在此置换下为不动点，显然要求在某个轮换内的元素使用相同的颜色，而各个轮换之间使用的颜色可以相互独立，因此根据乘法原理，在此置换下，不动点的数量只与颜色数和轮换数有关。换句话说，令染色颜色数为 n，置换的轮换数为 c，则置换的不动点数目为 n^c。

现在使用 Pólya 计数定理来计算在旋转变换下不同的染色方案数量。

为便于表达，将左上、右上、左下、右下的方格分别编号为 1 号、2 号、3 号、4 号方格。以顺时针旋转 180° 为例，此时的不动点有如下四个：

（1）全部为白色；

（2）全部为黑色；

（3）1 号、3 号方格为白色，2 号、4 号方格为黑色；

（4）1 号、3 号方格为黑色，2 号、4 号方格为白色。

容易看出，1 号和 3 号方格，2 号和 4 号方格必须涂上相同的颜色才能保持顺时针旋转 180° 后图形保持不变。将正方形顺时针旋转 180° 所对应的置换表示为轮换，为

$$\begin{pmatrix} 1 & 2 & 3 & 4 \\ 3 & 4 & 1 & 2 \end{pmatrix} = \begin{pmatrix} 1 & 3 \end{pmatrix}\begin{pmatrix} 2 & 4 \end{pmatrix}$$

为了保证顺时针旋转 180° 后图形不变（即成为不动点），属于同一个轮换内的方格必须使用相同的颜色，由于每个轮换使用的颜色与其他轮换使用的颜色之间可以相互独立，根据乘法原理，置换表示为轮换后，其轮换数为 2，则不动点的数目为 2^2。

根据上述结论，可以有以下更为简便的方法来计数不同染色方案数量的方法。如图 7-6 所示，将正方形顺时针旋转 0°、90°、180°、270° 后，其编号分别为

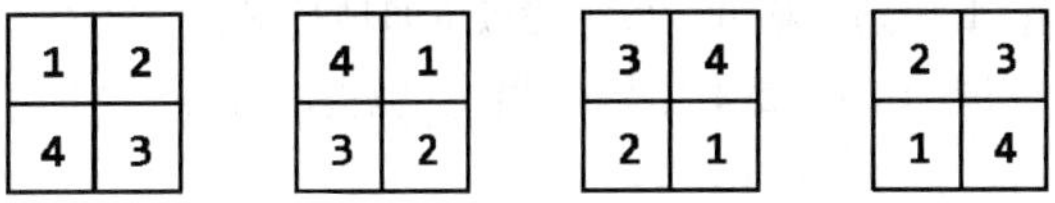

图 7-6 从左至右依次为顺时针旋转 0°、90°、180°、270° 后的编号

由于四种角度的选择对应四种置换，将其使用轮换予以表示，分别如下。

（1）顺时针旋转 0° 所对应的置换

$$\sigma_1 = \begin{pmatrix} 1 & 2 & 3 & 4 \\ 1 & 2 & 3 & 4 \end{pmatrix} = (1)(2)(3)(4)$$

（2）顺时针旋转 90° 所对应的置换

$$\sigma_2 = \begin{pmatrix} 1 & 2 & 3 & 4 \\ 4 & 1 & 2 & 3 \end{pmatrix} = \begin{pmatrix} 1 & 4 & 3 & 2 \end{pmatrix}$$

（3）顺时针旋转 180° 所对应的置换

$$\sigma_3 = \begin{pmatrix} 1 & 2 & 3 & 4 \\ 3 & 4 & 1 & 2 \end{pmatrix} = \begin{pmatrix} 1 & 3 \end{pmatrix} \begin{pmatrix} 2 & 4 \end{pmatrix}$$

（4）顺时针旋转 270° 所对应的置换

$$\sigma_4 = \begin{pmatrix} 1 & 2 & 3 & 4 \\ 2 & 3 & 4 & 1 \end{pmatrix} = \begin{pmatrix} 1 & 2 & 3 & 4 \end{pmatrix}$$

根据 Pólya 计数定理，不同的染色方案数为

$$|X/G| = \frac{1}{4}\left(2^4 + 2^1 + 2^2 + 2^1\right) = \frac{1}{4}(16 + 2 + 4 + 2) = 6$$

可以看到，与使用 Burnside 引理计算得到的结果一致。如果使用 4 种颜色为格子染色，则不同的染色方案数为

$$|X/G| = \frac{1}{4}\left(4^4 + 4^1 + 4^2 + 4^1\right) = \frac{1}{4}(256 + 4 + 16 + 4) = 70$$

在这种情况下，如果使用 Burnside 引理进行计算，需要列出所有 4^4=256 种染色方案，较为烦琐，而应用 Pólya 计数定理进行计数显然更为方便。

10601 Cube[D]（正方体）

给定 12 根同等长度的木棒，每根木棒都染上了特定的颜色。你的任务是确定使用这些木棒作为正方体的边能够构造出的不同正方体的数量。如果构建得到的两个正方体经过旋转之后重合时对应边的颜色相同，则认为这两个正方体相同。

输入

输入的第一行是一个整数 T（$1 \leqslant T \leqslant 60$），表示测试数据的组数。接着是 T 组测试数据。每组测试数据由一行共 12 个整数构成。每个整数表示对应序号木棒的颜色，颜色以数字表示，在 1 到 6 之间。

输出

对于每组测试数据输出一行，该行包含一个整数——使用给定颜色的木棒所能构建的符合题意限制的正方体数量。

样例输入

```
3
1 2 2 2 2 2 2 2 2 2 2 2
1 1 2 2 2 2 2 2 2 2 2 2
1 1 2 2 3 3 4 4 5 5 6 6
```

样例输出

```
1
5
312120
```

分析

正方体转动群的阶为 24，其中边置换群可以分成以下四种类型。

（1）静止不动的置换，只有 1 种，属于 $(1)^{12}$ 形式的共轭类，为

$$\begin{pmatrix} 1 & 2 & 3 & 4 & 5 & 6 & 7 & 8 & 9 & 10 & 11 & 12 \\ 1 & 2 & 3 & 4 & 5 & 6 & 7 & 8 & 9 & 10 & 11 & 12 \end{pmatrix} = (1)(2)(3)(4)(5)(6)(7)(8)(9)(10)(11)(12)$$

（2）以正方体的两个相对的面的中心连线为轴，旋转 ±90°、180° 的置换，因为正方体有 6 个面，故有 3 种轴线的旋转，共 9 种置换。其中，旋转 ±90° 的置换同属 $(4)^3$ 的共轭类，有 6 种；旋转 180° 的置换同属 $(2)^6$ 形式的共轭类，有 3 种，分列如下

$$\begin{pmatrix} 1 & 2 & 3 & 4 & 5 & 6 & 7 & 8 & 9 & 10 & 11 & 12 \\ 5 & 4 & 8 & 12 & 9 & 1 & 3 & 11 & 6 & 2 & 7 & 10 \end{pmatrix} = (1\ 5\ 9\ 6)(2\ 4\ 12\ 10)(3\ 8\ 11\ 7)$$

$$\begin{pmatrix} 1 & 2 & 3 & 4 & 5 & 6 & 7 & 8 & 9 & 10 & 11 & 12 \\ 6 & 10 & 7 & 2 & 1 & 9 & 11 & 3 & 5 & 12 & 8 & 4 \end{pmatrix} = (1\ 6\ 9\ 5)(2\ 10\ 12\ 4)(3\ 7\ 11\ 8)$$

$$\begin{pmatrix} 1 & 2 & 3 & 4 & 5 & 6 & 7 & 8 & 9 & 10 & 11 & 12 \\ 2 & 3 & 4 & 1 & 6 & 7 & 8 & 5 & 10 & 11 & 12 & 9 \end{pmatrix} = (1\ 2\ 3\ 4)(5\ 6\ 7\ 8)(9\ 10\ 11\ 12)$$

$$\begin{pmatrix} 1 & 2 & 3 & 4 & 5 & 6 & 7 & 8 & 9 & 10 & 11 & 12 \\ 4 & 1 & 2 & 3 & 8 & 5 & 6 & 7 & 12 & 9 & 10 & 11 \end{pmatrix} = (1\ 4\ 3\ 2)(5\ 8\ 7\ 6)(9\ 12\ 11\ 10)$$

$$\begin{pmatrix} 1 & 2 & 3 & 4 & 5 & 6 & 7 & 8 & 9 & 10 & 11 & 12 \\ 3 & 7 & 11 & 8 & 4 & 2 & 10 & 12 & 1 & 6 & 9 & 5 \end{pmatrix} = (1\ 3\ 11\ 9)(2\ 7\ 10\ 6)(4\ 8\ 12\ 5)$$

$$\begin{pmatrix} 1 & 2 & 3 & 4 & 5 & 6 & 7 & 8 & 9 & 10 & 11 & 12 \\ 9 & 6 & 1 & 5 & 12 & 10 & 2 & 4 & 11 & 7 & 3 & 8 \end{pmatrix} = (1\ 9\ 11\ 3)(2\ 6\ 10\ 7)(4\ 5\ 12\ 8)$$

$$\begin{pmatrix} 1 & 2 & 3 & 4 & 5 & 6 & 7 & 8 & 9 & 10 & 11 & 12 \\ 9 & 12 & 11 & 10 & 6 & 5 & 8 & 7 & 1 & 4 & 3 & 2 \end{pmatrix} = (1\ 9)(2\ 12)(3\ 11)(4\ 10)(5\ 6)(7\ 8)$$

$$\begin{pmatrix} 1 & 2 & 3 & 4 & 5 & 6 & 7 & 8 & 9 & 10 & 11 & 12 \\ 3 & 4 & 1 & 2 & 7 & 8 & 5 & 6 & 11 & 12 & 9 & 10 \end{pmatrix} = (1\ 3)(2\ 4)(5\ 7)(6\ 8)(9\ 11)(10\ 12)$$

$$\begin{pmatrix} 1 & 2 & 3 & 4 & 5 & 6 & 7 & 8 & 9 & 10 & 11 & 12 \\ 11 & 10 & 9 & 12 & 8 & 7 & 6 & 5 & 3 & 2 & 1 & 4 \end{pmatrix} = (1\ 11)(2\ 10)(3\ 9)(4\ 12)(5\ 8)(6\ 7)$$

（3）以正方体的空间对角线，即对角顶点连线为轴，旋转 $\pm 120°$ 构成的置换，因为有 4 组对角顶点，故有 4 种轴线的选择，共 8 种置换，同属 $(3)^4$ 形式的共轭类，为

$$\begin{pmatrix} 1 & 2 & 3 & 4 & 5 & 6 & 7 & 8 & 9 & 10 & 11 & 12 \\ 2 & 6 & 10 & 7 & 3 & 1 & 9 & 11 & 4 & 5 & 12 & 8 \end{pmatrix} = (1\ 2\ 6)(3\ 10\ 5)(4\ 7\ 9)(8\ 11\ 12)$$

$$\begin{pmatrix} 1 & 2 & 3 & 4 & 5 & 6 & 7 & 8 & 9 & 10 & 11 & 12 \\ 6 & 1 & 5 & 9 & 10 & 2 & 4 & 12 & 7 & 3 & 8 & 11 \end{pmatrix} = (1\ 6\ 2)(3\ 5\ 10)(4\ 9\ 7)(8\ 12\ 11)$$

$$\begin{pmatrix} 1 & 2 & 3 & 4 & 5 & 6 & 7 & 8 & 9 & 10 & 11 & 12 \\ 12 & 5 & 4 & 8 & 11 & 9 & 1 & 3 & 10 & 6 & 2 & 7 \end{pmatrix} = (1\ 12\ 7)(2\ 5\ 11)(3\ 4\ 8)(6\ 9\ 10)$$

$$\begin{pmatrix} 1 & 2 & 3 & 4 & 5 & 6 & 7 & 8 & 9 & 10 & 11 & 12 \\ 7 & 11 & 8 & 3 & 2 & 10 & 12 & 4 & 6 & 9 & 5 & 1 \end{pmatrix} = (1\ 7\ 12)(2\ 11\ 5)(3\ 8\ 4)(6\ 10\ 9)$$

$$\begin{pmatrix} 1 & 2 & 3 & 4 & 5 & 6 & 7 & 8 & 9 & 10 & 11 & 12 \\ 5 & 9 & 6 & 1 & 4 & 12 & 10 & 2 & 8 & 11 & 7 & 3 \end{pmatrix} = (1\ 5\ 4)(2\ 9\ 8)(3\ 6\ 12)(7\ 10\ 11)$$

$$\begin{pmatrix} 1 & 2 & 3 & 4 & 5 & 6 & 7 & 8 & 9 & 10 & 11 & 12 \\ 4 & 8 & 12 & 5 & 1 & 3 & 11 & 9 & 2 & 7 & 10 & 6 \end{pmatrix} = (1\ 4\ 5)(2\ 8\ 9)(3\ 12\ 6)(7\ 11\ 10)$$

$$\begin{pmatrix} 1 & 2 & 3 & 4 & 5 & 6 & 7 & 8 & 9 & 10 & 11 & 12 \\ 8 & 3 & 7 & 11 & 12 & 4 & 2 & 10 & 5 & 1 & 6 & 9 \end{pmatrix} = (1\ 8\ 10)(2\ 3\ 7)(4\ 11\ 6)(5\ 12\ 9)$$

$$\begin{pmatrix} 1 & 2 & 3 & 4 & 5 & 6 & 7 & 8 & 9 & 10 & 11 & 12 \\ 10 & 7 & 2 & 6 & 9 & 11 & 3 & 1 & 12 & 8 & 4 & 5 \end{pmatrix} = (1\ 10\ 8)(2\ 7\ 3)(4\ 6\ 11)(5\ 9\ 12)$$

（4）以正方体的对棱中心连线为轴线，旋转 $180°$ 构成的置换，因为有 6 组对棱，故有 6 种轴线的选择，共 6 种置换，同属 $(1)^2(2)^5$ 形式的共轭类，为

$$\begin{pmatrix} 1 & 2 & 3 & 4 & 5 & 6 & 7 & 8 & 9 & 10 & 11 & 12 \\ 1 & 5 & 9 & 6 & 2 & 4 & 12 & 10 & 3 & 8 & 11 & 7 \end{pmatrix} = (1)(11)(2\ 5)(3\ 9)(4\ 6)(7\ 12)(8\ 10)$$

$$\begin{pmatrix} 1 & 2 & 3 & 4 & 5 & 6 & 7 & 8 & 9 & 10 & 11 & 12 \\ 11 & 8 & 3 & 7 & 10 & 12 & 4 & 2 & 9 & 5 & 1 & 6 \end{pmatrix} = (3)(9)(1\ 11)(2\ 8)(4\ 7)(5\ 10)(6\ 12)$$

$$\begin{pmatrix} 1 & 2 & 3 & 4 & 5 & 6 & 7 & 8 & 9 & 10 & 11 & 12 \\ 7 & 2 & 6 & 10 & 11 & 3 & 1 & 9 & 8 & 4 & 5 & 12 \end{pmatrix} = (2)(12)(1\ 7)(3\ 6)(4\ 10)(5\ 11)(8\ 9)$$

$$\begin{pmatrix} 1 & 2 & 3 & 4 & 5 & 6 & 7 & 8 & 9 & 10 & 11 & 12 \\ 8 & 12 & 5 & 4 & 3 & 11 & 9 & 1 & 7 & 10 & 6 & 2 \end{pmatrix} = (4)(10)(1\ 8)(2\ 12)(3\ 5)(6\ 11)(7\ 9)$$

$$\begin{pmatrix} 1 & 2 & 3 & 4 & 5 & 6 & 7 & 8 & 9 & 10 & 11 & 12 \\ 12 & 11 & 10 & 9 & 5 & 8 & 7 & 6 & 4 & 3 & 2 & 1 \end{pmatrix} = (5)(7)(1\ 12)(2\ 11)(3\ 10)(4\ 9)(6\ 8)$$

$$\begin{pmatrix} 1 & 2 & 3 & 4 & 5 & 6 & 7 & 8 & 9 & 10 & 11 & 12 \\ 10 & 9 & 12 & 11 & 7 & 6 & 5 & 8 & 2 & 1 & 4 & 3 \end{pmatrix} = (6)(8)(1 \quad 10)(2 \quad 9)(3 \quad 12)(4 \quad 11)(5 \quad 7)$$

根据 Burnside 引理,确定不同的正方体搭建方案数量,需要确定搭建方案在各种置换下的不动点数量。也就是说,可以先确定利用给定颜色的木棒能够得到的不同排列,然后使用一种固定的顺序(如从前到后的顺序)来使用这些木棒搭建正方体,得到的就是不考虑"旋转后相同"这个条件时所有不同的正方体搭建方案数。接着确定这些搭建方案在对应的置换下是否仍然保持不变,如果不变,那么这种搭建方案在对应的置换下就是一个不动点。确定给定的木棒能够得到的不同排列可以使用回溯法获得(题目限定只有 6 种颜色,可以直接使用算法库函数 next_permutation 来生成所有的不同排列)。由于有 24 种置换,最后不同的正方体搭建方案为不动点总数除以 24 所得到的值。

除了使用上述较为"原始"的方法计算不动点的数量,还存在更为"巧妙"的方法来得到不动点数量,其关键就是利用置换的轮换表示。根据置换的轮换分解定理,置换可以表示为若干个不相交轮换的乘积,对于每个轮换来说,不难理解存在以下的事实:只有轮换中的元素均使用相同的颜色才可能使得染色方案为不动点。假设某个置换的轮换数为 n,确定在此置换下的不动点数量,等价于求解以下组合数学问题:使用 $1 \sim 6$ 共六种颜色,每种颜色可用次数为 c_i 次($i = 1, 2, \cdots, 6$),为 n 个盒子中的球染色,每个盒子包含 m_j 个球($j = 1, 2, \cdots, n$),求所能得到的不同染色方案数量。对于本题来说,要求同一个盒子内的球必须染成相同的颜色,且存在约束

$$\sum_{i=1}^{6} c_i = \sum_{j=1}^{n} m_j$$

因此组合计算相对简化。以面心连线为轴旋转 $\pm 90°$ 为例,此时的置换是 $(4)^3$ 形式的共轭类,相当于为 3 个盒子染色,每个盒子包含 4 个球,不难推出,c_i 必须为 4 的倍数,否则将无法满足同一个盒子内的球染色相同的要求,对于其他类型的置换也有相似的结论。令给定置换的轮换数为 x,每个轮换的长度 k,可以将问题转换为以下组合数学问题:使用 $1 \sim 6$ 共六种颜色,每种颜色可用次数为 c_i/k 次($i = 1, 2, \cdots, 6$),为 x 个物品染色,求所能得到的不同染色方案数量,其中 c_i 能够被 k 整除。此处有一个例外需要处理,即以对棱中心为轴旋转 $180°$ 的置换,它属于 $(1)^2(2)^5$ 形式的共轭类,此时可以先将两条置换前后不变的棱染色,再将剩余的颜色分成 5 组,即可同法处理。

参考代码

```
int Cnk[16][16] = {0}, rods1[6], rods2[6];

long long work(int k)
{
    // 统计物品数和颜色数。
    int x = 0;
    for (int i = 0; i < 6; i++) {
        if (rods2[i] % k) return 0;
        rods2[i] /= k;
        x += rods2[i];
    }
    // 根据乘法原理计数染色方案数。
    long long r = 1;
    for (int i = 0; i < 6; i++) {
        r *= Cnk[x][rods2[i]];
        x -= rods2[i];
    }
    return r;
}

int main(int argc, char *argv[])
{
    // 预处理组合数,计算从 n 个物品中挑选 k 个物品的不同取法。
    for (int i = 0; i <= 12; i++) {
```

```
        Cnk[i][0] = Cnk[i][i] = 1;
        for (int j = 1; j < i; j++)
            Cnk[i][j] = Cnk[i - 1][j] + Cnk[i - 1][j - 1];
    }
    // 处理数据。
    int cases = 0;
    cin >> cases;
    for (int cs = 1; cs <= cases; cs++) {
        memset(rods1, 0, sizeof(rods1));
        for (int i = 0, color; i < 12; i++) {
            cin >> color;
            rods1[--color]++;
        }
        long long r = 0;
        // 静止不动的置换有 1 种。
        memcpy(rods2, rods1, sizeof(rods1));
        r += work(1);
        // 以相对面心的连线为轴旋转 ±90°，有 3×2=6 种置换。
        memcpy(rods2, rods1, sizeof(rods1));
        r += 3 * 2 * work(4);
        // 以相对面心连线为轴旋转 180°，有 3×1=3 种置换。
        memcpy(rods2, rods1, sizeof(rods1));
        r += 3 * work(2);
        // 以空间对角线为轴旋转 ±120°，有 4×2=8 种置换。
        memcpy(rods2, rods1, sizeof(rods1));
        r += 4 * 2 * work(3);
        // 以对棱中心为轴旋转 180° 的置换，有 6×1=6 种置换。
        for (int i = 0; i < 6; i++)
            for (int j = 0; j < 6; j++) {
                memcpy(rods2, rods1, sizeof(rods1));
                // 预先为两条置换前后不变的棱分配颜色，剩余的分成 5 组进行染色，每组包含 2 条棱。
                rods2[i]--, rods2[j]--;
                if (rods2[i] < 0 || rods2[j] < 0) continue;
                r += 6 * work(2);
            }
        // 应用 Burnside 引理。
        cout << r / 24 << '\n';
    }
    return 0;
}
```

强化练习

10294 Arif in Dhaka[D]，10733[①] The Colored Cubes[C]，11255 Necklace[D]。

扩展练习

11540 Sultan's Chandelier[E]。

提示

　　10294 Arif in Dhaka 中，对于项链（necklace）来说，仅需考虑旋转变换，具有 n 个珠子的项链共有 n 个旋转变换，即沿顺时针（或逆时针）方向旋转 $0, 1, 2, \cdots, (n-1)$ 个珠子时构成的变换，旋转 i 个珠子后形成的变换所对应的置换的轮换数为 $\gcd(n, i)$。而对于手镯（bracelet）来说，不仅需要考虑旋转变换还需考虑翻转变换，在翻转变换中，又会由于给定珠子的数目而导致翻转变换的数目不同。令珠子的数目为 n，如果 n 为奇数，由于翻转轴会经过每一颗珠子，则共有 n 种翻转方式，每种翻转方式对应的置换的轮换数为 $1+n/2$；如果 n 为偶数，翻转时有两种方式，一种是对称轴经过相对的两颗珠子，另外一种是对称轴经过相对的两条边，如果是前者，则对应置换的轮换数为 $2+(n-2)/2$，如果是后者，其对应置换的轮换数为 $n/2$。

---

① 10733 The Colored Cubes 中，对于正方体来说，共有 24 种面旋转变换，对应的置换群是 S_6 的一个子群，应用 Pólya 计数定理，可得不同的染色方案数为 $(n^6+3n^4+12n^3+8n^2)/24$。

7.4　鸽笼原理

鸽笼原理（pigeonhole principle），又称狄利克雷抽屉原理（Dirichlet drawer principle）[①]，该原理的简单形式可以表述为，将 n 只鸽子放进 m 个笼子中，$n > m \geqslant 1$，则至少有一个笼子会包含至少两只鸽子。可以用反证法证明鸽笼原理。假设每个笼子内最多有一只鸽子，则鸽子数量最多为 m，但这与鸽子数量为 n 且 $n > m$ 的条件相矛盾，故至少有一只笼子有至少两只鸽子。注意原理中的提法，是"至少有一个笼子会包含至少两只鸽子"，而不是"至少有一个笼子包含两只鸽子"，例如，有 10 只鸽子、3 个笼子，则每个笼子中的鸽子数量大于等于 3，符合"至少有一个笼子会包含至少两只鸽子"提法，但不符合"至少有一个笼子包含两只鸽子"的提法。

该原理看似简单，但其所包含的思想却非常深刻，常常有意想不到的应用。举个例子，试证明以下命题：从 $1 \sim 2N$ 的自然数中任意取出 $N+1$ 个不同的自然数，取出的自然数中必定至少有两个数互素[②]。初看似乎难以入手，但是利用鸽笼原理可以巧妙地予以解决。不妨将 $2N$ 个数从小到大排成一列，每两个相邻的自然数视为位于同一个盒子中，那么总共可以看成 N 个盒子，其中，第一个盒子放有 1 和 2，第二盒子放有 3 和 4……第 N 个盒子放有 $2N-1$ 和 $2N$，现在从这 N 个盒子中任意取出 $(N+1)$ 个数，那么一定有一个盒子中的两个数都被取了出来，而盒子里的数是相邻的自然数，它们一定是互素的，所以，取出来的 $(N+1)$ 个自然数必定有一对数互素[③]。

鸽笼原理的简单形式实际上是其一般形式的一个特例，其一般形式可以表述为，设 $p_1, p_2, \cdots, p_n$ 为正整数，将 $(p_1 + p_2 + \cdots + p_n - n + 1)$ 只鸽子放入 n 个笼子中，要么第 1 个笼子包含至少 p_1 只鸽子，要么第 2 个笼子包含至少 p_2 只鸽子……要么第 n 个笼子包含至少 p_n 只鸽子。同样地，可以使用反证法来证明其一般形式。假设结论不成立，那么所有笼子的鸽子数最多为

$$(p_1 - 1) + (p_2 - 1) + \cdots + (p_n - 1) = p_1 + p_2 + \cdots + p_n - n$$

而总共鸽子数为 $(p_1 + p_2 + \cdots + p_n - n) + 1$，产生矛盾，因此可以得知至少有一个笼子包含至少 p_i（$1 \leqslant i \leqslant n$）只鸽子。

需要注意的是，鸽笼原理只能够解决某些问题解决方案的存在性问题，并不能给出具体的解决方案。在解题中应用鸽笼原理，关键的步骤是需要确定鸽子（物体或对象）、鸽笼（期望特征的种类），以及可计算的鸽子和笼子数量[45]。

11237 Halloween Treats[D]（万圣节糖果）

每年的万圣节都存在同样的问题：邻居们只愿意把一定总量的糖果给来访的孩子们，而不管来访的小孩的数量，这样来得晚的小孩可能得不到糖果。为了避免这样的情况，孩子们决定将糖果全部集中然后再平分。根据去年万圣节的经验，孩子们知道每位邻居会给多少糖果，因为孩子们更关心公平而不是糖果的数量，所以他们想从所有的邻居中选出一部分来进行拜访，然后平分从这些邻居手中获得的糖果。孩子们要求至少都能够平分到 1 颗糖果，如果糖果的数量不能完全被平分，孩子们会不高兴。你的任务是帮助孩子们找到满意的拜访方案。

输入

输入包含多组测试数据。测试数据的第一行包含两个整数 c 和 n（$1 \leqslant c \leqslant n \leqslant 100000$），表示孩子的数量和邻居的数量，下一行是以空格分隔的 n 个整数 $a_1, a_2, \cdots, a_n$（$1 \leqslant a_i \leqslant 100000$），$a_i$ 表示孩子拜访序号为 i 的

[①] 约翰·彼得·古斯塔夫·勒热纳·狄利克雷（Johann Peter Gustav Lejeune Dirichlet，1805—1859），德国数学家，解析数论的奠基人，第一个给出"函数"概念的现代正式定义，对傅里叶级数（Fourier series）等若干解析数学中的课题也有重要贡献。

[②] 两个数互素是指它们之间的最大公约数为 1，如 9 和 20 互素。

[③] 将相邻的自然数看成是放在一个盒子中，是为了描述证明的方便，并不影响证明的正确性。也就是说，从 $2N$ 连续整数中抽取 $N+1$ 整数，必定会抽取到两个相邻的整数，因为为了保证已抽取的数不相邻，只能间隔抽取，而这样至多只能抽取 N 个。

邻居时所能获得的糖果数量。输入以两个 0 结束。

输出

对于每组测试数据，输出一行，给出能够满足题意要求的邻居序号（序号 i 表示第 i 个邻居，他将给孩子们 a_i 颗糖果）。假如没有方案能够满足题意要求，输出 `no sweets`。如果有多种方案能够满足要求，输出任意一种即可。

样例输入
4 5
1 2 3 7 5
0 0

样例输出
3 5

分析

构建前缀和数组 s，数组元素 s_i 保存的是糖果数量序列 $a_1, a_2, \cdots, a_i$ 的和，根据题意，有 $1 \leq s_i < s_{i+1}$，$1 \leq i$。前缀和数组 s 共有 n 个元素，将前缀和 s_i 逐个取 c 的模，其结果只可能是 $0, 1, \cdots, c-1$ 共 c 种，题意给出 $c \leq n$，根据鸽笼原理，以下两种情形至少有一种成立：（1）s 中至少有一个元素模 c 为 0；（2）s 中至少有两个元素模 c 的值相同。如果 s 中的某个元素 s_i 模 c 的值为 0，很显然，$a_1, a_2, \cdots, a_i$ 的和是 c 的倍数。如果 s 中两个元素模 c 的值相同，不妨令其为 s_i 和 s_j，那么 $a_{i+1}, \cdots, a_j$ 的和肯定为 c 的倍数（令 $s_i = xc + r$，$s_j = yc + r$，有 $s_j - s_i = (y-x)c$，为 c 的倍数）。由于条件 $n \geq c$，每组数据都能够找到满足题意要求的方案。由于不需要输出糖果的数量，只需要输出序号、前缀和数组 s 保存模 c 的值即可。可以使用辅助数组记录模 c 的值第一次出现时的序号以便判断余数是否重复。注意余数为 0 时的处理，如果余数为 0，表明从第一项开始到当前项的和满足题意要求。

> **强化练习**
>
> 10620 A Flea on a Chessboard[C]，11898 Killer Problem[D]，12036 Stable Grid[C]。

拉姆齐理论

拉姆齐理论（Ramsey theory）起始于二十世纪二三十年代，由英国数学家拉姆齐[①]提出。该理论中的拉姆齐定理是鸽笼原理一个重要推广，也称为广义鸽笼原理。拉姆齐定理的完整表述稍显复杂，不过可以通过相对简单的等价提法来获得初步的了解，它们也是拉姆齐问题最基本、最特殊的形式。其中较为直观的特例如下：假设有 6 个（或 6 个以上的）人，一定可以找到其中的 3 个人，使得这 3 个人要么彼此之间互不相识，要么彼此之间互相认识。如果使用图论的方式来表述，则可以表示成，如果将 n 顶点中的每一对顶点之间使用一条边连接，就得到了一个 n 顶点的完全图，记为 K_n，当 $n \geq 6$ 时，如果用红、蓝两种颜色给 K_n 的边染色，使得每条边染上一种颜色，由于 K_n 有 $C(n, 2)$ 条边，则不同的染色方案数为 $2^{C(n, 2)}$，在所有的染色方案中，至少存在一种染色方案，在该方案中，具有一个单色的三角形，即有一个三角形的三条边染色相同。数字 6 是使得上述结论能够成立的最小正整数，对于小于 6 的正整数，都可以找出一种方案，使得单色三角形不存在。概括起来就是说，对 K_6 的边进行红蓝染色，则要么存在一个红色三角形，要么存在一个蓝色三角形。

进一步地，可以定义拉姆齐数：对于任意给定的两个正整数 p 和 q，如果存在最小的正整数 $r(p, q)$，使得当 $n \geq r(p, q)$ 时，对 K_n 任意的红蓝二色边染色[②]，K_n 中存在红色的 K_p 或蓝色的 K_q，则称 $r(p, q)$ 为拉姆齐数。拉姆齐理论就是研究拉姆齐数相关性质的理论，拉姆齐于 1930 年证明了拉姆齐数 $r(p, q)$ 的存在性。有关拉姆齐数的性质、拉姆齐定理的进一步介绍，感兴趣的读者可以参考组合数学或离散数学教材中的相关内容。

[①] 弗兰克·普兰普顿·拉姆齐（Frank Plumpton Ramsey，1903—1930），英国哲学家、数学家、经济学家，去世时年仅 26 岁，但他在短暂的一生中对许多领域做出了开创性的贡献。

[②] 即对具有 n 个顶点的完全图的所有边使用红色和蓝色进行染色。

7.5 容斥原理

容斥原理（inclusion–exclusion principle）是计数理论中的一个基本原理。计数要求既没有重复也没有遗漏。在计数时，先将若干集合中的所有对象数量计算出来，然后减去重复计算的对象数量，这样就能够保证最后得到的计数结果既无重复也无遗漏。假如有两个有限集 A 和 B，则容斥原理可以表示为

$$|A \cup B| = |A| + |B| - |A \cap B|$$

类似地，三个有限集 A、B、C 的容斥原理可以表示为

$$|A \cup B \cup C| = |A| + |B| + |C| - |A \cap B| - |A \cap C| - |B \cap C| + |A \cap B \cap C|$$

更一般地，设 A_i 是有限集，$i=1, 2, \cdots, n$（$n \geq 2$），容斥原理可以表示为

$$\left| \bigcup_{i=1}^{n} A_i \right| = \sum_{i=1}^{n} |A_i| - \sum_{1 \leq i < j \leq n} |A_i \cap A_j| + \sum_{1 \leq i < j < k \leq n} |A_i \cap A_j \cap A_k| - \cdots + (-1)^{n+1} |A_1 \cap \cdots \cap A_n|$$

观察计算公式的各个子项，子项中进行运算的集合个数为奇数时相加，为偶数时则相减，故可根据子项中集合个数的二进制表示中 1 的数量来确定各个子项的符号。

10325 The Lottery[B]（抽奖）

一家运动委员会因为最近举行的抽奖而遇到了大麻烦。由于参与者众多，委员会无法处理所有的彩票号码。经过紧急会商后，委员会决定弃用一部分彩票号码。但是他们应该如何选择需要被弃用的彩票号码呢？Nondo 先生提出了一个方案来解决上述问题（你可能会好奇他是如何想到这个解决方案的，答案在于他最近阅读了有关约瑟夫问题的一些资料）。总共有 N 张彩票，编号为 $1 \sim N$，Nondo 先生会随机选择 M 个正整数，然后从 $1 \sim N$ 的号码中挑出能够被这 M 个正整数中某个数整除的号码，剩余的不能被 M 个正整数中任意一个整数所整除的号码将予以保留用于抽奖。正如你所知，任意整数能够被 1 所整除，因此 Nondo 先生不会选择整数 1 作为 M 个数中的一个数。现在给定 N、M 和 M 个随机选择的整数，你需要确定能够用于抽奖的彩票数量。

输入

每组测试数据起始一行包含两个整数 N（$10 \leq N < 2^{31}$）和 M（$1 \leq M \leq 15$），接着一行包含 M 个整数，这些整数均不大于 N。输入以文件结束符作为结束标记。

输出

对于每组测试数据输出一个整数 R，表示在 $1 \sim N$ 这 N 个整数中有 R 个数不能被 M 个数中的任意一个数整除。

样例输入	样例输出
10 2 2 3 20 2 2 4	3 10

分析

题目描述可以概述为以下计数问题：给定正整数 N 和 M 个大于 1 且小于 N 的不同整数，统计从 1 到 N 这 N 个整数中有多少个数不能被 M 个数中的任意一个数所整除。直接计数符合要求的数存在困难，可以使用排除法进行计数。令 $U = \{x \mid 1 \leq x \leq N\}$，$A_i$ 表示 U 中能被第 i 个整数整除的数构成的集合，则题意所求为 $|U| - |A_1 \cup A_2 \cup \cdots \cup A_M|$。由于 $1 \sim N$ 中能被 x 整除的数的个数为 $\lfloor N/x \rfloor$，结合容斥原理可以计算 $|A_1 \cup A_2 \cup \cdots \cup A_M|$。

参考代码

```
int main(int argc, char *argv[])
{
    long long N, M, numbers[16];
    while (cin >> N >> M) {
```

```
    for (int i = 0; i < M; i++) cin >> numbers[i];
    long long cnt = 0;
    for (int i = 1; i < (1 << M); i++) {
        long long lcm = 1;
        for (int j = 0; j < M; j++)
            if (i & (1 << j)) {
                // __gcd 是 GCC 内置函数，用于计算两个数的最大公约数。
                lcm = lcm / __gcd(lcm, numbers[j]) * numbers[j];
                if (lcm > N) break;
            }
        // __builtin_popcount 是 GCC 内置函数，其作用是计数给定整数的二进制表示中
        // 位为 1 的个数，而通过此数可以确定在展开式中子项的符号。
        cnt += (N / lcm) * ((__builtin_popcount(i) % 2) ? 1 : (-1));
    }
    cout << (N - cnt) << '\n';
    }
    return 0;
}
```

扩展练习

1047 Zones[D]，10882 Koerner's Pub[D]，11246 K-Multiple Free Set[C]。

错排问题

设有一排共 n 个方格，从左至右依次标以 $1, 2, \cdots, n$，$S=\{1, 2, \cdots, n\}$ 是一个集合，对于 S 的一个全排列，总是可以对照方格检查每个元素是否在相应的位置上。如果 S 的一个全排列中没有一个元素在相应的位置上，则称该全排列为一个错位排列（derangement）。求所有的错位排列的数量问题就是错位排列问题。

例如，排列 21453 是 12345 的错位排列，而 21543 不是 12345 的错位排列，因为 4 在原来的位置上。n 个物体的错位排列数记为 D_n，可以利用容斥原理求出 D_n 的通项公式

$$D_n = n!\left(1 - \frac{1}{1!} + \frac{1}{2!} - \frac{1}{3!} + \cdots + (-1)^n \frac{1}{n!}\right), \ n \geq 1$$

也可由递推关系表示为

$$D_n = (n-1)(D_{n-1} + D_{n-2}), \ n \geq 3, D_1 = 0, D_2 = 1$$

或者

$$D_n = nD_{n-1} + (-1)^n, \ n \geq 2, D_1 = 0$$

根据递推关系，可以容易的得到 D_n（$n \geq 1$）的前若干项为 0, 1, 2, 9, 44, 265, 1854, 14833, 133496, $\cdots$。

强化练习

10497 Sweet Child Makes Trouble[C]，11282 Mixing Invitations[C]，12024 Hats[C]。

7.6 初等数列

7.6.1 等差数列

等差数列（arithmetic progression），或称算术数列，其首项为 a_1，从第二项开始，每一项与前一项的差值为一个固定的常数 d，即 $a_n - a_{n-1} = d$，其通项公式为

$$a_n = a_1 + (n-1)d, \ n \geq 2$$

前 n 项和为

$$S_n = \frac{n(a_1 + a_n)}{2} = \frac{dn^2 + (2a_1 - d)n}{2}$$

强化练习

326 Extrapolation Using a Difference Table[B]，10025 The ?1?2?...?n=k Problem[A]，10079 Pizza Cutting[A]，10790 How Many Points of Intersection[A]，11254 Consecutive Integers[B]，12751 An Interesting Game[B]。

扩展练习

12004 Bubble Sort[C]，12908 The Book Thief[D]。

7.6.2　等比数列

等比数列（geometric progression），或称几何数列，其首项为 a_1，从第二项开始，每一项与前一项的比值为一个固定的常数 q，即 $a_n/a_{n-1}=q$，其中，$n \geq 2$，$a_{n-1} \neq 0$，$q \neq 0$。其通项公式为

$$a_n = q^{n-1}a_1, \quad n \geq 2, q \neq 0$$

前 n 项和为

$$S_n = \begin{cases} na_1, & q = 1 \\ \dfrac{a_1\left(1-q^n\right)}{1-q}, & q \neq 1 \end{cases}$$

7.6.3　其他数列

其他常见的还有平方数数列和立方数数列。平方数数列是由从 1 开始的平方数构成的数列：

$$a_n = n^2, \quad n \geq 1$$

其前 n 项和为

$$S_n = \sum_{k=1}^{n} k^2 = \frac{n^3}{3} + \frac{n^2}{2} + \frac{n}{6} = \frac{n(n+1)(2n+1)}{6}$$

立方数数列是由从 1 开始的立方数构成的数列，即

$$a_n = n^3, \quad n \geq 1$$

其前 n 项和为

$$S_n = \sum_{k=1}^{n} k^3 = \left(1 + 2 + \cdots + n\right)^2 = \frac{n^4 + 2n^3 + n^2}{4} = \left[\frac{n(n+1)}{2}\right]^2$$

强化练习

413 Up and Down Sequences[B]，10014 Simple Calculations[A]，10302 Summation of Polynomials[A]，12149 Feynman[A]。

7.7　计数序列

7.7.1　斐波那契数

斐波那契数（Fibonacci number）最初由斐波那契[①]发现，因此得名。斐波那契在研究兔子的生育过程中提出以下问题：假设一对兔子中的雌性兔子每月生育一对雌雄各异的后代，后代经过一个月的发育，互相交配后每月也可生育一对雌雄各异的后代，问一年后兔子的总对数。在第一个月内，最初所给的一对兔子将生育一对兔子，故在第一个月的月末，总共有 2 对兔子；第二个月，唯有最初的一对兔子会生育后代，故在第二个月末，兔子总数为 3 对。在第三个月，最初的一对兔子和第一个月生育的兔子均会生育一对后

[①] 列昂纳多·斐波那契（Leonardo Fibonacci，1170—1240），意大利数学家，著有 *Liber Abacci*（《珠算原理》）一书。

代，故在第三个月末，兔子总数为 5 对。按月份，兔子的总对数为 2, 3, 5, 8, 13, 21, 34, 55, 89, 144, 233, 377，一年后，兔子的总数对 377 对。观察所形成的序列，可以发现从第三项开始，每项为前两项之和，如果为序列增加两个初始值 $F_1=F_2=1$，则构成了斐波那契序列。在现代数学中，斐波那契数的首项常被定为 0，因此其递推关系可以定义为

$$F_n = F_{n-1} + F_{n-2}, \quad n \geq 2, F_0 = 0, F_1 = 1$$

令人惊奇的是，全部为整数的斐波那契数的通项公式可以用无理数表示为

$$F_n = \frac{1}{\sqrt{5}}\left(\left(\frac{1+\sqrt{5}}{2}\right)^n - \left(\frac{1-\sqrt{5}}{2}\right)^n\right), \quad n \geq 0$$

而且数列的后一项与前一项的比值无限接近黄金分割率（Golden ratio）

$$\lim_{n \to \infty} \frac{F_{n+1}}{F_n} = \varphi = \frac{1+\sqrt{5}}{2} = 1.6180339887\cdots$$

在有关斐波那契数的问题中，关键是根据题目的条件推出斐波那契数的递推关系，然后问题解决就相对简单了。以下列出了一些与斐波那契数有关的计数问题[①][41]。

（1）给定一个 n 级台阶，规定在登上台阶的过程中，每次只能向上走一级或者两级台阶，那么登上第 n 级台阶的不同方法数为第 $(n+1)$ 项斐波那契数（$n \geq 1$）。

（2）将两块玻璃叠在一起，光线从上方射入，假设光线只会被两块玻璃的交界处和下层玻璃的底面所反射，则光线穿过玻璃或被反射离开玻璃且改变方向的次数不超过 n 次的可能情形总数为第 $n+2$ 项斐波那契数（$n \geq 0$）。

（3）将正整数 n 表示成 1 或者 2 相加的形式，例如，3=1+1+1=1+2=2+1，在考虑加数顺序的情况下，不同的表示方法数为第 $n+1$ 项斐波那契数（$n \geq 1$）。

（4）使用 1×2 的多米诺骨牌完美覆盖 2×n 棋盘的方案数为第 $n+1$ 项斐波那契数（$n \geq 1$）。使用 1×1 和 1×2 的多米诺骨牌完美覆盖 1×n 棋盘的方案数为第 $(n+1)$ 项斐波那契数（$n \geq 1$）。

（5）沿着杨辉三角（Yang Hui's triangle，又名帕斯卡三角，Pascal's triangle）的对角线，从左向上的二项式系数之和等于斐波那契数。即对于 $n \geq 0$，第 n 项斐波那契数 F_n 满足

$$F_n = \binom{n-1}{0} + \binom{n-2}{1} + \binom{n-3}{2} + \cdots + \binom{n-k}{k-1}, \quad n \geq 0, k = \frac{n+1}{2}$$

斐波那契数还具有许多有趣的性质，以下列举若干常用的恒等式。

（1）令 s_n 表示前 n 项斐波那契数的和，有

$$s_n = F_0 + F_1 + \cdots + F_n = \sum_{i=0}^{n} F_i = F_{n+2} - 1, \quad n \geq 0$$

（2）$F_n^2 - F_{n+1}F_{n-1} = (-1)^{n-1}, \quad n \geq 1$；$\quad F_n^2 - F_{n+r}F_{n-r} = (-1)^{n-r}F_r^2, \quad n \geq 0, n \geq r$。

（3）$\gcd(F_m, F_n) = F_{\gcd(m, n)}$；$\quad \gcd(F_n, F_{n+1}) = \gcd(F_{n+1}, F_{n+2}) = \gcd(F_n, F_{n+2}) = 1$。

（4）$F_{kn} \equiv 0 \pmod{F_n}, \quad n \geq 1, k \geq 1$。

由于斐波那契数增长很快，在解题中一般都需要应用高精度整数，所以熟悉高精度整数的加法或者 Java 中大整数类的使用非常有必要。以下给出使用 Java 的 BigInteger 类求斐波那契数的代码框架。

```
//------------------------------7.7.1.1.java------------------------------//
import java.io.*;
import java.util.*;
import java.math.*;

public class Main
```

---

① 有大量关于斐波那契数，以及它们在植物学、计算机科学、地理学、物理学以及其他领域应用的文献，甚至有一个学术刊物《斐波那契季刊》（The Fibonacci Quarterly）专门报道关于它们的研究。

```
  {
    public static void main(String args[]) throws IOException
    {
      BigInteger[] fibs = new BigInteger[10002];
      fibs[0] = new BigInteger("0");
      fibs[1] = new BigInteger("1");
      for(int i = 2; i <= 10000; i++)
        fibs[i] = fibs[i - 1].add(fibs[i - 2]);
      Scanner cin = new Scanner(System.in);
      while(cin.hasNext()) {
        int n = cin.nextInt();
        System.out.println(fibs[n]);
      }
    }
  }
//--------------------------7.7.1.1.java----------------------------//
```

强化练习

900 Brick Wall Patterns[A]，1646 Edge Case[E]，10334 Ray Through Glasses[A]，10450 World Cup Noise[A]，10579 Fibonacci Numbers[A]，11000 Bee[A]，11385 Da Vinci Code[B]，11582 Colossal Fibonacci Numbers[D]，12459 Bees' Ancestors[A]，12620 Fibonacci Sum[D]。

扩展练习

10236[①] The Fibonacci Primes[D]，10862 Connect the Cable Wires[B]，11161 Help My Brother (II)[C]。

矩阵快速幂

为了便于应用，斐波那契数的递推关系也可以表示成矩阵的形式

$$\begin{bmatrix} F_n \\ F_{n-1} \end{bmatrix} = \begin{bmatrix} 1 & 1 \\ 1 & 0 \end{bmatrix}\begin{bmatrix} F_{n-1} \\ F_{n-2} \end{bmatrix} = \begin{bmatrix} 1 & 1 \\ 1 & 0 \end{bmatrix}^{n-1}\begin{bmatrix} F_1 \\ F_0 \end{bmatrix} = \begin{bmatrix} 1 & 1 \\ 1 & 0 \end{bmatrix}^{n-1}\begin{bmatrix} 1 \\ 0 \end{bmatrix}, \quad n \geq 2$$

而且还具有以下结论

$$\begin{bmatrix} F_n & F_{n-1} \\ F_{n-1} & F_{n-2} \end{bmatrix} \equiv \begin{bmatrix} 1 & 1 \\ 1 & 0 \end{bmatrix}^{n-1} \pmod{m}, \quad n \geq 2, m > 0$$

利用以上结论，使用矩阵快速幂技巧可以方便的求出某个斐波那契数模 m 的值。

```
//--------------------------7.7.1.2.cpp----------------------------//
// 表示矩阵的结构体，one 为系数矩阵。
struct matrix {
   long long cell[2][2];
   matrix(long long a = 0, long long b = 0, long long c = 0, long long d = 0) {
      cell[0][0] = a, cell[0][1] = b, cell[1][0] = c, cell[1][1] = d;
   }
} one(1, 1, 1, 0);

// 模。
int mod;

// 矩阵相乘。
matrix multiply(const matrix &a, const matrix &b)
{
   matrix r;
   for (int i = 0; i < 2; i++)
      for (int j = 0; j < 2; j++)
         for (int k = 0; k < 2; k++) {
            r.cell[i][j] += a.cell[i][k] * b.cell[k][j] % mod;
            r.cell[i][j] %= mod;
         }
```

---

① 10236 The Fibonacci Primes 的结论如下：第 i 项 Fibonacci 数为 Fibonacci 素数，当且仅当 i 为素数（除 F_4=3 例外）。

```
        return r;
    }

    // 迭代形式的矩阵快速幂。
    matrix matrixPow(long long k)
    {
        // r 为结果矩阵，初始值为单位矩阵。
        matrix r(1, 0, 1, 0);
        // cm 为斐波那契数的系数矩阵。
        matrix cm(1, 1, 1, 0);
        while (k) {
            if (k & 1) r = multiply(r, cm);
            cm = multiply(cm, cm);
            k >>= 1;
        }
        return r;
    }

    // 递归形式的矩阵快速幂。
    matrix matrixPow(long long k)
    {
        if (k == 1) return one;
        matrix r = matrixPow(k >> 1);
        r = multiply(r, r);
        if (k & 1) r = multiply(r, one);
        return r;
    }
//-----------------------------7.7.1.2.cpp-----------------------------//
```

强化练习

10229 Modular Fibonacci[A]，10518 How Many Calls[B]，10689 Yet Another Number Sequence[B]。

扩展练习

10655 Contemplation Algebra[C]，10870 Recurrences[C]，12470 Tribonacci[C]。

斐波那契进制

可以定义一种进制，将十进制数使用斐波那契数来表示，称之为斐波那契进制。与二进制数类似，在斐波那契进制数中，每个数位上的数值只有 0 或 1，数位对应的权值是斐波那契数。设斐波那契数列为

$$F_0 = 0,\ F_1 = 1,\ F_2 = 1,\ F_3 = 2,\ \cdots,\ F_n = F_{n-1} + F_{n-2},\ n \geq 2$$

则斐波那契进制数可以定义为

$$x_f = f_i f_{i-1} \cdots f_2 f_1 = f_i F_j + f_{i-1} F_{j-1} + \cdots + f_2 F_3 + f_1 F_2,\ f_i \in (0,1), i \geq 1, j \geq 2$$

其中，任意两个相邻的数位不能都为 1。例如：

$$128_{10} = 90_{10} + 34_{10} + 5_{10} + 1_{10} = 1010001001_f$$

实际上，斐波那契进制是齐肯多夫定理（Zeckendorf's theorem）的一种应用形式。齐肯多夫[①]证明，对于给定的任意正整数，可以将其表示成一个或者多个不相邻的斐波那契数之和。更为准确的表述是，存在正整数 $c_i \geq 2$，且 $c_{i+1} > c_i + 1, i \geq 0$，使得对于任意正整数 N，有

$$N = \sum_{i=0}^{k} F_{c_i}$$

其中，F_n 表示第 n 项斐波那契数（$n \geq 0$）。

在实际应用中，给定一个十进制数，可以很容易将其转换为斐波那契进制数，使用贪心算法进行转换即可。

```
//-----------------------------7.7.1.3.cpp-----------------------------//
const int MAXF = 64;
```

[①] 爱德华·齐肯多夫（Edouard Zeckendorf, 1901—1983），比利时人，医生、陆军军官、数学家，因为对斐波那契数性质的研究及证明齐肯多夫定理而闻名。

```
long long fibs[MAXF] = {1, 2};

string getFinary(long long n)
{
    // 可以预先计算斐波那契数备用而不是每次生成时重复计算。
    for (int i = 2; i < MAXF; i++) fibs[i] = fibs[i - 1] + fibs[i - 2];
    bitset<64> finary(0);
    while (n) {
        for (int i = MAXF - 1; i >= 0; i--)
            if (n >= fibs[i]) {
                finary.set(i);
                n -= fibs[i];
                break;
            }
    }
    string f = finary.to_string();
    while (f.size() && f.front() == '0') f.erase(f.begin());
    return f;
}
//---------------------------7.7.1.3.cpp---------------------------//
```

强化练习

763 Fibinary Numbers[B]，948 Fibonaccimal Base[B]，11089 Fi-Binary Number[C]。

扩展练习

1258[①] Nowhere Money[D]。

7.7.2　卡特兰数

卡特兰数（Catalan number）是组合学中经常出现在各种问题中的计数数列，以数学家卡特兰[②]的名字来命名，其定义为

$$C_n = \frac{1}{n+1}\binom{2n}{n} = \frac{(2n)!}{(n+1)!n!} = \frac{1}{n+1}\prod_{k=1}^{n}\frac{n+k}{k},\ \ n \geqslant 1, C_0 = 1$$

其递推关系式为

$$C_n = \sum_{k=0}^{n-1} C_k C_{n-1-k} = \frac{4n-2}{n+1} C_{n-1},\ \ n \geqslant 1, C_0 = 1$$

根据公式，容易求得卡特兰数的前二十项（$n \geqslant 0$）如下：1，1，2，5，14，42，132，429，1430，4862，16796，58786，208012，742900，2674440，9694845，35357670，129644790，477638700，1767263190。可以看到，Catalan 数增长得很快（事实上它是以指数形式增长），所以涉及 Catalan 数的问题一般都需要使用大整数运算。

很多计数问题的结果都可以归结为卡特兰数[42][43]，下面列举若干和卡特兰数相关的计数问题[③][44]。

（1）在长度为 $n+1$ 的字符串中插入 n 对平衡括号的方法数（一对括号内包含的字符数至少为 2）。例如，$n=3$ 时，在长度为 4 的字符串中插入 3 对平衡括号，有 5 种不同的方法：((ab)(cd))，(((ab)c)d)，((a(bc))d)，(a((bc)d))，(a(b(cd)))。

（2）用 n 对括号可以构造出的平衡表达式的数量。最左边的括号 l 一定和某个右括号 r 配对，它们组合在一起把字符串划分成两个平衡的部分：在 l 和 r 之间的部分及 r 右边的部分。如果左边部分有 k 对括号，

[①] 对于 1258 Nowhere Money，截至 2020 年 1 月 1 日，按照题目描述中指定的输出格式 "The second line is a series of slot sizes (in descending order) separated by spaces" 进行输出会导致 Presentation Error，如果在每组测试数据对应输出的第二行、第三行的每个项后面输出一个空格，可以获得 Accepted。

[②] 欧仁·查尔斯·卡特兰（Eugène Charles Catalan，1814—1894），比利时数学家。

[③] 在 Richard P. Stanley 的组合学著作 *Enumerative Combinatorics*（卷 2）第 6 章中，列举了与卡特兰数有关的问题。2013 年，Stanley 对 Catalan 数有关的问题做了补遗（Catalan addendum），在补遗中，增加了对卡特兰数的组合论、代数论含义阐释的示例，同时也增加了对 Motzkin 数和 Schröder 数进行阐释的示例。

则右边部分有(n–k–1)对括号,因为 l 和 r 已经用掉一对括号,而左右两个部分也必须是平衡的括号表达式。因此有以下递推关系式

$$C_n = \sum_{k=0}^{n-1} C_k C_{n-1-k}$$

这正是卡特兰数。

(3)具有(n+1)个叶结点的有根满二叉树计数。例如,具有 4 个叶结点的有根满二叉树共有 5 种,如图 7-7 所示。

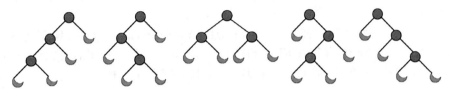

图 7-7 有 4 个叶结点的有根满二叉树

(4)具有 n 个结点的有根二叉树计数。

(5)具有(n+2)条边的凸多边形不同的三角剖分计数。例如,正六边形的三角剖分计数为 14,如图 7-8 所示。

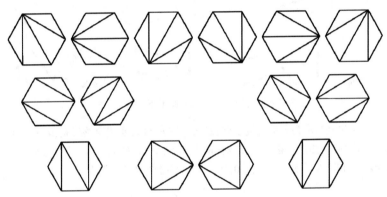

图 7-8 正六边形的三角剖分计数

(6)在 n×n 的网格上,每次只能向右或向上走一格,在不穿越网格主对角线的情况下,从左下角(0, 0)走到右上角(n, n)的不同路径计数,如图 7-9 所示。

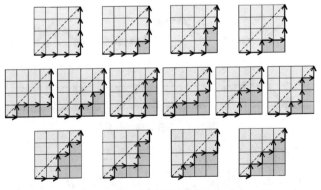

图 7-9 网格不同路经计数

除卡特兰数外,还有超卡特兰数(super Catalan number),超卡特兰数的第 n 项(n≥0)表示在长度为

$(n+1)$的字符串中插入平衡括号的方法数（一对括号内的字符数至少为 2，且括号的对数没有限制，但是将整个字符串括起来的括号忽略不计）。例如，$n=3$ 时，在长度为 4 的字符串中插入平衡括号，有 11 种不同的加括号方法：abcd，(ab)cd，a(bc)d，ab(cd)，(abc)d，a(bcd)，((ab)c)d，(a(bc))d，(ab)(cd)，a((bc)d)，a(b(cd))。超卡特兰数的递推关系为

$$S_n = \frac{3(2n-1)S_{n-1} - (n-2)S_{n-2}}{n+1}, \quad n \geq 2, S_0 = S_1 = 1$$

根据递推关系，容易得到此序列的前二十项（$n \geq 0$）：1，1，3，11，45，197，903，4279，20793，103049，518859，2646723，13648869，71039373，372693519，1968801519，10463578353，55909013009，300159426963，1618362158587。

下面再介绍一个与卡特兰数相关的计数——莫提金数（Motzkin number）。莫提金数以数学家莫提金[1]的名字命名，它是在圆上的 n 个不同点之间画不相交弧的方法计数（一条弧只需连接两个点，不需要连接所有的点）。如图 7-10 所示，在圆上的 5 个点之间画不相交弧的方法共有 21 种。

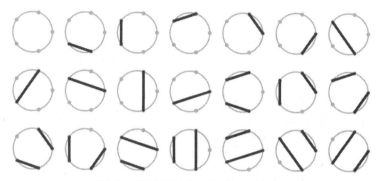

图 7-10　圆上不同点之间画不相交弧的方法

莫提金数的第 n 项也是长度为 n 的莫提金路径的计数（$n \geq 1$）。莫提金路径是指在矩形网格的右上上限，从 $(0,0)$ 走到 $(n,0)$，每次向右侧走一格（可以选择向右、斜向上、斜向下），且任意时刻不能位于横坐标轴 $y=0$ 之下的走法计数。如图 7-11 所示，从 $(0,0)$ 到 $(4,0)$ 的莫提金路径计数为 9。

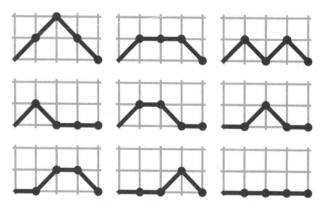

图 7-11　莫提金路径计数

莫提金数具有以下递推形式

$$M_n = M_{n-1} + \sum_{k=0}^{n-2} M_k M_{n-2-k} = \frac{2n+1}{n+2} M_{n-1} + \frac{3n-3}{n+2} M_{n-2}, \quad n \geq 2$$

---

[1] 西奥多·塞缪尔·莫提金（Theodore Samuel Motzkin，1908—1970），美国籍以色列裔数学家。

莫提金数和卡特兰数具有以下的关系

$$M_n = \sum_{k=0}^{bn/2c} \binom{n}{2k} C_k, \ n > 0$$

容易求得莫提金数的前二十项（$n \geq 0$）为：1，1，2，4，9，21，51，127，323，835，2188，5798，15511，41835，113634，310572，853467，2356779，6536382，18199284。

10157 Expressions[c]（括号表达式）

设 X 是所有合法括号表达式构成的集合，X 中的元素只由左括号"（"和右括号"）"字符构成。集合 X 的定义如下：（1）空字符串属于 X；（2）如果 A 属于 X，则 (A) 属于 X；（3）如果 A 和 B 属于 X，则 AB 属于 X。例如，以下的括号表达式是合法的（因此属于集合 X）：$()()()$、$(())$。下列括号表达式是不合法的（因此不属于集合 X）：$(()))()$、$()()$。

设 E 是一个合法的括号表达式（因此 E 是一个属于集合 X 的字符串），定义 E 的长度为字符串所包含的括号字符的数量，E 的深度 $D(E)$ 递归定义如下

$$D(E) = \begin{cases} 0; & \text{如果} E \text{为空字符串} \\ D(A)+1; & E = A, \ A \in X \\ \max(D(A), D(B)); & E = AB, \ A \in X, B \in X \end{cases}$$

例如，括号表达式"$()(())()$"的长度为 8，深度为 2。给定正整数 n 和 d，确定长度为 n 深度为 d 的合法括号表达式的数量。

输入

输入包含多组测试数据。每组测试数据一行，包含两个正整数 n 和 d，$2 \leq n \leq 300$，$1 \leq d \leq 150$。输入最多包含 20 组数据，其中可能包含空行。

输出

对于输入中的每组数据，输出一个整数，表示长度为 n 深度为 d 的合法括号表达式的数量。

提示：长度为 6 深度为 2 的合法括号表达式只有三个——$()()$、$()(())$、$(())$。

样例输入	样例输出
6 2 300 150	3 1

分析

解题的关键是获得递推关系，可以参考卡特兰数的推导过程以获得启发。

（1）由于括号的数量必须是偶数才可能得到合法的表达式，所以当 n 为奇数时，合法表达式的数量为 0。

（2）若深度为 d 超过 n 个括号所能得到的合法表达式的最大深度时，合法表达式的数量为 0。

（3）当 $d=1$ 时，合法的括号表达式只有一种。

（4）设 $T(m, d)$ 表示括号对数为 m 深度不超过 d 的合法括号表达式的总数，E 是一个深度为 d，括号对数为 m 的合法表达式，则表达式 E 的最左边的括号 l 一定和某个右括号 r 配对，它们合在一起把表达式划分为两个合法的括号表达式——在 l 和 r 之间的部分 X 及 r 右边的部分 Y，则 $E=(X)Y$。设左边部分有 k 对括号，则右边部分有 $(n-k-1)$ 对括号，因为 l 和 r 已经用了一对括号，则括号表达式 X 的深度最大为 $d-1$，括号表达式 Y 的深度最大为 d。则括号对数为 m，深度为 d 的合法表达式数量为 $T(m, d)-T(m, d-1)$，有

$$T(m, \ d) = \sum_{i=0}^{m-1} T(i, d-1) T(m-1-i, d)$$

强化练习

991 Safe Salutations[B]，10223 How Many Nodes[A]，10303 How Many Trees[B]，10312 Expression Bracketing[C]。

扩展练习

1478 Delta Wave[E]，10007 Count the Trees[A]。

7.7.3　欧拉数

欧拉数（Eulerian number）[①]表示元素$\{1, 2, \cdots, n\}$的排列中，恰好包含 k 次下降的排列个数，用记号$\left\langle {n \atop k} \right\rangle$ 来表示。k 次下降的含义是假设$\{1, 2, \cdots, n\}$的某个排列为$\{A_1, A_2, \cdots, A_n\}$，则该排列中恰好存在 k 处满足 $A_i < A_{i+1}$（$1 \leqslant i \leqslant n-1$）。

欧拉数有以下递推关系

$$\left\langle {n \atop k} \right\rangle = (k+1)\left\langle {n-1 \atop k} \right\rangle + (n-k)\left\langle {n-1 \atop k-1} \right\rangle$$

其通项公式为

$$\left\langle {n \atop k} \right\rangle = \sum_{i=0}^{k+1}(-1)^i \binom{n+1}{i}(k+1-i)^n$$

7.7.4　斯特林数

斯特林数（Stirling number）分第一类斯特林数和第二类斯特林数。第一类斯特林数表示由 n 个元素组成的排列中，恰好包含 k 个循环的排列个数，通常用 $s(n,k)$ 或记号$\left[{n \atop k} \right]$表示。第一类斯特林数可能为负数，在使用时一般使用其绝对值，记为 $c(n,k)$。第一类斯特林数具有以下递推关系

$$c(n,k) = \left[{n \atop k} \right] = |s(n,k)| = (-1)^{-k}s(n,k)$$

$$s(n,k) = s(n-1,k-1) - (n-1) \cdot s(n-1,k), \quad 1 \leqslant k < n$$

边界条件为 $s(k,0) = 0$，$k \geqslant 1$；$s(k,k) = 1$，$k \geqslant 0$。

第二类斯特林数表示把 n 个元素划分为 k 个非空集合的方案数，通常用 $S(n,k)$ 或记号$\left\{ {n \atop k} \right\}$表示，其值为非负整数。其递推关系为

$$S(n,k) = kS(n-1,k) + S(n-1,k-1), \quad 1 \leqslant k < n$$

边界条件为 $S(k,0) = 0$，$k \geqslant 1$；$S(k,k) = 1$，$k \geqslant 0$。

第二类斯特林数和贝尔数（Bell number）[②]关系密切。贝尔数的第 n 项表示将包含 n 个元素的集合划分为非空集合的方法数。贝尔数满足以下关系

$$B_{n+1} = \sum_{k=0}^{n}\binom{n}{k}B_k$$

根据第二类斯特林数的定义，可以容易得到

$$B_n = \sum_{k=0}^{n}\left\{ {n \atop k} \right\}$$

[①] 莱昂哈特·欧拉（Leonhard Euler，1707—1783），瑞士数学家、物理学家、天文学家、逻辑学家及工程师。他在数学的许多分支中作出了重要且具有影响力的发现，例如，无限小积分及图论，同时在其他的数学分支如拓扑学和解析数论中也作出了开创性的贡献。

[②] 埃里克·坦普尔·贝尔（Eric Temple Bell，1883—1960），数学家、科幻小说作家，出生于苏格兰，在美国生活了其一生中的大部分时间。他在发表非小说类作品时使用原名，而在发表小说类作品时使用 John Taine 的名字。

7.7.5 调和级数

调和数列（harmonic number）是所有自然数的倒数构成的数列，即

$$1, \frac{1}{2}, \frac{1}{3}, \cdots, \frac{1}{n}, \cdots$$

调和级数（harmonic series）则是指调和数列的和，即

$$H_n = 1 + \frac{1}{2} + \frac{1}{3} + \cdots + \frac{1}{n} = \sum_{k=1}^{n} \frac{1}{k}, \ n \geq 1$$

调和级数这个名称最初来源于音乐，它与音乐中的泛音序列（harmonic series）英文名称相同（泛音序列是表示泛音强度的数列）。尽管随着 n 的增大，调和级数的每一项逐渐趋于 0，但是整个调和级数却是发散的，即调和级数随着 n 的增大，趋向于无穷大。虽然调和级数是发散的，但其发散的速度却非常缓慢，例如，它前 10^{43} 项之和不足 100，由于这个违反直觉的特性，有许多"佯谬"与调和级数有关，"橡皮筋上的蠕虫"即为一例。

问题"橡皮筋上的蠕虫"可以描述如下：假设一条 1m 长的橡皮筋从左至右水平放置，橡皮筋上有一只"长生不老"的蠕虫，它从橡皮筋的左端出发，向右端爬行，每分钟爬行 1cm，而橡皮筋沿着蠕虫爬行的方向每分钟也均匀伸长 1m，即在第二分钟结束的时候，橡皮筋是 2m，第三分钟结束时，橡皮筋是 3m······假设蠕虫在橡皮筋伸展时，与橡皮筋的整体相对位置不变，那么这只蠕虫能够爬到橡皮筋的另外一端吗？初看蠕虫似乎不可能到达橡皮筋的右端，但是通过数学推理可知蠕虫必定能够爬到橡皮筋的另外一端。以下是推理过程。

在第一分钟正好结束的时候，蠕虫爬过了 1cm，在橡皮筋伸长之前，蠕虫位于整条橡皮筋长度的 1% 处，还有 99% 的距离需要爬。接着橡皮筋均匀延长 1m，长度变为 2m，由于蠕虫的相对位置不变，它的位置也跟随橡皮筋的伸长而发生改变（这是正确理解此问题的关键，即蠕虫和橡皮筋左端的距离会随着橡皮筋的均匀伸长而发生改变，但是它所处的相对位置不变，即和橡皮筋左端距离与整个橡皮筋长度的百分比在伸展的前后保持不变），此时蠕虫仍位于橡皮筋长度的 1% 处，但由于橡皮筋已经伸展为 2m，此时蠕虫与橡皮筋左端的距离已经变为 2cm；接着第二分钟正好结束时，蠕虫又向右爬出 1cm，位于距离橡皮筋左端 3cm 处，此时蠕虫位于橡皮筋长度的 1.5% 的地方，还有 98.5% 的距离需要爬，接着橡皮筋伸展为 3m，此时蠕虫的相对位置不变，因此蠕虫会位于距离橡皮筋左端 4.5cm 处，接着第三分钟结束，蠕虫又向右爬出 1cm，到达 5.5cm 处，处于橡皮筋长度的 1.83% 处，还有 98.17% 的距离需要爬过，在第三分钟结束时，橡皮筋伸展为 4m······如此重复。可以将蠕虫在第 n 分钟正好结束时爬过的距离表示为相对于橡皮筋长度的比值：

$$D = \frac{1}{100}\left(1 + \frac{1}{2} + \frac{1}{3} + \cdots + \frac{1}{n}\right) = \frac{H_n}{100}$$

很明显，当 $H_n \geq 100$ 时，蠕虫即爬到了橡皮筋的右端，此时 n 至少为 10^{43}。以人类的日常生活经验来说，这是一个难以想象的大数——蠕虫爬到橡皮筋右端的时间至少是宇宙诞生到现在的时间（约 140 亿年）的 10^{27} 倍，橡皮筋的长度至少要达到 10^{27} 光年！

强化练习

651 Deck[C]。

7.7.6 其他序列

OEIS，英文全称为 On-Line Encyclopedia of Integer Sequences，中文名称为"整数数列线上大全"，是一个专门记录整数数列的网站，几乎任何有趣的整数数列都可以在该网站上查询到。该网站包含了众多数列的研究成果，不仅包含各种结论，还附有各个结论的论文出处、作者等信息，方便读者查阅。网站为每个整数数列赋予了一个序号，通过该序号可以快速获得相应整数数列的信息，在后续行文中，会以序号来指代某个整数数列，例如，"数列 A000027"意指 OEIS 序号为 A000027 的整数数列（该数列为自然数数列）。

在某些在线编程竞赛中，如果可以使用万维网资源，可以采用如下的技巧来解决有关计数的题目：根

据题意，手工计算简单情形下的前几项结果，然后在 OEIS 上查询该结果数列，运气好的话，几乎都可以在该网站上找到结果数列的出处。OEIS 会以表格的形式（实际是一个文本文件，可通过浏览器直接打开）提供数列的前面若干项，而题目中所涉及的结果项数一般均在表格所提供的结果项数范围内，因此可以使用"打表"的方式来构造解题程序。

强化练习

580 Critical Mass[A]，11660 Look-and-Say Sequences[D]。

扩展练习

1224 Tile Code[D]，10643 Facing Problem with Trees[D]，10843 Anne's Game[C]，11028 Sum of Product[D]，11270 Tiling Dominoes[D]，11719 Gridland Airports[D]，12022 Ordering T-Shirts[D]。

提示

580 Critical Mass 中，计数结果为 OEIS 序号为 A050231 的数列。

11660 Look-and-Say Sequences 中，根据题意进行模拟即可。需要注意的是，每次生成数列中的下一个项时，并不需要生成此项所包含的所有数字，这样做容易导致超时，只需生成必要位数的数字即可（"必要"所要求的条件请读者自行思考得出）。

1224 Tile Code 中，计数结果是数列 A090597 的一部分，而数列 A090597 可以使用 Jacobsthal 数（OEIS 序号为 A001045）来表示：当 n 为奇数时，$A(n-3)=(J(n-3)+J((n-3)/2))/2$，当 n 为偶数时，$A(n-3)=(J(n-3)+J(n/2))/2$，$n \geq 3$，其中，$A(n)$ 表示数列 A090597 的第 n 项，$J(n)$ 表示 Jacobsthal 数的第 n 项，$J(n)=J(n-1)+2*J(n-2)$，$J(0)=0$，$J(1)=1$。长度为 n 时的不同瓦片铺设方案计数对应数列 A090597 的第 $n+1$ 项，$n \geq 3$。

10643 Facing Problem With Trees 中，$P=1/2 \times (m!)/((m/2)! \times (m/2)!)$。此计数和"super ballot numbers"（OEIS 序号为 A001700）有关。当 m 较大时，P 超出 64 位整数表示范围，需要应用高精度整数。

10843 Anne's Game 和 Cayley 公式（OEIS 序号为 A000272）有关：给定具有 n 个标号顶点的完全图，其生成树个数为 n^{n-2}。

11028 Sum of Product 对应的数列又称为"dartboard sequence"（OEIS 序号为 A007773）。

11270 Tiling Dominoes。棋盘完美覆盖计数，参阅 OEIS 序号为 A099390、A004003 的数列。在数列 A004003 的页面列出了多篇有关完美覆盖计数的论文，读者可以进一步查阅。本题也可通过集合型动态规划予以解决。

11719 Gridland Airports 和完全二部图生成树计数有关。给定一个左部分为 n 个顶点，右部分为 m 个顶点的完全二部图，其生成树个数为 $m^{n-1} \times n^{m-1}$。

12022 Ordering T-Shirts 可参阅 OEIS 序号为 A000670 的数列。由于 n 较小，本题也可使用回溯法来解题。

7.8　概率论

概率论（probability theory），是研究自然科学和社会科学中随机现象相应规律的数学分支，是研究统计学不可少的重要工具，其理论和方法已经成为各个行业工作者不可或缺的一种基本工具。在编程竞赛中，有关概率论的题目时常会出现，其特点是编程代码量一般较少，但推导出结论的思维过程对解题者的要求却很高。题目有两种常见的形式：一种是仅涉及概率论的基本概念和公式，不过要顺利得出解题所需的计算式有时却并不容易，需要对概率论达到一定的熟练程度之后才能够做到得心应手；另外一种是以概率论作为题目的背景，与其他算法或解题技巧相结合，最为常见的是与动态规划相结合，这种题目一般难度相对较高。由于篇幅所限，本节仅列出与解题有关的概率论知识点，同时也会介绍一些经典的概率问题，并附有练习题，如果读者需要更进一步地了解概率论的相关内容，建议读者阅读相应的概率论基础教程[①][45]。概

---

① 推荐读者阅读 Sheldon M. Ross 所著的 *A First Course in Probability*，*Ninth Edition*，该教程对读者的前置要求不高，只需具备初等微积分知识即可。教程中采用了大量生动的例子来阐释这些理论和方法在实际生活中的运用，使得读者在获得概率论知识的同时，也能够体会到概率论的应用魅力。

率论与动态规划相结合的问题，因其递推关系一般不易推导，相对难度较高。

7.8.1 基本概念

以下是概率论中的一些基本概念，理解和掌握这些基本概率非常重要，这是顺利解题的基础。在分析问题时，要培养将所求状态定义为事件的习惯，这样才能充分应用相关的集合论结果。

随机事件

在概率论中，称具有下述三个特点的试验为随机试验（random trial），简称试验[46]。

（1）试验可以在相同的条件下重复地进行。

（2）试验的所有可能结果在试验前已经明确，并且不止一个。

（3）试验前不能确定试验后会出现哪一个结果。

在试验中，每一个可能出现的结果称为样本点。全体样本点组成的集合成为样本空间，记作 S。随机试验样本空间的子集称为随机事件（random event），简称为事件。在试验后，如果出现随机事件 A 中所包含的某个样本点，称事件 A 发生，否则称事件 A 不发生。在每次试验后，如果必定有 S 中的一个样本点出现，即 S 为必然事件，空集 $\varnothing$ 是样本空间的一个子集，因而也是一个事件。空集 $\varnothing$ 不包含任何一个样本点，因此每次试验后 $\varnothing$ 必定不发生，称 $\varnothing$ 为不可能事件。必然事件 S 与不可能事件 $\varnothing$ 是两个特殊的事件。

随机事件之间的关系与运算

由于事件是一个集合，事件之间的关系与事件之间的运算满足集合论的相关结论。以下介绍随机事件之间的关系与运算。

给定一个随机试验，S 是它的样本空间，下列事件 A、B、C 与 A_i（i=1, 2, $\cdots$）均为 S 的子集。

（1）如果 A 是 B 的子集，那么称事件 B 包含事件 A，含义是事件 A 发生必定导致事件 B 发生。例如，事件 A 表示"灯泡寿命不超过 200 小时"，事件 B 表示"灯泡寿命不超过 300 小时"，则事件 B 包含事件 A。

（2）如果 A 是 B 的子集，且 B 是 A 的子集，则事件 A 与事件 B 相等。

（3）事件 $A \cup B$={$\omega \mid \omega \in A$ 或 $\omega \in B$}，称为事件 A 与事件 B 的"和事件"（或称"并事件"）。它的含义是，当且仅当事件 A 与事件 B 中至少有一个发生时，事件 $A \cup B$ 发生。用 $\bigcup_{i=1}^{n} A_i$ 表示 n 个事件 $A_1, \cdots, A_n$ 的和事件；用 $\bigcup_{i=1}^{\infty} A_i$ 表示可列无限个事件 $A_1, A_2, \cdots$ 的和事件。

（4）事件 $A \cap B$={$\omega：\omega \in A$ 且 $\omega \in B$}，称为事件 A 和事件 B 的"积事件"（或称"交事件"）。它的含义是，当且仅当事件 A 与事件 B 同时发生时，事件 $A \cap B$ 发生，积事件也可以记作 AB。用 $\bigcap_{i=1}^{n} A_i$ 表示 n 个事件 $A_1, \cdots, A_n$ 的积事件；用 $\bigcap_{i=1}^{\infty} A_i$ 表示可列无限个事件 $A_1, A_2, \cdots$ 的积事件。

（5）事件 $A-B$={$\omega：\omega \in A$ 且 $\omega \notin B$}，称为事件 A 与事件 B 的差事件。它的含义是，当且仅当事件 A 发生且事件 B 不发生时，事件 $A-B$ 发生。

（6）如果 $A \cap B$=$\varnothing$，称事件 A 与事件 B 互不相容（或互斥）。它的含义是，事件 A 与事件 B 在一次试验之后不会同时发生。例如，事件 A 表示"灯泡寿命不超过 200 小时"，事件 B 表示"灯泡寿命至少为 300 小时"，则 AB=$\varnothing$，即 A 与 B 互不相容。

（7）事件 $S-A$ 称为事件 A 的对立事件（或称逆事件、余事件），记作[①]A^c=$S-A$。它的含义是，当且仅当事件 A 不发生时，事件 A^c 发生，于是 $A \cap A^c$=$\varnothing$，$A \cup A^c$=S。由于事件 A 也是的对立事件，所以称事件 A

---

① 国内的概率论书籍一般将事件 A 的对立事件记作 $\overline{A}$。本书为了表示上的便利，在不引起歧义的情况下，使用 A^c 的记法。请读者注意，表示对立事件的右上角小标不为斜体。

与事件 A^c 互逆（或互余）。

事件之间的运算满足下述定律。

（1）交换律：$A \cup B = B \cup A$，$A \cap B = B \cap A$。

（2）结合律：$A \cup (B \cup C) = (A \cup B) \cup C$，$A \cap (B \cap C) = (A \cap B) \cap C$。

（3）分配律：$A \cup (B \cap C) = (A \cup B) \cap (A \cup C)$，$A \cap (B \cup C) = (A \cap B) \cup (A \cap C)$。

（4）德·摩根律[①]：$\left(A \cap B\right)^c = A^c \cup B^c$，$\left(A \cup B\right)^c = A^c \cap B^c$。

概率的公理化定义及性质

概率的公理化定义如下：给定一个随机试验，S 是它的样本空间，对于任意一个事件 A，规定一个实数，记作 $P(A)$。如果 P 满足下列三条公理，那么就称 $P(A)$ 为事件 A 的概率。

（1）非负性：对于任意一个事件 A，$0 \leqslant P(A) \leqslant 1$。

（2）规范性：$P(S)=1$。

（3）可列可加性：当可列无限个事件 $A_1, A_2, \cdots$ 两两不相容时，有

$$P\left(A_1 \cup A_2 \cup \cdots\right) = P\left(A_1\right) + P\left(A_2\right) + \cdots$$

强化练习

12114 Bachelor Arithmetic[B]。

等可能概型

在一次试验后，随机事件 A 可能发生，也可能不发生，随机事件发生可能性的大小可以用区间[0, 1]中的一个数来描述，这个数称为概率。如果样本空间中的每个样本在一次试验后出现的可能性相等，则称之为等可能概型。

一般称具有下列两个特征的随机试验的数学模型为古典概型。

（1）试验的样本空间 S 是有限集，不妨记作 $S=\{\omega_1, \cdots, \omega_n\}$。

（2）每个样本点在一次试验后以相等的可能性出现，即

$$P\left(\{\omega_1\}\right) = \cdots = P\left(\{\omega_n\}\right)$$

在古典概型中，如果事件 A 包含 n_A 个样本点，总的样本点数量为 n，那么规定

$$P\left(A\right) = \frac{n_A}{n}$$

使用这种方法计算得到的概率称为古典概率。

假定样本空间 S 是某个区域（可以是一维，也可以是二维、三维），每个样本点等可能地出现，规定事件 A 的概率为

$$P\left(A\right) = \frac{m\left(A\right)}{m\left(S\right)}$$

其中，$m(S)$ 在一维情形下表示长度，在二维情形下表示面积，在三维情形下表示体积，用这种方法得到的概率称为几何概率。

例如，在数轴上，给定闭区间[−10, 10]，则在此区间内任意取一个实数，其绝对值大于 5 的概率为 10/20=50%；在给定三角形的外接圆中任意选择一个点，则此点恰在此三角形内的概率为三角形面积 S_t 与外接圆的面积 S_c 之比；在由 27 个单位立方体构成的 3×3×3 较大立方体中任选一个空间点，则该空间点恰位于这 27 个单位立方体中的某一个的概率为 1/27。

[①] 奥古斯都·德·摩根（Augustus De Morgan，1806—1871），英国数学家、逻辑学家。奥古斯都·德·摩根首先发现了在命题逻辑中存在着以下的关系：（1）非（P 且 Q）≡（非 P）或（非 Q）；（2）非（P 或 Q）≡（非 P）且（非 Q）。德·摩根定律在数理逻辑的定理推演中，在计算机的逻辑设计中，以及数学的集合运算中都起着重要的作用。

强化练习

11628[①] Another Lottery[C]。

扩展练习

11346[②] Probability[D]，11722 Joining with Friend[D]，11971 Polygon[D]。

提示

11722 Joining with Friend 中，令你到的时间为 x，朋友到达的时间为 y，有 $t_1 \leqslant x \leqslant t_2$、$s_1 \leqslant y \leqslant s_2$，如果满足 $|x-y| \leqslant w$，则你和朋友能够相遇。问题转化为确定区间 $[t_1, t_2]$ 和 $[s_1, s_2]$ 在直角坐标系上所"围成"的矩形（即矩形在 X 轴上的投影为区间 $[t_1, t_2]$，在 Y 轴上的投影为区间 $[s_1, s_2]$）在直线 $y=x+w$ 的下方和直线 $y=x-w$ 的上方之间（阴影）部分面积与整个矩形面积的比值，如图 7-12 所示。

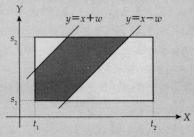

图 7-12　直角坐标系上的矩形

11971 Polygon 中，正向计算能够构成多边形的概率存在困难，不妨从反向考虑，先计算不能构成多边形的概率，然后求得构成多边形的概率。由多边形的性质可知，任意一条边长必小于其他边长之和。考虑将给定的线段首尾相连构成一个圆，第一次切割的位置可以为圆上的任意一个位置，第一次切割后，圆断开成为线段，与原有问题等价。令第一次切割的位置为 C_1，令 C_1 关于圆心的对称位置为 C_2，如果后续切割全部位于 C_2 的一侧（左侧或右侧），则切割得到的线段中最长的线段至少为原始线段长度的 1/2，由多边形的边长性质可知，这将导致切割得到的线段无法构成一个多边形，因此只需求出这种情况的概率即可得到无法构成多边形的概率，进而可以得到能够构成多边形的概率。由于第一次切割是将圆断开成为线段，故选择圆上任意一点作为第一次切割的位置均可，其概率可以认为是 1，接着进行 n 次切割，将线段分割为 $n+1$ 段，如果其中任意一段的长度至少为原始线段长度的 1/2 则无法构成多边形，假设其中一条线段 x_i 的长度大于等于原始线段的 1/2，$1 \leqslant i \leqslant n+1$，则其他线段的切口需要全部位于线段 x_i 的一侧，其概率为 $1/2^n$，由于 x_1 到 x_{n+1} 这 $n+1$ 条线段均有可能是长度大于等于原始长度 1/2 的那条线段，则总的不能构成多边形的概率是 $(n+1)/2^n$，最终能够构成多边形的概率为 $1 - [1 \times (n+1)/2^n] = 1 - [(n+1)/2^n]$。

生日问题

如果房间里有 n 个人，那么没有两个人的生日是同一天的概率是多大？当 n 多大时，才能保证此概率小于 50%？

解　不考虑闰年的影响，假设每年有 365 天，则每个人的生日都有 365 种可能，所有 n 个人一共是 365^n 种可能，假定每种结果的可能性都一样，则所求事件的概率为

$$p = \frac{365 \times 364 \times \cdots \times (365-n+1)}{365^n} = \frac{\prod_{i=1}^{n}(366-i)}{365^n}$$

通过简单的计算可知，当 $n \geqslant 23$ 时，$p < 0.5$，即房间里的人数超过 23 人，则至少有两人为同一天生日的概率为 $1-p > 0.5$。从直觉上看，该结论似乎让人觉得不可思议，但是从另一个角度来理解，由于每两个人生

[①] 11628 Another Lottery 中，注意题目所求：确定第 i 个人比其他人能够赢得"更多"钱的概率。

[②] 11346 Probability 中，注意边界输入数据的处理。

日相同的概率为 $365/365^2=1/365$，而 23 个人一共可以组成 $\binom{23}{2}=253$ 对，显然生日相同的概率并不低。当

房间内有 50 个人时，至少有两个人生日在同一天的概率约为 97%，如果有 100 个人，则至少有两个人生日在同一天的概率大于 99.9999%。

扩展练习

10217 A Dinner with Schwarzenegger[D]。

提示

　　10217 A Dinner with Schwarzenegger 的题目描述中指定在队列中的第一个人与售票者的生日进行比较，但未明确指明在队列中后续的人是否与售票者的生日进行比较。经过对不同情形进行计算，结合样例输入与输出的结果，推断出题者的本意应该是指位于第一名购票者之后的人其生日也应与售票者的生日进行比较。定义事件 A_i 为"队列中第 i 个人中奖"，事件 B_i 为"队列中前($i-1$)个人不中奖"，事件 C_i 为"队列中第 i 个人与队列中前($i-1$)个人加上售票者总共 i 个人中的至少一个人生日相同"，则事件 A_i 是事件 B_i 和事件 C_i 的交事件，即 $P(A_i)=P(B_iC_i)$，定义事件 D_i 为"队列中前($i-1$)个人加上售票者总共 i 个人中任意两个人的生日不同"，则事件 B_i 发生的概率等同于事件 D_i 发生的概率，根据生日问题的结论，有

$$
\begin{cases}
P(A_1)=\dfrac{1}{n} \\[2mm]
P(A_2)=\dfrac{n-1}{n}\dfrac{2}{n} \\[2mm]
P(A_3)=\dfrac{n-1}{n}\dfrac{n-2}{n}\dfrac{3}{n} \\[2mm]
\cdots \\[2mm]
P(A_i)=\dfrac{n-1}{n}\dfrac{n-2}{n}\cdots\dfrac{n-i+1}{n}\dfrac{i}{n} \\[2mm]
P(A_{i+1})=\dfrac{n-1}{n}\dfrac{n-2}{n}\cdots\dfrac{n-i+1}{n}\dfrac{n-i}{n}\dfrac{i+1}{n}
\end{cases}
$$

　　按照题意，题目所求为满足下列关系的最大 i 值：

$$
\frac{P(A_i)}{P(A_{i+1})}\leqslant 1\,\frac{ni}{(n-i)(i+1)}\leqslant 1\Leftrightarrow i^2+i-n\leqslant 0
$$

　　函数 $f(i)=i^2+i-n$ 的图像是一条开口向上的抛物线，抛物线位于 X 轴下方的曲线为方程的两个根之间所包围的部分，由于问题的实际意义要求 $i\geqslant 1$，则满足题意的最大 i 值为方程 $i^2+i-n=0$ 的正数根，即

$$
i=\frac{-b+\sqrt{b^2-4ac}}{2a}=\frac{-1+\sqrt{1+4n}}{2}
$$

　　题目要求输出"最佳实数位置"和"最佳整数位置"，"最佳实数位置"即上式所得到的解，而"最佳整数位置"的定义却存在歧义，题目输出中并未予以明确。在某些情况下，"最佳整数位置"可能有两个，如当 $n=30$ 时，$i=5$ 和 $i=6$ 都是能够获得最大中奖概率的整数位置，其中奖概率均为 $1/6$，若为了获得 Accepted，需要输出较大的 i 值。

7.8.2　条件概率和独立事件

　　给定一个随机试验，S 是它的样本空间，对于 S 中的任意两个事件 A、B，如果 $P(B)>0$，则称

$$
P(A|B)=\frac{P(AB)}{P(B)} \tag{7.1}
$$

为在已知事件 B 发生的条件下事件 A 发生的条件概率（conditional probability）。条件概率也满足概率的公

理化定义中的三条公理。根据条件概率的定义，当 $n \geq 2$ 且 $P(A_1 \cdots A_n) > 0$ 时，可以用条件概率的定义证明

$$P(A_1 \cdots A_n) = P(A_1)P(A_2 \mid A_1) \cdots P(A_n \mid A_1 \cdots A_{n-1}) \tag{7.2}$$

公式（7.2）又称为任意个事件交的概率的乘法规则。经常使用的情形是，当 $n=2$ 时，如果 $P(A) > 0$，则 $P(AB) = P(A)P(B \mid A)$；当 $n=3$ 时，如果 $P(AB) > 0$，则 $P(ABC) = P(A)P(B \mid A)P(C \mid AB)$。

取球问题

假设盒子中有 a 个红球和 b 个白球，$a > 0$ 且 $b > 0$。现在无放回的取出两个球，若每次取球时，盒子中每个球被取中的可能性相同，则取出的两个球都是红球的概率是多少？

解 令 R_1 和 R_2 分别表示第一次与第二次取出红球的事件，若第一次取出的是红球，那么盒子中剩下 $(a-1)$ 个红球和 b 个白球，有

$$P(R_2 \mid R_1) = \frac{a-1}{a+b-1}$$

由于第一次取出红球的概率 $P(R_1) = a/(a+b)$，则根据公式（7.1）可得

$$P(R_1 R_2) = P(R_1)P(R_2 \mid R_1) = \frac{a}{a+b} \ \frac{a-1}{a+b-1} = \frac{a(a-1)}{(a+b)(a+b-1)}$$

强化练习

542 France'98[B]，11181 Probability|Given[C]。

扩展练习

10169 Urn-Ball Probabilities[D]。

提示

10169 Urn-Ball Probabilities 中，定义事件 A 为"n 次取球中至少有一次取球拿到的两颗球均为红色"，事件 B_i 为"第 i 次取球拿到的两颗球均为红色"，则有 $P(A) = P(B_1 \cup \cdots \cup B_n)$，由于 B_i 和 B_j 属于相容事件，需要应用容斥原理计算 $P(A)$，即

$$P(A) = P(B_1 \cup \cdots \cup B_n) = \sum_{r=1}^{n} (-1)^{r+1} \sum_{i_1 < \cdots < i_r} P(B_{i_1} \cdots B_{i_r})$$

题目条件中取球次数 $N < 1000000$，当 N 较大时无法直接计算 $P(A)$，因此需要从反向考虑，计算事件 A 的补事件 A^c（即 n 次取球中没有一次取球拿到的两颗球为红色）的概率。第 i 次取球时两颗球都是红球的概率 $p_i = 1/(i \times (i+1))$，则第 i 次取球时不都是红球的概率 $q_i = 1 - p_i$，那么 $P(A^c) = q_1 \times q_2 \times \cdots \times q_n$，有 $P(A) = 1 - P(A^c)$。n 次取球每次取出的两颗球均为红色的概率 $Q = p_1 \times p_2 \times \cdots \times p_n$，其中每一项 p_i 对小数点后 0 的个数的贡献为 $\log_{10}(p_i)$。

系统可靠度

对于任意两个事件 A、B，如果等式 $P(AB) = P(A)P(B)$ 成立，那么称事件 A 与事件 B 相互独立。应用独立性的概念可以解决实际中串、并联系统的可靠性问题。一个产品（或一个元件，或一个系统）的可靠性可以用可靠度来度量，可靠度指的是产品能够正常工作（即在规定的时间内和规定的条件下完成规定功能）的概率。如果一个系统中，各个元件能否正常工作都是相互独立的，那么可以根据随机事件的独立性来获得整个系统的可靠性。下面介绍常见系统可靠度的计算方法。

设一个系统由 n 个元件串联而成，第 i 个元件的可靠度为 p_i，$i=1, \cdots, n$，试求这个串联系统的可靠度。设事件 A_i 表示"第 i 个元件正常工作"，$i=1, \cdots, n$，由于"串联系统能正常工作"等价于"n 个元件都正常工作"，所以整个串联系统的可靠度为

$$P(A_1 \cdots A_n) = \prod_{i=1}^{n} P(A_i) = \prod_{i=1}^{n} p_i$$

设一个系统由 n 个元件并联而成，第 i 个元件的可靠度为 p_i，$i=1, \cdots, n$，试求这个并联系统的可靠度。设事件 A_i 表示"第 i 个元件正常工作"，$i=1, \cdots, n$，由于"并联系统能正常工作"等价于"n 个元件中至少有一个元件正常工作"，所以整个并联系统的可靠度为

$$P\left(A_1 \bigcup \cdots \bigcup A_n\right) = 1 - P\left(A_1^c \cdots A_n^c\right) = 1 - \prod_{i=1}^{n} P\left(A_i^c\right) = 1 - \prod_{i=1}^{n}\left(1 - p_i\right)$$

混联系统可靠度

（1）给定如图 7-13 所示的一个由电阻构成的混联电路，假设每个电阻均独立工作且可靠度均为 p，则整个混联电路的可靠度为多少？

解 电阻 1 和 2、电阻 3 和 4 分别构成串联电路，然后整体再构成并联电路。令事件 A_i 为"电阻 i 正常工作"，$i=1, 2, 3, 4$。事件 F 为"混联电路能够正常工作"，有

$$P(F) = 1 - \left(1 - P\left(A_1 A_2\right)\right)\left(1 - P\left(A_3 A_4\right)\right) = 1 - \left(1 - p^2\right)\left(1 - p^2\right) = 2p^2 - p^4$$

（2）给定如图 7-14 所示的一个由电阻构成的混联电路，假设每个电阻均独立工作且可靠度均为 p，则整个混联电路的可靠度为多少？

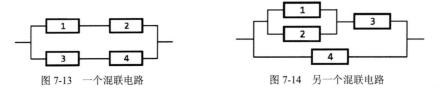

图 7-13 一个混联电路　　　　　　　图 7-14 另一个混联电路

解 电阻 1 与 2 组成一个并联的子系统 S_1，根据并联系统的可靠度计算公式，可知子系统 S_1 的可靠度为 $1-(1-p)^2=2p-p^2$，把此子系统 S_1 作为一个新的电阻，它与电阻 3 组成一个串联的子系统 S_2，根据串联系统的可靠度计算公式，可知子系统 S_2 的可靠度为 $(2p-p^2)p$，整个系统由子系统 S_2 和电阻 4 并联而成，由并联系统的可靠度公式可知整个混联系统的可靠度为

$$1 - \left[1 - \left(2p - p^2\right)p\right](1 - p) = p + 2p^2 - 3p^3 + p^4$$

灭绝概率

假设某种细胞通过分裂进行繁殖且存活时间固定不变，即单个细胞存活 t 小时后会发生凋亡[①]。在单个细胞的存活期间，通过分裂最多能够产生 n 个子细胞，其中产生 i 个子细胞的概率为 p_i，$0 \leq i \leq n$。设初始时只有 1 个细胞，则经过 m 个存活周期后，该细胞及其所有子细胞均已凋亡的概率是多少？

解 如果分别计算每个细胞及其子细胞的凋亡概率则情形较为复杂，不易处理，如果将单个细胞和其子细胞作为一个整体来对待，则可以简化问题的解决。由于各个细胞凋亡相互之间属于独立事件，则可做如下的假设：令 $Ap[m]$ 为单个细胞在 m 个存活周期后全部发生凋亡的概率（包括在 m 个存活周期之前就已经凋亡的情形），按照单个细胞产生 i 个子细胞的概率，$Ap[m]$ 可以递归表示为

$$Ap[m] = p_0 + p_1 \cdot Ap[m-1] + p_2 \cdot \left(Ap[m-1]\right)^2 + \cdots + p_n \cdot \left(Ap[m-1]\right)^n, \quad m \geq 1, \, Ap[0] = 0$$

也就是说，单个细胞在经过 m 个存活周期后，自身及其后代子细胞全部已经发生凋亡的概率是以下情形概率的总和：产生 i 个子细胞，然后这 i 个子细胞及其各自的后代在 $(m-1)$ 个存活周期内全部凋亡的概率。由于 i 个子细胞各自在 $(m-1)$ 个周期内凋亡的概率为 $Ap[m-1]$ 且互为独立事件，则 i 个子细胞全部凋亡的概率为 $(Ap[m-1])^i$，而初始细胞产生 i 个子细胞的概率为 p_i，那么根据乘法规则，初始单个细胞产生 i 个子细胞然后在 $(m-1)$ 个存活周期内凋亡的概率为 $p_i \times (Ap[m-1])^i$。需要注意的是，p_0 指的是细胞产生 0 个后代的概率，也就是经过一个存活周期后直接凋亡而没有子细胞产生的概率。

[①] 细胞凋亡（apoptosis）是指生物体为维持内环境稳定，由基因控制的细胞的自主有序死亡。

强化练习

561 Jackpot[D]，10056 What is the Probability[A]，11021 Tribles[C]，12461[①] Airplane[B]。

7.8.3 全概率公式与贝叶斯公式

设 A 和 B 为两个事件，可以将 B 表示为

$$B = BA \bigcup BA^c$$

这样，B 中的结果，要么同时属于 B 和 A，要么只属于 B 但不属于 A，显然，BA 和 BA^c 是互不相容的，因此，根据概率公理，有

$$P(B) = P(BA) + P(BA^c) = P(B|A)P(A) + P(B|A^c)P(A^c) = P(B|A)P(A) + P(B|A^c)\left[1 - P(A)\right] \quad (7.3)$$

公式（7.3）说明事件 B 发生的概率等于"在 A 发生的条件下 B 发生的条件概率"与"在 A 不发生的条件下 B 发生的条件概率"的加权平均，其中加在每个条件概率上的权重就是作为条件的事件发生的概率。这是一个非常有用的公式，它使得我们能够通过以第二个事件发生与否作为条件来计算第一个事件的概率。也就是说，在许多问题中，直接计算第一个事件的概率很困难，但是一旦知道第二个事件发生与否就容易计算第一个事件的概率。

公式（7.3）还可以进一步推广——如果 n 个事件 $A_1, \cdots, A_n$ 满足条件：$A_1, \cdots, A_n$ 两两互不相容且 $A_1 \cup \cdots \cup A_n = S$，那么称这 n 个事件 $A_1, \cdots, A_n$ 构成样本空间 S 的一个划分（或构成一个完备事件组）。设 n 个事件 $A_1, \cdots, A_n$ 构成样本空间 S 的一个划分，记 B 是一个事件且

$$B = \bigcup_{i=1}^{n} BA_i$$

当 $P(A_i) > 0$（$i = 1, \cdots, n$）时，有

$$P(B) = \sum_{i=1}^{n} P(B|A_i)P(A_i) \quad (7.4)$$

公式（7.4）称为全概率公式，即 $P(B)$ 等于 $P(B|A_i)$ 的加权平均，每项的权为事件 A_i 发生的概率。对于事件 $A_1, A_2, \cdots, A_n$，其中一个或者仅有一个发生，可以通过 A_i 中一个发生的条件概率来计算 $P(B)$。

利用公式（7.4）可以证明，当 $P(B) > 0$ 时，有

$$P(A_j|B) = \frac{P(B|A_j)P(A_j)}{\sum_{i=1}^{n} P(B|A_i)P(A_i)} \quad (7.5)$$

公式（7.5）称为贝叶斯公式（Bayes's theorem），根据英国哲学家托马斯·贝叶斯的名字命名。如果把事件 A_i 设想为关于某个问题的各个可能的"假设条件"，则贝叶斯公式可以这样理解：在试验之前对这些假设条件所作的判断（即 $P(A_j)$），可以如何根据试验的结果来进行修正。

桥式系统可靠度

给定如图 7-15 所示的一个由电阻构成的桥式电路，假设每个电阻均独立工作且可靠度均为 p，则整个桥式电路的可靠度为多少？

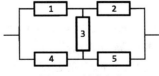

图 7-15 桥式电路

---

① 12461 Airplane 中，可以应用数学归纳法证明所求概率是一个常数，请读者自行思考并予以证明。

解　根据电阻 3 是否能够正常工作进行分析。当电阻 3 能正常工作时，只要 1 和 4 两个电阻中任意一个正常工作**且** 2 和 5 两个电阻中任意一个正常工作，桥式系统就能正常工作；若电阻 3 不能正常工作，只要 1 和 2 两个电阻都正常工作**或者** 4 和 5 两个电阻都正常工作，桥式系统就能正常工作。令事件 A_i 为"电阻 i 正常工作"（$i=1, 2, 3, 4, 5$），事件 F 为"桥式系统正常工作"，则事件 A_3 表示电阻 3 正常工作，事件 A_3^c 表示电阻 3 不能正常工作，显然 A_3 和 A_3^c 为互不相容事件，进一步地，FA_3 和 FA_3^c 亦为互不相容事件。因此，根据条件概率定义及全概率公式有

$$P(F) = P(F|A_3)P(A_3) + P(F|A_3^c)P(A_3^c) = P\big((A_1 \cup A_4)(A_2 \cup A_5)\big)P(A_3) + P\big((A_1 A_2) \cup (A_4 A_5)\big)\big(1 - P(A_3)\big)$$

$$= \big(1 - (1-p)^2\big)\big(1 - (1-p)^2\big)p + \big(1 - (1-p^2)(1-p^2)\big)(1-p) = 2p^5 - 5p^4 + 2p^3 + 2p^2$$

蒙提霍尔问题

蒙提霍尔问题（Monty Hall problem）[47][48]，最初来源于美国的一档电视游戏类节目，因其主持人为 Monty Hall 而得名。问题可以描述如下：在电视游戏节目中，主持人设置了三道门，分别为 1 号、2 号、3 号，其中一扇门后面有一辆小轿车作为奖品，另外两扇门后各有一只山羊。竞猜者可以随机挑选一扇门，例如，选择 1 号门，之后主持人在 2 号门和 3 号门中选择一扇藏有山羊的门打开，如 3 号门，然后让你作出选择：你是否愿意放弃选择 1 号门转而选择 2 号门？

解　更换门的选择能够使得中奖率更高吗？从直觉来看，有两种主要的意见：第一种意见认为剩下的两扇门必定一扇门是山羊，另外一扇门是小轿车，换选后中奖概率是 1/2，而不换选的中奖概率是 1/3；第二种意见认为只剩下一扇尚未选择的门，而门后面有小轿车的概率同样是 1/3，所以换选和不换选的中奖概率不变。但是通过谨慎的理论分析和计算机数据模拟都可以得出以下正确的结论：不换选的中奖概率为 1/3，换选的中奖概率为 2/3。这个结论非常反直觉，使得当时的很多读者（其中 1/10 的人具有博士学位）写信给刊登这个结论的杂志，表示他（她）们拒绝相信"换选具有 2/3 的中奖概率"是正确的结论。

实际上转换一下思维方式就很容易理解这个问题，从而明白正确结论就是换选门具有更高的中奖概率。假设竞猜者选择的是 1 号门，则有表 7-2 所示的可能性。

表 7-2　竞猜者选择 1 号门的可能性

1 号门	2 号门	3 号门	不换选结果	换选结果
小轿车	山羊	山羊	小轿车	山羊
山羊	小轿车	山羊	山羊	小轿车
山羊	山羊	小轿车	山羊	小轿车

容易看出，不换选中奖的概率为 1/3，换选后中奖概率为 2/3。如果竞猜者初始选择 2 号门或者 3 号门具有同样的结果。

以上通过列举的方式比较直观地说明了为什么换选之后中奖概率为 2/3，下面应用概率论方法从条件概率的角度进行解释。定义以下事件。

事件 A 为竞猜者的初始选择为中奖选择。

事件 B 为竞猜者的初始选择不是中奖选择。

事件 R_1 为竞猜者坚持原选择中奖。

事件 R_2 为竞猜者改变选择并中奖。

显然事件 A 和 B 互为独立事件，且 $A \cup B = S$，因为 $P(A) = 1/3$，则 $P(B) = 1 - P(A) = 2/3$。进一步地，若竞猜者坚持原选择，显然 $P(R_1) = P(A) = 1/3$；若竞猜者更改选择，定义事件 C 为"除去竞猜者选择的门和主持人打开的门而余下的门后面有小轿车"，则根据条件概率的定义有 $P(C|A) = 0$、$P(C|B) = 1$，根据全概率公式有

$$P(R_2) = P(C) = P(A)P(C|A) + P(B)P(C|B) = \frac{1}{3} \times 0 + \frac{2}{3} \times 1 = \frac{2}{3}$$

扩展蒙提霍尔问题

将蒙提霍尔问题适当扩展可以得到以下问题：假设有 n 扇门，$3{\leq}n$，其中只有一扇门后藏有小轿车，当你选定一扇门后，主持人把另外 b 扇藏有山羊的门打开，$1{\leq}b{\leq}n-2$，则换选门后的中奖概率为多少？

解 仍然沿用前述的事件定义，易知此种情形，$P(A)=1/n$，$P(B)=(n-1)/n$，$P(R_1)=P(A)=1/n$。当事件 A 发生时，由于只有 1 扇门后有奖品，则事件 C 发生的概率为 0，即 $P(C|A)=0$，当事件 B 发生时，由于已经打开了 b 扇没有奖品的门，奖品只可能在剩余的 $n-b-1$ 扇门中（除去竞猜者已经选择的一扇门），竞猜者选择一扇门中奖的概率为 $1/(n-b-1)$，则 $P(C|A)=1/(n-b-1)$，根据全概率公式有

$$P(R_2)=P(C)=P(A)P(C|A)+P(B)P(C|B)=\frac{1}{n}\times 0+\frac{n-1}{n}\times\frac{1}{n-b-1}=\frac{n-1}{n(n-b-1)}$$

于是，换选门后的中奖概率为 $(n-1)/(n(n-b-1))$。

在理解上述问题的基础上，读者可以继续思考以下问题。

（1）假设不是一扇门后面有奖品，而是 a 扇门后面有奖品，$3{\leq}n$，$1{\leq}a{\leq}n-2$，$1{\leq}b{\leq}n-a-1$，其他规则不变，则换选门后的中奖概率是多少？

（2）仍然是 a 扇门后面有奖品，但主持人打开另外 b 扇门，且 b 扇打开的门中有 c 扇门后包含奖品，$3{\leq}n$，$1{\leq}a{\leq}n-2$，$1{\leq}b{\leq}n-2$，$0{\leq}c<\min(a,b)$，则换选门后的中奖概率是多少？

解答

（1）按照类似的思路可知，中奖概率为

$$P(C)=P(A)P(C|A)+P(B)P(C|B)=\frac{a}{n}\times\frac{a-1}{n-b-1}+\frac{n-a}{n}\times\frac{a}{n-b-1}=\frac{a(n-1)}{n(n-b-1)}$$

（2）继续按照类似的思路，中奖概率为

$$P(C)=P(A)P(C|A)+P(B)P(C|B)=\frac{a}{n}\times\frac{a-c-1}{n-b-1}+\frac{n-a}{n}\times\frac{a-c}{n-b-1}=\frac{n(a-c)-a}{n(n-b-1)}$$

强化练习

10491 Cows and Cars[A]。

赌徒破产问题

赌徒破产问题（gambler's ruin problem）有多种等价的描述形式，其中一种描述形式如下：假设某个赌徒拥有 i 元的赌资，其在赌场中通过抛掷骰子进行赌博，每次抛掷骰子有概率 p 赢得一元钱，有 $1-p$ 的概率输掉一元钱，则赌徒在输光之前赌资能够达到 N 元的概率是多少？

解 令 E 表示事件"开始时赌徒有 i 元，最后拥有 N 元赌资"，显然此事件和赌徒最初的钱数有关，记 $P_i=P(E)$。以第一次抛掷骰子的结果为条件，令 H 表示事件"第一次抛掷的结果赌徒赢得一元钱"，则根据全概率公式有

$$P_i=P(E)=P(E|H)P(H)+P(E|H^c)P(H^c)=pP(E|H)+(1-p)P(E|H^c)$$

假定第一次抛掷骰子的结果为赌徒赢得一元钱，则第一次赌博结束后的状态如下：赌徒拥有 $i+1$ 元赌资，因为随后的抛掷都同前面独立并且赌徒赢得一元钱的概率都为 p，故从该时刻开始，赌徒的赌资能够达到 N 元的概率等同于以下情形——初始时赌徒拥有 $i+1$ 元赌资，所以 $P(E|H)=P_{i+1}$。类似地，可得 $P(E|H^c)=P_{i-1}$。令 $q=1-p$，可得

$$P_i=pP_{i+1}+qP_{i-1},\ i=1,2,\cdots,N-1$$

根据前述 P_i 的定义，当 i 为 0 时，赌徒已经输光赌资，有 $P_0=0$，而当 i 为 N 时，已经达到目标条件，

有 $P_N=1$。利用求解差分方程的解法，令 $P_i=\gamma^i$，有

$$\gamma^i = p\gamma^{i+1} + q\gamma^{i-1} \Rightarrow p\gamma^2 - \gamma + q = 0$$

解得

$$\gamma = \frac{1 \pm \sqrt{1-4pq}}{2p} = \frac{1 \pm \sqrt{1-4p+4p^2}}{2p} = \frac{1 \pm (1-2p)}{2p} = \frac{q}{p} \text{或} 1$$

当 $p \neq q$ 时，差分方程有两个异根，令 $P_i=C+D(q/p)^i$，其中 C 和 D 是常数，根据 $P_0=0$ 和 $P_N=1$，可得方程组

$$C + D\left(q/p\right)^N = 1$$

$$C + D\left(q/p\right)^0 = 1$$

最后解得

$$P_i = \frac{1-\left(q/p\right)^i}{1-\left(q/p\right)^N}$$

当 $p=q$ 时，令 $z=q/p$，取上式 z 趋近于 1 时的极限，有

$$P_i = \lim_{z \to 1} \frac{1-z^i}{1-z^N} = \lim_{z \to 1} \frac{iz^{i-1}}{Nz^{N-1}} = \frac{i}{N}$$

因此有

$$P_i = \begin{cases} \dfrac{1-\left(q/p\right)^i}{1-\left(q/p\right)^N}, & p \neq \dfrac{1}{2} \\[4mm] \dfrac{i}{N}, & p = \dfrac{1}{2} \end{cases}$$

从上述结果可知，赌徒得胜的概率与其初始时所拥有的赌资有关，假设每次获胜的概率对赌徒和赌场来说，都很公平，均为 1/2，则双方哪一方赌资越多，最后赢得所有钱的可能性越大。相对于赌场所拥有的钱来说，赌徒所拥有的赌资一般是很少的，所以赌徒最终赢的概率很小；反过来，赌场拥有的赌资很大，因此有很大的可能性赢光赌徒的所有钱。因此，在此种情况下，赌徒有很大的概率会输光，即宣告破产。

强化练习

11500 Vampires[C]。

7.8.4　随机变量

随机变量（random variable）是指定义在试验样本空间上的实值函数，因为随机变量的取值由试验结果确定，可以对随机变量的可能取值指定概率。以下是若干在解题中常见的随机变量类型[①]。

二项随机变量

考虑一个试验，其结果分为两类，成功或者失败，令

$$X = \begin{cases} 1, & \text{当试验结果为成功时} \\ 0, & \text{当试验结果为失败时} \end{cases}$$

p（$0 \leqslant p \leqslant 1$）为每次试验成功的概率，则 X 的分布列为

$$p(0) = P\{X=0\} = 1-p$$

$$p(1) = P\{X=1\} = p$$

[①]　定义源自 Sheldon M. Ross 所著的 *A First Course in Probability*，*Ninth Edition*。

如果随机变量 X 的分布列由上式给出，其中 $p \in (0,1)$，则称 X 为伯努利随机变量（根据瑞士数学家詹姆斯·伯努利的名字命名）。现在假设进行 n 次独立重复试验，每次试验成功的概率为 p，失败的概率为 $1-p$，如果 X 表示 n 次试验中成功的次数，那么称 X 为参数是（n,p）的二项随机变量（binomial random variable），因此，伯努利随机变量也是参数为（$1,p$）的二项随机变量。参数为（n,p）的二项随机变量的分布列为

$$p(i) = \binom{n}{i} p^i (1-p)^{n-i}, \ i = 0, 1, \cdots, n$$

由二项式定理可得

$$\sum_{i=0}^{\infty} p(i) = \sum_{i=0}^{n} \binom{n}{i} p^i (1-p)^{n-i} = \left[p + (1-p) \right]^n = 1$$

一般，假定 n 个试验的试验结果是相互独立的，便称这 n 个试验相互独立。如果在一个试验中只关心某个事件 A 是否发生，那么称这个试验为伯努利试验（Bernoulli trial），相应的数学模型称为伯努利概型。如果把伯努利试验独立地重复做 n 次，这 n 个试验合在一起称为 n 重伯努利试验。

设事件 B_k 表示"n 重伯努利试验中事件 A 恰发生了 k 次"，$k=0, 1, \cdots, n$，通常记为 $P(B_k)$ 为 $P_n(k)$。由于 n 个试验是相互独立的，因此，事件 A 在指定的 k 个试验中发生，且在其余$(n-k)$个试验中不发生的概率为

$$P_n(k) = \binom{n}{k} p^k (1-p)^{n-k}, \ k = 0, 1, \cdots, n$$

通常称 $P_n(k)$ 为二项概率，因为它恰是$[(1-p)+p]^n$ 的二项展开中的第 k 项，$k=0, 1, \cdots, n$。例如，在抛硬币过程中，由于正面和反面出现的概率均为 $1/2$，故抛掷 n 次硬币，恰有 k 次出现正面（或反面）的概率为

$$P_n(k) = \binom{n}{k} p^n, \ k = 0, 1, \cdots, n$$

几何随机变量

考虑在独立重复试验中，每次成功的概率为 p（$0<p<1$），重复试验直到试验首次成功为止，如果令 X 表示需要试验的次数，有

$$P\{X = n\} = (1-p)^{n-1} p, \ n = 1, 2, \cdots \tag{7.6}$$

式（7.6）之所以成立是因为要使 X 等于 n，充分必要条件是前 $n-1$ 次试验失败而第 n 次试验成功，由于假定各次试验都是相互独立的，所以等式成立。

负二项随机变量

假定独立重复试验中，每次成功的概率为 p，$0<p<1$，试验持续进行直到试验累计成功 r 次为止，如果令 X 表示试验的总次数，则

$$P\{X = n\} = \binom{n-1}{r-1} p^r (1-p)^{n-r}, \ n = r, r+1, \cdots \tag{7.7}$$

要使得第 n 次试验时，恰好 r 次试验成功，那么前 $n-1$ 次试验中必定有 $r-1$ 次成功，且第 n 次试验必然是成功，"前$(n-1)$次试验中有$(r-1)$次成功"的概率为

$$\binom{n-1}{r-1} p^{r-1} (1-p)^{n-r}$$

而"第 n 次试验成功"的概率为 p，由于这两个事件相互独立，故式（7.7）成立。对于任意随机变量 X，如果 X 的分布列由式（7.7）给出，那么就称 X 是参数为（r,p）的负二项随机变量（negative binomial random variable）。根据该定义，几何随机变量是参数为（$1,p$）的负二项随机变量。

强化练习

557 Burge[C]。

扩展练习

10218 Let's Dance[D]。

提示

10218 Let's Dance 的题目要求将 C 颗糖果逐颗随机分给两组人，一组是男士共 M 人，一组是女士共 W 人，在全部糖果分配完毕后，从男士组的人手中回收糖果，要求男士组手中糖果的数量为偶数，以便能够将糖果再次平分给两组人，等同于确定男士组分到偶数颗糖果的概率。注意，在分配糖果时是在所有人中随机分配，亦即单个人获得某颗糖果的概率是 $1/(M+W)$。

7.8.5 期望

概率论和统计学中，随机变量的期望是一个重要的概念。在编程竞赛中，经常出现的是计算离散型随机变量或连续型随机变量的期望，而在连续型随机变量的期望中，又以计算均匀随机变量的期望较为常见。

离散型随机变量的期望

如果随机变量只能取得有限个值，或者是无穷个值但能按一定次序逐个列出，其值域为一个或若干个有限或无限区间，这样的随机变量称为离散型随机变量。对于一个离散型随机变量 X，定义 X 的概率分布列（probability mass function）$p(a)$ 为

$$p(a) = P\{X = a\}$$

分布列 $p(a)$ 最多在可数个 a 上取正值，即如果 X 的可能值为 $x_1, x_2, \cdots$，那么

$$p(x_i) \geqslant 0, \ i = 1, 2, \cdots$$
$$p(x) = 0, \ 所有其他 x$$

由于 X 必定取值于 $\{x_1, x_2, \cdots\}$，故有

$$\sum_{i=1}^{\infty} p(x_i) = 1$$

如果 X 是一个离散型随机变量，其分布列为 $p(x)$，那么 X 的期望（expectation）或期望值（expected value），记为 $E[X]$，定义为

$$E[X] = \sum_x x p(x), \ p(x) > 0$$

其中，$p(x_i)$ 亦可使用随机变量 X 出现的频率 $f(x_i)$ 替代，类似于加权平均，即

$$E[X] = x_1 p(x_1) + x_2 p(x_2) + \cdots + x_n p(x_n) = x_1 f(x_1) + x_2 f(x_2) + \cdots + x_n f(x_n)$$

或者表示成

$$E[X] = \sum_{k=1}^{\infty} x_k p_k = \sum_{k=1}^{\infty} x_k f_k$$

例如，假设 X 表示掷一枚均匀（六面）骰子出现的点数，由于骰子出现 1~6 点的概率相同，均为 1/6，则一次投掷所获得的点数期望

$$E[X] = 1 \times \frac{1}{6} + 2 \times \frac{1}{6} + 3 \times \frac{1}{6} + 4 \times \frac{1}{6} + 5 \times \frac{1}{6} + 6 \times \frac{1}{6} = \frac{7}{2}$$

在离散型随机变量的期望中，经常应用的一个性质是一组随机变量的和的期望等于这组随机变量各自期望的和，即对于随机变量 $X_1, X_2, \cdots, X_n$，有

$$E\left[\sum_{i=1}^{n} X_i\right] = \sum_{i=1}^{n} E[X_i]$$

例如，求 n 次投掷骰子所得点数之和的期望。令 X 表示点数之和，则

$$X = \sum_{i=1}^{n} X_i$$

其中，X_i 表示第 i 次投掷骰子时所获得的点数，因为 X_i 从 1 到 6 取值的概率相等，则

$$E[X_i] = \sum_{i=1}^{6} i \cdot \frac{1}{6} = \frac{21}{6} = \frac{7}{2}$$

于是

$$E[X] = E\left[\sum_{i=1}^{n} X_i\right] = \sum_{i=1}^{n} E[X_i] = \frac{7n}{2}$$

连续型随机变量的期望

设 X 是一个随机变量，如果存在一个定义在实数轴上的非负函数 f，使得对于任意一个实数集 B，满足

$$P\{X \in B\} = \int_B f(x)\mathrm{d}x$$

则称 X 为连续型随机变量（continuous random variable），函数 f 称为随机变量 X 的概率密度函数（probability density function），或称密度函数。从几何上来看，X 属于 B 的概率可以由概率密度函数 $f(x)$ 在集合 B 上的积分得到，因为 X 必须取某个值，根据概率公理中全集的概率为 1 的性质，f 必须满足

$$1 = P\{X \in (-\infty, \infty)\} = \int_{-\infty}^{+\infty} f(x)\mathrm{d}x$$

所有关于 X 的概率都可以由 f 得到。例如，令 $B=[a, b]$，可得

$$P\{a \leqslant X \leqslant b\} = \int_a^b f(x)\mathrm{d}x$$

若令 $a=b$，可得

$$P\{X = a\} = \int_a^a f(x)\mathrm{d}x = 0$$

也就是说，连续型随机变量取任何固定值的概率都等于 0，则对于一个连续型随机变量 X，有

$$P\{X < a\} = P\{X \leqslant a\} = F(a) = \int_{-\infty}^a f(x)\mathrm{d}x$$

前述的离散型随机变量的期望定义可以改写为

$$E[X] = \sum_x x P\{X = x\}$$

如果 X 是一个连续型随机变量，密度函数为 $f(x)$，对于很小的 $\mathrm{d}x$ 有

$$f(x)\mathrm{d}x \approx P\{x \leqslant X \leqslant x + \mathrm{d}x\}$$

因此，可以用类似的方法定义连续型随机变量的期望为

$$E[X] = \int_{-\infty}^{+\infty} x f(x)\mathrm{d}x$$

如果一个随机变量 X 的密度函数为

$$f(x) = \begin{cases} \dfrac{1}{b-a}, & a < x < b \\ 0, & \text{其他情形} \end{cases}$$

则称随机变量 X 在 (a, b) 区间上均匀分布（uniformly distribution）。相应地，随机变量 X 在 (a, b) 上的期望为

$$E[X] = \int_{-\infty}^{+\infty} x f(x)\mathrm{d}x = \int_a^b \frac{x}{b-a}\mathrm{d}x = \frac{b^2 - a^2}{2(b-a)} = \frac{b+a}{2}$$

即某个区间上均匀随机变量的期望就等于该区间中点的值。

解决连续型随机变量的期望一般需要应用积分[49]。

条件期望

当 X 和 Y 的联合分布为离散分布时，对于 $P\{Y=y\}>0$ 的 y 值，给定 $Y=y$ 的条件之下，X 的条件分布列定义为

$$p_{X|Y}(x|y)=P\{X=x|Y=y\}=\frac{p(x,\ y)}{p_Y(y)}$$

对于所有满足 $p_Y(y)>0$ 的 y，X 在给定 $Y=y$ 之下的条件期望为

$$E[X|Y=y]=\sum_x xP\{X=x|Y=y\}=\sum_x xp_{X|Y}(x|y)$$

类似地，设 X 和 Y 有连续型联合分布，其联合密度函数为 $f(x,y)$，对于给定的 $Y=y$，当 $f_Y(y)>0$ 时，X 的条件密度函数定义为

$$f_{X|Y}(x|y)=\frac{f(x,y)}{f_Y(y)}$$

给定 $Y=y$ 的条件下，假定 $f_Y(y)>0$，X 的条件期望为

$$E[X|Y=y]=\int_{-\infty}^{+\infty}xf_{X|Y}(x|y)\mathrm{d}x$$

记 $E[X|Y]$ 表示随机变量 Y 的函数，它在 $Y=y$ 处的值为 $E[X|Y=y]$，可以注意到 $E[X|Y]$ 本身也是一个随机变量。条件期望一个非常重要的性质就是随机变量 X 的期望可以由随机变量 $E[X|Y]$ 的期望来确定，该性质又称为全期望公式（law of total expectation），即

$$E[X]=E\big[E[X|Y]\big]$$

如果 Y 是离散型随机变量，其形式为

$$E[X]=\sum_y E[X|Y=y]P\{Y=y\}$$

如果 Y 是连续型随机变量，密度函数为 $f_Y(y)$，其形式为

$$E[X]=\int_{-\infty}^{+\infty}E[X|Y=y]f_Y(y)\mathrm{d}y$$

根据以上结论，可以很容易计算某随机变量 X 在给定条件之下的条件期望，然后再对条件期望求平均，最后得到的结果即为随机变量 X 的期望。

期望的性质

期望具有"线性"性质，即对于两个相互独立的随机变量 X 和 Y，有

$$E[X\pm Y]=E[X]\pm E[Y]，\ E[XY]=E[X]E[Y]，\ E\left[\frac{X}{Y}\right]=\frac{E[X]}{E[Y]}；\ E[Y]\neq0$$

解决有关期望问题的关键是分析问题的条件，恰当地定义期望的形式，找到所求期望的"递推关系"，有时候递推关系并不明显，此时可以列举一些简单的情形，推算出相应的期望，以便在此过程中发现和总结规律。

10900 So You Want to Be a 2^n-aire?[c]（你想成为 2^n 富翁吗？）

玩家最初拥有 1 美元奖金，共回答 n 个问题。对于每个问题，他有以下两种选择。

（1）不回答问题，退出游戏，奖金为玩家当前所拥有的美元数。

（2）回答该问题，如果答错，退出游戏且一无所有；回答正确，所得奖金为玩家当前所拥有美元数的

两倍，然后接着回答下一个问题。

当回答完最后一个问题后，玩家退出游戏。玩家希望将他能够获得的期望奖金最大化。每当回答某个问题时，玩家有概率 p 能够正确回答这个问题，对于每个问题来说，概率 p 是一个在闭区间 $[t, 1]$ 上均匀分布的随机变量。

输入

输入包含多组测试数据，每组包含两个数值，整数 n 和实数 t，$1 \leq n \leq 30$，$0 \leq t \leq 1$。输入最后一行以"0 0"结束，此组测试数据不需处理。

输出

对于每组测试数据，假设玩家采用最优的游戏策略，确定玩家能够获得的期望奖金。输出的结果保留小数点后 3 位小数。

样例输入	样例输出
1 0.5	1.500
1 0.3	1.357
2 0.6	2.560
24 0.25	230.138
0 0	

分析

题意并未明确说明何为"最优策略"，需要解题者根据题意自行加以确定。假设玩家当前的奖金数量为 C 且游戏尚未结束，此时玩家有概率 p 能够正确回答当前问题（注意，概率 p 的取值在区间 $[t, 1]$ 上均匀分布，故 p 取固定值的概率为 0），如果回答正确，则玩家拥有的奖金数量将为 $2C$；如果回答错误，奖金数量将为 0。那么，在当前情况下，玩家的奖金 P 的期望为

$$E[P] = 2C \cdot p + 0 \cdot (1-p) = 2pC$$

由于玩家的目标是最大化期望奖金，从理性的角度讲，如果 $2pC$ 大于 C，玩家应该选择答题，否则应该选择不答题。将上述情况一般化，设 X_k 表示尚有 k 个问题未回答时的奖金，P_k 表示在尚有 k 个问题未回答的情况下，正确回答下一个问题的概率，那么题目所求为 $E[X_n]$。令 $f(k)$ 表示尚有 k 个问题未回答时的期望奖金，即 $f(k)=E[X_k]$，此时玩家有概率 P_k 能够能够获得期望奖金 $f(k-1)$，使用 $E[X_k|P_k=p]$ 表示当 $P_k=p$ 时 X_k 的条件期望，若玩家采用最优游戏策略，则有

$$E[X_k|P_k=p] = \max\left(2^{n-k}, p \cdot f(k-1)\right), \quad p \in [t, 1], 1 \leq k \leq n$$

当 $k=0$ 时，游戏结束，此时奖金数量为 2^n，因此有

$$f(0) = E[X_0] = 2^n$$

但是由于概率 P_k 均匀分布于区间 $[t, 1]$ 上，故 $E[X_k]$ 实际上是一个条件期望，根据全期望公式，有

$$E[X_k] = E\left[E[X_k|P_k]\right] = \int_{-\infty}^{+\infty} E[X_k|P_k=p] f_{P_k}(p) \mathrm{d}p$$

其中 $f_{P_k}(p)$ 是 P_k 的密度函数。由于 P_k 在区间 $[t, 1]$ 上均匀分布，故 P_k 是一个均匀随机变量，有

$$f_{P_k}(p) = \begin{cases} \dfrac{1}{1-t}, & t \leq p \leq 1 \\ 0, & p < t \text{或者} p > 1 \end{cases}$$

所以有

$$f(k) = E[X_k] = \frac{1}{1-t} \int_t^1 \max\left(2^{n-k}, p \cdot f(k-1)\right) \mathrm{d}p, \quad f(0) = E[X_0] = 2^n$$

观察积分表达式，由于包含取最大值函数，需要根据具体情况进行计算，如果满足条件

$$\frac{2^{n-k}}{f(k-1)} \leq t$$

则不论 p 在区间$[t, 1]$上取何值，均有 $p \cdot f(k-1) \geqslant 2^{n-k}$，故只需对一次函数 $p \cdot f(k-1)$进行积分，于是

$$f(k) = E[X_k] = \frac{1}{1-t}\int_t^1 p \cdot f(k-1)\mathrm{d}p = \frac{(1+t) \cdot f(k-1)}{2}$$

若

$$\frac{2^{n-k}}{f(k-1)} > t$$

则需采取分段积分的方式进行计算，令

$$m = \frac{2^{n-k}}{f(k-1)}$$

则

$$f(k) = E[X_k] = \frac{1}{1-t}\left(\int_t^m 2^{n-k}\mathrm{d}p + \int_m^1 p \cdot f(k-1)\mathrm{d}p\right) = \frac{2^{n-k}(m-t)}{1-t} + \frac{(1-m^2) \cdot f(k-1)}{2(1-t)}$$

还有一类"概率—期望"问题，当前状态的期望与前置状态的期望密切相关，可以将每个状态的期望设置成一个未知数，通过构建一个多元一次线性方程组，借助高斯消元法来解方程，从而得到需要的期望。除此之外，期望还常常与动态规划发生关联，因为推导期望递推关系的过程和动态规划中推导递推关系的过程类似，如果题目中存在需要最优决策的要求，且观察题目条件满足最优子结构的性质，则问题可以归结为期望的动态规划问题。

12910 Snakes and Ladders[E]（蛇梯棋）

蛇梯棋是孩子们非常喜欢的一种游戏。一般来说，游戏是在多个玩家之间进行的，但是 Toby 不喜欢学校里的其他的小孩，他想一个人玩。游戏非常简单，棋盘高为 H 宽为 W，Toby 从棋盘编号为 1 的方格出发，目标是编号为 $H \times W$ 的方格。

每个回合，Toby 通过抛掷一个均质的骰子来获得点数，然后在棋盘上前进点数所对应的步数。如果在回合结束时，Toby 位于某个"梯子"的底部，则他立即沿着"梯子"向上到达"梯子"的顶部，若 Toby 位于某条"蛇"的头部，则他立即沿着"蛇"向后到达"蛇"的尾部。

需要注意的是，均质的骰子掷出 1～6 点的概率是相同的。样例输入中第 3 组测试数据所对应的棋盘如图 7-16 所示，以此组测试数据来示例说明游戏如何进行。

当 Toby 玩游戏接近结束时，假设 Toby 位于方格 29，他掷出骰子，如果得到的是 1 点，他向前走一步到达方格 30，游戏结束，Toby 获胜；如果得到的点数是 2 点，则 Toby 向前走一步然后又退一步，到达方格 29；如果得到的点数是 3 点，则 Toby 向前走一步然后向后退 2 步，到达方格 28；如果得到的点数是 4 点，则 Toby 向前走 1 步然后向后退 3 步，到达方格 27，由于方格 27 位于"蛇"的头部，所以 Toby 沿着"蛇"到达其尾部方格 1。

图 7-16　蛇梯棋（对应第 3 组测试数据）

现在 Toby 想知道的是在游戏结束之前需要花费多长时间，因此请求你计算赢得游戏时所经过的期望回合数（抛掷骰子的次数）。输入保证总是可以到达目标方格且最大的期望回合数不超过 100000。起始方格不会是"梯子"的底部，目标方格也不会是"蛇"的头部。

输入

输入包含多组测试数据，每组测试数据的第一行包含三个整数 W、H、S。W 和 H 的含义如前所述，S 表示蛇梯的数量。接着的 S 行，每行包含两个整数 u_i 和 v_i，表示一旦位于方格 u_i，将会立即跳转到方格 v_i。如果 $u_i < v_i$，表示这是一个"梯子"；如果 $u_i > v_i$，表示这是一条"蛇"。输入保证对于任意 $i \neq j$，$u_i \neq u_j$ 且对于

任意 i、j，$u_i \neq v_j$。输入以文件结束符表示结束，每组测试数据之后包含一个空行。约束：$1 \leq W$，$H \leq 12$；$W \times H$ ≥ 7；$0 \leq S \leq (W \times H)/2$；$1 \leq u_i$，$v_i \leq W \times H$。

输出

对于每组测试数据输出一个数值，该数值表示在给定的条件下完成游戏的期望回合数。如果输出的数值和正确答案的差在 10^{-2} 以内，则结果将被认为是正确的。

样例输入	样例输出
7 1 0	6.00000000
	13.04772792
6 5 0	19.83332560
6 5 8	
3 22	
17 4	
5 8	
19 7	
21 9	
11 26	
27 1	
20 29	

分析

令 Toby 在方格 i 时完成游戏的期望回合数为未知数 x_i，由于每个方格的期望回合数都可以通过关联方格的期望回合数予以表示，则根据题目约束可以得到一个多元一次方程组。以样例输入的第一组测试数据为例，考虑到抛掷骰子得到 1~6 点的概率均为 1/6 且超过最大方格编号后的"回退"规则，可以得到以下方程组

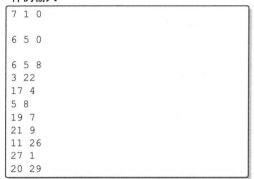

$$\begin{cases} x_1 = 1 + \dfrac{x_2}{6} + \dfrac{x_3}{6} + \dfrac{x_4}{6} + \dfrac{x_5}{6} + \dfrac{x_6}{6} + \dfrac{x_7}{6} \\[2mm] x_2 = 1 + \dfrac{x_2}{6} + \dfrac{x_3}{6} + \dfrac{x_4}{6} + \dfrac{x_5}{6} + \dfrac{x_6}{6} + \dfrac{x_7}{6} \\[2mm] x_3 = 1 + \dfrac{x_3}{6} + \dfrac{x_4}{6} + \dfrac{x_5}{6} + \dfrac{x_6}{6} + \dfrac{x_7}{6} + \dfrac{x_6}{6} \\[2mm] x_4 = 1 + \dfrac{x_5}{6} + \dfrac{x_6}{6} + \dfrac{x_7}{6} + \dfrac{x_6}{6} + \dfrac{x_5}{6} + \dfrac{x_4}{6} \\[2mm] x_5 = 1 + \dfrac{x_6}{6} + \dfrac{x_7}{6} + \dfrac{x_6}{6} + \dfrac{x_5}{6} + \dfrac{x_4}{6} + \dfrac{x_3}{6} \\[2mm] x_6 = 1 + \dfrac{x_7}{6} + \dfrac{x_6}{6} + \dfrac{x_5}{6} + \dfrac{x_4}{6} + \dfrac{x_3}{6} + \dfrac{x_3}{6} \\[2mm] x_7 = 0 \end{cases}$$

通过使用高斯消元法求解此方程组，解得 $x_1 = 6$，则题目所求即为 x_1 的值。

知识拓展

从图论的角度，将 Toby 位于方格 i 的期望回合数视为图的顶点，则 Toby 的所有状态将构成一个有向图。由于"蛇"的存在和游戏规则的约束（当前方格数加上骰子的点数超过 $H \times W$ 将回退相应的步数），使得此有向图包含圈。令 Toby 在方格 i 时完成游戏的期望回合数为 $dp[i]$，可以将 $dp[i]$ 表示成若干关联方格的期望回合数的和，通过使用备忘技巧，理论上可以求得 $dp[1]$，进而得到解。

在本题中，由于沿着"蛇"的头部可以到达尾部，题目约束所对应的实际上是一个有向有圈图，常规的动态规划是在有向无圈图上进行，有向无圈图上的动态规划满足应用动态规划的基本条件之一——无后效性，而在有向有圈图上进行动态规划不满足"无后效性"原则，如果不加限制，会在动态规划过程中形成无限循环，从而无法得到解。处理的技巧是在动态规划过程中将经过同一个状态的次数 $depth$ 也作为动态规划的一个参数，当反复经过同一个状态使得 $depth$ 达到设定的阈值时，就可以认为误差已

经满足要求，直接将该回溯层次状态下的期望回合数 $dp[i][depth]$ 设置为 0，这样就相当于为无限循环设置了一个出口，从而能够使得递归结束并得到一个满足题目精度要求的近似解。

此种技巧类似于求解多元一次方程组的雅克比（Jacobi）迭代方法。不过本题最大的期望回合数为 100000，通过动态规划模拟 Jacobi 迭代法很容易导致递归层次太大而造成内存溢出，又或者递归层次太小而与正确值的差值太大从而得到错误的解，从而导致递归的深度不易控制，因此在此种情况下并不适用动态规划方法解题，使用高斯消元法求解较为适宜。

需要注意的是，由于"梯子"和"蛇"的存在，某个方格的期望回合数会和超出 6 步以外的方格的期望回合数发生关联，以样例输入的第三组数据的方格 1 为例，有

$$x_1 = 1 + \frac{x_2}{6} + \frac{x_3}{6} + \frac{x_4}{6} + \frac{x_5}{6} + \frac{x_6}{6} + \frac{x_7}{6}, \ x_3 = x_{22}, \ x_5 = x_8$$

整理可得

$$6x_1 - x_2 - x_4 - x_6 - x_7 - x_8 - x_{22} = 6$$

强化练习

11605 Lights Inside a 3D Grid[D]，11667 Income Tax Hazard (II)[E]，12230 Crossing Rivers[D]。

扩展练习

10828 Back to Kernighan-Ritchie[D]，11291 Smeech[D]，12730 Skyrk's Bar[E]。

提示

11605 Lights Inside a 3D Grid 中，令单个方格被选中的概率 p，$on[i]$ 表示第 i 次操作后方格内灯为点亮状态的概率，$off[i]$ 表示第 i 次操作后方格内灯为熄灭状态的概率，有

$$on[1] = p$$

$$on[i] + off[i] = 1, \ i \geqslant 1$$

$$on[i] = on[i-1] \cdot (1-p) + off[i-1] \cdot p, \ i \geqslant 2$$

解得

$$on[i] = \frac{1 - (1-2p)^i}{2}, \ i \geqslant 1$$

12730 Skyrk's Bar 的难点在于递推关系式的推导。令 $dp[i]$ 表示 i 个连续的小便池能够容纳的人数期望，考虑初始时有 n 个空的小便池可用时的情形，第一个进入厕所的人以概率 $1/n$ 选择 n 个小便池中的任意一个，令其选择的小便池的编号为 j，则后续能够使用的小便池为左侧的 $(j-K-1)$ 个小便池和右侧的 $(n-j-K-1)$ 个小便池（需要满足任意两人之间相隔 K 个小便池），根据条件期望有

$$dp[n] = \sum_{j=1}^{n} \frac{dp[j-K-1] + 1 + dp[n-j-K-1]}{n}$$

对递推关系式进行展开，可得

$$dp[n] = \frac{(dp[1] + 1 + dp[n-K-1]) + \cdots + (dp[n-K-1] + 1 + dp[1])}{n} = 1 + \frac{2\sum_{j=1}^{n-K-1} dp[j]}{n}$$

令

$$S[n] = \sum_{j=1}^{n} dp[j]$$

则有

$$dp[n] = 1 + \frac{2S[n-K-1]}{n}, \quad n \geq 1$$

边界条件：当 $1 \leq j \leq K+1$ 时，只能容纳一个人，因此 $dp[j]=1$；当 $j<1$ 时，无法容纳任何人，因此 $dp[j]=0$。

逃生时间问题

一个矿工在井下迷了路，迷路的地方有三个门，若选择走第一个门，那么经过 3 小时，他能到达安全之处，若选择第二个门，那么经过 5 小时，他会回到原地。若选择走第三个门，那么经过 7 小时才回到原地。假定工人在任何时候都是随机地选择一个门，问这个工人走到安全之处，平均需要多长时间？

解 设 X 表示该矿工为到达安全之处所需的时间（单位：小时），又设 Y 为他首次选择的门的号码，则

$$E[X] = \sum_{i=1}^{3} E[X|Y=i]P\{Y=i\} = \frac{1}{3}\left(E[X|Y=1] + E[X|Y=2] + E[X|Y=3]\right)$$

如果矿工选择第二扇门或者第三扇门，将分别于 5 小时和 7 小时后回到原地，则此时问题的状态将与刚开始一样，因此有

$$E[X|Y=1] = 3, \quad E[X|Y=2] = 5 + E[X], \quad E[X|Y=3] = 7 + E[X]$$

则

$$E[X] = \frac{1}{3}\left(3 + 5 + E[X] + 7 + E[X]\right)$$

解得

$$E[X] = 15$$

强化练习

10777 God! Save Me[D]。

奖券收集问题

设一共有 n 种不同的奖券，假定有一人在收集奖券，每次得到一张奖券，而得到的奖券在这 n 种奖券中均匀分布，求出当这个人收集到全套 n 张奖券的时候，他收集到的奖券张数的期望值。

解 假设已经收集了 k 种不同的奖券，令 $p=k/n$，考虑得到一张新的奖券需要再获得额外 m 张奖券的概率，亦即额外的 m 张奖券中，前 $(m-1)$ 张奖券是不需要的奖券，最后 1 张是需要的奖券，不需要的奖券出现的概率为 p，需要的奖券出现的概率为 $1-p$，则得到一张新的奖券需要再获得额外 m 张奖券的概率为

$$p^{m-1}(1-p)$$

根据期望的定义，得到新的奖券所需要的额外奖券张数的期望

$$M = \sum_{m=1}^{\infty} mp^{m-1}(1-p) = (1-p)\left(1 + 2p + 3p^2 + 4p^3 + \cdots\right)$$

令

$$S = 1 + 2p + 3p^2 + 4p^3 + \cdots$$

则

$$pS = p + 2p^2 + 3p^3 + 4p^4 + \cdots$$

两式相减得

$$(1-p)S = 1 + p + p^2 + p^3 + \cdots = \frac{1}{1-p}$$

则有

$$M = (1-p)S = \frac{1}{1-p} = \frac{n}{n-k}$$

因此，总的奖券张数期望为

$$N = \sum_{k=0}^{n-1} \frac{n}{n-k} = n\left(1 + \frac{1}{2} + \cdots + \frac{1}{n}\right)$$

强化练习

10288 Coupons[C]。

7.9 博弈论

博弈论（game theory）是一门关于决策的数学理论分支，在经济学的理论模型研究中应用非常广泛。博弈论本身的内容很多，但绝大多数并不便于使用编程竞赛的方式予以体现，因此在实际的竞赛中，考察内容主要集中在无偏博弈（impartial game）的胜负状态判断这一方面。

无偏博弈是指满足下列条件的博弈（游戏）。

（1）两名玩家轮流进行游戏操作直到游戏结束。

（2）当某名玩家按照游戏规则无法进行下一步操作时，游戏结束，赢家产生（或出现平局）。

（3）玩家在进行游戏时，每一次游戏操作的可选择性是有限的。例如，在 Nim 游戏中，玩家需要取走至少一枚石子，但所取石子数受限于其选择的石子堆中石子的总数。

（4）所有操作对于双方玩家来说都是对等的，同时双方玩家均可观察到游戏当前状态的一切信息，亦即信息公开（perfect information），玩家仅仅是先手与后手的区别。

（5）所有游戏操作是确定性的（deterministic），不存在随机性。

按上述条件限制，Nim 游戏是无偏博弈，中国象棋和国际象棋不是无偏博弈，因为在象棋游戏中，玩家只能移动己方棋子；其他的类似于扑克、色子类游戏也不属于无偏博弈，因为它们具有随机性。

策梅洛[①]于 1913 年证明，对于无偏博弈，如果不会出现平局，则给定某种初始的游戏状态，要么先手具有必胜策略，要么后手具有必胜策略[50]。策梅洛证明的核心思想是对于无偏博弈来说，游戏可能出现的状态是有限的，在游戏的每一步，玩家都通过选择一步操作而减少了剩余游戏状态的数量，游戏必定在有限个步骤内结束，因此可以由最终状态逆向推导出前置状态的胜负。

本节首先介绍经典的 Nim 游戏，然后由 Nim 游戏引出 Sprague-Grundy 定理，再介绍由 Nim 游戏变形和扩展得到的其他游戏的胜负态分析，最后介绍类 Nim 游戏的 PN 态分析策略。

7.9.1 Nim 游戏

Nim 游戏[②]（Nim game，中文翻译为“拈”游戏）是一种非常有趣的数学博弈游戏，其规则如下：有若干堆石子（石子也可由其他物品代替），每堆石子的数量有限但不固定，两名玩家轮流从某个石子堆中取至少一枚石子。进行某次取石子操作时，一旦选择从某个石子堆中拾取石子，则不能再从其他石子堆拾取，最后将石子取完的玩家判定为胜。

初看哪个玩家获胜纯属运气成分，但实际上该游戏遵循一个确定的规律。我们从最简单的情形开始，看是否可以从中找出一些规律。为便于说明，约定先进行游戏操作的玩家为先手，下一轮进行游戏操作的玩家为后手。

（1）假设只有一堆石子，那么很显然，先手必胜，因为他（她）可以选择一次性把所有石子取走。

（2）如果有两堆石子，若两堆石子的数量不同，则先手可以从数量较大的石子堆中取出若干石子，

[①] 恩斯特·弗雷德里克·费迪南·策梅洛（Ernst Friedrich Ferdinand Zermelo，1871—1953），德国人，逻辑学家、数学家。

[②] Nim 游戏源于德国的 Nimm! 游戏，nimm 在德语中含义为“take”，即“取”。

使得剩下的两堆石子数量相同，之后使用模仿策略即可获胜。使用模仿策略，在很多游戏中也是一种有效的取胜策略。模仿策略本质上是游戏中存在可逆操作，通过可逆操作可以使得当前玩家"逆转"上一玩家对局势进行的改变，从而使得局势恢复到对当前玩家有利的状态。例如，在《萨姆·劳埃德的数学趣题》[51]一书中，有一则关于航海家哥伦布的趣题：给定一张矩形的餐巾纸和足够数量且大小相同的熟鸡蛋，两个玩家轮流在餐巾纸上放鸡蛋，最后一个放鸡蛋的玩家获胜。如果先手不加考虑使用模仿策略，未在关键位置放置鸡蛋，后手只需根据中心对称原则，以矩形的中心为对称点，在先手放置鸡蛋的对称位置按同样方式放置一枚鸡蛋，这样一来，先手必输无疑。但是，如果先手在餐巾纸的中央先将一枚鸡蛋一端朝下，磕破鸡蛋壳让它立起来，先行占据中央位置，从而改变先后手的顺序，就能模仿后手放置鸡蛋的位置，使得总是关于中心对称放置鸡蛋，这样就能够使得先手必胜。同样地，在 Nim 游戏中，先手通过取出若干石子使得两堆石子数量相同，之后先手可以模仿后手的操作——后手从某个石子堆取 x 枚石子，则先手从另一个石子堆取 x 枚石子。这样先手总是最后一个取石子的人，因此必胜。

（3）如果两堆石子数量相同，那么根据前述分析，先手不论采取什么策略都将使得两堆石子的数量不同，此时后手可以使用前述介绍的策略成为必胜玩家。

（4）再增加一点思考的难度，如果是三堆石子，情况是怎样呢？按照前述的分析，先手似乎应该尽量使剩下的局面是两堆相同数量的石子，以便应用模仿策略。如果三堆石子中有两堆石子的数量相同，那么先手必胜，因为先手可以取掉两堆数量相同的石子之外的一堆石子，使得剩下的局面是两堆相同数量的石子，这样就可以利用模仿策略，最终能够获得胜利。

但如果三堆石子的数量均不相同，那么究竟应该如何取才能保证必胜呢？由于可做的选择增多，似乎难以得到一个有效的策略。分析到这里，似乎有些许规律可循——胜败的关键好像是和石子堆的某种"平衡"有关，但确切的规律不易得出，随着石子堆数的增加，分析难度逐渐加大。由此可见，破解 Nim 游戏的思维难度不是一般人所能轻易超越的。也正因为如此，Nim 游戏的完整解决方案在游戏出现约 100 年后才出现。1901 年，数学家布顿[①]深入研究了 Nim 游戏，并从数学上给出了一个简单而优美的结论[52]。在布顿所发表的论文中，他将某种石子数量的组合状态称为"safe combination"——如果先手能够通过取子操作将石子数量置于此种状态下，则在后续游戏过程中，先手按最优策略进行取子，后手不可能获胜。在这里，不妨将"safe combination"译为"安全态"。那么安全态如何确定呢？假设有三堆石子，数量分别为 9、5、12，将其表示为 4 位二进制数，按次序排列如下：

$$9 \rightarrow 1\ 0\ 0\ 1$$
$$5 \rightarrow 0\ 1\ 0\ 1$$
$$12 \rightarrow 1\ 1\ 0\ 0$$

可以看到，从二进制表示的第 0 位到第 3 位，每列上 1 的个数总和都是 2 的倍数，则 9、5、12 的石子数量组合就是一个安全态。接着布顿证明了以下两个结论。

（1）假设先手通过取子操作留下了一个安全态，则后手不论进行何种操作，留下的局面都不可能是安全态。

（2）假设先手通过取子操作留下了一个安全态，后手经过取子操作使得局面变为不安全态，先手总是能够找到一种取子方法，将后手留下的局面恢复为安全态。

在安全态中，要求石子数量的二进制数各位上 1 的数量总是偶数，朴素的方法是将各个数字解析为二进制数再逐位统计位为 1 的个数。不过，存在更为巧妙的方法——异或运算。根据异或运算的规则，如果两个位相异，则结果为 1，否则为 0。由于安全态中各个位上 1 的个数为偶数，某位上连续异或的结果为 0，所有位连续异或的结果同样为 0。也就是说，只需将表示石子数量的所有数进行异或运算，如果结果为 0，则是一个安全态，如果不为 0，则是一个非安全态。更进一步，如果初始局面是一个不安全态，则先手总能够通过某种取子策略使之成为安全态，因此先手具有必胜策略，反之后手具有必胜策略。正因为异或运算

---

① 查尔斯·莱昂纳德·布顿（Charles Lenoard Bouton，1869—1922），美国数学家。

和 Nim 游戏联系如此紧密,在博弈论中,异或运算有另外一个名称——"Nim 加"运算。

如果初始给定的局面是不安全态,抑或后手通过取子操作将 Nim 游戏变为不安全态,先手应该如何操作才能将其恢复为安全态呢?还是通过异或运算。根据前述讨论,先手的目标是通过取子操作使得异或结果变为 0,观察异或结果二进制表示最高位的 1,选取石子数二进制表示对应位也为 1 的某堆石子,从中取走一部分石子,使得此位变为 0,而且异或结果中其余为 1 的位也发生反转,那么就可以达到最终的异或结果为 0 的目的,从而成为安全态[53]。

强化练习

10165 Stone Game[B]。

扩展练习

11859 Division Game[D]。

将 Nim 游戏的规则稍加修改,即最后取石子的玩家判定为负(Misère Nim game,反 Nim 游戏),那么游戏的必胜策略将不再相同。布顿在论文中也研究了此种情形。我们来看看比较简单的情形,检查一下必胜策略发生了何种变化。

(1)假设只有一堆石子,如果只有一枚石子,由于先手必须先取石子,则先手为负。如果石子数量为 $n>1$,则先手可以取 $(n-1)$ 枚石子,留下一枚石子,则先手必胜。根据安全态的定义,只有一堆石子的情况下,不论石子数量多少,均为不安全态,在正常的 Nim 游戏中,先手是必胜的,而在反 Nim 游戏中,只有一枚石子使得先手必败。

(2)假设有两堆石子,则有以下几种情况。

① 两堆石子数量均为 1,此时先手必胜。

② 石子数量为 1 和 $n>1$,先手也必胜。

③ 两堆石子数量均为 $C>1$,则先手必败,因为后手可使用模仿策略取得必胜。将两堆石子标记为 A 和 B,若先手将 A 堆石子全部取走,则后手可取走 B 堆的 $(C-1)$ 枚石子,使得先手必败;若先手取走 A 堆的 $(C-1)$ 枚石子,则后手将 B 堆 C 枚石子全部取走,同样使得先手必败;若先手取走 A 堆中 $x<C-1$ 枚石子,则后手模仿先手取走 B 堆石子中的 x 枚石子,使得剩余的两堆石子数量仍然相同,但都大于 1,这样仍会使得先手必败。

④ 两堆石子数量均大于 1,但不相等,则先手必胜,因为先手可将数量较多的石子堆取走一部分,使得剩余两堆石子的数量相同,之后使用前述的第③种情形的策略即可获胜。

(3)假设有三堆石子,在游戏进行到最后,如果先手能够获胜,则先手留下的局面应该是 $(1,1,1)$ 或者 $(1,0,0)$,在这两种情况下,后手将不得不拾取最后一枚石子。如果先手留下局面 $(1,1,0)$,则后手可以通过拾取一枚石子使得先手为负。为了能够留下局面 $(1,1,1)$ 或者 $(1,0,0)$,则先手不应该留下 $(1,1,n>1)$ 或者 $(1,n>1,0)$ 的局面,否则先手将必败,因为后手可从大于 1 的石子堆中取出若干石子,使得局面变成 $(1,1,1)$ 或者 $(1,0,0)$,这样先手就不得不拾取最后一枚石子,从而必败。

综合以上简单情况下的情形,可以得到下述结论:前述的安全态定义不变,则哪个玩家先达到安全态就是必胜者,除了下述两种特殊情形——石子的堆数为奇数,且所有石子堆的数量均为 1,此种情形为安全态;若石子的堆数为偶数,且所有石子堆的数量均为 1,不是安全态。也就是说,对于 $(1,1,1,1,1)$ 这样的局面,虽然异或结果为不为 0,但是由于包含奇数堆数量为 1 的石子堆,属于安全态,按反 Nim 游戏规则,先手将此局面留给后手,则先手必胜(这很容易理解,因为两个玩家每次只能取一枚石子,后手必定是取最后一枚石子的玩家);而对于 $(1,1,1,1)$ 这样的局面,虽然异或结果为 0,但是由于包含偶数堆数量为 1 的石子堆,属于不安全态,按反 Nim 游戏规则,若先手将此局面留给后手,则先手必败。

按照反 Nim 游戏规则,如何确定在给定初始局面时,先手和后手的胜负情况呢?根据前述的结论,需要根据石子数量的异或结果,以及只包含 1 枚石子的石子堆这两个变量来考虑。假设至少有一个石子堆所包含的石子不为 1,胜负情况的判定和正常 Nim 游戏是相同的。若所有石子堆均只包含 1 枚石子,则奇数个这样的石子堆对于先手来说是必败局面，反之，偶数个这样的石子堆对于先手来说是必胜局面。

强化练习

1566 John[E]。

7.9.2 Sprague–Grundy 定理

实际上，可以将前述的 Nim 游戏一般化，得到一个处理此类问题的一般原则，即应用 Sprague-Grundy 定理来对一般化的 Nim 问题及其扩展问题进行判断。Sprague-Grundy 定理证明了这样的一个结论[54][55]：对类似于 Nim 游戏的其他无偏博弈游戏形式，可以将其分解为一系列的子游戏，每个子游戏可以将其状态归结为一个 Grundy 值（或称 Nim 值，Nimber），初始游戏胜负的判定可以归结为各个子游戏异或结果的判定，如果子游戏 Grundy 值的异或结果不为 0，则对某个玩家具有必胜策略，否则对另外一个玩家有必胜策略。那么如何计算 Grundy 值呢？我们以 Nim 游戏的一个变形为例予以介绍。

假设在取石子的过程中，每次只能取 a_1，a_2，$\cdots$，a_k 枚石子（a_i 中一定有一个为 1，$1 \leqslant i \leqslant k$，以便游戏能够终止），考虑具有 x 枚石子的某个石子堆，该石子堆的 Grundy 值就是——此石子堆任意一步所能转移到的状态的 Grundy 值之外的最小非负整数。定义 mex（minimal excludant）运算，这是施加于一个集合的运算，表示最小的不属于这个集合的非负整数，则 x 个石子的 Grundy 值为

$$sg(x) = \mathrm{mex}\{sg(y), \ y \text{ 是 } x \text{ 的后继}\}$$

因为只从字面上不易理解，下面仍以 Nim 游戏为例解释如何计算 Grundy 值。

在 Nim 游戏中，按照游戏规则，从包含一颗石子的石子堆中只能取 1 颗石子，则剩余的石子数量为 0，即石子堆的状态从 1 颗转移到 0 颗，则按照前述 Grundy 值的定义，包含 1 颗石子的石子堆的 Grundy 值 $sg[1]$ 为除 $sg[0]$ 外的最小非负整数，由于 0 颗石子的石子堆在 Nim 游戏中无法再转移到其他状态，故定义 $sg[0]=0$，则 $sg[1]=1$。类似地，包含 2 颗石子的石子堆可以转移到包含 1 颗或 0 颗的石子堆，则 $sg[2]$ 为除 $sg[1]$ 和 $sg[0]$ 之外的最小非负整数，于是 $sg[2]=2$。依此类推，可得 $sg[x]=x$，则最后 Nim 游戏的胜负可以由各个石子堆的 Grundy 值 $sg[x]$ 的异或结果决定，而 $sg[x]=x$，等同于各个石子堆中包含的石子数数值进行异或。

从 Nim 游戏的 Grundy 值计算过程可以看到，Grundy 值的计算具有递归性质，可以使用动态规划的备忘技巧按下述方式进行计算 Nim 游戏中各个石子堆的 Grundy 值：

```
//----------------------------7.9.2.1.cpp----------------------------//
const int MAXN = 1000;
int sg[MAXN];

// 使用下述递归过程计算 Grundy 值之前需要将数组 sg 全部初始化为 -1。
// memset(sg, -1, sizeof(sg));

int grundy(int x)
{
   if (~sg[x] >= 0) return sg[x];
   set<int> s;
   for (int i = 1; i < x; i++)
     s.insert(grundy(x - i));
   int g = 0;
   while (s.find(g) != s.end()) g++;
   return sg[x] = g;
}
//----------------------------7.9.2.1.cpp----------------------------//
```

在计算得到各个石子堆石子数 x_i 所对应的 Grundy 数后，对其按类似于 Nim 加的操作进行异或运算，最后即可根据结果来判断先手的胜负情况。

需要注意的是，上述使用递归的计算方法，只有当石子数量较小时才能进行有效计算，对于石子数较大的情形，计算效率不高。如果只有一堆石子，且石子数量在 10^6 级别，可按照 PN 态分析，使用动态规划

予以解决。按照游戏规则，当最后没有石子可取时，先手为负，也就是说，在有 $a_1, a_2, \cdots, a_k$ 枚石子时，先手是必胜的，那么可以类推得到如下的结论：如果对于 a_i, $1 \leq i \leq k$, $x-a_i$ 是必败态的话，x 就是必胜态；反过来，如果对于 a_i, $1 \leq i \leq k$, $x-a_i$ 是必胜态的话，x 就是必败态。由于已经知道当剩余 0 枚石子时先手是必败的，则可以使用动态规划算法自底向上计算各种石子数量时先手的胜败状态。

```
//----------------------------7.9.2.2.cpp----------------------------//
const int MAXN = 1000010;
int main(int argc, char *argv[])
{
    int x, k, a[16];
    bool win[MAXN];
    while (cin >> x) {
        cin >> k;
        for (int i = 0; i < k; i++) cin >> a[i];
        win[0] = false;
        for (int i = 1; i <= x; i++) {
            win[i] = false;
            for (int j = 0; j < k; j++)
            win[i] |= ((a[j] <= i) && !win[i - a[j]]);
        }
        if (win[x]) cout << "The first player wins.\n";
        else cout << "The second player wins.\n";
    }
    return 0;
}
//----------------------------7.9.2.2.cpp----------------------------//
```

强化练习

1482[①] Playing With Stones[D]，10404 Bachet's Game[A]。

7.9.3　Nim 游戏和 Sprague–Grundy 定理扩展

在理解 Nim 游戏胜负判定和掌握 Sprague-Grundy 定理后，我们来看看如何处理由基本的 Nim 游戏衍生出的变形和扩展问题[56][57][58]。

Tic-Tac-Toe（井字游戏）

经典游戏 Tic-Tac-Toe 在 3×3 的二维棋盘上进行，按照前述给出的无偏博弈的定义，该游戏不属于无偏博弈，因为游戏双方执子不同，一方为“×”，一方为“○”。如果将规则更改，双方均执“×”（或“○”），则游戏为无偏博弈。在新规则下，给定某种游戏的状态，必定有一方玩家具有获胜（或平局）的策略，如图 7-17 所示，具体可以使用后续介绍的博弈树 PN 态分析方法予以解决。

图 7-17　二维 Tic-Tac-Toe 游戏一种可能的着子过程

此处讨论将棋盘展开为一维，并规定双方均执“×”子的情形。设棋盘为 $1 \times N$ 的方格，其中 $N \geq 3$，双方轮流在棋盘上放置“×”棋子。如果某个玩家着子后使得棋盘上出现 3 个“×”棋子相邻的情形，则判定该玩家获胜。给定游戏的某个中间状态（图 7-18），此时棋盘上有些位置已经放置了“×”棋子，但未出现相邻三个棋子均为“×”的情形，请确定该游戏中间状态是否可能具有必胜策略，如果有的话，下一步在哪个方格着子才能保证有必胜策略？

_____

① 对于 1482 Playing With Stones，读者可以列出 $a_i \in [1,100]$ 时的 Grundy 值，尝试发现规律。

图 7-18　一维 Tic-Tac-Toe 游戏的一种局面

更改规则后，可知其符合无偏博弈的定义，因此必定有一方具有必胜策略。可以应用 Sprague-Grundy 定理解决此问题。要应用 Sprague-Grundy 定理解决问题，需要确定什么是初始状态，什么是终止状态，并且确定子游戏状态。从图 7-8 可以看到，两个"近邻"的"×"包围了连续的空格，玩家在此空格中落子，落子后相当于将原有的连续空格划分为两个新的部分，后续操作可以在这两个新的部分中继续进行，因此可以将连续的空白视为一个子游戏。容易得知，先手在一个位置放置棋子后，放置棋子的前后各两个位置将成为"禁区"，如果后手在"禁区"内放置棋子会导致后手必败，如图 7-19 所示。

图 7-19　禁区

因此对于一个长度为 n 的连续空白区域，只有(n–4)个空格可以放置棋子（对于出现在棋盘起始和结尾的连续空白区域，只有(n–2)个方格可以放置棋子）。在剔除禁区后，如果连续的空白方格数为 m，则在这 m 个方格中的任何一个方格落子会将其划分为两个部分，假设在第 i 个方格落子，考虑禁区的影响，此时前半部分为(i–3)个方格，后半部分的有效方格数为(m–i–2)个方格。也就是说，从初始的 m 个有效方格，在第 i 个方格落子后会变成两个独立的状态，设这两个独立状态的 Grundy 值分别为 $grundy[i{-}3]$ 和 $grundy[m{-}i{-}2]$，则在第 i 个方格落子后的状态的 Grundy 值 $grundy[i]$ 为 $grundy[i{-}3]$ 与 $grundy[m{-}i{-}2]$ 的异或，根据定义初始状态 m 个方格的 $grundy[m]$ 为

$$grundy[m] = \operatorname{mex}\left\{ grundy\left[\max(0, i-3)\right] \wedge grundy\left[\max(0, m-i-2)\right] \,\middle|\, 1 \le i \le m \right\}$$

边界条件：$grundy[0]{=}0$。当 m 值较小时，使用前述介绍的递归方式计算 Grundy 值，其效率尚可接受，但是当 m 较大时使用上述递推式进行递归计算效率较低，可以改用直接递推的方式进行计算。

```
//------------------------------7.9.3.cpp------------------------------//
int sg[10001], visited[512];
void grundy()
{
    sg[0] = 0, sg[1] = sg[2] = sg[3] = 1;
    for (int i = 4; i <= 10000; i++) {
        memset(visited, 0, sizeof(visited));
        for (int j = 3; j <= 5; j++)
            if (j <= i)
                visited[sg[i - j]] = 1;
        for (int j = 1; j < i - 5; j++) visited[sg[j] ^ sg[i - j - 5]] = 1;
        for (int j = min(5, i); j >= 3; j--) visited[sg[i - j]] = 1;
        for (int j = 0; ; j++)
            if (!visited[j]) {
                sg[i] = j;
                break;
            }
    }
}
//------------------------------7.9.3.cpp------------------------------//
```

此外，需要注意的是，使用前述的 Grundy 值判断胜负还需注意边界情况，如果通过放置一枚"×"棋子立即获胜，则不考虑 Grundy 值和异或值是否为 0，只有在一步以内不能获胜的情形下使用 Grundy 值进行判断。

11534 Say Goodbye to Tic-Tac-Toe[D]（和井字游戏说再见）

Alice 对 Tic-Tac-Toe 已经有些厌烦了，她经常在电脑上玩这个游戏。她之所以感到厌烦是因为在这个游戏上她已经是专家级别，她总是能够和电脑打成平手。除此之外，Alice 对"成双成对"的东西感到厌倦，这意味着她不想再看到两个相邻的"×"或者两个相邻的"○"。为此，Bob 为 Alice 创造了一款新的电脑游戏。以下是这款两人电脑游戏的规则。

（1）游戏在一个 1×N 的网格上进行。

（2）每一个回合，相应玩家可以对未被标记的方格标记"×"或"○"。

（3）在游戏中不能出现相邻的两个方格都标记为"×"的情形。

（4）在游戏中不能出现相邻的两个方格都标记为"○"的情形。

（5）标记最后一个方格的玩家获胜。

下面以 N=3 为例来说明游戏如何进行。假设第一个玩家将最左边的方格标记为"×"，那么网格看起来如图 7-20 所示。

从这个状态开始，第二名玩家的必胜策略是将最右边的方格标记为"○"，如图 7-21 所示。

图 7-20　N=3 的开局

图 7-21　第二名玩家的必胜策略

按照规则，不能出现两个相邻的"×"或两个相邻的"○"，而第一个方格已经标记为"×"，第三个方格已经标记为"○"，那么后续第一名玩家将无法继续进行标记，因此第二名玩家将获胜。但是上述操作并不是第一名玩家的最优操作策略，假如第一名玩家在最开始的时候将中间的那个方格标记为"×"或者"○"，那么第一名玩家将获胜。

Alice 总是第一个进行标记，而且经常是和 Bob 玩这个游戏，Bob 在进行若干标记操作后可能会离开，将游戏交由电脑代理，电脑总是按照最优策略对方格进行标记。

给定 Bob 离开后的游戏状态，你的任务是确定 Alice 是否可能在对阵电脑时获得胜利。

输入

输入第一行包含一个整数 T（$T<10001$），表示测试数据的组数。接着的 T 行每行包含一个长度为 N（$0<N<101$）的字符串，表示 Bob 离开后的游戏状态，字符串中除了包含'X'和'O'之外，还包含字符'.'，表示尚未标记的方格。

输出

对于每组测试数据，如果 Alice 能够获胜，输出 Possible.，否则输出 Impossible.。

样例输入	样例输出
3 ... X.. O	Possible. Impossible. Possible.

分析

给定一个 1×N 的空白网格，选择网格中的任意一个方格进行标记之后，其效果相当于将网格分成了左右两个部分，如果标记的是"×"，那么左边部分的最右侧一个空格不能标记"×"，右边部分最左侧的一个空格不能标记"×"；若标记的是"○"，情况类似，如图 7-22 所示。

图 7-22　当 N=16 时的方格标记

注意

图 7-22 中，当 N=16 时，Alice 在方格 6 标记"×"，Bob 在方格 11 标记"○"，然后 Bob 离开。此时游戏将被划分为三个部分：方格 1～方格 5 为子游戏（a）；方格 7～方格 10 为子游戏（b）；方格 12～

方格 16 为子游戏（c）。子游戏（a）包含 5 个方格，相当于 N=5，但是增加了限制条件：最右侧一个方格只能标记 "〇"，而其他方格则无限制；子游戏（b）包含 4 个方格，相当于 N=4，其最左侧方格只能标记 "〇"，最右侧方格只能标记 "×"；子游戏（c）包含 5 个方格，相当于 N=5，其最左侧方格只能标记 "×"，其他方格的标记则无限制。根据 Sprague-Grundy 定理，整个游戏的胜负由子游戏（a）、（b）、（c）的 Grundy 值的异或结果决定。

那么可以将标记后所产生的左侧和右侧的未标记部分视为子游戏，根据 Sprague-Grundy 定理，整个游戏的胜负由玩家进行操作后所产生的子游戏决定。根据游戏规则，不能出现两个相邻的 "×" 或者两个相邻的 "〇"，那么每一个子游戏由网格的长度，以及左右两端方格能够进行的标记种类确定。网格的一端可以是已标记 "×" 或 "〇" 或未标记，则对于长度为 n 的网格来说，可能具有 9 种不同的状态。

在具体实现中还需注意以下两个细节[①]。

（1）Bob 离开时的游戏状态可能是轮到 Alice 进行标记操作，或者是轮到 Bob 进行标记操作，如果是轮到 Alice 进行标记操作，若游戏的 Grundy 值为 0，则 Alice 能够获胜，如果是轮到 Bob 操作，游戏的 Grundy 值为 0，则 Alice 将无法获胜，因此需要计数游戏已经进行的回合数，根据回合数确定当前进行标记的玩家，进而确定 Alice 是否能够获胜。

（2）当网格的长度 n=0 时，玩家将无法进行标记操作，也就是说，该游戏状态无法继续变化为其他游戏状态，因此应当定义当网格的长度 n=0 时的 Grundy 为 0，而不论其两端能够进行何种标记。

参考代码

```
const int MAXN = 110;

string grid;
int T, sg[MAXN][3][3];
map<char, int> key = {{'X', 1}, {'O', 2}};

int dfs(int n, int l, int r)
{
    if (~sg[n][l][r]) return sg[n][l][r];
    if (n == 0) return sg[n][l][r] = 0;
    int visited[MAXN] = {};
    for (int i = 1; i <= n; i++)
        for (int j = 1; j <= 2; j++) {
            if (i == 1 && j == l) continue;
            if (i == n && j == r) continue;
            int grundy = dfs(i - 1, l, j) ^ dfs(n - i, j, r);
            visited[grundy] = 1;
        }
    for (int g = 0; ; g++) if (!visited[g]) return sg[n][l][r] = g;
}

int main(int argc, char *argv[])
{
    memset(sg, -1, sizeof(sg));
    cin >> T;
    while (T--) {
        cin >> grid;
        int l = 0, r = 0, moves = 0, n = 0, grundy = 0;
        for (auto c : grid) {
            if (c == '.') n++;
            else {
                r = key[c];
                grundy ^= dfs(n, l, r);
                l = r, n = 0, moves++;
            }
        }
        grundy ^= dfs(n, l, 0);
```

[①] 本题的参考实现应用了回溯法和动态规划技巧。

```
        if (moves & 1) grundy = !grundy;
        cout << (grundy ? "Possible." : "Impossible.") << '\n';
    }
    return 0;
}
```

强化练习

10561 Treblecross[D]，11840 Tic-Tac-Toe[D]。

扩展练习

1378 A Funny Stone Game[E][59]。

提示

1378 A Funny Stone Game 题意要求从第 i 堆石子中取出一颗石子，然后在第 j 堆和第 k 堆石子中各自放入一颗石子，$i < j \leq k$，第 i 堆的石子数目必须大于 0，无法进行下一步操作的玩家输掉游戏。在 Nim 游戏中，从第 i 堆石子中取出一颗石子后，即予以丢弃，而在此游戏中，是在第 j 堆和第 k 堆中各自放入一颗石子，也就是说，一颗第 i 堆的石子，会转化为第 j 堆的一颗石子和第 k 堆的一颗石子。换句话说，从第 i 堆中取出一颗石子的游戏由以下两个放入石子的子游戏构成：子游戏 1——在第 j 堆中放入一颗石子；子游戏 2——在第 k 堆中放入一颗石子。那么可以将第 i 堆的一颗石子视为游戏的一个基本组成单元，令 $sg[i]$ 表示在第 i 堆的单个石子的 Grundy 值，则有

$$sg[i] = \operatorname{mex}\{sg[j] \wedge sg[k], 0 \leq i < j \leq k < n\}$$

显然，当 $i = n-1$ 时，游戏无法继续转移，定义 $sg[n-1] = 0$。使用动态规划并结合备忘技巧求得 sg 值（或者将石子堆的序号予以逆转，就能够通过递推的方法确定 sg 值）。由于取同一堆的任意一个石子，其子游戏构成都是相同的，故同在一堆的石子其地位是等同的，也就是说，在同一堆中各个石子的 Grundy 值是相同的，若第 i 堆的石子数目为偶数，该堆内石子的 Grundy 值异或后必然为 0，因此只需考虑拥有奇数个石子的石子堆的 Grundy 值，而具有奇数个石子的石子堆中各个石子的 Grundy 值的异或结果恰为该堆内单个石子的 Grundy 值，因此，整个游戏的 Grundy 值异或值等于所有具有奇数个石子的石子堆中单个石子的 Grundy 值的异或值。如果整个游戏的异或值不为 0，则枚举 i、j、k，确定执行一步游戏操作使得整个游戏的 Grundy 异或值为 0 的位置。

阶梯 Nim 游戏

阶梯 Nim 游戏（staircase Nim game）的规则如下：给定一个 n 级的阶梯，序号为 0，1，$\cdots$，$n-1$，每级阶梯上放置有若干数量的硬币，玩家 A 和玩家 B 轮流从第 i 级阶梯上取若干硬币，放置到第 $i-1$ 级阶梯上，$n \geq 2$ 且 $i \geq 1$，无法完成操作的玩家输掉游戏。假设玩家 A 和玩家 B 均按照最优策略进行操作，玩家 A 是否具有必胜策略呢？

之所以称为阶梯 Nim 游戏，显然和 Nim 游戏有关，那么它是如何与 Nim 游戏发生关联的呢？观察阶梯，如果从 0 开始为阶梯进行计数，可以将阶梯分为两种类型：偶数级的阶梯——0，2，$\cdots$，$2j$，以及奇数级的阶梯——1，3，$\cdots$，$2j+1$，其中 $j \geq 0$。如果玩家 A 从偶数级阶梯取若干硬币放置到奇数级阶梯上，玩家 B 可以将这些硬币再次转移到下一个偶数级阶梯上，导致玩家 A 的操作形同无效。例如，如图 7-23 所示，玩家 A 将第 2 级阶梯上的 2 个硬币移动到

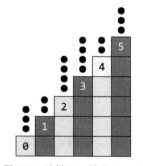

图 7-23　阶梯 Nim 游戏（$n=6$）

第 1 级阶梯上，则玩家 B 可以选择将移动到第 1 级阶梯上的 2 个硬币"原样"移动到第 0 级阶梯上。换句话说，任意一个玩家从偶数级阶梯上移动硬币到奇数级阶梯上是无效的操作，因为后续玩家可以利用"对称性"策略将移动到奇数级阶梯上的硬币再次移动到下一级的偶数级阶梯上。因此可以得出以下结论：偶数级阶梯上的硬币数量对游戏的输赢不产生影响。相反地，从奇数级阶梯向偶数级阶梯转移硬币却不具有

这种"对称性"策略。当玩家 A 从奇数级阶梯上移动若干硬币到偶数级阶梯上时,玩家 B 并不能总是能够按照相同的方法将游戏状态恢复到原样,因为游戏在最终状态时,所有硬币必定在第 0 级阶梯上,而在第 0 级阶梯时,已经是最低一级的阶梯,无法再向下一级阶梯移动。

从以上的分析可知,只有奇数级阶梯上的硬币数量会对游戏的输赢产生影响,而偶数级阶梯上的硬币数量则无关紧要。从奇数级阶梯向偶数级阶梯移动硬币时,其最终效果等同于在常规 Nim 游戏中将其"取走"(不是真正的取走,这些硬币仍然在偶数级阶梯上,只不过不会对后续的游戏输赢再产生影响),那么问题转化为对奇数级阶梯上的硬币进行常规的 Nim 游戏,按 Nim 游戏的胜负判断规则,只需对奇数级阶梯上的硬币数量进行异或即可。

扩展练习

12499 I am Dumb 3[E]。

提示

12499 I am Dumb 3 可转化为 Nim 游戏加以解决。

如图 7-24a 所示,令 $n=6$、$L=20$,初始状态时,硬币堆的数量从左至右依次为 4、5、7、10、11、16。按照题目约束,图 7-24b 所示为"安全态",当前玩家必败,因为在此状态下,当前玩家只能对偶数编号的硬币堆进行操作,而下一玩家可以采取可逆操作(reversible move)消除当前玩家操作的影响。例如,在"安全态"的基础上,当前玩家在第 2 堆硬币上增加了 3 枚硬币,使得第 1 堆硬币的数量变成 8 枚,那么下一玩家可以立即选择在第 1 堆硬币上增加 3 枚银币,使得第 1 堆硬币的数量也变成 8 枚,从而使得当前状态仍然是一个"安全态"。那么问题转化为哪个玩家最先使得初始状态变成"安全态"谁就获胜。比较"安全态"和初始状态的差别,容易看出,与紧邻的奇数堆和偶数堆的硬币数量差值相关。将初始状态紧邻的奇数堆和偶数堆的硬币数量差值列出(若硬币堆总数是奇数,可以在最后添加一个硬币数量为 L 的虚拟硬币堆),即可得到一个等价的 Nim 游戏:3 个硬币堆,硬币数量分别为 1、3、5。

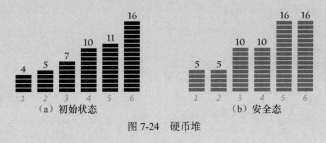

图 7-24 硬币堆

7.9.4 PN 态分析

在公平的组合游戏中,可以把所有可能出现的状态视为图中的顶点,如果从一个状态可以通过一步操作转移到另外一个状态,则在两个顶点间具有一条有向边,将所有状态和其可达状态间连接有向边后所得到的即为状态图。如果游戏不会出现平局,即状态图是有向无圈图,则所有的状态可以分为两种——P 态(P-position)和 N 态(N-position)。P 态表示该状态是前一位玩家能够获胜的局势(previous player winning position),其含义如下:假设双方玩家都采取最佳策略,则某个玩家从 P 态开始玩游戏必定无法获胜,亦即 P 态对当前玩家来说是必败态。而 N 态表示该状态是下一位玩家能够获胜的局势(next player winning position),其含义如下:假设双方玩家都采取最佳策略,某个玩家从 N 态开始玩游戏必定能够获胜,亦即 N 态对当前玩家来说是必胜态。在大部分的游戏中,按照游戏规则,终止状态均为 P 态(必败态)。对于任意一个 P 态(必败态),它要么是一个终止状态,要么它所有可以转移到的状态都是 N 态(必胜态),而对于任意一个 N 态(必胜态),它至少有一个后继状态是 P 态(必败态)。以 Nim 游戏为例,当给定的石子数目为(0, 1, 1)时,其异或值为 0 时,则此状态是一个 P 态,即对于当前玩家来说是一个必败态,而当给定的石子数目为(1, 1, 1)

时，其异或值为 1，则此状态是一个 N 态，即对于当前玩家来说是一个必胜态。在某些组合游戏的分析中，不需要大费周章地进行回溯分析，只需寻找其中的 P 态和 N 态互相转换的规律即可确定必胜策略。

847 A Multiplication Game[A]（乘法游戏）

Stan 和 Ollie 正在玩一种与乘法有关的游戏。给定一个整数 n，$1<n<4294967295$，从 $p=1$ 开始，两名玩家轮流将 p 乘以 2 到 9 之间的一个整数，首先使得 $p \geq n$ 的玩家获胜。游戏总是先从 Stan 开始。

输入与输出

输入中每行包含一个整数 n，对于每行输入输出一行。假定两名玩家均采取最优策略，如果 Stan 获胜，输出 Stan wins.，否则输出 Ollie wins.。

样例输入
162 17 34012226

样例输出
Stan wins. Ollie wins. Stan wins.

分析

正向推导：由于可以取 [2, 9] 之间的任意一个数相乘，初始时 $p=1$ 且 Stan 先乘，则 $n \in [2, 9]$ 时 Stan 必胜；由于第一步 Stan 至少需要乘以 2，则当 $n \in [10, 18]$ 时 Ollie 必胜；同理可推导得出，当 $n \in [19, 162]$ 时 Stan 必胜，当 $n \in [163, 324]$ 时 Ollie 必胜，当 $n \in [325, 2916]$ 时 Stan 必胜……不难发现规律：令 Stan 的某个必胜区间为 $[x, y]$，则紧接着下一个 Stan 能够必胜的区间为 $[2y+1, 18y]$。

逆向推导：假设取 $n=180$，由于可以从 2 到 9 之间任选一个数进行乘法，那么只要 $p \geq 20$，则下一个玩家就可将 p 乘以 9 使得 $p \geq 180$。也就是说，先使得 $p \geq 20$ 的玩家将必败，则玩家应该尽量使得 $p \geq 20$ 延迟到来，但是由于每次最小必须乘以 2，则先使得 $p \geq 10$ 的玩家将必胜，继续推导，先使得 $p \geq 2$ 的玩家将必败，则可知 Stan 必败。可以使用递归进行逆向推导，从而得到最终的胜负结果。

参考代码

```
int main(int argc, char *argv[])
{
    long long n;
    while (cin >> n) {
        while (n > 18) n = (n + 17) / 18;
        if (n <= 9) cout << "Stan wins.\n";
        else cout << "Ollie wins.\n";
    }
    return 0;
}
```

以下再介绍若干常见的游戏形式，对于此类游戏，可以应用 PN 态分析予以解决[①]。

巴什博弈

给定 n 个物品，两个人轮流取，一次最少取走 1 个最多取走 m 个，最后取光的人获胜，$n>m>0$。给定 n 和 m，判断先手是否具有必胜策略。为了便于讨论，将此种游戏形式称为取物游戏。

分析　巴什博弈（Bash game）可以使用 Sprague-Grundy 定理予以解决，而通过 PN 态分析可以得到更为简洁的解决方案。为了便于理解，不妨先观察一种更为直观的巴什博弈形式：设 A 和 B 两名玩家轮流从 1 开始报数，每次最少报 1 个数，最多报 4 个数，谁先报到 100 则为赢家。使用逆向思维进行思考，由于每次至少报 1 个数，最多报 4 个数，如果某个玩家先报到 95，则无论对方玩家报几个数，该玩家都能够一次性报到 100，所以问题转化为谁先报到 95 谁必胜，同理可以继续推导出，谁先报到 90, 85, …, 10, 5 谁就必胜。显然，初始时无论 A 玩家报几个数，B 都能先报到 5，因此在此种情形下，B 玩家必胜。如果将规则更改，最多能够报 5 个数，A 和 B 谁必胜呢？同理可知谁先报到 94, 88, …, 10, 4 谁就必胜，于是 A 玩家可最

[①] Elwyn R. Berlekamp，John H. Conway，Richard K. Guy 三人合著有四卷本的博弈类游戏专著 *Winning Ways for Your Mathematical Plays*，此书介绍了大量游戏的数学本质并给出了详尽的游戏策略分析，非常具有参考价值。

先报到 4，因此 A 玩家必胜。取物游戏和报数游戏本质是一样的，只不过将报 x 个数替换为取 x 个物品，因此在取物游戏中，谁先取走第 $[n-(m+1)]$ 个物品，谁就必胜，进而谁先取走 $[n-2(m+1)]$，$[n-3(m+1)]$，…，$[n-k(m+1)]$ 个物品谁必胜，如果 n 能够被 $m+1$ 整除，显然 B 玩家可先到达第一个必胜状态，否则 A 玩家可先到达第一个必胜状态。因此有

$$\text{Bash}[n,m] = \begin{cases} n\%(m+1)=0, & \text{后手必胜} \\ n\%(m+1)\neq 0, & \text{先手必胜} \end{cases}$$

威佐夫博弈

有两堆物品，各有 n 个和 m 个，$n\geqslant 0$，$m\geqslant 0$，A 和 B 两位玩家轮流取物品，有两种取法：一种是一次选择一堆物品，至少取一个或者全部取完；另外一种是选择两堆物品，从两堆物品取走相同数量的物品。每次取物品时，可以任选一种取法，先取完所有物品的为赢家。当给定 n 和 m 时，A 和 B 谁具有必胜策略？

分析 威佐夫博弈（Wythoff's game）由威佐夫首先予以完整解决而得名[1]。由规则易知状态 $(0,0)$ 为 P 态局势，则 $(0,x)$ 和 (x,x) 为 N 态局势，$x>0$。根据 PN 态分析，可知具有最小 n 和 m 值的 P 态局势依次为 $(0,0)$，$(1,2)$，$(3,5)$，$(4,7)$，$(6,10)$，$(8,13)$，…。威佐夫从数学角度研究了此类博弈，并得出了 P 态局势具有下述性质：令 (a_i, b_i) 表示某种局势，其中 a_i 和 b_i 分别为两堆物品的数量，且 $a_i<b_i$，$i=0,1,\cdots,n$，有

（1）$a_0=b_0=0$，a_i 是在之前的 P 态局势中尚未出现的最小非负整数，且 $b_i=a_i+i$；
（2）任何非负整数都包含且仅包含在一个 P 态局势中；
（3）任意操作都可以使得 P 态局势变为 N 态局势；
（4）必有一种操作可以使得 N 态局势变为 P 态局势。

通过进一步的研究，威佐夫得出了 P 态局势的"通项公式"

$$a_i = i \cdot \left(\frac{1+\sqrt{5}}{2}\right), \quad b_i = a_i + i; \quad i \geqslant 0$$

令人惊奇的是，$(1+\sqrt{5})/2$ 恰为黄金分割率（golden ratio）。通过通项公式，可以根据给定的物品数量 n 和 m 确定初始状态是否为 P 态局势，如果为 P 态局势，则先手必败，否则先手必胜。

```
//----------------------------7.9.4.cpp----------------------------//
const double GOLDEN_RATIO = (1 + sqrt(5)) / 2;

int main(int argc, char *argv[])
{
   int ai, bi;
   while (cin >> ai >> bi) {
      if (min(ai, bi) == (int)(GOLDEN_RATIO * abs(ai - bi))) cout << "A Lose!\n";
      else cout << "A Win!\n";
   }
   return 0;
}
//----------------------------7.9.4.cpp----------------------------//
```

斐波那契博弈

有一堆物品，共有 n 件，A 和 B 两名玩家轮流从中取物品。先手至少取 1 件，最多取 $n-1$ 件，之后每次取物品时，玩家能够取走的物品数量不能超过上一名玩家取走物品数量的 2 倍，但仍然需要至少取走 1 件，取走最后一件物品的玩家获胜。请确定该游戏是否有必胜策略。

分析 斐波那契博弈（Fibonacci nim）来源于"One Pile"游戏。"One Pile"的游戏规则是给定一堆共 n 件物品，两位玩家轮流取走至少 a 件至多 q 件的物品，$1\leqslant a\leqslant q<n$，取走最后一件物品的玩家获胜。当 n 是 $a+q$ 的倍数时，若先手取走 x 件物品，后手只要取走 $(a+q-x)$ 件物品，使得一轮被取掉的物品总是 $(a+q)$ 件，则后手总是能够取走最后一件物品，因此先手必败，后手必胜；反之，若 n 不为 $a+q$ 的倍数，则先手

---

[1] 威廉·亚伯拉罕·威佐夫（Willem Abraham Wythoff, 1965—1939），荷兰数学家。

第一次取走 $n\%(a+q)$ 件物品后，使得剩余的物品数量是 $a+q$ 的倍数，按前述分析，后手面临的是 P 态局势，因此先手必胜，后手必败。因此"One Pile"游戏的结论如下：当且仅当 n 为 $a+q$ 的倍数时为 P 态局势，否则为 N 态局势。不难看出，前述介绍的巴什博弈实际上是"One Pile"游戏当 $a=1$、$q=m$ 时的特例。

在斐波那契博弈中，后手能够取走的物品数量上限是动态变化的，得到正确的结论具有一定的困难。根据规则，先手第一次能够取走的物品件数至多为 $(n-1)/3$（除法为整除），否则后手可一次性取完剩余的物品，导致先手必败。当 n 为 2 时，由于先手至少取 1 件，最多取 $(n-1)$ 件，则先手只能取 1 件，剩下的 1 件由后手取走，因此后手必胜，则 $n=2$ 时为 P 态局势；当 $n=3$ 时，先手只能取 1 件物品，后手必胜；当 $n=4$ 时，先手可以先取 1 件物品，则后手按规则只能取 1 件或者 2 件物品，不能一次性把物品全部取完，因此先手必胜。继续推导下去，可以得出当 n 为 5, 8, 13, 21, …时亦为 P 态局势，观察容易得知该序列恰为斐波那契数列，这并不是巧合，可以证明：先手必败当且仅当 n 为斐波那契数[60]。

由于证明过程稍显烦琐，下面根据证明的核心思想予以简要说明。根据齐肯多夫定理①，任意一个正整数可以表示为若干个（从第 2 项开始的）不相邻斐波那契数之和，进而可以表示为斐波那契进制数，如 33_{10} 可以表示为

$$33_{10} = 21_{10} + 8_{10} + 3_{10} + 1_{10} = 1010101_f$$

而斐波那契数有具有以下性质

$$F_{i+1} < 2F_i, F_{i+2} > 2F_i, \ i \geqslant 2$$

当 n 不为斐波那契数时，将其转换为斐波那契进制数，此时数位中至少有两个 1，此时玩家 A 可以采取如下策略保证必胜：先取走位于最右侧的数位 1 所对应的物品件数，由于 $F_{i+2}>F_i$ 的性质，玩家 B 必定无法一次性取走位于更高位的数位 1 所对应的物品件数，而且玩家 B 根据规则取走物品后，要么剩下的物品能够使得玩家 A 一次性取完，要么剩下的物品数量表示为斐波那契进制数后仍然会包含至少两个为 1 的数位，如果是后者，玩家 A 继续执行"取走位于最右侧的数位 1 所对应的物品件数"的策略即可，从而使得玩家 A 总是能够取走最后一件物品，故先手必胜。也就是说，当 n 为不为斐波那契数时是必胜态。反之，若 n 为斐波那契数，则不论玩家 A 取走的物品数量为何，剩下的物品要么能够被玩家 B 一次性取完，要么表示为斐波那契进制数后至少有两个数位为 1，如果是后者，根据前述的分析，此时的状态对于玩家 B 来说就是一个必胜态。

强化练习

11249② GameD，11489 Integer GameB，12293 Box GameB，12469 StonesD。

扩展练习

1567 A Simple Stone GameE。

提示

1567 A Simple Stone Game 可以视为斐波那契博弈的扩展。当 $k=1$ 时，若 n 不为 2 的幂，则为 N 态局势，否则为 P 态局势，因为将 n 表示为二进制数后，若 n 不为 2 的幂，则先手可以选择取掉最右侧为 1 的位所对应的物品数量，由于二进制数的高位 1 的权值至少是低位 1 的权值的 2 倍，当取掉低位 1 所对应数量的物品后，后手无法一次性取掉位于高位 1 所对应数量的物品，使得先手总是能够取掉最后的物品。当 $k=2$ 时，分析过程与斐波那契博弈相同，若 n 不为斐波那契数，则为 N 态局势，否则为 P 态局势。当为 N 态局势时，玩家 A 的必胜策略是取掉位于最右侧为 1 的位对应权值数量的物品。从 $k=1$ 和 $k=2$ 的情形可以得到启发，若能构造一种进制系统，令该进制系统中各个数位上的权值从小到大依次为 $a[0], a[1], \cdots, a[i], i \geqslant 0$，在将 n 转换成该进制系统中的数时，按照总是先取较大的 $a[i]$ 值的原则，而且要求在转换得到的数中，任意取两个"相邻"为 1 的位，位于高位的 1 所对应的权值 $a[x]$ 和位于低位的 1 所对应的权值 $a[y]$ 满足 $a[x]/a[y]>k$，那么可以证明：如果 n 不为 $a[i]$ 中的任意一项，则为 N 态局势，否则为 P 态局势。若为 N 态局势，则

---

① 参阅 7.7.1 小节的有关内容。

② 对于 11249 Game，首先找出 P 态局势的规律，然后通过预处理得到所有的 P 态局势，查表输出，否则容易超时。

玩家 A 的获胜策略是取掉最右侧为 1 的数位对应权值数量的物品。下面简述 $a[i]$ 的构造方法。假设已经确定了 $a[0] \sim a[i]$ 的值，令 $b[i]$ 表示使用 $a[0] \sim a[i]$ 的权值所能表示的最大整数，则 $b[i]+1$ 由于无法使用 $a[0] \sim a[i]$ 的权值予以表示，所以在该进制系统中必定需要存在权值 $a[i+1]=b[i]+1$。接下来，确定使用 $a[0]$ 和 $a[i+1]$ 所能表示的最大整数，由于需要满足选取的相邻两个权值之比大于 k，则在选取比 $a[i+1]$ 小的权值时，能够选取的权值 $a[y]$ 必须满足 $a[y] \times k < a[i+1]$，令 y' 是满足约束的最大权值的序号，则使用 $a[0] \sim a[i+1]$ 所能表示的最大整数为 $b[i+1]=a[i+1]+b[y']$（若不存在满足 $a[y] \times k < a[i+1]$ 的 $a[y]$，则 $b[i+1]=a[i+1]$）。以 $k=3$ 为例构造该进制系统，初始时 $a[0]=1$，$b[0]=1$。由于 $b[0]=1$，故 $a[1]=b[0]+1=2$，而满足 $a[y] \times 3 < a[1]$ 的 y 值不存在，故 $b[1]=a[1]=2$；由于 $b[1]=2$，故 $a[2]=b[1]+1=3$，而满足 $a[y] \times 3 < a[2]$ 的 y 值不存在，故 $b[2]=a[2]=3$；由于 $b[2]=3$，故 $a[3]=b[2]+1=4$，而满足 $a[y] \times 3 < a[3]$ 的最大 y 值是 0，故 $b[3]=a[3]+b[0]=5$；由于 $b[3]=5$，故 $a[4]=b[3]+1=6$，而满足 $a[y] \times 3 < a[4]$ 的最大 y 值是 0，故 $b[4]=a[4]+b[0]=7$；继续按此规律构造，直到 $a[i] \geq n$。

7.10 小结

在编程竞赛中，与组合数学相关的题目主要分成三个部分：排列与组合、概率论、博弈论。与组合数学相关的题目，解题关键是从题目中抽象出递推关系，可能需要使用高精度整数运算。对于许多计数序列来说，可以先手工推算出前几项，然后通过"整数数列线上大全"（OEIS）进行查询，往往可以得到完整的序列或者与之相关的提示。在本章的众多数列中，斐波那契数列是需要重点掌握的内容，该数列本身及其矩阵表示形式和相应的斐波那契进制，在编程竞赛中多有涉及。

排列组合与母函数（generating function，又称生成函数）密切相关，母函数是解决排列和组合问题的有力工具。在难度较大的排列组合题目中，母函数是一个重点的考察内容，由于篇幅所限，本书并未介绍生成函数，如果读者想要进一步提升自己的解题能力，建议查阅相关资料，了解母函数的概念和相关应用。

与概率论相关的题目，主要是与期望有关。要想顺利的解决此类题目，一方面需要对概率论的基本概率理解透彻，另一方面需要养成在解决概率问题时定义事件的习惯，这样才能充分利用概率论中的相关结论。

与博弈论相关的题目主要考察思维，其基本形式差异不大，主要难点在于从题目中抽象出博弈模型，然后利用 Sprague-Grundy 定理予以解决。

第 8 章
数论

今有物不知其数，三三数之剩二；五五数之剩三；七七数之剩二。问物几何？

——《孙子算经》

在线评测题库经常会出现一些基于数论中某些结论的题目，而在既往的国际比赛中，拥有深厚数学功底的选手往往能够获得较好的成绩。数论是纯粹数学的一个分支，主要研究整数的性质，被誉为"有趣和优美"的数学分支。数论中的一些问题形式上非常简单，即使是普通人也能够理解，但是证明它却需要高深的数学知识，例如，费马大定理[①]、哥德巴赫猜想[②]等。数学家对数论中难题的研究从某种意义上推动了数学的发展，催生了大量的新思想和新方法，因此，希尔伯特[③]将费马大定理比喻成"一只会下金蛋的母鸡"。鉴于数论的重要性，高斯[④]也曾赞誉道："数学是科学的皇后，数论是数学的皇后"。

由于数论所包含的内容很多，不可能面面俱到地全部罗列出来。在比赛中常常是某个数论结论构成了一道题目的主题，如果解题者熟悉该结论，可以在短时间内得到解题方案。反之，可能需要耗费大量时间才能获得正确的结果，所以本章只是介绍了程序竞赛中最常出现的一些内容，建议感兴趣的读者首先阅读概要介绍数论的书籍[61][62]，然后再通过更深入的初等数论教材进一步学习[63][64]。

8.1 素数

对于整数 $a>1$，如果它只能被 1 和自身整除，则称 a 为素数（prime number，或称质数）[⑤]。100 以内的素数一共有 25 个，它们是 2、3、5、7、11、13、17、19、23、29、31、37、41、43、47、53、59、61、67、71、73、79、83、89、97。除了 2 是唯一的偶素数外，其他素数均为奇数。

对于大于 1 的整数 a 来说，如果 a 不是素数，则称 a 为合数（composite number）。合数可以表示成素数的乘积，如果不考虑乘积的顺序，其表示方式是唯一的，此即算术基本定理（fundamental theorem of arithmetic，又称唯一分解定理，unique factorization theorem）——任意合数可以表示成有限个素数的乘积，而且在不考虑素数乘积顺序的情况下其表示方式唯一。

素数的个数有无穷多个，这个结论可以通过反证法予以证明。这个证明最先由古希腊数学家欧几里得[⑥]给出，证明过程简短而精彩，在此照录如下。

假设素数的个数是有限的，将所有的素数依次列出为 $p_1, p_2, \cdots, p_n$，设有整数 $M=p_1 \times p_2 \times \cdots \times p_n+1$，则 M 不是一个合数，因为 M 不能被 $p_1, p_2, \cdots, p_n$ 中的任意一个素数整除，相除总是会产生余数 1；而 M 也不应是素数，因为 $M=p_1 \times p_2 \times \cdots \times p_n+1$，必定会大于 $p_1, p_2, \cdots, p_n$ 中的任意一个素数，如果 M 是素数，与 $p_1, p_2, \cdots, p_n$ 已经包含了所有素数的假设相矛盾；由于 M 是一个大于 1 的正整数，不可能既不是合数又不是素数，产生

[①] 皮耶·德·费马（Pierre de Fermat，1607—1665），法国律师、数学家。费马大定理（Fermat Last Theorem）的意思是，当 $n \geq 3$ 时，不定方程 $x^n+y^n=z^n$ 无 $xyz \neq 0$ 的整数解。费马大定理已于 1993 年 6 月由英国数学家 Andrew Wiles 所解决，这一问题相当于证明：在代数曲线 $\zeta^n+\eta^n=1$（$n \geq 3$）上无非显然的有理点。

[②] 克里斯蒂安·哥德巴赫（Christian Goldbach，1690—1764），德国人律师、数学家。哥德巴赫猜想（Goldbach's conjecture）是说任意大于 2 的偶数可以表示为两个素数的和，简称"1+1"。目前最好的结果由我国数学家陈景润利用筛法获得：任意大于 2 的偶数可以表示为一个素数及一个不超过两个素数的乘积的和，简称"1+2"。

[③] 戴维·希尔伯特（David Hilbert，1862—1943），德国数学家。

[④] 约翰·卡尔·弗里德里克·高斯（Johann Carl Friedrich Gauss，1777—1855），德国数学家、物理学家。

[⑤] 截至 2018 年 12 月 7 日，已知的最大素数为 $2^{82589933}-1$，这是一个梅森素数（Mersenne prime number）。

[⑥] 欧几里得·亚历山大（Euclid of Alexandria，生卒年月不详），古希腊数学家，著有《几何原本》一书。

矛盾，故认为最初的假设是错误的，结论是素数的个数是无穷的[65]。

160 Factors and Factorials[A]（因数和阶乘）

N 的阶乘（写作 $N!$）定义为从 1 到 N 的所有整数的乘积，即

$$N! = N \times (N-1)!, \ 1! = 1$$

阶乘增长得非常快，例如，5!=120，10!=3628800。要表示如此大的数，一种方法是给出该数的素因数分解中各个素数出现的次数，按照此种方法，825 可以表示成(0 1 2 0 1)，意即素因子分解式中不含 2，包含一个 3，两个 5，不包含 7，包含一个 11。编写程序读取一个整数 N（$2 \leqslant N \leqslant 100$），将 N 的阶乘所包含的各个素数的次数逐一列出。

输入

输入包含多行，每行只包含一个整数 N。输入以包含 0 的一行结束。

输出

输出包含多个输出块，每个输出块对应输入中的一行。每个输出块以 N 开始，按右对齐宽度 3 输出，后跟字符'!'、一个空格、'='，最后列出在 $N!$ 的素因子分解式中各个素数出现的次数。

素因子出现的次数以右对齐宽度为 3 进行输出，每行包含 15 个数（每个输出块的最后一行可能不足 15 个数）。每个输出块的非首行按照样例输出给出的格式进行缩进处理。

样例输入

```
5
53
0
```

样例输出

```
  5! = 3  1  1
 53! = 49 23 12  8  4  4  3  2  2  1  1  1  1  1  1
        1
```

分析

解题思路非常直接，将阶乘中的每个整数逐一进行素数分解，统计相应素数的次数然后输出即可。可以先列出 1 到 100 间的素数以备用。

> **强化练习**
>
> 369 Combinations[E]，993 Product of Digits[A]，10110 Light More Light[A]。

> **提示**
>
> 10110 Light More Light 中，当电灯开关被按下奇数次时，电灯是亮的，若为偶数次，则电灯是灭的。换句话说，若某数的因子个数为奇数，则该数对应的电灯最终状态是亮的，若其因子个数为偶数，则该数对应的电灯最终状态是灭的，而只有完全平方数（此数为某个数的平方，例如，9=3²，121=11²）的因子个数为奇数，非完全平方数的因子个数为偶数。

8.1.1 素数判定

判定一个给定整数 a 是否为素数，朴素的方法是根据素数的定义，使用不断试除的方式来进行。即用 2 到 $a-1$ 之间的数去除 a，如果 a 能被整除，则 a 不是素数，否则 a 是素数。

由于 2 是唯一的偶素数，只要 a 是不等于 2 的偶数，则 a 是合数。在试除时，在排除了 a 是偶素数后，只需使用奇数去除且并不需要一直除到 $a-1$，而只需要除到 $\lfloor \sqrt{a} \rfloor$。因为如果 a 是合数，它的任意两个因数不可能都大于 $\lfloor \sqrt{a} \rfloor$，否则设这两个因数为 b 和 c，则

$$b \cdot c \geqslant \left(\lfloor \sqrt{a} \rfloor + 1 \right)^2 > \left(\sqrt{a} \right)^2 = a$$

产生矛盾。更进一步，如果已经知道了 2 到 $\lfloor\sqrt{a}\rfloor$ 之间的素数，则只需使用这些素数去除，如果 a 不能被整除，则 a 是素数。因为 a 不能被 2 到 $\lfloor\sqrt{a}\rfloor$ 之间的素数所整除，也必定不能被 2 到 $\lfloor\sqrt{a}\rfloor$ 之间的合数所整除。

```cpp
//----------------------------8.1.1.cpp----------------------------//
// 判断给定的整数是否为素数。
bool isPrime(int a)
{
    // 特殊情形的判断。
    if (a <= 1) return false;
    // 判断是否为唯一的偶素数。
    if (a == 2) return true;
    // 不为 2 的偶数是合数。
    if (!(a & 1)) return false;
    // 试除法确定是否为素数。
    int factor = (int)sqrt(a);
    for (int i = 3; i <= factor; i += 2)
        if (a % i == 0)
            return false;
    return true;
}
//----------------------------8.1.1.cpp----------------------------//
```

强化练习

543 Goldbach's Conjecture[A], 10042 Smith Numbers[A], 10168 Summation of Four Primes[A], 10200[①] Prime Time[A], 10650 Determinate Prime[B], 10699 Count the factors[A], 10852 Less Prime[A], 10924 Prime Words[A]。

提示

10650 Determinate Prime 中，注意输出的要求，如果某个给定区间不能容纳一个完整的连续等间隔素数序列，则不应输出。例如，给定区间"250 268"，在此区间连续等间隔素数序列"251 257 263"满足要求，但是"251 257 263"是更长的连续等间隔素数序列"251 257 263 269"的一部分，而区间"250 268"并不能容纳后者，故在此区间不存在满足输出要求的连续等间隔素数序列。

8.1.2　米勒–拉宾素性测试

当给定的整数 a 较小时，使用试除法可以较快地确定其是否为素数，但是当 a 很大时（如 10^{60}），使用试除法将不现实，此时需要使用其他的方法来判定 a 是否为素数。米勒–拉宾素性测试（Miller-Rabin primality test）[②]是判断一个给定整数是否为素数的有效算法。该算法属于概率算法，因为它使用概率来表示某个数是素数的可能性，当概率达到一定数值时，即可认为给定的整数为素数。

米勒–拉宾素性测试的数学基础是费马小定理（Fermat's little theorem），该定理指出：给定任意素数 p，对于整数 a，如果 $1<a<p$，有以下结论成立。

$$a^{p-1} \equiv 1 \pmod{p} \tag{8.1}$$

注意，费马小定理的逆命题——"给定某个正整数 p，如果对于任意选定的某个正整数 a，$1<a<p$ 且 a 均满足同余式（8.1），则 p 是素数"——不成立，有无限多个合数符合逆命题，这些合数称为卡迈克尔数（Carmichael number）[③]。

[①] 10200 Prime Time 中，注意输出精度的控制。

[②] 加里·李·米勒（Gary Lee Miller, 1947—），卡内基梅隆大学数学教授。迈克尔·奥泽·拉宾（Michael Oser Rabin, 1931—），以色列数学家、计算机科学家，1976 年图灵奖获得者。米勒首先提出了基于广义黎曼猜想的素性测试确定性算法，由于广义黎曼猜想并没有被证明，其后由拉宾教授作出修改，提出了不依赖于该假设的素性测试随机化算法。

[③] 罗伯特·丹尼尔·卡迈克尔（Robert Daniel Carmichael, 1879—1967），美国数学家。卡迈克尔数必须是"无平方数"（不能被任何素数的平方所整除），且至少是三个素数的积。因为这个原因，卡迈克尔数在正整数中所占的比例非常小。例如，在 1 到 10^8 之间只有 255 个卡迈克尔数。最小的卡迈克尔数是 $561=3×11×17$。

知识拓展

费马小定理实际上是欧拉定理的一个特例。欧拉定理（Euler's theorem）：设 m 为自然数，a 为整数，且 a 和 m 的最大公约数为 1，则有

$$a^{\varphi(m)} \equiv 1 (\bmod\ m)$$

其中 φ 表示欧拉函数。$\varphi(m)$ 定义为小于等于 m 的正整数中与 m 的最大公约数为 1 的整数个数。若 m 为素数，显然有 $\varphi(m) = m-1$，从而推出费马小定理成立。

强化练习

10006 Carmichael Numbers[A]。

可以证明，如果 p 是一个奇素数且 $e \geqslant 1$，则同余方程

$$x^2 \equiv 1 (\bmod\ p^e) \tag{8.2}$$

仅有两个解：$x=1$ 和 $x=-1$。当给定一个奇素数 p，则 $p-1$ 为偶数，而且 $p-1$ 可以表示成如下形式

$$p - 1 = 2^s \cdot d \tag{8.3}$$

其中，s 和 d 均为正整数，d 为奇数。根据式（8.1）和式（8.2）两个结论，可以证明，对于 $1 < a < p$，有

$$a^d \equiv 1 (\bmod\ p)\ \text{或者}\ a^{2^r \cdot d} \equiv -1 (\bmod\ p),\ 0 \leqslant r \leqslant s-1 \tag{8.4}$$

根据结论式（8.4）的逆否命题，只要我们找到一个基数 a，使得

$$a^d \not\equiv 1 (\bmod\ p)\ \text{并且}\ a^{2^r \cdot d} \not\equiv -1 (\bmod\ p),\ 0 \leqslant r \leqslant s-1 \tag{8.5}$$

那么 p 不是素数。米勒-拉宾素性测试即基于此推论。给定奇数 $n > 2$，每当随机选取 $1 < a < n-1$ 之间的一个数作为基数进行素性测试，如果以上两个等式均成立，则 n 有可能是一个素数，而且测试通过的次数越多，n 为素数的可能性就越大，但若有一次测试不满足上述等式，那么就可以确定 n 为合数。

以下是米勒-拉宾素性测试的参考实现。

```cpp
//----------------------------8.1.2.cpp----------------------------//
// 进行素性测试时的最大迭代次数。
const int MAX_ITERATIONS = 2;

// 以加法和乘法结合的方式进行模运算，以便最大限度地避免溢出。
long long multiplyMod(long long a, long long b, long long mod)
{
    long long x = 0, y = a % mod;
    while (b) {
        if (b & 1) x = (x + y) % mod;
        y = (y * 2) % mod;
        b >>= 1;
    }
    return x;
}

// 快速幂取模。
long long modulo(long long base, long long exponent, long long mod)
{
    long long x = 1, y = base;
    while (exponent) {
        if (exponent & 1) x = multiplyMod(x, y, mod);
        y = multiplyMod(y, y, mod);
        exponent >>= 1;
    }
    return x;
}

// 米勒-拉宾素性测试。
bool isPrime(long long p)
```

```
{
    // 初步筛除。
    if (p < 2) return false;
    if (p == 2) return true;
    if (!(p & 1)) return false;

    // 准备。
    long long q = p - 1;
    while (!(q & 1)) q >>= 1;

    // 执行测试。
    for (int i = 0; i < MAX_ITERATIONS; i++) {
        long long a = rand() % (p - 1) + 1;
        long long t = q;
        long long mod = modulo(a, t, p);
        while (t != p - 1 && mod != 1 && mod != p - 1) {
            mod = multiplyMod(mod, mod, p);
            t <<= 1;
        }
        if (mod != p - 1 && !(t & 1)) return false;
    }
    return true;
}
//---------------------------8.1.2.cpp---------------------------//
```

值得一提的是，Java 的 BigInteger 类提供了米勒-拉宾素性测试的实现方法，其方法声明为：

```
// 当大整数可能为素数时，返回 true，如果返回 false，则大整数确定为合数。如果传入的参数
// certainty 小于等于 0，则返回 true。参数 certainty 是大整数为素数的可能性的一种度量，
// 如果方法返回 true，则表明此大整数为素数的可能性超过 (1 - 1/2^certainty)。方法的运行时间
// 与 certainty 的大小成正比。
public boolean isProbablePrime(int certainty)
```

熟悉 Java 语言的读者可以方便地应用此方法对给定的大整数进行素性测试。

> **强化练习**
>
> 11287 Pseudoprime Numbers[C]。

8.1.3 高斯素数

复数（complex）为二元有序实数对，通常记为 $z=a+bi$，a 和 b 为实数，i 为虚数单位，定义 $i^2=-1$（记为 $i=\sqrt{-1}$）。高斯整数（Gaussian integer）是指实部（real part）a 和虚部（imaginary part）b 均为整数的复数。与有理整数类似，在高斯整数中也有素数的概念，称之为高斯素数（Gaussian prime）。自然数中的素数不能分解为除 1 和自身外的乘积，类似的，高斯素数也不能分解为其他高斯整数的乘积。注意，在分解时要求分解得到的高斯整数不能包含 0、1、+1、+i、−i。在自然数中某个数是素数，在高斯整数中不一定是高斯素数，例如，2=(1+i)(1−i)，故 2 不是高斯素数。

对于高斯素数的判定有以下结论。

（1）如果 $a\neq0$ 且 $b\neq0$，则判断复数的范数[①]a^2+b^2 是否为有理素数（即自然数中的素数），如果是则为高斯素数。

（2）如果 $a=0$，则判断 $|b|$ 是否为有理素数且 $|b|\equiv3(\bmod 4)$，如果满足则为高斯素数。

（3）如果 $b=0$，则判断 $|a|$ 是否为有理素数且 $|a|\equiv3(\bmod 4)$，如果满足则为高斯素数。

可以进一步扩展，定义类似于 $a+b\sqrt{-k}$ 的高斯整数，其中 k 为自然数。在判断这些高斯整数是否为高

[①] 若 $z=x+yi$ 是复数，定义 z 的绝对值（absolute value，或称模，modulus）为

$$|z| = \sqrt{x^2 + y^2}$$

进一步地，定义 z 的范数（norm）为

$$N(z) = |z|^2 = x^2 + y^2$$

斯素数时，规则与上述介绍的结论类似，只不过在求复数的范数时需要将 $\sqrt{-k}$ 加以考虑。有理整数域中的许多性质可以类推到高斯整数域中，不过有些基本的性质对所有的 k 并不成立，例如，算术基本定理（唯一分解定理）只有当 $k \in \{1，2，3，7，11，19，43，67，163\}$ 时才成立。例如，当 $k=5$ 时，有 $6=2\times3=\left(1+\sqrt{-5}\right)\left(1-\sqrt{-5}\right)$，故此时算术基本定理不成立。

强化练习

960 Gaussian Primes[D]。

扩展练习

1415[①] Gauss Prime[E]。

8.1.4　生成素数序列

当需要确定给定范围内的每个整数是否为素数且范围不是很大时（如小于 10^8），可以使用埃氏筛法（sieve of Eratosthenes）[②]。该方法生成素数的速度较除法要快得多。埃氏筛法是根据"当前素数的所有倍数都是合数"的事实来筛除不是素数的候选整数，如果某数 a（$a\geq2$）不是之前确定的任何素数 p（$2\leq p<a$）的倍数，根据算术基本定理的逆否命题，如果 a 不能被分解为除本身以外的素数的乘积，则 a 不是合数，那么 a 必定是素数。埃氏筛法在 2 到 100 之间的数上的应用如图 8-1 所示。

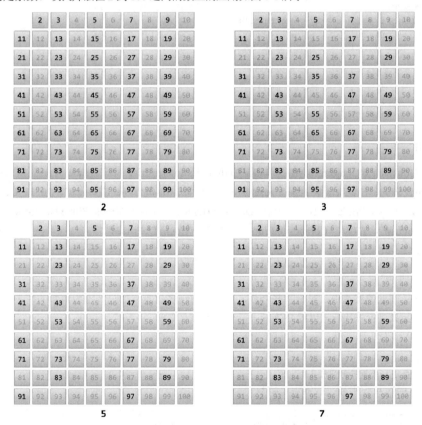

图 8-1　埃氏筛法在 2 到 100 之间的数上的应用

---

① 1415 Gauss Prime 中，当 $a\neq0$ 时，判断对应的范数 a^2+2b^2 是否为有理素数，如果是则为高斯素数，当 $a=0$ 时，显然对于任意的 $b>0$，均不是高斯素数，因为 $b\sqrt{-2}$ 可以分解为 b 和 $\sqrt{-2}$ 的乘积。

② 埃拉托斯特尼（Eratosthenes，前 276—约前 194），古希腊时期的数学家、地理学家、天文学家兼诗人和乐理家。他是第一个使用科学方法对地球的周长进行测量的人，所测结果在当时的条件下具有很高的精度。

以下是埃氏筛法的参考实现，寻找得到的素数仍然存放在原数组中以便后续使用。

```
//++++++++++++++++++++++++++++++8.1.4.cpp+++++++++++++++++++++++++++++++//
const int MAXN = 1000000;

int primes[MAXN], cnt;

// 第一种方式，边筛选素数边记录。
void sieve1()
{
    // 从最小的素数开始筛除。
    for (int i = 2; i < MAXN; i++)
        if (!primes[i]) {
            // 记录筛选得到的素数。
            primes[cnt++] = i;
            // 如果 i 为素数则将其倍数标记为非素数。
            for (int j = i + i; j < MAXN; j += i)
                primes[j] = 1;
        }
}

// 第二种方式，先筛选素数再记录。
void sieve2()
{
    // 筛除非素数。
    for (int i = 2; i * i < MAXN; i++)
        if (!primes[i])
            for (int j = i * i; j < MAXN; j += i)
                primes[j] = 1;
    // 记录筛选得到的素数。
    for (int i = 2; i < MAXN; i++)
        if (!primes[i])
            primes[cnt++] = i;
}
```

强化练习

686 Goldbach's Conjecture (II)[A]，1195 Calling Extraterrestrial Intelligence Again[D]，1210 Sum of Consecutive Prime Numbers[B]，10015 Joseph's Cousin[B]，10140 Prime Distance[A]，10311 Goldbach and Euler[A]，10394 Twin Primes[A]，10490[①] Mr. Azad and His Son[A]，10539 Almost Prime Numbers[A]，10948 The Primary Problem[A]，11086[②] Composite Prime[C]，11408[③] Count DePrimes[B]。

扩展练习

11510 Erdös Unit Fractions[E]。

在上述埃氏筛法的实现中，对于某些合数，可能会出现多次重复标记其不为素数的情形，可以予以改进，使得对合数只进行一次标记以提高效率。

```
void sieve3()
{
    // 初始时假定所有数为素数。
    // 从最小的素数开始筛除。
    for (int i = 2; i < MAXN; i++) {
```

---

① 10490 Mr. Azad and His Son 中，给定正整数 n，令其所有不同因子依次为 $d_1, d_2, \cdots, d_k$，如果 $d_1+d_2+\cdots+d_k=2n$，则称 n 为完美数（perfect number，或称完全数）。例如，6 的所有不同因子为 1、2、3、6，而 1+2+3+6=12=2×6，故 6 为完美数。

② 对于 11086 Composite Prime，截至 2020 年 1 月 1 日，此题的题目描述不够清晰，容易使得解题者产生困惑。题目中最后所给定的约束"$N \leqslant 2^{20}$"，其含义不是指一组测试数据所包含整数的最大个数，而是指测试数据中整数的取值范围，即给定一组测试数据，此组测试数据中所包含的整数均不大于 2^{20}。

③ 11408 Count DePrimes 题目描述中的"sum of its prime factors"不包括重复的素因子，例如，$4=2^2$、$8=2^3$，按照题意，4 和 8 的"素因子和"均为 2，故均为"DePrime"。

```
// 代码1: 记录筛选得到的素数。
if (!primes[i]) primes[cnt++] = i;
// 标记合数。注意，不论 i 是否是素数均需要进行标记操作。
for (int j = 0; j < cnt && i * primes[j] < MAXN; j++) {
    // 代码2: 将素数的倍数标记为合数。
    primes[i * primes[j]] = 1;
    // 代码3: 退出标记操作。
    if (i % primes[j] == 0) break;
    }
    }
}
```

为什么上述改进可以实现对任意合数只进行一次标记呢？首先，代码 1 记录当前确定的素数；其次，根据算术基本定理，任意大于 2 的合数 a 可以分解为素数的乘积，则 a 必定是某个小于 a 的素数的倍数，在代码 2 的标记过程中，根据确定的素数，标记了指定范围内所有素数的所有倍数，任意合数 a 必定是某个小于 a 的素数的倍数，因此只要是指定范围内的合数，均会予以标记。那么如何保证某个合数不会被重复标记呢？依靠代码 3 来实现，在标记合数 $c_1 = i_{c_1} \times prime[j]$ 后，如果 i_{c_1} 能够被素数 $prime[j]$ 所整除，不妨令 $b = i_{c_1}/prime[j]$，那么拟要标记的合数 $c_2 = i_{c_1} \times prime[j+1], c_3 = i_{c_1} \times prime[j+2] \cdots\cdots$ 将会被后续标记过程中的 $c_2 = (b \times prime[j+1]) \times prime[j], c_3 = (b \times prime[j+2]) \times prime[j] \cdots\cdots$ 所标记，实际对 c_2 进行标记的 $i_{c_2} = b \times prime[j+1] > i_{c_1}$，对 c_3 进行标记的 $i_{c_3} = b \times prime[j+2] > i_{c_2} \cdots\cdots$ 若当前仍予以标记就会造成重复，因此需要在此处退出标记操作。综上所述，代码 1 记录了当前的所有素数，代码 2 保证了所有合数均会被标记，代码 3 保证了合数不会被重复标记，这样既获取了所有素数，又保证了标记合数过程中的不重不漏，其时间复杂度为 $O(n)$。

如果给定的范围较大，使用整数数组予以表示可能会超时，此时可以使用位来标记某个数是否为素数，从而避免超出内存限制。

> **注意**
>
> 　　在整数数组 B 中，每个元素都是一个整数，占 4 个字节，即一个数组元素有 32 个位，可以标记 32 个整数。也就是说，B[0] 中的 32 个二进制位可以用于标记整数 0~31 是否为素数，B[1] 中的 32 个二进制位可以用于标记整数 32~63 是否为素数……依此类推。为了方便地将序号 x 映射到整数数组 B 中的某个位，可以使用示例代码中所示的两个宏定义予以实现。由于每 32 个整数对应 B 中的一个元素，因此整数 x 所对应的 B 中的元素为 B[x/32]，即 B[x >> 5]，接下来需要确定 x 在 B[x >> 5] 对应着哪一个二进制位。由于是每 32 个整数"一段"，整数 x 在第 x/32 段，x 在段内的序号就是 x 除以 32 后所得的余数，使用位运算来表示的话，就是 x 对应二进制数的最后 5 个二进制位的值，因此，"x & 0x1F"表示整数 x 在段内的序号，结合获取单个二进制位值的方法，容易理解"(B[x >> 5] & (1 << (x & 0x1F)))"就可以获取 x 所对应的二进制位值。

```
#define GET(x) (B[x >> 5] & (1 << (x & 0x1F)))
#define SET(x) (B[x >> 5] |= (1 << (x & 0x1F)))

const int MAXN = 7000000, MAXB = 100000001;
int primes[MAXN], cnt, B[MAXB >> 5] = {3};

// 素数筛选完毕后，若需检查给定范围内的某个整数 i 是否为素数，
// 使用 GET(i) 检查结果其是否为 0，为 0 表示 i 为素数，否则 i 为合数。
void sieve4()
{
    for (int i = 2; i < MAXB; i++) {
        if (!GET(i)) primes[cnt++] = i;
        for (int j = 0; j < cnt && i * primes[j] < MAXB; j++) {
            SET(i * primes[j]);
            if (i % primes[j] == 0) break;
        }
    }
}
//++++++++++++++++++++++++++++++8.1.4.cpp+++++++++++++++++++++++++++++++//
```

强化练习

897 Anagrammatic Primes[B]，967 Circular[C]，10235 Simply Emirp[A]，10533 Digit Primes[A]，10871 Primed Subsequence[C]，12542 Prime Substring[C]。

扩展练习

1644 Prime Gap[C]，10856 Recover Factorial[C]，11105 Semi-Prime H-Numbers[C]，11415 Count the Factorials[D]。

8.1.5　素因子分解

根据算术基本定理，任意合数可以表示成素数的乘积形式，即给定合数 c，可以将其表示为

$$c = p_1^{e_1} p_2^{e_2} \cdots p_n^{e_n}, \quad p_i \text{为素数，} e_i \text{为正整数}$$

在生成素数序列后，假设序列中最大的素数为 p_{max}，利用已有的素数，可以很容易将小于等于 $p_{max} \times p_{max}$ 的数进行素因子分解。

```cpp
//+++++++++++++++++++++++++++++++8.1.5.cpp+++++++++++++++++++++++++++++++//
// 注意: 使用筛法生成的素数范围要足够大, 至少不小于给定最大整数的平方根。
map<int, int> factors;
for (int i = 0; i < cnt; i++) {
    // 已经不可能存在素因子时提前退出以提高效率。
    if (primes[i] * primes[i] > n) break;
    while (n % primes[i] == 0) {
        n /= primes[i];
        factors[primes[i]]++;
    }
}
// 如果最后n不能被除尽 (即n大于1), 表明n是一个不在生成素数范围之内的素数。
if (n > 1) factors[n]++;
```

完成素因子分解后，可以回答以下问题——合数 c 总共有多少个不同的约数？根据乘法原理，c 的不同约数个数为

$$\tau(c) = \prod_{i=1}^{k} (e_i + 1) = (e_1 + 1)(e_2 + 1) \cdots (e_k + 1)$$

可以根据素因子分解的结果进一步得到这些不同的约数。

```cpp
vector<int> divisors = {1};
for (auto f : factors) {
    int base = 1, countOfDivisors = divisors.size();
    for (int i = 1; i <= f.second; i++) {
        base *= f.first;
        for (int j = 0; j < countOfDivisors; j++)
            divisors.push_back(divisors[j] * base);
    }
}
// 排序并去除重复的约数。
sort(divisors.begin(), divisors.end());
divisors.erase(unique(divisors.begin(), divisors.end()), divisors.end());
//+++++++++++++++++++++++++++++++8.1.5.cpp+++++++++++++++++++++++++++++++//
```

类似地，可以证明，c 的所有不同约数的和为

$$\sigma(c) = \prod_{i=1}^{k} \frac{p_i^{e_i+1} - 1}{p_i - 1} = \frac{p_1^{e_1+1} - 1}{p_1 - 1} \times \frac{p_2^{e_2+1} - 1}{p_2 - 1} \times \cdots \times \frac{p_{k-1}^{e_{k-1}+1} - 1}{p_{k-1} - 1} \times \frac{p_k^{e_k+1} - 1}{p_k - 1}$$

例如，$12 = 2^2 \times 3$，12 的约数有 1、2、3、4、6、12，而

$$\sigma(12) = 1 + 2 + 3 + 4 + 6 + 12 = \frac{2^{2+1} - 1}{2 - 1} \times \frac{3^{1+1} - 1}{3 - 1} = 28$$

强化练习

294 Divisors[A]，516 Prime Land[A]，583 Prime Factors[A]，884 Factorial Factors[A]，10484 Divisibility of Factors[C]，10622 Perfect P-th Powers[A]，10780 Again Prime No Time[B]，10880 Colin and Ryan[B]，11347 Multifactorials[D]，11353 A Different Kind of Sorting[C]，11466① Largest Prime Divisor[A]，11728 Alternate Task[B]，11960 Divisor Game[C]，12043 Divisors[C]，12090② Counting Zeroes[D]，13131 Divisors[D]。

扩展练习

107③ The Cat in the Hat[A]，640 Self Numbers[A]，1246 Find Terrorists[C]，10061 How Many Zero's and How Many Digits[B]，10290 {Sum+=i++} to Reach N[D]，10742 The New Rule in Euphomia[C]，10958 How Many Solutions[D]，11395④ Sigma Function[D]，11476 Factorizing Larget Integers[D]，11610⑤ Reverse Prime[D]，11876 N + NOD (N)[B]，12005⑥ Find Solutions[D]，12137 Puzzles of Triangles[E]。

提示

10061 How Many Zero's and How Many Digits 中，$n!$在十进制下的位数 d_1=floor($\log_{10}(n!)$)+1。其中，floor 表示向上取整。类似地，在 B 进制下，其位数 d_2=floor($\log_B(n!)$)+1=floor($\log_{10}(n!)/\log_{10}(B)$)+1。在具体计算时，要注意精度误差（避免使用斯特林公式计算 $n!$的位数，因为其存在较大误差，会导致 Wrong Answer）。计算 B 进制下末尾 0 的个数可以参考十进制下末尾 0 的个数计算方式。将 10 分解为素数的乘积为 2×5，只要 $n!$的素因子分解式中出现一对 2×5，末尾就增加一个 0。类似地，将 B 进行素因子分解时，假设 $B=98=2\times7^2$，那么只要 $n!$的素因子分解式中出现一对 2×7^2，则对应的九十八进制数末尾就多一个 0，也就是说，只需检查 $n!$中包含多少个 2×7^2 的素因子组合即可确定末尾 0 的个数。更进一步地，根据 $n!$ 的性质，令 B 的素因子分解中最大素因子为 q，指数为 e，令 $B=p\times q^e$，只需确定 $n!$的素因子分解式中 q 出现的次数 c，则末尾 0 的个数 $t=c/e$（作为练习，请读者思考可以这样做的原因）。

10958 How Many Solutions 中，将给定的等式进行适当变换：

$$\frac{m}{x}+\frac{n}{y}=\frac{1}{p} \rightarrow x=\frac{pmy}{y-pn} \rightarrow x=pm\frac{y}{y-pn} \rightarrow x=pm\left(1+\frac{pn}{y-pn}\right) \rightarrow x=pm+\frac{p^2mn}{y-pn}$$

易知 pm、p^2mn、$y-pn$ 均为整数，若 x 有整数解，则要求 $y-pn$ 必须是 p^2mn 的约数。统计 p^2mn 的约数个数 d，考虑到可以存在正、负约数且 $x=y=0$ 不是合法解，则总的解个数为 $2d-1$。

8.2 整除性

如果 a 和 b 为整数且 $a\neq0$，a 整除（divides）b 是指存在整数 c 使得 $b=ac$，如果 a 整除 b，称 a 是 b 的一个因子，且称 b 是 a 的倍数，将其记为 $a\mid b$，如果 a 不能整除 b，则将其记为 $a\nmid b$。

---

① 对于 11466 Largest Prime Divisor：（1）输入中可能包含负数，需要将其转换为正数进行处理。（2）题意要求 N 至少要有两个不同的素因子，否则输出 "−1"，则对于 $N=32=2^6$，由于只包含 2 这个唯一素因子，应输出 "−1"；类似地，如果 N 为素数，也同样需要输出 "−1"。

② 12090 Counting Zeroes 中，使用前述介绍的方法求所有约数，由于中间过程会生成重复的约数使得效率不够高，可以使用回溯法根据素因子分解的结果来生成所有约数，则每次生成的约数都是唯一的，相比较而言更为高效。不过对于题目给定的数据规模来说，最大输入整数可能的不同约数个数不会超过 2^{13}=8192 个，因此两种方法的效率差别可能并不是很明显。

③ 107 The Cat in the Hat 中，除了可以使用素因子分解的方法解题外，此题也可使用二分搜索或对数解决。使用对数解题需要注意数值精度问题。

④ 对于 11395 Sigma Function，读者可以尝试列出 100 以内因子和为奇数的正整数，观察以发现规律。

⑤ 11610 Reverse Prime 中，由于查询操作量较大，且有删除操作，必须使用时间复杂度为 $O(n\log n)$ 的算法才能在限定时间内通过。需要综合运用线性素数筛法、树状数组、二分搜索进行解题。

⑥ 12005 Find Solutions 中，对给定的表达式进行适当变换，进行因式分解可得 $4c-3=(2a-1)(2b-1)$。

强化练习

1648 Business Center[A]，10190 Divide But Not Quite Conquer[A]，10633 Rare Easy Problem[A]，11296 Counting Solutions to an Integral Equation[C]。

扩展练习

10493 Cats With or Without Hats[C]，11298 Dissecting a Hexagon[D]，11526[①] H(n)[B]。

8.2.1　最大公约数

给定两个正整数 a 和 b，a 和 b 的最大公约数（greatest common dividor，或称最大公因子）定义为能够同时整除 a 和 b 的最大正整数，记为 $\gcd(a,b)$，有

$$\gcd(a,b) = \max\{k, k|a\text{且}k|b\}$$

根据算术基本定理，任何正整数可以表示成素数的乘积，假设正整数 a 与 b，将其表示为素数的乘积

$$a = 2^{x_1} \times 3^{x_2} \times 5^{x_3} \times \cdots, \quad b = 2^{y_1} \times 3^{y_2} \times 5^{y_3} \times \cdots$$

那么很显然

$$\gcd(a,b) = 2^{\min(x_1, y_1)} \times 3^{\min(x_2, y_2)} \times 5^{\min(x_3, y_3)} \times \cdots$$

实际编码中使用上述方法求最大公约数并不是很方便，因为对整数进行素因子分解目前尚无有效的方法，一般都是通过使用素数不断试除的方法来找到给定整数的所有素因子。更为高效的方法是应用欧几里得算法（又称辗转相除法）。它是一个递归算法，可以将其表示为

$$\gcd(a,b) = \begin{cases} a, & b = 0 \\ \gcd(b, a \bmod b), & b \neq 0 \end{cases}$$

下面对其作简要地证明。首先考虑边界情况，因为任何整数都能整除 0，故有 $\gcd(a, 0)=a$，所以边界情况是正确的。再来考虑一般情况，先考虑 $a \geq b$ 的情况，设 a 除以 b 的商为 q，余数为 r，有

$$a = b \cdot q + r$$

考虑 $\gcd(b, r)$，它既能整除 $b \cdot q$，也能整除 r，那么 $\gcd(b, r)$ 必定能够整除两者的"和"——$b \cdot q + r = a$，所以 $\gcd(b, r)$ 既能整除 a 也能整除 b，那么可知 $\gcd(b, r)$ 是 a 和 b 的一个公约数（但不一定是最大公约数），由于 $\gcd(a, b)$ 是 a 和 b 的最大公约数，有

$$\gcd(b, r) \leqslant \gcd(a, b)$$

再考虑 $\gcd(a, b)$，它既能整除 $b \cdot q$，也能整除 a，那么 $\gcd(a, b)$ 必定能够整除两者的"差"——$a - b \cdot q = r$，所以 $\gcd(a, b)$ 既能整除 b 也能整除 r，那么可知 $\gcd(a, b)$ 是 b 和 r 的一个公约数。由于 $\gcd(b, r)$ 是 b 和 r 的最大公约数，有

$$\gcd(a, b) \leqslant \gcd(b, r)$$

那么可得

$$\gcd(a, b) = \gcd(b, r) = \gcd(b, a \bmod b)$$

以上证明是基于 $a \geq b$ 的，对于 $b < a$ 的情况，由于 $\gcd(a, b) = \gcd(b, a)$，同理可证。

接下来估算一下欧几里得算法的时间复杂度。不妨设 $a \geq b$，有以下结论：

$$\text{若} b > \frac{a}{2}, \text{则} a \bmod b = a - b < \frac{a}{2}; \quad \text{若} b \leqslant \frac{a}{2}, \text{则} a \bmod b < b < \frac{a}{2}$$

则每进行一次递归调用，参数的大小将减小为原来的一半，因此其时间复杂度近似为 $O(\log \max(a, b))$[②]，效

[①] 11526 H(n)中，选择较小的 n，例如 100，列出它的除数和商，观察规律。注意当输入为负数时的处理。

[②] 加布里尔·拉梅（Gabriel Lamé，1795—1870）证明：用欧几里得算法计算两个正整数的最大公约数时，所需的除法次数不会超过两个整数中较小的那个十进制数的位数的 5 倍，简称拉梅定理。由拉梅定理可以得到以下推论：求两个正整数 a、b（$a > b$）的最大公约数需要 $O((\log a)^3)$ 次的位运算。

率还是很高的。

以下是欧几里得算法的递归实现和迭代实现。

```
//+++++++++++++++++++++++++++++8.2.1.cpp+++++++++++++++++++++++++++++//
// 递归实现。
int gcd1(int a, int b)
{
    if (a < b) swap(a, b);
    return b ? gcd1(b, a % b) : a;
}

// 使用模运算的迭代实现。
int gcd2(int a, int b)
{
    if (a < b) swap(a, b);
    int t;
    while (b != 0) t = a, a = b, b = t % b;
    return a;
}
```

在某些特殊情况，也可以使用减法替代模运算。

```
// 使用减法运算的迭代实现。
int gcd3(int a, int b)
{
    if (a == 0) return b;
    if (b == 0) return a;
    while (a != b) if (a > b) a -= b; else b -= a;
    return a;
}
//+++++++++++++++++++++++++++++8.2.1.cpp+++++++++++++++++++++++++++++//
```

在 GCC 所使用的库实现中，头文件<algorithm>包含了一个内置的求最大公约数的函数，如下所示。

```
template <typename _EuclideanRingElement>
_EuclideanRingElement __gcd
(_EuclideanRingElement __m, _EuclideanRingElement __n)
{
    while (__n != 0) {
        _EuclideanRingElement __t = __m % __n;
        __m = __n;
        __n = __t;
    }
    return __m;
}
```

可以看到，它也是使用欧几里得算法来计算最大公约数。在程序竞赛环境下，为了节省时间，可以直接使用这个内置函数来求最大公约数。

10407 Simple Division[A]（简单除法）

在被除数 n 和除数 d 之间的整除运算会产生商 q 和余数 r，其中 q 是使得 $q \times d$ 尽可能大但同时满足 $q \times d \leq n$，以及 $r = n - q \times d$ 的整数。

按照上述的整除定义，对于任意给定的一组整数，都会存在某个整数 d，使得该组整数中的任意一个整数除以 d 都会得到相同的余数。

输入

输入包含多组数据，每组数据一行。每行包含一个非零整数序列，以空格分隔。每行数据的最后一个数为 0，不计入整数序列。每个整数序列至少 2 个整数，至多不超过 1000 个整数，序列中的整数不一定相同。输入的最后一行包含一个整数 0，不需处理该行输入。

输出

对于每组测试数据，输出能够找到的最大整数 d，使得 d 整除序列中的每个数得到的余数相同。

样例输入	样例输出
701 1059 1417 2312 0 0	179

分析

令整数序列为 $a_1, a_2, \cdots, a_n$，所求的最大整数为 d，余数为 r，根据题意，有

$$a_1 = d \cdot q_1 + r, \ a_2 = d \cdot q_2 + r, \cdots, a_n = d \cdot q_n + r$$

容易推出任意两个整数 a_i 和 a_j 之间的差能够被 d 整除，因此寻找所有整数差的最大公约数即可。具体实现时，并不需要计算任意两个整数之间的差值的最大公约数，只需将序列按升序排列，计算相邻两个整数间差值的最大公约数即可，因为任意两个整数之间的差值均可以通过按升序排列的相邻两个整数间差值的和获得。此外，还需要注意处理序列中整数有部分相同、全部相同且为负数等特殊情形，可以通过 unique 函数去除重复值，若去除重复值后序列只剩下一个整数，表明序列中整数全部相同，输出其绝对值即为所求。

参考代码

```
int main(int argc, char *argv[])
{
    int n;
    vector<int> ns;
    while (cin >> n, n != 0) {
        ns.push_back(n);
        while (cin >> n, n != 0) ns.push_back(n);
        sort(ns.begin(), ns.end());
        ns.erase(unique(ns.begin(), ns.end()), ns.end());
        if (ns.size() == 1) cout << abs(ns.front()) << '\n';
        else {
            int g = ns[1] - ns[0];
            for (int i = 2; i < ns.size(); i++)
                g = __gcd(g, ns[i] - ns[i - 1]);
            cout << g << '\n';
        }
        ns.clear();
    }
    return 0;
}
```

强化练习

408 Uniform Generator[A]，412 Pi[A]，10139 Factovisors[A]，11827 Maximum GCD[A]，12068 Harmonic Mean[C]，12708 GCD The Largest[B]。

扩展练习

1642[①] Magical GCD[D]，10368 Euclid's Game[B]，10951 Polynomial GCD[D]。

如果两个正数 a 和 b 的最大公约数为 1，则称 a 和 b 互素（relative prime，或称互质）。很显然，两个不同素数的最大公约数为 1，有时两个非素数的最大公约数也可能为 1，如 4 和 9。大于 1 且相邻的两个自然数总是互素的。互素的两个数具有以下性质：设 $a < b$，则 ka（$1 \leq k \leq b$）除以 b 的余数会取遍 $0 \sim b-1$ 且不会发生重复。例如，5 和 7 互为素数，则 $5k$（$1 \leq k \leq 7$）除以 7 的余数依次为 5、3、1、6、4、2、0，取遍了 $0 \sim 6$ 的余数值。

---

① 1642 Magical GCD 中，容易知道，随着子序列的延长，题目所求的 GCD 是不递增的。而且由于 GCD 必定是某个数的因子，则对于给定的数 a 来说，a 和其他数的不同的 GCD 个数至多只有 $\log a$ 个。因此可以固定子序列的右侧端点 r，枚举具有不同 GCD 的子序列的左侧端点 l，确定能够获得的最大子序列 GCD，再乘以该子序列的长度，从而得到题目要求的积，最后取最大积即可。总的时间复杂度可以优化到 $O(n \log A)$，其中 A 为数列中最大的数。

强化练习

571[①] Jugs[B]。

8.2.2 扩展欧几里得算法

使用欧几里得算法可以求得最大公约数，对其进行适当扩展可以求解形如

$$ax + by = c\,(a, b, c \in \mathbb{Z}) \tag{8.6}$$

的不定方程的整数解。事实上，只有 $\gcd(a, b)$ 能够整除 c 时，方程（8.6）才可能有整数解，因为将方程两边同时除以 $\gcd(a, b)$ 可得

$$\frac{a}{\gcd(a, b)}x + \frac{b}{\gcd(a, b)}y = \frac{c}{\gcd(a, b)} \tag{8.7}$$

如果存在整数解，则方程（8.7）的左边仍然是整数，要求方程（8.7）的右边同样是整数，即要求 $\gcd(a, b) \mid c$。

为了求解方程（8.6），首先构造一个新的不定方程

$$ax + by = \gcd(a, b) \tag{8.8}$$

令 $a'=b$，$b'=a \bmod b$，有

$$a'x' + b'y' = \gcd(a', b') = \gcd(b, a \bmod b) \tag{8.9}$$

结合欧几里得算法中的等式

$$\gcd(a, b) = \gcd(b, a \bmod b)$$

可以得到

$$ax + by = a'x' + b'y' = bx' + (a \bmod b)y' = bx' + \left(a - \frac{a}{b} \bullet b\right)y' \tag{8.10}$$

整理可得

$$ax + by = ay' + b\left(x' - \frac{a}{b}y'\right) \tag{8.11}$$

根据多项式恒等定理，式（8.8）的解可以表示为

$$\begin{cases} x = y' \\ y = x' - \dfrac{a}{b}y' \end{cases} \tag{8.12}$$

也就是说，知道了不定方程（8.9）的解，就可以得到不定方程（8.8）的解。可以对不定方程（8.9）重复上述过程直到 $\gcd(a', b')$ 中的 $b'=0$，此时 $\gcd(a', 0)=|a'|$，可以解得

$$\begin{cases} x' = 1, a' \geqslant 0 \text{或} x' = -1, a' < 0 \\ y' = 0 \end{cases}$$

再通过此解不断往回代入即可得到中间各个方程的解，从而最终得到式（8.8）的解，由于 $\gcd(a, b)$ 整除 c，将方程（8.8）的解乘以 $c/\gcd(a, b)$ 即可得到不定方程（8.6）的解。

扩展欧几里得算法的应用非常广泛，可以应用于求解不定方程、线性同余方程、模的逆元等。以下是扩展欧几里得算法的递归和迭代实现，其中递归实现相较于迭代实现更容易理解和编写。

```
//------------------------------8.2.2.cpp------------------------------//
// 递归实现。
void extgcd(int a, int b, int &x, int &y)
```

[①] 571 Jugs 给定的是两个容器且两个容器的容量互素，这使得问题容易解决。可以将题目建模为在隐式图中寻找有向路径的问题。感兴趣的读者可以尝试解题 10603 Fill，此题将容器数量增加至 3 个且取消了容量互素的条件，需要应用图算法才能顺利地解决。

```
{
    if (b == 0) x = 1, y = 0;
    else {
        extgcd(b, a % b, x, y);
        int t = x - a / b * y;
        x = y, y = t;
    }
}

// 迭代实现。
void extgcd(int a, int b, int &x, int &y)
{
    int x0, y0, x1, y1, r, q;

    x0 = 1, y0 = 0, x1 = 0, y1 = 1;
    x = 0, y = 1;
    r = a % b, q = (a - r) / b;

    while (r) {
        x = x0 - q * x1, y = y0 - q * y1;
        x0 = x1, y0 = y1, x1 = x, y1 = y;
        a = b, b = r;
        r = a % b, q = (a - r) / b;
    }
}
//----------------------------8.2.2.cpp----------------------------//
```

8.2.3　线性同余方程

称形式类似于

$$ax \equiv c \pmod{b}(a, b, c, x \in \mathbb{Z}) \tag{8.13}$$

的方程为线性同余方程（又称一次同余方程，因为在同余方程中，未知数的幂仅为一次）。显然当 $a=0$ 时，只有 $c=0$ 时，同余方程（8.13）才有解，此时任意整数 x 均为其解。若 $a \neq 0$，则可将其转化为二元一次不定方程，进而使用扩展欧几里得算法解决。求解同余方程（8.13）等价于求解

$$ax + by = c(a, b, c, x, y \in \mathbb{Z}) \tag{8.14}$$

令 $d = \gcd(a, b)$，根据前述求解不定方程得到的结论，只有当 $d \mid c$ 时，不定方程（8.14）才有解，且有 d 个不同的基本解。由扩展欧几里得算法求出不定方程（8.14）的一个基本解 x_0 之后，则同余方程（8.13）的所有模 b 且互不同余的基本解 x 可以表示为

$$x = x_0 + \frac{bt}{d}, \ t = 0, 1, \cdots, d-1$$

10090 Marbles[B]（弹珠）

我有 n 颗弹珠（小玻璃球）并且打算买一些盒子来装下它们。共有两种类型的盒子可供购买：类型 1——每个盒子花费为 c_1 塔卡[①]，可以装下 n_1 颗弹珠；类型 2——每个盒子花费为 c_2 塔卡，可以装下 n_2 颗弹珠。

我希望购买的盒子都能够装满弹珠而且使得购买费用最少。因为确定如何将弹珠分装到这些盒子中对于我来说不是件容易的事，所以我寻求你的帮助，同时我也希望你的程序能够高效地得出答案。

输入

输入包含多组测试数据。每组测试数据的第一行包含一个整数 n（$1 \leqslant n \leqslant 2000000000$），第二行包含 c_1 和 n_1，第三行包含 c_2 和 n_2。c_1、c_2、n_1、n_2 均为正整数且其值小于 2000000000。输入最后一行 n 为 0，表示输入结束。

----

① 塔卡，孟加拉国货币单位。

输出

对于每组测试数据，输出最小花费的解决方案（两个非负整数 m_1 和 m_2，其中 m_i 表示第 i 种盒子的数量）。如果不存在解决方案，输出 failed。若存在解决方案，你可以假定解总是唯一的。

样例输入	样例输出
43 1 3 2 4 40 5 9 5 12 0	13 1 failed

分析

令第一种盒子的数量为 x，第二种盒子的数量为 y，则本题可以转化为求解不定方程

$$n_1 x + n_2 y = n$$

的正整数解问题，且要求得到的解能够使得表达式 $c_1 x + c_2 y$ 的值最小。首先需要根据情况判断不定方程是否有解，若有解，则先求同余式 $n_1 x \equiv n \pmod{n_2}$ 的解。若 $\gcd(n_1, n_2)=1$，该同余式在模 n_2 的意义下有唯一解，即扩展欧几里得算法输出的 x' 和 y'，前述同余式的解为

$$x = \frac{nx'}{\gcd(n_1, n_2)} + \frac{kn_2}{\gcd(n_1, n_2)}, \quad y = \frac{ny'}{\gcd(n_1, n_2)} - \frac{kn_1}{\gcd(n_1, n_2)}; \quad k \in \mathbb{Z}$$

若有 $c_1 n_2 < c_2 n_1$，则 x 和 y 在保证为正整数的情况下 x 越大，花费越少。若 $c_1 n_2 > c_2 n_1$，则 x 应为最小的正整数花费较少；若相等，则任意满足条件的 x、y 花费相同。为什么会是这样呢？因为假设有 M 颗弹珠，全部用第一种规格的盒子装，花费是 $M/(n_1 c_1)$；若用第二种规格的盒子装，则花费为 $M/(n_2 c_2)$。若有 $M/(n_1 c_1) < M/(n_2 c_2)$，则用第一种规格的盒子越多，花费越省，化简可以得到：$c_1 n_2 < c_2 n_1$；反之，$c_1 n_2 > c_2 n_1$，则用第二种规格的盒子越多，花费越省；若相等，则任意满足方程的非负整数 x、y 所产生的花费都是相等的。要注意本题中数据类型的使用，因为 $1 \leq n \leq 2000000000$，所以最好使用 long long int 型数据以避免中间计算结果溢出而导致错误的结果。

强化练习

10104 Euclid Problem[A]，10673 Play with Floor and Ceil[A]。

8.2.4 最小公倍数

给定两个正整数 a 和 b，a 和 b 的最小公倍数（least common multiple）定义为能够同时被 a 和 b 整除的最小正整数，记为 $\mathrm{lcm}(a, b)$，有

$$\mathrm{lcm}(a, b) = \min\{k | k > 0, \ a | k \text{且} b | k\}$$

将 a 和 b 表示为素数的乘积

$$a = 2^{x_1} \times 3^{x_2} \times 5^{x_3} \cdots, \quad b = 2^{y_1} \times 3^{y_2} \times 5^{y_3} \cdots$$

那么很显然

$$\mathrm{lcm}(a, b) = 2^{\max(x_1, y_1)} \times 3^{\max(x_2, y_2)} \times 5^{\max(x_3, y_3)} \cdots$$

也就是说，最大公倍数的素因子次数是 a 和 b 对应素因子次数的最大值，这个性质在求多个数的最小公倍数时很有帮助。结合最大公约数的素因子分解式，有 $\gcd(a, b) \leq \mathrm{lcm}(a, b)$ 且 $\gcd(a, b)$ 必定能够整除 $\mathrm{lcm}(a, b)$，同时可以得到

$$\mathrm{lcm}(a, b) \cdot \gcd(a, b) = ab, \quad \mathrm{lcm}(a, b) = \frac{ab}{\gcd(a, b)}$$

10680 LCM[B]（最小公倍数）

大家应该都知道最小公倍数的概念。例如，4 和 6 的最小公倍数是 12。对于两个以上的整数也可以定义它们的最小公倍数，例如，2、3、5 的最小公倍数为 30。类似地，我们可以对前 N 个自然数定义最小公倍数，例如，前 6 个自然数的最小公倍数为 60。可以预见，前 N 个自然数的公倍数增长将会很快，所以我们感兴趣的并不是其精确值，而只是其最后一位非零的数位值。你必须编写程序高效地把它找出来。

输入

输入中每行包含一个最大不超过 1000000 的非零正整数。输入最后一行为 0，提示输入结束，不需处理该行。你最多需要处理 1000 行输入。

输出

对于每行输入，输出 $1 \sim N$ 的最小公倍数的最后一位非零数位值。

样例输入	样例输出
3 0	6

分析

设整数 $1 \sim N$ 的最小公倍数为 M，对 M 进行素因子分解，任取素因子 p，令其幂次为 k，根据最小公倍数的定义，取 $1 \sim N$ 的任意一个整数，将其进行素因子分解后，p 的次数 k'，定有 $k' \leqslant k$，而且有 $p^k \leqslant N$。也就是说，只需求出小于 N 的素数 p 的最大次幂即可得到 M 素因子分解式中所包含的该素数的幂次，进而根据素因子 p 的幂次就能够获得最后非零数位值的值。在这里需要注意的是，对素因子 2 和 5 的处理，因为素因子 2 和 5 相乘会产生 0 数位，如果只是简单的通过模 10 操作取非 0 末位，所得到的值可能并不正确，例如，$5 \times 5 \times 2$ 和 $5 \times 2 \times 5$，5×5 模 10 为 5，继续乘 2 模 10 取非 0 数位为 1，而 5×2 模 10 取非 0 数位为 1，再乘 5 模 10 为 5，结果不一致，正确的结果应该为 5。此时，可以先处理 2 和 5 的幂次。因为对于同一个数 N 来说，当 $2^x \leqslant N$，$5^y \leqslant N$ 时，必定有 $x \geqslant y$，而同等数量的 2 和 5 相乘最后的非零数位值为 1，只需考虑 2^{x-y} 的最后数位即可。对于其他的素因子，由于相乘不会产生 0 数位，可以正常处理。

强化练习

10717 Mint[B]，10791 Minimum Sum LCM[B]，10892 LCM Cardinality[B]，11388 GCD LCM[A]。

扩展练习

11889 Benefit[B]。

8.2.5 欧拉函数

欧拉函数（Euler's totient function 或 Euler's phi function），一般记作 φ，定义为小于等于 n 的正整数中与 n 互素的数的个数。更为形式化的定义如下：$\varphi(n)$ 为正整数 k 的个数，$1 \leqslant k \leqslant n$，且 $\gcd(k, n) = 1$。很明显，$\varphi(1) = 1$。对于任意素数 p，因为小于 p 的正整数均与 p 互素，故有 $\varphi(p) = p - 1$。对于合数 m 来说，由于合数除了 1 和本身以外至少还有一个其他因子，故有 $\varphi(m) \leqslant m - 2$。

如果 p 为素数，令 $m = p^k$，由于 p 是 m 的唯一素因子，则对小于 p^k 的正整数 n，如果 n 不能整除 p^k，则必定 p 也不能整除 n，那么除了 p 的倍数外，其他数均与 p^k 互素，小于 p^k 的 p 的倍数有 $\{p, 2p, 3p, \cdots, p^k - p\}$，总共 p^{k-1} 个，则

$$\varphi\left(p^k\right) = p^k - p^{k-1}, \ p\text{为素数}, k \geqslant 1$$

在数学中，对于定义域为正整数的函数 $f(x)$ 来说，如果 $f(1) = 1$，且有

$$f(x_1 x_2) = f(x_1) f(x_2), \ \gcd(x_1, x_2) = 1$$

那么称函数 $f(x)$ 为积性的（multiplicative），如函数 $f(x) = x^2$。可以证明欧拉函数也是积性函数，也就是说，对于正整数 m 和 n 来说，如果 $\gcd(m, n) = 1$，有

$$\varphi(mn) = \varphi(m)\varphi(n), \ \gcd(m,n) = 1$$

对于任意正整数 m，可将其进行素因子分解为

$$m = p_1^{m_1} \times p_2^{m_2} \times \cdots \times p_k^{m_k}$$

而对于任意两个素数 p_1 和 p_2，有 $\gcd(p_1, p_2)=1$，结合欧拉函数是积性函数的性质，可以推出

$$\varphi(m) = \prod_{p|m} \varphi\left(p^{m_p}\right) = \prod_{p|m}\left(p^{m_p} - p^{m_p-1}\right) = \prod_{p|m} p^{m_p}\left(1 - p^{-1}\right) = m\prod_{p|m}\left(1 - \frac{1}{p}\right) \tag{8.15}$$

根据等式（8.15）即可计算给定整数的欧拉函数值。朴素的方法是先用埃氏筛法求得小于 m 的所有素数，然后对 m 进行素因子分解，再根据公式计算欧拉函数值。

```cpp
//+++++++++++++++++++++++++++++++++8.2.5.cpp+++++++++++++++++++++++++++++++++//
const int MAXN = 1000000;
int primes[MAXN], cnt = 0;

int getPhi(int m)
{
    int phi = m;
    // 寻找 m 的不同素因子，然后根据公式计算。
    for (int i = 0; i < cnt; i++) {
        if (primes[i] > m) break;
        if (m % primes[i] == 0) {
            while (m % primes[i] == 0)
                m /= primes[i];
            phi -= phi / primes[i];
        }
    }
    // 可能 m 未被除尽，则 m 是素因子之一。
    if (m > 1) phi -= phi / m;
    return phi;
}
```

强化练习

10179 Irreducible Basic Fractions[A]，10299 Relatives[A]。

扩展练习

11064 Number Theory[B]。

由于上述计算方式需要不断地寻找给定数的素因子，而且包含了较多的模运算和除法，其效率相对较低，可以使用两种方式予以改进。第一种方式是在筛法求素数的同时使用式（8.15）求欧拉函数值。

```cpp
const int MAXN = 1000000;
int primes[MAXN], phi[MAXN] = {0, 1}, cnt = 0;

void sieve(int *primes, int n, int &cnt)
{
    cnt = 0, iota(phi, phi + n, 0);
    for (int i = 2; i < n; i++)
        if (phi[i] == i) {
            primes[cnt++] = i;
            for (int j = i; j < n; j += i)
                phi[j] -= phi[j] / i;
        }
}
```

强化练习

10820 Send a Table[B]。

第二种方式是利用欧拉函数自身的递推关系，结合埃氏筛法求素数的过程，计算欧拉函数值。下面先进行递推关系的推导。对于正整数 m，可以将其进行素因子分解，表示成

$$m = p_1^{k_1} p_2^{k_2} \cdots p_n^{k_n}$$

考虑 $\dfrac{m}{p_1}$ 的素因子分解情况，如果 $k_1=1$，有

$$\frac{m}{p_1} = p_2^{k_2} p_3^{k_3} \cdots p_n^{k_n}$$

根据欧拉函数计算公式（8.15）有

$$\varphi(m) = m\left(1-\frac{1}{p_1}\right)\left(1-\frac{1}{p_2}\right)\cdots\left(1-\frac{1}{p_n}\right) = \frac{m(p_1-1)}{p_1}\left(1-\frac{1}{p_2}\right)\cdots\left(1-\frac{1}{p_n}\right)$$

以及

$$\varphi\left(\frac{m}{p_1}\right) = \frac{m}{p_1}\left(1-\frac{1}{p_2}\right)\cdots\left(1-\frac{1}{p_n}\right)$$

那么有

$$\varphi(m) = (p_1-1)\varphi\left(\frac{m}{p_1}\right)$$

若 $k_1>1$，则

$$\frac{m}{p_1} = p_1^{k_1-1} p_2^{k_2} \cdots p_n^{k_n}$$

有

$$\varphi\left(\frac{m}{p_1}\right) = \frac{m}{p_1}\left(1-\frac{1}{p_1}\right)\left(1-\frac{1}{p_2}\right)\cdots\left(1-\frac{1}{p_n}\right)$$

则

$$\varphi(m) = p_1\varphi\left(\frac{m}{p_1}\right)$$

也就是说，如果 p_1 能够整除 m/p_1，则 m 的欧拉函数值是 m/p_1 欧拉函数值的 p_1 倍，否则是其 p_1-1 倍。这个结论对 m 的任意一个素因子均成立，根据此结论可以在埃氏筛法求素数的过程中，同时求出欧拉函数值。

```cpp
const int MAXN = 1000000;
int primes[MAXN], phi[MAXN] = {0, 1}, cnt = 0;

void sieve(int *primes, int n, int &cnt)
{
    cnt = 0, iota(primes, primes + n, 0);
    for (int i = 2; i < n; i++) {
        if (primes[i] == i) {
            // 素数的欧拉函数值为其值减 1。
            phi[i] = i - 1;
            primes[cnt++] = i;
            // 标记非素数，将 i 的倍数所对应的元素值设置为它的最小素因子。
            for (int j = i + i; j < n; j += i)
                if (primes[j] == j)
                    primes[j] = i;
        }
        else {
            // 非素数保存的是它的最小素因子，根据递推关系计算欧拉函数值。
            int k = i / primes[i];
            if (k % primes[i] == 0) phi[i] = primes[i] * phi[k];
            else phi[i] = (primes[i] - 1) * phi[k];
        }
    }
}
//++++++++++++++++++++++++++++++++8.2.5.cpp++++++++++++++++++++++++++++++++//
```

强化练习

13132 Laser Mirrors[E]。

扩展练习

12995[①] Farey Sequence[E]。

欧拉函数有一个有趣的性质：n 的所有约数的欧拉函数值之和等于 n，即

$$\sum_{d|n}\varphi(d)=n$$

例如，$\varphi(6)=\varphi(1)+\varphi(2)+\varphi(3)+\varphi(6)=1+1+2+2=6$。

下面介绍一些欧拉函数相关的应用。知道了欧拉函数的值，如何求得小于 n 且与 n 互素的正整数的和呢？根据求最大公约数的欧几里得算法，可以得到

$$\gcd(a,b)=\gcd(a,a-b)=\gcd(b,a-b),\ a>b>0$$

也就是说，如果 k 和 n 互素，$n-k$ 也和 n 互素，则根据欧拉函数的定义，小于 n 且与 n 互素的正整数之和为

$$S=\sum_{n,\gcd(k,n)=1}k=\frac{n}{2}\cdot\varphi(n),\ n\geqslant1$$

例如，与 7 互素的数有 1、2、3、4、5、6，其和为 $21=7/2\times\varphi(7)=7/2\times6=21$。计算得到与 n 互素的数之和之后，小于 n 且与 n 非互素的正整数之和为

$$S=\sum_{n,\gcd(k,n)>1}k=\frac{(1+(n-1))(n-1)}{2}-\frac{n}{2}\cdot\varphi(n)=\frac{n(n-1-\varphi(n))}{2},\ n>1$$

11417 GCD[A]（最大公约数）

给定整数 N，你需要计算如下的 G 值，其定义为

$$G=\sum_{i=1}^{i<N}\sum_{j=i+1}^{j\leqslant N}\mathrm{GCD}(i,j)$$

此处 GCD 的含义为整数 i 和 j 的最大公约数。对于那些理解上述求和公式存在困难的人，可以将上述公式的意义看作如下的代码形式：

```
G = 0;
for(i = 1; i < N; i++)
    for(j = i + 1; j <= N; j++)
        G += GCD(i, j);    // 函数 GCD 的作用是返回 i 和 j 的最大公约数。
```

输入

输入最多有 100 行，每行包含一个整数 N（$1<N<501$），N 的含义如题意所述。输入最后以一个 0 结束，该行不需处理。

输出

对于每行输入输出一行，包含 N 所对应的 G 值。

样例输入	样例输出
10 0	67

分析

因为题目中 N 的范围很小，最朴素的方法就是预先计算 $1\sim N$ 的所有 G 值。为了尽量避免重复计算，可以利用根据 G 值的定义得到的递推关系

---

① 12995 Farey Sequence 中，手工列出当 n 较小（$n\leqslant7$）时的解，可以发现规律：令 G_n 为满足要求的"成对"分数的数量，F_n 为 n 阶 Farey 序列中分数的个数，有 $G_n=F_n-2$，而 $F_n=1+\varphi(1)+\varphi(2)+\cdots+\varphi(n)$，故 $G_n=-1+\sum_{i=1}^{n}\varphi(i)$。

$$G_n = G_{n-1} + \sum_{i=1}^{n-1} \mathrm{GCD}(i, n)$$

参考代码

```
int main(int argc, char *argv[])
{
    int n, sum[501] = {0};
    for (int i = 1; i < 501; i++) {
        sum[i] += sum[i - 1];
        for (int j = 1; j < i; j++)
            sum[i] += __gcd(j, i);
    }
    while (cin >> n, n > 0)  cout << sum[n] << '\n';
    return 0;
}
```

当 N 较小时，使用上述方式计算并不会超出时间限制。但是当 N 较大时（如 $N>100000$），肯定会超时，此时需要寻求其他更为高效的方法。观察递推关系式，可以发现关键在于如何高效地计算小于 N 的数与 N 的最大公约数。按其公约数大小，将 $N=20$ 时的"数对"罗列出来可得

$$\gcd(k, n) = 1, \ (1, 20)(3, 20)(7, 20)(9, 20)(11, 20)(13, 20)(17, 20)(19, 20)$$

$$\gcd(k, n) = 2, \ (2, 20)(6, 20)(14, 20)(18, 20)$$

$$\gcd(k, n) = 4, \ (4, 20)(8, 20)(12, 20)(16, 20)$$

$$\gcd(k, n) = 5, \ (5, 20)(15, 20)$$

$$\gcd(k, n) = 10, \ (10, 20)$$

观察以上公约数的结果，可以发现公约数为 1 的"数对"实际上是 $N=20$ 时与 N 互素的"数对"乘以 1，公约数为 2 的"数对"实际上是 $N=10$ 时与 N 互素的"数对"乘以 2，公约数为 4 的"数对"实际上是 $N=5$ 时与 N 互素的"数对"乘以 4……规律非常明显，即 $1\sim N\!-\!1$ 的数与 N 组成的"数对"的最大公约数之和与 N 的因子的欧拉函数值有关。利用上述规律，可以得到以下更为高效的代码。

参考代码

```
const int MAXN = 501;
long long phi[MAXN] = {0}, sum[MAXN] = {0};

void preCalculate()
{
    iota(phi, phi + MAXN, 0);
    for (int i = 2; i < MAXN; i++) {
        if (phi[i] == i) {
            for (int j = i; j < MAXN; j += i)
                phi[j] = phi[j] / i * (i - 1);
        }
        for (int j = i , k = 1; j < MAXN; j += i, k++)
            sum[j] += k * phi[i];
    }
}

int main(int argc, char *argv[])
{
    preCalculate();
    for (int i = 1; i < MAXN; i++) sum[i] += sum[i - 1] ;
    int n;
    while (cin >> n, n > 0)
        cout << sum[n] << '\n';
    return 0;
}
```

8.2.6 莫比乌斯函数

莫比乌斯函数（Möbius function）[①]，一般记作 μ，是作莫比乌斯反演的时候一个很重要的系数，下面给出其定义的来源。

若 f 是算术函数，F 是它的和函数

$$F(n) = \sum_{d|n} f(d)$$

按照定义分别展开 $F(n)$，n=1, 2, $\cdots$, 8，可得

$$F(1) = f(1)$$
$$F(2) = f(1) + f(2)$$
$$F(3) = f(1) + f(3)$$
$$F(4) = f(1) + f(2) + f(4)$$
$$F(5) = f(1) + f(5)$$
$$F(6) = f(1) + f(2) + f(3) + f(6)$$
$$F(7) = f(1) + f(7)$$
$$F(8) = f(1) + f(2) + f(4) + f(8)$$

从上述方程可以解出 $f(n)$ 在 n=1, 2, $\cdots$, 8 处的值，即

$$f(1) = F(1)$$
$$f(2) = F(2) - F(1)$$
$$f(3) = F(3) - F(1)$$
$$f(4) = F(4) - F(2)$$
$$f(5) = F(5) - F(1)$$
$$f(6) = F(6) - F(3) - F(2) + F(1)$$
$$f(7) = F(7) - F(1)$$
$$f(8) = F(8) - F(4)$$

可以注意到，$f(n)$ 等于形式为 $\pm F(n/d)$ 的一些项之和，其中 $d \mid n$，从上述结果中，可能存在一个等式，其形式类似于

$$f(n) = \sum_{d|n} \mu(d) F(n/d)$$

其中 μ 是算术函数。如果等式成立，通过计算可以得出：$\mu(1)=1$, $\mu(2)=-1$, $\mu(3)=-1$, $\mu(4)=0$, $\mu(5)=-1$, $\mu(6)=1$, $\mu(7)=-1$, $\mu(8)=0$。根据 $F(n)$ 的定义，可以推导得出 μ 算术函数的若干性质。若 p 是素数，则有 $F(p)=f(1)+f(p)$，推出

$$f(p) = F(p) - f(1) = F(p) - F(1) = \mu(1) F\left(\frac{p}{1}\right) + \mu(p) F\left(\frac{p}{p}\right)$$

[①] 奥古斯特·费迪南德·莫比乌斯（August Ferdinand Möbius，1790—1868），德国数学家、理论天文学家。最有名的成果是发现了单侧曲面，即莫比乌斯带（Möbius strip）——把一个纸带旋转半圈再把两端粘上之后即可得到。

则有 $\mu(p)=-1$。进一步地，由于

$$F\left(p^{2}\right)=f(1)+f(p)+f\left(p^{2}\right)$$

有

$$f\left(p^{2}\right)=F\left(p^{2}\right)-\left(F(p)-F(1)\right)-F(1)=F\left(p^{2}\right)-F(p)=\mu(1)F\left(\frac{p^{2}}{1}\right)+\mu(p)F\left(\frac{p^{2}}{p}\right)+\mu\left(p^{2}\right)F\left(\frac{p^{2}}{p^{2}}\right)$$

则要求对于任意素数 p，有 $\mu(p^2)=0$。类似的，可以推理得出对任意素数 p 及整数 $k>1$，有 $\mu(p^k)=0$。如果猜测 μ 是积性函数，则 μ 的值就由 n 的素因子分解式中所有素因子的幂值决定，这就得到莫比乌斯函数 $\mu(n)$ 的定义

$$\mu(n)=\begin{cases}1, & \text{如果} n=1 \\ (-1)^{r}, & \text{如果} n=p_{1}p_{2}\cdots p_{r}, \text{ 其中} p_{i} \text{为不同的素数} \\ 0, & \text{其他情形}\end{cases}$$

为了便于理解，这里对定义作进一步的解释。给定大于 1 的正整数 n，根据算术基本定理，可以将其唯一分解为素数的乘积，如果 n 的素因子分解式中有任意一个素因子的指数大于 1，定义 $\mu(n)=0$，如 $8=2^3$，$44=2^2\times11$，故 $\mu(8)=\mu(44)=0$。如果素因子分解式中所有因子的指数都为 1，则计素因子的个数 r，如果 r 为偶数，定义 $\mu(n)=1$，否则 $\mu(n)=-1$，例如，$22=2\times11$，因子个数为 2，是偶数，故 $\mu(22)=1$；$30=2\times3\times5$，因子个数为 3，是奇数，故 $\mu(30)=-1$。由于正整数 1 比较特殊，将 $\mu(1)$ 的值定义为 1。计算单个正整数的莫比乌斯函数值，可以直接采用定义的方式进行计算。

```cpp
//++++++++++++++++++++++++++++++++8.2.6.cpp+++++++++++++++++++++++++++++++//
const int MAXN = 1 << 20;
int primes[MAXN] = {0}, cnt = 0;

int getMobius(int n)
{
    if (n == 1) return 1;
    int divisors = 0;
    for (int i = 0; i < cnt && n > 1; i++) {
        if (n % primes[i] == 0) {
            divisors++;
            int exponent = 0;
            while (n % primes[i] == 0) {
                exponent++;
                n /= primes[i];
            }
            if (exponent > 1) return 0;
        }
    }
    return (divisors & 1) * (-2) + 1;
}
```

莫比乌斯函数具有一个很好的性质：

$$\sum_{d|n}\mu(d)=[n=1]$$

即给定正整数 n，如果 n 不为 1，则 n 的所有因数的莫比乌斯函数值之和为 0，否则为 1。例如，6 的因数有 1、2、3、6，而 $\mu(1)+\mu(2)+\mu(3)+\mu(6)=0$。根据此性质可以递推地求出 n 的莫比乌斯函数值。

```cpp
int mobius[MAXN] = {0};

void getMobius()
{
    for (int i = 1; i < MAXN; i++) {
        int sigma = (i == 1 ? 1 : 0), delta = sigma - mobius[i];
        mobius[i] = delta;
        for (int j = i + i; j < MAXN; j += i)
```

```
      mobius[j] += delta;
   }
}
//+++++++++++++++++++++++++++++8.2.6.cpp+++++++++++++++++++++++++++++//
```

强化练习

10738 Riemann vs Mertens[B]。

8.3　模算术

当数 a 不能被数 b 整除时，会有余数产生，为了表示余数部分，人们发明了一个记号——mod，称为模（modulus）。例如，9 mod 5=4、101 mod 3=2。特别地，当数 a 能被数 b 整除时，有 a mod b=0。关于模的运算称为模算术（modular arithmetic），在实际应用中，模运算都是针对整数，特别是正整数，尽管模的概念可以应用于实数。特别的，如果数 a 和数 b 关于 m 的模相等，则记作 $a \equiv b \pmod{m}$。

强化练习

382 Perfection[A]，616 Coconuts Revisited[B]，974 Kaprekar Numbers[B]，10050 Hartals[A]，10174 Couple-Bachelor-Spinster Numbers[C]，10212 The Last Non-Zero Digit[B]，10879 Code Refactoring[A]，11313 Gourmet Games[B]，11723 Numbering Roads[A]，11805 Bafana Bafana[A]，11934 Magic Formula[A]，12554 A Special Happy Birthday Song[A]。

扩展练习

11247 Income Tax Hazard[C]。

8.3.1　整数拆分

使用 C++内置的模运算，可以容易地将一个整数拆分为单个数字或者将其逆序。

```
int rn = 0;
while (n > 0) {
   rn = rn * 10 + n % 10;
   n /= 10;
}
```

强化练习

256 Quirksome Squares[A]，1225 Digit Counting[A]，1583 Digit Generator[A]，10424 Love Calculator[A]，10591 Happy Number[A]，10922 2 the 9s[A]，10994 Simple Addition[B]，11332 Summing Digits[A]，11371 Number Theory for Newbies[B]，12290 Counting Game[C]，12527 Different Digits[A]，12895 Armstrong Number[B]。

8.3.2　可乐兑换

给定 n 瓶可乐，将可乐喝完后会产生 n 个空瓶，若假定 m 个空瓶可以兑换一瓶新的可乐（可以向售货商"借"若干空瓶，但需要归还同等数量的空瓶），确定能够兑换的总的可乐瓶数。注意，新兑换的可乐在喝完后会产生新的空瓶，这些空瓶也可以继续用来兑换可乐。按照上述假设，则总共能够喝到的可乐瓶数为

$$T = n + \left\lfloor \frac{n}{m-1} \right\rfloor = \left\lfloor \frac{nm}{m-1} \right\rfloor$$

注意，计算上式中的除法后只取整。理解上述结果的关键是认识到(m–1)个空瓶等价于一瓶可乐，即使用(m–1)个空瓶，再向商家"借"一个空瓶，凑成 m 个空瓶，兑换得到一瓶可乐，将可乐喝完会产生一个空瓶，将此空瓶还给商家即可。

10346 Peter's Smokes[A]，11150 Cola[A]，11689 Soda Surpler[A]，11877 The Coco-Cola Store[A]。

8.3.3 模运算规则

在解题中，需要熟悉的是模的加法、减法、乘法、乘方运算规则。

加法规则：$(x+y) \bmod n = ((x \bmod n) + (y \bmod n)) \bmod n$。

减法规则：$(x-y) \bmod n = ((x \bmod n) - (y \bmod n)) \bmod n$，可以将最后结果加上 n 的正整数倍以便将结果调整为正整数。即 $(x-y) \bmod n = ((x \bmod n) - (y \bmod n) + kn) \bmod n, \ k > 0$。

乘法规则：$xy \bmod n = (x \bmod n)(y \bmod n) \bmod n$。

乘方规则：$x^y \bmod n = (x \bmod n)^y \bmod n$。

在某些题目中，可能需要计算某个数的幂模另外一个数的结果，但由于幂次较大，不便于直接计算，如果直接使用乘方规则，则效率为 $O(n)$，无法在限制时间内获得通过，需要转而使用效率为 $O(\log n)$ 的计算方法。

```cpp
//----------------------------8.3.3.cpp----------------------------//
long long modPow(long long n, long long k, long long mod)
{
    if (k == 0) return 1;
    long long r = modPow(n * n % mod, k >> 1, mod);
    if (k & 1) r = r * n % mod;
    return r;
}
//----------------------------8.3.3.cpp----------------------------//
```

根据模运算规则，可以得到一些有趣的结论。例如，在学校教育阶段大家都学过检验一个整数是否能被 3 整除，只需检验该整数各位数相加之和能否被 3 整除即可，为什么是这样呢？根据模运算规则，有同余式 $10 \equiv 1 \pmod 3$ 成立，因此有 $10^k \equiv 1 \pmod 3$ 成立，则有

$$(a_k a_{k-1} \cdots a_2 a_1 a_0)_{10} = a_k 10^k + a_{k-1} 10^{k-1} + \cdots + a_1 10 + a_0$$
$$\equiv a_k + a_{k-1} + \cdots + a_1 + a_0 \pmod 3$$

同样地，对于 9 来说，由于 $10 \equiv 1 \pmod 9$ 成立，因此有 $10^k \equiv 1 \pmod 9$ 成立，则有

$$(a_k a_{k-1} \cdots a_2 a_1 a_0)_{10} = a_k 10^k + a_{k-1} 10^{k-1} + \cdots + a_1 10 + a_0$$
$$\equiv a_k + a_{k-1} + \cdots + a_1 + a_0 \pmod 9$$

亦即检验一个整数是否能被 9 整除，只需检验该整数各位数相加之和能否被 9 整除即可。类似地，因为 $10 \equiv -1 \pmod{11}$，有

$$(a_k a_{k-1} \cdots a_2 a_1 a_0)_{10} = a_k 10^k + a_{k-1} 10^{k-1} + \cdots + a_1 10 + a_0$$
$$\equiv a_k (-1)^k + a_{k-1}(-1)^{k-1} + \cdots + a_2 - a_1 + a_0 \pmod{11}$$

这表明 $(a_k a_{k-1} \cdots a_2 a_1 a_0)_{10}$ 能被 11 整除的充要条件是对 n 的各位数字交替相加减，所得到的整数 $a_0 - a_1 + a_2 - \cdots + (-1)^k a_k$ 能被 11 整除。

188 Perfect Hash[B]，1230 MODEX[B]，10127 Ones[A]，10162 Last Digit[B]，10489 Boxes of Chocolates[A]，10515 Powers Et Al.[A]，13216 Problem With A Ridiculously Long Name But With A Ridiculously Short Description[A]。

扩展练习

10710 Chinese Shuffle[D]，11036 Eventually Periodic Sequence[D]，11609 Teams[C]，11718 Fantasy of a Summation[C]，12318 Digital Roulette[D]。

8.3.4　模的逆元

两个整数相除求模的处理较为特殊，不存在与前述类似的模运算规则，例如，$2 \equiv 8 \pmod{10}$，但是 $2/2 = 1 \neq 8/2 = 4 \pmod{10}$。当有除法存在时，只能在特定情况下将其转化为乘法的求模运算。

若存在正整数 a、b、m，满足 $a \times b \equiv 1 \pmod{m}$，则称 b 为 a 在模 m 下的逆元，一般记作 $a^{-1} \equiv b \pmod{m}$。逆元存在以下性质：

$$b^{-1} \equiv a \pmod{m}, \quad x/a \equiv y \times b \pmod{m}$$

根据前述的费马小定理，对于任意素数 p，如果整数 a 满足 $1 < a < p$，有

$$a^{p-1} \equiv 1 \pmod{p}$$

根据上述结论，有 $a^{p-1} \equiv a \times a^{p-2} \equiv 1 \pmod{p}$，则 a 的逆元为 a^{p-2}。假设有 $ab \equiv c \pmod{p}$，根据逆元的性质有 $ab/a \equiv b \equiv c \times a^{p-2} \pmod{p}$，该同余式在求解某些模方程时非常有用。

另外一种求逆元的方法是利用扩展欧几里得算法进行求解。给定模数 n，求 a 模 n 的逆元相当于求解 $ax \equiv 1 \pmod{n}$，该同余方程可以转化为求解不定方程 $ax + ny = 1$，利用前述的扩展欧几里得算法，若 $\gcd(a, n) \neq 1$，则 a 模 n 的逆元不存在，否则将扩展欧几里得算法得到的解 x_0 调整到区间 $[0, n-1]$ 即为逆元。

128 Software CRC[A]（软件式循环冗余检查）

你在一家拥有多台计算机的公司工作。你的老板 Penny Pincher[①]有时候想将这些计算机互相连接起来，但是又不愿意花钱购买网卡。就在这时，你无意中提到每台计算机都附带了免费的异步串行接口，Pincher 当然不会放过这个省钱的机会，她指派你编写必要的软件使得这些计算机能够通过这些串口互相通信。

你懂得一些关于网络传输的知识，知道在信息传输中容易发生错误，常用的解决方法是在每条发送的数据末尾附加一段错误检查信息。这段错误检查信息（在大多数情况下）能够让接收程序检测出传输中发生的错误。你立马进了图书馆，借了你能找到的最厚的关于传输方面的参考书，花掉了整个周末的时间（没有加班费的加班时间）来研究错误检查。

最终你得出循环冗余检查（Cyclic Redundancy Check，CRC）是适用于当前问题的最好解决方案，并且写了一张便条给 Pincher，告知她你拟将提出的错误检查解决方案的工作机制细节。

CRC 生成

将被传输的信息视为一个长的正二进制数，信息的第一个字节作为该二进制数的最高位，第二个字节作为次高位，按此约定，这个二进制数（对于整段信息来说）可以称之为 m。在进行传输时，除了传输这 m 个字节外，还需要传输两个额外字节，总共是 $(m+2)$ 个字节，这两个额外字节是此段信息的两字节 CRC 码。

通过适当选择 CRC 码，最终构成的信息 m2 能够被一个 16 位的特定值 g 整除。这使得接收程序能够很容易确定在传送过程中是否发生了传输错误，接收程序只需将接收到的信息除以 g，若余数为 0，则认为在传输过程中没有发生错误。

你注意到在多数参考书中建议的 g 值均为奇数，但各不相同，你选定 34943 作为 g 的值（生成器的值）。

输入与输出

你设计了一个算法，为可能发送的信息计算其对应的 CRC 码。为了测试该算法，你要编写了一个测试程序，该程序从输入中读取一行信息（不包括行末的换行符），为该行信息计算 CRC 码，并将 CRC 码以十六进制进行输出。每行输入包含的 ASCII 字符不超过 1024 个。输入最后以第一列为字符'#'的一行结束。注

---

① 姓名含义为"吝啬鬼"，为命题人设置的玩笑。

意，在输出 CRC 码时，其数值范围为十进制的 0 到 34942。

样例输入	样例输出
this is a test A #	77 FD 0C 86

分析

给定的信息是一个字符序列，不妨令其为 $C=<c_1, c_2, \cdots, c_n>$，则信息对应的二进制数为 $c_1c_2\cdots c_n$，其中 c_1 为最高位，令附加的两个 CRC 码字节为 x_1x_2，则最后形成的二进制数为 $B=c_1c_2\cdots c_nx_1x_2$，由于二进制数 B 中的每一个数位均为 1 个字节，即 8 个位，那么可以按照 2^8 进制，即 256 进制进行处理，最终二进制数 B 转换为十进制数为

$$B = c_1c_2\cdots c_nx_1x_2 = c_1 \cdot 2^{8(n+1)} + c_2 \cdot 2^{8n} + \cdots + c_n \cdot 2^{16} + x_1 \cdot 2^8 + x_2 \cdot 2^0$$

由于 $g=34943$，且有 $B \bmod g=0$，那么根据模运算的相应规则，有

$$\left(c_1 \cdot 2^{8(n+1)} + c_2 \cdot 2^{8n} + \cdots + c_n \cdot 2^{16} + x_1 \cdot 2^8 + x_2 \cdot 2^0\right) \bmod g =$$

$$\left(\left(\left(c_1 \cdot 2^{8(n+1)} + c_2 \cdot 2^{8n} + \cdots + c_n \cdot 2^{16}\right) \bmod g\right) + \left(\left(x_1 \cdot 2^8 + x_2 \cdot 2^0\right) \bmod g\right)\right) \bmod g = 0$$

只要求出 $\left(c_1 \cdot 2^{8(n+1)} + c_2 \cdot 2^{8n} + \cdots + c_n \cdot 2^{16}\right) \bmod g$，则根据模算术规则及余数为 0 的结果，可以求出 $x_1 \cdot 2^8 + x_2 \cdot 2^0$。为了方便解题，可以预先计算 2 的相应乘方模 g 的值以备用。

强化练习

374 Big Mod[E]，550 Multiplying by Rotation[B]，568 Just the Facts[A]，641 Do the Untwist[B]，700 Date Bugs[B]。

8.3.5　离散对数

离散对数（discrete logarithm）问题：给定正整数 a、b、p，其中，p 是素数且 $\gcd(a,p)=1$，确定满足同余式

$$a^x \equiv b \pmod{p}$$

的 x 值，要求 x 为非负整数。由于 p 为素数，由数论的相关结论可知，x 必定有解，且最小解小于 p。

> **知识拓展**
>
> x 必定有解的证明，请读者查阅数论相关的教材以获得进一步的了解。此处仅简要说明在 x 有解的情况下，必定有最小解。由于 $\gcd(a,p)=1$，由欧拉定理，有
>
> $$a^{\varphi(p)} \equiv 1 \pmod{p} \Rightarrow a^{y\varphi(p)} \equiv 1 \pmod{p}, \ y \in \mathbb{N}^*$$
>
> 而
>
> $$x \bmod \varphi(p) = x - y\varphi(p) < \varphi(p) < p, \ y \in \mathbb{N}^*$$
>
> 考虑到
>
> $$a^{x \bmod \varphi(p)} \equiv \frac{a^x}{a^{y\varphi(p)}} \equiv a^x \pmod{p}, \ y \in \mathbb{N}^*$$
>
> 故 x 必有解且有
>
> $$x < \varphi(p) < p$$

可以证明，当 p 为素数时，正整数 a 的 1 次幂～$(p-1)$ 次幂模 p 的值互不相同，亦即模 p 的值取遍 1～$p-1$。例如，取 $p=5$、$a=2$，有

$$2^1 \equiv 2 \pmod 5, \ 2^2 \equiv 4 \pmod 5, \ 2^3 \equiv 3 \pmod 5, \ 2^4 \equiv 1 \pmod 5$$

根据上述结论，可以应用小步大步（baby-step and giant-step）算法来求解 x。此算法的基本思想为分块处理，以便于提高搜索的效率。令 $s = \sqrt{p}$ ，则可以将 x 表示为

$$x = g \times s + r, \ 0 \leqslant g < s, 0 \leqslant r < s$$

知识拓展

亦可将 x 定义为

$$x = g \times s - r, \ 1 \leqslant g \leqslant s, \ 0 \leqslant r < s, \ s = \sqrt{p}$$

这样可以避免计算模的逆元，因为根据模运算的乘法规则，有

$$a^x \equiv a^{g \times s - r} \equiv b \pmod p \Rightarrow a^{g \times s} \equiv b a^r \pmod p$$

只需在初始时将 ba^r 存入有序表与 r 对应即可，然后枚举 g 来查找 $a^{g \times s}$ 是否在有序表中存在。注意，在此种情形下，需要从 1 开始枚举 g。此种分解方式与正文中的分解方式无本质差别，目标均在于不重复地生成从 0 到 $p-1$ 的所有整数。

那么有 $a^x = a^{g \times s} \times a^r$。通过枚举 r 的值，可以得到 a^r，将其放入一个有序表（如 STL 中的 map 数据结构）中，使得 r 和 a^r 形成映射。然后从 0 开始，从小到大枚举 g 的值，检查是否有 a^r 满足

$$a^{g \times s} \times a^r \equiv b \pmod p$$

由于 p 为素数，$a^{g \times s}$ 存在模 p 的逆元 $(a^{g \times s})^{p-2}$，相当于检查是否有 a^r 满足

$$a^r \equiv b \times \left(a^{g \times s}\right)^{p-2} \pmod p$$

若能找到这样的 a^r，则停止枚举。由于 r 和 a^r 构成映射，由 a^r 可得到 r，进而可由 $x = g \times s + r$ 得到最小解。在具体计算 $(a^{g \times s})^{p-2}$ 时，可以使用快速幂技巧以提高计算效率。

```cpp
//----------------------------8.3.5.cpp----------------------------//
typedef long long ll;

ll modPow(ll n, ll k, ll mod)
{
    if (k == 0) return 1LL % mod;
    ll r = modPow(n, k >> 1, mod);
    r = r * r % mod;
    if (k & 1) r = r * n % mod;
    return r;
}

ll modLog(ll x, ll n, ll p)
{
    map<ll, ll> hash;
    ll s = (ll)sqrt((double)p);
    while (s * s <= p) s++;
    ll baby = 1;
    for (ll r = 0; r < s; r++) hash[baby] = r, baby = baby * x % p;
    ll giant = 1;
    for (ll b = 0; b < s; b++) {
        ll xr = n * modPow(giant, p - 2, p) % p;
        if (hash.count(xr)) return b * s + hash[xr];
        giant = giant * baby % p;
    }
    return -1;
}
//----------------------------8.3.5.cpp----------------------------//
```

扩展练习

11916[①] Emoogle Grid[D]。

8.3.6　中国剩余定理

大约在公元 100 年成书的《孙子算经》提出了如下问题：今有物不知其数，三三数之剩二，五五数之剩三，七七数之剩二，问物几何？翻译成现代数学语言就是求解下列一元同余方程组

$$\begin{cases} x \equiv 2 \pmod 3 \\ x \equiv 3 \pmod 5 \\ x \equiv 2 \pmod 7 \end{cases}$$

《孙子算经》中给出了答案"二十三"和具体的解法。将该解法一般化并进行形式化地表述即为中国剩余定理（Chinese Remainder Theorem，CRT）：设有正整数 $m_1, m_2, \cdots, m_k$ 两两互素，则同余方程组

$$\begin{cases} x \equiv a_1 \pmod{m_1} \\ x \equiv a_2 \pmod{m_2} \\ \cdots \\ x \equiv a_k \pmod{m_k} \end{cases}$$

有整数解，并且在模 $M = m_1 \times m_2 \times \cdots \times m_k$ 下的解是唯一的，解为

$$x \equiv \left(a_1 M_1 M_1^{-1} + a_2 M_2 M_2^{-1} + \cdots + a_k M_k M_k^{-1} \right) \bmod M$$

其中，$M_i = M/m_i = m_1 m_2 \cdots m_{i-1} m_{i+1} \cdots m_k$，$M_i^{-1}$ 为 M_i 模 m_i 的逆元，$1 \leqslant i \leqslant k$。

中国剩余定理并不是一种算法，它是一种描述性定理，可以为解题提供方法和思路。根据该定理，结合扩展欧几里得算法，可以容易地求得同余方程组的解。

```
//----------------------------8.3.6.cpp----------------------------//
int CRT(int a[], int m[], int n)
{
    int M = 1, r = 0;
    for (int i = 0; i < n; i++) M *= m[i];
    for (int i = 0, Mi, x, y; i < n; i++) {
        Mi = M / m[i];
        // 根据扩展欧几里得算法求 Mi 模 m[i] 的逆元。
        extgcd(Mi, m[i], x, y);
        r = (r + a[i] * Mi * x) % M;
    }
    if (r < 0) r += M;
    return r;
}
//----------------------------8.3.6.cpp----------------------------//
```

强化练习

756[②] Biorhythms[B]。

扩展练习

11754 Code Feat[D]。

[①] 11916 Emoogle Grid 中，令 r 为障碍所在行的最大值，则 M 至少应该为 r。根据题目的约束，可以分为 $M=r$，$M=r+1$，$M>r+1$ 三种情况求解。对于前两种情况，可以应用组合计数计算方案数，检查模 100000007 的值是否为 R。对于 $M>r+1$，每增加一行，总的染色方案数就在原 $r+1$ 行染色方案数的基础上乘以一次 $(K-1)^N$，令 $M=r+1$ 时的染色方案数为 C，且令 $X=(K-1)^N$，则转化为求离散对数 $C \times X^Y = R \pmod{100000007}$，由于 100000007 是素数，故 Y 有最小解，则所求 $M=r+1+Y$。

[②] 756 Biorhythms 中，注意边界情况的处理，如"1 1 1 0"这样的测试数据。

8.3.7　波拉德 ρ 启发式因子分解算法

对于较大的整数来说，使用前述介绍的素因子分解方法，效率不是很高。波拉德[①]于 1975 年提出了一种因子分解的"奇特"方法——波拉德 ρ 启发式因子分解算法（以下简称"波拉德 ρ 算法"）[66]。

设 n 是一个大合数，p 是它的最小素因子，选取若干正整数 $x_0, x_1, \cdots, x_s$，使得它们有不同的模 n 最小非负剩余，但它们模 p 的最小非负剩余不是全部不同的。通过概率公式可以证明，在 s 与 $\sqrt{p}$ 相比时较大，而与 $\sqrt{n}$ 相比时又较小，而且数字 $x_1, x_2, \cdots, x_s$ 随机选取，这是可能发生的[67]。

一旦找到整数 x_i 和 x_j，$0 \leq i < j \leq s$，满足 $x_i \equiv x_j$（mod p），但 $x_i \not\equiv x_j$（mod n），则 gcd($x_i - x_j, n$)是 n 的非平凡因子。这是因为 p 整除 $x_i - x_j$，但 n 不整除 $x_i - x_j$，可以使用欧几里得算法迅速求出 gcd($x_i - x_j, n$)。然而，对于每对(i, j)，$0 \leq i < j \leq s$，求 gcd($x_i - x_j, n$)共需要求 $O(s^2)$ 个最大公因子。

可以使用下面的方法寻找这样的整数 x_i 和 x_j：首先随机选取种子值 x_0，而 $f(x)$ 是次数大于 1 的整系数多项式，然后利用递归定义

$$x_{k+1} \equiv f(x_k)(\bmod n), \ 0 \leq x_{k+1} < n$$

计算 x_k，$k = 1, 2, \cdots$。多项式 $f(x)$ 的选取应该使得有很高的概率在出现重复之前生成适当多的整数 x_i。经验表明，多项式 $f(x) = x^2 + 1$ 在这一检验中表现良好。

波拉德 ρ 启发式因子分解算法

波拉德 ρ 算法通过下列步骤重复选择 x_1 和 x_2，直到求出一个合适的"数对"——(x_1, x_2)。

（1）选择 x_1，x_1 可以通过伪随机数生成器获得（或者手动指定），x_1 称为种子。

（2）运用一个生成函数得到 x_2，使得 n 不能整除 $x_1 - x_2$，一个常用的生成函数为

$$x_2 = f(x_1) = x_1^2 + a$$

其中，a 可以选 1 或者通过随机数生成器获得。

（3）计算 gcd($x_1 - x_2, n$)，如果它不是 1，则是 n 的一个因子；如果它是 1，返回步骤（1）并用 x_2 代替 x_1 重复算法过程。

以下是波拉德 ρ 启发式因子分解算法的一种参考实现。

```cpp
//-----------------------------8.3.7.cpp-----------------------------//
// 利用模运算规则将乘法转换为加法以尽量避免溢出。
long long multiplyMod(long long a, long long b, long long mod)
{
    long long r = 0, m = a % mod;
    while (b) {
        if (b & 1) r = (r + m) % mod;
        m = (m * 2) % mod;
        b >>= 1;
    }
```

[①]　约翰·迈克尔·波拉德（John Michael Pollard，1941—），英国数学家。

```
        return r;
    }

    // 波拉德 Rho 启发式因子分解算法。
    long long pollardRho(long long n, long long c)
    {
        // 以系统时间作为随机数生成器的种子。
        srand(time(NULL));
        long long i = 1, k = 2;
        long long x = rand() % n, y = x;
        while (true) {
            i++;
            x = (multiplyMod(x, x, n) + c) % n;
            // __gcd 是 GCC 的一个内置函数，用于求最大公约数。
            long long d = __gcd(abs(y - x), n);
            if (d != 1 && d != n) return d;
            if (y == x) return n;
            if (i == k) y = x, k <<= 1;
        }
    }
    //-----------------8.3.7.cpp---------------//
```

> **注意**
>
> 为了尽可能提高算法获得有效的输出的概率，在实现时并不是使用前后两个生成的 x 值的差与 n 值求最大公约数，而是固定一个已经生成的 x 值，令其为 y，使用后续生成的 x 值与此固定值 y 的差来求最大公约数，每当求值的次数达到 2 的幂次数时，使用新生成的 x 值来更新固定值 y。

因为算法在计算过程中使用的是伪随机数，而伪随机数是有范围的，如果列出算法中所计算的 x 值，就会发现最终要重复某个值，以每个 x 值为图的一个顶点，从上一个 x 值到下一个 x 值连接一条有向边，会得到一个类似于希腊字母 ρ（rho）形状的图形，所以算法得名为波拉德 ρ 算法，如图 8-2 所示。

图 8-2 中，$x_{i+1}=(x_i^2+1) \bmod 1817$，$x_1=1$。$1817=23\times79$，黑色箭头指向在因子 79 被发现之前程序执行过程所产生的数，灰色箭头指向在迭代过程中未到达的数（446 除外）。1817 的素因子在到达 $x_8=1527$ 时发现，此时 $\gcd(26-1527, 1817)=79$，第一个重复的 x 值为 446。

应用波拉德 ρ 算法一般结合米勒-拉宾素性测试进行。对于给定的一个较大的整数，先使用素性测试检查其是否为素数，如果不是素数，则使用波拉德 ρ 算法找出其一个较小的因子，之后继续进行分解，这样可以较为有效地加快因子分解的过程。需要注意的是，波拉德 ρ 算法是一种随机算法，因此其既不能

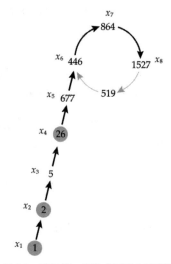

图 8-2 波拉德 ρ 启发式因子分解算法

保证运行时间也不能保证其运行成功，不过此过程在实际应用中还是非常有效的，其期望时间复杂度为 $O(n^{1/4})$。

强化练习

10392[①] Factoring Large Numbers[A]。

---

① 10392 Factoring Large Numbers 的题目描述中未明确指定数据范围，只需预先筛出小于 10^7 的素数即可。对于 UVa OJ 上的评测数据，给定整数的素因子分解式中只有一个素因子会超过 10^7。

8.4 日期和时间转换

8.4.1 日期转换

目前国际通用的历法为格里高利历，但历史上各国采用格里高利历的时间不同，因此也造成在相当长一段时间内，各国使用的历法表示的日期并不统一。

强化练习

505 Moscow Time[D]，518 Time[D]，10070 Leap Year or Not Leap Year[A]。

给定一个日期，求经过指定天数后的日期，朴素的方法是将日期转换为天数，加上经过的天数，再转换为日期。将日期转换为天数的方法是先设定一个基准日期，将其作为第一天，对应的经过的天数定为 1（即当天也算在经过的天数之内，这样便于计算），将其他日期相对于基准日期所经历的天数计算出来。如果将公元 1 年 1 月 1 日定为基准日期，若要将日期 *yyyy-mm-dd*（*yyyy* 表示年份，为正整数，*mm* 表示月，取值为 1~12，*dd* 表示日，取值为 1~31）转换为天数，需要计算在 *yyyy* 年 1 月 1 日之前所经过的天数，加上在 *yyyy* 年的 *mm* 月 1 日之前所经过的天数，最后加上天数 *dd* 即为相对基准日期所对应的天数值。将相对于基准日期的天数转换为日期的过程与前述步骤正好相反。

```cpp
//-----------------------------8.4.1.cpp-----------------------------//
const int daysOfYear = 365;
const int daysOf4Years = daysOfYear * 4 + 1;          // 1461
const int daysOf100Years = daysOf4Years * 25 - 1;     // 36524
const int daysOf400Years = daysOf4Years * 100 - 3;    // 146097

// 定义某月 1 日之前所经过的天数，区分平年和闰年。
const int daysBeforeMonth[2][13] = {
    {0, 31, 59, 90, 120, 151, 181, 212, 243, 273, 304, 334, 365},
    {0, 31, 60, 91, 121, 152, 182, 213, 244, 274, 305, 335, 366}
};

// 表示日期的结构体。
struct date {
    int yyyy, mm, dd;
    date (int yyyy = 0, int mm = 0, int dd = 0): yyyy(yyyy), mm(mm), dd(dd) {}
};

// 判断给定的年份是否为闰年。
bool isLeapYear(int yyyy)
{
    return ((yyyy % 4 == 0 && yyyy % 100 != 0) || yyyy % 400 == 0);
}

// 以公元元年 1 月 1 日为基准日期，将公元元年以后的日期转换为天数。
int toDays(int yyyy, int mm, int dd)
{
    int days = 0, year = yyyy - 1;
    days += (year / 400) * daysOf400Years, year %= 400;
    days += (year / 100) * daysOf100Years, year %= 100;
    days += (year / 4) * daysOf4Years, year %= 4;
    days += year * daysOfYear;
    days += daysBeforeMonth[isLeapYear(yyyy)][mm - 1] + dd;
    return days;
};

// 将天数转换为日期。
date toDate(int days)
{
    int yyyy = 0, mm = 0, dd = 0, cntOf100Years, cntOfYear;
```

```
// 确定年份。注意每100年和每4年转换时的处理。
yyyy += (days / daysOf400Years) * 400, days %= daysOf400Years;
yyyy += (cntOf100Years = days / daysOf100Years) * 100, days %= daysOf100Years;
yyyy += (days / daysOf4Years) * 4, days %= daysOf4Years;
yyyy += (cntOfYear = days / daysOfYear), days %= daysOfYear;
if (days == 0) {
    if (cntOf100Years == 4 || cntOfYear == 4) return date(yyyy, 12, 30);
    return date(yyyy, 12, 31);
}

// 对于剩余天数为 0 的情况需要根据最后得到的年数进行特殊处理。
yyyy++;
int leapYear = isLeapYear(yyyy);
for (int i = 1; i <= 12; i++)
    if (daysBeforeMonth[leapYear][i] >= days) {
        mm = i;
        dd = days - daysBeforeMonth[leapYear][i - 1];
        break;
    }
return date(yyyy, mm, dd);
}
//---------------------------8.4.1.cpp---------------------------//
```

893 Y3K Problem[B]（3000 年问题）

编写程序确定指定日期 D 经过 N 天后的日期 D'，N 为小于 1000000000 的整数，D 为 3000 年 1 月 1 日前的某个日期。注意，在标准的格里高利历中，除了闰年有 366 天外，平年为 365 天。能被 4 整除但不能被 100 整除的年份为闰年，能够被 400 整除的年份也是闰年，其他年份为平年，因此 1900 年不是闰年，1904 年，1908 年……1996 年是闰年，2000 年也是闰年。在平年中，每月的天数依次为 31、28、31、30、31、30、31、31、30、31、30、31，在闰年中，二月份有 29 天。

输入

输入包含多行，每行包含 4 个由空格分隔的整数，第一个整数为从指定日期经过的天数（在 0 和 999999999 之间），接着是按 *DD MM YYYY* 格式给出的日期，其中，*DD* 表示日（1~31），*MM* 表示月（1~12），*YYYY* 表示年（1998~2999），上述给出的数值范围均为闭区间。输入的最后一行为 4 个 0，表示输入结束。

输出

每行输入对应一行输出（除 4 个 0 外），表示输入的日期在经过指定的天数后的日期。输出时的日期格式与输入时的日期格式相同。

样例输入
```
1 31 12 2999
0 0 0 0
```

样例输出
```
1 1 3000
```

分析

先确定一个基准日期，将给定日期转换为距离此基准日期的天数，加上指定的偏移天数后再将天数转换为日期即可。过程中涉及简单的整除和模运算，需要注意细节。

参考代码
```
int main(int argc, char *argv[])
{
    int days, dd, mm, yyyy;

    while (cin >> days >> dd >> mm >> yyyy) {
        if (yyyy == 0) break;
        date next = toDate(toDays(yyyy, mm, dd) + days);
        cout << next.dd << ' ' << next.mm << ' ' << next.yyyy << '\n';
    }

    return 0;
}
```

由于 C++中并未内建支持日期操作的辅助类库，使用 Java 提供的 Calendar 类显得更为简便。Calender 类是一个抽象类，且 Calendar 类的构造方法是 protected 的，所以无法使用 Calendar 类的构造方法来创建对象，而需使用 Java 的 API 中提供的 getInstance 方法来创建对象。

```
// 实例 c 的值为系统的当前时间。
Calender c = Calender.getInstance();
```

Calendar 类有两个常用的方法，即 set 方法和 get 方法，它们的作用是设置 Calendar 对象实例的时间。其方法声明如下：

```
// 使用年、月、日设置日期。
public final void set(int year, int month, int date);
// 设置日期的字段值。
public void set(int field, int value);

// 获取日期的字段值。
public int get(int field);
```

在 set 和 get 方法中，参数 field 代表需要设置的字段类型，常见类型如下：

```
Calendar.YEAR              //年份。
Calendar.MONTH             //月份。
Calendar.DATE              //日期，月份的第几天。
Calendar.DAY_OF_MONTH      //日期，与 Calendar.DATE 字段意义相同。
Calender.DAY_OF_YEAR       //年度的第几天，从 1 开始计数。
Calendar.HOUR              //12 小时制的小时数。
Calendar.HOUR_OF_DAY       //24 小时制的小时数。
Calendar.MINUTE            //分钟。
Calendar.SECOND            //秒。
Calendar.DAY_OF_WEEK       //星期几。
```

需要注意的是，在设置或获取 Calendar 实例的日期字段值时，月份是从 0 开始计数，年份和天数从 1 开始计数，因此设置日期为 2019 年 12 月 31 日，需要按下述方式设置[1]。

```
Calendar c = Calendar.getInstance();
c.set(2019, 11, 31);
```

除了 set 和 get 方法，Calendar 类中还有若干在解题中非常有用的方法，以下列举一二。

```
// 在 Calendar 对象中的某个字段上增加或减少一定的数值，增加时 amount 的值为正，
// 减少时 amount 的值为负。
public abstract void add(int field, int amount);

// 判断当前日期对象是否在 when 对象所指定的日期之后，如果是返回 true，否则返回 false。
public boolean after(Object when);

// 判断当前日期对象是否位于另外一个日期对象之前。
public boolean before(Object when);
```

12148 Electricity[D]（用电量）

为了节省开支，Martin 和 Isa 每天都会将电表的读数记下来，以便了解每天的用电量。但有时候，他们会忘记查看电表，导致记录有些地方不连续。给定一份电表读数的记录，确定能够准确得出用电量的天数及总的用电量。

输入

输入包含多组测试数据。每组测试数据的第一行包含一个整数 N，表示此组测试数据进行了多少次电表记录，$2 \leqslant N \leqslant 10^3$。接下来的 N 行中，每行包含四个整数 D、M、Y 和 C，以单个空格分隔，表示记录中的日期（$1 \leqslant D \leqslant 31$）、月份（$1 \leqslant M \leqslant 12$）、年份（$1900 \leqslant Y \leqslant 2100$），以及当天电表的读数（$0 \leqslant C \leqslant 10^6$）。给

① Calendar.MONTH 的返回值和历法种类有关，在格里高利历和儒略历中，一月份所对应的返回值为 0，最后一个月份的返回值和历法中一年内包含多少个月份有关。Calendar.DAY_OF_WEEK 的返回值是 {SUNDAY=1, MONDAY=2, TUESDAY=3, WEDNESDAY=4, THURSDAY=5, FRIDAY=6, SATURDAY=7} 之一。需要注意的是，按西方国家的习惯，此处约定 SUNDAY 是一个星期的第一天。

定的 *N* 行记录以日期递增的顺序给出，可能包含闰年。电表的读数严格递增（也就是说，没有两个读数是相同的）。你可以假定给定的所有日期都是合法的。请注意，某年是闰年，是指该年份可以被 4 整除但不能被 100 整除或者能被 400 整除。输入的最后包含一个数字 0，表示输入结束。

输出

对于每组测试数据，输出一行，包含以单个空格分隔两个整数：第一个整数表示能够准确得出用电量的天数，第二个整数表示这些天中用电量的总和。

样例输入

```
5
9 9 1979 440
29 10 1979 458
30 10 1979 470
1 11 1979 480
2 11 1979 483
0
```

样例输出

```
2 5
```

分析

题意是指输入中两个相邻的日期如果相差 1 天，那么用电量可以准确计算。例如，样例输入中第三行的日期为 1979 年 10 月 29 日，第四行的日期为 1979 年 10 月 30 日，两者相差 1 天，那么这 1 天内的用电量可以准确计算，为 470–458=12。解题思路非常简单而直接，将输入中的日期解析为 Java 的 `Calendar` 对象，使用 add 方法将天数加 1，然后判断日期是否相同即可。

参考代码

```java
import java.util.*;

public class Main {
    public static void main(String[] args) {
        Scanner scan = new Scanner(System.in);
        int n;
        while ((n = scan.nextInt()) > 0) {
            int days = 0, consumption = 0;
            int D1, M1, Y1, C1, D2, M2, Y2, C2;
            Calendar c = Calendar.getInstance();
            D1 = scan.nextInt(); M1 = scan.nextInt(); Y1 = scan.nextInt();
            C1 = scan.nextInt();
            for (int i = 1; i < n; i++) {
                D2 = scan.nextInt(); M2 = scan.nextInt(); Y2 = scan.nextInt();
                C2 = scan.nextInt();
                c.set(Y1, M1 - 1, D1);
                c.add(Calendar.DAY_OF_MONTH, 1);
                D1 = c.get(Calendar.DAY_OF_MONTH);
                M1 = c.get(Calendar.MONTH) + 1;
                Y1 = c.get(Calendar.YEAR);
                if (D1 == D2 && M1 == M2 && Y1 == Y2) {
                    days++;
                    consumption += C2 - C1;
                }
                D1 = D2; M1 = M2; Y1 = Y2; C1 = C2;
            }
            System.out.printf("%d %d\n", days, consumption);
        }
    }
}
```

强化练习

150 Double Time[D]，300 Maya Calendar[A]，602 What Day Is It[B]，631 Microzoft Calendar[E]，11219 How Old Are You[A]，11356 Dates[C]，11947 Cancer or Scorpio[B]，12019 Doom's Day Algorithm[A]，13025 Back to the Past[B]。

13025 Back to the Past 有以下多种解题方法。

（1）通过查询智能手机的日历解题。

（2）使用 Java 的 Calendar 类解题。

（3）根据某个已知日期（如操作系统的当前日期）是星期几，以及已知日期和 2013 年 5 月 29 日之间相差的天数来推算。

（4）由同余知识得到的计算公式进行计算。

把 3 月算做这一年的第一个月，4 月算做这一年的第二个月……12 月算作这一年第十个月，下一年的 1 月算做这一年的第十一个月，下一年的 2 月算做这一年的第十二个月，在这样的规定下：1991 年 9 月 2 日就要写为"1991"年"7"月 2 日；而 1991 年 1 月 3 日就要写为"1990"年"11"月 3 日，即日期 D 按照如下格式指定：

$$D = \text{"}N\text{"} \text{年} \text{"}m\text{"} \text{月} d \text{日}$$

对星期几也给定一个数字予以表示：

星期日=0，星期一=1，星期二=2，星期三=3，星期四=4，星期五=5，星期六=6

这些代表星期几的数字称为星期数，令日期 D 的星期数为 W_D，可以证明：

$$W_D \equiv d + \left[(13m-1)/5 \right] + y + [y/4] + [c/4] - 2c \pmod{7}$$

公式中的除法为整除，c 和 y 由下式确定：

$$N = 100 \cdot c + y, \ 0 \leqslant y < 100$$

对于本题，按照日期表示的约定，2013 年 5 月 29 日应写为

$$D = \text{"}2013\text{"} \text{年} \text{"}3\text{"} \text{月} 29 \text{日}$$

所以 $c=20$，$y=13$，$m=3$，$d=29$，由计算公式可得

$$W_D \equiv 29 + [38/5] + 13 + [13/4] + [20/4] - 40 \equiv 29 + 7 + 13 + 3 + 5 - 40 \equiv 3 \pmod{7}$$

则 2013 年 5 月 29 日是星期三。需要注意的是，采用上述公式计算星期几只适用于格里高利历法中自 1582 年 10 月 15 日之后的日期，因为格里高利在对历法进行改革时，将 1582 年 10 月 4 日的下一天定为 1582 年 10 月 15 日，导致日期不连续。

8.4.2　时间转换

1884 年，在华盛顿召开的一次国际经度会议（又称国际子午线会议）上，将全球划分为 24 个时区（东、西各 12 个时区），规定英国（格林尼治天文台旧址）为中时区（零时区）。每个时区横跨经度 15°，时间正好是 1 小时。最后的东、西第 12 区各跨经度 7.5°，以东、西经 180° 为界。每个时区的中央经线上的时间就是这个时区内统一采用的时间，称为区时，相邻两个时区的时间相差 1 小时。每个时区都有一个缩略代码，例如，CCT 表示中国北京时间、EDT 表示美国东部夏令时等。中国使用的是单一时区制，即使用的均是东八区（UTC+8）时间，比协调世界时间（Coordinated Universal Time，UTC）快 8 小时。

在有关时间转换的题目中，一般是先将时间转换为协调世界时间，然后根据各个时区的偏移转换为当地时间。在此过程中，可以使用 map 数据结构将时区代码与偏移相关联。

对于钟面时间转换，则一般采取将时间换算为从零点开始经过的分钟数或者秒数，加上偏移后再使用模运算转换为其他时间格式。

10339 Watching Watches[D]（监视钟表）

给定两块同样的手表，对时到午夜零点，两块表均以各自固定的速率走时，但是每天分别慢 k 秒和 m 秒，那么下次两块表同时指示完全一致的时间是什么时刻？

输入

输入包含多行，每行包含两个不同的非负整数 k 和 m，其值在 0 到 256 之间，表示两块表每天各自慢

多少秒。

输出

对于每行输入输出一行，先输出 k、m，然后输出钟表上的时间，精确到分钟。符合要求的时间范围为 01:00 至 12:59。

样例输入	样例输出
1 2 0 7	1 2 12:00 0 7 10:17

分析

对于具有 12 小时刻度的表来说，每天慢一秒，则只有在慢 12 小时后才能刚好和走时正确的表所指示时间完全一致，12 小时为 43200 秒，故每天慢一秒的表每隔 43200 天才指示一次准确的时间。类似地，两块表各自慢 k 秒和 m 秒，则经过

$$d = \frac{43200.0}{\mathrm{abs}(k-m)}$$

天后（abs 表示取绝对值，d 为浮点数），两块表所指示的时间就会再次完全一致。此时，对于每天慢 k 秒的表来说，在这 d 天的时间，它一共走了

$$s = d \times (24 \times 60 \times 60 - k)$$

秒的时间，将其转换为钟面时间即可。使用每天慢 m 秒的表来计算会得到同样的结果。

参考代码

```cpp
int main(int argc, char *argv[])
{
  int k, m;
  while (cin >> k >> m) {
      double seconds = fmod(43200.0 / abs(k - m) * (86400.0 - k), 86400.0);
      int minutes = seconds / 60 + 0.5, hours = (minutes / 60) % 12;
      cout << k << ' ' << m << ' ';
      cout << setw(2) << setfill('0') << (hours ? hours : 12) << ':';
      cout << setw(2) << setfill('0') << (minutes % 60) << '\n';
  }
  return 0;
}
```

强化练习

579 Clock Hands[A]，10371 Time Zones[C]，10683 The Decadary Watch[B]，11650 Mirror Clock[A]，11677 Alarm Clock[A]，11958 Comming Home[B]，12136 Schedule of a Married Man[B]，12439 February 29[B]，12531 Hours and Minutes[B]。

8.5 小结

数论可以说是比较难驾驭的内容，在编程竞赛中，往往是一个数学结论撑起一道题目。数论的一个重要内容是研究素数的性质，因此在早期的编程竞赛中经常出现与素数有关的题目，掌握素数的判定方法，特别是线性素数筛非常必要。求公约数的欧几里得算法，其辗转相除求公约数的思想需要掌握，而由欧几里得算法衍生得到的扩展欧几里得算法是求解一次同余式的一个简便方法。欧拉函数和莫比乌斯函数（包括本书未予介绍的莫比乌斯反演定理）在一些难题中经常出现。

在此基础上，读者可以逐步扩展自己的数论知识面，包括但不限于初等数论的原根、平方剩余、二次同余式、二次互反律；离散数学的群、置换群、循环群；高等数学中的快速傅里叶变换、卷积、泰勒级数；线性代数中的矩阵的逆、行列式及运算。

第 9 章
几何

> Let no one ignorant of geometry enter.
>
> ——柏拉图学园[①]

几何（geometry）是一门古老的学科，是数学的一个基本分支，主要研究有关形状、大小、图形的相对位置、空间的属性等问题。正如"几何"的含义——是"多少"的问题，在编程竞赛中常见的是点、直线、三角形、圆等有关的距离或角度计算的主题。由于不能使用浮点数精确地表示所有实数，在计算过程中需要特别注意浮点数运算的精度问题。

9.1 点

在表示点（point）时，因为使用的坐标系不同，一般有两种常用的表示方法。一种是在直角坐标系（Cartesian coordinate system，又称笛卡儿坐标系）中，使用一个有序实数对(x, y)来表示某个点相对于原点$(0, 0)$在 X 轴和 Y 轴上的偏移量。可使用结构体表示如下：

```
struct pointOfCartesian {
    double x, y;
};
```

另一种是在极坐标系（polar coordinate system）中，使用相对于原点的距离 d 和角度 a 来表示一个点。

```
struct pointOfPolar {
    double d, a;
};
```

表示角度的 a 的单位可使用角度单位或者弧度单位。两种坐标系可相互转换，极坐标转换为直角坐标：

$$x = d\cos(\alpha), \ y = d\sin(\alpha)$$

直角坐标转换为极坐标：

$$d = \sqrt{x^2 + y^2}, \ \alpha = \arctan\left(\frac{y}{x}\right)$$

其中，arctan 为反正切。在 $x=0$ 的情况下，若 y 为正数，则 a 等于 90°（π/2 弧度）；若 y 为负数，则 a 为−90°（−π/2 弧度）。极坐标在计算点连续移动后的最终位置时非常有用，给定点移动的距离和转角，使用坐标转换公式即可得到点相对于初始位置在 X 轴和 Y 轴的位移（有正负），将初始坐标加上位移即为最终位置的坐标。

如果给定两个点的坐标，根据直角坐标系中两点之间的距离公式，可以很容易地计算其距离。有时在解题时并不需要计算其实际距离，而只需比较距离大小，那么可以使用两点间距离的平方来代替实际距离进行比较。

```
// 两点间距离的平方。
double squareOfDistance(point a, point b)
{
    return pow(a.x - b.x, 2) + pow(a.y - b.y, 2);
}

// 两点间的实际距离。
```

[①] Plato's Academy，又称柏拉图学院，是由古希腊哲学家柏拉图（Plato，约前 427—前 347）在约公元前 387 年创立于雅典的学校。

```
double distanceOfCartesian(point a, point b)
{
    return sqrt(squareOfDistance(a, b));
}
```

强化练习

142 Mouse Clicks[B]，920 Sunny Mountains[B]，1595 Symmetry[C]，10242 Fourth Point[A]，10310 Dog and Gopher[A]，10357 Playball[D]，10585 Center of Symmetry[C]，11519 Logo 2[D]。

扩展练习

10687 Monitoring the Amazon[C]。

9.2 直线

9.2.1 直线的表示

两个不重合的点确定一条直线，因此很自然地，可以使用以下的方法定义直线：

```
struct line { point a, b; };
```

此表示方法一般为处理问题的基础，因为大多数情况下都是先给出直线上两点的坐标，然后由此得到直线的其他表示形式。

亦可用"斜截式"——直线的斜率 k 和在 Y 轴上的截距 b 来表示一条直线。

```
struct line {
    double k, b;
    line (double k = 0, double b = 0): k(k), b(b) {}
};
```

此时，直线的方程为

$$y = kx + b$$

但对于与 X 轴垂直的直线，无法使用"斜截式"表示，因为"垂线"的斜率为无穷大，故一般使用以下形式表示与 X 轴垂直的直线。

$$x = C$$

其中，C 为一个常数。对于与 X 轴平行的直线，仍可以使用"斜截式"表示，此时直线的斜率为 0。

为了克服"斜截式"的不足，可以使用"一般式"来表示直线。直线的一般式方程如下：

$$ax + by + c = 0$$

在代码中可以使用一般方程的系数来表示直线。

```
struct line {
    double a, b, c;
    line (double a = 0, double b = 0, double c = 0): a(a), b(b), c(c) {}
};
```

当给定两个不同点时，可以由其确定一条直线：

```
const double EPSILON = 1E-7;

// 根据两点得到一条直线，使用一般形式表示。
line getLine(double x1, double y1, double x2, double y2)
{
    return line(y2 - y1, x1 - x2, y1 * (x2 - x1) - x1 * (y2 - y1));
}

line getLine(point p, point q)
{
    return getLine(p.x, p.y, q.x, q.y);
}
```

若给定是直线的斜率和直线上的一点，则可按如下方式进行转换。

```
// 将使用斜率与直线上一点来表示直线的方式转换为一般形式。
line getLine(double k, point u)
{
    // 直线与 X 轴不垂直，系数 b 规定为 1。
    return line(k, -1.0, u.y - k * u.x);
}
```

有时为了程序处理上的便利，可以使用直线与 X 轴之间的角度，以及两个点来表示直线。这种表示形式可以按需要进行极角排序，例如，在半平面交的排序增量算法中就利用了这种形式来表示直线，这样便于算法的实现。

```
struct line {
    point a, b;
    double angle;
};
```

强化练习

184 Laser Lines[B]，905 Tacos Panchita[E]，10167 Birthday Cake[B]。

9.2.2 直线间关系

平面上的两条直线之间的关系有三种：相交、平行、重合。首先考察平行和重合的情况。若两条直线平行，则其斜率相等，但是截距不等。若两条直线重合，则其标准形式的三个系数均相等。由于判断实数相等时因浮点数表示的缘故可能存在误差，需要采用"系数差值的绝对值小于某个阈值即认为相等"的方式进行判断。

```
const double EPSILON = 1e-7;

// 判断两条直线是否平行。
bool parallel(line p, line q)
{
    return (fabs(p.a * q.b - q.a * p.b) < EPSILON);
}

// 判断两条直线是否重合。
bool same(line p, line q)
{
    return parallel(p, q) && (fabs(p.c - q.c) < EPSILON);
}
```

当两条直线相交时，经常需要求其交点。在求交点之前，预先判断两条直线是否平行或重合，如果平行，则不存在交点；如果重合，则处处是交点。在具体解题时，需要根据特定情况进行取舍。

```
struct point {
    double x, y;
    point (double x = 0, double y = 0): x(x), y(y) {}
};

// 求两条不同直线的交点。
bool getIntersection(line p, line q, point &pi)
{
    // 判断两条直线是否平行，如果平行则无交点。
    if (fabs(p.a * q.b - q.a * p.b) < EPSILON) return false;
    pi.x = (q.c * p.b - p.c * q.b) / (p.a * q.b - q.a * p.b);
    pi.y = (q.c * p.a - p.c * q.a) / (p.b * q.a - q.b * p.a);
    return true;
}
```

强化练习

217 Radio Direction Finder[E]，303 Pipe[D]，378 Intersecting Lines[A]，11068 An Easy Task[B]。

扩展练习

609 Metal Cutting[D]，10566 Crossed Ladders[B]。

9.2.3　相互垂直的两条直线交点

给定点 p 和一条不过点 p 的直线 L，要求确定经过点 p 与直线 L 垂直的直线 L' 与直线 L 的交点 p'。若直线 L 与 X 轴平行（斜率为 0）或与 X 轴垂直时（斜率为无穷大），属于特殊情形，交点的坐标容易计算。若直线 L 的斜率不为 0 或不为无穷大，则直线 L' 的斜率与直线 L 的斜率乘积为 -1。若直线 L 表示为

$$y = mx + b$$

则直线 L' 可表示为

$$y = -\frac{x}{m} + b'$$

```
const double EPSILON = 1E-6;

// 使用一般形式来表示直线。
struct line {
    double a, b, c;
    line (double a = 0, double b = 0, double c = 0): a(a), b(b), c(c) {}
};

// 求经过点 po 与直线 p 垂直的直线 q 与直线 p 的交点。
void getIntersection(point po, line p, point &pi)
{
    // 若 p 为平行于 X 轴的直线。
    if (fabs(p.a) <= EPSILON) { pi.x = po.x, pi.y = -p.c; }
    // 若 p 为平行于 Y 轴的直线。
    else if (fabs(p.b) <= EPSILON) { pi.x = -p.c, pi.y = po.y; }
    // 其他情形。
    else getIntersection(p, getLine(p.b / p.a, po), pi);
}
```

在后续章节会介绍使用投影的概念来求解垂直直线的交点问题，因为此时的交点即为某条直线上的一点在另外一条直线上的投影。

9.3　坐标和坐标系变换

对于常用的直角坐标系，如果对给定的坐标（系）进行平移、旋转、缩放操作，得到的新坐标（系）和原坐标（系）具有特定的数学关系，这个特性可以用于计算进行指定操作后的坐标值[68]。

9.3.1　平移

坐标平移相当于赋予原坐标一个偏移分量 (t_x, t_y)，其中，t_x 表示 X 坐标方向的偏移，t_y 表示 Y 轴方向的偏移。假设原坐标为 (x, y)，变换后的坐标为 (x', y')，有

$$x' = x + t_x, \quad y' = y + t_y$$

坐标平移操作可以叠加，最后的偏移分量为各次偏移分量的和。

如果是坐标系平移，令旧坐标系下的坐标为 (x, y)，新坐标系下的坐标为 (x', y')，初始时，新旧坐标系的原点重合，此时两个坐标系下的坐标值是相同的，如果新坐标系的原点平移到旧坐标系的点 (t_x, t_y) 处，以点 (t_x, t_y) 为原点的新坐标系的坐标 (x', y') 与旧坐标系坐标 (x, y) 之间的关系为

$$x' = x - t_x, \quad y' = y - t_y$$

$$x = x' + t_x, \quad y = y' + t_y$$

如图 9-1 所示。

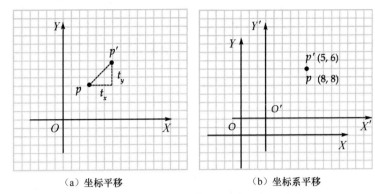

（a）坐标平移　　　　　（b）坐标系平移

图 9-1　坐标和坐标系平移示例

若令

$$
\boldsymbol{T} = \begin{bmatrix} 1 & 0 & -t_x \\ 0 & 1 & -t_y \\ 0 & 0 & 1 \end{bmatrix}, \quad \boldsymbol{T}^{-1} = \begin{bmatrix} 1 & 0 & t_x \\ 0 & 1 & t_y \\ 0 & 0 & 1 \end{bmatrix}
$$

则可以使用齐次矩阵将坐标变换关系表示为

$$
\begin{bmatrix} x' \\ y' \\ 1 \end{bmatrix} = \boldsymbol{T} \begin{bmatrix} x \\ y \\ 1 \end{bmatrix}, \quad \begin{bmatrix} x \\ y \\ 1 \end{bmatrix} = \boldsymbol{T}^{-1} \begin{bmatrix} x' \\ y' \\ 1 \end{bmatrix}
$$

其中的 $\boldsymbol{T}$ 和 $\boldsymbol{T}^{-1}$ 互为逆矩阵。

强化练习

10466 How Far[C]，11498 Division of Nlogonia[A]。

9.3.2　旋转

坐标的旋转一般相对于坐标系原点进行，以逆时针方向给出旋转的角度 θ，变换后的坐标为

$$
x' = x\cos\theta - y\sin\theta, \quad y' = x\sin\theta + y\cos\theta
$$

如图 9-2 所示。

若坐标的旋转不是相对于原点，可以先将旋转中心平移到原点，进行坐标旋转操作后再将旋转中心平移到起始的坐标，在此过程中，对需要变换的坐标进行相应的平移操作即可。坐标旋转操作可以叠加，最后的旋转角度为各次旋转角度的和。

如果是坐标系旋转，令旧坐标系下的坐标为 (x, y)，新坐标系下的坐标为 (x', y')，初始时，新旧坐标系的 X 轴和 Y 轴重合，若新坐标系的 X 轴绕原点逆时针旋转角度 θ，则新旧坐标系坐标之间的关系为

$$
x' = x\cos\theta + y\sin\theta, \quad y' = -x\sin\theta + y\cos\theta
$$
$$
x = x'\cos\theta - y'\sin\theta, \quad y = x'\sin\theta + y'\cos\theta
$$

如图 9-3 所示。

若令

$$
\boldsymbol{R} = \begin{bmatrix} \cos\theta & \sin\theta & 0 \\ -\sin\theta & \cos\theta & 0 \\ 0 & 0 & 1 \end{bmatrix}, \quad \boldsymbol{R}^{-1} = \begin{bmatrix} \cos\theta & -\sin\theta & 0 \\ \sin\theta & \cos\theta & 0 \\ 0 & 0 & 1 \end{bmatrix}
$$

则可以使用齐次矩阵将坐标变换关系表示为

$$
\begin{bmatrix} x' \\ y' \\ 1 \end{bmatrix} = \boldsymbol{R} \begin{bmatrix} x \\ y \\ 1 \end{bmatrix}, \quad \begin{bmatrix} x \\ y \\ 1 \end{bmatrix} = \boldsymbol{R}^{-1} \begin{bmatrix} x' \\ y' \\ 1 \end{bmatrix}
$$

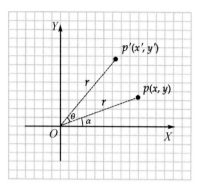

图 9-2　坐标旋转后原有坐标和当前坐标之间关系

注意

图 9-2 中，从极坐标的角度，可以得到以下的关系：

$$x' = r\cos(\alpha + \theta)$$
$$y' = r\sin(\alpha + \theta)$$

根据三角函数恒等式

$$\cos(\alpha + \theta) = \cos\alpha\cos\theta - \sin\alpha\sin\theta$$
$$\sin(\alpha + \theta) = \sin\alpha\cos\theta + \cos\alpha\sin\theta$$

易得

$$x' = r\cos(\alpha + \theta) = r\cos\alpha\cos\theta - r\sin\alpha\sin\theta = x\cos\theta - y\sin\theta$$
$$y' = r\sin(\alpha + \theta) = r\sin\alpha\cos\theta + r\cos\alpha\sin\theta = x\sin\theta + y\cos\theta$$

其中的 $\boldsymbol{R}$ 和 $\boldsymbol{R}^{-1}$ 互为逆矩阵。

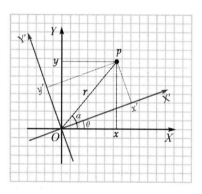

图 9-3　坐标系旋转后原有坐标和当前坐标之间关系

注意

图 9-3 中，从极坐标的角度，可以得到以下的关系：

$$x' = r\cos(\alpha - \theta)$$
$$y' = r\sin(\alpha - \theta)$$

根据三角函数恒等式：

$$\cos(\alpha - \theta) = \cos\alpha\cos\theta + \sin\alpha\sin\theta$$
$$\sin(\alpha - \theta) = \sin\alpha\cos\theta - \cos\alpha\sin\theta$$

易得：

$$x' = r\cos(\alpha - \theta) = r\cos\alpha\cos\theta + r\sin\alpha\sin\theta = x\cos\theta + y\sin\theta$$

$$y' = r\sin(\alpha - \theta) = r\sin\alpha\cos\theta - r\cos\alpha\sin\theta = y\cos\theta - x\sin\theta$$

在正方形网格上的坐标旋转有一个非常有用的结论：给定正方形网格上的一个三角形，三角形的三个顶点均位于格点上，以三角形的任意一个顶点作为圆心进行旋转操作，只有当转过的角度值为 90°（π/2 弧度）的整数倍时，旋转后的三角形的三个顶点才可能仍然位于格点上。

强化练习

11505 Logo[C]，11507 Bender B. Rodriguez Problem[A]，11894 Genius MJ[D]。

9.3.3　缩放

如果是坐标缩放，令缩放前的坐标为(x, y)，缩放后的坐标为(x', y')，在 X 轴上的缩放比率为s_x，在 Y 轴方向上的缩放比率为s_y，则缩放前后的坐标关系为

$$x' = x \cdot s_x, \ y' = y \cdot s_y$$

缩放可以叠加，最后的缩放比率为各次缩放比率的积。

如果是坐标系缩放，令旧坐标系下的坐标为(x, y)，新坐标系下的坐标为(x', y')，新坐标在 X 轴方向缩放比率为s_x，在 Y 轴方向缩放比率为s_y，则新旧坐标系坐标之间的关系为

$$x' = x \cdot \frac{1}{s_x}, \ y' = y \cdot \frac{1}{s_y}$$

$$x = x' \cdot s_x, \ y = y' \cdot s_y$$

若令

$$\boldsymbol{S} = \begin{bmatrix} \dfrac{1}{s_x} & 0 & 0 \\ 0 & \dfrac{1}{s_y} & 0 \\ 0 & 0 & 1 \end{bmatrix}, \ \boldsymbol{S}^{-1} = \begin{bmatrix} s_x & 0 & 0 \\ 0 & s_y & 0 \\ 0 & 0 & 1 \end{bmatrix}$$

则可以使用齐次矩阵将坐标变换关系表示为

$$\begin{bmatrix} x' \\ y' \\ 1 \end{bmatrix} = \boldsymbol{S} \begin{bmatrix} x \\ y \\ 1 \end{bmatrix}, \ \begin{bmatrix} x \\ y \\ 1 \end{bmatrix} = \boldsymbol{S}^{-1} \begin{bmatrix} x' \\ y' \\ 1 \end{bmatrix}$$

其中的 $\boldsymbol{S}$ 和 $\boldsymbol{S}^{-1}$ 互为逆矩阵。

329 PostScript Emulation[E]（PostScript 模拟）

PostScript 是一种被广泛应用于激光打印机的页面描述语言。在 PostScript 中，进行度量的基本单位是点（point），默认每英寸等于 72 点。在 PostScript 程序刚开始运行的时候，它使用的默认坐标系为常见的笛卡儿坐标系，坐标系原点（横坐标和纵坐标均等于 0 的点）位于页面的左下角。

在本问题中，需要你识别 PostScript 语言的一个子集，具体来说，以下列表中所给出的命令必须能够得到识别。所有命令均以小写字母给出。如果命令中包含单词 "*number*"，表示该命令包含一个数值，该数值会以浮点小数的形式给出，可能包含正负号或者小数点。如果命令中出现两个数值，第一个数值表示 X 坐标，第二个数值表示 Y 坐标。简便起见，每条命令占据一行，在命令的要素之间以空格分隔。每条命令之后紧接着一个行结束符，如果某行的第一个字符是'*'，表示输入结束。

你需要按照输入的顺序来处理所有命令。可能的命令有如下几种。

（1）*number* `rotate`

number 表示角度的大小。该命令要求将当前坐标系以当前原点为中心逆时针旋转 *number* 所指定的角度。该命令不会影响已经绘制在页面上的图形。例如："`90 rotate`"表示将当前坐标系以当前原点为中心逆时针旋转 90°，之后 Y 轴的正方向将指向左侧，X 轴的正方向将指向上方。

（2）*number number* `translate`

将坐标系的原点移动到指定的坐标点(*number, number*)，坐标值相对于当前坐标系的原点给出。例如：'`612 792 translate`'表示将当前坐标系的原点移动到页面的右上角。进行此操作后，在可见页面显示的点所对应的坐标将具有负的 X 坐标值和负的 Y 坐标值（假定页面的大小为 8.5×11 英寸且页面方向为纵向）。

（3）*number number* `scale`

将 X 坐标和 Y 坐标分别缩放指定的比率。该命令的实际效果相当于将物体在 X 坐标上和 Y 坐标上的大小分别乘以相应的缩放因子。缩放会影响之后在此方向上的任何操作，不管坐标系在后续过程中是否继续进行了旋转操作。例如："`3 2 scale`"的效果将使得从(0, 0)到(72, 72)绘制的线段"变形"为——起点为页面的左下角原点，终点为距离页面左侧 3 英寸同时距离页面底部 2 英寸的点——的线段。假定在开始执行该命令前使用的是默认的初始坐标系。

（4）*number number* `moveto`

将当前点移动到指定的坐标点。例如："`72 144 moveto`"将会把当前点移动到距离页面左侧 1 英寸、距离页面底部 2 英寸的点。假定当前坐标系为默认的初始坐标系。

（5）*number number* `rmoveto`

此命令类似于"`moveto`"，不同之处在于命令"`rmoveto`"中给出的坐标是新的当前点坐标与旧的当前点坐标的差值。例如："`144 -36 rmoveto`"将会把前一个示例中设置的当前点坐标移动到距离页面左侧 2 英寸，且在页面底边下方 0.5 英寸的点，当前点的坐标会变成(216, 108)。注意，命令中的相对坐标值可能为负值！

（6）*number number* `lineto`

从当前点坐标到指定坐标(*number, number*)绘制一条线段。指定坐标(*number, number*)将成为新的当前点坐标。例如："`216 144 lineto`"将会在当前点坐标和指定坐标(216, 144)之间绘制一条线段，并将坐标(216, 144)设置为新的当前点坐标。如果使用前一示例所设定的当前点坐标，将会绘制一条从(216, 108)到(216, 144)的线段，或者说一条半英寸长的垂直线段。

（7）*number number* `rlineto`

此命令与"`lineto`"类似，不同之处在于给定的是相对坐标值。在绘制结束后，线段的终点将成为新的当前点坐标。例如："`0 144 rlineto`"将会从当前点坐标出发，沿着 X 轴方向向右 2 英寸作为终点绘制一条线段。如果使用前一个示例所设定的当前点坐标，这将会从(216, 144)到(216, 288)绘制一条线段并将当前点坐标设置为(216, 288)。

输入与输出

你的任务是读取一个小型的 PostScript 程序，然后在不使用"`rotate`""`translate`""`scale`"命令的情况下，重新生成一个 PostScript 程序，这个新的程序能够产生和原有程序一样的绘制效果。换句话说，对于输入中出现的每条"`moveto`""`rmoveto`""`lineto`""`rlineto`"命令，你需要按照它们在输入中出现的顺序将其显示在输出中（很可能需要将命令中的数值予以相应调整以保证绘制效果相同），但是不能使用原输入中出现的"`rotate`""`translate`""`scale`"命令来达到同样的绘制效果，而且不能使用输入中未出现的其他命令。假定在程序开始执行时使用的是默认的坐标系，在生成的具有同等效果的程序中，命令所使用的数值至少需要精确到小数点后两位。

样例输入

```
300 300 moveto
0 72 rlineto
0 0 rlineto
0 0 rmoveto
0 rotate
2 1 scale
36 0 rlineto
1 -4 scale
0 18 rlineto
1 -0.25 scale
0.5  1 scale
300 300 translate
90 rotate
0 0 moveto
0 72 rlineto
2 1 scale
36 0 rlineto
1 -4 scale
0 18 rlineto
*
```

样例输出

```
300 300 moveto
0 72 rlineto
72 0 rlineto
0 -72 rlineto
300 300 moveto
-72 0 rlineto
0 72 rlineto
72 0 rlineto
```

分析

本题相当于编写一个"迷你版"的 PostScript 语言解析器。题目给定的三种变换均属于坐标系变换，每进行一次坐标系变换，原有坐标和当前坐标都可以使用一个系数矩阵予以关联。进行多次的坐标系变换，相当于将这些系数矩形进行矩阵乘操作。以原有坐标为基准，每变换到一个新坐标系，将相应变换所对应的系数矩阵与原有坐标相乘后即可得到新坐标。例如，令初始坐标为 (x_0, y_0)，假设进行了三种坐标系变换，它们对应的系数矩阵分别为 A、B、C，则当前坐标和原有坐标的关系依次为

$$\begin{bmatrix} x_A \\ y_A \\ 1 \end{bmatrix} = A \begin{bmatrix} x_0 \\ y_0 \\ 1 \end{bmatrix}, \quad \begin{bmatrix} x_B \\ y_B \\ 1 \end{bmatrix} = B \begin{bmatrix} x_A \\ y_A \\ 1 \end{bmatrix} = BA \begin{bmatrix} x_0 \\ y_0 \\ 1 \end{bmatrix}, \quad \begin{bmatrix} x_C \\ y_C \\ 1 \end{bmatrix} = C \begin{bmatrix} x_B \\ y_B \\ 1 \end{bmatrix} = CBA \begin{bmatrix} x_0 \\ y_0 \\ 1 \end{bmatrix}$$

根据可逆矩阵的定义，有

$$\begin{bmatrix} x_0 \\ y_0 \\ 1 \end{bmatrix} = \left(CBA \right)^{-1} \begin{bmatrix} x_C \\ y_C \\ 1 \end{bmatrix}$$

而

$$\left(CBA \right)^{-1} = A^{-1} B^{-1} C^{-1}$$

因此可知，将各个系数矩阵的逆矩阵按序相乘，即可得到将当前坐标还原为初始坐标的系数矩阵[①]。

参考代码

```
// 将当前坐标还原为初始坐标的系数矩阵。
double im[3][3] = {
    {1, 0, 0},
    {0, 1, 0},
    {0, 0, 1}
};

// 矩阵乘法。
void multiply(double rm[3][3])
{
    double tmp[3][3];
    for (int i = 0; i < 3; i++)
```

---

① 也可以先求系数矩阵的积，然后再求其逆矩阵。但求矩阵的逆矩阵涉及求矩阵对应行列式的值及其伴随矩阵，较为烦琐，不如直接利用逆矩阵的积来获得结果来得简便。

```
        for (int j = 0; j < 3; j++) {
            tmp[i][j] = 0;
            for (int k = 0; k < 3; k++)
                tmp[i][j] += im[i][k] * rm[k][j];
        }
    memcpy(im, tmp, sizeof(tmp));
}

// 将当前坐标还原为初始坐标。
pair<double, double> restore(double x, double y)
{
    double nx = im[0][0] * x + im[0][1] * y + im[0][2];
    double ny = im[1][0] * x + im[1][1] * y + im[1][2];
    return make_pair(nx, ny);
}

const double PI = 2.0 * acos(0);

int main(int argc, char *argv[])
{
    string line, parameter;
    double cx = 0, cy = 0;
    while (getline(cin, line), line != "*") {
        vector<string> cmd;
        istringstream iss(line);
        while (iss >> parameter) cmd.push_back(parameter);
        // 坐标系平移变换。
        if (cmd.back() == "translate") {
            double tx = stod(cmd[0]);
            double ty = stod(cmd[1]);
            double rm[3][3] = {
                {1, 0, tx},
                {0, 1, ty},
                {0, 0, 1}
            };
            multiply(rm);
            cx -= tx, cy -= ty;
        // 坐标系旋转变换。
        } else if (cmd.back() == "rotate") {
            double alpha = stod(cmd.front()) * PI / 180.0;
            double rm[3][3] = {
                {cos(alpha), -sin(alpha), 0},
                {sin(alpha), cos(alpha), 0},
                {0, 0, 1}
            };
            multiply(rm);
            double nextx = cx * cos(alpha) + cy * sin(alpha);
            double nexty = -cx * sin(alpha) + cy * cos(alpha) ;
            cx = nextx, cy = nexty;
        // 坐标系缩放变换。
        } else if (cmd.back() == "scale") {
            double sx = stod(cmd[0]);
            double sy = stod(cmd[1]);
            double rm[3][3] = {
                {sx, 0, 0},
                {0, sy, 0},
                {0, 0, 1}
            };
            multiply(rm);
            cx /= sx, cy /= sy;
        // 以绝对坐标进行移动和绘制线段。
        } else if (cmd.back() == "moveto" || cmd.back() == "lineto") {
            cx = stod(cmd[0]);
            cy = stod(cmd[1]);
            pair<double, double> r = restore(cx, cy);
```

```
            cout << fixed << setprecision(6) << r.first << ' ';
            cout << fixed << setprecision(6) << r.second << ' ';
            cout << cmd.back() << '\n';
        // 以相对坐标进行移动和绘制线段。
        } else if (cmd.back() == "rmoveto" || cmd.back() == "rlineto") {
            pair<double, double> r1 = restore(cx, cy);
            cx += stod(cmd[0]);
            cy += stod(cmd[1]);
            pair<double, double> r2 = restore(cx, cy);
            cout << fixed << setprecision(6) << (r2.first - r1.first) << ' ';
            cout << fixed << setprecision(6) << (r2.second - r1.second) << ' ';
            cout << cmd.back() << '\n';
        }
    }
    return 0;
}
```

强化练习

316 Stars[D]，979 The Abominable Triangleman[E]。

扩展练习

197 Cube[D]，10206 Stars[E]。

9.4 三角形

三角形是由三条直线段构成的几何图形，它有三个顶点，对应的有三个内角，内角和为 180°。给定三角形的三条边长 a、b、c，可以证明，如果满足条件

$$a+b>c,\ a+c>b,\ b+c>a$$

则边长为 a、b、c 的三角形存在且唯一。根据三角形边长的关系，可以将三角形分为等边三角形（equilateral triangle）、等腰三角形（isosceles triangle）和不等边三角形（scalene triangle）。等边三角形的三个内角相等，均为 60°（$\pi/3$ 弧度），等腰三角形的两个底角相等。

强化练习

11479 Is This the Easiest Problem[A]，11936 The Lazy Lumberjacks[A]。

有两种常见的单位来表示角的大小，一种是弧度（radians），另外一种是角度（degree）。在平面上，角的范围是 0 到 2π 弧度，或者说是 0° 到 360°。在角度中，比度更小的单位分别是分（minutes，表示 1/60度）和秒（seconds，表示 1/60 分或 1/3600 度）。角度与弧度可以通过圆周率 π 为中介进行相互转换。

```
const double PI = 2.0 * acos(0.0);
// 角度转换为弧度。
double degreeToRadians(double degree) { return degree / 180.0 * PI; }
// 弧度转换为角度。
double radiansToDegree(double radians) { return radians / PI * 180.0; }
```

扩展练习

849 Radar Tracking[E]。

9.4.1 勾股定理

如果三角形的一个内角为直角（right angle），则称此三角形为直角三角形。如图 9-4 所示，约定对应于直角的边为斜边，其他两条边为对边和邻边。

直角三角形满足勾股定理。令斜边、对边、邻边的边长分别为 c、a、b，则各边的长度有以下关系

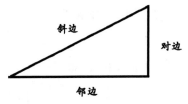

图 9-4　直角三角形的三条边

$$a^2 + b^2 = c^2$$

当任意给定直角三角形的两条边的长度，通过勾股定理可以计算另外一条边的长度。

106 Fermat vs. Pythagoras[A]（费马与毕达哥拉斯）

给定正整数 n，编写程序统计与满足等式

$$x^2 + y^2 = z^2$$

且均小于 n 的正整数 x、y、z 相关的两个量。一个量是三元组 (x, y, z) 的数量，要求 $x < y < z$，且 x、y、z 互素，即它们的最大公约数为 1。另外一个量是在小于等于 n 的正整数 p 中，不属于前述的任意一个三元组中 x、y、z 的正整数总数。

输入

输入包含一系列的正整数 n，每行一个。n 不大于 1000000。文件结束表示输入结束。

输出

对于输入中的每个整数 n，输出一行，输出以空格间隔的两个整数。第一个整数表示互素且满足等式的三元组数量（三元组中的整数要求小于等于 n）。第二个整数表示小于等于 n 的正整数中，不属于前述任意一个三元组的整数数量。

样例输入	样例输出
10 25 100	1 4 4 9 16 27

分析

本题的要求是当 $x, y, z \in \mathbb{N}$，给定一个数 n，找出所有的 $\max\{x, y, z\} \leq n$，使得 $x^2 + y^2 = z^2$ 成立。如果使用朴素的穷尽搜索，生成 1000000 以内所有的勾股数而后进行筛选，显然会超出时间限制，故需要考虑其他更为高效的方法。如果方程存在一个通解，那么根据通解生成 x、y、z 则效率要高很多，有没有这样的通解公式呢？答案是肯定的。下面进行通解公式的推导。

先假定 x、y、z 互素，若不互素，则可令 $x = w \times x_0$，$y = w \times y_0$，$z = w \times z_0$，其中 w 为三者的最大公约数，将其转化为互素的情形后讨论。由于 x、y、z 互素，则 x、y 中至少有一个是奇数。下面用反证法证明 x 和 y 中有且只有一个奇数。

假定 x、y 都为奇数，令

$$x = 2a + 1, \quad y = 2b + 1, \quad a \geq 0, \quad b \geq 0$$

则有

$$x^2 + y^2 = (2a+1)^2 + (2b+1)^2 = 4(a^2 + b^2 + a + b) + 2 = z^2$$

也就是说，z^2 必定是偶数，若 z^2 为偶数，则 z 必为偶数，那么 z^2 必能被 4 整除，但上式中 z^2 除以 4 后余数为 2，产生矛盾，因此假设不成立，即 x、y 中只有一个是奇数。

假设 x 为奇数，y 为偶数，由于奇数的平方是奇数，偶数的平方是偶数，则 z^2 必为奇数，故 z 为奇数，那么 $z+x$ 和 $z-x$ 都是偶数。不妨设 $z+x=2u$，$z-x=2v$，解得

$$z = u + v, \quad x = u - v$$

而且由于 x、y、z 互素，则 u、v 也必定互素，若不互素，则可设 $u = w \times u_0$，$v = w \times v_0$，则 z 和 x 有大于 1 的公约数 w，与前提条件产生矛盾。

将原方程两边同除以 4 得

$$\frac{x^2}{4} + \frac{y^2}{4} = \frac{z^2}{4}$$

移项，将 u、v 代入，得

$$\left(\frac{y}{2}\right)^2 = \left(\frac{z}{2}\right)^2 - \left(\frac{x}{2}\right)^2 = \frac{(z+x)}{2} \times \frac{(z-x)}{2} = u \times v$$

也就是说，$u \times v$ 是一个平方数，又因为 u、v 互素，所以 u 和 v 本身都是平方数[①]。令 $u=a^2$，$v=b^2$，则 a、b 同样也是一奇一偶且互素的两个数[②]。代入 u 和 v，解得

$$x = u - v = a^2 - b^2, \quad y = 2ab, \quad z = u + v = a^2 + b^2$$

其中，a 与 b 互素，$a > b$，且一奇一偶。

题目要求统计 (x, y, z) 三元组的数量时只统计 x、y、z 互素的的情形，用上述的通解公式即可解决。对于统计 p 的数量，可采用下述方法：所有非互素的 x_0、y_0、z_0 构成的三元组均可由一组互素的 x、y、z 乘以系数得到，利用通解公式，可以预先生成所有的勾股数并标记已经使用的整数，最后统计未使用的整数即为 p 的数量。

强化练习

10773 Back to Intermediate Math[A]，11854 Egypt[A]。

9.4.2 三角函数

常用的三角函数有正弦（sine）、余弦（cosine）、正切（tangent）。正弦和余弦的取值在 -1 和 1 之间。对于三角形中的一个角 A，三角函数的定义如下：

$$\sin(A) = \frac{|A\text{的对边}|}{|\text{斜边}|}, \quad \cos(A) = \frac{|A\text{的邻边}|}{|\text{斜边}|}, \quad \tan(A) = \frac{|A\text{的对边}|}{|A\text{的邻边}|}$$

三角函数有自身的反函数，例如，反正弦（arcsin）、反余弦（arccos）、反正切（arctan）。它们的作用是将给定的三角函数值映射为相应的角度值。由于三角函数库中的各个三角函数并不是数值稳定的，所以角 A 的正弦值再取反正弦不一定和 A 相等，即 A 和 $\arcsin(\sin(A))$ 不一定精确相等。

以下是若干在解题中常用的三角恒等公式。

$$\sin(\alpha \pm \beta) = \sin\alpha\cos\beta \pm \cos\alpha\sin\beta, \quad \cos(\alpha \pm \beta) = \cos\alpha\cos\beta \mp \sin\alpha\sin\beta$$

$$\tan(\alpha \pm \beta) = \frac{\tan(\alpha) \pm \tan(\beta)}{1 \mp \tan(\alpha)\tan(\beta)}, \quad \tan(\alpha) \pm \tan(\beta) = \frac{\sin(\alpha \pm \beta)}{\cos(\alpha)\cos(\beta)}$$

$$\sin(\alpha) + \sin(\beta) = 2\sin\frac{(\alpha + \beta)}{2}\cos\frac{(\alpha - \beta)}{2}, \quad \sin(\alpha) - \sin(\beta) = 2\cos\frac{(\alpha + \beta)}{2}\sin\frac{(\alpha - \beta)}{2}$$

$$\cos(\alpha) + \cos(\beta) = 2\cos\frac{(\alpha + \beta)}{2}\cos\frac{(\alpha - \beta)}{2}, \quad \cos(\alpha) - \cos(\beta) = -2\sin\frac{(\alpha + \beta)}{2}\sin\frac{(\alpha - \beta)}{2}$$

正弦余弦的 n 倍角公式如下：

$$\sin(n\alpha) = n\cos^{n-1}\alpha\sin\alpha - C_n^3\cos^{n-3}\alpha\sin^3\alpha + C_n^5\cos^{n-5}\alpha\sin^5\alpha - \cdots$$

$$\cos(n\alpha) = \cos^n\alpha - C_n^2\cos^{n-2}\alpha\sin^2\alpha + C_n^4\cos^{n-4}\alpha\sin^4\alpha - \cdots$$

$$\cos(n\alpha) = \sum_{m=0}^{\frac{n}{2}}(-1)^m C_n^{2m}\cos^{n-2m}(\alpha)\sin^{2m}(\alpha)$$

$$\cos(n\alpha) = \sum_{m=0}^{\frac{n}{2}}(-1)^m C_n^{2m}\cos^{n-2m}(\alpha)\left(\sum_{k=0}^{m}(-1)^k C_m^k\cos^{2k}(\alpha)\right)$$

$$\sin(n\alpha) = \sum_{k=0}^{\frac{n-1}{2}}C_{n-1-k}^k(-1)^k 2^{n-1-2k}\cos^{n-1-2k}(\alpha)\sin(\alpha)$$

[①] 由于 u 和 v 互素，且 $u \times v$ 为平方数，设 $u \times v = k^2$，则由于 $\gcd(u,v)=1$，所以 $u = u \times \gcd(u,v) = \gcd(u^2, u \times v) = \gcd(u^2, k^2) = (\gcd(u,k))^2$，同理 $v = (\gcd(v,k))^2$。

[②] 因为 u 和 v 互素，则必有一个奇数，又由于 y 为偶数，则 u 和 v 不能同为奇数，故必是一奇一偶。由于奇数的平方是奇数，偶数的平方是偶数，则 a 和 b 也是一奇一偶，若 a 和 b 不互素，可推出 u 和 v 不互素，产生矛盾。

$$\cos(n\alpha) = \sum_{k=0}^{\frac{n}{2}} \left(C_{n-k}^{k} + C_{n-1-k}^{k-1} \right) (-1)^{k} 2^{n-1-2k} \cos^{n-2k}(\alpha)$$

强化练习

203 Running Lights Visibility Calculator[E]，11909 Soya Milk[B]。

扩展练习

11170 Cos(NA)[D]。

9.4.3　正弦定理

正弦定理（law of Sines）描述的是三角形三条边和它们对角之间的关系。令三角形的三个角分别为 A、B、C，其对边分别为 a、b、c，则有以下关系

$$\frac{a}{\sin A} = \frac{b}{\sin B} = \frac{c}{\sin C} = 2R = D$$

其中，R 表示三角形外接圆的半径，D 表示三角形外接圆的直径。也就是说，在任意一个平面三角形中，各边和它所对角的正弦值的比相等且等于外接圆的直径。需要注意，给定两个角和其中一个角的对边，可以根据正弦定理计算另外一个角的对边，但是给定两条边和一条边的对角，使用正弦定理计算另外一条边的对角时，有可能会得出错误的结果，因为 $\sin(x)=\sin(\pi-x)$，同一正弦值可能对应两个角度，应该使用后续介绍的余弦定理计算。

强化练习

10286 Trouble with a Pentagon[A]。

9.4.4　余弦定理

如图 9-5 所示，令三角形的三个顶点为 p_a、p_b、p_c，相应的三个角为 A、B、C，角的对边分别为 a、b 和 c。余弦定理（law of cosines）指出，存在以下等式

$$a^2 = b^2 + c^2 - 2bc \cdot \cos A, \quad b^2 = a^2 + c^2 - 2ac \cdot \cos B, \quad c^2 = a^2 + b^2 - 2ab \cdot \cos C$$

余弦定理在计算三角形的夹角时非常有用，也可以很容易确定转角是锐角还是钝角，在某些情况可以简化问题的处理。

例如，如图 9-6 所示，给定一条线段 s，其端点分别为点 p_a 和点 p_b，直线 L_s 经过线段 s，点 p_c 为直线 L_s 外的一点，那么点 p_c 在直线 L_s 上的垂直投影点 p_c' 是否在线段 s 上？

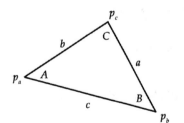

图 9-5　三角形的顶点和边、角的约定命名方式

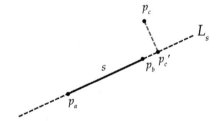

图 9-6　判断点的投影是否在线段上

朴素的方法是先由线段 s 的两个端点求出直线 L_s 的方程，然后求出经过点 p_c 与 L_s 垂直的直线 L_p 与直线 L_s 的交点 p_c'，然后判断交点 p_c' 是否在线段 s 上。方法虽然直观，但是代码量却不少，根据题意，实际上只需要判断 $\angle p_a p_b p_c$ 和 $\angle p_b p_a p_c$ 是否均为锐角（或两者之一为直角）即可。

如图 9-7 所示，以 p_a、p_b、p_c 为三角形的三个顶点，令点 p_a 所在角为 A，对边为 a；点 p_b 所在角为 B，

对边为 b；点 p_c 所在角为 C，对边为 c，则 $\angle p_a p_b p_c$ 即为角 B，$\angle p_b p_a p_c$ 即为角 A，根据余弦定理

$$\cos A = \frac{b^2 + c^2 - a^2}{2bc}, \quad \cos B = \frac{a^2 + c^2 - b^2}{2ac}$$

只要满足 $\cos A \geq 0$ 而且 $\cos B \geq 0$，则 $\angle p_a p_b p_c$ 和 $\angle p_b p_a p_c$ 均为锐角（或两者之一为直角），亦即

$$\left(b^2 + c^2 - a^2\right) \geq 0, \left(a^2 + c^2 - b^2\right) \geq 0$$

换句话说，只需要计算各点间的距离即可进行判定。

194 Triangle[D]（三角形）

三角形在平面几何中是一种基本图形。它由三条边和三个夹角构成。图 9-8 所示是常见的给边和角命名的方式。

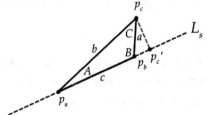

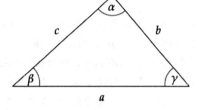

图 9-7　利用余弦定理判断点的投影是否在线段　　　　图 9-8　常见的边和角命名方式

翻开任何一本关于几何的书，都会看到存在许多关于三角形的等式，如

$$\alpha + \beta + \gamma = \pi, \quad \frac{a}{\sin\alpha} = \frac{b}{\sin\beta} = \frac{c}{\sin\gamma}$$

$$a = b \cdot \cos\beta + c \cdot \cos\gamma, \quad a^2 = b^2 + c^2 - 2bc \cdot \cos\alpha$$

$$\frac{a-b}{a+b} = \tan\frac{\alpha - \beta}{2} / \tan\frac{\alpha + \beta}{2}$$

给定 a、b、c、α、β、γ 的值，这 6 个参数完全定义了一个三角形，只要给定足够多的参数，其他的参数就能够通过公式推导得出。

现在要求你编写程序通过给定的 6 个参数的子集计算缺失的参数。对于某些参数组合来说，由于给定的参数数量太少导致无法计算其他参数，或者给定的参数将导致一个非法的三角形。一个合法的三角形的边长大于 0，内角大于 0 且小于 π。你的程序需要能够检测参数非法的情形并且输出 Invalid input.。当给定的参数数量多于计算需要，但是给定参数和计算得到的其他参数之间互相矛盾时也应输出 Invalid input.，例如，当所有 3 个内角均已给出，但是内角和大于 π。

某些参数组合可能导致出现多种解，但是解的数量有限，对于这种情况，你的程序应该输出 More than one solution.。

对于所有其他的情况，你的程序应该计算缺失的参数，然后输出所有 6 个参数。

输入

输入的第一行包含一个整数提示参数的组数。接下来的每一行包含 6 个实数，以单个空格分隔。给定的数是分别表示 6 个参数 a、α、b、β、c、γ 的值。参数按照题图所标记。如果参数的值为–1 表示相应的参数尚未定义，需要通过计算得到。所有的浮点数至少包含 8 位有效数字。

输出

你的程序应该为输入中的每一组参数输出一行。如果能够得到唯一的合法三角形解，你的程序应该输出 6 个参数 a、α、b、β、c、γ，相互间隔一个空格。否则输出 More than one solution. 或者 Invalid input.。

在进行输出时，每个参数至少应该包含 6 位有效数字，因此你的程序在计算过程中至少应该精确到小数点后 6 位（比如说，相对误差 0.000001 是允许的）。

样例输入

```
4
47.93   37906847 0.6543010109 78.4455517579 1.4813893731 66.5243757656 1.0059022695
62.72   048064 2.26853639 -1.00000000 0.56794657 -1.00000000 -1.00000000
15.69   326944 0.24714213 -1.00000000 1.80433105 66.04067877 -1.00000000
72.83   685175 1.04409241 -1.00000000 -1.00000000 -1.00000000 -1.00000000
```

样例输出

```
47.93   3791 0.654301 78.445552 1.481389 66.524376 1.005902
62.72   0481 2.268536 44.026687 0.567947 24.587225 0.305110
Invalid input.
Invalid input.
```

分析

该题是对三角形边长关系、内角和关系、正弦定理、余弦定理的综合运用。以下逐一分析参数和解的情况。

（1）当给定的参数小于等于两个时，无法计算其他参数。

（2）当给定三条边时，可以唯一确定一个三角形，此时需要检查边长是否满足"任意两条边长之和大于第三边"的性质，如果满足，则可以应用余弦定理继续计算其他参数，否则是一个非法三角形。

（3）当给定三个内角时，如果三个内角之和与 π 之间的差值大于指定的误差，则认为是一个非法三角形，否则若只给定了三个内角而没有给定至少一条边，存在无限多的三角形满足要求，当给定了至少一条边时，可通过正弦定理计算其他两条边的边长（若给定了至少两条边长，可通过余弦定理计算剩余一条边的边长）。

（4）当给定两条边的边长和其夹角时，可以由余弦定理计算其他参数。注意，在计算得到第三条边长后，不能应用正弦定理来计算其他内角，因为在 C++ 的三角函数库中反正弦函数的值域为 $[-\pi/2, \pi/2]$，对计算得到的正弦值取反正弦，无法得到钝角。如图 9-9 所示，角度有可能为钝角，所以可能会得出错误结果。

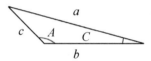

图 9-9　角度为钝角

（5）当给定两条边和一条边的对角时，首先判断所给角是否小于 π 弧度，若小于 π 弧度，分三种情况进行判断：无解、唯一解、两种解，具体如图 9-10 所示。

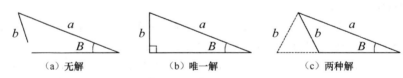

（a）无解　　　　（b）唯一解　　　　（c）两种解

图 9-10　给定边长 a 和 b 及 b 的对角 B 时可能的情形

计算得到其他参数后，与输入的参数进行比对，如果误差大于 10^{-6} 则表明不符合要求，是非法三角形，否则按照要求输出计算得到的 6 个参数。

强化练习

132 Bumpy Objects[C]，267 Of(f) Course[E]，376 More Triangles THE AMBIGUOUS CASE[D]，10195 The Knights of the Round Table[A]，12301 An Angular Puzzle[D]。

扩展练习

10734[①] Triangle Partitioning[D]。

9.4.5　三角形面积

令三角形的三个顶点分别为 $a(a_x, a_y)$，$b(b_x, b_y)$，$c(c_x, c_y)$，则三角形的有向面积 $A(T)$ 可以使用三阶行列

---

① 10734 Triangle Partitioning 中，两个三角形相似，则两者对应的内角必定相等。

式表示为

$$AT = \frac{1}{2}\begin{vmatrix} a_x & a_y & 1 \\ b_x & b_y & 1 \\ c_x & c_y & 1 \end{vmatrix} = \frac{1}{2}\left(a_x b_y - a_y b_x + b_x c_y - c_x b_y + c_x a_y - c_y a_x\right)$$

请注意，有向面积具有符号，在返回三角形的实际面积前需要取其绝对值。

若给定了三角形的三条边长，亦可通过海伦公式（Heron's formula）计算其面积。令 a、b、c 为三条边的边长，三角形面积 S 可以表示为

$$S = \sqrt{p(p-a)(p-b)(p-c)}, \quad p = \frac{a+b+c}{2}$$

10347 Medians[A]（中线）

给定三角形的三条中线的长度，确定原三角形的面积大小。三角形的中线是指连接某个顶点和其对边的中点所得到的直线段。三角形共有三条中线。

输入

共有 1000 行输入数据，每行输入包含三个数值，表示中线的长度，这些数值均不超过 100，文件结束即为输入结束。

输出

对于每行输入输出一个数值，表示三角形的面积大小。如果使用给定的中线长度无法构成三角形，则输出−1。如果存在满足要求的三角形，输出其正的面积数值，四舍五入到小数点后三位。

样例输入	样例输出
3 3 3	5.196

分析

第一种解法：三角形的中线交点具有一个性质，即交点和底边中点的距离为该底边中线长度的 1/3。如图 9-11 所示，设三条中线的交点为 $G(x_2, y_2)$，则有以下方程成立。

$$\left(x_2 + x_1\right)^2 + y_2^2 = a^2, \quad x_2^2 + y_2^2 = b^2, \quad \left(x_2 - x_1\right)^2 + y_2^2 = c^2, \quad x_1 > 0, \quad y_1 > 0$$

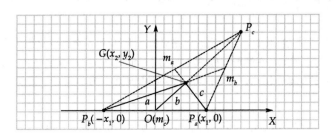

图 9-11　题目约束示意图

联立三个方程可解得

$$x_1 = \sqrt{\frac{a^2 - 2b^2 + c^2}{2}}, \quad x_2 = \frac{a^2 - c^2}{4x_1}, \quad y_2 = \sqrt{b^2 - x_2^2}, \quad a^2 - 2b^2 + c^2 > 0, \quad b^2 - x_2^2 > 0$$

由于 G 是中线 P_cO 的三分点，可得顶点 P_c 的坐标为

$$P_{cx} = 3x_2, \quad P_{cy} = 3y_2$$

进一步可由顶点 P_a 和 P_c 的坐标得到中点 m_b 的坐标为

$$m_{bx} = \frac{x_1 + P_{cx}}{2}, \quad m_{by} = \frac{P_{cy}}{2}$$

则中线 $P_b m_b$ 的长度为

343

$$\left| P_b m_b \right| = \sqrt{\left(m_{bx} + x_1 \right)^2 + \left(m_{by} \right)^2}$$

同理可得中线 $P_a m_a$ 的长度为

$$\left| P_a m_a \right| = \sqrt{\left(m_{ax} - x_1 \right)^2 + \left(m_{ay} \right)^2}$$

最后，根据题目所给条件，判断由上述方法计算得到的中线长度 $P_b m_b$ 和 $P_a m_a$ 和给定的中线长度是否相等（误差在指定范围内）。如果相等，则可构成合法三角形，计算面积即可。

第二种解法：设中线长度分别为 a、b、c，可以证明，如果三条中线长度的 2/3 能够构成三角形，即满足

$$a + b > c, \ a + c > b, \ b + c > a$$

则给定的中线能够成为某个三角形的合法中线，且这个三角形的面积是三条中线长度的 2/3 所构成的三角形的 3 倍。

另外，需要注意特殊的测试数据，如三条中线中有若干条中线的长度为 0 的情形。

强化练习

1249 Euclid[D]，10522 Height to Area[C]，11164 Kingdom Division[D]。

扩展练习

11579 Triangle Trouble[C]。

9.4.6　三角函数库

C++标准库提供了相应的三角函数用以计算。在使用这些函数前，需要包含头文件<cmath>。

```
#include <cmath>

double sin(double x);              // 返回弧度 x 的正弦值。
double cos(double x);              // 返回弧度 x 的余弦值。
double tan(double x);              // 返回弧度 x 的正切值。
double asin(double x);             // 返回正弦值 x 所对应的角度弧度值。
double acos(double x);             // 返回余弦值 x 所对应的角度弧度值。
double atan(double x);             // 返回正切值 x 所对应的角度弧度值。
double atan2(double y, double x);  // 返回正切值 y/x 所对应的角度弧度值。
```

asin 与 acos

由于正弦和余弦的值域为[-1, 1]，当给定的值绝对值大于 1 时，对其取反正切或反余弦会得到非数值（Not A Number，NAN）。因此，在解题过程中对值运用三角函数 asin 或 acos 之前，需要检查给定的值是否在相应的三角函数的值域范围内，否则很可能会导致错误的计算结果。

atan 与 atan2

atan 与 atan2 均为反正切函数，但有不同。atan 接受一个正切值，返回其角度值，单位为弧度，返回值范围为[$-\pi/2, \pi/2$]。atan 不区分角所在的象限，若在第一象限和第三象限各有一个角，它们的正切值均为正，使用 atan 函数返回的角度值都在第一象限。atan2 接受两个参数，表示某点坐标的 y 值和 x 值，返回该点在对应极坐标系中的极角，单位亦为弧度，返回值为范围[$-\pi, \pi$]。atan2 返回的角度值考虑了点所在的象限，位于第一象限和第三象限的角虽然其正切都为正，但是返回角度值不在同一象限。注意，当 y 和 x 同时为 0 时，正切值无确切定义，因此某些标准库实现中 atan2 的两个参数不能同时为 0，否则会报运行时错误。以下是使用 GCC 5.4.1 编译运行的结果，此编译器的三角函数库实现中 atan2 允许两个参数同时为 0，其返回的角度值为 0 弧度。

```
//----------------------------9.4.6.cpp----------------------------//
int main(int argc, char *argv[])
{
    cout << fixed << setprecision(6);
    cout << atan(0.0) << endl;          // 0.000000
```

```
        cout << atan(1E20) << endl;              // 1.570796
        cout << atan(-1E20) << endl;             // -1.570796
        cout << atan2(0, 1) << endl;             // 0.000000
        cout << atan2(1, 0) << endl;             // 1.570796
        cout << atan2(-1, 0) << endl;            // -1.570796
        cout << atan2(0, -1) << endl;            // 3.141593
        cout << atan2(-1E-10, -1) << endl;       // -3.141593
        cout << atan2(0, 0) << endl;             // 0.000000
        return 0;
    }
    //----------------------------9.4.6.cpp----------------------------//
```

强化练习

206 Meals on Wheels Routing System[D], 10792 The Laurel-Hardy Story[D], 10927 Bright Lights[C], 11326 Laser Pointer[D].

扩展练习

10372 Leaps Tall Buildings[D], 11437 Triangle Fun[C], 11574 Colliding Traffic[D].

提示

10372 Leaps Tall Buildings。二分搜索角度，由角度计算速度，判断抛物线是否和建筑相交。由于浮点数运算误差，以及根据角度计算速度的方式不同，尽管算法正确，但仍可能获得 Wrong Answer 的评测，可使用精度阈值控制误差。

11574 Colliding Traffic 中，设两艘船 B_1 和 B_2 之间的距离为 D，随着时间 t 的变化，B_1 的位置为 $(x_1+s_1 \cdot t \cdot \sin(d_1), \ y_1+s_1 \cdot t \cdot \cos(d_1))$，$B_2$ 的位置为 $(x_2+s_2 \cdot t \cdot \sin(d_2), \ y_2+s_2 \cdot t \cdot \cos(d_2))$，根据两点间距离公式可得 $D^2=at^2+bt+c$，其中，$a=(s_1 \cdot \sin(d_1)-s_2 \cdot \sin(d_2))^2+(s_1 \cdot \cos(d_1)-s_2 \cdot \cos(d_2))^2$，$b=2 \cdot ((s_1 \cdot \sin(d_1)-s_2 \cdot \sin(d_2)) \cdot (x_1-x_2)+(s_1 \cdot \cos(d_1)-s_2 \cdot \cos(d_2)) \cdot (y_1-y_2))$，$c=(x_1-x_2)^2+(y_1-y_2)^2$，由于 $a \geq 0$，可知函数曲线是一条开口向上的抛物线（或者直线）。函数最小值在对称轴 $t=-b/2a$ 处取得，最小值 $D_{min}=\mathrm{sqrt}((4ac-b2)/4a)$。若 $D_{min}<r$，则 B_1 和 B_2 满足相撞的约束条件。此时利用求根公式确定方程 $at^2+bt+c-r^2=0$ 的两个根 $root_1$ 和 $root_2$，则相撞时间 $T=\max(0, \min(root_1, root_2))$。需要注意的是，当 a 的绝对值较小时，例如，小于 $\mathrm{fabs}(a)<10^{-8}$，则认为 a 为 0，此时函数曲线退化为一条直线，若有 $D_{min}<r$，则根据题意相撞时间 $T=0$。

9.4.7 桌球碰撞问题

给定长为 $2a$ 宽为 $2b$ 的台球桌面，以台球桌面的中心为原点，在坐标 (x, y) 处有一颗母球，当时刻 0 时，以角度 A（以原点为端点的向右水平射线与击球方向在逆时针方向上的夹角）向右击球（图 9-12），其初速度为 v，加速度为 s，试确定母球在时刻 t 时已经撞击台球横边和纵边的次数。为简化问题，将母球视为一个质点，碰撞均为弹性碰撞，即母球不会损失能量，a、b、x、y、A、v、s、t 均为整数，且 $a>0$，$b>0$，$-a<x<a$，$-b<y<b$，$0 \leq A<360$，$v>0$，$s>0$，$t \geq 0$。

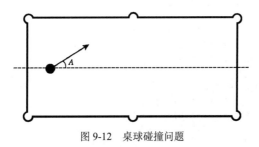

图 9-12 桌球碰撞问题

由弹性碰撞的性质可知，母球在撞击台球桌边缘时，入射角等于出射角，可以利用对称性并结合三角函数来计算撞击次数。将台球行进的路线延长，同时将台球的实际撞击路线位移到延长线上，可以看到，行进方向的位移在 X 轴上的投影恰为台球在水平方向上移动的距离，在 Y 轴上的投影恰为台球在垂直方向上移动的距离，如图 9-13 所示。

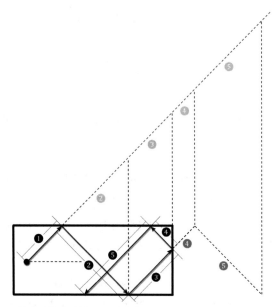

图 9-13 将桌球的移动轨迹通过对称变换移动到以出发点为端点的射线上

由此可以得到如下的求解代码：

```cpp
//-----------------------------9.4.7.cpp-----------------------------//
const double PI = 2 * acos(0);

pair<int, int> collide(int a, int b, int x, int y, int A, int v, int s, int t)
{
    // 根据均变速运动的位移公式得到台球在击球方向的移动距离。
    double d = (v + s * t) * t / 2.0;
    // 确定投影在 X 轴和 Y 轴方向上的移动距离。
    double dx = fabs(d * cos(A * PI / 180.0)), dy = fabs(d * sin(A * PI / 180.0));
    // ch 为撞击横边的次数，cv 为撞击纵边的次数。
    int ch = 0, cv = 0;
    if (A >= 0 && A <= 90) {
        ch = (y + b + dy) / (2 * b);
        cv = (x + a + dx) / (2 * a);
    }
    else if (A > 90 && A <= 180) {
        ch = (y + b + dy) / (2 * b);
        cv = (a - x + dx) / (2 * a);
    }
    else if (A > 180 && A <= 270) {
        ch = (b - y + dy) / (2 * b);
        cv = (a - x + dx) / (2 * a);
    }
    else if (A > 270 && A < 360) {
        ch = (b - y + dy) / (2 * b);
        cv = (x + a + dx) / (2 * a);
    }
    return make_pair(ch, cv);
}
//-----------------------------9.4.7.cpp-----------------------------//
```

强化练习

10387 Billiard[B]，11130 Billiard Bounces[C]。

扩展练习

10881 Piotr's Ants[B]。

提示

10881 Piotr's Ants 中，两只蚂蚁在相遇后立即转向朝相反方向继续行走，可以视为蚂蚁"相互穿越"，左侧的蚂蚁变成了右侧的蚂蚁，右侧的蚂蚁变成了左侧的蚂蚁。不难推知，假设有 A、B、C、D 四只蚂蚁，从左到右依次排列并向不同方向前进，如果棒的长度无限，那么经过 T 秒后，棒上蚂蚁的顺序从左至右必然仍为 A、B、C、D。也就是说，蚂蚁的排布顺序随着时间的改变是不会发生变化的，变化的是蚂蚁的位置和朝向。由于可以将蚂蚁相遇视为"相互穿越"，可以很容易得到 T 秒后各个蚂蚁的位置和朝向，将其按位置进行排序后，结合原有蚂蚁的排布顺序，可以确定最终各只蚂蚁的位置的朝向。需要注意的是，按照样例输出所示，蚂蚁最终恰好位于棒的边缘时不视为已经掉落。

9.5 多边形

9.5.1 矩形

矩形是常见的几何对象，正方形则是特殊的矩形。正方形的边长相等，对角线和边长的比为 $\sqrt{2}$。可以使用以下结构体来表示矩形。

```
struct rectangle {
    // l 为矩形的长度，w 为矩形的宽度。
    double l, w;
    rectangle (double l = 0, double w = 0): l(l), w(w) {}
    double perimeter() { return 2 * (l + w); }
    double area() { return l * w; }
};
```

如果给定矩形的对角顶点坐标，如何求两个矩形的交（两个矩形的重叠部分）呢？

如图 9-14 所示，将矩形的边按照边所在直线的极角标记方向。可以发现，如果两个矩形存在公共部分，则公共矩形各边所在的直线总是箭头所指方向上位于更左侧的那条直线。根据这个性质，可以容易地求出两个矩形的交。对于长方体的交，可以按照类似的方法进行。

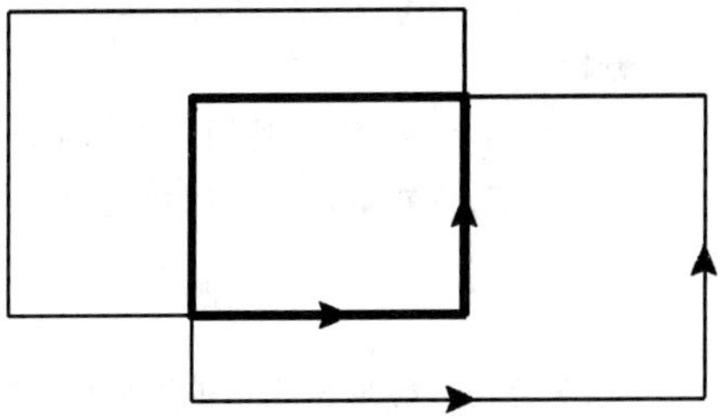

图 9-14 矩形的交

```
struct point {
    int x, y;
};

struct rectangle {
    point leftLower, rightTop;
};

rectangle getAnd(rectangle r1, rectangle r2)
{
    int lowx = max(r1.leftLower.x, r2.leftLower.x);
    int lowy = max(r1.leftLower.y, r2.leftLower.y);
    int upx = min(r1.rightTop.x, r2.rightTop.x);
    int upy = min(r1.rightTop.y, r2.rightTop.y);
    if (lowx >= upx || lowy >= upy) return rectangle{point{0, 0}, point{0, 0}};
    return rectangle{point{lowx, lowy}, point{upx, upy}};
}
```

10177 (2/3/4)-D Sqr/Rects/Cubes/Boxes?[B]（二/三/四维立方体？）

图 9-15a 给出了一个 4×4 的方阵，你能数出其中包含多少个正方形或长方形吗（假定长方形不等同于正方形）？也许你可以用掰手指的方式数出来，但是如果给定的是 100×100 或者是 10000×10000 的方阵呢？如果是在更高的维度（如图 9-15b 所示），你还能数得过来吗？你能数出一个 10×10×10 的立方体中包含有多少个大小不同的正方体或长方体吗？或者，你能数出一个 5×5×5×5 的四维超立方体中包含多少个超立方体或者超长方体吗？注意，你的程序必须非常高效。假定正方形不属于长方形，立方体不属于长方体，超立方体不属于超长方体。

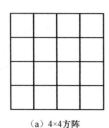

（a）4×4方阵　　　　　　　　（b）4×4×4立方体

图 9-15　4×4 方阵和 4×4×4 立方体

输入

输入中每行包含一个整数 N（$0 \leqslant N \leqslant 1000$），表示方阵、立方体或超立方体的边长。图 9-15 所给定的示例中，$N=4$，输入至多包含 100 行。

输出

对于每行输入，输出一行共 6 个整数 S_2、R_2、S_3、R_3、S_4、R_4，其中，S_2 表示二维方阵中正方形的数量，R_2 表示长方形的数量，S_3、R_3、S_4、R_4 对应三维和四维的情形。

样例输入	样例输出
1	1 0 1 0 1 0
2	5 4 9 18 17 64
3	14 22 36 180 98 1198

分析

设边长为 n（$n \geqslant 1$），则有以下结果。

（1）正方形数量 S_2 形成的数列后项与前项差为 n^2，其通项公式为

$$S_2^n = 1^2 + 2^2 + \cdots + n^2 = \frac{n(n+1)(2n+1)}{6} = \frac{n^3}{3} + \frac{n^2}{2} + \frac{n}{6}$$

（2）立方体数量 S_3 形成的数列后项与前项差为 n^3，其通项公式为

$$S_3^n = 1^3 + 2^3 + \cdots + n^3 = \left(\frac{n(n+1)}{2} \right)^2 = (1 + 2 + \cdots + n)^2$$

（3）超立方体数量 S_4 形成的数列后项与前项差为 n^4，其通项公式为

$$S_4^n = 1^4 + 2^4 + \cdots + n^4$$

（4）长方形数量 R_2 的通项公式为

$$R_2^n = S_3^n - S_2^n$$

（5）长方体数量 R_3 的通项公式为

$$R_3^n = S_2^n S_1^n, \quad S_1^n = \frac{(n-1)(n+2)}{2}$$

（6）超长方体数量 R_4 的通项公式为

$$R_4^n = \left(\frac{n(n+1)}{2}\right)^4 - S_4^n$$

强化练习

311 Packets[A]，460 Overlapping Rectangles[B]，737 Gleaming the Cubes[B]，1587 Box[B]，10215 The Largest/Smallest Box[C]，10250 The Other Two Trees[B]，11207 The Easiest Way[B]，11345 Rectangles[C]，11639 Guard the Land[C]。

扩展练习

308 Tin Cutter[D]。

9.5.2 四边形和正多边形

在解题中常见的四边形为菱形；常见的多边形有正五边形、正六边形。正 n 边形的内角相等，对于正 n（$n \geqslant 3$）边形，由于可将其剖分为 $n-2$ 个三角形，故其内角和为 $(n-2) \times 180°$。

强化练习

10432 Polygon Inside A Circle[A]，11455 Behold My Quadrangle[A]，12300 Smallest Regular Polygon[D]。

扩展练习

11648[①] Divide the Land[D]，12256 Making Quadrilaterals[D]。

> **提示**
>
> 12256 Making Quadrilaterals 题目给定 $n \geqslant 4$ 根铁棒，要求任意 4 根铁棒不能构成四边形，求最长铁棒的最小可能长度。根据题意不能有 4 根或 4 根以上的铁棒具有相同的长度，设 n 根铁棒按长度递增的顺序排列为 L_1，L_2，$\cdots$，L_n，为了使得无法构成四边形，由三角形边不等式可以推出需要满足条件：$L_i \geqslant L_{i-1} + L_{i-2} + L_{i-3}$，$i \geqslant 4$。由此关系可以求得最长铁棒的最小可能长度。

9.6 圆

圆（circle）是平面上与定点 $c(x, y)$ 距离为 r 的所有点的集合，可以将圆表示为

```
struct circle {
    doulbe x, y, r;
    circle (double x = 0, double y = 0, double r = 0): x(x), y(y), r(r) {}
};
```

在几何上，圆可以使用如下两种方式表示，一种是使用圆心坐标 (a, b) 及半径 R 来表示，称之为标准方程，即

$$(x-a)^2 + (y-b)^2 = R^2$$

另一种表示方法是将以上表示形式展开，称之为一般方程，即

$$x^2 + y^2 + Dx + Ey + F = 0$$

圆的周长和直径有一个固定的比值——π，它是一个无理数，可以通过展开以下泰勒级数得到

$$\pi = 4 \times \sum_{k=1}^{\infty} \frac{(-1)^{k+1}}{2k-1} = 4 \times \left(1 - \frac{1}{3} + \frac{1}{5} - \frac{1}{7} + \cdots\right)$$

π 的 32 位有效数字近似值为 3.1415926535897932384626433832795，使用该近似值完全可以满足解题需要。如果不想去记忆这个常数，也可以通过对特定值取反三角函数来得到 π 的值。

---

① 11648 Divide the Land 可使用二分搜索解题。

```
// const double PI = 4.0 * atan(1.0);
const double PI = 2.0 * acos(0.0);
```

实际上，圆是椭圆的一种特殊形式，而椭圆是圆锥曲线的一种，是圆锥与平面的截线。椭圆可以定义为平面内到定点 f_1、f_2 的距离之和等于常数 $2a$（$2a > |f_1f_2|$）的动点 p 的轨迹，f_1、f_2 称为椭圆的两个焦点。两个焦点的距离 $|f_1f_2| = 2c < 2a$ 称为椭圆的焦距，椭圆截与两焦点连线重合的直线所得的弦为长轴，长为 $2a$，椭圆截垂直平分两焦点连线的直线所得弦为短轴，长为 $2b$，且

$$c^2 = a^2 - b^2, \ b = \sqrt{a^2 - c^2}$$

强化练习

190 Circle Through Three Points[A]，356 Square Pegs And Round Holes[B]，12611 Beautiful Flag[B]，12704 Little Masters[A]。

9.6.1　圆的周长和面积

圆的周长 P_c 和面积 S_c 与圆的半径 r 之间的关系为

$$P_c = 2\pi r, \ S_c = \pi r^2$$

其中的 π 为圆周率。可以使用代码表示为

```
const double PI = 2.0 * acos(0.0);
struct circle {
    double x, y, r;
    double perimeter() { return 2.0 * PI * r; }
    double area() { return PI * r * r; }
    // 圆上扇形的面积，a 为扇形的弧度。
    double areaOfSector(double a) { return r * r * a / 2.0; };
};
```

如图 9-16 所示，弦（chord）$\overset{\frown}{AB}$ 与圆心 O 的距离为 h，如何计算图中阴影部分的面积呢？

可以根据反三角函数先计算 $\angle AOC$ 的大小，然后再根据阴影面积等于扇形 AOB 面积减去三角形 AOC 面积的两倍关系进行计算。

```
const double PI = 2.0 * acos(0.0);

// 通过反三角函数计算∠AOC，area 表示阴影部分的面积。
double angleOfAOC = acos(h / r), area = 0.0;
```

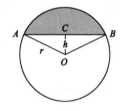

图 9-16　阴影面积的计算

```
// 第一种方式：先计算扇形 AOB 的面积，然后减去两倍的三角形 AOC 面积即为阴影部分的面积。
area = PI * r * r * ((2.0 * angleOfAOC) / (2.0 * PI));
area -= 2.0 * (r * sin(angleOfAOC) * h / 2.0);

// 第一种方式的化简。
area = r * (r * angleOfAOC - sin(angleOfAOC) * h);

// 略有不同的第二种方式，利用勾股定理计算直角三角形 AOC 的高 AC，进而得到面积。
area = r * r * angleOfAOC - sqrt(r * r - h * h) * h;
```

对于椭圆来说，令其长半轴的长度为 a，短半轴的长度为 b，其周长 P_e 和面积 S_e 与半轴的长度 a 和 b 之间的关系为

$$P_e = 2\pi b + 4(a - b), \ S_e = \pi ab$$

其中的 π 为圆周率常数。可以使用代码表示为

```
const double PI = 2.0 * acos(0.0);
struct ellipse {
    double a, b;
    double perimeter() { return 2.0 * PI * b + 4.0 * (a - b); }
    double area() { return PI * a * b }
};
```

10209 Is This Integration?[A]（需要积分吗？）

给定正方形 $ABCD$，以正方形的四个顶点为圆心，以其边长 a 为半径绘制弧形，将正方形区域划分为如下所示的三种不同类型，试求各种不同类型区域的面积和。

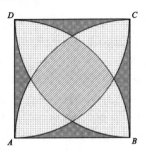

输入

输入中每行包含一个浮点数 a（$0 \leq a \leq 10000$），表示正方形的边长。输入以文件结束符表示结束。

输出

对于每行输入，输出 3 个浮点数，精确到小数点后 3 位，分别表示正方形中斜线部分、打点部分、网格部分各自的面积和。

样例输入	样例输出
0.1	0.003 0.005 0.002

分析

设斜线部分的面积为 X，打点部分的面积为 Y，网格部分的面积为 Z，则有以下方程

$$X + \frac{3Y}{4} + \frac{Z}{2} = \frac{\pi a^2}{4}, \quad X + Y + Z = a^2$$

要使方程有定解，必须还有一个独立方程，这可以由计算左下角和右下角两个四分之一圆重叠部分的面积来得到，观察图形表示容易得知，$\overset{\frown}{BD}$ 和 $\overset{\frown}{AC}$ 的交点与顶点 A、B 构成等边三角形，根据这个性质，重叠部分的面积容易计算，因此可以得到方程

$$X + \frac{Y}{2} + \frac{Z}{4} = \frac{\pi a^2}{3} - \frac{\sqrt{3}a^2}{4}$$

联立三个方程可解得

$$X = \left(1 - \sqrt{3} + \frac{\pi}{3}\right)a^2, \quad Y = \left(2\sqrt{3} - 4 + \frac{\pi}{3}\right)a^2, \quad Z = \left(4 - \sqrt{3} - \frac{2\pi}{3}\right)a^2$$

> **强化练习**
>
> 10221 Satellites[A]，10451 Ancient Village Sports[A]，10589 Area[A]，10678 The Grazing Cow[A]，10991 Region[B]，12578 10:6:2[A]。
>
> **扩展练习**
>
> 1388 Graveyard[C]，10297 Beavergnaw[A]，10668 Expanding Rods[C]，11646 Athletics Track[C]。

9.6.2 圆的切线

圆心在 (a, b)，半径为 r 的圆方程为

$$\left(x - a\right)^2 + \left(y - b\right)^2 = r^2$$

设 A 为圆弧上的一个点，其坐标为 (x_A, y_A)，可以证明，过 A 点与圆相切的直线方程为

$$(x_A - a)(x - a) + (y_A - b)(y - b) = r^2$$

设 T 为圆外的一个点，其坐标为 (x_T, y_T)，过点 T 与某个圆心为 $O(a, b)$ 半径为 r 的圆作切线，可以作两条切

线，切线的交点可通过圆方程及切线方程联立解得，但在编程竞赛中，由于方程解的表达式复杂，一般不使用此种方法求切点坐标，而是使用其他更为简便的方法。

415 Sunrise^D（日出）

本题要求计算在日出后的某个时刻，你所能看到的太阳面积占整个太阳圆盘面积的百分比。本问题属于一颗行星和一颗恒星之间的双体问题。假设地球是一个理想球体，半径为 3950 英里，不考虑地球大气的折射对解题的影响。在离地心 92900000 英里的地方是一颗明亮的四等星，也就是太阳，忽略太阳上的大气及行星绕恒星圆周运动的影响，只需将太阳视为一个平面上的圆盘。太阳圆盘与连接地球中心和太阳中心的直线相垂直，其半径为 432000 英里。假设地球以均匀的速度自转，自转一周需要 24 小时。在地球绕太阳公转的过程中，可以认为太阳的中心始终在地球赤道的上方。任意选定地球赤道上的一个参考点，从第一缕阳光照到该参考点开始计时，对于输入中给定的时刻，计算太阳圆盘上能够照射到该参考点的盘面面积百分比。

输入

输入的时间是以秒为单位的浮点数。时间数据保证不小于 0 且不大于 600。每行包含一个浮点数，在读取时应该使用 float 或 double 数据类型，连续处理输入直到遇到文件结束符。

输出

对于每行输入均应生成一行输出。输出包含一个浮点数，表示自第一缕阳光照到指定参考点后开始计时，经过指定的秒数后，太阳上能够照射到该点的圆盘部分占整个太阳圆盘面积的百分比。对于非 0 的答案，要求误差在 0.1% 以内。如果输出 0，要求计算得到的值在 –0.001 到 +0.001 之间。

样例输入	样例输出
0.0 600.0	0.000 1.000

分析

如图 9-17 所示，设地球所在圆 O_1 的圆心为坐标系原点，太阳圆盘的圆心为 O_2，太阳圆盘的上边缘为 S_1，地球圆心与太阳圆盘圆心间的距离为 D，A 点是起始参考点，B 点是某个时刻，参考点 A 移动到此处，若要计算此时能够照射到 B 点的太阳盘面面积，关键是求得 H 点的纵坐标。由于直线 BH 是圆 O_1 的切线，故 BH 垂直于 BO_1；若能确定直线 BO_1 的斜率，根据相互垂直直线的斜率乘积为 –1 的关系，可以得到直线 BH 的斜率，再根据直线 BH 经过点 B 和点 H，若能求得 B 点的坐标，则 H 点的坐标由于已经知道了其横坐标为 D，其纵坐标必定可求。令 B 点的坐标为 (x_B, y_B)，则有

$$x_B = E_r \cos \angle BO_1O_2, \quad y_B = E_r \sin \angle BO_1O_2$$

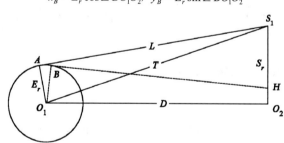

图 9-17　地球和太阳圆盘示意图（只示意了太阳圆盘的上半部分，并未按实际比例绘制）

关键是求得 $\angle BO_1O_2$，由示意图可知

$$\angle AO_1O_2 = \angle AO_1B + \angle BO_1O_2$$

而 $\angle AO_1B$ 是经过指定的时间 t（单位为秒）之后地球所转过的角度，根据地球自转一周（2π 弧度）为 24 小时，则转动 t 时间的角度为

$$\angle AO_1B = \frac{t \times 2\pi}{24 \times 3600}$$

那么，只需求得∠AO_1O_2 即可得到∠BO_1O_2，而观察图中边角关系可得

$$\angle AO_1O_2 = \angle AO_1S_1 + \angle S_1O_1O_2 = \tan^{-1}\frac{L}{E_r} + \tan^{-1}\frac{S_r}{D}$$

而

$$L = \sqrt{T^2 - E_r^2} = \sqrt{D^2 + S_r^2 + E_r^2}$$

令点 H 的坐标为(D, h)，由于圆 O_1 的方程为

$$x^2 + y^2 = E_r^2$$

则过圆 O_1 上点 B 的切线方程为

$$x_B x + y_B y = E_r^2$$

此切线同时经过点 $H(D, h)$，将坐标代入得

$$x_B D + y_B h = E_r^2$$

则有

$$h = \frac{E_r^2 - x_B D}{y_B} = \frac{E_r - D\cos\angle BO_1O_2}{\sin\angle BO_1O_2}$$

得到 h 的值之后，即可按照前述介绍的计算圆上扇形面积的方法来计算太阳圆盘的面积。

参考代码

```cpp
const double pi = 2 * acos(0);

int main(int argc, char *argv[])
{
   double Sr = 432000, Er = 3950, D = 92900000;
   double L = sqrt(D * D + Sr * Sr - Er * Er);
   double alpha = atan(L / Er) + atan(Sr / D);
   double seconds;

   while (cin >> seconds) {
      double h, beta = alpha - 2.0 * pi * seconds / 3600.0 / 24.0;
      h = (Er - D * cos(beta)) / sin(beta);
      if (h >= Sr) {
         cout << "0.000000\n";
         continue;
      }
      if (h <= -Sr) {
         cout << "1.000000\n";
         continue;
      }
      double percentage = acos(fabs(h) / Sr) / pi - fabs(h) *
         sqrt(Sr * Sr - h * h) / (pi * Sr * Sr);
      if (h < 0) percentage = 1.0 - percentage;
      cout << fixed << setprecision(6) << percentage << '\n';
   }

   return 0;
}
```

强化练习

10180 Rope Crisis in Ropeland[C]。

扩展练习

313[①] Intervals[D]，10136 Chocolate Chip Cookies[D]。

[①] 对于 313 Intervals，截至 2020 年 1 月 1 日，该题并未采用 "Special Judge"，避免使用三角函数计算切线与 X 轴的交点以免引入较大的浮点数误差而导致 Wrong Answer。

9.6.3　三角形的内切圆与外接圆

三角形的内切圆（inscribed circle）是圆心位于三角形内且圆心与三条边的距离相等的圆。设内切圆的半径为 r，三角形的面积为 S，边长分别为 a、b、c，由于内切圆的圆心位于三个内角平分线的交点上，根据海伦公式及面积关系有

$$r = \frac{2S}{a+b+c} = \frac{S}{p} = \frac{\sqrt{p(p-a)(p-b)(p-c)}}{p}, \quad p = \frac{a+b+c}{2}$$

设三角形顶点坐标为 $P_a(x_a, y_a)$、$P_b(x_b, y_b)$、$P_c(x_c, y_c)$，其内切圆的圆心坐标 (x, y) 为

$$x = \frac{ax_a + bx_b + cx_c}{a+b+c}, \quad y = \frac{ay_a + by_b + cy_c}{a+b+c}$$

其中，a、b、c 为三角形顶点 P_a、P_b、P_c 的对边边长。

强化练习

375 Inscribed Circles and Isosceles Triangles[C]。

扩展练习

11524 In-Circle[D]。

三角形的外接圆（escribed circle）是指同时经过三角形三个顶点的圆。设外接圆的的半径为 R，由于外接圆的圆心位于三条边的垂直平分线的交点上，根据海伦公式有

$$R = \frac{abc}{4S} = \frac{abc}{4\sqrt{p(p-a)(p-b)(p-c)}}, \quad p = \frac{a+b+c}{2}$$

设三角形顶点坐标为 $P_a(x_a, y_a)$、$P_b(x_b, y_b)$、$P_c(x_c, y_c)$，由于外接圆的圆心 (x, y) 距离三个顶点的距离相等，有

$$\left(x - x_a\right)^2 + \left(y - y_a\right)^2 = \left(x - x_b\right)^2 + \left(y - y_b\right)^2 = \left(x - x_c\right)^2 + \left(y - y_c\right)^2 = R^2$$

可化简为

$$2(x_b - x_a)x + 2(y_b - y_a)y = -x_a^2 - y_a^2 + x_b^2 + y_b^2$$
$$2(x_c - x_a)x + 2(y_c - y_a)y = -x_a^2 - y_a^2 + x_c^2 + y_c^2$$

解得圆心坐标（为了显示的简洁，使用行列式来表示解）为

$$x = \frac{1}{2} \times \frac{\begin{vmatrix} 1 & x_a^2 + y_a^2 & y_a \\ 1 & x_b^2 + y_b^2 & y_b \\ 1 & x_c^2 + y_c^2 & y_c \end{vmatrix}}{\begin{vmatrix} 1 & x_a & y_a \\ 1 & x_b & y_b \\ 1 & x_c & y_c \end{vmatrix}}, \quad y = \frac{1}{2} \times \frac{\begin{vmatrix} 1 & x_a & x_a^2 + y_a^2 \\ 1 & x_b & x_b^2 + y_b^2 \\ 1 & x_c & x_c^2 + y_c^2 \end{vmatrix}}{\begin{vmatrix} 1 & x_a & y_a \\ 1 & x_b & y_b \\ 1 & x_c & y_c \end{vmatrix}}$$

其中，三阶行列式的定义为

$$\begin{vmatrix} a_{11} & a_{12} & a_{13} \\ a_{21} & a_{22} & a_{23} \\ a_{31} & a_{32} & a_{33} \end{vmatrix} = a_{11}a_{22}a_{33} + a_{12}a_{23}a_{31} + a_{21}a_{32}a_{13} - a_{11}a_{23}a_{32} - a_{12}a_{21}a_{33} - a_{13}a_{22}a_{31}$$

以下为代码实现：

```cpp
//------------------------------9.6.3.cpp------------------------------//
struct point {
    double x, y;
};

struct circle {
    double x, y, r;
    double distTo(point a) { return sqrt(pow(x - a.x, 2) + pow(y - a.y, 2)); }
```

```
};

circle getCircleFromTriangle(point &a, point &b, point &c)
{
    double A1 = a.x - b.x, B1 = a.y - b.y;
    double A2 = c.x - b.x, B2 = c.y - b.y;
    double C1 = (a.x * a.x - b.x * b.x + a.y * a.y - b.y * b.y) / 2;
    double C2 = (c.x * c.x - b.x * b.x + c.y * c.y - b.y * b.y) / 2;

    circle cc;
    cc.x = (C1 * B2 - C2 * B1) / (A1 * B2 - A2 * B1);
    cc.y = (A1 * C2 - A2 * C1) / (A1 * B2 - A2 * B1);
    cc.r = cc.distTo(a);

    return cc;
}
//----------------------------9.6.3.cpp----------------------------//
```

强化练习

438 The Circumference of the Circle[A]，10577 Bounding Box[B]，11152 Colourful Flowers[A]，11281 Triangular Pegs in Round Holes[D]，12302 Nine-Point Circle[D]。

扩展练习

11406[①] Best Trap[E]，11761 Super Heronian Triangle[E]。

9.6.4　圆与圆的位置关系

圆与圆的位置关系可以分为四种：重合、相离、相切、相交。如果给定两个圆相应的坐标和半径的三元组(x_1, y_1, r_1)、(x_2, y_2, r_2)，根据两个圆的坐标、圆心距离、半径和之间的关系，可以区分以下几种情形判断两个圆的位置关系。

（1）重合。如果两个圆的圆心距离为零，可以认为两个圆的圆心重合。若两个圆的半径相等，则可以认为两个圆相同。有一种特殊情形——圆心重合同时半径为 0，需要根据具体题目进行判断，可以认为两个圆重合或者认为两个圆相交于圆心这一点。

```
// 误差阈值的设定需要根据具体题目进行设定。
const double epsilon = 1e-7;
// 圆心距离。
double d = sqrt(pow(x1 - x2, 2) + pow(y1 - y2, 2));
if (d < epsilon && fabs(r1 - r2) < epsilon)
    cout << "THE CIRCLES ARE THE SAME" << endl;
```

（2）相离。可能有两种情形：一种是两个圆的圆心距大于两个圆的半径之和（外离），另外一种是半径较小的圆包含在半径较大的圆内（内含），如图 9-18 所示。

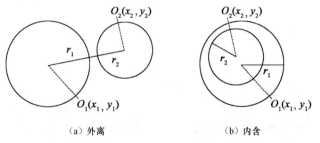

（a）外离　　　　　　　　　　（b）内含

图 9-18　圆相离的两种可能情形：外离和内含

---

① 11406 Best Trap 题目中所给定的"房间的大小为 N"的条件似乎并未使用，如果考虑这个约束反而会得到"Wrong Answer"的评测结果（考虑到捕蚊圈为刚性物体，过于靠近房间的边界会导致捕蚊圈被房间的墙阻挡而无法放置，毕竟从现实角度来说，捕蚊圈无法"穿墙"）。要特别注意当房间内的蚊子数量少于 3 只时的处理。

此种情形可以使用下述代码进行判断。

```
const double epsilon = 1e-7;
double d = sqrt(pow(x1 - x2, 2) + pow(y1 - y2, 2));
// 假设 r1 对应的总是大圆的半径, 如果在初始时, r1 小于 r2, 可以事先将其交换。
if (r2 > r1) swap(x1, x2), swap(y1, y2), swap(r1, r2);
if (d > r1 + r2 + epsilon || r1 > d + r2 + epsilon)
    cout << "NO INTERSECTION" << endl;
```

（3）相切。两个圆相切, 可以分为外相切和内相切两种情形, 如图 9-19 所示。

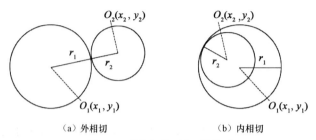

（a）外相切　　　　　　　（b）内相切

图 9-19　圆相切的两种可能情形

```
const double epsilon = 1e-7;
double d = sqrt(pow(x1 - x2, 2) + pow(y1 - y2, 2));
// 两圆相切, 确定唯一交点的坐标。
double x3, y3;
// 外相切和内相切, 交点坐标的计算方式不同, 假设 r1 为大圆的半径, r2 为小圆的半径。
if (fabs(d - (r1 + r2)) < epsilon) {
    x3 = x1 + r1 / (r1 + r2) * (x2 - x1);
    y3 = y1 + r1 / (r1 + r2) * (y2 - y1);
}
else if (fabs(d - fabs(r1 - r2)) < epsilon) {
    x3 = x1 + r1 / d * (x2 - x1);
    y3 = y1 + r1 / d * (y2 - y1);
}
```

（4）相交。两个圆相交, 有两个交点, 如图 9-20 所示。

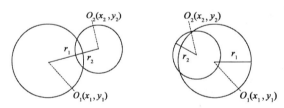

图 9-20　圆相交的两种可能情形

如果两个圆的圆心距离小于半径之和而且大于半径之差的绝对值即可认为两个圆相交。可根据相应的三角关系计算两个交点的坐标, 如图 9-21 所示。

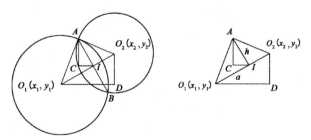

图 9-21　圆相交时交点坐标的计算

设两圆相交于 A 和 B, 线段 AB 和两个圆心的连线 O_1O_2 相交于 I。首先计算交点 I 的坐标。根据余弦定理有

$$\overline{AO_2}^2 = \overline{AO_1}^2 + \overline{O_1O_2}^2 - 2\overline{AO_1} \cdot \overline{O_1O_2} \cdot \cos\angle AO_1O_2$$

其中，AO_1 为圆 O_1 的半径，AO_2 为圆 O_2 的半径，O_1O_2 为两个圆心间的距离，O_1I 为圆 O_1 的圆心到交点 I 的距离，AI 为两圆交点 A 到两线段交点 I 的距离，不妨设 $AO_1=r_1$，$AO_2=r_2$，$O_1O_2=d$，$O_1I=a$，$AI=h$，则有

$$r_1 \cdot \cos\angle AO_1O_2 = \frac{r_1^2 + d^2 - r_2^2}{2d} = \overline{O_1I} = a, \quad h = \sqrt{r_1^2 - a^2}$$

那么交点 $I(x_3, y_3)$ 的坐标为

$$x_3 = x_1 + \frac{a(x_2 - x_1)}{d}, \quad y_3 = y_1 + \frac{a(y_2 - y_1)}{d}$$

由于三角形 ACI 和三角形 O_1DO_2 为相似三角形，则交点 $A(x_4, y_4)$ 的坐标为

$$x_4 = x_3 - \frac{h(y_2 - y_1)}{d}, \quad y_4 = y_3 + \frac{h(x_2 - x_1)}{d}$$

同理，可求交点 $B(x_5, y_5)$ 的坐标为

$$x_5 = x_3 + \frac{h(y_2 - y_1)}{d}, \quad y_5 = y_3 - \frac{h(x_2 - x_1)}{d}$$

当圆相交的位置与上述情况不同时，例如，圆 O_2 处于圆 O_1 的左方或者下方，或者两圆水平相交，以上计算公式仍然是正确的。可将上述计算过程实现为以下代码。

```
const double epsilon = 1e-7;
double d = sqrt(pow(x1 - x2, 2) + pow(y1 - y2, 2));
double r1, r2, a, h, x3, y3, x4, y4, x5, y5;
// 圆心距离大于半径差的绝对值而且小于半径之和则两圆相交，求两个交点的坐标。
if (d > (fabs(r1 - r2)) + epsilon) && (d + epsilon) < (r1 + r2)) {
    a = (r1 * r1 + d * d - r2 * r2) / (2 * d);
    h = sqrt(r1 * r1 - a * a);
    x3 = x1 + a * (x2 - x1) / d;
    y3 = y1 + a * (y2 - y1) / d;
    x4 = x3 - h * (y2 - y1) / d;
    y4 = y3 + h * (x2 - x1) / d;
    x5 = x3 + h * (y2 - y1) / d;
    y5 = y3 - h * (x2 - x1) / d;
}
```

强化练习

10301[①] Rings and Glue[B]，11515 Cranes[D]。

149 Forest[D]（森林）

有句谚语说"见树不见林"，不过这句话不太准确，实际情况是"因林难见树"。假如你站在树林中，由于树之间会相互遮挡，你实际能分辨清楚的树是非常少的。特别是当树按行列对齐进行栽种时（如人工林），这种效应更为明显，因为它们横竖都成直线，更容易发生互相遮挡的情况。本题的目标如下：在一片人工林中（假定人工林无限大），从任意一点向四周望去，确定你能分辨的树的数量。

如果某棵树的树干没有被更近的树所遮挡——要求树干的两侧都能被看见，即树干和更靠近你的树之间存在"可见间隙"——你才能看清这棵树。显然，当树离得太远而显得"太小"时你没法分辨清楚。严格来说，"不是太小"和"可见间隙"表示树或间隙的视角需要大于 0.01°（你可以假定本题只用一只眼睛进行观察）。因此，图 9-22 标记为白色圈的树遮挡了标记为灰色圈的树。

---

① 10301 Rings and Glue 中，注意输出时单复数的差异。当结果为 0 时，需要输出"… 0 rings."；当结果为 1 时，需要输出"… 1 ring."；其他情形输出"… x rings."。

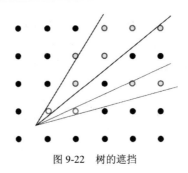

图 9-22　树的遮挡

给定树的直径和观察点的坐标，编写程序，在上述条件下确定可见树木的数量。因为网格无限大，原点的位置并不重要。所有的坐标值均在 0 和 1 之间。

输入

输入包含多行，每行包括三个形如 0.nn 的实数，第一个数表示树干的直径（diameter）——你可以假定树干均为圆柱形，树干中心恰好位于单位距离的网格格点上。后两个数为观察者的 x 坐标和 y 坐标。为了避免可能的问题，比如说观察者离树太近，输入保证直径满足条件：$diameter \leqslant x$，$y \leqslant 1-diameter$。为了避免树太小的问题，你可以假定 $diameter \geqslant 0.1$。输入以包含三个 0 的一行表示结束。

输出

输出由多行组成，每行输出对应一行输入。每行输出包含了在给定的树木尺寸和观察点下可见树木的数量。

样例输入
0.10　0.46 0.38
0 0 0

样例输出
128

分析

此题关键是确定两棵树是否互相遮挡。

如图 9-23 所示，从观察点 V 望去，如果有 $\angle aVb > \angle aVc + \angle dVb$，则两颗树之间互不遮挡。$\angle aVb$ 可由余弦定理求出，$\angle aVc$ 和 $\angle dVb$ 可由正弦定理求出。

如图 9-24 所示，如果以观察点 V 为中心将围绕观察者的树分为四个区域：A、B、C、D，由于观察点和树干直径有相互限制，在确定 A 区域的树是否遮挡时，不需要考虑其他区域的树干会遮挡 A 区域的树干。每个区域的树按照离观察点的远近再细分为内外层，由于内层的树不可能被外层的树遮挡，所以从内层往外层，逐棵树判断位于内侧的对其是否有遮挡，这样可以减少计算量，加快速度。

> **注意**
>
> 　　根据题意，视角要大于 0.01° 才能看清树干，按树干为 0.1 时计算能看清的树最远距离为 $(0.1/2)/\sin(0.01 \cdot \pi/180.0) \approx 16414$ 单位距离，但是相隔如此多的树还能看见是不可能的。根据多次提交测试结果，只需计算最多 10 层树木即可通过 UVa OJ 的测试数据。

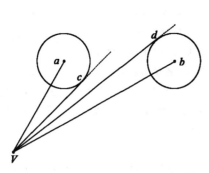

图 9-23　确定两棵树之间的是否有遮挡

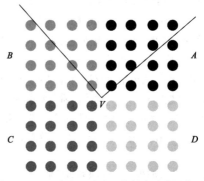

图 9-24　以观察点 V 为中心将树木分为四个区域

在根据余弦定理计算角度的过程中，由于余弦值大于 1.0 时无法取反余弦，而是会得到一个无效的非数字值，且题目中提到当角度大于 0.01° 时人眼才能区分，所以需要设定一个阈值来判断是否可取反余弦（此处是关键，如果未加注意，很可能获得错误的结果）。由于题目给定的坐标均为小数，为了便于编码，在具体实现时可将各坐标值扩大 100 倍以方便处理。

强化练习

121 Pipe Fitters[A], 453 Intersecting Circles[D], 915 Stack of Cylinders[E], 10283 The Kissing Circles[B], 10573 Geometry Paradox[A]，11834 Elevator[C]。

扩展练习

10012 How Big Is It[B]，10382 Watering Grass[B]，10947 Bear With Me Again[C]。

9.6.5 最小圆覆盖

最小圆覆盖（smallest enclosing circle）问题是指，给定 n（$n \geq 2$）个点，要求确定一个具有最小半径的圆 C，圆 C 能够将所有 n 个点包含在内（如果点在圆 C 上也计为在圆内）。由于不共线的三个点可以确定一个圆，朴素的做法是枚举三个点，以此确定一个圆 c，如果圆 c 能够覆盖所有点，则将其列为参考的最小圆，取所有这样的圆 c 中的半径最小者即为解。不难看出，朴素方法的时间复杂度为 $O(n^4)$。

可以使用一种称为"随机增量算法"的方法，在 $O(n)$ 的期望复杂度内求得给定 n 个点的最小圆覆盖。该算法步骤如下。

（1）首先将所有点随机排列，使得期望复杂度能够降低到 $O(n)$。

（2）按顺序逐个点加入构建最小圆覆盖，即逐步求前 i 个点的最小圆覆盖，每加入一个点就转入算法步骤（3）。

（3）如果发现第 i 个点在当前最小圆的外面，那么说明点 i 一定在前 i 个点的最小覆盖圆边界上，则转到算法步骤（4）来进一步确定这个圆；否则前 i 个点的最小覆盖圆与前 $(i-1)$ 个点的最小覆盖圆一致，不需更新，返回算法步骤（2）。

（4）此时已经确认点 i 一定在前 i 个点的最小覆盖圆的边界上，那么我们可以把当前圆的圆心设为第 i 个点，半径为置为 0，然后重新把前 $(i-1)$ 个点加入这个圆中（类似上面的步骤，只不过这次我们提前确定了点 i 在圆上，其目的是逐步求出包含点 i 的前 j 个点的最小覆盖圆），每加入一个点就转入算法步骤（5）。

（5）如果发现第 j 个点在当前的最小圆的外面，那么说明点 j 也一定在前 j 个点（包括第 i 个点）的最小覆盖圆边界上，我们转到算法步骤（6）来再进一步确定这个圆；否则前 j 个点（包括第 i 个点）的最小覆盖圆与前 $(i-1)$ 个点（包括第 i 个点）的最小覆盖圆一致，不需更新，返回算法步骤（4）。

（6）此时已经确认点 i、j 一定在前 j 个点（包括第 i 个点）的最小覆盖圆的边界上了，那么我们可以把当前圆的圆心设为第 i 个点与第 j 的点连线的中点，半径为到这两个点的距离（就是找一个覆盖这两个点的最小圆），然后重新把前 $(j-1)$ 个点加入这个圆中（还是类似于上面的步骤，只不过这次我们提前确定了两个点在圆上，目的是求出包含点 i、j 的前 k 个点的最小覆盖圆），每加入一个点就转入算法步骤（7）。

（7）如果发现第 k 个点在当前的最小圆的外面，那么说明点 k 也一定在前 k 个点（包括 i、j）的最小覆盖圆边界上，由于三个点能确定一个圆，此时能够根据这三个点求出一个圆，否则前 k 个点（包括 i、j）的最小覆盖圆与前 $(k-1)$ 个点（包括 i、j）的最小覆盖圆一致，不需更新。

以下是"随机增量算法"求最小圆覆盖的参考实现。

```
//---------------------------9.6.5.cpp---------------------------//
const double EPSILON = 1e-7;

// 点。
struct point { double x, y; };

// 圆。
```

```
struct circle {
    double x, y, r;
    double distTo(point a) { return sqrt(pow(x - a.x, 2) + pow(y - a.y, 2)); }
};

// 根据三个点确定外接圆的圆心和半径。
circle getCircleFromTriangle(point &a, point &b, point &c)
{
    double A1 = a.x - b.x, B1 = a.y - b.y;
    double A2 = c.x - b.x, B2 = c.y - b.y;
    double C1 = (a.x * a.x - b.x * b.x + a.y * a.y - b.y * b.y) / 2;
    double C2 = (c.x * c.x - b.x * b.x + c.y * c.y - b.y * b.y) / 2;
    circle cc;
    cc.x = (C1 * B2 - C2 * B1) / (A1 * B2 - A2 * B1);
    cc.y = (A1 * C2 - A2 * C1) / (A1 * B2 - A2 * B1);
    cc.r = cc.distTo(a);
    return cc;
}

// 随机增量方法确定最小圆覆盖。
double getMinCoverCircle(point v[], int n)
{
    // 利用库函数将点随机排列。
    random_shuffle(v, v + n);
    // 将初始的最小覆盖圆定为圆心在第一个点, 半径为 0。
    circle c;
    c.x = v[0].x, c.y = v[0].y, c.r = 0;
    // 逐个点加入, 更新最小覆盖圆。
    for (int i = 1; i < n; i++)
        if (c.distTo(v[i]) >= c.r + EPSILON) {
            c.x = v[i].x, c.y = v[i].y, c.r = 0;
            for (int j = 0; j < i; j++)
                if (c.distTo(v[j]) >= c.r + EPSILON) {
                    c.x = (v[i].x + v[j].x) / 2, c.y = (v[i].y + v[j].y) / 2;
                    c.r = c.distTo(v[i]);
                    for (int k = 0; k < j; k++)
                        if (c.distTo(v[k]) >= c.r + EPSILON)
                            c = getCircleFromTriangle(v[i], v[j], v[k]);
                }
        }
    return c.r;
}
//---------------------------9.6.5.cpp---------------------------//
```

强化练习

10005 Packing Polygons[B]。

9.7 小结

几何是计算几何的基础, 在编程竞赛中, 一般不会作为一道题目出现, 而是作为题目的背景或者处理问题的一个环节。本章先介绍了点、直线的表示方法、直线交点的求法, 由于是使用浮点数直接表示, 在计算过程中容易产生误差, 与之相比较, 在计算几何中, 一般使用向量来表示几何中的基本元素, 这样不仅代码的健壮性更强, 误差也更小。接下来介绍了坐标和坐标系的变换, 坐标系变换使用矩阵形式表示最为简便, 因此会涉及矩阵求逆。三角函数及三角形的性质是几何中的一个重点内容, 其中正弦定理和余弦定理需要熟练掌握。对于多边形来说, 正多边形的性质需要了解。圆的标准方程和一般方程、圆的周长和面积、圆与圆位置关系的判断、圆的切线、三角形的内切圆和外切圆、最小圆覆盖是与圆有关需要掌握的内容。

第 10 章
计算几何

> 易曰:"君子慎始。差若毫厘,谬以千里。"
>
> ——《礼记·经解》

计算几何学是计算机科学的一个分支,专门研究用来解决几何问题的算法。在现代工程与数学中,计算机图形学、机器人学、超大规模集成电路(Very Large Scale Integration,VLSI)设计、计算机辅助设计及统计学等领域中,都要用到计算几何学。本章主要介绍有关点、直线、线段、圆、多边形的计算问题。

10.1 基本概念

10.1.1 线段

线段(segment),在其两端各有一个点 $p_1(x_1, y_1)$ 和 $p_2(x_2, y_2)$,称为端点(end)。从直观上描述,线段 p_1p_2 可以看成经过点 p_1 和 p_2 的直线位于 p_1 和 p_2 之间(包括 p_1 和 p_2)点的集合。更为形式化的定义是使用凸组合(convex combination)的概念[1]。给定两个不同点 p_1 和 p_2,两者的凸组合是点 $p_3(x_3, y_3)$,满足

$$x_3 = ax_1 + (1-a)x_2, \ y_3 = ay_1 + (1-a)y_2; \ 0 \leqslant a \leqslant 1$$

线段 p_1p_2 即为 p_1 和 p_2 凸组合的集合。

很自然地,可以使用线段的两个端点来表示线段本身。有时为了形式上的统一和应用上的简便,也可以直接套用表示线段的结构体来表示直线。

```
struct segment {
    point p1, p2;
};
typedef segment line;
```

强化练习

837 Light and Transparencies[B]。

扩展练习

972 Horizon Line[D], 1193 Radar Installation[D], 12321 Gas Stations[D]。

10.1.2 多边形

多边形(polygon)是不自交的闭合折线段。闭合指的是折线的第一个端点和最后一个端点重合,不自交指的是不同线段只在端点处相交,包括非相邻线段也不能自交,不论是否只是在端点处相交。

为了方便处理,一般使用顺序(逆时针或顺时针方向)列出多边形各个顶点的方式来予以表示。具体代码实现时,使用一个整数来存储顶点数量,一个数组存储顶点的坐标,或者直接使用 vector 来存储多边形的顶点。

```
const int MAXV = 1000;
struct polygon {
    int number = 0;
```

---

[1] 凸组合是一类特殊的线性组合。假设 $x_1, x_2, \cdots, x_n$ 是一组对象(可以是实数、点等对象),$a_1, a_2, \cdots, a_n$ 是 n 个常数($a_i \geqslant 0, i=1, 2, \cdots, n$),并且满足 $a_1+a_2+\cdots+a_n=1$,那么 $a_1x_1+\cdots+a_nx_n$ 就称为 $x_1, x_2, \cdots, x_n$ 的凸组合。

```
    point vertices[MAXV];
};
typedef vector<point> polygon;
```

一个多边形 P 为凸多边形当且仅当 P 的任意两个不相邻顶点的连线完全位于 P 的内部。凸多边形的任意内角均小于 $180°$（π 弧度）。如果一条直线将凸多边形分为两部分（直线不与凸多边形的任意一条边重合），则分成的两部分仍为凸多边形。

10.2　几何对象间的关系

在解题时，常常需要将几何对象使用相应的代码予以表示。为了便于代码的重复利用和强壮性，一般都会将其实现为一个几何代码库（library），将一些基本操作"封装"在库中以便随时使用，免去了重复编写代码的不便。如果使用常规的定义来处理几何对象间的关系，大多数场合会显得烦琐，而使用向量，则会使得代码更为简洁和可靠，因此先引入向量的概念，并使用向量来作为库的基础部件。

10.2.1　向量、内积和外积

在数学中，标量是指只有大小的量，如体积、重量等；而将既有大小又有方向的量，称为向量（vectors）。

如图 10-1 所示，在直角坐标系中，原点为 $O(0, 0)$，设有点 $A(x_1, y_1)$、$B(x_2, y_2)$，则向量 $\overrightarrow{AB}$ 可以表示为

$$\overrightarrow{AB} = \overrightarrow{OB} - \overrightarrow{OA} = \left(x_2 - x_1, y_2 - y_1\right)$$

其方向为从 A 指向 B。

向量 $\boldsymbol{a}$ 的大小，称为向量的模（modulus，又称长度），一般记作 $|\boldsymbol{a}|$。向量的模是一个非负实数，令 $\boldsymbol{a}$ 为 (x, y)，有

$$|\boldsymbol{a}| = \sqrt{x^2 + y^2}$$

除此之外，还有表示向量大小平方的概念，称为范数（norm）。

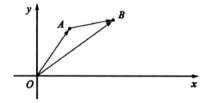

图 10-1　向量 $\overrightarrow{OA}$、$\overrightarrow{OB}$、$\overrightarrow{AB}$

```
double norm(point a)
{
    return a.x * a.x + a.y * a.y;
}

double abs(point a)
{
    return sqrt(norm(a));
}
```

使用坐标表示向量，假设有向量 $\boldsymbol{u}(x_u, y_u)$ 和 $\boldsymbol{v}(x_v, y_v)$，$\boldsymbol{u}$ 和 $\boldsymbol{v}$ 之间的夹角为 θ，根据余弦定理，有

$$|\boldsymbol{u} - \boldsymbol{v}||\boldsymbol{u} - \boldsymbol{v}| = |\boldsymbol{u}||\boldsymbol{u}| + |\boldsymbol{v}||\boldsymbol{v}| - 2|\boldsymbol{u}||\boldsymbol{v}|\cos\theta$$

即

$$\left(x_u - x_v\right)^2 + \left(y_u - y_v\right)^2 = x_u^2 + y_u^2 + x_v^2 + y_v^2 - 2|\boldsymbol{u}||\boldsymbol{v}|\cos\theta$$

化简得

$$\cos\theta = \frac{x_u x_v + y_u y_v}{|\boldsymbol{u}||\boldsymbol{v}|}$$

这样，就可以根据向量 $\boldsymbol{u}$ 和 $\boldsymbol{v}$ 计算两者之间的夹角。

定义向量 $\boldsymbol{u}$ 和 $\boldsymbol{v}$ 的内积（dot product，又称点积、数量积）为

$$\boldsymbol{u} \cdot \boldsymbol{v} = x_u x_v + y_u y_v$$

注意，内积是一个标量。于是上面的 $\cos\theta$ 可改写成

$$\cos\theta = \frac{\boldsymbol{u} \cdot \boldsymbol{v}}{|\boldsymbol{u}||\boldsymbol{v}|}$$

当 $\boldsymbol{u} \cdot \boldsymbol{v} = 0$（即 $x_u x_v + y_u y_v = 0$）时，向量 $\boldsymbol{u}$ 和 $\boldsymbol{v}$ 垂直；当 $\boldsymbol{u} \cdot \boldsymbol{v} > 0$ 时，$\boldsymbol{u}$ 和 $\boldsymbol{v}$ 之间的夹角为锐角；当 $\boldsymbol{u} \cdot \boldsymbol{v} < 0$ 时，$\boldsymbol{u}$ 和 $\boldsymbol{v}$ 之间的夹角为钝角。

```
double dot(point a, point b)
{
    return a.x * b.x + a.y * b.y;
}
```

定义两个向量 $\boldsymbol{u}$ 和 $\boldsymbol{v}$ 的外积（cross product，又称叉积、向量积）仍然是一个向量，记作 $\boldsymbol{u} \times \boldsymbol{v}$，它的长度规定为

$$|\boldsymbol{u} \times \boldsymbol{v}| = |\boldsymbol{u}||\boldsymbol{v}|\sin\theta$$

其中，θ 为两个向量间的夹角。外积的方向与向量 $\boldsymbol{u}$ 和 $\boldsymbol{v}$ 所在平面垂直，并满足右手螺旋法则[1]。

如图 10-2 所示，外积 $\boldsymbol{u} \times \boldsymbol{v}$ 的几何意义是由向量 $\boldsymbol{O}(0,0)$、$\boldsymbol{u}$、$\boldsymbol{v}$，以及 $\boldsymbol{u}+\boldsymbol{v}=(x_u+x_v, y_u+y_v)$ 在坐标系中对应的点所确定的平行四边形的有向面积 $A_{\boldsymbol{u} \times \boldsymbol{v}}$，可以表示为

$$A_{\boldsymbol{u} \times \boldsymbol{v}} = x_u y_v - y_u x_v$$

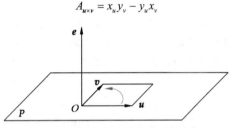

图 10-2　向量 $\boldsymbol{u}$ 和 $\boldsymbol{v}$ 外积的几何意义

知识拓展

假定已经用单位向量 e 规定了平面 P 的定向，对于平面 P 上的定向平行四边形，可以给它的面积定义一个正负号；如果它的定向与 P 的定向一致，则规定它的面积为正的；如果不一致，则规定它的面积为负。该面积称为定向平行四边形的有向面积（或称定向面积）。

如果 $A_{\boldsymbol{u} \times \boldsymbol{v}}$ 的值为正数，则 $\boldsymbol{u}$ 在 $\boldsymbol{v}$ 的顺时针方向上；如果 $A_{\boldsymbol{u} \times \boldsymbol{v}}$ 的值为负数，则 $\boldsymbol{u}$ 在 $\boldsymbol{v}$ 的逆时针方向上；当 $A_{\boldsymbol{u} \times \boldsymbol{v}}$ 的值为 0 时，$\boldsymbol{u}$ 和 $\boldsymbol{v}$ 共线，但方向可能相同或者正好相反[2]。

```
double cross(point a, point b)
{
    return a.x * b.y - a.y * b.x;
}
```

可以将任意向量的起点平移到原点，使得向量的终点可以用一个点来表示，确定了此点即确定了向量的大小和方向。为了更为方便地应用向量来进行计算，后续均使用点来表示一个向量。以下代码片段定义了向量及其基本运算。

```
struct point {
    double x, y;
    point (double x = 0, double y = 0): x(x), y(y) {}
    point operator + (point p) { return point(x + p.x, y + p.y); };
    point operator - (point p) { return point(x - p.x, y - p.y); };
    point operator * (double u) { return point(x * u, y * u); };
    point operator / (double u) { return point(x / u, y / u); };
};
```

10089 Repackaging[D]（重新打包）

现有三种不同尺寸的咖啡杯（编号分别为规格 1、规格 2、规格 3），均由杯子制造协会（Association of

---

[1] 将右手除大拇指以外的四个手指展开，指向向量 A 的方向，然后把四个手指弯曲，弯曲的方向由向量 A 转向向量 B（转的角度须小于 π 弧度），此时大拇指立起的方向，就是向量 A 和向量 B 外积的方向。

[2] 如果沿着顺时针方向旋转 $\boldsymbol{u}$，转过的角度不大于 π，即可使得 $\boldsymbol{u}$ 的方向与 $\boldsymbol{v}$ 的方向相同，则称 $\boldsymbol{u}$ 在 $\boldsymbol{v}$ 的逆时针方向，$\boldsymbol{v}$ 在 $\boldsymbol{u}$ 的顺时针方向。

Cup Makers，ACM）下属的工厂所生产，并且以不同的包装尺寸出售。每种包装以三个整数（S_1、S_2、S_3）予以标记，其中 S_i（$1 \leqslant i \leqslant 3$）表示规格 i 的杯子在包装中的数量。对于任意一种包装，不存在 $S_1 = S_2 = S_3$ 的情形。

最近，客户对于包含同样数量三种规格杯子的包装需求量大幅增长。作为对需求的一种应急措施，ACM 决定将库存中尚未出售的（无限）包装拆开并进行重新打包，使得包装中三种规格的杯子数量相同。例如，假设 ACM 库存中有以下四种类型的包装：(1, 2, 3)、(1, 11, 5)、(9, 4, 3) 和 (2, 3, 2)，则可以拆开 3 个 (1, 2, 3) 的包装，1 个 (9, 4, 3) 的包装和 2 个 (2, 3, 2) 的包装，将它们重新打包为 16 个 (1, 1, 1) 的包装，或者 8 个 (2, 2, 2) 的包装，或者 4 个 (4, 4, 4) 的包装，或者 2 个 (8, 8, 8) 的包装，或者 1 个 (16, 16, 16) 的包装，或者上述包装的组合，只要同一个包装中不同规格杯子的数量相同。注意，所有从分拆的包装中获得的杯子在重新打包的过程中必须全部使用。

ACM 雇用你来编写程序，确定能否从库存中选取若干包装，将其拆开后重新打包，使得新的包装中不同规格的杯子数量相等且分拆得到的杯子全部使用。

输入

输入包含多组测试数据，每组测试数据的第一行包含一个整数 N（$3 \leqslant N \leqslant 1000$），表示库存中不同包装的数量，接着 N 行，每行包含 3 个正整数，表示某个包装中规格 1、规格 2、规格 3 的杯子数量，同组测试数据中不会出现相同的包装。输入以 N 为 0 的一行表示结束。

输出

对于每组测试数据，假如能够按照要求进行重新打包，输出 Yes，否则输出 No。

样例输入

```
4
1 2 3
1 11 5
9 4 3
2 3 2
0
```

样例输出

```
Yes
```

分析

令第 i 种包装的数量为 a_i，第 i 种包装中规格 j 的杯子数量为 S_{ij}，$1 \leqslant i \leqslant n, 1 \leqslant j \leqslant 3, 0 \leqslant a_i$，根据题目约束，有

$$\begin{cases} a_1 S_{11} + a_2 S_{21} + \cdots + a_n S_{n1} = k \\ a_1 S_{12} + a_2 S_{22} + \cdots + a_n S_{n2} = k, \quad k > 0, \sum_{i=1}^{n} a_i > 0, \quad a_i \in \mathbb{Z}_0^+ \\ a_1 S_{13} + a_2 S_{23} + \cdots + a_n S_{n3} = k \end{cases}$$

由上式不难得到

$$\begin{cases} a_1(S_{12} - S_{11}) + a_2(S_{22} - S_{21}) + \cdots + a_n(S_{n2} - S_{n1}) = 0 \\ a_1(S_{13} - S_{11}) + a_2(S_{23} - S_{21}) + \cdots + a_n(S_{n3} - S_{n1}) = 0 \end{cases}, \sum_{i=1}^{n} a_i > 0, \quad a_i \in \mathbb{Z}_0^+$$

令 $x_i = S_{i2} - S_{i1}$，$y_i = S_{i3} - S_{i1}$，则上式可转化为以下二维"向量和"问题：

$$a_1(x_1, y_1) + a_2(x_2, y_2) + \cdots + a_n(x_n, y_n) = (0, 0), \sum_{i=1}^{n} a_i > 0, \quad a_i \in \mathbb{Z}_0^+$$

考虑最简单的情形，当只有两个向量时，令 $V_1 = (x_1, y_1)$、$V_2 = (x_2, y_2)$，由于 a_i 为非负整数且至少有一个 a_i 不为 0，不难得出，要使得 $a_1 V_1 + a_2 V_2 = (0, 0)$，则向量 V_1 与 V_2 之间的方向必定相反，即夹角为 π 弧度。若两者夹角大于 π 弧度，则不可能在约束条件下得到零向量。进一步地，对所有 n 个向量按极角进行排序后，如果有任意两个相邻向量 V_i 和 V_j 之间的夹角大于 π 弧度，则不可能在约束条件下得到零向量，即无解；反之，则有解。

强化练习

10832 Yoyodyne Propulsion Systems[D]，11473 Campus Roads[D]，11800 Determine the Shape[C]。

10.2.2　点和直线的关系

设经过原点 $O(0,0)$ 和点 $m(x_m, y_m)$ 的直线为 L，则可得到直线 L 的方程为

$$\begin{vmatrix} x_m & y_m \\ x & y \end{vmatrix} = x_m y - y_m x = 0$$

给定直线 L 上不同的两个点 p_a 和 p_b，令 p_a 为起点、p_b 为终点，从 p_a 向 p_b 望去，位于右侧的半平面定义为直线 L 的顺时针区域，位于左侧的半平面定义为直线 L 的逆时针区域。设有一点 $p(x_p, y_p)$，不难推出，点 p 与直线 L 的位置关系只有三种：位于直线上、位于直线的顺时针区域、位于直线的逆时针区域，如图 10-3 所示。

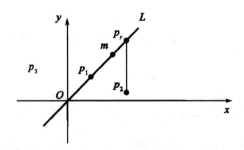

图 10-3　点与直线可能的位置关系

注意

图 10-3 中，定义直线 L 的方向为从 O 到 m，点 p_1 位于直线上，点 p_2 位于直线的顺时针区域，点 p_3 位于直线的逆时针区域。注意，直线的顺时针区域和逆时针区域只是象征性地予以表示，并未完全绘出。

可由向量 $\overrightarrow{Om}$ 与向量 $\overrightarrow{Op}$ 的外积确定点 p 与直线 L 的关系。根据外积的几何意义，向量 $\boldsymbol{p}$ 和 $\boldsymbol{m}$ 构成的平行四边形的有向面积 $A_{\boldsymbol{p} \times \boldsymbol{m}}$ 为

$$A_{\boldsymbol{p} \times \boldsymbol{m}} = x_p y_m - y_p x_m$$

当点 p 位于直线上，根据直线方程有

$$x_m y_p - y_m x_p = 0$$

则

$$A_{\boldsymbol{p} \times \boldsymbol{m}} = x_p y_m - y_p x_m = -\left(x_m y_p - y_m x_p\right) = 0$$

故只要点 p 位于直线 L 上，有向面积 $A_{\boldsymbol{p} \times \boldsymbol{m}}$ 为 0。当点 p 位于直线 L 的顺时针区域时，设与点 p 具有相同横坐标且在直线 L 上的点为 $p_r(x_p, y_r)$，由于 p_r 在直线 L 上，故有

$$\begin{vmatrix} x_m & y_m \\ x_p & y_r \end{vmatrix} = x_m y_r - y_m x_p = 0$$

由于 $y_r > y_p$，则有

$$x_m y_p - y_m x_p < 0$$

则

$$A_{\boldsymbol{p} \times \boldsymbol{m}} = x_p y_m - y_p x_m = -\left(x_m y_p - y_m x_p\right) > 0$$

即当点 p 位于直线 L 的顺时针区域时，有向面积 $A_{\boldsymbol{p} \times \boldsymbol{m}}$ 为正。同理可知，当点 p 位于直线 L 的逆时针区域时，可得到有向面积 $A_{\boldsymbol{p} \times \boldsymbol{m}}$ 为负的结果。

以上只考虑了直线经过第一、第三象限的情况，同理可证明，当直线与 x 轴平行、直线与 y 轴平行、直线经过第二、四象限时均有以下结论：当点 p 位于直线上时，有向面积 $A_{\boldsymbol{p} \times \boldsymbol{m}}$ 总为零；当位于顺时针区域时，有向面积 $A_{\boldsymbol{p} \times \boldsymbol{m}}$ 总为正；当位于逆时针区域时，有向面积 $A_{\boldsymbol{p} \times \boldsymbol{m}}$ 总为负。由于点 p 与直线的位置关系只可能为三

种情况之一，故可得当有向面积 $A_{p\times m}$ 为正时，点 p 位于向量 m 所在直线的顺时针区域；当有向面积 $A_{p\times m}$ 为负时，点 p 位于向量 m 所在直线的逆时针区域；当有向面积 $A_{p\times m}$ 为零时，点 p 与向量 m 所在直线共线。

强化练习

10865 Brownie Points I[C]，11227 The Silver Bullet[C]。

10.2.3　确定线段转动方向

为了确定两条连续的线段 p_0p_1 和 p_1p_2 是向左转还是向右转，即确定一个给定的角 $\angle p_0p_1p_2$ 的转向，可以使用外积，将其转化为相对于公共端点 p_0 的向量 $\overrightarrow{p_0p_1}$ 和 $\overrightarrow{p_0p_2}$ 的位置关系问题，只需要把 p_0 作为原点，计算有向面积

$$A_{(p_1-p_0)\times(p_2-p_0)} = (x_1 - x_0)(y_2 - y_0) - (y_1 - y_0)(x_2 - x_0)$$

使用代码表示为

```
double cp(point p0, point p1, point p2)
{
    // return (p1.x - p0.x) * (p2.y - p0.y) - (p1.y - p0.y) * (p2.x - p0.x);
    return cross(p1 - p0, p2 - p0);
}
```

如果该有向面积的值为正，则 $\overrightarrow{p_0p_1}$ 在 $\overrightarrow{p_0p_2}$ 的顺时针方向上，经过点 p_1 处要向左转；如果为负，则 $\overrightarrow{p_0p_1}$ 在 $\overrightarrow{p_0p_2}$ 的逆时针方向上，经过点 p_1 时要向右转；如果有向面积的值为零，则表示共线。在编程实践中，由于坐标不一定是整数，所以在判断有向面积的值是否为零时，一般使用一个阈值来予以控制，当有向面积的绝对值小于该阈值时，即可认为有向面积为零。由此，可将外积演化为判断线段转向的三个函数：顺时针旋转 cw（clockwise）、逆时针旋转 ccw（counter clockwise）、共线 collinear。

```
//-----------------------------10.2.3.cpp-----------------------------//
const double EPSILON = 1E-7;

// 判断谓词: cw (clockwise), 顺时针旋转。
// 从点 a 向点 b 望去，如果点 c 位于线段 ab 的右侧，返回 true，否则返回 false。
bool cw(point a, point b, point c)
{
    return cp(a, b, c) < -EPSILON;
}

// 判断谓词: ccw (counterclockwise), 逆时针旋转。
// 从点 a 向点 b 望去，如果点 c 位于线段 ab 的左侧时，返回 true，否则返回 false。
bool ccw(point a, point b, point c)
{
    return cp(a, b, c) > EPSILON;
}

// 当三点共线时，返回 true。
bool collinear(point a, point b, point c)
{
    return fabs(cp(a, b, c)) <= EPSILON;
}

// 判断三点是否构成右转或共线。
bool cwOrCollinear(point a, point b, point c)
{
    return cw(a, b, c) || collinear(a, b, c);
}

// 判断三点是否构成左转或共线。
bool ccwOrCollinear(point a, point b, point c)
{
    return ccw(a, b, c) || collinear(a, b, c);
}
//-----------------------------10.2.3.cpp-----------------------------//
```

强化练习

270 Lining Up[B]，319 Pendulum[D]，833 Water Falls[C]。

10.2.4 确定线段是否相交

对于线段来说，经常需要进行的操作是判断给定点是否在线段上，而采用"包围盒测试"可以方便地得到结果。

```cpp
// 测试点 p 是否在线段 ab 上。
bool pointInBox(point a, point b, point p)
{
    double minx = min(a.x, b.x), maxx = max(a.x, b.x);
    double miny = min(a.y, b.y), maxy = max(a.y, b.y);
    return p.x >= minx && p.x <= maxx && p.y >= miny && p.y <= maxy;
}

struct segment {
    point p1, p2;
    bool contains(point &p) { return pointInBox(p1, p2, p); }
};
```

而对于确定两条线段是否相交则稍复杂，有以下两种常用方法。

直线求交法

直观的方法是将线段转换为直线，求直线的交点，然后判断交点是否在线段上，从而进一步得知两条线段是否相交。此方法由于需要求交点，在求交点时可能会存在误差导致结果产生偏差。

```cpp
//----------------------------10.2.4.1.cpp----------------------------//
const double EPSILON = 1e-7;

struct segment {
    point p1, p2;
    bool contains(const point &p) { return pointInBox(p1, p2, p); }
};

struct line {
    double a, b, c;
    line (double a = 0, double b = 0, double c = 0): a(a), b(b), c(c) {}
};

line getLine(double x1, double y1, double x2, double y2)
{
    return line(y2 - y1, x1 - x2, y1 * (x2 - x1) - x1 * (y2 - y1));
}

line getLine(point p, point q)
{
    return getLine(p.x, p.y, q.x, q.y);
}

// 求两条不同直线的交点。需要事先判断两条直线是否平行，如果平行则无交点。
point getIntersection(line p, line q)
{
    point pi;
    pi.x = (q.c * p.b - p.c * q.b) / (p.a * q.b - q.a * p.b);
    pi.y = (q.c * p.a - p.c * q.a) / (p.b * q.a - q.b * p.a);
    return pi;
}

double cp(point a, point b, point c)
{
```

```
        return (b.x - a.x) * (c.y - a.y) - (b.y - a.y) * (c.x - a.x);
    }

    // 判断两条线段是否相交。
    bool isIntersected(segment s1, segment s2)
    {
        // 构造直线。
        line p = getLine(s1.p1, s1.p2), q = getLine(s2.p1, s2.p2);

        // 判断线段是否重合或平行。
        if (fabs(p.a * q.b - q.a * p.b) < EPSILON) {
            if (fabs(cp(s1.p1, s1.p2, s2.p1)) < EPSILON)
                return s1.contains(s2.p1) || s1.contains(s2.p2);
            return false;
        }

        // 求直线的交点。
        point pi = getIntersection(p, q);
        return s1.contains(pi) && s2.contains(pi);
    }
//--------------------------10.2.4.1.cpp--------------------------//
```

　　上述"直线求交法"是根据直线一般方程的系数来计算交点。除此之外，也可以使用外积来计算交点，而且更为简便。

　　如图 10-4 所示，由于三角形 *AEP* 和三角形 *GFC* 相似，可得

$$\frac{AE}{GF} = \frac{AP}{GC} = \frac{AP}{AB}$$

而 *AE* 是三角形 *ACD* 的高，*GF* 是三角形 *GCD* 的高，且三角形 *ACD* 和 *GCD* 具有共同的底边 *GC*，只需确定三角形 *ACD* 和 *GCD* 的面积，就能确定线段 *AP* 与 *AB* 的比值。令线段 *AP* 与 *AB* 长度的比值为 k，定义原点 *O*，则根据向量长度之间的关系，有

$$\overrightarrow{OP} = \overrightarrow{OA} + k\overrightarrow{AB}$$

不难推知，三角形 *ACD* 的面积可由向量 $\overrightarrow{CA}$ 和 $\overrightarrow{CD}$ 的外积得到，三角形 *GCD* 的面积可由向量 $\overrightarrow{AB}$ 和 $\overrightarrow{CD}$ 的外积得到。在具体实现时，需要注意坐标点 *A* 和 *C* 的选择，两者不能重合，否则除数将为零。

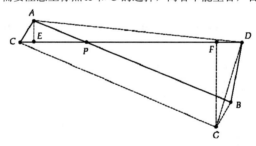

图 10-4　利用外积求直线的交点

```
//--------------------------10.2.4.2.cpp--------------------------//
const double EPSILON = 1e-6;

struct point {
    double x, y;
    point (double x = 0, double y = 0): x(x), y(y) {}
    point operator + (point p) { return point(x + p.x, y + p.y); };
    point operator - (point p) { return point(x - p.x, y - p.y); };
    point operator * (double k) { return point(x * k, y * k); };
    point operator / (double k) { return point(x / k, y / k); };
    bool operator==(point &p)
    {
        return fabs(x - p.x) < EPSILON && fabs(y - p.y) < EPSILON;
    }
```

```
};

double cross(point a, point b) { return a.x * b.y - a.y * b.x; }

struct line { point a, b; };

point getIntersection(line p, line q)
{
    if (p.a == q.a) return p.a;
    double k = cross(p.a - p.b, q.a - q.b) / cross(p.a - q.a, q.a - q.b);
    return p.a + (p.b - p.a) * fabs(k);
}
//----------------------------10.2.4.2.cpp----------------------------//
```

相对方位法

相比较于"直线求交法"判断线段相交，更为"巧妙"的方法是根据线段在平面上的相对位置关系，结合外积进行判断。

如图 10-5 所示，将这些不同的位置关系定义为相对方位，可以通过线段的相对方位来判断是否相交。相对于线段 a_1a_2 的两个端点，另一线段 b_1b_2 的两个端点分别与之构成转角 $\angle a_1a_2b_1$ 和 $\angle a_1a_2b_2$，约定逆时针转角为负，顺时针转角为正，转换为使用外积来表示则转角为正时外积为正，转角为负时外积为负，如果转角 $\angle a_1a_2b_1$ 和 $\angle a_1a_2b_2$ 对应的外积一个为正、一个为负，则称线段 a_1a_2 跨越（straddle）了另一条线段 b_1b_2 所在的直线。若两条线段相交，则至少满足以下两个条件之一。

（1）每条线段都跨越了包含另一线段的直线。

（2）一条线段的某一端点位于另一线段上。

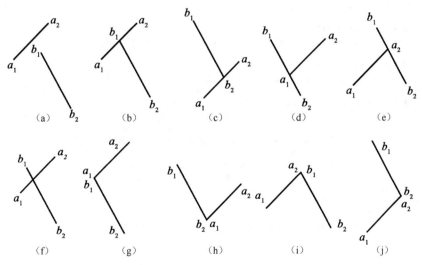

图 10-5　两条线段的相对位置的部分情形

由此可以计算线段的每个端点相对于另一线段的相对方位 d_i。如果所有的相对方位 d_i 都非 0，则可以通过测试相对方位数值的符号判断线段是否相交。如果出现相对方位 d_i 为 0 的情况，表明一条线段的一个端点与另一条线段共线，只需测试该端点是否在另一条线段上，为是则表明两条线段相交，可以通过前述的包围盒测试来进行。

定义有向面积 cp_1=cp(a_1, a_2, b_1)，cp_2=cp(a_1, a_2, b_2)，cp_3=cp(b_1, b_2, a_1)，cp_4=cp(b_1, b_2, a_2)。按照图 10-5 所示的各种情形，可以得到如表 10-1 所示的列表。有以下结论。

（1）当两条线段不共线且不相交时［如情形（a）］，cp_1、cp_2 同号的同时 cp_3、cp_4 异号，或者 cp_3、cp_4 同号的同时 cp_1、cp_2 异号，且均不为 0。

表 10-1 图 10-5 的各种情形下的外积

相对位置情形	cp_1	cp_2	cp_3	cp_4
（a）	>0	>0	>0	<0
（b）	=0	>0	>0	<0
（c）	<0	=0	>0	<0
（d）	<0	>0	=0	<0
（e）	<0	>0	>0	=0
（f）	<0	>0	>0	<0
（g）	=0	>0	=0	<0
（h）	<0	=0	=0	<0
（i）	=0	>0	>0	=0
（j）	<0	=0	>0	=0

（2）当两条线段跨越式相交时［如情形（f）］，cp_1、cp_2 异号，cp_3、cp_4 异号，且均不为 0。

（3）当两条线段相交于一条线段的端点，且交点位于另一线段的中部时［如情形（b）、（c）、（d）、（e）］，cp_1、cp_2、cp_3、cp_4 中只有一个为 0。

（4）当两条线段相交于端点时，且端点重合时［如情形（g）、（h）、（i）、（j）］，cp_1、cp_2 必有一个为 0，cp_3、cp_4 必有一个为 0，但不同时为 0。

（5）当两条线段共线时，cp_1、cp_2、cp_3、cp_4 为 0。

```
//----------------------------10.2.4.3.cpp----------------------------//
const double EPSILON = 1e-7;

// 使用外积来表示线段的相对方向。
double cp(point a, point b, point c) { return cross(b - a, c - a); }

// 判断两条线段是否相交。
bool isIntersected(segment s1, segment s2)
{
    double cp1 = cp(s1.p1, s1.p2, s2.p1), cp2 = cp(s1.p1, s1.p2, s2.p2);
    double cp3 = cp(s2.p1, s2.p2, s1.p1), cp4 = cp(s2.p1, s2.p2, s1.p2);
    if ((cp1 * cp2 < 0) && (cp3 * cp4 < 0)) return true;
    if (fabs(cp1) <= EPSILON && s1.contains(s2.p1)) return true;
    if (fabs(cp2) <= EPSILON && s1.contains(s2.p2)) return true;
    if (fabs(cp3) <= EPSILON && s2.contains(s1.p1)) return true;
    if (fabs(cp4) <= EPSILON && s2.contains(s1.p2)) return true;
    return false;
}
//----------------------------10.2.4.3.cpp----------------------------//
```

当给定的坐标点均为整数坐标时，可以直接将外积与 0 比较，而不需使用外积绝对值和阈值比较的形式。

强化练习

191 Intersection[A]，273 Jack Straws[C]，866 Intersecting Line Segments[C]，10902 Pick-Up Sticks[C]，11343 Isolated Segments[C]。

扩展练习

393 The Doors[C]，1342 That Nice Euler Circuit[D]。

10.2.5 点的投影

从点 p 向直线（或线段）$s = p_1 p_2$ 引一条垂线，令交点为 x，点 x 就称为点 p 在直线（线段）s 上的投影（projection）。

如图 10-6 所示，令向量 $\overrightarrow{base} = \overrightarrow{p_1 p_2}$，$\overrightarrow{hypo} = \overrightarrow{p_1 p}$，点 p_1 与点 x 的距离为 t，$\overrightarrow{hypo}$ 与 $\overrightarrow{base}$ 的夹角为 θ，则有

$$t = \left|\overrightarrow{hypo}\right|\cos\theta, \quad \overrightarrow{hypo} \cdot \overrightarrow{base} = \left|\overrightarrow{hypo}\right|\left|\overrightarrow{base}\right|\cos\theta$$

于是有

$$t = \frac{\overrightarrow{hypo} \cdot \overrightarrow{base}}{\left|\overrightarrow{base}\right|}$$

可得

$$x = p_1 + \overrightarrow{base}\frac{t}{\left|\overrightarrow{base}\right|} = p_1 + \overrightarrow{base}\frac{\overrightarrow{hypo} \cdot \overrightarrow{base}}{\left|\overrightarrow{base}\right|^2}$$

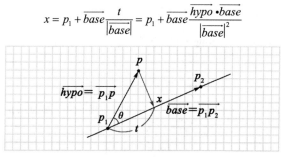

图 10-6　点的投影

使用代码表示为

```
point project(point p, segment s)
{
    point base = s.p2 - s.p1;
    double r = dot(p - s.p1, base) / norm(base);
    return s.p1 + base * r;
}
```

强化练习

10263 Railway[B]。

给定线段 $s = p_1 p_2$ 上的点 p，过点 p 引一条垂线，将点 p 沿着垂线朝线段 s 的逆时针方向移动距离 d 后成为点 x，试求点 x 的坐标。可按照求点的投影相反的思路来求解。

观察图 10-7 可知，只要求出向量 $\overrightarrow{p_1 p}$，以及 $\overrightarrow{p_1 x}$ 与 $\overrightarrow{p_1 p}$ 的夹角 a，即可根据坐标旋转求得 x。需要注意的是，如果通过取夹角 a 的反正切 arctan $(d/|\overrightarrow{hypo}|)$ 来得到 a，可能会出现退化的情况。例如，当点 p 和 p_1 重合时，$|\overrightarrow{hypo}|$ 为 0，无法取得反正切。为了避免这种情况，可以通过直角三角形的边来计算 $|\overrightarrow{p_1 x}|$，然后通过 a 的反正弦 arcsin$(d/|\overrightarrow{p_1 x}|)$ 来得到 a。另外，如果点 p 位于线段 s 的端点 p_1 的左侧，则向量 $\overrightarrow{p_1 x}$ 与 $\overrightarrow{p_1 p_2}$ 的夹角 a 将是 $\pi - \text{arcsin}(d/|\overrightarrow{p_1 x}|)$。

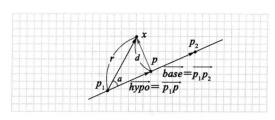

图 10-7　点沿着法线方向移动

```
point rotate(point p, double t)
{
    return point(p.x * cos(t) - p.y * sin(t), p.x * sin(t) + p.y * cos(t));
}
```

```
point shift(point p, double d, segment s)
{
    point hypo = p - s.p1, base = s.p2 - s.p1;
    double r = sqrt(d * d + norm(hypo));
    double a = asin(d / r);
    return p1 + rotate(base * r / abs(base), a);
}
```

利用类似的思路，可以容易地求得将三角形某个角的顶点沿着角平方线移动距离 d 后的坐标，这在处理凸多边形的缩放时非常有用。

强化练习

877 Offset Polygons[E]，10406 Cutting Tabletops[D]。

10.2.6　点的映像

以线段（或直线）$s=p_1p_2$ 为对称轴，与给定点 p 构成线对称的点 x 称为点 p 的映像（reflection），如图 10-8 所示。

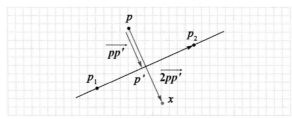

图 10-8　点的映像

求点 p 的映像 x 的坐标时，首先求出点 p 在线段 p_1p_2 上的投影点 p'，然后将 p 到 p' 的向量 $\overrightarrow{pp'}$ 的长度扩大至原来的 2 倍，最后给起点 p 加上这个向量即为点 x 的坐标。使用代码表示为

```
point reflect(point p, segment)
{
    return p + (project(p, s) - p) * 2.0;
}
```

10.2.7　点和直线间距离

给定点 p 和不经过点 p 的直线 L，如下定义点 p 和直线 L 之间的距离：令经过点 p 且与直线 L 垂直的直线为 L'，直线 L' 与直线 L 的交点为 p'，则点 p 和 p' 之间的距离即为点 p 和直线 L 的距离。

如果两条直线互相垂直，其中一条直线与 X 轴平行或者垂直，则属于特殊情形，交点的坐标容易求得。若任意一条直线均不与 X 轴平行或垂直，那么两条直线斜率的乘积为-1。可以根据这个关系，先求出直线 L'的方程，然后根据第 13 章求两条直线交点的方法来求出点 p'的坐标，然后再计算距离。

更为简便的方法是根据外积的性质来计算点和直线间的距离。

如图 10-9 所示，外积在几何上是向量所围成的平行四边形的面积。图中三角形 $p_0p_1p_2$ 的面积为平行四边形面积的一半，而 p_0 和直线间的距离恰为此三角形的高，根据外积的定义和面积关系有

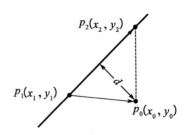

$$\left(p_0-p_1\right)\times\left(p_2-p_1\right)=2\cdot S_{p_1p_2p_0}=\left|p_2-p_1\right|\cdot d$$

展开移项得到

$$d=\frac{\left|\left(x_2-x_1\right)\left(y_1-y_0\right)-\left(x_1-x_0\right)\left(y_2-y_1\right)\right|}{\sqrt{\left(x_2-x_1\right)^2+\left(y_2-y_1\right)^2}}$$

图 10-9　给定直线上的两个点 p_1 和 p_2，求直线外一点 p_0 和直线的距离

使用代码表示为

```
double getDistPL(point p, line l)
{
    return fabs(cross(l.p2 - l.p1, p - l.p1) / abs(l.p2 - l.p1));
}
```

如果直线 L 给定的是一般方程，则有

$$d = \frac{|ax_0 + by_0 + c|}{\sqrt{a^2 + b^2}}$$

强化练习

1111 Trash Removal[D]，10210 Romeo & Juliet[C]。

10.2.8 点和线段间距离

如图 10-10 所示，给定线段 $s=p_1p_2$，令经过线段 s 的直线为 L，给定点 p，p 在直线 L 上的投影为 p'。如果点 p' 在线段 s 上，则点 p 和线段 s 的距离为 p 和 p' 的距离；若 p' 不在线段 s 上，则点 p 和 s 的距离为 p 和 s 的两个端点的距离的较小值。

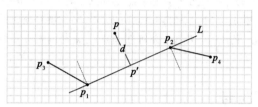

图 10-10　点和线段间距离的定义

注意

图 10-10 中，当点 p 的投影位于线段 p_1p_2 上时，点 p 和线段 p_1p_2 的距离为点 p 和投影点 p' 间的距离。当点 p 的投影位于线段外时，则选择与较近的端点的距离作为点和线段的距离，如图 10-10 中的点 p_3 和点 p_4，点 p_3 距离线段的端点 p_1 较近，则 p_3 与线段的距离为线段 p_3p_1 的长度；同理，点 p_4 和线段 p_1p_2 的距离为线段 p_4p_2 的长度。

判断点的投影是否在线段 s 上有两种方法，第一种方法是检查 $\angle pp_1p_2$ 和 $\angle pp_2p_1$ 是否均不大于 $90°$，如果满足此条件则表明 p 的投影在线段 s 上。在检查角度时，可以不需要直接计算角度值，而是使用余弦定理确定角度余弦值的符号，根据余弦值的符号来判断角度是否小于等于 $90°$。

```
double getDistPS(point p, segment s)
{
    double cosa = norm(p - s.p1) + norm(s.p1 - s.p2) - norm(p - s.p2);
    double cosb = norm(p - s.p2) + norm(s.p1 - s.p2) - norm(p - s.p1);
    // 点 p 与端点的构成的夹角均不大于 90°时，点 p 的投影在线段上。
    if (cosa >= 0 && cosb >= 0) return getDistPL(p, s);
    return min(abs(p - s.p1), abs(p - s.p2));
}
```

第二种方法是根据向量间的夹角来判断。如图 10-11 所示，如果向量 $\boldsymbol{a}$ 与向量 $\boldsymbol{b}$ 的夹角 θ 大于 $90°$（或者小于 $-90°$），则点 p 和线段 s 的距离就是 p 到点 p_1 的距离。

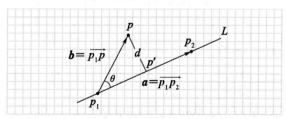

图 10-11　求点到线段间的距离

```
double getDistPS(point p, segment s)
{
    if (dot(s.p2 - s.p1, p - s.p1) < 0.0) return abs(p - s.p1);
    if (dot(s.p1 - s.p2, p - s.p2) < 0.0) return abs(p - s.p2);
    return getDistPL(p, s);
}
```

强化练习

1039 Simplified GSM Network[D]。

提示

1039 Simplified GSM Network 的难点在于确定从城市 A 到城市 B 的道路所需转换的 BTS 个数，有以下两种方法。

（1）将城市 A 到城市 B 的道路视为一条线段 s，对于某个 BTS，令其为 t，求出和 s 的距离 d 和最近点 p，若 p 和除 t 之外的 BTS 之间的距离均大于 d，表明若沿线段 s 行进，在某个时刻，t 离 s 最近，则 t 在需要转换的 BTS 之列。

（2）将城市 A 到城市 B 的道路视为一条线段 s，其端点分别为 p_A 和 p_B，求出与端点 p_A 和 p_B 最近的 BTS，令其为 t_A 和 t_B，若 t_A 和 t_B 为同一个 BTS，表明该 BTS 在需要转换的 BTS 之列，停止检查；若 t_A 与 t_B 不同，则取 s 的中点 p_M，构成两条线段，分别为 s_1 和 s_2，s_1 的端点为 p_A 和 p_M，s_2 的端点为 p_B 和 p_M，继续前述检查。

10.2.9　线段和线段间距离

线段 s_1 和线段 s_2 的距离是以下四个距离中最小的一个。

（1）线段 s_1 与线段 s_2 的端点 $p_{1;s_2}$（即代码中的 s2.p1）的距离。

（2）线段 s_1 与线段 s_2 的端点 $p_{2;s_2}$（即代码中的 s2.p2）的距离。

（3）线段 s_2 与线段 s_1 的端点 $p_{1;s_1}$（即代码中的 s1.p1）的距离。

（4）线段 s_2 与线段 s_1 的端点 $p_{2;s_1}$（即代码中的 s1.p2）的距离。

如果线段 s_1 和 s_2 相交，则两者之间的距离为 0。

```
double getDistSS(segment s1, segment s2)
{
    if (isIntersected(s1, s2)) return 0.0;
    return min(min(getDistPS(s2.p1, s1), getDistPS(s2.p2, s1)),
        min(getDistPS(s1.p1, s2), getDistPS(s1.p2, s2)));
}
```

扩展练习

889[①] Islands[E]。

10.2.10　点和多边形的关系

如果一个多边形为凸多边形，且顶点按照逆时针顺序给出，则可以使用外积判定点 p 是否在在构成凸多边形的所有有向线段 p_ip_{i+1} 的左侧，如果满足此条件，那么点 p 在凸多边形内[②]，但是这条判定原则不适用于任意多边形。

```
//----------------------------10.2.10.1.cpp----------------------------//
const double EPSILON = 1E-7;

struct point { double x, y; };
```

---

① 889 Islands 中，两个简单多边形之间的距离为构成多边形的线段之间距离的最小值。

② 如果顶点按照顺时针顺序给出，则判断点 p 是否在构成凸多边形的所有有向线段 p_ip_{i+1} 的右侧。

```
typedef vector<point> polygon;

int cp(point a, point b, point c)
{
    return (b.x - a.x) * (c.y - a.y) - (b.y - a.y) * (c.x - a.x);
}

bool ccw(point a, point b, point c) { return cp(a, b, c) > EPSILON; }

// 确定点是否在凸多边形内，要求凸多边形的点按照逆时针顺序给出。
bool isPointInPolygon(point p, polygon pg)
{
    bool in = true;
    for (int i = 0; i < pg.size() && in; i++)
        in &= ccw(pg[i], pg[(i + 1) % pg.size()], p)
    return in;
}
//---------------------------10.2.10.1.cpp---------------------------//
```

强化练习

143 Orchard Trees[B], 476 Points in Figures: Rectangles[A], 477 Points in Figures: Rectangles and Circles[A], 478 Points in Figures: Rectangles Circles and Triangles[A], 10112 Myacm Triangles[B].

扩展练习

361 Cops and Robbers[D], 10823 Of Circles and Squares[D].

对于确定点 p 与任意多边形 P 的关系问题，有一个基于 Jordan 曲线定理（Jordan curve theorem）的方法。Jordan 曲线定理指出：每个多边形或其他闭合图形都有一个内部和外部。换句话说，只要不穿过边界，你就无法从内部走到外部，也无法从外部走到内部。那么，可以从给定点 q 出发作一条右水平射线（right horizontal ray）L，如果该射线穿越边界的次数为偶数，则 q 在 P 的外部。因为射线的最远端必定在多边形外，从射线的最远处朝端点 q 处移动，每两次穿越边界都会重新回到多边形外部，若穿越的次数为奇数，则 q 在 P 的内部。只需要计算多边形每条边与该射线是否存在交点，并判断交点总个数的奇偶性即可确定点与多边形的位置关系。需要注意的是，在统计交点时，如果射线与多边形的某一条边重合则不算穿越，即不计为有交点。

根据 Jordan 曲线定理，可以将点和多边形的内外关系确定问题转化求线段是否相交的问题，关键在于如何将射线 L 转化为线段进行相交判断。可以确定多边形顶点中位于最右侧顶点的横坐标 x_{max}，使用端点为 $q(x_q, y_q)$ 和 $e(x_{max}, y_q)$ 的线段来表示射线 L，通过这条线段逐一与多边形的边进行相交测试并统计交点个数，根据交点个数的奇偶性即可判断点 q 与多边形 P 的内外关系。

强化练习

858 Berry Picking[D]。

需要注意的是，当经过点 q 的右水平射线与多边形的某一顶点相交时，如何为交点计数。如果简单地认为只要相交就计为交点，则会得出错误的结论。如图 10-12d 所示，射线与边 a、b、c 各有一个交点，则总交点数为 3 个，似乎可以得出"点 q 在多边形内"的结论，但从图 10-12 可以看出，结论显然是错误的。故需要作以下的预设规定以保证正确性。

（1）当射线与多边形的边重合时，规定交点个数为 0 个。

（2）当射线与多边形相交于某一顶点时，对于在射线上方的线段，规定其交点个数为 1 个，对于在射线下方的线段，规定其交点个数为 0 个（亦可规定在射线下方的线段交点个数为 1 个，处于上方的线段交点个数为 0 个，不影响正确性）。

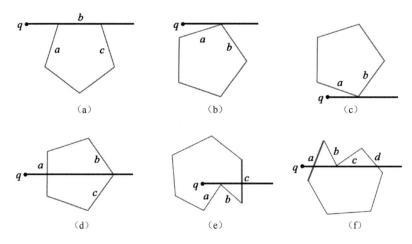

图 10-12　右水平射线与多边形相交的几种特殊情况

> **注意**
>
> 　根据交点计数规则，图 10-12 中的情况描述如下。
>
> 　（a）线段 a 与 q 相交且位于射线下方，交点个数为 0；线段 b 与射线 q 重合，交点个数为 0；线段 c 与射线 q 相交且位于射线下方，交点个数为 0；总交点个数为 0，为偶数，故点 q 在多边形外，结论正确。
>
> 　（b）根据计数规则，交点个数为 0，点 q 在多边形外。
>
> 　（c）交点个数为 2，点 q 在多边形外。
>
> 　（d）交点个数为 2，点 q 在多边形外。
>
> 　（e）交点个数为 1，点 q 在多边形内。
>
> 　（f）交点个数为 4，点 q 在多边形外。

以下为参考实现代码：

```
//----------------------------10.2.10.2.cpp----------------------------//
const double EPSILON = 1E-7;

typedef vector<point> polygon;

// 判断多边形的边是否在射线上方。
bool isSideAboveRay(segment ray, segment side)
{
    return side.p1.y >= ray.p1.y && side.p2.y >= ray.p1.y;
}

// 根据设定的交点数规则判断射线与多边形的边是否相交。
bool segmentsIntersected(segment ray, segment side)
{
    double cp1 = cp(ray.p1, ray.p2, side.p1), cp2 = cp(ray.p1, ray.p2, side.p2);
    double cp3 = cp(side.p1, side.p2, ray.p1), cp4 = cp(side.p1, side.p2, ray.p2);

    // 跨越式相交。
    if ((cp1 * cp2 < 0) && (cp3 * cp4 < 0)) return true;
    // 不相交。
    if ((cp1 * cp2 > 0) || (cp3 * cp4 > 0)) return false;
    // 共线，不论线段是否重合，均规定为不相交。
    if ((fabs(cp1) <= EPSILON && fabs(cp2) <= EPSILON) ||
        (fabs(cp3) <= EPSILON && fabs(cp4) <= EPSILON))
        return false;
    // 相交于顶点，判断是否在射线上方。
    if (fabs(cp1) <= EPSILON || fabs(cp2) <= EPSILON ||
        fabs(cp3) <= EPSILON || fabs(cp4) <= EPSILON)
```

```
            return isSideAboveRay(ray, side);
        return false;
}

// 测试点 p 是否在多边形内，如果点 p 在多边形上，不计为在多边形内。
bool isPointInPolygon(point p, polygon pg)
{
    // 找到多边形顶点中位于最右边的点的横坐标。
    double rightX = pg[0].x;
    for (int i = 0; i < pg.size(); i++) {
        if (pg[i].x > rightX)
            rightX = pg[i].x;
    }
    // 统计多边形的边与射线的交点数量。
    // 将位于最右边点的横坐标的两倍作为射线右端点的横坐标，避免一些退化情况的发生。
    int numberOfIntersection = 0;
    segment ray = (segment){p, (point){2 * rightX, p.y}};
    for (int i = 0; i < pg.size(); i++) {
        segment side = (segment){pg[i], pg[(i + 1) % pg.size()]};
        if (segmentsIntersected(ray, side))
            numberOfIntersection++;
    }
    // 测试交点个数奇偶性。
    return ((numberOfIntersection & 1) == 1);
}
//---------------------------10.2.10.2.cpp---------------------------//
```

上述实现利用线段相交的方法来确定射线与多边形边是否有交点，并且规定当射线与边重合时交点数为 0，射线和边的端点相交时，如果边在射线上方，交点数为 1，否则为 0。如果结合前述介绍的向量内积和外积，可以有更为简洁的实现。对于构成多边形各边的线段 $g_i g_{i+1}$，令 g_i-p 与 $g_{i+1}-p$ 分别为向量 $\boldsymbol{a}$ 和向量 $\boldsymbol{b}$，点 p 是否位于 $g_i g_{i+1}$ 上可以通过判断逆时针旋转（前述介绍的判断谓词 ccw）的方法进行检查，即检查 $\boldsymbol{a}$ 和 $\boldsymbol{b}$ 是否在同一直线上且方向相反。如果 $\boldsymbol{a}$ 和 $\boldsymbol{b}$ 外积大小为 0 且内积小于等于 0，则点 p 位于线段 $g_i g_{i+1}$ 上。

射线和线段 $g_i g_{i+1}$ 是否相交，可以通过 $\boldsymbol{a}$ 和 $\boldsymbol{b}$ 构成的平行四边形的面积正负，即 $\boldsymbol{a}$ 和 $\boldsymbol{b}$ 外积的大小来判断。首先，调整向量 $\boldsymbol{a}$ 和 $\boldsymbol{b}$，将坐标中 y 值较小的向量定为 $\boldsymbol{a}$；接下来，如果 $\boldsymbol{a}$ 和 $\boldsymbol{b}$ 的外积大小为正（$\boldsymbol{a}$ 到 $\boldsymbol{b}$ 为逆时针）且 $\boldsymbol{a}$ 和 $\boldsymbol{b}$ 的终点位于射线的两侧，即可确定射线与边交叉。但是需要注意边界情形的处理，即线段与射线相交于线段端点的情形，这个可以通过判断向量 $\boldsymbol{a}$ 和 $\boldsymbol{b}$ 的 y 值及外积来确定。

```
//---------------------------10.2.10.3.cpp---------------------------//
const int OUT = 0, ON = 1, IN = 2;
const double EPSILON = 1e-7;

// 测试点 p 是否在多边形内，如果点 p 在多边形上，不计为在多边形内。
int isPointInPolygon(point p, polygon pg)
{
    bool in = false;
    for (int i = 0; i < pg.size(); i++) {
        point a = pg[i] - p, b = pg[(i + 1) % pg.size()] - p;
        if (abs(cross(a, b)) < EPSILON && dot(a, b) < EPSILON) return ON;
        if (a.y > b.y) swap(a, b);
        if (a.y < EPSILON && EPSILON < b.y && cross(a, b) > EPSILON) in = !in;
    }
    return in ? IN : OUT;
}
//---------------------------10.2.10.3.cpp---------------------------//
```

强化练习

634 Polygon[B]，12016 Herbicide[E]。

248[①] Cutting Corners[E]，10321[②] Polygon Intersection[D]。

10.2.11　直线和圆的交点

直线和圆的关系有三种：不相交、相切、相交。根据圆心和直线的距离 d 以及圆的半径 r 可以容易地判断两者之间的关系。

（1）当 $d>r$ 时，直线与圆不相交。

（2）当 $d=r$ 时，直线与圆相切，即只有一个交点，交点的坐标恰为圆心在直线上的投影，可以根据前述介绍求点的投影的方法得到切点坐标。

（3）当 $d<r$ 时，直线和圆相交，有两个不同的交点，可以按照下述方法求出交点的坐标。

如图 10-13 所示，首先求出圆心 c 在直线 L 上的投影点 p_r，然后求出直线 L 上的单位向量 e，单位向量可以根据向量 $\overrightarrow{p_1 p_2}$ 和其模的比值得到，即

$$e = \frac{\overrightarrow{p_1 p_2}}{p_1 p_2}$$

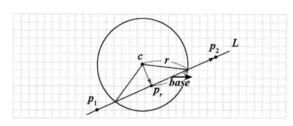

图 10-13　直线和圆的交点

接着，根据半径 r 与向量 p_r 的长度计算出圆内线段的一半，令其为 $\overrightarrow{base}$，将单位向量 e 乘以系数 $\overrightarrow{base}$，即可得到直线 L 上与 $\overrightarrow{base}$ 同样大小的向量，最后，以投影点 p_r 为起点，向正/负方向加上该向量，即可得到圆与直线的交点坐标。

```
//----------------------------10.2.11.cpp----------------------------//
struct circle { point c; double r; };
pair<point, point> getIntersection(line l, circle c)
{
    point pr = project(c.c, l);
    e = (l.p2 - l.p1) / abs(l.p2 - l.p1);
    double base = sqrt(c.r * c.r - norm(pr - c.c));
    return make_pair(pr + e * base, pr - e * base);
}
//----------------------------10.2.11.cpp----------------------------//
```

10.2.12　圆和圆的交点

在第 9 章中，已经介绍了使用余弦定理求两个圆交点的方法，这里介绍使用向量和余弦定理求圆交点的方法。

如图 10-14 所示，由两个圆心和其中一个交点构成三角形 $c_1 c_2 p_1$，根据余弦定理可以求出向量 $\overrightarrow{c_1 c_2}$ 与 c_1 到某个交点的向量的夹角 a，然后再求出 $\overrightarrow{c_1 c_2}$ 与 X 轴的夹角 t。最后所求的交点就是以圆心 c_1 为起点，大小为 $c_1 p_2$，与 X 轴正方向夹角为 $t+a$ 和 $t-a$ 的两个向量。

[①] 对于 248 Cutting Corners，为了达到递送路线距离最短的目的，信使应该从起点出发，不断的从一座建筑的某个"角落"沿直线到达另一座建筑的某个"角落"，最终到达终点。中途不能穿越其他建筑，可以沿着建筑的边界行进。可以预先处理得到所有可达的"角落"之间的距离，之后使用 Moore-Dijkstra 算法求最短距离。

[②] 对于 10321 Polygon Intersection，两个任意多边形相交后，其顶点要么是两个多边形边的交点，要么是在多边形内部的点。

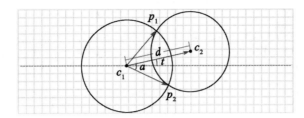

图 10-14　圆和圆的交点

```
//------------------------------10.2.12.cpp------------------------------//
struct circle { point c; double r; };
double atan2(point p) { return atan2(p.y, p.x); }
point polar(double d, double t) { return point(d * cos(t), d * sin(t)); }

pair<point, point> getIntersection(circle c1, circle c2)
{
    double d = abs(c2.c - c1.c);
    double a = acos((c1.r * c1.r + d * d - c2.r * c2.r) / (2 * c1.r * d));
    double t = atan2(c2.c - c1.c);
    return make_pair(c1.c + polar(c1.r, t + a), c1.c + polar(c1.r, t - a));
}
//------------------------------10.2.12.cpp------------------------------//
```

10.2.13　圆的切点

过圆外一点可以引两条不同的直线与圆相切，从而产生两个切点，如图 10-15 所示。使用类似于求圆与圆的交点坐标的方法，可以方便地求得切点的坐标。

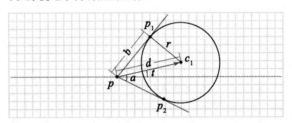

图 10-15　过圆外一点 p 作与圆相切的两条直线，求切点的坐标

```
//++++++++++++++++++++++++++++++10.2.13.cpp++++++++++++++++++++++++++++++//
struct circle { point c; double r; };
double atan2(point p) { return atan2(p.y, p.x); }
point polar(double d, double t) { return point(d * cos(t), d * sin(t)); }

pair<point, point> getIntersection(point p, circle cc)
{
    double d = abs(cc.c - p);
    double a = asin(cc.r / d);
    double t = atan2(cc.c - p);
    double b = sqrt(d * d - cc.r * cc.r);
    return make_pair(p + polar(b, t + a), p + polar(b, t - a));
}
```

但在实际解题过程中，由于上述求切点坐标的运算过程中使用了三角函数，很容易导致精度问题，更好的方法是解题思路不变，转而使用坐标旋转来确定切点坐标，所以计算过程中仅使用四则运算和求平方根运算，引入的误差较前述方法要少，不易因浮点数的精度问题而导致 Wrong Answer。

```
pair<point, point> getIntersection(point p, circle cc)
{
    point pv = cc.c - p;
    double d = abs(pv);
    double b = sqrt(norm(pv) - cc.r * cc.r);
```

```
    double sina = cc.r / d, cosa = b / d;
    double k = b / d;
    point p1 = point(pv.x * cosa - pv.y * sina, pv.x * sina + pv.y * cosa);
    point p2 = point(pv.x * cosa + pv.y * sina, -pv.x * sina + pv.y * cosa);
    return make_pair(p + p1 * k, p + p2 * k);
}
//+++++++++++++++++++++++++++++++++10.2.13.cpp+++++++++++++++++++++++++++++++++//
```

扩展练习

10011 Where Can You Hide[D]，10674[①] Tangents[D]。

10.3　扫描线算法

求 n 条线段的交点，朴素的方式是对任意两条线段求交点，算法时间复杂度为 $O(n^2)$，当 n 值较大时无法在限制时间内进行处理。如果给定的线段与坐标轴平行，则求这类线段的相交问题特称为曼哈顿几何[②]，可以使用扫描线算法（sweep line algorithm）高效地求解。扫描线算法的思路是将一条与 x 轴（或 y 轴）平行的直线向上（向右）平行移动，在移动过程中寻找交点，这条直线就称为扫描线。

提示

10011 Where Can You Hide 题目所求是从家的位置出发，往任意方向直线前进时，在整个前进过程中都能够不被放射线损伤时能够前进的最大距离。正确理解题意的关键在于"最大安全旅行距离"需要建立在往任意方向前进的基础上，虽然可能往某个方向前进的距离可能比其他方向的距离都要大，但是依据题意，不能取最大的距离，而是应该取最小值。由于前进时不能穿越树本身，最多能够到达树的边界，所以"家与树的最大距离"定义为家和树的中心的距离减去树的半径。如果放射源恰好位于树的边界，则切点为原点 O 本身，设过切点的直线为 l，如果家和树在直线 l 的异侧，则家始终位于放射源的照射范围，因此"最大安全旅行距离"为 0.000；如果家和树在直线 l 的同侧，则"最大安全旅行距离"为家与直线 l 的距离和"家与树的最大距离"的较小值。

如果原点在树外，则过原点 O 可引两条直线与树相切，设切点为 p_1 和 p_2，则分三种情况：（1）家的位置在 $\angle p_1 O p_2$ 内且在树后，此时放射源能够被树阻挡，"最大安全旅行距离"为家和两条切线的距离及"家与树的最大距离"三者的最小值（尽管有可能出现家和某条切线的最短距离所经过的线段与表示树的圆相交而不符合条件，但是此时"家与树的最大距离"以及家和另一条切线的距离必定会更小，从而不影响最终结果）；（2）家的位置在 $\angle p_1 O p_2$ 内且在树前，此时家能够被放射源照射，"最大安全旅行距离"为 0.000；（3）家的位置在 $\angle p_1 O p_2$ 的外侧，此时"最大安全旅行距离"亦为 0.000。

扫描线并不会按照固定的间隔进行扫描，而是在每次遇到线段的端点时停止移动，然后检查该位置上的线段交点。为了便于进行上述处理，需要先将输入的线段端点按照 y 值排序，让扫描线沿 Y 轴正方向移动。

在扫描线移动过程中，算法会将扫描线穿过的垂直线段（与 y 轴平行）临时记录下来，等到扫描线与水平线段（与 x 轴平行）重叠时，检查水平线段的范围内是否存在垂直线段上的点，然后将这些点作为交点输出。为提高处理效率，可以应用二叉搜索树来保存扫描线穿过的垂直线段。可将线段相交问题的扫描线算法步骤归纳如下。

（1）将输入线段的端点按 y 坐标升序排列，添加到线段端点列表 EP 中。

[①] 10674 Tangents 需要根据两个圆的相对位置关系的不同分别处理。两个圆可能的相对位置关系有：重合、内含、内切、外切、相交、相离。

[②] 曼哈顿几何（Manhattan geometry），19 世纪由德国人 Hermann Minkowski 提出，又称出租车几何（taxicab geometry），因位于纽约的曼哈顿岛上横平竖直呈网格状的街道而得名。其距离度规为两点直角坐标系坐标差值绝对值的和，称为曼哈顿距离。在平面上，点 p_1 和 p_2 之间的 L_m 距离由下式给出：$(|x_1-x_2|^m+|x_1-x_2|^m)^{1/m}$，实际上，欧几里得距离为 L_2 距离，曼哈顿距离为 L_1 距离。

（2）将二叉搜索树 *BT* 置为空。

（3）按顺序取出 *EP* 中的端点（相当于让扫描线自下而上进行移动），进行下述处理。

　　① 如果取出的端点为垂直线段的上端点，则从 *BT* 中删除该线段的 *x* 坐标。

　　② 如果取出的端点为垂直线段的下端点，则将该线段的 *x* 坐标插入 *BT*。

　　③ 如果取出的端点为水平线段的左端点（扫描线与水平线段重合），将该水平线段的两端点

作为搜索范围，输出 *BT* 中包含的值（即垂直线段的 *x* 坐标）。

如果使用平衡二叉树进行上述操作，一次搜索操作的时间复杂度为 $O(\log n)$，则 n 条线段总共所需要操作的时间复杂度为 $O(n\log n)$，而算法整体的复杂度还与交点数 k 有关，故扫描线算法求线段交点的时间复杂度为 $O(k+n\log n)$。

```cpp
//----------------------------10.3.cpp----------------------------//
const int MAXV = 100000, INF = 0x3f3f3f3f;
const int BOTTOM = 0, LEFT = 1, RIGHT = 2, TOP = 3;

struct EndPoint {
    point p;
    int segIdx, epCode;
    EndPoint(point p, int epIdx, int epCode):
        p(p), epIdx(epIdx), epCode(epCode) {}
    // 保证端点按照下、左、右、上的顺序添加到二叉树中。
    bool operator<(const EndPoint &ep) const {
        if (p.y == ep.p.y) return epCode < ep.epCode;
        return p.y < ep.p.y;
    }
} EP[2 * MAXV];

int manhattanIntersection(vector<segment> S)
{
    int n = S.size();
    // 逐条线段进行处理。
    for (int i = 0, k = 0; i < n; i++) {
        if (S[i].p1.y == S[i].p2.y) {
            if (S[i].p1.x > S[i].p2.x) swap(S[i].p1, S[i].p2);
        } else {
            if (S[i].p1.y > S[i].p2.y) swap(S[i].p1, S[i].p2);
        }
        // 注意端点的添加顺序对边界情形的正确处理非常重要。
        if (S[i].p1.y == S[i].p2.y) {
            EP[k++] = EndPoint(S[i].p1, i, LEFT);
            EP[k++] = EndPoint(S[i].p2, i, RIGHT);
        } else {
            EP[k++] = EndPoint(S[i].p1, i, BOTTOM);
            EP[k++] = EndPoint(S[i].p2, i, TOP);
        }
    }
    // 将所有端点按照从下至上的顺序排列，如果两个端点具有相同的 y 坐标则按照从左至右的顺序排列。
    sort(EP, EP + (2 * n));
    // 二叉搜索树。插入 INF 作为哨兵元素以便计数。
    set<int> BT; BT.insert(INF);
    int cnt = 0;
    // 逐个端点处理。
    for (int i = 0; i < 2 * n; i++) {
        if (EP[i].epCode == TOP) {
            BT.erase(EP[i].p.x);
        } else if (EP[i].epCode == BOTTOM) {
            BT.insert(EP[i].p.x);
        } else if (EP[i].epCode == LEFT) {
            auto begin = BT.lower_bound(S[EP[i].epIdx].p1.x);
            auto end = BT.upper_bound(S[EP[i].epIdx].p2.x);
            cnt += distance(begin, end);
        }
    }
```

```
    // 返回交点的数量。
    return cnt;
}
//----------------------------10.3.cpp----------------------------//
```

除了求线段交点外，在执行扫描线算法的过程中，还可以得到一个"副产品"——即这些线段相交所能构成的最大矩形的面积（或者所有矩形面积的并）。

对于一般情形，即线段不一定和坐标轴平行的时候如何处理呢？这时就需要将前述给出的扫描线算法进行适当拓展，使之成为更一般的扫描线算法[69]。

强化练习

105 The Skyline Problem[A]，688 Mobile Phone Coverage[C]，10191 Longest Nap[A]，11661 Burger Time[A]，11683 Laser Sculpture[B]。

扩展练习

1382 Distant Galaxy[D]。

提示

1382 Distant Galaxy 中，如果在枚举上下边界的同时枚举左右边界，将导致 $O(n^4)$ 的算法，当 $n=100$ 时显然会超时，因此需要寻求 $O(n^3)$ 的算法。假定枚举上下边界，考虑在从左至右扫描右边界的过程中维护相应的信息以避免重复计算，从而提高效率。

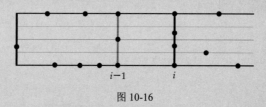

图 10-16

如图 10-16 所示，令 $left[i]$ 表示边界 i 左侧（不包括边界 i）位于上下界的星系数量，$on[i]$ 表示边界 i 上且包括上下边界的星系数量，$in[i]$ 表示边界 i 上但不包括上下边界的星系数量，则 $left[i]=7$，$on[i]=4$，$in[i]=2$，且有递推关系

$$left[i] = left[i-1] + on[i-1] - in[i-1], \ i \geqslant 1$$

固定上下边界，当扫描到右边界 i 时，最大边界星系数量 g 可以表示为

$$g = \max\{left[i] + on[i] - left[k] + in[k]\}, i \geqslant 1, k < i$$

通过在扫描右边界时维护 $-left[k]+in[k]$ 的最大值，可以得到局部最优值 g，最后取 g 的最大值即为解。

10.4　坐标离散化

离散化（discretization），原本是指将无限空间中有限的个体映射到有限的空间中去，其目的是提高算法的效率。换句话说，离散化就是在不改变数据相对大小的前提下，将数据进行压缩。坐标离散化[①]，沿用的是离散化的思想，其核心是将分布范围较大但数量相对较少的数据进行集中处理，以提高程序的空间使用效率，同时也能加快运行时间速度，其最终结果是在原坐标与新坐标之间建立起一种映射。这个技巧在处理某些特定类型的题目时非常有用。

给定如下的网格，网格中有 n 条垂直或水平宽度为 1 的线段划分了整个网格，要求确定这 n 条线段将网格划分成区域的个数[②]，如图 10-17 所示。网格的长度 w 和宽度 h 为闭区间[1, 1000000]之内的整数，线

[①] 从望文生义的角度，坐标本来已经是离散的，坐标离散化似乎是要将单个坐标"离散"为多个坐标，但实际却恰恰相反。

[②] 题目来源于秋叶拓哉、岩田阳一、北川宜稔著，巫泽俊、庄俊元、李津羽译，《挑战程序设计竞赛（第 2 版）》，第 164 页。

段使用其端点坐标来表示，其中，(x_1, y_1)表示线段的左端点或者上端点，(x_2, y_2)表示线段的右端点和下端点，线段的数量$n \leqslant 500$。网格的左上角坐标为$(1, 1)$，X轴的正向向右，Y轴的正向向下。

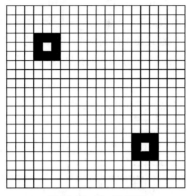

图 10-17　20×20 网格

注意

图 10-17 为一个 20×20 的网格，其中有若干线段构成的两个正方形区域，将整个网格划分为 3 个区域。朴素的方法是逐一对未占用方格使用洪泛法进行填充，计数填充次数，对于 1000×1000 的网格尚且可行，但是对于 1000000×1000000 的网格在时间和空间限制条件下则明显不可行。

通常的做法是使用 $w \times h$ 的二维数组来表示整个网格，然后使用 Flood-Fill 算法来计数区域个数。但是由于 w 和 h 最大可为 1000000，创建这样的二维数组显然会超过内存限制。使用坐标离散化，可以将前后没有变化的行列予以消除，这样并不会影响区域的个数（即拓扑结构）。其实现过程如下：枚举已使用的坐标，对坐标排序，然后去除重复坐标，最后索引坐标离散化后所对应的值。以横坐标 x 为例，将每个使用的 x 坐标的前一列和后一列标记为使用，置入一个数组中，使用 sort 进行排序，然后使用 unique 将重复的坐标予以去除，则剩余的坐标值是真正有效且被使用的，在此坐标数组中找到原坐标的序号，此序号就构成了原坐标和新坐标之间的一种映射。

```cpp
//+++++++++++++++++++++++++++++++++10.4.cpp+++++++++++++++++++++++++++++++++//
// 对坐标数组 x1 和 x2 所包含的坐标进行离散化，返回离散化之后所有新坐标的数量。
int compress(int *x1, int *x2, int w, int n)
{
    vector<int> xs;
    for (int i = 0; i < n; i++)
        // 将原坐标原位偏移一个位置，若在网格范围内则将其添加到已用坐标中。
        for (int d = -1; d <= 1; d++) {
            int tx1 = x1[i] + d, tx2 = x2[i] + d;
            if (0 <= tx1 && tx1 < w) xs.push_back(tx1);
            if (0 <= tx2 && tx2 < w) xs.push_back(tx2);
        }
    // 排序，去除重复的坐标。
    sort(xs.begin(), xs.end());
    xs.erase(unique(xs.begin(), xs.end()), xs.end());
    // 在新坐标中索引原有坐标，因为坐标是有序的，使用 lower_bound 查找可提高效率。
    for (int i = 0; i < n; i++) {
        x1[i] = lower_bound(xs.begin(), xs.end(), x1[i]) - xs.begin();
        x2[i] = lower_bound(xs.begin(), xs.end(), x2[i]) - xs.begin();
    }
    // 返回新坐标的数量。
    return xs.size();
}
```

经过离散化处理后，未使用的"连续成片"区域的坐标被压缩为单个坐标，这样明显减少了表示所需要的坐标数量，从而减少了存储空间需求，同时需要枚举的坐标数量也减少了，运行效率自然得到提高。

利用坐标离散化技巧，可以有效处理矩形的面积并问题。如图 10-18 所示，在给定的平面上有 n 个矩形，矩形由其左下角的坐标(x_1, y_1)和右上角的坐标(x_2, y_2)所决定，坐标值均为整数，求这 n 个矩形所覆盖的总面积，其中，$0 \leqslant n \leqslant 100$，$-10^8 \leqslant x_1 < x_2 \leqslant 10^8$，$-10^8 \leqslant y_1 < y_2 \leqslant 10^8$。注意，矩形所覆盖的面积可能会发生重叠。经过坐标离散化处理后，左侧 20×20 的网格被"压缩"为右侧等价的 9×9 网格。当原有的网格越大，"压缩"效果越明显。图 10-18a 的三个灰色区域经过压缩后对应图 10-18b 的三个灰色区域。离散化处理会对原有图形产生横向和纵向变形作用，但是不会改变原有图形的拓扑结构，且原图中的直线在处理后仍会保持直线形状，只不过比例会发生变化。

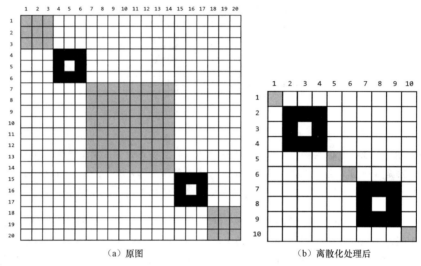

图 10-18　坐标离散化处理

图 10-19 中，经过坐标离散化处理后，在 X 和 Y 轴上，两个相邻新坐标之间序号的差值虽然为 1，但是其实际对应的距离却很可能不再是 1，而是对应着原坐标中两个坐标之间的实际差值（图 10-19b 中给出了经过离散化处理后相邻两个坐标间的实际差值）。

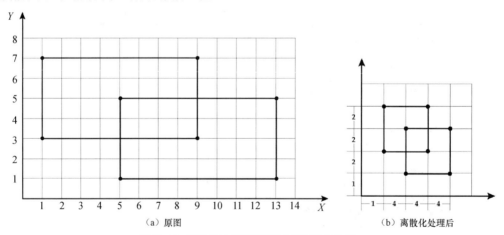

图 10-19　离散化处理后相邻两个坐标间的差值

如果使用朴素的方法对其进行填充然后计数覆盖的方格，因为坐标范围是$[-10^8, 10^8]$，这种方法显然不可行。可以使用坐标离散化的技巧解决这个问题。在此，可以采用更为"激进"的离散化——将所有矩形的坐标紧密排列，两个坐标间的空白区域压缩为单个间隔。这样可将原来最多 100 个矩形的坐标映射到一个 200×200 的二维数组中，每个原坐标对应$[0, 2n]$中的一个整数。之后，使用通常使用的填充法标记每个矩形覆盖的方格，最后逐个枚举被覆盖的方格，计算总的覆盖面积。

```
const int MAXV = 210;

int main(int argc, char *argv[])
{
    int n;
    int x1[MAXV], y1[MAXV], x2[MAXV], y2[MAXV];
    // 读取数据。
    while (cin >> n) {
        vector<int> xs, ys;
        for (int i = 0; i < n; i++) {
            cin >> x1[i] >> y1[i];
            cin >> x2[i] >> y2[i];
            xs.push_back(x1[i]); xs.push_back(x2[i]);
            ys.push_back(y1[i]); ys.push_back(y2[i]);
        }
        // 排序，去除重复坐标。
        sort(xs.begin(), xs.end());
        sort(ys.begin(), ys.end());
        xs.erase(unique(xs.begin(), xs.end()), xs.end());
        ys.erase(unique(ys.begin(), ys.end()), ys.end());
        // 对坐标重新索引，得到新坐标。
        for (int i = 0; i < n; i++) {
            x1[i] = lower_bound(xs.begin(), xs.end(), x1[i]) - xs.begin();
            x2[i] = lower_bound(xs.begin(), xs.end(), x2[i]) - xs.begin();
            y1[i] = lower_bound(ys.begin(), ys.end(), y1[i]) - ys.begin();
            y2[i] = lower_bound(ys.begin(), ys.end(), y2[i]) - ys.begin();
        }
        // 标记被覆盖的“方格”。
        int g[2 * n][2 * n] = {};
        for (int c = 0; c < n; c++)
            for (int i = x1[c]; i < x2[c]; i++)
                for (int j = y1[c]; j < y2[c]; j++)
                    g[i][j]++;
        // 统计被覆盖“方格”的面积。
        int area = 0;
        for (int i = 0; i < 2 * n - 1; i++)
            for (int j = 0; j < 2 * n - 1; j++)
                if (g[i][j])
                    area += (xs[i + 1] - xs[i]) * (ys[j + 1] - ys[j]);
        cout << area << '\n';
    }
    return 0;
}
//++++++++++++++++++++++++++++++++10.4.cpp++++++++++++++++++++++++++++++++//
```

在有关坐标离散化的题目中，一个明显特征是题目约束中，所给定的图或者网格的长和宽的范围都较大（一般为 10^6 数量级）或者坐标为实数值，这样使得通常利用二维数组表示整个图或网格的方法不再可行，此时可以考虑使用坐标离散化，降低解题的难度。与坐标离散化经常一同出现的是 Flood-Fill 算法。一般解题思路是应用坐标离散化，将原图形进行"压缩"，从而将题目转化为可使用 Flood-Fill 算法解决的问题。

强化练习

221 Urban Elevations[C]，904 Overlapping Air Traffic Control Zones[D]，934 Overlapping Areas[E]。

扩展练习

870 Intersecting Rectangles[D]，1092 Tracking Bio-Bots[D]，12171[①] Sculpture[D]。

[①] 12171 Sculpture 中，由于给定的长方体可能围成一个"空腔"，该"空腔"未被任何长方体所包含，而其体积计入结果但表面积却不计入结果，因此直接计算存在困难。可以设想在组合体的表面附加一层"空气"，通过 BFS（使用 DFS 可能会因为递归深度较大而导致栈溢出）确定"空气"层的体积，则组合体的体积为总体积减去"空气"层的体积，而组合的表面积为组合体与"空气"层接触面的面积之和。

10.4.1　最大化矩形问题

给定一个 $w \times h$ 的网格及网格上 n 个点的坐标，$0 \leq w$，$h \leq 10^8$，$2 \leq n \leq 1000$，$0 \leq x < w$，$0 \leq y < h$。要求确定一个具有最大面积的矩形 R，要求 R 的水平边和竖直边分别与 X 轴和 Y 轴平行，其内部不能包含任何给定的点，但点可以位于矩形的边界上。

目标是寻找时间复杂度至少为 $O(n^2)$ 的算法。由于矩形面积需要尽可能的大，则满足要求的矩形边界必定经过某个点或者与网格的边界重合，如果不是这样，则可以将这些边进一步向外扩展，直到"碰"到某个点或者网格的边界，此时矩形的面积必定比原有矩形的面积要大，则与原矩形是满足要求的最大面积矩形相矛盾，因此，具有最大面积的矩形的所有边界必定经过某个点或者与网格边界重合。由于 $2 \leq n \leq 1000$，可以逐一枚举经过某点的水平线（垂直线）作为矩形的边界，以经过其他点的水平线（垂直线）作为矩形的相对边界，计算面积，获得最优值。为了避免重复计算，达到有序枚举的目的，需要按照枚举的方向分别对坐标按照 X 坐标和 Y 坐标进行排序，具体如下。

（1）将所有点的坐标保存在数组 P 中。

（2）对坐标数组 P 按照 X 坐标升序排列。

（3）逐一从左至右枚举每一个点 $P[i]$ 作为矩形的左边界，初始时，矩形的下边界设定为直线 $y_1=0$，上边界设定为直线 $y_2=h$，以后续的点 $P[j]$ 作为矩形的右边界，$j>i$，则当前矩形的面积 $A=(P[j].x-P[i].x) \times (y_2-y_1)$。

（4）根据位于矩形右边界上的点 $P[j]$ 的纵坐标更新矩形的下边界和上边界。

（5）对坐标数组 P 按照 Y 坐标升序排列。

（6）逐一从下到上枚举每一个点 $P[i]$ 作为矩形的下边界，初始时，矩形的左边界设定为直线 $x_1=0$，右边界设定为直线 $x_2=w$，以后续的点 $P[j]$ 作为矩形的上边界，$j>i$，则当前矩形的面积 $A=(P[j].y-P[i].y) \times (x_2-x_1)$。

（7）根据位于矩形上边界上的点 $P[j]$ 的横坐标更新矩形的左边界和右边界。

（8）取两个方向上搜索得到的矩形面积的最优值。

需要注意的是，在 X 轴方向搜索最大面积矩形，使用位于矩形右侧边界的点 $P[j]$ 更新矩形的下边界和上边界时，若 $P[j]$ 的纵坐标与 $P[i]$ 的纵坐标相同，需要指定只更新下边界或者上边界。如果同时更新上下边界，则矩形的上下边界的距离将缩减为 0，会使得后续搜索得到的矩形面积一直为 0（因为不恰当的更新导致 $y_1=y_2$），从而得到错误的结果。同样地，在 Y 轴方向搜索最大面积矩形时也需要注意上述问题。

强化练习

1312 Cricket Field[D]，10043 Chainsaw Massacre[D]。

10.4.2　矩形并的面积

矩形并的面积问题是指给定一组边与坐标轴平行的若干矩形，要求确定这些矩形所覆盖的面积。

如果给定的矩形数量 n 较少（如 $n \leq 100$），同时矩形的顶点坐标 (x_i, y_i) 为整数且范围不大（$-100 \leq x_i$，$y_i \leq 100$），则可以使用朴素的"填充计数法"来统计所有矩形覆盖的面积，即先将所有网格初始化为未填充，然后将各个矩形所覆盖的网格标记为已填充，最后统计已填充的网格数量，但是当坐标取值范围较大或者坐标值为实数时，"网格计数法"将无法应用。此时可以使用如图 10-20 所示的扫描线和拆分子矩形方法。

> **注意**
> 　　对于求矩形并的面积，图 10-20a 将矩形的竖直边延长为扫描线，不难得出，矩形并的面积等于相邻两条扫描线之间所夹的灰色"条带样"区域面积的总和。图 10-20b 将矩形并的面积拆分为若干子矩形后再进行面积的求和。由于相邻两条扫描线之间的距离 w_i 容易求出，只需知道矩形竖直边覆盖得到的"粗实线"的高度 h_j 即可，而 h_j 可以通过线段树获得。

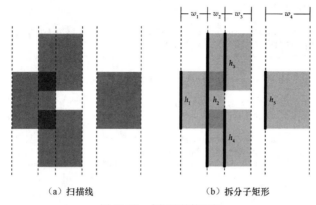

（a）扫描线   （b）拆分子矩形

图 10-20　求矩形并的面积

利用扫描线算法和坐标离散化技巧可以巧妙地处理矩形并的面积问题。在扫描线从左至右扫描的过程中，如果遇到矩形的左边界则将其添加到线段树中，若遇到矩形的右边界则将其从线段树中删除。将扫描线遇到矩形定义为事件，一个矩形可以拆分为两个事件，左边的竖直边为添加事件，右边的竖直边为删除事件。定义以下相应的结构体来表示矩形和事件：

```
// 矩形。
//(x1, y1)表示矩形的左下角坐标，(x2, y2)表示矩形的右上角坐标。
struct rectangle {
    int x1, y1, x2, y2;
};

// 事件。
// x 表示竖直边的 X 坐标，y1 和 y2 表示竖直边两个端点的 Y 坐标.
// evtCode 为 1 或 - 1，1 表示添加事件，- 1 表示删除事件。
struct event {
    int x, y1, y2, evtCode;
};
```

将所有矩形的竖直边转换为事件后，将事件根据 X 坐标从小到大排序，然后依次处理每个事件。使用线段树维护，如果是添加事件就把(y_1, y_2)插入线段树，删除事件就把(y_1, y_2)从线段树中删除。每次发现两个事件的 X 坐标不同，就把子矩形的面积——当前线段树覆盖的总长度与两个事件 X 坐标差值的乘积——累加到总面积中。如果给定的 Y 坐标范围较大可以使用坐标离散化技巧以便于使用线段树。

```
//---------------------------10.4.2.cpp---------------------------//
const int MAXN = 100010, ADD = 1, DELETE = -1;

#define LCHILD(x) (((x) << 1) | 1)
#define RCHILD(x) (((x) + 1) << 1)

struct rectangle { int x1, y1, x2, y2; } rects[MAXN];

struct event {
    int x, y1, y2, evtCode;
    bool operator<(const event &e) const { return x < e.x; }
} evts[MAXN * 2];

struct node { int cnt, height; } st[4 * MAXN] = {};

int n, id[MAXN *2];

void build(int p, int left, int right)
{
    if (left != right) {
        int middle = (left + right) >> 1;
        build(LCHILD(p), left, middle);
        build(RCHILD(p), middle + 1, right);
    }
    st[p].cnt = st[p].height = 0;
}
```

```
void pushUp(int p, int left, int right)
{
    st[p].height = st[LCHILD(p)].height + st[RCHILD(p)].height;
    if (st[p].cnt) st[p].height = id[right + 1] - id[left];
}

void update(int p, int left, int right, int ul, int ur, int value)
{
    if (right < ul || left > ur) return;
    if (ul <= left && right <= ur) st[p].cnt += value;
    else {
        int middle = (left + right) >> 1;
        if (middle >= ul) update(LCHILD(p), left, middle, ul, ur, value);
        if (middle + 1 <= ur) update(RCHILD(p), middle + 1, right, ul, ur, value);
    }
    pushUp(p, left, right);
}

long long getArea()
{
    for (int i = 0; i < n; i++) id[i] = rects[i].y1, id[i + n] = rects[i].y2;
    sort(id, id + 2 * n);
    // 将矩形的竖直边转换为事件。
    for (int i = 0; i < n; i++) {
        evts[i].evtCode = ADD, evts[i].x = rects[i].x1;
        evts[i + n].evtCode = DELETE, evts[i + n].x = rects[i].x2;
        // 坐标离散化。
        int ty1 = lower_bound(id, id + 2 * n, rects[i].y1) - id;
        int ty2 = lower_bound(id, id + 2 * n, rects[i].y2) - id;
        evts[i].y1 = evts[i + n].y1 = ty1;
        evts[i].y2 = evts[i + n].y2 = ty2;
    }
    // 对事件按 X 坐标升序排列后逐个处理。
    sort(evts, evts + 2 * n);
    long long area = 0;
    for (int i = 0; i < 2 * n; i++) {
        if (i && evts[i].x > evts[i - 1].x)
            area += (long long)(evts[i].x - evts[i - 1].x) * st[0].height;
        // 使用 "区间偏移" 技巧进行更新。
        update(0, 0, 2 * n - 1, evts[i].y1, evts[i].y2 - 1, evts[i].evtCode);
    }
    return area;
}
//----------------------------10.4.2.cpp----------------------------//
```

在具体实现时还需注意以下的两个细节。

（1）在求矩形并的面积时，由于矩形转换为事件后，添加和删除事件必定是对称出现的，所以线段树只需在最开始的时候整体初始化一次即可，在程序运行结束时，线段树会恢复原始状态。在其他应用中，可能需要根据矩形的数量 n 的变化多次初始化线段树。

（2）在更新线段树的过程中，需要正确处理左边界和右边界相同的情形。由于线段树的叶结点所表示的区间为点区间，即区间的左右边界是相同的，如果使用一一对应的方式获得到的覆盖高度将始终为零，会导致不正确的结果。为了解决此问题，可以使用 "区间偏移" 技巧来处理：在更新时将右边界的索引值减去 1。以上述实现代码为例，在更新时，如果原始需要更新区间 $[x, y]$ 则更新 $[x, y-1]$，这样使用 $id[y+1]$ - $id[x]$ 就能够正确获取区间 $[x, y]$ 所对应的覆盖高度。

扩展练习

　　11983[①] Wired Advertisement[D]。

[①] 11983 Wired Advertisement 的题目所求为矩形范围内（包括边界上）所有整数坐标点的数量，可以将给定的矩形右上角的坐标 (x_2, y_2) 更改为 (x_2+1, y_2+1)，使用求矩形并的面积方法所求得的覆盖至少 k 次的面积即为所求。由于普通的矩形并的面积所求是覆盖至少 1 次时的面积，与题目所求不符，所以需要为线段树的结点增加信息域 $height[i]$——在结点所表示的区间上覆盖至少 i 次的区间长度，$0 \leq i \leq k$。

10.4.3 矩形并的周长

矩形并的周长是指给定一组边与坐标轴平行的矩形，要求确定这些矩形合并而成的几何图像的周长。该问题与矩形并的面积类似，只不过在具体求解时不需要确定线段树所覆盖的长度，而只需确定所覆盖的线段的"分段数"，如图 10-21 所示。

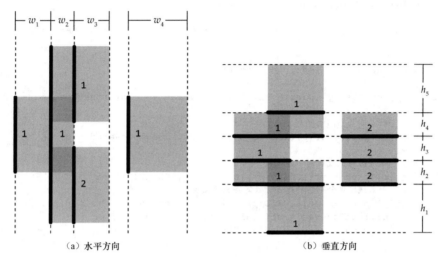

（a）水平方向　　　　　　　　　　　　　　（b）垂直方向

图 10-21　求矩形并的周长

> **注意**
>
> 　　将矩形并的周长拆分为若干子矩形后再进行周长的求和。将周长按照两个方向分别进行求解，先求解水平方向上的周长，然后再使用相同的方法求解垂直方向上的周长，最后将两个方向上的周长相加即为合并后图形的总周长。图 10-21a 所示为求水平方向上的周长，由于相邻两条扫描线之间的距离 w_i 容易求出，只需知道矩形竖直边覆盖得到的"粗实线"的数量 c 即可，由 $2 \times c \times w_i$ 即可得到相邻两条垂直扫描线间所夹的图形的水平部分周长。同理，如图 10-21b 所示，可以计算相邻两条水平扫描线间所夹的图形的垂直部分周长。

按照与矩形并的面积类似的解法，可以得到求解矩形并的周长的实现代码。注意，需要将水平方向和垂直方向上的周长累加。

```
//------------------------------10.4.3.1.cpp------------------------------//
const int MAXN = 100010, ADD = 1, DELETE = -1;

#define LCHILD(x) (((x) << 1) | 1)
#define RCHILD(x) (((x) + 1) << 1)

struct rectangle { int x1, y1, x2, y2; } rects[MAXN];

struct event {
    int x, y1, y2, evtCode;
    bool operator<(const event &e) const { return x < e.x; }
} evts[MAXN * 2];

// 线段树的结点。
// cnt 记录该结点表示的区间被覆盖的次数。
// leftCovered 记录该结点表示的区间的左端点是否被覆盖。
// rightCovered 记录该结点表示的区间的右端点是否被覆盖。
// part 记录该结点表示的区间中包含的"分段数"。
struct node { int cnt, leftCovered, rightCovered, part; } st[4 * MAXN] = {};
```

```
int n, id[MAXN *2];

void build(int p, int left, int right)
{
    if (left != right) {
        int middle = (left + right) >> 1;
        build(LCHILD(p), left, middle);
        build(RCHILD(p), middle + 1, right);
    }
    st[p].cnt = st[p].leftCovered = st[p].rightCovered = st[p].part = 0;
}

void pushUp(int p, int left, int right)
{
    if (st[p].cnt) st[p].part = st[p].leftCovered = st[p].rightCovered = 1;
    else {
        if (left == right)
            st[p].part = st[p].leftCovered = st[p].rightCovered = 0;
        else {
            // 统计区间上线段的 "分段数"。
            st[p].part = st[LCHILD(p)].part + st[RCHILD(p)].part;
            // 如果线段重合则总的线段计数需要相应减少。
            st[p].part -= st[LCHILD(p)].rightCovered && st[RCHILD(p)].leftCovered;
            st[p].leftCovered = st[LCHILD(p)].leftCovered;
            st[p].rightCovered = st[RCHILD(p)].rightCovered;
        }
    }
}

void update(int p, int left, int right, int ul, int ur, int value)
{
    if (right < ul || left > ur) return;
    if (ul <= left && right <= ur) st[p].cnt += value;
    else {
        int middle = (left + right) >> 1;
        if (middle >= ul) update(LCHILD(p), left, middle, ul, ur, value);
        if (middle + 1 <= ur) update(RCHILD(p), middle + 1, right, ul, ur, value);
    }
    pushUp(p, left, right);
}

int getLength()
{
    for (int i = 0; i < n; i++) id[i] = rects[i].y1, id[i + n] = rects[i].y2;
    sort(id, id + 2 * n);
    for (int i = 0; i < n; i++) {
        evts[i].evtCode = ADD, evts[i].x = rects[i].x1;
        evts[i + n].evtCode = DELETE, evts[i + n].x = rects[i].x2;
        // 坐标离散化。
        int ty1 = lower_bound(id, id + 2 * n, rects[i].y1) - id;
        int ty2 = lower_bound(id, id + 2 * n, rects[i].y2) - id;
        evts[i].y1 = evts[i + n].y1 = ty1;
        evts[i].y2 = evts[i + n].y2 = ty2;
    }
    sort(evts, evts + 2 * n);
    int length = 0;
    for (int i = 0; i < 2 * n; i++) {
        if (i && evts[i].x > evts[i - 1].x)
            length += 2 * st[0].part * (evts[i].x - evts[i - 1].x);
        // 使用 "区间偏移" 技巧进行更新。
        update(0, 0, 2 * n - 1, evts[i].y1, evts[i].y2 - 1, evts[i].evtCode);
    }
```

```
        return length;
    }

int main(int argc, char *argv[])
{
    int cases = 0;
    while (cin >> n, n > 0) {
        cout << "Case " << ++cases << ": ";
        for (int i = 0; i < n; i++)
            cin >> rects[i].x1 >> rects[i].y1 >> rects[i].x2 >> rects[i].y2;
        // 确定水平方向上的周长。
        int length = getLength();
        // 交换矩形的顶点，确定垂直方向上的周长。
        for (int i = 0; i < n; i++) {
            swap(rects[i].x1, rects[i].y1);
            swap(rects[i].x2, rects[i].y2);
        }
        length += getLength();
        cout << length << '\n';
    }
    return 0;
}
//----------------------------10.4.3.1.cpp----------------------------//
```

为了提高效率，可以在线段树中额外维护一个值——垂直方向上被覆盖的线段的高度 h，使得能够通过一次扫描就能获得矩形并的周长。

```
//----------------------------10.4.3.2.cpp----------------------------//
const int MAXN = 100010, ADD = 1, DELETE = -1;

#define LCHILD(x) (((x) << 1) | 1)
#define RCHILD(x) (((x) + 1) << 1)

struct rectangle { int x1, y1, x2, y2; } rects[MAXN];
struct event {
    int x, y1, y2, evtCode;
    bool operator<(const event &e) const { return x < e.x; }
} evts[MAXN * 2];

// h 表示当前垂直方向覆盖线段的高度。
struct node { int cnt, leftCovered, rightCovered, part, h; } st[4 * MAXN] = {};

int n, id[MAXN *2];

void build(int p, int left, int right)
{
    if (left != right) {
        int middle = (left + right) >> 1;
        build(LCHILD(p), left, middle);
        build(RCHILD(p), middle + 1, right);
    }
    st[p].cnt = st[p].leftCovered = st[p].rightCovered = st[p].part = 0;
    st[p].h = 0;
}

void pushUp(int p, int left, int right)
{
    if (st[p].cnt) {
        st[p].part = st[p].leftCovered = st[p].rightCovered = 1;
        st[p].h = id[right + 1] - id[left];
    } else {
        if (left == right) {
            st[p].part = st[p].leftCovered = st[p].rightCovered = 0;
            st[p].h = 0;
```

391

```
        } else {
            st[p].part = st[LCHILD(p)].part + st[RCHILD(p)].part;
            st[p].part -= (st[LCHILD(p)].rightCovered & t[RCHILD(p)].leftCovered);
            st[p].leftCovered = st[LCHILD(p)].leftCovered;
            st[p].rightCovered = st[RCHILD(p)].rightCovered;
            st[p].h = st[LCHILD(p)].h + st[RCHILD(p)].h;
        }
    }
}

void update(int p, int left, int right, int ul, int ur, int value)
{
    if (right < ul || left > ur) return;
    if (ul <= left && right <= ur) st[p].cnt += value;
    else {
        int middle = (left + right) >> 1;
        if (middle >= ul) update(LCHILD(p), left, middle, ul, ur, value);
        if (middle + 1 <= ur) update(RCHILD(p), middle + 1, right, ul, ur, value);
    }
    pushUp(p, left, right);
}

int getLength()
{
    for (int i = 0; i < n; i++) id[i] = rects[i].y1, id[i + n] = rects[i].y2;
    sort(id, id + 2 * n);
    for (int i = 0; i < n; i++) {
        evts[i].evtCode = ADD, evts[i].x = rects[i].x1;
        evts[i + n].evtCode = DELETE, evts[i + n].x = rects[i].x2;
        int ty1 = lower_bound(id, id + 2 * n, rects[i].y1) - id;
        int ty2 = lower_bound(id, id + 2 * n, rects[i].y2) - id;
        evts[i].y1 = evts[i + n].y1 = ty1;
        evts[i].y2 = evts[i + n].y2 = ty2;
    }
    sort(evts, evts + 2 * n);
    int length = 0, lastH = 0;
    for (int i = 0; i < 2 * n; i++) {
        if (i && evts[i].x > evts[i - 1].x)
            length += 2 * st[0].part * (evts[i].x - evts[i - 1].x);
        update(0, 0, 2 * n - 1, evts[i].y1, evts[i].y2 - 1, evts[i].evtCode);
        // 当前线段覆盖高度与前一次覆盖高度差的绝对值就是垂直方向上新增部分的长度。
        length += abs(st[0].h - lastH);
        lastH = st[0].h;
    }
    return length;
}

int main(int argc, char *argv[])
{
    int cases = 0;
    while (cin >> n, n > 0) {
        cout << "Case " << ++cases << ": ";
        for (int i = 0; i < n; i++)
            cin >> rects[i].x1 >> rects[i].y1 >> rects[i].x2 >> rects[i].y2;
        int length = getLength();
        cout << length << '\n';
    }
    return 0;
}
//----------------------------10.4.3.2.cpp----------------------------//
```

10.5 凸包

点集 Q 的凸包（convex hull）是一个最小的凸多边形 P，满足 Q 中的每个点要么在 P 的边界上，要么在 P 的内部。显然，当点集 Q 中点的数量小于 3 个时，凸包无确切定义，以下介绍的凸包算法在点的数量小于等于 3 个时，认为其均在凸包上，可根据题目具体应用加以适当修改。

10.5.1 Graham 扫描法

Graham 扫描法（Graham's scan algorithm）通过设置一个关于候选点的栈 S 来解决凸包问题[70]。输入集合 Q 中的每个点都被压入栈一次，非凸包点最终被弹出栈。当算法终止时，栈 S 中仅包含凸包的顶点。其算法步骤如下。

（1）去除输入点集 Q 中的重复点，找到剩余点集 Q' 中的"最低点"，即 y 坐标最小的点，如果存在多个"最低点"，则选取位于最左侧的"最低点"（即 x 坐标最小的点）作为参考点 p_r，由于参考点是"最低且最左的点"，必定是凸包的组成部分①。

（2）以参考点 p_r 为准，按照极角大小对点集 Q' 中除参考点以外的其他点 p 进行排序。

（3）按照到参考点 p_r 极角从小到大的顺序依次插入各个点。判定的依据是新插入的点与栈 S 上最后两个点形成的角度，如果形成的角度大于 180°，那么栈上最后一个点必须被删除，因为凸包的任意内角均小于 180°，重复此过程，直到角度小于 180°，或者所有点处理完毕，如图 10-22 所示。为了避免进行实际的角度计算，从而减少浮点运算导致的精度问题，可以使用外积来判定角度是否大于 180°。

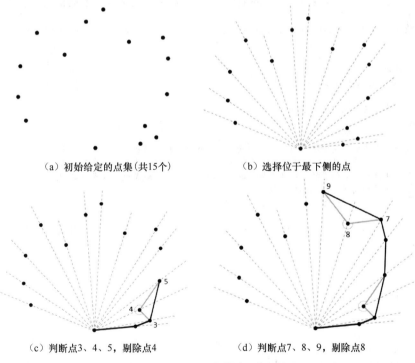

（a）初始给定的点集（共15个）　　（b）选择位于最下侧的点

（c）判断点3、4、5，剔除点4　　（d）判断点7、8、9，剔除点8

图 10-22　Graham 扫描法工作示例

---

① 在原始版本的 Graham 扫描法中，共有五个步骤，第一个步骤所做的工作是选择一个位于凸包内的点作为参考点，Graham 在论文中选择点集中不共线的三个点计算其重心（centroid）p_c，然后以 p_c 作为参考点。此处选择了位于最低且最左的点作为参考点计算极角，不影响算法的正确性且更为简便。

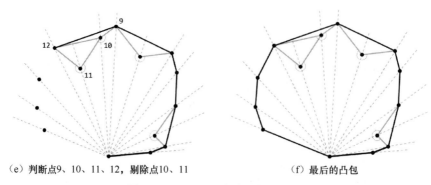

（e）判断点 9、10、11、12，剔除点 10、11　　　　　（f）最后的凸包

图 10-22　Graham 扫描法工作示例（续）

Graham 扫描算法的时间复杂度为 $O(n\log n)$，最后得到的凸包顶点从栈底到栈顶按照逆时针顺序排列。

```
//---------------------------10.5.1.cpp---------------------------//
const double EPSILON = 1e-7;

// 定义表示点的结构体。
struct point {
    double x, y;
    bool operator<(const point &p) const {
        if (fabs(y - p.y) > EPSILON) return y < p.y;
        return x < p.x;
    }
    bool operator==(const point &p) const {
        return fabs(x - p.x) <= EPSILON && fabs(y - p.y) <= EPSILON;
    }
    double distTo(const point &p) { return pow(x - p.x, 2) + pow(y - p.y, 2); }
};

// 定义多边形。
typedef vector<point> polygon;

// 参考点，表示给定点中位于最下且最左的点。
point pr;

// 按相对于参考点的极角大小进行排序。当两个点共线时，按距离参考点的距离大小排序，
// 如果两个点与参考点共线，与参考点距离较小的排序在前，这样能够保证在后续选择时，
// 总能够使用距离较大的点替换掉距离较小的点，从而保证总是距离栈顶顶点最远的点构
// 成凸包而不是距离更近的点构成凸包。
bool cmpAngle(point &a, point &b)
{
    if (collinear(pr, a, b)) return pr.distTo(a) <= pr.distTo(b);
    return ccw(pr, a, b);
}

// Graham 凸包扫描算法。
polygon grahamConvexHull(polygon &pg)
{
    polygon ch(pg);

    // 按纵坐标和横坐标排序。
    sort(ch.begin(), ch.end());
    // 移除重复点。因为当三个点重复时，转角的定义不明确，为了避免这一问题，事先去除重复点。
    // 使用库函数 unique 可以方便地予以实现。
    ch.erase(unique(ch.begin(), ch.end()), ch.end());

    // 顶点数量小于 3 个，不构成凸包。
    if (ch.size() < 3) return ch;
```

```
    // 按极角排序，最下且最左的点必定为凸包的一个顶点。
    pr = ch.front();
    // 按相对于参考点的极角大小对点进行排序。
    sort(ch.begin() + 1, ch.end(), cmpAngle);
    // 设置哨兵元素，将最下且最左点设置为最后一个元素以便扫描时能回到参考点。
    // 漏掉此步骤，将导致扫描无法回到起点，从而使得求出的凸包不正确。
    ch.push_back(pr);

    // 根据转角必须小于180°的条件求凸包。当某个点与凸包的最后两点的角度构
    // 成一个右转或共线，表明角度过大，凸包上的最后一点必须被删除，回退继续
    // 检查，直到构成一个左转或者处理完毕。
    int top = 2, next = 2, total = ch.size() - 1;
    while (next <= total) {
        if (cw(ch[top - 2], ch[top - 1], ch[next])) top--;
        // 如果存在三点共线的情况且需要去除共线的凸包顶点则需要判断共线。
        // 将当前凸包的最末点替换为共线但离参考点距离最远的点。因为在预处理
        // 时已经将点按相对于参考点的极角和距离排序，此时直接将距离较远的点
        // 替换距离较近的点即可。
        else {
            if (collinear(ch[top - 2], ch[top - 1], ch[next]))
                ch[top - 1] = ch[next++];
            else
                ch[top++] = ch[next++];
        }
    }
    // 去除非凸包顶点。注意：由于添加了哨兵元素，最后计算所得到的凸包，其起始点和结束点相同。
    // 若要求凸包顶点不重复，则需将结尾的哨兵元素删除。
    top--;
    ch.erase(ch.begin() + top, ch.end());
    return pg;
}
//----------------------------10.5.1.cpp----------------------------//
```

10135 Herding Frosh[D]（新生集会）

某一天，许多大一新生聚集在校园中心位置的草坪上。一位学长决定用丝带将所有新生围起来。你的任务是计算学长完成此项任务所需要的丝带长度。

学长将丝带的一端绑在公用电话柱上，然后绕着站满新生的区域走一圈，将丝带拉紧以便围住所有人，最后回到公用电话柱旁。学长所用丝带的长度尽可能地短，但又能够围住所有新生。除此之外，丝带两端各多出一米，以便将其绑在公用电话柱上。

你可以假定公用电话柱的坐标为(0, 0)，坐标的第一个分量为南北方向，第二个分量为东西方向。新生的坐标按照相对于公用电话柱的位置给出，单位为米。总共有不超过100名的新生。

输入

输入以一个正整数开始，表示测试数据的组数，之后一行为空行，每两组测试数据间也有一个空行。每组测试数据的第一行指定了一个整数，表示新生数量，接着每行用两个实数来表示一名新生的坐标。

输出

对于每组测试数据输出一行，包含一个实数，表示所用丝带的长度，单位为米，精确到小数点后两位。每两组测试数据的输出之间输出一个空行。

样例输入

```
1

4
1.0  1.0
-1.0 1.0
-1.0 -1.0
1.0  -1.0
```

样例输出

```
10.83
```

分析

本题的关键在于如何处理公用电话柱。由于多出一个公用电话柱,简单的求凸包周长并不能得到正确的答案,需要分两种情况分别处理,如图 10-23 所示。

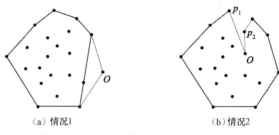

（a）情况1   （b）情况2

图 10-23   公用电话柱 O 的位置和凸包的关系

情况 1:假设已经求出了所有新生点集所对应的凸包,如果原点在此凸包外,那么依照题意,丝带必须绕过原点,则只将原点加入新生点集中求凸包,凸包的周长加上多余需要的 2 米即为答案。

情况 2:若原点在凸包内,则丝带可以从任意两个按相对于原点极角排序的相邻点绕到电话柱子上,此时需要枚举所有可能的长度,然后取最小值即为结果。先将点按照相对于原点的极角排序,然后任意选择两个相邻的点,假设为 p_1 和 p_2,按照 Graham 凸包扫描算法的思想开始扫描,不过这里需要将起始点设置为原点,最后一点设置为 p_2,在扫描结束时再加上点 p_2,那么扫描所得到的"包"的形状恰恰就是题目所要求丝带的形状。需要注意的是,在预处理时需要去除重复点以免干扰枚举过程。

> **强化练习**
>
> 218 Moth Eradiction[B],1206[①] Boundary Points[D],11096 Nails[C]。

> **扩展练习**
>
> 811 The Fortified Forest[D]。

10.5.2   Jarvis 步进法

Jarvis 步进法（Jarvis march algorithm）使用类似于将礼物打包（gift wrapping）的方法来计算一个点集 Q 的凸包 $CH(Q)$[71],因此又称卷包裹法。该算法首先选择位于最左且最下的点为起始凸包顶点,采用类似于将礼物用彩纸包裹的过程,逐个凸包顶点进行计算。该算法在概念上与 Graham 扫描算法相似,但是 Graham 扫描算法在每次顶点入栈时,该顶点可能在后续计算过程中会被丢弃,而 Jarvis 步进法每次迭代均会确定一个凸包顶点。该算法的运行时间为 $O(nh)$,其中 h 是 $CH(Q)$ 的顶点数,其属于输出敏感算法（output-sensitive algorithm）,即当结果凸包的顶点越少,其计算速度越快。当 h 为 $o(\log n)$ 时,Jarvis 步进法在渐进意义上比 Graham 扫描法的速度更快。

Jarvis 步进法选出的第一个顶点是最左且最低的点 p_0,下一个顶点 p_1 与其他点相比,有着相对于 p_0 的最小极角;接着,p_2 有相对于 p_1 的最小极角,依此类推。如图 10-24 所示,可以将该算法概括为以下步骤。

（1）找到位于最左的点,如果有多个最左点,选择其中位于最下的点 $p_{\text{leftLower}}$,根据凸包的性质,该点肯定为凸包上的一个点。

（2）以点 $p_{\text{leftLower}}$ 为起始点,比较其他点相对于此点的极角,选取极角最小的一个点 p_{minAngle},该点为凸包上的点。

（3）以得到的凸包顶点 p_{minAngle} 作为起始点重复步骤（2）。

（4）当得到的凸包点重新回到 $p_{\text{leftLower}}$ 时算法结束。

---

① 1206 Boundary Points。虽然题目描述中指出给定点的坐标 $x, y \in \mathbb{R}$,但输出部分却未明确如何处理坐标的小数部分,不过 UVa OJ 上的评测数据似乎只包含坐标值为整数的点数据。

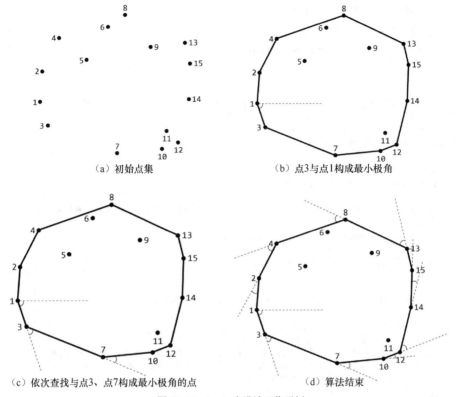

（a）初始点集　　　　　　　　　　　　（b）点3与点1构成最小极角

（c）依次查找与点3、点7构成最小极角的点　　　　（d）算法结束

图 10-24　Jarvis 步进法工作示例

注意

将图 10-24a 中的所有点按照 x 坐标升序排列，如果多个点具有相同的 x 坐标，则按 y 坐标升序排列，选择排序后的第一个点为参考点，该点必定是凸包上的点。以参考点向右的水平线为参考线，寻找与点 1 构成最小极角的点，可知点 3 是凸包的一个顶点（图 10-24b）。以点 3 为原点，从点 1 到点 3 的延长线为参考线，寻找与点 3 所成极角最小的点，可知点 7 为凸包上的点。同理，寻找与点 7 所成极角最小的点，可知点 10 为凸包上的点（图 10-24c）。重复上述过程，寻找与点 2 所成极角最小的点，可知点 1 为凸包上的点，此时已经回到初始的凸包顶点，算法结束（图 10-24d）。从算法工作示例可以看出，每进行一次迭代就会确定凸包的一个顶点。

在选取极角最小的点时，使用转向判断谓词比使用三角函数计算实际的转角更为方便。如果需要输出共线的凸包点，则需要适当对后续凸包点的选择条件进行更改，在更新凸包顶点时选择离当前凸包顶点距离最小且不为零的点，同时记录已经选择的顶点，以免在后续过程中重复选择。使用 Jarvis 步进法得到的凸包顶点顺序为逆时针排列。

```
//-----------------------------10.5.2.cpp-----------------------------//
// 定义表示点的结构体。
struct point {
   double x, y;
   bool operator<(const point &p) const {
      if (fabs(x - p.x) > EPSILON) return x < p.x;
      return y < p.y;
   }
   bool operator==(const point &p) const {
      return fabs(x - p.x) <= EPSILON && fabs(y - p.y) <= EPSILON;
   }
   double distTo(const point &p) { return pow(x - p.x, 2) + pow(y - p.y, 2); }
};

// 定义多边形。
```

```
typedef vector<point> polygon;

// Jarvis 步进法求凸包。
polygon jarvisConvexHull(polygon &pg)
{
    polygon ch;

    // 排序，得到位置处于最左且最下的点。当有多个 x 坐标最小的点时，取 y 坐标最小的点。
    // 去除重复点后，得到的点数组的第一个元素肯定为凸包上的顶点。
    sort(pg.begin(), pg.end());
    pg.erase(unique(pg.begin(), pg.end()), pg.end());

    // 顶点数量小于 3 个，不构成凸包。
    if (pg.size() < 3) return ch;

    // 当需要输出共线的凸包顶点时，需要额外使用数据结构记录已经使用的顶点，否则可能会
    // 重复选择顶点。
    // vector<int> selected(pg.size(), 0);

    // last 为当前凸包上的最后一个顶点。
    int last = 0;
    do {
        // 将第一个点设为候选凸包顶点，遍历点集获取下一个凸包顶点。
        int next = 0;
        for (int i = 1; i < pg.size(); i++) {
            // 测试序号为 last、next、i 的点是否构成右转或共线。
            // 当构成右转时，说明点 i 比 next 相对于 last 有更小的极角，应该将当前的
            // 待选凸包点更新为点 i。当共线时，选择距离当前凸包点 last 更远的点。
            if (cw(pg[last], pg[next], pg[i]) ||
                (collinear(pg[last], pg[next], pg[i]) &&
                pg[last].distTo(pg[i]) > pg[last].distTo(pg[next])))
                next = i;

            // 需要输出共线的凸包顶点时的判定条件：当前为非凸包顶点，且构成右转
            // 或者共线但与当前凸包顶点有不为零的更小距离。
            //if (!selected[i] &&
            //    (cw(pg[last], pg[next], pg[i]) ||
            //    (collinear(pg[last], pg[next], pg[i]) &&
            //    pg[last].distTo(pg[i]) < pg[last].distTo(pg[next]))))
            //    next = i;
        }

        // 将得到的顶点加入凸包。
        ch.push_back(pg[next]);

        // 需要输出共线的凸包顶点时，需要记录已经成为凸包顶点的点。
        // selected[next] = 1;

        // 更新当前凸包顶点，如果获取的凸包顶点回到起始凸包点则结束。
        last = next;
    } while (last != 0);

    return ch;
}
//---------------------------10.5.2.cpp---------------------------//
```

强化练习

596 The Incredible Hull[D]，675 Convex Hull of the Polygon[D]。

10.5.3　Andrew 合并法

Andrew 合并法（Andrew's monotone chain algorithm）采用了类似于 Jarvis 步进法的打包技术来求解凸

包[72]，但该算法不需要按极角排序，只需对点按 x 坐标和 y 坐标排序，使用谓词 ccwCollinear 判断转向，对存在三点共线的情况也能正确处理，同时也不需要去除重复点，实现起来比较简单，如图 10-25 所示。该算法分别求出上凸包和下凸包的顶点，然后通过合并的方式得到整个凸包。其步骤如下。

（1）对点进行排序。按 x 坐标升序排列，如果有多个点 x 坐标相同，则按 y 坐标升序排列。

（2）在排序好的点中，第一个点肯定为凸包上的点，因为它处于最下最左的位置，以此点为基础，建立扫描栈正向扫描，当发现栈顶的 3 个点构成一个逆时针旋转时，表明栈顶点位于更外侧，需要退栈，直到栈中元素不足 3 个或者栈顶 3 个点构成的是顺时针旋转；若栈上的 3 个点共线，由于已经将所有点按照坐标从左至右，从下到上的顺序进行排序，栈顶的点相较而言具有更远的距离，所以同样需要退栈。依据此规则确定上凸包的顶点。

（3）排序好的点中，最末点肯定也为凸包上的点，因为它处于最上最右的位置，以此点为基础，建立扫描栈反向扫描，当发现栈顶的 3 个点构成一个逆时针旋转时，表明栈顶点位于更外侧，需要退栈，直到栈中元素不足 3 个或者栈顶 3 个点构成的是顺时针旋转；对于共线的情况处理方法与求上凸包的方法相同。依据此规则确定下凸包的顶点。

（4）合并上下凸包的顶点。

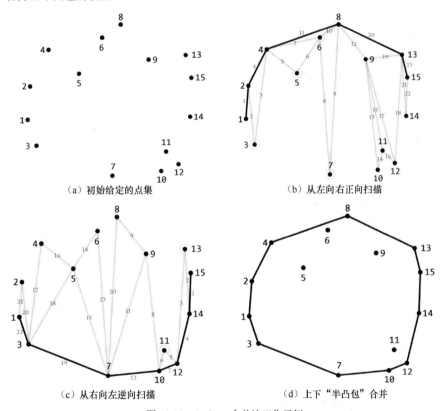

（a）初始给定的点集　　　　　　（b）从左向右正向扫描

（c）从右向左逆向扫描　　　　　　（d）上下"半凸包"合并

图 10-25　Andrew 合并法工作示例

注意

图 10-25 初始给定的点集共有 15 个点。将所有点按照 x 坐标升序排列，如果多个点具有相同的 x 坐标，则按 y 坐标升序排列，选择排序后的第一个点为参考点，该点必定是凸包上的点。从参考点开始，建立扫描栈，从左向右正向扫描，使用 ccw 判断谓词构建上凸包，图 10-25b 中使用小号数字标注了线段的入栈顺序。以最右侧点为参考点，由于该点必定是凸包上的顶点，建立扫描栈，从右向左逆向扫描，使用 ccw 判断谓词构建下凸包，图 10-25c 中使用小号数字标注了线段的入栈顺序。将上下两个"半凸包"合并即可得到所求点集的凸包。

Andrew 合并法的时间复杂度为 $O(n \log n)$。算法最终得到的凸包顶点是按照顺时针排列的，如果需要逆时针输出凸包顶点需要适当进行调整[①]。

```
//-----------------------------10.5.3.cpp-----------------------------//
const double EPSILON = 1e-7;

struct point {
    double x, y;
    bool operator<(const point &p) const {
        if (fabs(x - p.x) > EPSILON) return x < p.x;
        return y < p.y;
    }
};

// Andrew 凸包扫描算法。
polygon andrewConvexHull(polygon &pg)
{
    polygon ch;

    // 排序。
    sort(pg.begin(), pg.end());
    // 求上凸包。
    for (int i = 0; i < pg.size(); i++) {
        while (ch.size() >= 2 &&
            ccwOrCollinear(ch[ch.size() - 2], ch[ch.size() - 1], pg[i]))
            ch.pop_back();
        ch.push_back(pg[i]);
    }
    // 求下凸包。
    for (int i = pg.size() - 1, upper = ch.size() + 1; i >= 0; i--) {
        while (ch.size() >= upper &&
            ccwOrCollinear(ch[ch.size() - 2], ch[ch.size() - 1], pg[i]))
            ch.pop_back();
        ch.push_back(pg[i]);
    }
    // 移除重复添加的起始凸包顶点。
    ch.pop_back();

    return ch;
}
//-----------------------------10.5.3.cpp-----------------------------//
```

如果需要保留共线的凸包顶点，在判断转向时使用逆时针转向判断谓词 ccw，并且在求下凸包时，从排序好的点数组中倒数第二个点开始构建。之所以这样，是因为在构建上半凸包的过程中，已经选择了最后一个点，在后续构建下半凸包的过程中，转向判断谓词 ccwOrCollinear 确保了不会再选择最后一个点作为下半凸包的起始顶点，而使用转向判断谓词 ccw 构建下半凸包时，会再次选择最后一个点，所以需要从倒数第二个点开始构建。使用此方法得到的凸包顶点，即使有多个顶点共线，也是严格按照顺时针方向排列的，这可以很好地满足某些题目的输出要求。

```
// 求下凸包，要求输出共线的凸包顶点。
for (int i = (int)pg.size() - 2, upper = ch.size() + 1; i >= 0; i--) {
    while (ch.size() >= upper && ccw(ch[ch.size() - 2], ch[ch.size() - 1], pg[i]))
        ch.pop_back();
    ch.push_back(pg[i]);
}
```

强化练习

109 SCUD Busters[A]，681 Convex Hull Finding[B]，10652 Board Wrapping[C]，11626 Convex Hull[C]。

[①] 如果要求凸包顶点按逆时针顺序排列，也可以先求下半凸包，再求上半凸包，最后予以合并，此时需要使用转向判断谓词 cw。

10.5.4 Melkman 算法

在求凸包时，如果点数据不是一次性全部给出，而是以每次一个点或多个点的方式给出，可以在每次加入新点时重新进行一次求凸包算法（如使用 Graham 扫描算法），总的运行时间为 $O(n^2\log n)$，如果使用在线凸包算法，可将运行时间缩短为 $O(n^2)$。若给定的点集具有特殊性质，则可以使用更为高效的算法。

Melkman 算法[73]可在线性时间内计算依次给出的点形成的是一个简单多边形的点集的凸包，如果点集形成的是一个有自交的多边形，即非简单多边形，则使用此算法可能会得到错误的结果。由于该算法不需要一次性读取所有点，而是可以一次读取一个点，实时计算出当前的凸包，故可以作为在线凸包算法使用。

该算法使用一个双端队列，可以在队首（也称栈顶）进行压入或者弹出操作，或者在队尾（也称栈底）进行插入或移除操作。在算法中使用了判断谓词 ccw，即逆时针旋转。

假定简单多边形的各个顶点以逆时针方向给出，且任意相邻的 3 个顶点不共线，该算法步骤如下。

（1）从输入中取前面 3 个点 v_0、v_1、v_2，判断 $ccw(v_0, v_1, v_2)$ 是否为真。如果为真，则双端队列中的元素为 $D=<v_2, v_0, v_1, v_2>$，否则为 $D=<v_2, v_1, v_0, v_2>$，设置 $d_t=d_b=v_2$，t=2，b=0。

（2）从输入中取下一个点 v_i，检查 $ccw(d_{t-1}, d_t, v_i)$ 和 $ccw(d_b, d_{b+1}, v_i)$ 是否都为真，如果都为真，则点 v_i 必定在已有凸包内，否则违反简单多边形的限制。

（3）若 v_i 不满足以上条件，则逐次按以下步骤恢复点集的凸性。队首逐次弹出 d_t，直到 $ccw(d_{t-1}, d_t, v_i)$ 为真，然后压入 v_i，队尾逐次移除 d_b，直到 $ccw(v_i, d_b, d_{b+1})$ 为真，然后插入 v_i。

（4）跳转到步骤（2）。

```cpp
//---------------------------------10.5.4.cpp-------------------------------//
// Melkman 凸包算法。
polygon melkmanConvexHull(polygon &pg)
{
    // 点数小于 3 个，不构成凸包。
    if (pg.size() < 3) return pg;

    // 使用数组实现双端队列。
    point deque[2 * pg.size() + 1];
    int bottom = pg.size(), top = bottom - 1;

    // 初始化双端队列。
    bool isLeft = ccw(pg[0], pg[1], pg[2]);
    deque[++top] = isLeft ? pg[0] : pg[1], deque[++top] = isLeft ? pg[1] : pg[0];
    deque[++top] = pg[2], deque[--bottom] = pg[2];

    // 检查给定顶点是否符合要求。
    int next = 3;
    while (next < pg.size()) {
        if (ccw(deque[top - 1], deque[top], pg[next]) &&
            ccw(deque[bottom], deque[bottom + 1], pg[next])) {
            next++;
            continue;
        }

        // 移除双端队列两侧不符合要求的顶点。
        while (!ccw(deque[top - 1], deque[top], pg[next])) top--;
        deque[++top] = pg[next];
        while (!ccw(pg[next], deque[bottom], deque[bottom + 1])) bottom++;
        deque[--bottom] = pg[next];
        next++;
    }
    polygon ch;
    for (int i = bottom; i < top; i++) ch.push_back(deque[i]);
```

```
        return ch;
    }
    //----------------------------10.5.4.cpp--------------------------------//
```

10.6　公式及定理应用

10.6.1　Pick 定理

Pick 定理（Pick's theorem）描述了格点多边形 P 的面积与其边界/内部格点数之间的关系[74]。假设 P 的内部有 $I(P)$ 个格点，边界上有 $B(P)$ 个格点，则 P 的面积

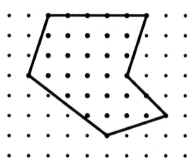

$$A(P) = I(P) + \frac{B(P)}{2} - 1$$

如图 10-26 所示的多边形，位于单位距离的格点矩阵上，其 $I(P)=22$，$B(P)=11$，故其面积为 $A(P)=22+ 11/2-1=26.5$ 个单位面积。

在应用 Pick 定理时，注意其需要在等距离的格点多边形上使用，且多边形的顶点均在格点上，不能自交，即多边形必须是

图 10-26　位于单位距离格点矩阵上的多边形

简单多边形，否则使用上述面积计算公式会得到错误的结果。格点多边形还有一个有用的性质：设多边形某条边的起点坐标为 $p_1(x_1, y_1)$，终点坐标为 $p_2(x_2, y_2)$，则位于该边上（不包括端点）的格点数量为 $\gcd(\text{abs}(x_2-x_1),\ \text{abs}(y_2-y_1))-1$。

> **强化练习**
> 10088 Trees on My Island[B]。
> **扩展练习**
> 800[①] Crystal Clear[E]。

10.6.2　多边形面积

可以使用有向面积的概念来计算多边形的面积，多边形的有向面积可以表示为

$$A(P) = \frac{1}{2} \sum_{i=0}^{n-1} (x_i\, y_{i+1} - x_{i+1}\, y_i)$$

注意，顶点需要按照逆时针或顺时针给出，否则无法使用该公式进行计算。当顶点不是按照逆时针给出时，计算得到的有向面积为负值，需要取绝对值才能得到实际面积。

```
//----------------------------10.6.2.cpp--------------------------------//
typedef vector<point> polygon;

// 利用有向面积公式计算多边形的面积。
double getArea(const polygon &pg)
{
    double area = 0.0;
    int n = pg.size();
    // 顶点数量小于三个，面积假定为 0。
    if (n < 3) return area;
    for (int i = 0, j = 1; i < n; i++, j = (i + 1) % n)
        area += (pg.[i].x * pg[j].y - pg[j].x * pg[i].y);
    // 实际面积为有向面积的绝对值的一半。
```

[①] 800 Crystal Clear 中，n 边形的内角和为 $2\times(n-2)\times\pi$ 弧度。给定的多边形是简单多边形，但有可能是凹多边形，因此需要注意处理这样的情形：尽管晶体的圆心在多边形的边界上，但由于多边形可能为凹多边形，与圆心所在边界相邻的边可能切割晶体从而导致该晶体不符合题意要求，则其面积不能计入有效面积。

```
    return fabs(area / 2.0);
}
//----------------------------10.6.2.cpp----------------------------//
```

强化练习

10060 A Hole to Catch a Man[C]，10065 Useless Tile Packers[B]，11447 Reservoir Logs[D]。

扩展练习

922 Rectangle by the Ocean[E]。

10.6.3 多边形重心

多边形的重心（centroid）计算和三角形的重心计算有关，先介绍三角形重心的求解方法，然后推广到凸多边形，再推广到任意多边形。

如图 10-27 所示，三角形的重心为三条中线的交点，由于中线是边的平分线，有

$$x_M = \frac{x_A + x_B}{2}$$

可以证明，交点所处的位置为中线 CM 靠近顶点 C 的 2/3 处（中线 CM 靠近边 AB 的 1/3 处），因此有

$$x_G = x_C + \frac{2(x_M - x_C)}{3} = \frac{x_A + x_B + x_C}{3}$$

同理可得

$$y_G = \frac{x_A + x_B + x_C}{3}$$

对于凸多边形来说，如果其具有 n 条边（$n \geqslant 3$），那么可将其剖分为 $n-2$ 个三角形，其中每个三角形的重心为其中线的交点，而凸多边形的重心坐标为所有三角形重心坐标与各自面积为权的加权算术平均数。

如图 10-28 所示，凸多边形（convex polygon）的重心坐标为

$$G_{CP(A)} = \frac{G_1 S_1 + G_2 S_2 + \cdots + G_{n-2} S_{n-2}}{S_1 + S_2 + \cdots + S_{n-2}}$$

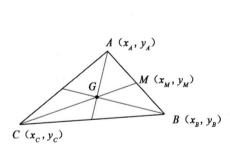

图 10-27　三角形的重心

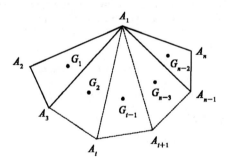

图 10-28　凸多边形重心

注意，此处的面积为各个剖分得到的三角形的有向面积，可以使用前述介绍的求多边形的面积公式来得到三角形的有向面积。在求解过程中，需要按序列举顶点坐标，但不需考虑凸多边形的顶点是否以逆时针顺序给出，因为在最后求凸多边形的重心坐标时会进行除运算，有向面积的符号会互相抵消。

```
//+++++++++++++++++++++++++++++++10.6.3.cpp+++++++++++++++++++++++++++++++//
struct point {
    double x, y;
    point (double x = 0, double y = 0): x(x), y(y) {}
    point operator-(point &p) { return point(x - p.x, y - p.y); }
};

double cross(const point &a, const point &b)
```

```
{
    return a.x * b.y - a.y * b.x;
}

typedef vector<point> polygon;

point getCentroid(polygon &pg)
{
    double areaOfPolygon = 0, areaOfTriangle = 0, px = 0, py = 0;

    for (int i = 2; i < pg.size(); i++) {
        areaOfTriangle = cross(pg[i - 1] - pg[0], pg[i] - pg[0]);
        areaOfPolygon += areaOfTriangle;
        px += areaOfTriangle * (pg[0].x + pg[i - 1].x + pg[i].x);
        py += areaOfTriangle * (pg[0].y + pg[i - 1].y + pg[i].y);
    }

    return point(px / (3.0 * areaOfPolygon), py / (3.0 * areaOfPolygon));
}
```

如图 10-29 所示对于任意简单多边形来说，可以将 n 边多边形中每两个点（有序，逆时针顺序或者顺时针顺序）加上原点共构成 n 个三角形，将这些三角形看做质点（质点的位置是三角形的重心 G_1, G_2, $\cdots$, G_n，质量是有向面积 S_1, S_2, $\cdots$, S_n），那么多边形可以看作由这些质点组成，质点坐标以其质量为权的加权算术平均数即是多边形重心坐标 G_{CP}。计算方法与前述介绍的求凸多边形重心的方法类似。

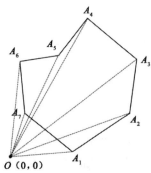

图 10-29　简单多边形的重心

```
point getCentroid(polygon &pg)
{
    double areaOfPolygon = 0, areaOfTriangle = 0, px = 0,
py = 0;

    int n = pg.size();
    for (int i = 0; i < n; i++) {
        areaOfTriangle = cross(pg[i], pg[(i + 1) % n]);
        areaOfPolygon += areaOfTriangle;
        px += areaOfTriangle * (pg[i].x + pg[(i + 1) % n].x);
        py += areaOfTriangle * (pg[i].y + pg[(i + 1) % n].y);
    }

    return point(px / (3.0 * areaOfPolygon), py / (3.0 * areaOfPolygon));
}
//++++++++++++++++++++++++++++++10.6.3.cpp++++++++++++++++++++++++++++++//
```

强化练习

10002 Center of Masses[B]。

10.6.4　三维几何体的表面积和体积

对于规则的三维几何体，例如，圆柱、圆锥，可以利用既有的表面积和体积计算公式计算其表面积和体积，而对于表面不规则的三维几何体，可以尝试通过积分计算其表面积和体积。

球体的表面积和体积：$S = 4\pi r^2$，$V = 4\pi r^3/3$，r 为球体的半径。

圆柱体的表面积和体积：$S = 2\pi r^2 + 2\pi rh$，$V = \pi r^2 h$，r 为圆柱底面半径，h 为圆柱的高。

圆锥的表面积和体积：$S = \pi r^2 + \pi rL$，$V = \pi r^2 h/3$，r 为圆锥底面半径，L 为圆锥侧面母线长度，h 为圆锥的高。

圆台的表面积和体积：$S = \pi\left(R^2 + r^2 + RL + rL\right)$，$V = \pi h\left(R^2 + Rr + r^2\right)/3$，$L$ 为圆台的母线长度，R 为圆台下底半径，r 为圆台上底半径，h 为圆台的高。

一般地，如果旋转体是由连续曲线 $y=f(x)$，直线 $x=a$，$x=b$ 及 x 轴所围成的曲边梯形绕 x 轴旋转一周而成的立体（如图 10-30 所示），则可按下述步骤计算其体积：取积分变量为 $x \in [a, b]$，在 $[a, b]$ 上任取小区间 $[x, x+dx]$，取以 dx 为高的窄边梯形绕 x 轴旋转而成的薄片的体积为体积元素

$$dV = \pi \left[f(x) \right]^2 dx$$

旋转体的体积为

$$V = \int_a^b \pi \left[f(x) \right]^2 dx$$

计算定积分一般通过牛顿-莱布尼茨公式（Newton-Leibniz formula）进行，即求得 $[f(x)]^2$ 的一个原函数 $F(x)$，则有

$$V = \int_a^b \pi \left[f(x) \right]^2 dx = \pi \left(F(b) - F(a) \right)$$

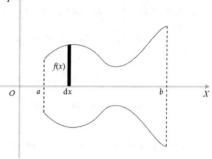

图 10-30 旋转体的体积元素

强化练习

10499 The Land of Justice[A]，11232 Cylinder[D]。

扩展练习

1280[①] Curvy Little Bottles[D]，1338 Crossing Prisms[E]。

10.7 半平面交问题

10.7.1 凸多边形切分

半平面交问题（half-plane intersection problem）是指用一条直线将给定凸多边形切分成两个部分，如何求被切分成的两部分的顶点坐标。值得注意的是，凸多边形被直线剖分后仍为凸多边形。

这里介绍两种常用的方法。第一种方法比较直观，其算法步骤如下[75]。

（1）求得直线与凸多边形各边的交点。

（2）根据需要，如果需要确定直线逆时针方向的部分凸多边形，则对原凸多边形的顶点进行扫描，使用外积，得到在直线逆时针方向的顶点，否则得到顺时针区域的顶点。

（3）对得到的顶点、交点求凸包。

```
//----------------------------10.7.1.1.cpp----------------------------//
const double EPSILON = 1e-7;

struct point {
    double x, y;
    bool operator==(const point &p) const {
        return fabs(x - p.x) <= EPSILON && fabs(y - p.y) <= EPSILON;
    }
};

struct line {
    point a, b;
    bool contains(point p) { return pointInBox(p, a, b); }
};

typedef vector<point> polygon;

double cp(point a, point b, point c)
```

---

① 1280 Curvy Little Bottles 中，使用定积分计算体积，二分搜索得到刻度。

```
{
    return (b.x - a.x) * (c.y - a.y) - (b.y - a.y) * (c.x - a.x);
}

bool cw(point a, point b, point c)
{
    return cp(a, b, c) < -EPSILON;
}

bool collinear(point a, point b, point c)
{
    return fabs(cp(a, b, c)) <= EPSILON;
}

bool parallel(line p, line q)
{
    return fabs((p.a.x - p.b.x) * (q.a.y - q.b.y) -
        (q.a.x - q.b.x) * (p.a.y - p.b.y)) <= EPSILON;
}

point getIntersection(line p, line q)
{
    point p = p.a;
    double scale =
        ((p.a.x - q.a.x) * (q.a.y - q.b.y) - (p.a.y - q.a.y) * (q.a.x - q.b.x)) /
        ((p.a.x - p.b.x) * (q.a.y - q.b.y) - (p.a.y - p.b.y) * (q.a.x - q.b.x));
    p.x += (p.b.x - p.a.x) * scale;
    p.y += (p.b.y - p.a.y) * scale;
    return p;
}

vector<polygon> halfPlaneIntersection(polygon pg, line cutline)
{
    polygon cutted;
    for (int i = 0; i < pg.size(); i++) {
        point p1 = pg[i], p2 = pg[(i + 1) % pg.size()];
        cutted.push_back(p1);
        line edge = line{p1, p2};
        if (parallel(edge, cutline)) continue;
        if (!collinear(cutline.a, cutline.b, p1)) {
            point p3 = getIntersection(edge, cutline);
            if (edge.contains(p3)) cutted.push_back(p3);
        }
    }
    cutted.erase(unique(cutted.begin(), cutted.end()), cutted.end());
    if (cutted.size() > 0 && cutted.front() == cutted.back()) cutted.pop_back();

    polygon leftHalf, rightHalf;
    for (auto v : cutted.vertices) {
        if (collinear(cutline.a, cutline.b, v)) {
            leftHalf.push_back(v);
            rightHalf.push_back(v);
        }
        else {
            if (cw(cutline.a, cutline.b, v))
                rightHalf.push_back(v);
            else
                leftHalf.push_back(v);
        }
    }

    vector<polygon> partitions;
    if (leftHalf.size() >= 3) partitions.push_back(leftHalf);
```

```
   if (rightHalf.size() >= 3) partitions.push_back(rightHalf);
   return partitions;
}
//---------------------------10.7.1.1.cpp---------------------------//
```

527 The Partition of a Cake[D]（蛋糕切分）

给定一块大小为 1000×1000 单位长度的方形蛋糕，如果用刀对蛋糕进行切分，当经过若干次切分后，会分成多少块蛋糕呢？

约定蛋糕切分满足如下假设。

（1）每次切分都不会超过 8 次。

（2）每次切分，每块蛋糕的边长均不会小于 1 个单位长度。

（3）表示蛋糕四个顶点的坐标分别为(0, 0)、(0, 1000)、(1000, 1000)、(1000, 0)。

（4）切分线与蛋糕边缘的交点总是两个。

如图 10-31 所示的蛋糕切分，蛋糕块数总共有 10 块。

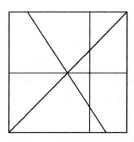

图 10-31　蛋糕切分示例

输入

输入的第一行为一个整数 M，接着是一个空行，然后是 M 组测试数据，每两组测试数据间有一个空行。

每组测试数据的第一行是一个整数，表示切分的次数，接着包含了对应次数的切分线信息。每条切分线由 4 个整数确定，表示切分线与蛋糕边缘交点的坐标。

输出

对于每组测试数据输出一行，表示经过切分后的蛋糕块数。每两组测试数据的输出间输出一个空行。

样例输入

```
1

3
0 0 1000 1000
500 0 500 1000
0 500 1000 500
```

样例输出

```
6
```

分析

初始给定的蛋糕形状是一个凸多边形，之后每次切分可能会将已有的凸多边形剖分为更多的凸多边形。使用前述介绍的半平面交问题第一种求解方法即可。

参考代码

```
int main(int argc, char *argv[])
{
    int cases, cuts;
    double x1, y1, x2, y2;

    vector<point> square {
        point{0, 0}, point{1000, 0}, point{1000, 1000}, point{0, 1000}
    };
```

```
cin >> cases;
for (int c = 1; c <= cases; c++) {
    if (c > 1) cout << '\n';

    vector<polygon> current, next;
    current.push_back(polygon{square});

    cin >> cuts;
    for (int i = 1; i <= cuts; i++) {
        cin >> x1 >> y1 >> x2 >> y2;
        line cutline = line{point {x1, y1}, point {x2, y2}};
        for (auto pg : current) {
            vector<polygon> partitions = halfPlaneIntersection(pg, cutline);
            for (auto partition : partitions) next.push_back(partition);
        }
        current.swap(next);
        next.clear();
    }
    cout << current.size() << '\n';
}

return 0;
}
```

第二种方法为排序增量算法（sort-and-incremental algorithm），只需一次扫描即可将剖分后的凸多边形顶点求出[76]。该算法将凸多边形的每条边延长为直线，那么凸多边形可以看作这些直线相交而成，其顶点即为相邻直线的交点。该算法具体步骤如下。

（1）将多边形的顶点逆时针排列，按逆时针得到凸多边形的各条边所在的直线。

（2）将所有直线使用极角和直线上两点的方式进行表示。

（3）将直线按极角进行排序，按下述规则去除极角相同的直线：当直线 a 与直线 b 极角相同时，若直线 a 位于直线 b 的逆时针方向，则保留直线 a，去除直线 b（可以使用 unique 函数实现）。

（4）设立一个双端队列存放最终结果直线（可使用数组实现，用两个整数指示凸包的起始直线和结束直线的序号）。

（5）对已按极角排序的直线（图 10-32）进行扫描，对任意一条待扫描直线，检查双端队列栈顶两条直线的交点是否在待扫描直线的逆时针方向，若为否，则栈顶退栈直到满足条件为止。继续检查，如果双端队列栈底两条直线的交点在待扫描直线的逆时针方向，则栈底退栈，直到满足条件为止。最后，将待扫描直线压入双端队列的栈顶，成为凸包直线的一部分。

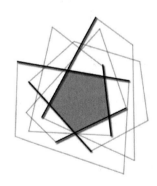

图 10-32　将多个凸多边形的边线转换为有向直线，按照极角进行排序

（6）所有直线扫描完毕，检查双端队列中栈顶的两条直线交点是否在栈底直线的逆时针方向，若为否，则栈顶退栈直到满足条件或队列为空。检查栈底的两条直线交点是否在栈顶直线的逆时针方向，若为否，则栈底退栈直到满足条件或队列为空。

（7）逐次求双端队列中相邻直线的交点即为最后凸多边形的顶点。

需要注意以下几点。

（1）在对直线排序时，若两条直线极角相同，总是选择位于逆时针方向的那条直线，如图 10-33 所示。

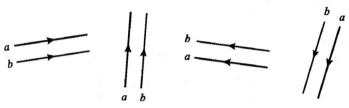

图 10-33 直线排序（箭头表示直线极角方向）

（2）使用排序增量算法时，剖分直线的方向决定最后得到的凸多边形，如图 10-34 所示。

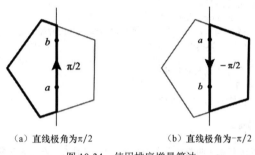

（a）直线极角为π/2　　　　（b）直线极角为-π/2

图 10-34 使用排序增量算法

> **注意**
>
> 图 10-34 中，当选取的直线极角为 π/2（直线方向为从 a 点指向 b 点），最后得到的是左边粗线区域的凸多边形。反之，若选取的直线极角为-π/2（直线方向为从 a 点指向 b 点），则得到的是右侧粗线区域的凸多边形。因为在对直线按极角排序时，若两条直线的极角相同，总是会选择位于逆时针方向的直线，这条直线更靠近"中心"。

```cpp
//-------------------------------10.7.1.2.cpp-------------------------------//
const int MAXV = 1100;
const double EPSILON = 1E-7;

// 点。
struct point {
    double x, y;
};

// 使用直线的极角和直线上的两个点来表示直线。
struct line {
    point a, b;
    double angle;
};

line pointToLine(point a, point b)
{
    line lr;
    lr.a = a, lr.b = b, lr.angle = atan2(b.y - a.y, b.x - a.x);
    return lr;
}

// 多边形。
typedef vector<point> polygon;
```

```
// 将直线按照极角进行排序。若极角相同，选择位于极角逆时针方向的直线。
bool cmpLine(line p, line q)
{
    if (fabs(p.angle - q.angle) <= EPSILON) return cw(p.a, p.b, q.a);
    return p.angle < q.angle;
}

// 比较两条直线的极角。
bool cmpAngle(line p, line q) { return fabs(p.angle - q.angle) <= EPSILON; }

// 给定一组直线，求直线的交点得到多边形的顶点。直线按逆时针顺序排列。
polygon halfPlaneIntersection(line *sides, int nLine)
{
    polygon pg;
    line deq[MAXV];

    // 将所有有向直线按极角升序排列。
    sort(sides, sides + nLine, cmpLine);
    // 如果两条有向直线的极角相同，则选择沿着极角方向位于内侧的那条有向直线。
    nLine = unique(sides, sides + nLine, cmpAngle) - sides;

    // 将排序后的前两条有向直线压入双端队列。
    int btm = 0, top = 1;
    deq[0] = sides[0], deq[1] = sides[1];

    // 逐条有向直线进行筛选。
    for (int i = 2; i < nLine; i++) {
        // 如果发现栈顶或者栈底的两条有向直线平行，则不可能存在有效的凸多边形交。
        if (parallel(deq[top], deq[top - 1]) || parallel(deq[btm], deq[btm + 1]))
            return pg;
        // 如果位于栈顶的两条直线的交点位于 sides[i] 的右侧，说明栈顶直线不符合要求。
        while (btm < top &&
            cw(sides[i].a, sides[i].b, getIntersection(deq[top], deq[top - 1])))
            top--;
        // 如果位于栈底的两条直线的交点位于 sides[i] 的右侧，说明栈底直线不符合要求。
        while (btm < top &&
            cw(sides[i].a, sides[i].b, getIntersection(deq[btm], deq[btm + 1])))
            btm++;
        // 将 sides[i] 压入栈顶。
        deq[++top] = sides[i];
    }
    // 由于经过初步筛选后，剩余的有向直线可能并不能构成一个有效的凸多边形交，因此需要
    // 按照前述的判断逻辑进行检查，即首尾两端相互检查。
    while (btm < top &&
        cw(deq[btm].a, deq[btm].b, getIntersection(deq[top], deq[top - 1])))
        top--;
    while (btm < top &&
        cw(deq[top].a, deq[top].b, getIntersection(deq[btm], deq[btm + 1])))
        btm++;
    // 如果队列中剩余的有向直线不足三条，则无法构成有效的凸多边形交。
    if (top <= (btm + 1)) return pg;

    // 求相邻两条凸包边的交点获取顶点坐标。
    for (int i = btm; i < top; i++)
        pg.push_back(getIntersection(deq[i], deq[i + 1]));
    // 首尾两条直线的交点也是顶点。
    if (btm < (top + 1))
        pg.push_back(getIntersection(deq[btm], deq[top]));

    // 返回凸多边形的交。
    return pg;
}
//----------------------------10.7.1.2.cpp----------------------------//
```

需要注意的是，上述排序增量算法得到的凸包顶点，其顺序不确定（可能是逆时针排列，也可能是顺时针排列，还可能包含重复点），如果题目需要进一步使用得到的凸包顶点，需要进行适当处理。例如，使用 Graham 算法对顶点求一次凸包，既能得到凸包顶点的逆时针排列，又能达到去除重复点的目的。

强化练习

137 Polygons[C]，10084 Hotter Colder[D]，11122 Tri Tri[D]，11265 The Sultan's Problem[D]。

扩展练习

10117[①] Nice Milk[D]。

10.7.2 多边形内核

给定任意简单多边形，其内核（kernel）是指一个区域，该区域内的任意一点与所有顶点连接而成的线段均在该多边形内。任意简单多边形的内核要么不存在，要么是一个点或一条线段或一个凸多边形。如果多边形存在内核，对于多边形内的一点，如果该点不在内核中，则称其为"盲点"，从该点望去，多边形总会有一部分无法通视。如果只是要求确定给定的多边形是否包含"盲点"，可以使用求多边形的凸包来解决，如果求得的凸包顶点数与原多边形顶点数相同，表明多边形为凸多边形，其内核就是多边形本身，不存在"盲点"区域，否则存在若干"盲点"区域。若需要求出内核，可以使用求半平面交的方法予以确定。

强化练习

588 Video Surveillance[C]，1304 Art Gallery[E]，10078[②] The Art Gallery[B]。

扩展练习

10907 Art Gallery[D]。

提示

10907 Art Gallery 中，需要充分利用给定多边形只有一个"凹顶点"的条件。设 p_i、p_j、p_k 是多边形的三个连续的顶点，则可以根据 $p_i p_j p_k$ 是否构成一个"右转"来判断顶点 p_j 是否就是"凹顶点"。确定"凹顶点"后，继而可以确定给定的光源与"凹顶点"两侧的顶点所张角的位置关系，如果光源在此两个顶点张角的范围内，则光源能够照亮整个多边形内部，否则会有一侧的张角光线无法穿过。根据光源所在张角，可以使用半平面交算法求出不能被光照亮的区域。

10.8 最近点对问题

最近点对问题是指给定点集 Q，求 Q 中最近的一对点之间的距离。如果使用朴素的穷尽搜索算法，需要检查任意一对点的距离，再从中选择距离最近的点，总共需要检查 $n(n-1)/2$ 个点对，运行时间为 $O(n^2)$，当点的数量较多时，此算法明显会超出时间限制。对于此问题，存在更为高效的分治算法，其算法的运行时间为 $O(n\log n)$。

分治算法

设有点集 Q，其点的个数为 n（$n \geq 2$），目标是寻找该点集中的最近点对。

---

① 10117 Nice Milk 中，使用回溯法确定所有可能的蘸牛奶方案，使用半平面交算法确定尚未蘸取牛奶的区域，取面积最小的方案，则在此方案下，已蘸取牛奶的区域面积最大。

② 10078 The Art Gallery 亦可先求给定点所构成的凸包，比较凸包的面积与原有点构成的多边形两者面积是否相等（或者只比较两者顶点数量是否相等），若相等则表明原有点构成的多边形是凸多边形，则内部不存在"关键点"，否则为凹多边形，存在"关键点"。

算法的每一次调用的输入为点集 Q 的子集 P、数组 X、数组 Y，数组 X 和 Y 均包含输入子集 P 的所有点。对数组 X 中的点按其 x 坐标单调递增的顺序进行排序，对数组 Y 中的点按其 y 坐标单调递增的顺序进行排序。

输入为 P、X 和 Y 的递归调用首先检查是否满足条件：$|P|\le 3$，即子集 P 中点的个数是否小于等于 3 个，如果是，则对所有点对进行检查，返回最近点对的距离；如果点的数量大于 3，则递归调用如下分治模式。

分解

找出一条垂直线 L，它把点集 P 划分为满足下列条件的两个集合 P_L 和 P_R，$|P_L|=\lceil |P|/2\rceil$，$|P_R|=\lceil |P|/2\rceil$，P_L 中的所有点在线 L 上或在 L 的左侧，P_R 中的所有点在线 L 上或在 L 的右侧。数组 X 被划分为两个数组 X_L 和 X_R，分别包含 P_L 和 P_R 中的点，并按 x 坐标单调递增的顺序进行排序。类似地，数组 Y 被划分为两个数组 Y_L 和 Y_R，分别包含 P_L 和 P_R 中的点，并按 y 坐标单调递增的顺序进行排序。

解决

把 P 划分为 P_L 和 P_R 后，再进行两次递归调用，一次是找出 P_L 中的最近点对，另一次找出 P_R 中的最近点对。第一次调用的输入为子集 P_L、数组 X_L 和 Y_L；第二次调用的输入为子集 P_R、X_R 和 Y_R。设对于子集 P_L 和 P_R，返回的最近点对的距离分别为 d_L 和 d_R，则当前得到的最近点对距离 $d=\min(d_L, d_R)$。

合并

最近点对要么是某次递归调用找出的距离为 d 的点对，要么是 P_L 中的一个点与 P_R 中的一个点组成的点对，算法接下来还需确定是否存在距离小于 d 的一个点对。事实上，如果存在这样的一个点，则点对中的两个点必定都在距离直线 L 的 d 单位之内。也就是说，它们必定都处于以直线 L 为中心、宽度为 $2d$ 的垂直带形的区域内，如图 10-35 所示。为了找出这样的点对，算法需要做如下工作。

（1）建立一个数组 Y'，它是把数组 Y 中所有不在以直线 L 为中心宽度为 $2d$ 的垂直带形区域内的点去掉后所得到的数组。数组 Y' 与 Y 一样，是按 y 坐标顺序排列的。

（2）对数组 Y' 中每个点 p，算法试图找出 Y' 中距离 p 在 d 单位以内的点。在 Y' 中仅需考虑紧随 p 后的 7 个点。算法计算从 p 到这 7 个点的距离，并记录 Y' 的所有点对中，最近点对的距离 d'。

（3）如果 $d'<d$，则垂直带形区域内，的确包含比根据递归调用所找出的最近距离更近的点对，于是返回该点对及其距离 d'。否则，就返回递归调用中发现的最近点对及其距离 d。

正确性

第一，当 $|P|\le 3$ 时，递归调用过程到底，不会继续进行递归调用（如果继续进行递归会造成无限循环进而引发错误）。第二，仅需检查数组 Y' 中紧随每个点 p 后的 7 个点。为什么只需要检查 7 个点呢？可以通过图 10-36 来说明其正确性。

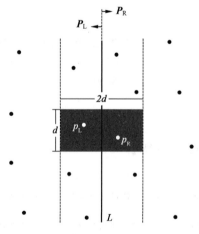

图 10-35　最近点对位于 $d \times 2d$ 的矩形区域内

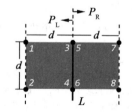

图 10-36　4 个两两距离至少为 d 单位的点位于同一个 $d \times d$ 大小的正方形内的示例

图 10-36 左边的 4 个点 1、2、3、4 为 P_L 中的点，右边的 4 个点 5、6、7、8 为 P_R 中的点，其中，点 3、5 互相重合，点 4、6 互相重合，且均位于切分直线 L 上。由图 10-36 可知，在 $d×2d$ 的矩形范围内至多有 8 个点，它们相互之间的距离至少为 d 单位。

下面说明 P 中为何至多有 8 个点可能处于该 $d×2d$ 矩形区域内。考察该矩形左半边的 $d×d$ 正方形，因为 P_L 中所有点之间的距离至少为 d 单位，所以至多有 4 个点可能位于该正方形内，图 10-36 说明了原因。类似地，P_R 中至多有 4 个点可能位于该矩形右半边的 $d×d$ 正方形内。因此，P 中至多有 8 个点可能位于该 $d×2d$ 矩形内。注意，由于直线上的点可能属于 P_L，也可能属于 P_R，所以直线上最多可以有 4 个点。如果有两对重合的点，每对包含一个 P_L 中的点和 P_R 中的点，一对在直线 L 与矩形上面一条边的交点处，另一对在直线 L 与矩形下面一条边的交点处，就会达到上述限制。

在说明了 P 中至多有 8 个点可能位于该矩形后，就很容易看出仅需检查数组 Y' 中每个点之后的 7 个点。仍假设最近的点对为 p_L 和 p_R，并假设在数组 Y' 中，p_L 位于 p_R 之前。那么，即使 p_L 在 Y' 中尽可能早出现而 p_R 尽可能晚出现，p_R 也一定是跟随 p_L 的 7 个位置中的一个，因此，就证明了最近点对算法是正确的。

以下为具体实现，为了尽量减少浮点数比较的误差，计算两点间距离的函数 getDistance 的返回的是两点间欧几里得距离的平方，最后计算得到的最近点对距离也是欧几里得距离的平方，如果需要获取实际距离，需要取其平方根。

```cpp
//----------------------------10.8.cpp----------------------------//
// 点的最大数量。
const int MAXV = 10010;

// "无限大" 距离值，需要根据具体应用设置。
const double MAX_DIST = 1E20;

struct point { double x, y; };

double getDistance(const point &a, const point &b) {
    return (a.x - b.x) * (a.x - b.x) + (a.y - b.y) * (a.y - b.y);
}

// 记录点的坐标数据。
point dots[MAXV];

// 分治法求最近点对距离。
double closestDistance(int *P, int Pn, int *X, int Xn, int *Y, int Yn)
{
    // 递归调用的出口，当拆分后点数小于等于 3 个时，使用穷举法计算最近距离。注意初始距离
    // 应设为 "无限大"，"无限大" 的具体值应该根据具体应用设置。
    if (Pn <= 3) {
        double dist = MAX_DIST;
        for (int i = 0; i < Pn - 1; i++)
            for (int j = i + 1; j < Pn; j++)
                dist = min(dist, getDistance(dots[P[i]], dots[P[j]]));
        return dist;
    }

    // 分解：把点集 P 划分为两个集合 Pl 和 Pr。并得到相应的 Xl、Xr、Yl、Yr。
    int Pl[Pn], Pln, Pr[Pn], Prn;
    int Xl[Pn], Xln, Xr[Pn], Xrn;
    int Yl[Pn], Yln, Yr[Pn], Yrn;

    // 标记某点是否在划分的集合 Pl 中。初始时，所有点不在集合 Pl 中。
    // 当点的数量较大时，如果仍然使用数组来表示点是否在集合 Pl 中，则可能使得数组的大小
    // 超过运行内存限制。因此为了兼顾空间和查找效率，使用 unordered_map 来实现。
    unordered_set<int> inPl;
```

413

```
// 将数组 P 划分为两个数量接近的集合 Pl 和 Pr。Pl 中的所有点在线 L 上或在 L 的左侧,
// Pr 中的所有点在线 L 上或在 L 的右侧。数组 X 被划分为两个数组 Xl 和 Xr, 分别包含的
// Pl 和 Pr 中点, 并按 x 坐标单调递增的顺序排序。类似地, 数组 Y 被划分为两个数组 Yl 和 Yr,
// 分别包含 Pl 和 Pr 中的点, 并按 y 坐标单调递增的顺序进行排序。对于 Xl、Xr、Yl、Yr,
// 由于参数 X 和 Y 均已排序, 只需从中拆分出相应的点即可, 并不需要再次排序, 拆分后的数组
// 仍保持有序的性质不变, 这是获得 O(nlogn) 运行时间的关键, 否则若再次排序, 运行时间
// 将为 O(n(logn)²)。
int middle = Pn / 2;
Pln = Xln = middle;
for (int i = 0; i < Pln; i++) {
    Pl[i] = Xl[i] = X[i];
    inPl.insert(X[i]);
}

Prn = Xrn = (Pn - middle);
for (int i = 0; i < Prn; i++)
    Pr[i] = Xr[i] = X[i + middle];

// 根据某点所属集合, 划分 Yl 和 Yr。
Yln = Yrn = 0;
for (int i = 0; i < Yn; i++) {
    if (inPl.find(Y[i]) != inPl.end())
        Yl[Yln++] = Y[i];
    else
        Yr[Yrn++] = Y[i];
}

// 解决: 把 P 划分为 Pl 和 Pr 后, 再进行两次递归调用, 一次找出 Pl 中的最近点对,
// 另一次找出 Pr 中的最近点对。
double distanceL = closestDistance(Pl, Pln, Xl, Xln, Yl, Yln);
double distanceR = closestDistance(Pr, Prn, Xr, Xrn, Yr, Yrn);

// 合并: 最近点对要么是某次递归调用找出的距离为 minDist 的点对, 要么是 Pl 中的一个
// 点与 Pr 中的一个点组成的点对, 算法确定是否存在其距离小于 minDist 的一个点对。
double minDist = min(distanceL, distanceR);

// 建立一个数组 Y', 它是把数组 Y 中所有不在宽度为 2*minDist 的垂直带形区域内去掉后
// 所得的数组。数组 Y' 与 Y 一样, 是按 y 坐标顺序排序的。
int tmpY[Pn], tmpYn = 0;
for (int i = 0; i < Yn; i++)
    if (fabs(dots[Y[i]].x - dots[X[middle]].x) <= minDist)
        tmpY[tmpYn++] = Y[i];

// 对数组 Y' 中的每个点 p, 算法试图找出 Y' 中距离 p 在 minDist 单位以内的点。仅需要考虑
// 在 Y' 中紧随 p 后的 7 个点。算法计算出从 p 到这 7 个点的距离, 并记录下 Y' 的所有点对中,
// 最近点对的距离 tmpDist。
double tmpDist = MAX_DIST;
for (int i = 0; i < tmpYn; i++) {
    int top = ((i + 7) < tmpYn ? (i + 7) : (tmpYn - 1));
    for (int j = i + 1; j <= top; j++)
        tmpDist = min(tmpDist, getDistance(dots[tmpY[i]], dots[tmpY[j]]));
}
// 如果 tmpDist 小于 minDist, 则垂直带形区域内包含这样的点对——此点对之间的距离比
// 根据递归调用所找出的最近距离的点对之间的距离更小。
return min(minDist, tmpDist);
}

// 排序点时所使用的比较函数。
bool cmpX(int a, int b) { return dots[a].x < dots[b].x; }
bool cmpY(int a, int b) { return dots[a].y < dots[b].y; }

// 参数 number 为点的个数。
```

```
double getClosestDistance(int number)
{
    // 准备初始条件，注意，数组中保存的只是各个点的序号，而不是点的坐标。这样做，既可以
    // 减少数据复制的时间，提高效率，又不会对算法的正确性产生影响。
    int P[number], Pn, X[number], Xn, Y[number], Yn;
    // 初始化。
    Pn = Xn = Yn = number;
    for (int i = 0; i < number; i++)
        P[i] = X[i] = Y[i] = i;
    // 预排序，按 x 坐标和 y 坐标分别排序。
    sort(X, X + Xn, cmpX);
    sort(Y, Y + Yn, cmpY);
    // 调用分治算法。
    return closestDistance(P, Pn, X, Xn, Y, Yn);
}
//------------------------------10.8.cpp------------------------------//
```

除了使用上述介绍的分治法解决最近点对问题之外，还可以通过构建一种称为 Voronoi 图的几何结构在 $O(n\log n)$ 的时间内解决最近点对问题[77]，不过在具体实现时该种方法编程复杂度较高，更为常见的是构建 kd 树来进行最近点对的查询。

强化练习

　　10245 The Closest Pair Problem[A]，11378 Bey Battle[D]。

扩展练习

　　152 Tree's a Crowd[A]。

10.9　最远点对问题

　　最远点对问题和最近点对问题恰好相反，其所求为给定点集中具有最远距离的一对点。如果使用朴素的穷尽搜索，时间复杂度为 $O(n^2)$。与最近点对问题不同，最远点对问题并不能直接运用求最近点对问题时的分治策略，而利用凸包的几何性质，可以在 $O(n\log n)$ 的时间内求解该问题。首先给出一个结论：可以证明，给定平面上的 n 个点，其中的最远点对必定位于这 n 个点所对应的凸包上[78]。根据此结论，可以先求出点集所对应的凸包，然后枚举凸包上两点间的最大距离。一般来说，随机点集所对应凸包的顶点数远少于原有点集中的点数，因此相较于前述的朴素穷尽搜索，可以提高枚举的效率。除此之外，在生产实践中，还可以预先确定一组"极限点"——只有这些极限点才可能位于凸包上，将位于极限点内部的点筛除，然后再求凸包，这样可以减少参与求凸包运算的点数，从而进一步提高效率[79]。例如，可以先确定点集中位于最左、最上、最右、最下的四个极限点，由此构建一个凸四边形，很明显，位于此凸四边形内部的点不可能是凸包顶点，因此可以将其筛除。

　　如果点集对应凸包的顶点数量级超过 10^5，使用枚举的方法确定最远点对效率不高，此时需要使用更为高效的方法。由于凸包上最远点对间的距离正为凸包直径的定义，所以求平面上点集的最远距离问题可以转化为求点集凸包的直径问题。而求凸包的直径，存在有效的算法。以下介绍一种称为"旋转卡壳"（rotating calipers）[①] 的方法来计算凸包的直径[80]。为了便于理解旋转卡壳法，首先介绍支撑线（supporting line）和对踵点（antipodal point）的概念，如图 10-37 所示。

　　如图 10-37a 所示，经过凸包 P 上顶点 A 的直线 L 即为凸多边形 P 的一条支撑线。直观上理解，多边形的支撑线是一条直线，该直线经过多边形上至少一个顶点，且多边形的所有顶点均在该直线的同一半平面（或在直线上）。例如，图 10-37b 中的直线 L_1 和 L_2 都是凸多边形 P 的支撑线，但 L_3 不是凸多边形 P 的支撑线。给定凸多边形的两条不同支撑线，如果它们互相平行，则称为平行支撑线。可以证明，凸多边形的直径是其平行支撑线间对踵点对的最远距离。什么是对踵点对呢？如果通过凸包上的两个点能够作出一对（不

[①] 也有人建议称"旋转卡尺"，一是因为英文单词"caliper"就有"测径尺"的含义，二是因为"卡壳"容易引起误读（"卡"和"壳"都是多音字），而"旋转卡尺"既能表达算法的内涵又不容易引起误解。

重合的）平行支撑线，则这两个点就称为对踵点对。例如，图 10-37b 中的顶点对(A, D)和(B, D)都是对踵点对，但顶点对(D, E)不是对踵点对，因为经过 D 和 E 无法作出凸多边形 P 的（不重合的）两条平行的支撑线。

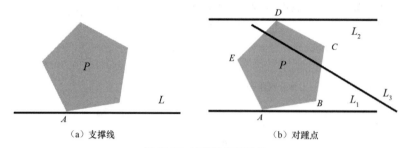

（a）支撑线　　　　　　　　　　（b）对踵点

图 10-37　支撑线和对踵点

如何找出所有的对踵点对从而得到最远距离呢？可以证明，给定凸多边形 P，若其顶点数为 n，则对踵点对的数量不超过 $\lceil 3n/2 \rceil$ 对。可以通过一种巧妙的方法在线性时间内找出所有的对踵点对。如图 10-38a 所示，在得到凸包 P 后，设 p_1 和 p_5 是凸包上最远的两个顶点，那么必然可以分别过 p_1 和 p_5 构造一对平行支撑线，则 p_1 和 p_5 构成对踵点对，不过此种情形却不易处理。如图 10-38b 所示，通过旋转这对平行线，可以让某一条支撑线和凸包上的一条边重合，这样的情形更容易处理，称之为对踵"点-边"对。注意到 p_5 是凸包上离 p_1 和 p_2 所在直线最远的点，那么可以枚举凸包上的所有边，对每一条边找出凸包上离该边最远的顶点，计算这个顶点到该边两个端点的距离，并记录最大的值。直观上这是一个 $O(n^2)$ 的算法，但是可以注意到，当逆时针枚举边的时候，最远点的变化也是逆时针的，这样就不必每次都从头计算最远点，而是紧接着上一次的最远点继续计算，于是得到 $O(n)$ 的算法。

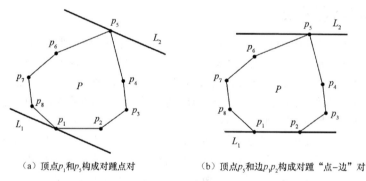

（a）顶点 p_1 和 p_5 构成对踵点对　　　（b）顶点 p_5 和边 p_1p_2 构成对踵"点-边"对

图 10-38　对踵点对和对踵"点-边"对

那么如何紧接着上一次的计算结果继续计算呢？这里需要应用一个结论，即对于凸多边形的任意一条边来说，按序（顺时针或逆时针）枚举顶点时，顶点和该边两个端点的距离所构成的函数是一个单峰函数，可以通过图 10-39 直观地观察出这一性质。

也就是说，如果某个顶点距离指定的边越远，则该顶点和此边的某个端点才会构成对踵点对。可以根据外积的几何意义来判断哪个点距离指定的边更远，如图 10-39 所示，对于凸包顶点 p_i 和 p_{i+1} 来说，只需比较三角形 $p_ip_1p_2$ 和 $p_{i+1}p_1p_2$ 谁的面积更大即可，因为这两个三角形具有相同的底边，具有更大面积的三角形自然具有更大的高度，高度更大表示顶点距离底边越远，根据前述，最远的顶点和底边构成对踵"点-边"对。比较面积可以转换为向量 $\overrightarrow{p_1p_2}$ 和 $\overrightarrow{p_ip_{i+1}}$ 的外积是否大于 0 来实现。

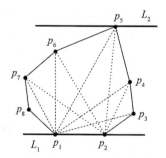

图 10-39　点和边之间的距离构成单峰函数

```
//+++++++++++++++++++++++++++++10.9.cpp+++++++++++++++++++++++++++++//
const double EPSILON = 1e-7;
```

```
struct point {
    double x, y;
    point(double x = 0, double y = 0): x(x), y(y) {}
    point operator+(point p) { return point(x + p.x, y + p.y); };
    point operator-(point p) { return point(x - p.x, y - p.y); };
    point operator*(double k) { return point(x * k, y * k); };
    point operator/(double k) { return point(x / k, y / k); };
    double distTo(point p) { return sqrt(pow(x - p.x, 2) + pow(y - p.y, 2)); }
};

typedef vector<point> polygon;
double cross(point a, point b) { return a.x * b.y - a.y * b.x; }

// 注意：凸包顶点需要按照逆时针方向排序。
double rotatingCalipers(polygon pg)
{
    double dist = 0.0;
    pg.push_back(pg.front());
    for (int i = 0, j = 1, n = pg.size() - 1; i < n; i++) {
        while (cross(pg[i + 1] - pg[i], pg[j + 1] - pg[j]) > EPSILON)
            j = (j + 1) % n;
        dist = max(dist, max(pg[i].distTo(pg[j]), pg[i + 1].distTo(pg[j + 1])));
    }
    return dist;
}
```

旋转卡壳法除了计算凸包的直径外还可以解决很多其他问题，例如，确定两个凸包的最远距离、两个凸包的最近距离、凸包的最小面积外接矩形、凸包的最小周长外接矩形、对凸包进行三角剖分等[81][82]。下面以求凸包的最小面积外接矩形为例，介绍旋转卡壳法的应用，如图 10-40 所示。

可以证明，对于凸多边形的最小面积外接矩形，该矩形必定有一条边与凸包的边重合[83]。根据此结论，可以枚举凸包的每条边作为外接矩形的一条边，剩下的就是找出三条支撑线，一条与枚举的边平行，另外两条与枚举的边垂直，这四条直线的交点构成一个矩形，枚举所有可能的矩形，取面积最小的矩形即为结果[84]。

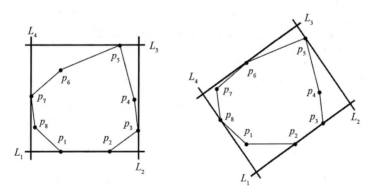

图 10-40 外接矩形的旋转

与确定点对间的最远距离类似，首先找出与直线 p_1p_2 构成对踵 “点—边” 对的顶点 p_i，这个步骤可以通过比较各个顶点与底边 p_1p_2 构成的三角形 $p_ip_1p_2$ 的面积大小，找出能够构成最大面积的顶点来确定，而此三角形面积大小的计算可转化为向量 $\overrightarrow{p_1p_2}$ 和 $\overrightarrow{p_1p_i}$ 外积的计算，因为两者的外积在几何意义上是向量构成平行四边形的面积，恰为三角形 $p_ip_1p_2$ 面积的两倍。确定了三角形 $p_ip_1p_2$ 的面积，可以很容易得到矩形的高 H 为

$$H = \frac{2S_{p_ip_1p_2}}{|p_1p_2|} = \frac{\overrightarrow{p_1p_i} \times \overrightarrow{p_1p_2}}{|p_1p_2|}$$

那么如何计算外接矩形的宽度 W 呢？从图 10-41b 可以直观地看出，p_r 是位于 p_1p_2 最右侧的凸包顶点，

p_l 是位于 p_1p_2 最左侧的凸包顶点，可以通过内积的符号来判断凸包顶点是否继续远离 p_1p_2。

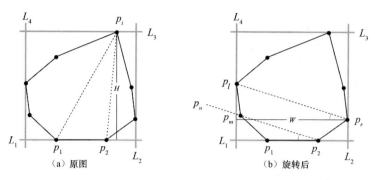

图 10-41　确定外接矩形的高度和宽度

如图 10-41b 所示，将向量 $\overrightarrow{p_rp_l}$ 的起点平移至 p_2，有

$$W = \left|\overrightarrow{p_rp_m}\right| = \left|\overrightarrow{p_rp_l}\right| \cos \angle p_lp_rp_m = \left|\overrightarrow{p_2p_n}\right| \cos \angle p_lp_rp_m = \left|\overrightarrow{p_2p_n}\right| \cos \angle p_np_2p_1$$

而

$$\overrightarrow{p_2p_n} \cdot \overrightarrow{p_2p_1} = \left|\overrightarrow{p_2p_n}\right|\left|\overrightarrow{p_2p_1}\right| \cos \angle p_np_2p_1$$

故

$$\left|\overrightarrow{p_2p_n}\right| \cos \angle p_np_2p_1 = \frac{\overrightarrow{p_2p_n} \cdot \overrightarrow{p_2p_1}}{\left|\overrightarrow{p_2p_1}\right|} = \frac{\overrightarrow{p_rp_l} \cdot \overrightarrow{p_2p_1}}{\left|\overrightarrow{p_2p_1}\right|} = \frac{\overrightarrow{p_1p_r} \cdot \overrightarrow{p_1p_2}}{\left|\overrightarrow{p_1p_2}\right|} = W$$

以下给出求凸包外接矩形的最小面积和最小周长的参考实现。

```
const double EPSILON = 1e-9;

struct point
{
    double x, y;
    point(double x = 0, double y = 0): x(x), y(y) {}
    point operator+(point i) { return point(x + i.x, y + i.y); };
    point operator-(point i) { return point(x - i.x, y - i.y); };
    point operator*(double k) { return point(x * k, y * k); };
    point operator/(double k) { return point(x / k, y / k); };
    double distTo(point i) { return sqrt(pow(x - i.x, 2) + pow(y - i.y, 2)); }
};

typedef vector<point> polygon;

double cross(point a, point b) { return a.x * b.y - a.y * b.x; }
double dot(point a, point b) { return a.x * b.x + a.y * b.y; }
double norm(point a) { return dot(a, a); }
double abs(point a) { return sqrt(norm(a)); }

// 注意：凸包顶点需要按照逆时针方向排序。
pair<double, double> rotatingCalipers(polygon pg)
{
    double minArea = 1e20, minPerimeter = 1e20;
    pg.push_back(pg.front());
    for (int i = 0, j = 1, k, m, n = pg.size() - 1; i < n; i++) {
        while (dot(pg[i + 1] - pg[i], pg[j + 1] - pg[j]) > EPSILON)
            j = (j + 1) % n;
        if (!i) k = j;
```

```
    while (cross(pg[i + 1] - pg[i], pg[k + 1] - pg[k]) > EPSILON)
        k = (k + 1) % n;
    if (!i)  m = k;
    while (dot(pg[i + 1] - pg[i], pg[m + 1] - pg[m]) < -EPSILON)
        m = (m + 1) % n;
    double d = abs(pg[i + 1] - pg[i]);
    double height = fabs(cp(pg[i], pg[i + 1], pg[k])) / d;
    double width = dot(pg[i + 1] - pg[i], pg[j] - pg[m]) / d;
    minArea = min(minArea, width * height);
    minPerimeter = min(minPerimeter, (width + height) * 2);
    }
    return make_pair(minArea, minPerimeter);
}
//+++++++++++++++++++++++++++++++10.9.cpp+++++++++++++++++++++++++++++++//
```

强化练习

　　1453 Squares[E]，10173 Smallest Bounding Rectangle[D]。

扩展练习

　　12307 Smallest Enclosing Rectangle[E]，12311 All-Pair Farthest Points[E]。

提示

　　10173 Smallest Bounding Rectangle 中，可以证明：对于任意凸多边形的最小面积外接矩形，此矩形至少有一条边与凸多边形的一条边重合。因此，可以先确定点集的凸包，然后枚举凸包的每一条边 L 作为与外接矩形重合的一条边，确定距离此边最远的一个顶点 p_f，从而得到矩形的高，然后再确定矩形的宽（可先求出 p_f 在 L 上的投影点 p_f'，再依次求出凸包顶点与直线 $p_f p_f'$ 的距离，取直线 $p_f p_f'$ 两侧的最大距离和即为矩形的宽），此方法的时间复杂度为 $O(n^2)$。对于凸包顶点数较少的测试数据，此方法可以在时间限制内获得通过，如果测试数据规模较大，则需要寻求时间复杂度为 $O(n)$ 的旋转卡壳算法。

　　对于 12307 Smallest Enclosing Rectangle，类似地，可以证明：对于凸多边形的最小周长外接矩形，此矩形至少有一条边与凸多边形的一条边重合。由于此题的数据规模较大，不能使用类似于 10173 Smallest Bounding Rectangle 时间复杂度为 $O(n^2)$ 的算法，而必须使用时间复杂度为 $O(n)$ 的旋转卡壳算法予以解决。

　　对于 12311 All-Pair Farthest Points，根据题目的数据规模，需要寻求时间复杂度至少是 $O(n\log n)$ 的算法，可以利用凸包的凸性辅助解题。

10.10　三维空间计算几何

　　三维空间计算几何相对于二维空间的计算几何更为复杂，在竞赛中一般较少出现。这里介绍最为常见的若干主题。

　　类似于二维计算几何，三维空间中的计算几何也需要一些基础的"元件"来达成目标，这些"元件"包括三维空间的点、线、面。为了定义这些"元件"，需要定义其依附的坐标系统。给定空间中任意三个有序的互不共面的向量 d_1、d_2、d_3，将其称为空间中的一组基。对于空间中的任意一个向量 m，如果存在

$$m = xd_1 + yd_2 + zd_3$$

则将三元有序实数组 (x, y, z) 称为 m 在基 d_1、d_2、d_3 中的坐标。给定空间中的一个点 O 和一组基 d_1、d_2、d_3，将这两者的组合称为空间的一个仿射坐标系，记作 $[O; d_1, d_2, d_3]$，其中 O 称为原点。进一步地，如果 d_1、d_2、d_3 互相垂直且均为单位向量，则将 $[O; d_1, d_2, d_3]$ 称为一个直角标架或者直角坐标系[85]。给定一个向量，可以使用直角坐标系中的一个点的坐标来表示向量的位置。

10.10.1　点

　　与二维的情形类似，也可以定义三维向量的内积、外积，借助三维向量来简化代码，同时能够增强代

码的健壮性（robustness）。令向量 $u(x_1, y_1, z_1)$、$v(x_2, y_2, z_2)$ 为空间中的两个三维向量[①]，定义 u 和 v 的外积为三维向量 r：

$$u \times v = r = \left[y_1 z_2 - z_1 y_2, z_1 x_2 - x_1 z_2, x_1 y_2 - y_1 x_2 \right]$$

r 的方向和 u、v 都垂直，方向由右手守则确定，长度是以 u 和 v 为边组成的平行四边形的面积，即

$$|r| = |u \times v| = |u| \cdot |v| \cdot \sin\theta$$

其中 $|r|$ 表示向量的模。令 r 为 (x_r, y_r, z_r)，则有

$$|r| = \sqrt{x_r^2 + y_r^2 + z_r^2}$$

定义 u 和 v 的内积为

$$u \cdot v = x_1 x_2 + y_1 y_2 + z_1 z_2 = |u| \cdot |v| \cdot \cos\theta$$

注意，内积的结果是一个实数而不是一个向量。

如果使用坐标来表示向量的位置，那么可以使用坐标来进行向量的和、差、外积、内积等运算。

```cpp
//+++++++++++++++++++++++++++++++10.10.1.cpp++++++++++++++++++++++++++++++//
const double EPSILON = 1e-7;

// 三维空间向量。
struct point3
{
    double x, y, z;
    point3 (double x = 0, double y = 0, double z = 0): x(x), y(y), z(z) {}
    point3 operator+(const point3 p) { return point3(x + p.x, y + p.y, z + p.z); }
    point3 operator-(const point3 p) { return point3(x - p.x, y - p.y, z - p.z); }
    point3 operator*(double k) { return point3(x * k, y * k, z * k); }
    point3 operator/(double k) { return point3(x / k, y / k, z / k); }
};

// 判断给定的值是否为零值。
bool zero(double x) { return fabs(x) < EPSILON; }

// 向量的模。
double norm(point3 p)
{
    return sqrt(pow(p.x, 2) + pow(p.y, 2) + pow(p.z, 2));
}

// 三维向量的外积。
point3 cross(point3 a, point3 b)
{
    point3 r;
    r.x = a.y * b.z - a.z * b.y;
    r.y = a.z * b.x - a.x * b.z;
    r.z = a.x * b.y - a.y * b.x;
    return r;
}

// 三维向量的内积。
double dot(point3 a, point3 b)
{
    return a.x * b.x + a.y * b.y + a.z * b.z;
}
```

混合积

给定向量 a、b、c，将 $a \times b \cdot c$ 称为向量 a、b、c 的混合积（mixed product 或 triple product，又称三重积）：

[①] 严谨的写法是"令坐标为 $(x_u, y_u, z_u)^T$ 的向量 u，坐标为 $(x_v, y_v, z_v)^T$ 的向量 v 为空间中的两个三维向量"。为了简便，本书使用了非正式的写法。

```
// 向量 a、b、c 的混合积。
double mp(point3 a, point3 b, point3 c)
{
    return dot(cross(a, b), c);
}
```

如图 10-42 所示，在几何上，向量 a、b、c 的混合积表示以 a、b、c 为棱的平行六面体 $ABCD$-$A'B'C'D'$ 的有向体积，其绝对值的六分之一就是向量 a、b、c 所构成的四面体 $ABDA'$ 的体积。

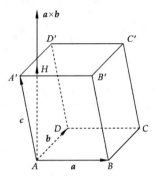

图 10-42　混合积的几何意义

设 $\overrightarrow{AB}=a$，$\overrightarrow{AD}=b$，$\overrightarrow{AA'}=c$，则平行六面体 $ABCD$-$A'B'C'D'$ 的底面积为 $|a \times b|$，高为 $|\overrightarrow{AH}|$，其中 $|\overrightarrow{AH}|$ 是 c 在方向 $(a \times b)^0$ 上的内射影，因此

$$| \overrightarrow{AH} | = \left| \Pi_{(a \times b)^0} (c) \right|$$

从而平行六面体 $ABCD$-$A'B'C'D'$ 的体积为

$$\begin{aligned}
V &= |a \times b| \left| \Pi_{(a \times b)^0} (c) \right| \\
&= \left\| a \times b | \Pi_{(a \times b)^0} (c) \right\| \\
&= \left| c \cdot (a \times b) \right| \\
&= |a \times b \cdot c|
\end{aligned}$$

10.10.2　直线

空间中的两个不重合点可以确定一条直线，因此直线可以表示为：

```
// 三维空间直线。
struct line3
{
    point3 a, b;
    line3 (point3 a = point3(), point3 b = point3()): a(a), b(b) {}
};

// 使用直线来定义线段。
typedef line3 segment3;
```

一个点和一个非零向量也可以确定一条直线，因此可以得到另外一种常用的直线表示形式：假设直线 l 经过点 p_0，其方向向量为 v，令直线 l 上的点为 p，并设 p_0 和 p 的定位向量分别用 p_0、p 表示，则直线 l 的向量式参数方程为

$$p = p_0 + tv \tag{10.1}$$

其中 t 称为参数，它可以取任意实数。参数 t 的几何意义是，点 p 在直线 l 上的仿射标架 $[p_0; v]$ 中的坐标。

如果将直线的向量式参数方程使用坐标写出，可得

$$\begin{cases} x = x_0 + tX \\ y = y_0 + tY \\ z = z_0 + tZ \end{cases} \tag{10.2}$$

将式（10.2）称为直线的参数方程，其中参数 t 可取任意实数。

将式（10.2）进行适当变换，可得

$$\frac{x - x_0}{X} = \frac{y - y_0}{Y} = \frac{z - z_0}{Z} \tag{10.3}$$

将式（10.3）称为直线 L 的标准方程（或点向式方程）。

如果已知直线 L 上两点 $p_1(x_1, y_1, z_1)$，$p_2(x_1, y_1, z_1)$，则 $\overrightarrow{p_1p_2}$ 是直线 L 的一个方向向量，从而可得 L 的方程为

$$\frac{x - x_1}{x_2 - x_1} = \frac{y - y_1}{y_2 - y_1} = \frac{z - z_1}{z_2 - z_1} \tag{10.4}$$

将式（10.4）称为直线 L 的两点式方程。

```
// 判断三点是否共线。
// 如果点 p1、p2、p3 共线，则向量 p1p2 与向量 p2p3 外积的模为零。
bool collinear(point3 p1, point3 p2, point3 p3)
{
    return norm(cross(p2 - p1, p3 - p2)) < EPSILON;
}

// 判断点是否在线段上，包括在端点上。
bool pointOnSegmentInclude(point3 p, segment3 s)
{
    return collinear(p, s.a, s.b) &&
        (s.a.x - p.x) * (s.b.x - p.x) < EPSILON &&
        (s.a.y - p.y) * (s.b.y - p.y) < EPSILON &&
        (s.a.z - p.z) * (s.b.z - p.z) < EPSILON;
}

// 判断点是否在线段上，不包括在端点上。
bool pointOnSegmentExclude(point3 p, segment3 s)
{
    return pointOnSegmentInclude(p, s) &&
        (!zero(p.x - s.a.x) || !zero(p.y - s.a.y) || !zero(p.z - s.a.z)) &&
        (!zero(p.x - s.b.x) || !zero(p.y - s.b.y) || !zero(p.z - s.b.z));
}

// 判断两点是否在线段的同侧。
// 点在线段上返回 false，如果给定的两点和线段不共面则无意义。
bool sameSide(point3 p1, point3 p2, segment3 s)
{
    return dot(cross(s.a - s.b, p1 - s.b), cross(s.a - s.b, p2 - s.b)) > EPSILON;
}

// 判断两点是否在线段的异侧。
// 点在线段上返回 false，如果给定的两点和线段不共面则无意义。
bool oppositeSide(point3 p1, point3 p2, segment3 s)
{
    return dot(cross(s.a - s.b, p1 - s.b), cross(s.a - s.b, p2 - s.b)) < -EPSILON;
}
```

两条直线的位置关系

空间的两条直线有以下三种位置关系。

（1）相交直线，即两条直线有且仅有一个公共点。

（2）平行直线，即两条直线在同一平面内且无公共点。

（3）异面直线，即两条直线不同在任何一个平面且无公共点。

与空间直线相关的概念包括如下内容。

（1）直线 a、b 是异面直线，经过空间任意一点 O，作直线 a'、b'，并使 $a'//a$、$b'//b$，一般将直线 a'和 b'所成的锐角（或直角）称为异面直线 a 和 b 所成的角。

（2）如果两条异面直线所成的角是直角，我们就说这两条异面直线互相垂直。

（3）与两条异面直线都垂直相交的直线，称为这两条异面直线的公垂线。

（4）两条异面直线的公垂线在这两条异面直线间的线段（公垂线段）的长度，称为这两条异面的距离。

```
// 判断两条直线是否平行。
bool parallel(line3 u, line3 v)
{
    return norm(cross(u.a - u.b, v.a - v.b)) < EPSILON;
}

// 判断两条直线是否垂直。
bool perpendicular(line3 u, line3 v)
{
    return zero(dot(u.a - u.b, v.a - v.b));
}

// 计算直线到直线距离，即共垂线段的长度。
double lineToLine(line3 u, line3 v)
{
    point3 n = cross(u.a - u.b, v.a - v.b);
    return fabs(dot(u.a - v.a, n)) / norm(n);
}

// 计算两条直线夹角的余弦值。
double cos(line3 u, line3 v)
{
    return dot(u.a - u.b, v.a - v.b) / norm(u.a - u.b) / norm(v.a - v.b);
}
```

点到直线的距离

求不在直线上的一点 p_3 到直线 p_1p_2 的距离。在不必知道垂足的情况下，可以利用面积法快速得到解。

如图 10-43 所示，点 p_3 到直线 p_1p_2 的距离 d 就是以向量 $\overrightarrow{p_1p_3}$ 和向量 $\overrightarrow{p_1p_2}$ 为邻边的平行四边形的底边 p_1p_2 上的高，因此有

$$d = \frac{\left|\overrightarrow{p_1p_3} \times \overrightarrow{p_1p_2}\right|}{\left|\overrightarrow{p_1p_2}\right|}$$

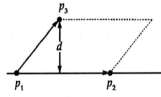

图 10-43　点到直线的距离

```
// 利用面积法计算点到直线的距离。
double pointToLine(point3 p, line3 l)
{
    return norm(cross(p - l.a, l.b - l.a)) / norm(l.b - l.a);
}
```

两条直线的交点

在立体几何中，如果两条直线相交，则一定在同一平面内且不平行。因此，可以通过以下步骤来判断空间的两条直线是否相交：已知两条直线的四个端点，首先判断这四个端点是否在同一个平面内，如果不在一个平面内，则不相交；再判断这个平面内的两条直线是否平行，从而判断空间的两条直线是否相交。在确定两条直线相交后，可以通过面积比的关系，通过外积来求得交点的坐标[①]。

```
// 利用面积比计算两条直线的交点。注意，要事先判断两条直线是否共面和平行。
point3 intersection(line3 u, line3 v)
{
    double k = cross(u.a - v.a, v.b - v.a).z / cross(u.b - u.a, v.b - v.a).z;
    return u.a + (u.b - u.a) * fabs(k);
}
```

---

① 参见 10.2.4 小节的内容。

10.10.3　平面

空间平面是指没有高低曲折的面。在相交的两直线上各取一动点，并用直线连接起来，所有这些直线就构成了一个平面。空间平面上任意两点的连线都完全落在此面上。任意非平行两平面的交线是一条直线。平面有多种表示方法，第一种是普通方程

$$Ax + By + Cz + D = 0$$

这个平面的法向量为 $\boldsymbol{n}(A, B, C)$，法向量是一个垂直于平面的向量。

第二种表示方法称为点法式方程，即由平面上的一点 P_1 和平面法向量 $\boldsymbol{n}$ 所确定。由于平面上任意一点 P 与 P_1 得到的向量都在此平面上，所以和 $\boldsymbol{n}$ 垂直，即有

$$\boldsymbol{n} \cdot \overrightarrow{P_1P} = 0$$

亦即

$$\boldsymbol{n} \cdot \overrightarrow{P_1P} = \boldsymbol{n} \cdot \boldsymbol{P} - \boldsymbol{n} \cdot \boldsymbol{P_1} = \boldsymbol{n} \cdot \boldsymbol{P} - d = 0 \Leftrightarrow \boldsymbol{n} \cdot \boldsymbol{P} = d$$

```cpp
// 三维空间平面。
struct plane3
{
    point3 a, b, c;
    plane3 (point3 a = point3(0, 0, 0), point3 b = point3(0, 0, 0),
        point3 c = point3(0, 0, 0)): a(a), b(b), c(c) {}
};

// 平面的法向量。
point3 normalV(plane3 s)
{
    return cross(s.a - s.b, s.b - s.c);
}
```

点和平面的关系

点和平面的关系只有两种：点在平面外、点在平面内。可通过内积和外积对点和平面的相互关系进行检测。

```cpp
// 判断四点是否共面。利用内积判断平面 abc 的法向量与直线 ad 是否垂直。
bool coplanar(point3 a, point3 b, point3 c, point3 d)
{
    return zero(dot(normalV(plane3(a, b, c)), d - a));
}

// 判断点是否在空间三角形上，包括在边界上，三点共线则无意义。
bool pointInPlaneInclude(point3 p, plane3 s)
{
    return zero(norm(cross(s.a - s.b, s.a - s.c)) -
        norm(cross(p - s.a, p - s.b)) -
        norm(cross(p - s.b, p - s.c)) - norm(cross(p - s.c, p - s.a)));
}

// 判断点是否在空间三角形上，不包括在边界上，三点共线则无意义。
bool pointInPlaneExclude(point3 p, plane3 s)
{
    return pointInPlaneInclude(p, s) &&
        norm(cross(p - s.a, p - s.b)) > EPSILON &&
        norm(cross(p - s.b, p - s.c)) > EPSILON &&
        norm(cross(p - s.c, p - s.a)) > EPSILON;
}
```

两条线段的相关位置

对于线段相交的判断，与二维线段相交的判断类似，也可以利用"线段跨越"进行检查。

```cpp
// 判断两点是否在平面同侧，点在平面上返回 false。
bool sameSide(point3 p1, point3 p2, plane3 s)
```

```
{
    return dot(normalV(s), p1 - s.a) * dot(normalV(s), p2 - s.a) > EPSILON;
}

// 判断两点是否在平面异侧，点在平面上返回 false。
bool oppositeSide(point3 p1, point3 p2, plane3 s)
{
    return dot(normalV(s), p1 - s.a) * dot(normalV(s), p2 - s.a) < -EPSILON;
}

// 判断两条线段是否相交，包括端点相交和部分重合的情形。
bool intersectInclude(line3 u, line3 v)
{
    if (!coplanar(u.a, u.b, v.a, v.b)) return false;
    if (!collinear(u.a, u.b, v.a) || !collinear(u.a, u.b, v.b))
        return !sameSide(u.a, u.b, v) && !sameSide(v.a, v.b, u);
    return pointOnSegmentInclude(u.a, v) || pointOnSegmentInclude(u.b, v) ||
        pointOnSegmentInclude(v.a, u) || pointOnSegmentInclude(v.b, u);
}

// 判断两条线段是否相交，不包括端点相交和部分重合的情形。
bool intersectExclude(line3 u, line3 v)
{
    return coplanar(u.a, u.b, v.a, v.b) &&
        oppositeSide(u.a, u.b, v) &&
        oppositeSide(v.a, v.b, u);
}
```

点到平面的距离

点到平面的距离又称离差，可以使用下述方法予以求解。

如图 10-44 所示，令点 $P_1(x_1, y_1, z_1)$，平面的法向量 $\boldsymbol{n}=(A, B, C)$ 及平面上任意点 $P_2(x_2, y_2, z_2)$，只需要把线段 p_1p_2 投影到平面法向量 $\boldsymbol{n}$ 上，投影之后沿着法向量 $\boldsymbol{n}$ 方向上的长度即为点到面的距离 d，即

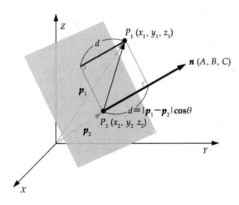

图 10-44　求平面外任意一点 P_1 与平面的距离

$$d = \left|\overrightarrow{P_2P_1}\right|\cos\theta$$

根据内积的定义有

$$\boldsymbol{n}\cdot\left(\overrightarrow{P_2P_1}\right) = |\boldsymbol{n}|\left|\overrightarrow{P_2P_1}\right|\cos\theta$$

故

$$d = \left|\overrightarrow{P_2P_1}\right|\cos\theta = \frac{\boldsymbol{n}\cdot\overrightarrow{P_2P_1}}{|\boldsymbol{n}|} = \frac{A(x_1-x_2)+B(y_1-y_2)+C(z_1-z_2)}{\sqrt{A^2+B^2+C^2}}$$

如果给定的是平面方程 $Ax+By+Cz+D=0$，则有

$$d = \frac{Ax_1 + By_1 + Cz_1 + D}{\sqrt{A^2 + B^2 + C^2}}$$

注意，计算得到的 d 是有向距离，如果需要实际距离，可以取其绝对值。有向距离 d 在某些时候非常有用：如果 $d>0$，表明 P_1 位于平面的正面方向——法线指向的那一边；如果 $d<0$，表明 P_1 位于平面的反面方向——法线相反方向的那一边；若 $d=0$，表明 P_1 位于平面上。

```
// 计算点到平面的有向距离。
double pointToPlane(point3 p, plane3 s)
{
    return dot(normalV(s), p - s.a) / norm(normalV(s));
}
```

```
// 计算点到平面的实际距离。
double realPointToPlane(point3 p, plane3 s)
{
    return fabs(pointToPlane(p, s));
}
```

直线和平面的位置关系

给定一条直线 l 和一个平面 s，直线 l 和平面 s 的位置关系有三种：直线 l 与平面 s 平行，此时直线的方向向量 v 和平面的法向量 n 垂直；直线 l 与平面 s 相交；直线 l 在平面 s 内。

```
// 判断直线与平面是否平行。
bool parallel(line3 l, plane3 s)
{
    return zero(dot(l.a - l.b, normalV(s)));
}
```

```
// 判断直线与平面是否垂直。
bool perpendicular(line3 l, plane3 s)
{
    return norm(cross(l.a - l.b, normalV(s))) < EPSILON;
}
```

```
// 判断直线是否在平面内。
bool in(line3 l, plane3 s)
{
    return coplanar(l.a, s.a, s.b, s.c) && coplanar(l.b, s.a, s.b, s.c);
}
```

```
// 计算直线与平面夹角的正弦值。
double sin(line3 l, plane3 s)
{
    return dot(l.a - l.b, normalV(s)) / norm(l.a - l.b) / norm(normalV(s));
}
```

判断直线和平面是否相交可通过如下的方法：若直线与平面不平行且直线不在平面内，则直线和平面相交。类似地，可以判断线段和平面是否相交。

```
// 判断线段与空间三角形是否相交，包括交于边界和（部分）包含的情形。
bool intersectInclude(line3 l, plane3 s)
{
    return !sameSide(l.a, l.b, s) &&
        !sameSide(s.a, s.b, plane3(l.a, l.b, s.c)) &&
        !sameSide(s.b, s.c, plane3(l.a, l.b, s.a)) &&
        !sameSide(s.c, s.a, plane3(l.a, l.b, s.b));
}
```

```
// 判断线段与空间三角形是否相交，不包括交于边界和（部分）包含的情形。
bool intersectExclude(line3 l, plane3 s)
{
    return oppositeSide(l.a, l.b, s) &&
```

```
        oppositeSide(s.a, s.b, plane3(l.a, l.b, s.c)) &&
        oppositeSide(s.b, s.c, plane3(l.a, l.b, s.a)) &&
        oppositeSide(s.c, s.a, plane3(l.a, l.b, s.b)));
}

// 利用三棱锥的体积比，计算直线与平面的交点。注意事先判断是否平行，并保证三点不共线。
point3 intersection(line3 l, plane3 s)
{
    point3 r = normalV(s);
    double t = dot(r, s.a - l.a) / dot(r, l.b - l.a);
    r.x = l.a.x + (l.b.x - l.a.x) * t;
    r.y = l.a.y + (l.b.y - l.a.y) * t;
    r.z = l.a.z + (l.b.z - l.a.z) * t;
    return r;
}
```

两个平面的交线

平面和平面的位置关系只有两种：平行或者相交。如果两平面不平行，则一定相交，所以能够通过判断两个平面是否平行从而得出它们是否相交。在两个平面保证相交的前提下，可以容易地求得两个平面的交线。

任意一条直线可以看出某两个相交平面的交线。设直线 l 是相交平面 P_1 和 P_2 的交线，P_i 的方程为

$$A_i x + B_i y + Z_i z + D_i = 0, \quad i = 1, 2$$

它们的一次系数不成比例，则有

$$\begin{cases} A_1 x + B_1 y + C_1 z + D_1 = 0 \\ A_2 x + B_2 y + C_2 z + D_2 = 0 \end{cases} \tag{10.5}$$

将式（10.5）称为直线 l 的普通方程。

根据直线 l 的普通方程，可以得到直线的其他形式的方程。先找到直线 l 上的一个点 m_0，如果

$$\begin{vmatrix} A_1 & B_1 \\ A_2 & B_2 \end{vmatrix} \neq 0$$

则令 $z=0$，解关于 x 和 y 的一次方程组，可求得唯一的一组解 $x=x_0$，$y=y_0$。于是 $m_0(x_0, y_0, 0)$ 在 l 上，再确定直线 l 一个方向向量 $v(X, Y, Z)$ 即可确定其他形式的直线方程。由于 v 平行于两个给定的平面，故有

$$\begin{cases} A_1 X + B_1 Y + C_1 Z = 0 \\ A_2 X + B_2 Y + C_2 Z = 0 \end{cases}$$

令

$$X = \begin{vmatrix} B_1 & C_1 \\ B_2 & C_2 \end{vmatrix}, \quad Y = -\begin{vmatrix} A_1 & C_1 \\ A_2 & C_2 \end{vmatrix}, \quad Z = \begin{vmatrix} A_1 & B_1 \\ A_2 & B_2 \end{vmatrix}$$

则

$$A_i X + B_i Y + Z_i Z = \begin{vmatrix} A_i & B_i & C_i \\ A_1 & B_1 & C_1 \\ A_2 & B_2 & C_2 \end{vmatrix} = 0, \quad i = 1, 2$$

所以坐标为

$$\left(\begin{vmatrix} B_1 & C_1 \\ B_2 & C_2 \end{vmatrix}, \ -\begin{vmatrix} A_1 & C_1 \\ A_2 & C_2 \end{vmatrix}, \ \begin{vmatrix} A_1 & B_1 \\ A_2 & B_2 \end{vmatrix} \right) \tag{10.6}$$

的向量 v 与两个平面 P_i（$i=1, 2$）平行，由于（10.6）式中的三个行列式不全为零，故 v 不为零向量，于是坐标为式（10.6）的向量 v 就是 l 的一个方向向量，有了 l 上的一点 m_0 和它的一个方向向量 v，就能够很容易地得到直线其他形式的方程。

如果使用点法式来表示平面，令两个平面的点法式方程为[86]

$$n_1 \cdot P = d_1, \quad n_2 \cdot P = d_2$$

则交线 l 的方程可以使用向量式参数方程表示为

$$P = \lambda n_1 + \mu n_2 + t(n_1 \times n_2)$$

之所以能够这样表示，是因为两个平面不平行时，它们的法向量也不平行，所以两个法向量所确定的平面和交线 l 必有交点（交线 l 同时垂直于两条法线，因此不可能和它们张成平面平行，故而必有交点）。由于交线 l 的方向和两条法线都垂直，故交线 l 的方向向量为 $(n_1 \times n_2)$。为了确定交线 l 的向量式参数方程，还需确定交线 l 与两个法向量所确定平面的交点。不妨令交点为 P_0，因为交点 P_0 在向量 n_1 和 n_2 所确定的平面内，可以令交点 $P_0 = \lambda n_1 + \mu n_2$[①]。把 P 的表达式代入两平面方程，可得[②]

$$n_1 \cdot P = \lambda n_1 \cdot n_1 + \mu n_1 \cdot n_2 = d_1$$

$$n_2 \cdot P = \lambda n_1 \cdot n_2 + \mu n_2 \cdot n_2 = d_2$$

联立解得

$$\lambda = \frac{d_1 n_2 \cdot n_2 - d_2 n_1 \cdot n_2}{\Delta}, \quad \mu = \frac{d_2 n_1 \cdot n_1 - d_2 n_1 \cdot n_2}{\Delta}$$

其中

$$\Delta = (n_1 \cdot n_1)(n_2 \cdot n_2) - (n_1 \cdot n_2)^2$$

```
// 判断两个平面是否平行。
// 如果平面 u 和 v 的法向量的外积的模为零，表明两个平面的法向量平行，因此两个平面也是平行的。
bool parallel(plane3 u, plane3 v)
{
    return norm(cross(normalV(u), normalV(v))) < EPSILON;
}

// 判断两个平面是否垂直。
// 如果平面 u 和 v 的法向量的内积为零，表明两个平面的法向量垂直，因此两个平面也是垂直的。
bool perpendicular(plane3 u, plane3 v)
{
    return zero(dot(normalV(u), normalV(v)));
}

// 计算两个平面的交线。
line3 intersection(plane3 u, plane3 v)
{
    line3 r;
    r.a = parallel(line3(v.a, v.b), u) ?
      intersection(line3(v.b, v.c), u) : intersection(line3(v.a, v.b), u);
    r.b = parallel(line3(v.c, v.a), u) ?
      intersection(line3(v.b, v.c), u) : intersection(line3(v.c, v.a), u);
    return r;
}
```

两个平面的夹角

两个相交平面的夹角是指两个平面交成四个二面角中的任意一个。易知，其中两个等于两个平面的法向量 n_1、n_2 的夹角 $\langle n_1, n_2 \rangle$，另外两个等于 $\langle n_1, n_2 \rangle$ 的补角。两个平行（或重合）平面的夹角的夹角规定为它们的法向量 n_1、n_2 的夹角或其补角，从而等于 0 或 π。设在直角坐标系中，两个平面的方程是

$$A_i x + B_i y + C_i z + D_i = 0, \quad i = 1, 2$$

则两个平面的一个夹角 θ 满足

$$\cos \theta = \frac{n_1 \cdot n_2}{|n_1||n_2|} = \frac{A_1 A_2 + B_1 B_2 + C_1 C_2}{\sqrt{A_1^2 + B_1^2 + C_1^2} \cdot \sqrt{A_2^2 + B_2^2 + C_2^2}}$$

从上式可知，两个平面垂直的充分必要条件是

[①] 可以证明：若向量 a、b、c 共面，并且 a 与 b 不共线，则存在唯一的一对实数 λ、μ，使得 $c = \lambda a + \mu b$。

[②] 由内积和外积的定义，n_1 与 $t(n_1 \times n_2)$ 的内积为零，n_2 与 $t(n_1 \times n_2)$ 的内积为亦为零。

$$A_1 A_2 + B_1 B_2 + C_1 C_2 = 0$$

```
// 计算两个平面夹角的余弦值。
double cos(plane3 u, plane3 v)
{
    return dot(normalV(u), normalV(v)) / norm(normalV(u)) / norm(normalV(v));
}
//++++++++++++++++++++++++++++14.10.1.cpp++++++++++++++++++++++++++++//
```

强化练习

578 Polygon Puzzler[D]。

扩展练习

503 Parallelepiped Walk[D]，10184 Equidistance[D]。

提示

对于 10184 Equidistance 如图 10-45 所示，令 Alice 所在地点为 A，Bob 所在地点为 B，过 A 和 B 及球心 O 可作一大圆 C_1，在球面上与 A 和 B 具有相等球面距离的点构成另外一个大圆 C_2，题目所求为确定会面地点 M 与大圆 C_2 的球面距离。以球心为坐标系原点（将点 A 平移到坐标系原点 O，点 B 平移到 B'），根据经纬度可得到给定地点的三维坐标，然后根据向量 $\overrightarrow{OB'}$ 和向量 $\overrightarrow{OM}$ 的内积确定向量 $\overrightarrow{OB'}$ 和向量 $\overrightarrow{OM}$ 之间的夹角 $\angle MOB'$，进而确定向量 $\overrightarrow{OM}$ 和过大圆 C_2 的三维平面间的夹角 $\angle COM = |\pi/2 - \angle MOB'|$，最终得到 M 和大圆 C_2 的球面距离。注意，当 A 和 B 重叠时，任意大圆均满足题目要求，此时 M 距离大圆的距离为 0。

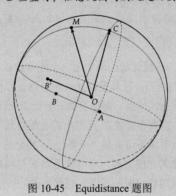

图 10-45　Equidistance 题图

10.10.4　三维凸包

计算三维凸包有多种方法，朴素的方法是穷举法，即枚举任意三个点构建一个面，检查所有其他点是否在该面的一侧，如果满足这个条件则表明该面是三维凸包的一个面。可以使用有向体积的方法判断其他点是否均在该面的一侧，如果所有其他点与该面的三个点所构成的向量的有向体积均为正或者均为负，表明其他点均在该面的一侧。穷举法实现简单，但是时间复杂度为 $O(n^4)$，效率不高。需要注意的是，在枚举可行的凸包表面时，避免选择共线的三个点作为凸包表面，此种退化情形可能会造成预想不到的错误。

强化练习

11769 All Souls Night[D]。

更为高效的求三维凸包的方法是随机增量法，该方法直观且容易理解。首先将输入的点打乱顺序，然后选择四个不共面的点组成一个初始四面体，如果找不到这样的初始四面体，则凸包不存在。否则，每次加入一个点，不断更新当前的凸包即可。更新的方法如下。

（1）如果当前点已经在凸包内，则不需更新。

（2）如果当前点在凸包之外，那么找到所有这样的原凸包上的"分界边"——过这条边的两个面一个可以被当前点看到，另一个不能。以这三个点新建一个面加入凸包中，这样就得到了一个包含所有点的新的凸包。

以下是具体实现时需要注意的细节。

（1）为了便于判断点 p 是否在凸包内，在保存三维凸包的面时，使用三个点 p_1、p_2、p_3 表示一个面，而且点 p_1、p_2、p_3 的排列顺序满足"右手螺旋法则"，使得构成的面的法线始终指向凸包外侧，这样就可以使用点 p 和构成面的三个点 p_1、p_2、p_3 所构成向量的有向体积来判断点 p 是否在凸包内，如果有向体积为正，表明点 p 位于凸包外，若有向体积为负，则点 p 在凸包内，如图 10-46 所示。

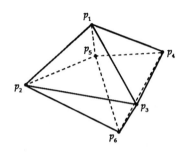

图 10-46　保存三维凸包的面

注意

图 10-46 中，对于由点 p_1，p_2，p_3 构成的凸包面，在保存时按照逆时针方向保存，即 $\{p_1, p_2, p_3\}$，使得面的法线方向指向凸包外，这样可以使得在用有向体积判断点 p 是否在能够看见某个面时保持一致性。

（2）为了能够找到"分界边"——过此边的两个面一个能够被点 p 看到而另外一个不能被点 p 看到，可以将点 p 想象为一个点光源（图 10-47），从其发射光线照射到已经构建的凸包上，如果凸包的某个面能够被光线照射到，说明该面不属于新凸包的面，将该面的三条边予以标记；若某个面不能被点 p 发出的光照射到，说明该面属于新凸包的面。检查不能被点 p 发出的光照射到的面，即原凸包上仍然属于新凸包的面，如果面上的某条边被标记过，说明这条边就是"分界边"，将此边与点 p 构建一个面加入新凸包即可。判断凸包上的面是否能够被点 p 发出的光照射到，可以使用点 p 与构成面的三个点的有向体积进行判断，若有向体积为负，说明点 p 发出的光能够照射到该面。也就是说，从点 p 能够看到该面，否则从点 p 无法看到该面。

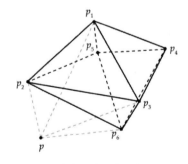

图 10-47　从凸包外一点 p 向三维凸包发射光线

注意

图 10-47 中，面 $p_1p_2p_3$ 和 $p_2p_6p_3$ 均能被点 p 发出的光线照射，而其他面均不能被点 p 发出的光线所照射，因此面 $p_1p_2p_3$ 和 $p_2p_6p_3$ 不属于新的凸包，将这两个面的边 p_1p_2，p_2p_3，p_3p_1，p_2p_6，p_6p_3 予以标记，再检查未被 p 点照射的面，例如面 $p_1p_2p_5$，发现它的一条边 p_1p_2 已被标记，因此边 p_1p_2 属于"分界边"，将"分界边"与点 p 构成的面 p_1p_2p 加入新的凸包。

随机增量法的朴素实现时间复杂度为 $O(n^2)$。在下述实现中，平面保存的是点的序号而不是实际的点数据。

```cpp
//----------------------------10.10.2.cpp----------------------------//
const int MAXN = 1100;
const double EPSILON = 1e-7;

// 判断给定的值是否为零值。
inline bool zero(double x) { return fabs(x) < EPSILON; }

// 三维空间点。
struct point3
{
    double x, y, z;
    point3 (double x = 0, double y = 0, double z = 0): x(x), y(y), z(z) {}
    point3 operator+(const point3 p) { return point3(x + p.x, y + p.y, z + p.z); }
    point3 operator-(const point3 p) { return point3(x - p.x, y - p.y, z - p.z); }
    point3 operator*(double k) { return point3(x * k, y * k, z * k); }
    point3 operator/(double k) { return point3(x / k, y / k, z / k); }
    bool operator<(const point3 &p) const {
        if (!zero(x - p.x)) return x < p.x;
        if (!zero(y - p.y)) return y < p.y;
        return z < p.z;
    }
    bool operator==(const point3 &p) const {
        return zero(x - p.x) && zero(y - p.y) && zero(z - p.z);
    }
} ps[MAXN];

// 三维空间平面。平面的三个点使用点的序号予以表示。
struct plane3
{
    int a, b, c;
    plane3 (int a = 0, int b = 0, int c = 0): a(a), b(b), c(c) {}
};

// 三维向量的模。
double norm(point3 p)
{
    return sqrt(pow(p.x, 2) + pow(p.y, 2) + pow(p.z, 2));
}

// 三维向量的外积。
point3 cross(point3 a, point3 b)
{
    point3 r;
    r.x = a.y * b.z - a.z * b.y;
    r.y = a.z * b.x - a.x * b.z;
    r.z = a.x * b.y - a.y * b.x;
    return r;
}

// 三维向量的内积。
double dot(point3 a, point3 b)
{
    return a.x * b.x + a.y * b.y + a.z * b.z;
}

// 有向体积。
double signedVolume(int p, int a, int b, int c)
{
    return dot(ps[a] - ps[p], cross(ps[b] - ps[p], ps[c] - ps[p]));
}

// 有向面积。
double signedArea(int a, int b, int c)
```

431

```
{
    return norm(cross(ps[b] - ps[a], ps[c] - ps[a]));
}

// 三维凸包面。
vector<plane3> faces;
// n 为点的数量, cnt 和 visited 为标记。
int n, cnt, visited[MAXN][MAXN];

// 构建初始凸包。
bool initializeConvexHull()
{
    for (int i = 2; i < n; i++) {
        // 找到不共线的三个点。
        if (zero(signedArea(0, 1, i))) continue;
        swap(ps[i], ps[2]);
        for (int j = i + 1; j < n; j++) {
            // 找到不共面的四个点。
            if (zero(signedVolume(0, 1, 2, j))) continue;
            swap(ps[j], ps[3]);
            // 将面加入凸包, 此时凸包只有两个面, 而且这两个面是贴合在一起的, 但法线不同。
            faces.push_back(plane3(0, 1, 2));
            faces.push_back(plane3(0, 2, 1));
            return true;
        }
    }
    return false;
}

// 逐个点加入凸包, 注意此处使用的是点的序号而不是实际的点数据。
void addPoint(int p)
{
    cnt++;
    // unlighted 保存从点 p 不可见的面。
    vector<plane3> unlighted;
    for (int i = 0, a, b, c; i < faces.size(); i++) {
        a = faces[i].a, b = faces[i].b, c = faces[i].c;
        // 检查点 p 和指定面构成的四面体的有向体积, 若有向体积为负表明该面从点 p 可见,
        // 继而标记该可见面的所有边。
        if (signedVolume(p, a, b, c) < 0) {
            visited[a][b] = visited[b][a] = visited[a][c] = cnt;
            visited[c][a] = visited[b][c] = visited[c][b] = cnt;
        }
        else unlighted.push_back(faces[i]);
    }
    faces = unlighted;
    // 对于不可见的面, 如果面上的边被标记则该边是 "分界边"。
    for (int i = 0, a, b, c; i < unlighted.size(); i++) {
        a = unlighted[i].a, b = unlighted[i].b, c = unlighted[i].c;
        if (visited[a][b] == cnt) faces.push_back(plane3(b, a, p));
        if (visited[b][c] == cnt) faces.push_back(plane3(c, b, p));
        if (visited[c][a] == cnt) faces.push_back(plane3(a, c, p));
    }
}

// 获取三维凸包的表面积。
double getAreaOf3DConvexHull()
{
    // 对点排序并去除重复点。
    sort(ps, ps + n);
    n = unique(ps, ps + n) - ps;
    // 将点随机乱序。
    random_shuffle(ps, ps + n);
    faces.clear();
```

```
    // 确定初始三维凸包。
    if (initializeConvexHull()) {
        cnt = 0;
        for (int i = 0; i < n; i++)
            for (int j = 0; j < n; j++)
                visited[i][j] = 0;
        // 使用增量法求三维凸包。
        for (int i = 3; i < n; i++) addPoint(i);
        // 返回三维凸包的表面积。
        double area = 0;
        for (int i = 0; i < faces.size(); i++)
            area += signedArea(faces[i].a, faces[i].b, faces[i].c);
        return area / 2;
    }
    return -1.0;
}
//----------------------------10.10.2.cpp-----------------------------//
```

扩展练习

1438 Asteroids[E]，12308 Smallest Enclosing Box[E[87]]。

提示

1438 Asteroids 中，容易推知，多面体的重心与自身某个面的距离的最小值就是它与其他多边体的表面能够靠近的最近距离，因此只要求出两个多面体各自重心与自身表面的最小距离然后再求和即可。在计算多面体的重心时，可将二维情形下计算多边形重心的公式推广到三维情形（适用于任何已经将表面剖分为三角形的多面体，包括凹多面体）。首先计算给定点集的三维凸包，以三维坐标系原点 $O(0,0,0)$ 为参考点，令 A_i 为多面体的某个面，表示面 A_i 的三个点 a_i、b_i、c_i 按照逆时针方向排列，其法线指向多面体外侧，V_i 表示 A_i 与原点 O 构成的四面体的有向体积，则该四面体的重心 G_i 为

$$G_i = \frac{a_i + b_i + c_i}{4}$$

令多面体的有向体积为 V，则整个多面体的重心 G 为

$$G = \frac{\sum_{i=1}^{n} G_i V_i}{\sum_{i=1}^{n} V_i} = \frac{G_1 V_1 + G_2 V_2 + \cdots + G_n V_n}{V_1 + V_2 + \cdots + V_n} = \frac{G_1 V_1 + G_2 V_2 + \cdots + G_n V_n}{V}$$

12308 Smallest Enclosing Box 中，初始猜测最小体积外接长方体的某个面必定与凸多面体的某个面重合，由此得到以下算法：先求给定点集的三维凸包，枚举三维凸包的每个面 P 作为与外接长方体重合的面，将其他凸包顶点投影到平面 P，记录投影时各点距离平面 P 的最大距离 H，然后求所有投影点的二维凸包 C，利用旋转卡壳法确定二维凸包 C 的外接矩形的最小面积 A，则外接长方体的体积 $V=A\times H$，对三维凸包的所有面 P 进行上述操作，取 V 的最小值即为解。但实际上，凸多面体的最小体积外接长方体的面并不一定与多面体的某个面重合。如图 10-48 所示，实线表示的是边长为 1 的正方体，虚线表示的是棱长均为 $\sqrt{2}$ 的四面体，四面体的最小外接长方体即为实线所示的棱长为 1 的正方体。不难看出，正方体的所有面均不与四面体的任意一个面重合。

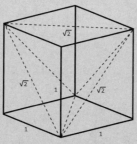

图 10-48 正方体内的四面体

在 O'Rourke 的论文中，证明了凸多面体的最小体积外接长方体至少有两个相邻的面与多面体的边重合，并由此提出了基于高斯球（Gaussian sphere）的三维"旋转卡壳"算法，具体细节请读者阅读给出的参考文献（论文可在 O'Rourke 的论文索引网页下载），不过该算法实现起来较为复杂，可以考虑使用随机寻优近似算法解题，例如，模拟退火算法（simulated annealing algorithm）。

10.11　小结

由于计算几何需要处理浮点数，如何修正误差以使得计算结果尽量精确是一项基本技巧。为了达到控制误差的目标，引入了向量的概念，并定义了内积和外积，并在此基础上使用向量作为一种基本的"元件"来表示几何中的点、线段、直线，进一步构建各种几何元素之间的关系。使用基于向量的表示方法，一方面能够使得搭建的"元件"鲁棒性尽可能的强，减少误差；另一方面也使得几何代码库能够统一、易于编码和调整，代码量也较小。

在掌握基本几何元素关系处理的基础上，需要重点掌握二维凸包、多边形面积求法、半平面交、最小圆覆盖。再之后就是熟悉与计算几何相关的算法和技巧，包括扫描线算法、旋转卡壳算法、坐标离散化。对于三维几何部分，主要是熟悉三维几何基本对象之间关系的判断，这与二维几何中集合对象之间关系的判断是类似的，重点需要掌握三维凸包的求法。

计算几何的内容非常丰富，在既往的 ACM-ICPC 中一直是一个重点内容，而在 NOI/CTSC 等竞赛中则不常见。与计算几何相关的题目，一般来说，难度不会很高，但需要解题者具有比较巧妙的思维，并且准备可靠的算法模板，对代码的组织、浮点数运算的精度控制也有一定要求。在实际编码中，为了尽量减少误差，能够使用整数运算代替的地方就使用整数运算。除了本章介绍的内容之外，学有余力的读者可以进一步学习圆的面积并、三维凸包的最小体积外接长方体等较难的内容。

表 A-1　ASCII 编码表

编码（十进制）	含义或字符	编码（十进制）	含义或字符	编码（十进制）	含义或字符	编码（十进制）	含义或字符
0	空字符	32	（空格）	64	@	96	`
1	标题开始	33	!	65	A	97	a
2	正文开始	34	"	66	B	98	b
3	正文结束	35	#	67	C	99	c
4	传输结束	36	$	68	D	100	d
5	请求	37	%	69	E	101	e
6	收到通知	38	&	70	F	102	f
7	响铃	39	'	71	G	103	g
8	退格	40	(	72	H	104	h
9	水平制表符	41	)	73	I	105	i
10	换行	42	*	74	J	106	j
11	垂直制表符	43	+	75	K	107	k
12	换页	44	,	76	L	108	l
13	回车	45	-	77	M	109	m
14	不需切换	46	.	78	N	110	n
15	启用切换	47	/	79	O	111	o
16	数据链路转义	48	0	80	P	112	p
17	设备控制1	49	1	81	Q	113	q
18	设备控制2	50	2	82	R	114	r
19	设备控制3	51	3	83	S	115	s
20	设备控制4	52	4	84	T	116	t
21	拒绝接收	53	5	85	U	117	u
22	同步空闲	54	6	86	V	118	v
23	传输块结束	55	7	87	W	119	w
24	取消	56	8	88	X	120	x
25	介质中断	57	9	89	Y	121	y
26	替换	58	:	90	Z	122	z
27	退出	59	;	91	[	123	{
28	文件分隔符	60	<	92	\	124	|
29	分组符	61	=	93	]	125	}
30	记录分隔符	62	>	94	^	126	~
31	单元分隔符	63	?	95	_	127	删除

附录 B

C++运算符优先级

表 B-1　C++运算符优先级

优先级	操作符	描述	结合性
1	::	域解析	
2	a++、a--	后缀自增、后缀自减	自左向右
	()	圆括号	
	[]	数组下标	
	.	成员选择（对象）	
	->	成员选择（指针）	
3	++a、--a	前缀自增、前缀自减	自右向左
	+、-	加、减	
	!、~	逻辑非、按位取反	
	(type)	强制类型转换	
	*a	取指针指向的值	
	&a	取变量的地址	
	sizeof	取数据类型的大小	
	new、new[]	动态内存分配、动态数组内存分配	
	delete、delete[]	动态内存释放、动态数组内存释放	
4	.*、->*	成员对象选择、成员指针选择	
5	a*b、a/b、a%b	乘法、除法、取模	
6	a+b、a-b	加号、减号	
7	<<、>>	位左移、位右移	
8	<=>	（C++20 标准）三方比对	
9	<、<=	小于、小于等于	自左向右
	>、>=	大于、大于等于	
10	==、!=	等于、不等于	
11	a&b	按位与	
12	^	按位异或	
13	|	按位或	
14	&&	与运算	
15	||	或运算	
16	a?b:c	三目运算符	自右向左
	throw	抛出异常	
	=	赋值	
	+=、-=	相加后赋值/相减后赋值	
	*=、/=、%=	相乘后赋值/相除后赋值/取余后赋值	
	<=、>=	位左移赋值/位右移赋值	
	&=、^=、|=	位与运算后赋值/位异或运算后赋值/位或运算后赋值	
17	,	逗号	自左向右

附录 C
习题索引

参考资料

[1] 斯基纳 S S，雷维拉 M A．挑战编程：程序设计竞赛训练手册[M]．刘汝佳，译．北京：清华大学出版社，2009.

[2] Skiena S S. The Algorithm Design Manual[M]. London: Springer, 2008.

[3] Sedgewick R, Wayne K. Algorithms[M]. London: Pearson Education, 2011.

[4] Halim S, Halim F. Competitive Programming[M]. Singapore: Lulu, 2013.

[5] 吴永辉，王建德，等．ACM-ICPC 世界总决赛试题解析（2004—2011 年）[M]．北京：机械工业出版社，2012.

[6] 李学军．英语姓名译名手册[M]．5 版．北京：商务印书馆，2018.

[7] Knuth D E. The Art of Computer Programming[M]. Boston: Addison-Wesley, 2011.

[8] 科曼 T H，雷瑟尔森 C E，李维斯特 R L，等．算法导论[M]．潘金贵，译．北京：机械工业出版社，2006.

[9] 布莱恩特 R E，奥哈拉伦 D R．深入理解计算机系统（原书第 2 版）[M]．龚奕利，雷迎春，译．北京：机械工业出版社，2011.

[10] IEEE Computer Society. 754-2019-IEEE Standard for Floating-Point Arithmetic[S]. New York: IEEE. 2019.

[11] Goldberg D. What every computer scientist should know about floating-point arithmetic[J]. ACM Computing Surveys. 1991, 23(1): 5-48.

[12] codingtmd. 编程谜题 [M]．北京：人民邮电出版社，2016.

[13] Weiss M A. Data Struct and Algorithm Analysis in C [M]. London: Pearson Education, 1997.

[14] 严蔚敏，夏伟民．数据结构（C 语言版）[M]．北京：清华大学出版社，2007.

[15] Fenwick P M. A new data structure for cumulative frequency tables [J]. Software: Practice and Experience, 1994, 24(3): 327-336.

[16] 侯捷．STL 源码剖析 [M]．武汉：华中科技大学出版社，2002.

[17] Aho A V, Lam M S, Sethi R, et al. Compilers: Princiles, Techniques, and Tools [M]. London: Pearson Eduction, 2007.

[18] Knuth D E, Morris J H, Pratt V R. Fast pattern matching in strings[J]. SIAM Joural on Computing, 1997, 6(2): 323-350.

[19] 周源．浅析"最小表示法"思想在字符串循环同构问题中的应用[C]．IOI 国家集训队论文，2003.

[20] Aho A V, Corasick M J. Efficient string matching: An aid to bibliographic search[J]. Communications of the ACM, 1975, 18(6): 333-340.

[21] Manber U, Myers G. Suffix arrays: a new method for on-line string searches[C]. First Annual ACM-SIAM Symposium on Discrete Algorithms, 1990: 319-327.

[22] 罗穗骞．后缀数组——处理字符串的有力工具[C]．IOI 国家集训队论文，2003.

[23] Kärkkäinen J, Sanders P. Simple linear work suffix array construction[C]. International Colloquium on Automata, Languages and Programming, 2003: 943-955.

[24] 许智磊．后缀数组[C]．IOI 国家集训队论文，2004.

[25] Burrows M, Wheeler D J. A block sorting lossless data compression algorithm[R]. Research Report 124, Palo Alto, California: Digital System Research Center, 1994.

[26] Friedl E F J. Mastering Regular Expressions[M]. Sebastopol, California: O'Reilly Media, 2002.

[27] Shell D L. A high-speed sorting procedure[J]. Communications of the ACM, 1959, 2(7): 30-32.

[28] Kleinberg J, Tardos É. Algorithm Design[M]. London: Pearson Education, 2006.

[29] Bentley J. Programming Pearls[M]. Boston: Addison-Wesley, 2000.

[30] 吉奥丹诺 F R，福克斯 W P，霍尔顿 SB．数学建模（原书第 5 版）[M]．叶其孝、姜启源，译．北京：机械工业出版社，2014.

[31] Graham R L, Knuth D E, Patashnik O. Concrete Mathematics: A Foundation for Computer Science[M]. London: Pearson Education, 1994.

[32] Horvath G, Verhoeff T T. Numerical difficulties in pre-university informatics education and competitions[J]. Informatics in Education, 2003, 2(1): 21-38.

[33] 居余马．线性代数[M]．2 版．北京：清华大学出版社，2002.

[34] Wilson R J. Introduction to Graph Theory[M]. London: Pearson Education, 2010.

[35] Brualdi R A. Introductory Combinatorics[M]. London: Pearson Education, 2009.

[36] Galante J. Generalized Cantor Expansions[J]. Rose–Hulman Undergraduate Mathematics Journal, 2004, 5(1).

[37] 赵春来，徐明曜．抽象代数 I[M]．北京：北京大学出版社，2008.

[38] Hungerford T W. Algebra[M]. Newyork: Springer, 2003.

[39] 周治国．组合数学及应用[M]．哈尔滨：哈尔滨工业大学，2012.

[40] 许蔓苓．离散数学[M]．北京：北京航空航天大学出版社，2004.

[41] Vajda S. Fibonacci and Lucas Numbers and the Golden Section: Theory and Applications[M]. Chichester: Ellis Horwood, 1989.

[42] Hilton P, Pedersen J. Catalan numbers, their generalization, and their uses[J]. The Mathematical Intelligencer, 1991, 13(2): 64-75.

[43] Davis T. Catalan numbers[OL]. 2011.

[44] Stanley R P. Enumerative Combinatorics, Volume 2[M]. London: Cambridge Studies in Advanced Mathematics, Cambridge University Press, 1999.

[45] 罗斯 S M．概率论基础教程（原书第 9 版）[M]．童行伟，梁宝生，译．北京：机械工业出版社，2014.

[46] 同济大学概率统计教研组．概率统计[M]．4 版．上海：同济大学出版社，2009.

[47] Gorroochurn P. Classic Problems of Probability [M]. New York: Wiley, 2012.

[48] 平冈和幸，堀玄．程序员的数学 2——概率统计[M]．陈筱烟，译．北京：人民邮电出版社，2015.

[49] 梅诗珂．信息学竞赛中概率问题求解初探[C]．IOI 国家集训队论文，2009.

[50] Schwalbe U, Walker P. Zermelo and the Early History of Game Theory[J]. Games and Economic Behavior, 2001, 34(1): 123-137.

[51] Gardner M．萨姆·劳埃德的数学趣题[M]．陈为蓬，译．上海：上海科技教育出版社，1999.

[52] Bouton C L. Nim, a game with a complete mathematical theory [J]. Annals of Mathematics, 3 (14): 35-39, 1901, 1902.

[53] 秋叶拓哉，岩田阳一，北川宜稔．挑战程序设计竞赛 [M]．巫泽俊，庄俊元，李津羽，译．北京：人民邮电出版社，2013.

[54] Sprague R P. Über mathematische Kampfspiele[J]. Tohoku Mathematical Journal, 1935, 41: 438-444.

[55] Grundy P M. Mathematics and games[J]. Eureka, 1939, 2: 6-8.

[56] 编程之美小组．编程之美，微软技术面试心得[M]．北京：电子工业出版社，2008.

[57] Lenhardt S. Composite Mathematical Games[D]. Bachelor Thesis, Bratislava, 2007.

[58] Berlekamp E R, Conway J H, Guy R K. Winning Ways For Your Mathematical Plays(Volumes I-IV, Second Edition)[M], A K Peters, Ltd. Wellesley, Massachusetts, 2001.

[59] 王晓珂．解析一类组合游戏[C]．IOI 国家集训队论文，2007.

[60] Whinihan M J. Fibonacci Nim[J]. Fibonacci Quarterly, 1963, 1(4): 9-13.

[61] 西尔弗曼 J H. 数论概论（原书第 4 版）. 孙智伟，吴克俊，卢青林，等译. 北京：机械工业出版社，2016.

[62] De Koninck J M, Mercier A. 1001 Problems in Classical Number Theory[M]. Providence, Rhode Island: American Mathematical Society, 2007.

[63] 罗森 K H. 初等数论及其应用（原书第 6 版）[M]. 夏鸿刚，译. 北京：机械工业出版社，2015.

[64] 潘承洞，潘承彪. 初等数论[M]. 3 版. 北京：北京大学出版社，2013.

[65] Dunham W. 天才引导的历程：数学中的伟大定理[M]. 李繁荣，李莉萍，译. 北京：机械工业出版社，2013.

[66] Pollard J M. A Monte Carlo method for factorization[J]. BIT Numerical Mathematics, 1975, 15(3): 331-334.

[67] Riesel H. Prime Numbers and Computer Methods for Factorization[M]. Boston: Birkhäuser, 2012.

[68] Hearn D, Baker M P. Computer Graphics with OpenGL[M]. London: Pearson Education, 2004.

[69]de Berg M, Cheong O, van Kreveld M. Computational Geometry: Alogorithms and Applications [M]. London: Springer, 2008.

[70] Graham R L. An efficient algorithm for determing the convex hull of a finite planar set[J]. Information Processing Letters, 1972, 1(4): 132, 133.

[71] Jarvis R A. On the identification of the convex hull of a finite set of points in the plane[J]. Information Processing Letters, 1973, 2(1): 18-21.

[72] Andrew A M. Another efficient algorithm for convex hulls in two dimensions[J]. Information Processing Letters, 1979, 9(5): 216-219.

[73]Melkman A A. On-line construction of the convex hull of a simple polyline[J]. Information Processing Leterrs, 1987, 25(1): 11, 12.

[74] Pullman H W. An elementary proof of Pick's theorem[J]. School Science and Mathematics, 1979, 79(1): 7-12.

[75] 周培德. 计算几何：算法设计、分析及应用[M]. 北京：清华大学出版社，2016.

[76] 朱泽园. 半平面交的新算法及其实用价值[C]. IOI 国家集训队论文，2006.

[77] Shamos M I, Hoey D. Closest-point problems[C]. Proceedings 16th Annual Symposium on Foundations of Computer Science, New York, USA: IEEE Computer Society, 1975: 151-162.

[78] Hocking J G, Young G S. Topology[M]. Boston: Addison-Wesley, 1961.

[79] 刘凯，夏苗，杨晓梅. 一种平面点集的高效凸包算法[J]. 工程科学与技术，2017，49(5): 109-116.

[80] Shamos M I. Computational Geometry[D]. Philosophy Doctor Thesis, Yale University, 1978.

[81] Toussaint G T. The rotating calipers: an efficient, multipurpose, computational tool[C]. Proceedings of the International Conference on Computing Technology and Information Management, Dubai, UAE, 2014.

[82] Pirzadeh H. Computational geometry with the rotating calipers[D]. Master of Science Thesis, School of Computer Science, McGill University, 1999.

[83] Freeman H, Shapira R. Determining the minimum-area encasing rectangle for an arbitrary closed curve[J]. Communications of The ACM, 1975, 18(7): 409-413.

[84] Arnon D S, Gieselmann J P. A linear time algorithm for the minimum area rectangle enclosing a convex polygon[R]. Department of Computer Science Technical Reports, 1983: 382.

[85] 丘维声. 解析几何[M]. 3 版. 北京：北京大学出版社，2015.

[86] 金博，郭立，于瑞云. 计算几何及应用[M]. 哈尔滨：哈尔滨工业大学出版社，2012.

[87] O'Rourke J. Finding minimal enclosing boxes [J]. International Journal of Parallel Programming, 1985, 14(3): 183-199.